全国高等农林院校"十二五"规划教材

土壤肥料学

（第 2 版）

主　编　谢德体
副主编　蒋先军　王昌全

中国林业出版社

内容提要

本书共 11 章，第 1 章为绪论，第 2 章讲述了土壤母质与土壤的形成；第 3 章至第 6 章，着重讲述了土壤的组成、性质、肥力及主要土壤类型的分布和改良利用，同时阐述了我国土壤资源的管理问题；第 7 章着重阐述了植物营养与施肥原理；第 8 章至第 10 章，讲述了植物的大量、中量、微量元素和复合肥料，以及各种有机肥料；第 11 章介绍了施肥与生态和食品安全。本书力图体现高等农林教育的特色，重视理论性，突出应用性，加强实践性，强调针对性，注重灵活性。

本书适合高等农林院校本科生使用，也可供农业科技人员、农业管理干部参考使用。

图书在版编目（CIP）数据

土壤肥料学 / 谢德体主编. —2 版. —北京：中国林业出版社，2015.9（2024.11 重印）
全国高等农林院校"十二五"规划教材
ISBN 978-7-5038-8128-2

Ⅰ. ①土⋯ Ⅱ. ①谢⋯ Ⅲ. ①土壤肥力 – 高等学校 – 教材 Ⅳ. ①S158

中国版本图书馆 CIP 数据核字（2015）第 207651 号

中国林业出版社 · 教育出版分社

策划编辑：肖基浒　　责任编辑：高兴荣　肖基浒
电　话：(010)83143555　　传　真：(010)83143516

出版发行	中国林业出版社（100009　北京市西城区德内大街刘海胡同 7 号） E-mail:jiaocaipublic@163.com　电话：(010)83143500 https://www.cfph.net
经　销	新华书店
印　刷	三河市祥达印刷包装有限公司
版　次	2004 年 2 月第 1 版（共印 6 次） 2015 年 11 月第 2 版
印　次	2024 年 11 月第 6 次印刷
开　本	850mm×1168mm　1/16
印　张	24.25
字　数	590 千字
定　价	69.00 元

凡本书出现缺页、倒页、脱页等质量问题，请向出版社发行部调换。

版权所有　侵权必究

《土壤肥料学》（第2版）编写人员

主　　编　谢德体（西南大学）
副 主 编　蒋先军（西南大学）
　　　　　　　王昌全（四川农业大学）
编写人员（以姓氏笔画为序）
　　　　　　　王正银（西南大学）
　　　　　　　王昌全（四川农业大学）
　　　　　　　汤　利（云南农业大学）
　　　　　　　张杨珠（湖南农业大学）
　　　　　　　夏建国（四川农业大学）
　　　　　　　顾明华（广西大学）
　　　　　　　徐卫红（西南大学）
　　　　　　　黄　云（西南大学）
　　　　　　　黄运湘（湖南农业大学）
　　　　　　　蒋先军（西南大学）
　　　　　　　廖铁军（西南大学）
　　　　　　　熊俊芬（云南农业大学）
主　　审　张福锁（中国农业大学）
　　　　　　　潘根兴（南京农业大学）
特邀编辑　陈绍兰（西南大学）

《土壤肥料学》（第1版）编写人员

主　　编　谢德体（西南农业大学）
副 主 编　屈　明（西南农业大学）
　　　　　王昌全（四川农业大学）
编写人员（以姓氏笔画为序）
　　　　　王正银（西南农业大学）
　　　　　王昌全（四川农业大学）
　　　　　张杨珠（湖南农业大学）
　　　　　屈　明（西南农业大学）
　　　　　骆东奇（广西大学）
　　　　　夏建国（四川农业大学）
　　　　　黄　云（西南农业大学）
　　　　　廖铁军（西南农业大学）
　　　　　熊俊芬（云南农业大学）
主　　审　魏朝富（西南农业大学）

第 2 版前言

土壤肥料学是高等院校农林类专业的一门专业基础课,其主要任务是以提高土壤肥力为中心,研究土壤及土壤肥力的发生、发展和变异规律及不断提高土壤肥力的技术措施;学会并掌握认土、评土、用土、改土的方法和措施;了解各种养分对植物的作用和植物对各种养分的需求;明确土壤、植物和肥料之间的养分关系;掌握主要化学肥料和有机肥料的性质、作用和在土壤中的转化,以及施用原则和技术;弄清施肥与生态和食品安全的关系,并结合各地农林生产经营实际,掌握经济用肥和科学施肥的原理和方法。

本次修订,被列为全国高等农林院校"十二五"规划教材,继承了第一版的主要内容和特点,融入了近10多年的研究成果和生产案例,并结合当前本课程教学改革及其新需求而进行了补充和调整,具有内容新颖、实用、全面的特点。

本教材共11章,第1章为绪论,第2章讲述了土壤母质与土壤的形成;第3章至第6章,着重讲述了土壤的组成、性质、肥力及主要土壤类型的分布和改良利用,同时阐述了我国土壤资源的管理问题;第7章着重阐述了植物营养与施肥原理;第8章至第10章,讲述了植物的大量、中量、微量元素和复合肥料以及各种有机肥料;第11章介绍了施肥与生态和食品安全。本教材力图体现高等农林教育的特色,重视理论性,突出应用性,加强实践性,强调针对性,注重灵活性。

本教材适合高等农林院校本科生使用,也可供农业科技人员、农业管理干部参考使用。

本教材由西南大学谢德体教授担任主编,西南大学蒋先军教授和四川农业大学王昌全教授担任副主编。各章编写人员如下:谢德体编写第1章绪论,蒋先军编写第4章,廖铁军编写第6章,黄云编写第7章,王正银编写第10章;王昌全编写第3章和第8章,夏建国编写第5章;张杨珠和黄运湘编写第2章;顾明华编写第11章;熊俊芬和徐卫红编写第9章。本教材由主编谢德体教授、副主编蒋先军教授统稿,并由中国农业大学张福锁教授和南京农业大学潘根兴教授审定。

本教材的编写得到了西南大学资源环境学院和西南大学教材科的大力支持,中国林业出版社对本教材的出版付出了大量辛苦的劳动,编写组对此表示深深的谢意。

由于编者水平有限,时间仓促,难免有疏漏、错误之处,敬请同行和读者批评指正。

编 者
2015年3月于重庆

第1版前言

土壤肥料学是高等院校农林类专业的一门专业基础课,其主要任务是以提高土壤肥力为中心,研究土壤及土壤肥力的发生、发展和变异规律及不断提高土壤肥力的技术措施;学会并掌握认土、评土、用土、改土的方法和措施;了解各种养分对植物的作用和植物对各种养分的需求;明确土壤、植物和肥料之间的养分关系;掌握主要化学肥料和有机肥料的性质、作用和在土壤中的转化,以及施用原则和技术;弄清施肥与生态和食品安全的关系,并结合各地农林生产经营实际,掌握经济用肥和科学施肥的原理和方法。

本教材作为全国高等农林院校"十二五"规划教材,实行公开招标,联合编写,具有内容新颖、实用、全面的特点。

本教材除绪论外,共10章。第1章讲述了土壤母质与土壤的形成;第2章至第5章,着重讲述了土壤的组成、性质、肥力及主要土壤类型的分布和改良利用,同时阐述了我国土壤资源的管理问题;第6章着重阐述了植物营养与施肥原理;第7章至第9章,讲述了植物的大量、中量、微量元素和复合肥料,以及各种有机肥料;第10章介绍了施肥与生态安全和食品安全。本教材力图体现高等农林教育的特色,重视理论性,突出应用性,加强实践性,强调针对性,注重灵活性。

本教材适合高等农林院校本科生使用,也可供农业科技人员、农业管理干部参考使用。

本教材由西南农业大学谢德体教授担任主编,西南农业大学屈明副教授和四川农业大学王昌全教授担任副主编。各章编写人员如下:西南农业大学谢德体编写绪论,屈明编写第3章,廖铁军编写第5章,黄云编写第6章,王正银编写第9章;四川农业大学王昌全编写第2章和第7章,夏建国编写第4章;湖南农业大学张杨珠编写第1章;广西大学骆东奇编写第10章;云南农业大学熊俊芬编写第8章。本教材由主编谢德体教授、副主编屈明副教授统稿,并由魏朝富教授审定。

本教材的编写得到了西南农业大学资源环境学院和西南农业大学教材科的大力支持,中国林业出版社对本书的出版付出了大量辛苦的劳动,编写组对此表示深深的谢意。

由于编者水平有限,时间仓促,难免有疏漏、错误之处,敬请同行和读者批评指正。

编 者
2003 年 10 月

目 录

第2版前言
第1版前言

第1章 绪 论 (1)
1.1 土壤肥料在农业生产中的作用 (1)
1.1.1 土壤是农业的基础 (1)
1.1.2 土壤是农业三大环节的根本环节 (1)
1.1.3 土壤是农业生产技术设计与实施的基本依据 (1)
1.1.4 肥料是农业增产的物质基础 (2)
1.2 土壤是一种再生自然资源 (2)
1.3 土壤是生态系统的重要组成部分 (2)
1.4 土壤与肥料概念及发展 (3)
1.4.1 土壤成分观点 (3)
1.4.2 土壤生理观点 (3)
1.4.3 土壤生态学观点 (4)
1.4.4 肥料施用及发展 (4)
1.5 土壤肥料学的任务及与其他学科的相互关系 (5)
复习思考题 (6)

第2章 土壤的形成与演变 (7)
2.1 土壤母质的来源与形成 (7)
2.1.1 土壤母质的来源 (7)
2.1.2 岩石的风化与土壤母质的形成 (14)
2.2 土壤的形成 (22)
2.2.1 土壤形成的基本规律 (22)
2.2.2 土壤形成因素 (24)
2.2.3 人类生产活动对土壤形成的影响 (30)
2.2.4 土壤层次发育 (32)
复习思考题 (35)
主要参考文献 (36)

第3章 土壤的物质组成 (37)
3.1 土壤矿物质 (37)
3.1.1 土壤矿物质的基本情况 (37)
3.1.2 土壤质地 (41)
3.1.3 质地层次与质地改良途径 (45)
3.2 土壤有机质 (46)
3.2.1 土壤有机质的来源及其组成特点 (46)
3.2.2 土壤有机质的转化 (48)
3.2.3 有机质在土壤肥力上的作用 (55)
3.2.4 土壤有机质的调节途径 (56)
3.3 土壤生物 (58)
3.3.1 土壤生物的多样性 (58)
3.3.2 土壤生物对土壤及其植物的作用 (60)
3.3.3 土壤管理对土壤生物的影响 (62)
3.4 土壤水分 (63)
3.4.1 土壤水分类型及含量 (63)
3.4.2 土壤水分能量 (68)
3.4.3 土壤有效水 (73)
3.4.4 土壤水运动 (76)
3.4.5 土壤水状况调节 (80)
3.5 土壤空气 (81)
3.5.1 土壤空气状况 (82)
3.5.2 土壤通气性 (83)
3.5.3 土壤氧化还原状况 (85)
3.5.4 土壤空气的调节 (87)
复习思考题 (88)
主要参考文献 (88)

第4章 土壤的基本性质 (89)
4.1 土壤的吸附性能 (89)
4.1.1 土壤的胶体 (90)
4.1.2 土壤的阳离子的吸附 (95)
4.1.3 土壤阴离子代换作用 (100)
4.2 土壤酸碱性和氧化还原反应 (103)
4.2.1 土壤的酸碱性 (103)
4.2.2 土壤酸度的指标 (106)
4.2.3 土壤氧化还原反应 (109)
4.2.4 土壤缓冲性 (112)
4.3 土壤孔性、结构性和耕性 (115)

4.3.1　土壤的孔性与孔度 …………………………………………… (115)
　　4.3.2　土体构造 …………………………………………………… (117)
　　4.3.3　土壤结构 …………………………………………………… (118)
　　4.3.4　土壤耕性 …………………………………………………… (126)
4.4　土壤热量状况 …………………………………………………… (127)
　　4.4.1　土壤热量的来源 …………………………………………… (127)
　　4.4.2　影响地面辐射平衡的因素 ………………………………… (128)
　　4.4.3　土壤的热量平衡 …………………………………………… (129)
　　4.4.4　土壤热性质 ………………………………………………… (129)
　　4.4.5　土壤温度 …………………………………………………… (131)
4.5　土壤生产性能 …………………………………………………… (134)
　　4.5.1　土壤生产性能的概念 ……………………………………… (134)
　　4.5.2　土壤生产性能分述 ………………………………………… (134)
　复习思考题 …………………………………………………………… (140)
　主要参考文献 ………………………………………………………… (140)

第5章　我国主要土壤类型及改良利用 ……………………………… (141)

5.1　我国土壤的形成条件及分布 …………………………………… (141)
　　5.1.1　形成条件 …………………………………………………… (141)
　　5.1.2　分布 ………………………………………………………… (145)
5.2　我国土壤形成过程与分类 ……………………………………… (150)
　　5.2.1　土壤形成过程 ……………………………………………… (150)
　　5.2.2　我国土壤的分类 …………………………………………… (153)
5.3　我国主要土壤类型及改良利用 ………………………………… (159)
　　5.3.1　铁铝土 ……………………………………………………… (159)
　　5.3.2　淋溶土 ……………………………………………………… (162)
　　5.3.3　半淋溶土 …………………………………………………… (165)
　　5.3.4　钙层土 ……………………………………………………… (168)
　　5.3.5　漠土 ………………………………………………………… (171)
　　5.3.6　初育土 ……………………………………………………… (173)
　　5.3.7　水成土 ……………………………………………………… (177)
　　5.3.8　半水成土 …………………………………………………… (178)
　　5.3.9　盐碱土 ……………………………………………………… (180)
　　5.3.10　人为土 …………………………………………………… (182)
　　5.3.11　高山土 …………………………………………………… (186)
　复习思考题 …………………………………………………………… (189)
　主要参考文献 ………………………………………………………… (189)

第6章 土壤管理与保护 (191)

6.1 我国的耕地资源与土壤资源 (191)
- 6.1.1 中国耕地资源现状与特点 (191)
- 6.1.2 土壤资源利用存在的问题 (197)
- 6.1.3 土壤资源的合理利用与保护 (198)

6.2 土壤退化与防治 (200)
- 6.2.1 土壤退化的概念及分类 (200)
- 6.2.2 全球土壤的退化概况 (202)
- 6.2.3 我国土壤退化主要类型及防治途径 (204)

6.3 土壤培肥 (215)
- 6.3.1 高产肥沃土壤的特征 (215)
- 6.3.2 土壤培肥的基本措施 (217)

复习思考题 (218)

主要参考文献 (218)

第7章 植物营养与施肥原理 (219)

7.1 植物的营养成分 (219)
- 7.1.1 植物必需的营养元素 (219)
- 7.1.2 植物必需营养元素的专一性、综合性及一般功能 (220)
- 7.1.3 植物的有益元素和有害元素 (222)

7.2 植物对养分的吸收 (222)
- 7.2.1 根系和根际 (222)
- 7.2.2 根系可吸收的养分形态 (223)
- 7.2.3 养分离子向根部迁移 (223)
- 7.2.4 根部对离子态养分的吸收 (224)
- 7.2.5 叶部对养分的吸收 (226)

7.3 影响植物吸收养分的外界环境条件 (227)
- 7.3.1 光照与温度 (227)
- 7.3.2 水分 (228)
- 7.3.3 通气 (228)
- 7.3.4 土壤反应 (229)
- 7.3.5 养分浓度 (229)
- 7.3.6 离子之间的相互作用 (230)

7.4 施肥与植物产量和品质的关系 (230)
- 7.4.1 施肥与产量的关系 (230)
- 7.4.2 施肥与品质的关系 (231)

7.5 植物营养特性与施肥原则 (233)
- 7.5.1 植物营养的共性和个性 (233)
- 7.5.2 植物营养的连续性和阶段性 (233)

7.5.3　合理施肥的原则 ……………………………………………………………… (234)
　复习思考题 ……………………………………………………………………………… (241)
　主要参考文献 …………………………………………………………………………… (241)

第8章　大量元素肥料 …………………………………………………………………… (242)
　8.1　氮　肥 ……………………………………………………………………………… (242)
　　　8.1.1　植物的氮素营养 ……………………………………………………………… (242)
　　　8.1.2　土壤中氮的循环 ……………………………………………………………… (246)
　　　8.1.3　氮肥的种类、性质和施用技术 ……………………………………………… (250)
　　　8.1.4　氮肥的合理分配和施用 ……………………………………………………… (258)
　8.2　磷　肥 ……………………………………………………………………………… (261)
　　　8.2.1　植物的磷素营养 ……………………………………………………………… (261)
　　　8.2.2　土壤中磷的循环 ……………………………………………………………… (265)
　　　8.2.3　磷肥的种类、性质和施用技术 ……………………………………………… (268)
　　　8.2.4　磷肥的合理分配和施用 ……………………………………………………… (273)
　8.3　钾　肥 ……………………………………………………………………………… (275)
　　　8.3.1　植物的钾素营养 ……………………………………………………………… (276)
　　　8.3.2　土壤中的钾素 ………………………………………………………………… (280)
　　　8.3.3　钾肥的种类、性质和施用技术 ……………………………………………… (281)
　　　8.3.4　钾肥的合理分配和施用 ……………………………………………………… (283)
　复习思考题 ……………………………………………………………………………… (286)
　主要参考文献 …………………………………………………………………………… (286)

第9章　中、微量元素肥料和复混肥料 ………………………………………………… (287)
　9.1　中量元素肥料 ……………………………………………………………………… (287)
　　　9.1.1　植物中的硫、钙、镁营养 …………………………………………………… (287)
　　　9.1.2　土壤中的硫、钙、镁 ………………………………………………………… (290)
　　　9.1.3　硫、钙、镁肥的种类、性质及施用 ………………………………………… (292)
　9.2　微量元素肥料 ……………………………………………………………………… (297)
　　　9.2.1　植物的微量元素营养 ………………………………………………………… (298)
　　　9.2.2　土壤中的微量元素 …………………………………………………………… (302)
　　　9.2.3　微量元素肥料的种类和施用 ………………………………………………… (305)
　9.3　复混肥料 …………………………………………………………………………… (309)
　　　9.3.1　复混肥料的概述 ……………………………………………………………… (309)
　　　9.3.2　复混肥料的品种、性质和合理施用 ………………………………………… (312)
　　　9.3.3　肥料的混合技术 ……………………………………………………………… (314)
　复习思考题 ……………………………………………………………………………… (316)
　主要参考文献 …………………………………………………………………………… (316)

第10章　有机肥料 ………………………………………………………………………… (318)
　10.1　有机肥料的特性及其作用 ………………………………………………………… (318)

        10.1.1 有机肥料的特性 …………………………………………………… (318)
        10.1.2 有机肥料在农业生产中的作用 …………………………………… (319)
   10.2 农业废弃物肥料 ……………………………………………………………… (320)
        10.2.1 粪尿和厩肥 ………………………………………………………… (320)
        10.2.2 堆肥、沤肥、沼气发酵肥和秸秆还田 …………………………… (326)
        10.2.3 饼肥 ………………………………………………………………… (335)
        10.2.4 城市垃圾肥 ………………………………………………………… (336)
   10.3 绿肥 …………………………………………………………………………… (339)
        10.3.1 种植绿肥的意义 …………………………………………………… (339)
        10.3.2 绿肥的种类 ………………………………………………………… (340)
        10.3.3 绿肥植物的栽培方式 ……………………………………………… (340)
        10.3.4 主要绿肥作物生长习性和栽培要点 ……………………………… (341)
        10.3.5 绿肥的合理利用 …………………………………………………… (344)
   10.4 泥炭与腐殖酸类肥料 ………………………………………………………… (347)
        10.4.1 泥炭 ………………………………………………………………… (347)
        10.4.2 腐殖酸类肥料 ……………………………………………………… (350)
   复习思考题 ………………………………………………………………………… (357)
   主要参考文献 ……………………………………………………………………… (357)

第11章 施肥与生态和食品安全 ………………………………………………… (359)

   11.1 施肥与环境 …………………………………………………………………… (359)
        11.1.1 施肥与大气环境 …………………………………………………… (359)
        11.1.2 施肥与水环境 ……………………………………………………… (363)
        11.1.3 施肥与土壤环境 …………………………………………………… (365)
        11.1.4 防治施肥对环境影响的对策与措施 ……………………………… (369)
   11.2 施肥与农产品品质和安全 …………………………………………………… (371)
        11.2.1 施肥与农产品品质 ………………………………………………… (371)
        11.2.2 施肥与食品安全 …………………………………………………… (373)
        11.2.3 提高农产品品质和保证食品安全的对策与措施 ………………… (374)
   复习思考题 ………………………………………………………………………… (375)
   主要参考文献 ……………………………………………………………………… (375)

第 1 章 绪 论

1.1 土壤肥料在农业生产中的作用

1.1.1 土壤是农业的基础

农业生产的基本特点是生产出具有生命的生物有机体，其中最基本的任务之一是生产人类赖以生存的绿色植物。绿色植物的生长发育离不开土壤，首先是其根伸展在土壤之中，使其能立足于自然界中，其次是其根系不断从土壤中吸收水分和养分，源源不断供地上部分的光合作用所需。因此，为了使绿色植物生产达到最大效果，土壤必须满足绿色植物吃得饱（养分供应充分），喝得足（水分供应充分），住得好（空气流通，温度适宜），站得稳（根系能伸展得开，机械支持牢固）。

农业生产包括植物生产（种植业）和动物生产（畜牧业）两大部分。植物生产称为初级生产，动物生产是以绿色植物为饲料，称为次级生产。从食物链的关系看，次级生产又可再分为几级，每一级的产品都是以前一级生产的有机物作为其食料，繁育衍生而来。因而，土壤不仅是植物生产的基地，而且也是动物生产的基地。如果没有绿色植物的繁茂，就不可能有畜牧业的高度发展，两者都必须以土壤作为基本生产资料。

1.1.2 土壤是农业三大环节的根本环节

农业生产环节包括植物生产、动物生产和土地利用管理三大环节。植物生产为动物生产提供饲料，又以不能利用的植物残体和从动物生产中所获得的粪尿等废物作为肥料，返回土壤，通过合理耕作，使土壤不断培肥，为植物、动物再生产提供了永续的条件。群众说的"粮多、猪多，猪多、肥多，肥多、粮多"，正是对植物生产、动物生产和土壤管理三者辩证地发展的形象化说明。但必须看到，三大环节的基础在于有良好的土壤，否则，植物生产会降低，动物生产无保证，土壤愈种愈贫瘠。因此，在农业生产中必须十分重视对土壤改良培肥的投入。

1.1.3 土壤是农业生产技术设计与实施的基本依据

农业生产技术通常概括为土、肥、水、种、密、保、工、管。这八个字都有其重要性，不可缺少，它们之间互有联系和影响。但是，土是八个字的基础，是各项技术设计与实施的基础。因为，农业生产最根本的原则是因地制宜，在一个地区，必须因土种植、因土耕作、因土施肥、因土排灌，甚至植物病虫发生规律和耕作机具的选择都与土壤有关，较大区域的农业区划和规划，更应在土壤调查和土壤区划的基础上进行。

1.1.4 肥料是农业增产的物质基础

肥料在农业生产中起着重要作用，农谚有"有收无收在于水，收多收少在于肥"，正说明了肥料在粮食生产中的地位。几千年来，我国主要依靠有机肥料维护地力，农业生产持久不衰，为世界各国所称颂；目前，我们用占世界9%的耕地，养活了占世界21%的人口，更是与合理施用肥料，有机与无机肥相配合所分不开的。合理施用有机肥料和化学肥料，不仅为作物提供养分，而且能改善土壤理化、生物性状，提高土壤肥力，增加单位面积产量，并且可补偿耕地面积不足，增加有机物数量，肥料也是发展经济作物，林草业的物质基础。全世界各国农业生产质量的提高与增施肥料以及扩大施肥面积密切相关，世界银行的报告表明，全世界粮食平均40%的增产量是来自于增施肥料。由此可见，肥料用量的增加和施肥技术的改进，对于提高农业生产起了很大作用。

1.2 土壤是一种再生自然资源

我国古代对土壤的认识深刻而富有哲理，如"土者，吐也，吐生万物"，"有土斯有粮"，"土壤孕育万物"，"土为万物之母"，"土生万物，地力常新"等。马克思指出"土壤是世代相传的，人类所不能出让的生存条件和再生条件"。这就说明，土壤作为资源，不同于其他资源，它在农业生产上发挥其资源作用是不应有时间限制的。矿藏资源经过开采利用，总有枯竭之日，而土壤资源虽经开垦种植，只要用养合理，肥力就不断提高，创造的物质就不断增多。要使肥沃的土壤能传之万代，而不毁于一旦，必须深刻理解土壤作为资源所具有再生作用的特点，把土壤看作社会的财富，它不仅属于国家，属于全体人民，而且也属于子孙万代，任何人只有合理使用和保护它的义务，却没有任意破坏和污染它的权利。珍惜每一寸国土，是我国的基本国策。

1.3 土壤是生态系统的重要组成部分

生态学是研究生物系统与环境之间相互关系的科学。地球上有无数生命物质，这些生命物质及其环境，共同组成了生态圈。生态圈由很多生态系所构成，每个生态系都有其独特的生物组合，并包括了其无机环境和能不断提供能量和养料的资源。在一个地区的自然环境中，植物—动物—土壤作为一个生态系，就是地区生态系统中的一个极为重要的组成因素中的一个重要组成部分，它接收太阳的光和热、大气中的水和气，通过不断互相交流，最后形成了土壤养分的条件。

土壤具备植物着生条件和供应水分和养分的能力，它是生物同环境间进行物质和能量交换的活跃场所。土壤同生物与环境间的相互关系，就构成土壤生态系统。土壤生态系统是由土壤、生物以及环境因素（如光、热、水等）多个层次构成。从宏观来看，整个陆地表面，除了裸露而坚硬的岩体、水体与某些极端干旱与寒冷地区外，都属于土壤生态系统。土壤生态系统，具有以下3个明显的特点：

①土壤是一个可解剖的样块或实体；
②土壤是一个开放系统；
③土壤是一个能量转换器或者是一个具有机能的自然体。

这个以生物为中心的系统，有活跃的物质与能量流相贯穿，形成一个特殊的循环模式。该循环模式分为三层，第一层是来自宇宙的能流（光、热）与物流（空气中的 CO_2、O_2、N_2、水分、尘埃等），部分被生物所固定，形成生物物质，部分经过生物呼吸、蒸腾、蒸发与吹扬又进入大气；第二层是生物与土壤间，以及同大气间的物质与能量的交换场所，这种交换十分复杂，涉及生物、物理与化学过程。绿色植物利用光能与来自土壤的水分与养分制造有机物质的过程，即光合作用，这些物质经过利用，以废弃物形式归还土壤，再经过腐解，部分归还大气，部分进入岩层，部分残留在土壤中参与再循环。残留在土壤中的有机物质经过复杂的物理化学作用，物质与能量进行再分配，在营养元素富集的同时，可使部分有害物质流失或降解；第三层为土壤与岩石间进行物质与能量交换层，物质与能量进入岩石圈，促使岩石风化，既为该系统提供了固体物质，也补充了矿物质营养元素。所以，土壤生态系统不仅是陆地生态系统的基础条件，而且也是生物圈物质流与能量的枢纽。

1.4 土壤与肥料概念及发展

土壤是在自然因素的作用下由岩石逐步演变而成的，并被覆于地球陆地表面成为一个疏松层，犹如毡毯镶嵌在地球陆地部分的表面，具备植物着生条件和供应水分和养分的能力。简言之，土壤是地球陆地表面能生长作物并能获得收获的疏松表层。

土壤的本质是肥力。古今中外对土壤肥力的认识很不统一，其内涵和指标是随土壤科学研究的深入而不断发展丰富的。概括起来有以下几个论点：

1.4.1 土壤成分观点

土壤成分观点认为土壤肥力是土壤能够供给植物生长发育的物质。包括"盐、水、硝、油营养学说""腐殖质学说""矿质营养学说""土壤团粒结构学说"等。土壤成分观点，比较重视土壤养分、水分的存在状态和数量以及能维持植物生长的时间；认识到土体内能贮存和释放养分的团粒结构和不断提供养分来源的矿物质、有机物，以及它们的对比关系和在土壤剖面中的分布对植物生长发育和产量的影响。基于这一认识，土壤肥力可测性较强，土壤肥力的指标都是一些较静止的土壤性状、养分、水分丰缺数量，如氮（N）、磷（P）、钾（K）、微量元素含量、有机质、砂粒、黏粒、团粒结构的多少和比例，剖面形态特征等。这一观点为合理施肥、灌溉、因土种植、培肥改土提供了科学依据。

1.4.2 土壤生理观点

土壤生理观点认为土壤是类生物体，土壤不仅具有供应水分、养分的能力，还具有调节环境和土体内部水、热、气、肥条件的能力，保证稳、匀、足、适地供给作物所需。这种协调类似生物体的生理功能——代谢性和调节力。因此，把一定的植物生长下的剖面结构型视为体形、体态，把土壤有机—无机—微生物—酶复合胶体视为体质，是土壤表现肥力的机制。

把供应作物所需的水、热、气、肥条件及其稳、匀、足、适程度高低作为土壤肥瘦的标志。因此，在评价土壤肥力时较重视土壤剖面层次厚度、组合、土壤复合胶体的类型、生物活性、土壤剖面中水、热、气、肥的动态变化以及对植物生长发育、产量、品质的影响。这一观点把土壤肥力提高到生物学的动态水平上来研究，把单一的成分因素，发展到水、热、气、肥的综合因素，把土壤肥力与土壤—植物—环境有机地结合起来。简言之，土壤生理观点认为土壤肥力是在太阳辐射热周期变化的影响下，土壤能够稳、匀、足、适地协调供应作物正常生长所需的水、热、气、肥的能力，这一观点也称之为土壤肥力的生物热力学观点。

1.4.3 土壤生态学观点

土壤生态学观点认为土壤是自然生态系统的组成部分，土壤是系统中物质和能量的交换中心，土壤肥力应作为"土被"的重要特性。因此，必须把土壤肥力概念扩大到生态的肥力，甚至为生物地理群落的肥力。在系统生态环境中，土壤是基础，植物是对象，在改善环境条件和配合人为措施中去影响土壤与植物的物质与能量交换效果，阐明土壤肥力是由环境—土壤—植物—措施系统的整体功能，同时也是一个开放系统。要提高土壤肥力，就要向这一开放系统补充物质和能量，维持整体功能，才能满足植物生产所需的物质与能量的供应与交换。因此，在评价土壤肥力高低时，应包括系统的结构，物质与能量的投入、输出和利用率，系统的生产力，劳动生产率以及对人类的报酬——生态效益和社会效益。这一观点强调了系统的整体功能，并以系统的物质循环与能量的转换为理论，阐述土壤肥力与农、林、牧、副、渔之间的密切关系。

1.4.4 肥料施用及发展

肥料，是直接或间接供给一种或一种以上植物所必需的营养元素，是改善土壤理化、生物性状，以提高植物产量和品质的一类物质，是农业生产的物质基础之一。中国早在西周时就已知道田间杂草在腐烂以后，施入土壤中有促进黍稷生长的作用；《齐民要术》中详细介绍了种植绿肥的方法以及豆科作物同禾本科作物轮作的方法等，还提到了用作物茎秆与牛粪尿混合，经过践踏和堆制后制成肥料的方法。肥料主要施入土壤，也可喷洒在植物的地上部分。据统计，2012年我国化肥消耗量超过 $5\,800 \times 10^4$ t（纯养分），占世界消耗总量的1/3。我国单位面积化肥使用量为 440kg/hm^2，是世界平均水平的4倍。目前，我国氮肥利用率仅为30%~35%，磷肥利用率不足20%，钾肥利用率为45%，远低于发达国家水平。化肥、尤其是氮、磷肥的低利用率和高环境风险，是我国亟须解决的问题。我国化肥用量的比例从1949年的0.1%，上升到2012年的70%以上，随着化肥用量增加，特别是氮肥的大量施用，植物吸收的N、P、K比例越来越不平衡。

农业生产中种植业的发展离不开肥料。我国的农业已经有近1万年的悠久历史，古代称肥料为粪，施肥则成为粪田。我国的农田施肥大约开始于殷商朝代，到战国和秦汉又利用腐熟人畜粪尿、蚕粪、杂草、草木灰、豆萁、塘泥、骨粉等，汉朝已很重视养猪积肥，宋、元朝已开始使用石灰、石膏、硫黄、食盐、卤水等无机肥料。在欧洲国家，整个中世纪经济发展很慢，农业技术停滞不前，自文艺复兴时期的到来，随着经济的发展，欧洲国家中有人开始探索植物营养理论，在燃素学说之后出现了腐殖质营养学说。1840年，德国化学家李比希提出了"矿质营养学说"和"归还学说"，对土壤学、肥料学、植物生理学以及整个生物科学及农业科学都产生了极为重要的影响，推动了化学肥料的应用与发展。

据有关资料记载，我国进口化肥始于1905年，20世纪30年代开始组织全国性肥效试验，称为地力测定。测定结果表明，氮素极为缺乏，磷素养分仅在长江流域或长江以南各省缺乏，钾素在土壤中很丰富。中华人民共和国成立以后，于1958年和1980年先后两次组织了全国性的土壤普查，以及2005年开始在全国开展的测土配方施肥，对我国的土壤类型、特性、肥力状况等进行了系统的调查测定，促进了化肥的施用和农业化学研究工作。

经过一个多世纪的研究探索，世界各国都积累了不少的经验，经过研究，提出了系统理论和实践技术。但过去多偏重于从肥料的化学成分去分析各类肥料的作用，而肥料的作用则是与植物营养紧密相关的，所以肥料营养植物的实质是离子、离子加载体、离子加载体加生物制剂对植物的生长发育、代谢所起的作用。因而认识肥料必须按营养成分的代谢营养特性去了解肥料的组成、性质和施用效果。

1.5　土壤肥料学的任务及与其他学科的相互关系

土壤肥料学是农业科学的基础科学之一，其主要任务是以提高土壤肥力为中心，研究土壤肥力发生发展规律，掌握不断提高土壤肥力的技术措施，运用土壤学的基本理论知识，结合各地实际情况，学会认土、评土、用土、改土的方法和措施。了解各种养分对植物的作用和植物对各种养分的需求。明确土壤、植物和肥料之间的养分关系。掌握主要化学肥料和有机肥料的性质、作用以及在土壤中的转化及施用原则和技术，并结合农业生产实际，掌握经济用肥和科学施肥的原理和方法。为人类提供丰富、清洁、优质、安全的农产品。

大多数学科有助于土壤肥料科学的研究，基础学科，如物理学、化学、数学，对土壤肥料学只作单方面的贡献，而地球学（气候学、地质学、地理学）、生物学（植物学、动物学、微生物学）、应用科学（农学、林学、工程学）与土壤肥料学是相互渗透、相互联系的。总之，学习土壤肥料学要求具有广泛的基础科学、地学、生物学和以栽培为中心的农学知识。而反过来，对土壤肥料学的深入了解，又有助于更好地学习地学、生物学、农学等学科知识。

学好土壤肥料学，第一必须从了解生产问题入手，运用各项自然科学的基础知识和农业科学各专业的基本理论及技术，全面地分析各地区自然条件对作物生理、生态及土壤肥力的影响，以此认识土壤，改造土壤，利用土壤，合理施肥，这里要特别强调的是认识自然条件的重要性；第二是用唯物辩证的思想方法去认识、分析农业生产多因子体系，针对土壤肥力发生发展中的主要矛盾，对症下药，实现改造自然条件、改良土壤质量、改革耕作制度，获得稳产高产的方案；第三是认识土壤和肥料类型的变异，实质上是天、地、人、物组合方式的变异，导致土壤类型和土壤肥力的变异，这就决定了野外实地调查研究土壤及其环境的必要性，要拜广大农民群众为师，总结生产上成败的经验，掌握土宜、时宜、肥宜的知识，使土壤肥料学必将为我国粮食安全和农产品安全及农业现代化作出更加突出的贡献。

复习思考题
1. 土壤肥料在农业生产中有哪些作用？
2. 为什么说土壤是一种再生自然资源？
3. 土壤肥力的几种观点是什么？
4. 简述土壤肥料学与其他学科的关系？

第 2 章 土壤的形成与演变

【本章提要】 本章主要阐述土壤母质的来源和形成过程，土壤形成的基本规律和自然成土因素以及人类活动对土壤形成和发育的影响机理，土壤剖面与土壤发生层的基本特征。通过本章的学习，了解形成土壤母质的主要成土矿物和岩石类型，掌握岩石、矿物的主要风化过程和风化特征，土壤形成的本质及主要成土因素对土壤发育的影响，弄清土壤演变规律及地质大循环与生物小循环的相互关系。

土壤是由裸露在地表的坚硬岩石，在漫长的历史岁月中，经过极其复杂的风化过程和成土过程而形成的。它的演变过程，一般说来，大致可分三个阶段：第一，没有生长植被的母质阶段；第二，开始生长植被但还没有人类生产活动的自然土阶段；第三，在自然土（或母质）的基础上开始有人类耕作活动的农业土阶段。土壤的形成和演变也是土壤肥力形成、演变和发展的过程。

2.1 土壤母质的来源与形成

出露地表的岩石经风化作用破碎成疏松大小不等的矿物质颗粒，产生了形成土壤的原材料，即母质或成土母质。它是形成土壤的物质基础，是土壤的前身。母质既不同于母岩也不同于土壤，它只是介于两者之间的过渡体。母质与母岩相比，不但形状大小有所改变，而且产生了许多新的特性。母质作为形成土壤的原材料，不具备完整的肥力，只有经过成土作用才能转变成具有肥力的土壤。本节将讨论母质的来源与发育。

2.1.1 土壤母质的来源

土壤由母质发育形成，母质由岩石风化而来，岩石是一种或数种矿物的集合体，矿物则是自然产出的、具有相对稳定的内部结构和固定化学组成的单质或化合物，化学元素是组成矿物的物质基础。故成土母质和土壤的元素组成与矿物的化学元素组成密切相关。

2.1.1.1 地壳物质的元素组成

就整个地壳来说，其化学组成非常复杂，几乎包括所有的已知化学元素，但这些元素在地壳中的含量差别很大（表2-1）。主要的组成元素有氧、硅、铝、铁、钙、钠、钾、镁、钛、氢10种，总计占地壳质量的99.96%，其中氧几乎占1/2，硅占1/4强，硅氧合占3/4，是构成地壳的最基本元素。其余88种元素总含量不足0.50%。组成地壳的化学元素，不仅在质量百分比上相差悬殊，而且在不同地区，不同深度上的分布也是不均匀的（表2-1）。

表 2-1　地壳中主要元素质量百分比

元素	质量(%)	元素	质量(%)
氧 O	47.0	锰 Mn	0.1
硅 Si	29.0	磷 P	0.093
铝 Al	8.05	硫 S	0.09
铁 Fe	4.65	碳 C	0.023
钙 Ca	2.96	氮 N	0.01
钠 Na	2.50	铜 Cu	0.01
钾 K	2.50	锌 Zn	0.005
镁 Mg	1.37	钴 Co	0.003
钛 Ti	0.45	硼 B	0.003
氢 H	(0.15)	钼 Mo	0.003

组成地壳的化学元素，绝大多数以含氧化合物的形态存在于坚硬的岩石中，处于强分散状态。作为植物所必需的某些营养元素不仅含量少，而且溶解度低，要使其成为植物可吸收利用的形态必须经过一个复杂的质变过程，也就是说，坚硬的岩石必须经过风化作用形成母质，矿质元素才可能被释放，植物才得以吸收利用。

2.1.1.2　成土的主要矿物

通常把组成土壤的矿物叫做成土矿物，土壤矿物按其组成可分为原生矿物和次生矿物 2 大类。原生矿物是在风化过程中没有改变化学组成而遗留在土壤中的矿物，主要分布于粗骨颗粒和粗砂粒中，是岩浆岩和变质岩受机械破坏和风化过程的产物；次生矿物是在风化和成土过程中新形成的矿物，主要分布于黏粒中，粗大一些的也可进入粉粒中。主要的成土矿物有以下几类：

主要有石英和正长石、斜长石、白云母、黑云母、辉石、角闪石、橄榄石等组成的原生硅酸盐矿物。它们对土壤肥力的作用有两方面，一方面构成土壤的"骨骼"；另一方面通过风化而释放各种养分，但这个过程是极其缓慢的。

(1) 长石类

是岩石圈中分布最广的矿物，是构成火成岩及一部分变质岩的主要成分。属含钾、钠、钙的铝硅酸盐，主要包括钾长石矿物和斜长石矿物系列。钾长石晶体化学式是 $[K(Si_3,Al)_4O_8]$，包括正长石、钾微斜长石和透长石 3 种。斜长石包括钠长石 $[NaAlSi_3O_8]$ 和钙长石 $[CaAl_2Si_2O_8]$ 2 种。为浅色矿物，常呈乳白色、肉红色、灰色等。长石类矿物总体来讲较易风化，但稳定性有所不同，正长石比斜长石稳定，而斜长石中，酸性斜长石比基性斜长石稳定，所以在土壤中常见正长石和酸性斜长石的碎屑。长石类矿物化学风化后产生各种次生黏土矿物，为土壤中黏粒的主要来源，正长石含氧化钾 16.9%，是土壤钾素的主要来源。

(2) 铁镁类

主要包括角闪石 $Ca_2Na(Mg, Fe^{2+})_4(Al, Fe^{3+})[(Si, Al)_4O_{11}]_2(OH)$、辉石 $Ca(Mg, Fe^{2+}, Fe^{3+}, Ti, Al)[(Si, Al)_2O_6]$ 和橄榄石 $(Mg, Fe)_2[SiO_4]$。均为含铁、钙、镁的复杂铝硅酸盐，化学成分相似，但结晶形态不同。角闪石呈细长柱状或纤维针状，而辉石呈粗短的柱

状，橄榄石一般呈不规则的粒状集合体。一般为黑色或绿色，是构成基性火成岩的主要矿物成分。由于该类矿物所含盐基丰富，化学稳定性低，很易受化学风化而分解，生成各种次生铝硅酸盐并析出可溶性盐基物质，故为土壤中黏粒和有效性养分来源之一。

（3）云母类

属于层状硅酸盐亚类，为各种火成岩的成分之一，代表矿物为白云母 $K\{Al_2[AlSi_3O_{10}](OH)_2\}$ 和黑云母 $K\{(Mg·Fe)_3AlSi_3O_{10}(OH·F)_2\}$。两者化学成分相差较大，但物理性质却很一致，均呈片状，有弹性，显珍珠光泽，均易遭机械破碎，且化学稳定性不同。黑云母含盐基物质丰富，化学稳定性低，易受化学风化作用而分解，分解后生成黄色黏土物质，并游离出钾素，为土壤中钾素营养来源之一。白云母盐基含量少，抗化学分解能力较强，由于易受机械破碎，故常呈细小的薄片状散布于土壤中。

（4）石英

在地壳中分布甚广，常参与各种岩石和矿体的组成，是酸性火成岩的主要矿物成分，在沉积岩和变质岩中也常存在。一般为无色、乳白色，混入杂质后呈各种颜色，质地坚硬不易粉碎，更难分解，故具有相当强的机械稳定性和化学稳定性。岩石因风化作用破碎后，石英常以固有的较粗大的粒状保存，为土壤中砂粒的主要来源。

（5）碳酸盐类

①方解石 晶体化学式为 $CaCO_3$。分布甚广，为石灰岩和大理岩的主要成分，一般呈白色或米黄色的菱面斜方体。化学性质不稳定，易溶于酸，在常温下即能和稀盐酸作用而产生二氧化碳的气泡。自然界中含二氧化碳的水都能使其溶解与移动，成为母质和土壤中碳酸盐的主要来源。

②白云石 晶体化学式为 $CaMg(CO_3)_2$。为白云岩的主要成分，也有存在于石灰岩中。呈灰色，有时稍带黄褐。性质与方解石相似，但比方解石稳定。在碳酸水中溶解较慢，与稀盐酸作用也能产生气泡，但必须加热或把它研成粉末。风化过程中可逐渐溶解而碎裂成疏松的细粒，为土壤中钙镁营养元素的来源。

（6）硫化物

主要包括黄铁矿和黄铜矿，其抗风化能力很低，很容易在水和氧的作用下变为硫酸盐，使风化产物呈酸性反应。在有黄铜矿和黄铁矿等硫化物矿物的矿山附近，由于受此矿物尾矿的影响，常伴随有土壤酸性污染和重金属污染。

①黄铁矿 晶体化学式是 FeS_2，是地壳中分布最广的硫化物矿物，形成于各种地质条件下，表生成因的黄铁矿常呈结核状。见于沉积岩和煤层中，是有机残体在还原条件下分解后形成的，在地表易氧化成褐铁矿。黄铁矿为炼制硫黄和硫酸的主要原料。在农业上用于生产硫酸铵和过磷酸钙肥料。

②黄铜矿 晶体化学式是 $CuFeS_2$，主要为内生热液作用所形成，在地表易氧化，生成绿色的孔雀石 $CuCO_3·Cu(OH)_2$。黄铜矿和孔雀石经处理后制成硫酸铜，可用作农药及铜素肥料。

（7）磷灰石

为含磷矿物，晶体化学式为 $Ca_5[PO_4]_3(F,OH)$。按照其附加阴离子的不同，磷灰石可分为氟磷灰石 $Ca_5[PO_4]_3F$、氯磷灰石 $Ca_5[PO_4]_3Cl$、羟磷灰石 $Ca_5[PO_4]_3(OH)$、碳磷灰石

Ca$_5$[PO$_4$,CO$_3$,(OH)]$_3$(F,OH)等亚种,在自然界以羟磷灰石最为常见,主要分布于沉积岩中,在火成岩和变质岩中分布并不普遍,风化后游离出磷酸,是土壤中磷素营养的主要来源。无杂质者为无色透明,但常呈浅绿色、黄绿色、褐红色、浅紫色等,沉积岩中形成的磷灰石因含有机质呈现深灰至黑色。在沉积岩、沉积变质岩及碱性岩中可形成巨大的有工业价值的矿床。在各种岩浆岩及花岗伟晶岩中呈副矿物。生物化学作用形成的磷矿主要由鸟粪或动物骨骼堆积形成,主要由羟磷灰石组成。

(8) 氧化铁

主要包括赤铁矿 Fe$_2$O$_3$、褐铁矿 2Fe$_2$O$_3$·3H$_2$O、磁铁矿 Fe$_3$O$_4$、菱铁矿 FeCO$_3$ 等。这类矿物机械稳定性较强,但易氧化,在土壤中含量较多,分布很广,是土壤中铁质营养元素的主要来源。在风化过程中,可形成含水氧化铁类的胶体物质,使土壤染成红色、褐色或黄色,这在热带和亚热带的土壤最为常见。

(9) 黏土矿物

组成黏粒的次生矿物称为黏土矿物。黏土矿物按其内部构造和成分性质又可分为层状硅酸盐黏土矿物和氧化物黏土矿物。层状硅酸盐黏土矿物主要有高岭石、蒙脱石、水化云母、绿泥石等。氧化物黏土矿物主要包括各种晶质和非晶质的含水硅、铁、铝的氧化物。它们是土壤中最活跃的部分,具有许多原生矿物所没有的特性,表现出各种胶体行为,影响土壤中一系列的物理、化学和生物化学性质,对土壤肥力具有重要意义。

2.1.1.3 成土的主要岩石

岩石圈中的各种矿物不是孤立存在的,而是以一定的规律结合形成岩石,这种结合规律是由岩石形成的地质作用及其所处外界条件所控制的。因此,岩石是指在各种地质作用下形成的,由一种或多种矿物组成的集合体。自然界的岩石种类很多,根据其成因可分为三大类,即由岩浆作用形成的岩浆岩(火成岩),由外动力地质作用形成的沉积岩和由变质作用形成的变质岩(图 2-1),主要成土岩石类型及组成特点见表 2-2。

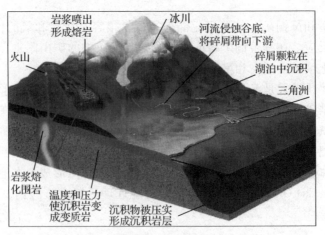

图 2-1 岩石形成

表 2-2 主要成土岩石类型及组成特点

种类	名称	矿物成分及形成特点
岩浆岩 （火成岩）	花岗岩与流纹岩	两种岩石的矿物成分近似，主要含石英、正长石、云母及少量角闪石等
	正长岩与粗面岩	正长岩主要含正长石。粗面岩由正长石和角闪石等组成
	闪长岩与安山岩	主要由斜长岩、角闪石等组成。有少量的云母和辉石
	辉长岩与玄武岩	主要由辉石和少量的角闪石和黑云母组成。玄武岩主要由辉石、斜长石等组成
沉积岩	砾岩	由直径>2mm 的碎石经胶结物胶结而成
	砂岩	由直径 0.05~2mm 的砂粒经胶结物胶结而成，主要成分为石英
	页岩	由直径<0.005mm 的黏粒经压实脱水和胶结作用硬化而成
	粉砂岩	粒径为 0.005~0.05mm 的粉砂占 50% 以上，碎屑成分以石英为主，胶结物以泥质为主
	石灰岩	由 $CaCO_3$ 沉积结晶而成
变质岩	片麻岩	由岩浆岩、沉积岩或浅变质岩等经高温高压深度变质而成
	板岩	由泥质页岩等轻度变质而来，较粗且脆
	千枚岩	由泥质岩或隐晶质酸性岩浆岩浅变质而成
	片岩	由泥质岩、页岩、基性岩中度变质而来
	石英岩	由砂岩、粉砂岩等热接触变质而成
	大理岩	由石灰岩、白云岩等热接触变质而来

（1）岩浆岩（火成岩）

由岩浆冷却而形成的岩石统称岩浆岩。由岩浆在地壳深处冷凝形成的叫深成岩，在地壳浅处冷凝形成的叫浅成岩，流出地面冷凝而成的叫喷出岩。深成岩和浅成岩又合称为侵入岩。岩浆岩据其 SiO_2 含量又可分为酸性岩（$SiO_2>65\%$）、中性岩（SiO_2 50%~65%）、基性岩（SiO_2 45%~50%）和超基性岩（$SiO_2<45\%$）4 种。主要的成土岩石有花岗岩、玄武岩等。

①花岗岩 为深成岩，是岩浆岩中最主要的成土母岩。组成矿物有石英、长石（钾长石、斜长石）、云母（黑云母、白云母）、角闪石等。石英和长石是主要矿物成分，石英占 30% 左右，长石中一般是钾长石（40%）多于斜长石（25%）。在植被覆盖差，物理风化为主的情况下，花岗岩易发生崩解破碎，这与它的粒状结构及复杂的矿物组成有关。石英及长石类矿物抗风化能力强，在温度多变的干旱气候条件下，岩石崩解破碎后，不易发生化学风化作用，以碎屑物的形式残留在土壤中，成为土壤中砂粒的主要来源；在湿热的气候条件下，化学风化作用强烈，岩石崩解破碎后，石英以粗砂粒的形式被保留，长石等则经化学风化作用形成黏粒，成为砂中带黏的风化产物。

由花岗岩发育而成的土壤，土层多较深厚，砂黏适中，通气透水性能好，又有长石风化后供给的钾素，稍加培育后，肥力尚佳。但由于土质粗松，易遭受侵蚀，如地表植被破坏，肥力很快下降，甚至变得十分贫瘠。

②玄武岩 是分布最广的基性喷出岩，主要矿物成份为辉石和斜长石，次要矿物有橄榄石、角闪石及黑云母等，岩石均为暗色，一般为黑色，有时呈灰绿以及暗紫色等，气孔构造和杏仁构造普遍。因颜色较深，易吸热，又有气孔构造，所以极易风化，其风化产物质地多

黏细。在气候潮湿的热带，玄武岩常风化为富铁的硬壳，成为铁矿，或铁质随水流动沉淀于地形较低处，成为土壤中影响作物生长的铁盘。在玄武岩风化物上形成的土壤，多呈暗棕或棕红色，含盐基丰富，矿质养分较多。

(2) 沉积岩

沉积岩是指成层堆积的松散沉积物固结而成的岩石。曾称水成岩。是组成地壳的三大岩类（火成岩、沉积岩和变质岩）之一。沉积物指陆地或水盆地中的松散碎屑物，如砾石、砂、黏土、灰泥和生物残骸等。主要是母岩风化的产物，其次是火山喷发物、有机物和宇宙物质等。沉积岩在地表分布的面积很广，约占陆地出露岩石总面积的75%，因此对土壤的形成具有重要意义。沉积岩种类很多，按成因、物质成分和结构可分为3类：碎屑岩类、黏土岩类（或泥质岩类）、化学岩类及生物化学岩类。其中最常见的是页岩、砂岩和石灰岩，它们占沉积岩总数的95%。

①页岩　属于黏土岩类。是由黏土物质经压实作用、脱水作用、重结晶作用后形成的，具有薄页状层理构造的黏土岩类。成分复杂，除黏土矿物（如高岭石、蒙脱石、水云母、拜来石等）外，还含有许多碎屑矿物（如石英、长石、云母等）和次生矿物（如铁、铝、锰的氧化物与氢氧化物等）。页岩表面光泽暗淡，含有机质的呈灰黑、黑色，含铁的呈褐红、棕红色等，还有黄色、绿色等多种颜色。主要组成矿物为黏土，吸水和脱水后胀缩差异较大，硬度低，岩石容易破碎，因而物理风化易于进行，易受侵蚀。但由于黏土矿物在地表较稳定，不容易进一步进行化学风化，所以风化产物中多页岩碎片，若夹有砂质页岩或稍经变质页岩，风化后形成的土壤肥力低，若在湿热的气候条件下，岩石碎块进一步风化，破碎呈细颗粒甚至分解，可形成深厚土层，此时形成的土壤质地较黏重，矿质养分较丰富，保水力强，土壤肥力较高。我国四川的"天府之国"称号就与其广泛分布的含矿质养分丰富的中生代紫色页岩有密切关系。

②砾岩　属于粗碎屑岩类。凡碎屑粒径大于2 mm的圆状和次圆状的砾石占岩石总量30%以上的岩石都属于此类。砾岩中碎屑组分主要是岩屑，只有少量矿物碎屑，填隙物为砂、粉砂、黏土物质和化学沉淀物质。根据砾石大小，砾岩分为漂砾砾岩（>256 mm）、大砾砾岩（64~256 mm）、卵石砾岩（4~64 mm）和细砾（2~4 mm）。根据砾石成分的复杂性，砾岩可分为单成分砾岩和复成分砾岩。根据砾岩在地质剖面中的位置，可分为底砾岩和层间砾岩。一般来说，单成分砾岩比复成分砾岩难风化。其风化产物及其形成的土壤土层浅薄，含岩石碎屑砂粒多，养分含量不丰富，保水保肥力差，肥力水平较低。

③砂岩　属于碎屑岩类。主要由砂粒胶结而成的，结构稳定。其中砂粒含量要大于50%，绝大部分砂岩是由石英或长石组成，常见胶结物有硅质和碳酸盐质胶结。砂岩按其沉积环境可划分为：石英砂岩、长石砂岩和岩屑砂岩三大类。砂岩的风化难易程度取决于胶结物的类型，泥质或碳酸钙胶结的砂岩，风化快，能生成较深厚的风化层，松散而无大块；由硅质或铁质胶结的砂岩，则较难风化，风化层薄，常有大块岩石夹杂。含石英较多的砂岩，形成的土壤质地砂，养分含量少，肥力较低；含长石、云母或其他矿物较多的砂岩，风化后仍可形成较好的土壤。

④粉砂岩　属于细碎屑岩类。粉砂岩与砂岩类似，但颗粒更细，粉砂（碎屑颗粒直径为0.005~0.05mm）>50%。粉砂岩是介于细砂岩与黏土岩之间的过渡岩石，沉积物以稳定成分

居多，岩屑很少或无。矿物组成以石英为主，其次为长石、云母碎片、绿泥石和黏土矿物等。胶结物以泥质为主，其次是钙质、白云质等。粉砂岩按碎屑成分划分为石英粉砂岩、长石粉砂岩、岩屑粉砂岩（少见）和它们间的过渡类型。按胶结物成分划分为黏土质粉砂岩、铁质粉砂岩、钙质粉砂岩和白云质粉砂岩。其风化特点与砂岩相似，但较砂岩易风化，风化产物为粉粒，养分状况较砂岩略好，但与其矿物组成有关，以石英为主者较瘠薄，长石较多者较肥沃。

⑤石灰岩 属于化学及生物化学岩类。是以方解石为主要成分的碳酸盐岩。有时含有白云石、黏土矿物和碎屑矿物，有灰、灰白、灰黑、黄、浅红、褐红等色，硬度一般不大，与稀盐酸反应剧烈。由生物化学作用生成的灰岩，常含有丰富的有机物残骸。石灰岩是地壳中分布最广的矿产之一。按其沉积地区，石灰岩又分为海相沉积和陆相沉积，以前者居多；按其成因，石灰岩可分为生物沉积、化学沉积和次生沉积三种类型；按矿石中所含成分不同，石灰岩可分为硅质石灰岩、黏土质石灰岩（黏土矿物含量达25%~50%）和白云质石灰岩（白云石含量达25%~50%）3种。石灰岩的主要化学成分是$CaCO_3$，易溶蚀，故在石灰岩地区多形成石林和溶洞，称为喀斯特地形。在湿润气候条件下，岩石的风化以溶解为主，其风化难易与岩石的成分及构造有关。如硅质石灰岩风化难，泥质石灰岩风化较易；厚层石灰岩风化难，薄层石灰岩经构造破碎后，风化较快。石灰岩风化层下面常有地下水造成的溶洞与起伏不平的基岩面，造成土层厚度多变，同时水分自溶洞中漏失后可引起表土干旱。由石灰岩风化物形成的土壤质地黏重，钙质丰富，酸性较弱。地面的残积物与下面基岩之间没有过渡的半风化层，界线明显，土层浅薄，不利于植被生长。

（3）变质岩

由岩浆岩、沉积岩与原有的变质岩经高温高压或受岩浆热接触的影响而使岩石成分和内部结构、构造发生重大改变，矿物重新结晶或重新排列，甚至化学成分改变，而生成新的岩石称为变质岩。对土壤的形成特别重要的变质岩有：

①板岩 由黏土岩（如页岩）、粉砂岩或中酸性凝灰岩经区域浅变质而成岩。这种岩石变化不大，矿物大部分保留着先成岩的成分，没有明显的重结晶，矿物颗粒极为细小。因比页岩坚硬，所以较页岩难风化，但风化后所形成的成土母质和土壤与页岩相似。

②千枚岩 为富泥质（包括凝灰岩）岩石经浅变质而成，分布很广。矿物成分主要有丝绢云母和石英，还有绿泥石等。颗粒很细小，有绢丝光泽，变质程度较板岩深。容易风化，因含云母较多，风化后形成的成土母质和土壤较黏重，含钾素丰富。

③片岩 主要由页岩等黏土岩类变质而来。片岩呈片状构造，矿物以云母、绿泥石、角闪石等为主。片岩质地不硬，易成片脱落，使风化作用容易进行，风化层尚厚，一般风化产物内部夹有岩石碎片。片岩因变质前所含矿物成分的不同，使风化物内所含的养料与质地状况有很大差异，如角闪石片岩、云母片岩可形成较肥的土壤，而石英片岩所形成的土壤则较瘦。

④片麻岩 片麻岩的岩石来源较广，主要由花岗岩类岩浆岩和凝灰岩（斜长片麻岩）等岩石经深度变质而成，所以分布很广。由岩浆岩变质而成的岩石称"正片麻岩"，由沉积岩变质而成的称"副片麻岩"。原已形成的变质岩再经变质作用也可形成片麻岩。变质岩的风化特点与花岗岩相似。

⑤大理岩　是由石灰岩或白云岩经过热接触重结晶作用变质而成。具等粒(细粒到粗粒)变晶结构，块状构造。纯粹的大理岩几乎不含杂质，称汉白玉。多数大理岩因含有杂质，重结晶后可产生若干新矿物而呈现出花纹和不规则条带。大理岩的风化特点与石灰岩相似，但较石灰岩难风化。

⑥石英岩　是由石英砂岩、粉砂岩、硅质岩等变质而来，石英岩的主要矿物成分为石英，含有少量云母和长石等。石英岩坚硬致密，风化最为困难，风化时以机械破碎为主，风化层薄，风化层中含有大小不一的带棱碎石。所以石英岩风化物发育形成的土壤，养分含量低，酸性强，质地粗，对养分和水分的保蓄力不强，大多肥力不高。

2.1.2　岩石的风化与土壤母质的形成

土壤是由地表的岩石经风化作用和成土作用两个过程演变而来。其中风化作用是土壤母质形成的基础，母质进一步发育形成土壤。这种变化过程非常复杂，而且要经历很长的时间。

2.1.2.1　岩石矿物的风化作用

地壳表层的岩石矿物在大气和水的联合作用以及温度变化和生物活动的影响下，所发生的一系列崩解和分解作用，称为风化作用。岩石的风化是岩石在外力作用下产生的必然结果。各种岩石在生成的时候，有各自特定的环境条件，产生了相对应的岩石特性。一旦这些岩石暴露到地表，接触到的环境条件与生成时的环境条件有一定或很大的差异时，必然会引起岩石的变化。这样原来坚硬的岩石表层会改变其物理形状和化学组成而产生新的存在形态，这就是矿物的风化作用。由此可见，成土母质就是各种地表岩石矿物的风化产物。

影响岩石风化的环境因素非常复杂，主要的因素有温度、水、氧气、CO_2和生物，人类活动也是一个不可忽略的因素。岩石矿物的风化按作用因素和作用性质的不同，可分为物理风化、化学风化和生物风化三大类。事实上，这三类风化作用不是孤立进行的，通常是同时同地发生且相互影响。

(1) 物理风化作用

物理风化作用是指地表岩石矿物因温度变化和孔隙中水的冻融以及盐类的结晶而产生的机械崩解过程。其特点是被作用的岩石只有物理形状的改变，即只会由大变小，而不会引起岩石成分和性质的改变，按照其作用的介质不同，可分为以下三种：

①热力作用　地球表面受热因昼夜和季节的不同而变化，因而气温与地表温度均有相应的日变化和年变化。岩石是不良导体，岩石的受热层仅限于很浅的表层，由温度所引起的岩体膨胀和收缩过程的频繁交替，使岩石表层产生裂缝以至呈片状剥落。其次，昼夜温差的变化还将使岩石中具有不同膨胀系数矿物之间的连接力遭到破坏，使它们彼此分离(图2-2)。如粗粒结晶的花岗岩在温差大的地区容易产生破碎。

②冰劈作用　在寒冷地带、岩石的孔隙或裂隙中的水在冻结成冰时，由于体积的膨胀，可对其周围产生$960kg/cm^2$的压力，使得其裂隙加宽加深，当冰融化时，水分会往里渗入，到下一次结冰时，又使裂隙进一步加深加宽，这样频繁交替，使岩石逐渐崩解为岩屑(图2-3)。

图 2-2　在冷热变化条件下不同岩体差异胀缩导致的层状剥落和崩解

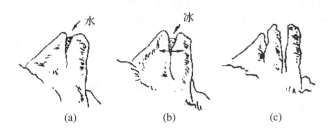

图 2-3　冰的冻结扩大了岩石的裂隙

③盐崩作用　当岩石缝隙中溶解着大量盐类矿物时，随着水分的蒸发，浓度逐渐达到饱和，盐类便再结晶，对周围裂隙壁产生巨大的压力，使岩石崩裂。另外，岩石中有些矿物，如 2∶1 型胀缩矿物蒙脱石吸水后膨胀显著，也能促进岩石的破裂。

物理风化是机械力作用的结果，除上述提到的外力作用，还有流水的冲击、风、冰川等自然动力对岩石的磨蚀，树根生长时对岩石造成的挤压作用，均能加速岩石的破碎（图 2-4）。物理风化的结果，产生许多岩石碎屑和细粒，虽然化学成分没变，但获得了岩石所没有的透水性和通气性。由于物理风化只是岩石在机械力作用下的破碎，产生的岩屑粒径一般都大于 0.1 mm，没有毛管作用，所以对水的保蓄性能很差。但是岩石经物理风化作用后，大大增加了与大气和水的接触面积，为化学风化创造了更为有利的条件。

图 2-4　风蚀形成的风蚀柱（a）和风蚀蘑菇（b）

（2）化学风化作用

化学风化作用是指岩石在水、CO_2、氧等作用下所发生的溶解、水化、水解、碳酸化和氧化等一系列复杂的化学变化作用，而水、氧、CO_2 对岩石作用的结果常是交叉进行的。

①水解作用　水解作用是水中呈离解状态的 H^+ 和 OH^- 离子与风化矿物中的离子发生交换反应，即由水电离而成的 H^+ 置换矿物中金属离子的作用。水解作用的强弱主要取决于水中 H^+ 的浓度，即水的解离度。影响水解离平衡的因素有两个：一是温度，温度升高水的电

离度增加，使 H^+ 浓度升高。故在不同的气候区和同一气候区的不同季节，因温度的不同，化学风化的强度和速率也不相同；二是水中溶解的 CO_2 和各种酸类，也可以加强水的解离，使 H^+ 浓度增加，实验证明，在含 CO_2 饱和水中的 H^+ 浓度要比纯水中高出 300 倍。

在水解过程中根据岩石矿物的分解顺序可分为几个阶段。以正长石为例，首先，脱盐基阶段。H^+ 交换出矿物中的盐基离子形成可溶性盐而被淋溶。

$$K_2Al_2Si_6O_{16}(正长石) + H_2CO_3 \rightarrow KHAl_2Si_6O_{16}(酸性铝硅酸盐) + KHCO_3$$

$$KHAl_2Si_6O_{16} + H_2CO_3 \rightarrow H_2Al_2Si_6O_{16}(游离铝硅酸) + KHCO_3$$

其次，脱硅阶段。矿物中硅以游离硅的氧化物离析，并开始淋溶。

$$H_2Al_2Si_6O_{16} + H_2CO_3 \rightarrow H_2Al_2Si_2O_8 \cdot 2H_2O(高岭土) + 4SiO_2 + CO_2$$

最后，富铝化阶段。矿物被彻底分解，硅酸继续淋溶，氢氧化铝富集。

$$H_2Al_2Si_2O_8 + 4H_2O \rightarrow 2Al(OH)_3 + 2H_2SiO_3$$

上述过程实质上是 H^+ 代换盐基离子的过程。这些过程虽有先后顺序性，但并非截然分开，在自然界往往同时进行。

水解作用的结果使一些金属离子溶于水后和 OH^- 离子一起被淋失，还有一部分金属离子被土壤胶体吸附。水解的另一部分产物是难溶解的黏土矿物及复杂的硅酸和铝硅酸的胶体。岩石中大部分矿物属于硅酸盐和铝硅酸盐类，它们是弱酸强碱化合物，因而水解作用较普遍。因此，水解作用是化学风化中最主要的作用与基本环节。

②水化作用 指无水的矿物与水结合，成为含水矿物。如：

$$CaSO_4(硬石膏) + 2H_2O \rightarrow CaSO_4 \cdot 2H_2O(石膏)$$

$$Fe_2O_3(赤铁矿) + nH_2O \rightarrow Fe_2O_3 \cdot nH_2O(褐铁矿)$$

矿物经水化后，硬度降低，体积增大，溶解度增加，呈易于崩解的疏松状态，同时也会对周围岩石产生巨大的压力，从而促进物理风化。

③溶解作用 水是一种极性溶剂，岩石中的矿物都是无机盐，在水中都将产生一定程度的溶解。例如，1 份质量的云母可溶于 340 000 份质量的水中，又如石英在常温下基本不溶于水，但在热水中，可溶解水重的 1/10 000。没有一种岩石或矿物是完全不溶于水的，不溶只是相对的。CO_2 遇水产生 H_2CO_3，可加强水对岩石矿物的溶解作用，例如，$Ca_3(PO_4)_2$ 不溶于水，但是经过碳酸作用可生成能溶于水的 $Ca(H_2PO_4)_2$。

$$Ca_3(PO_4)_2 + 2H_2O + 2CO_2 \rightarrow Ca(H_2PO_4)_2 + 2CaCO_3$$

矿物在水中的溶解度，主要由矿物本身的组成特性所决定的，也与温度、压力、pH 值等外界条件有关。因此，岩石中易溶解矿物的含量愈多，愈易风化。

④碳酸化作用 指溶解在水中的 CO_2 成为 H_2CO_3 溶液后，可促进其对岩石的水解作用。当水溶液中含有碳酸时，对碳酸盐的溶解较纯水增加几十倍。其反应如下：

$$CaCO_3(方解石) + CO_2 + H_2O \rightarrow Ca(HCO_3)_2(重碳酸钙)$$

重碳酸钙的溶解度高，能随水流失，当其蒸发干燥时，可脱水并放出 CO_2，再变为碳酸钙沉淀，这种反应在石灰岩地区非常普遍。一般 CO_2 充足时，反应可一直向右进行。

岩石中常见的硅酸盐矿物，几乎都因水中含有碳酸而促进其水解，产生较简单的物质。如正长石被碳酸作用，变成高岭石。

$$4KAlSi_3O_8(正长石) + 4H_2O + 2CO_2 \rightarrow 2K_2CO_3 + 8SiO_2 + Al_4[Si_4O_{10}][OH]_8(高岭石)$$

此化合反应在含 CO_2 的水溶液中的速率要比在纯水中快得多。

⑤氧化作用 空气中的氧，在有水的情况下氧化能力很强，其氧化作用是通过空气和水中的游离氧而实现的。岩石中许多变价元素在地下缺氧条件下常形成低价元素的矿物，在地表氧化环境下，这些低价元素（还原态）矿物极不稳定，容易氧化为高价元素（氧化态）的新矿物，使结晶构架破坏重组，以适应新的环境。如：

$$2Fe_2SiO_4（橄榄石）+ 3H_2O + O_2 \rightarrow 2Fe_2O_3 \cdot 3H_2O（含水氧化铁）+ 2SiO_2（氧化硅胶状）$$

硫化物被氧化后，生成含水氧化铁和硫酸，硫酸盐易溶于水，硫酸则又能促进其他矿物的分解作用，如：

$$4FeS_2（黄铁矿）+ 14H_2O + 15O_2 \rightarrow 2(Fe_2O_3 \cdot 3H_2O)（含水氧化铁）+ 8H_2SO_4$$

化学风化使岩石矿物发生分解，风化产物以胶体物质（黏土矿物）为主，也有简单盐类，使母质开始具有吸附能力，黏性和可塑性，并出现毛管现象，有一定的蓄水性。释放的简单可溶性盐基物质如 K_2CO_3、$Ca(HCO_3)_2$、$Mg(HCO_3)_2$ 等，成为植物养料的最初来源。

（3）生物风化

生物及其生命活动对岩石、矿物产生的破坏作用称为生物风化。从作用机理进行分析，又表现为物理风化和化学风化两种形式。

①生物的物理风化 主要表现为机械破碎作用，如树根在岩隙中的穿插与长大，穴居幼物的挖掘作用等。

②生物的化学作用 其表现为多方面。如生命活动与动植物残体的分解所产生的大量 CO_2，在水解和溶解作用中起着重要作用；生物活动所产生的有机酸（包括细菌作用所产生的腐殖酸）、无机酸（如固氮菌产生的硝酸、硫化细菌产生的硫酸等）对岩石的腐蚀，还有生物体对某些矿物的直接分解（如硅藻分解铝硅酸盐，某些细菌对长石的分解等），以及因生物的存在使局部温度、湿度及化学环境的改变，而使岩石矿物更易发生风化。

另外，人类活动如开矿、筑路、耕作等都会对风化作用有影响。

（4）风化作用中元素迁移顺序和风化作用的阶段性

①元素迁移顺序 在风化壳发展过程中，由于各元素的物理化学性质及生物活动的选择吸收性等原因，各元素的迁移序列发生迁移（表 2-3）。

表 2-3 移动性元素的迁移序列

元素迁移序列	组成元素	迁移值顺序指数[①]
最易迁移	Cl（Br、I、S）	$2n \cdot 10^1$
易迁移	Ca、Na、Mg、K	$n \cdot 10^0$
迁移的	SiO_2（酸盐的）、P、Mn	$n \cdot 10^{-1}$
微迁移的	Fe、Al、Ti	$n \cdot 10^{-2}$
几乎不移动	SiO_2（石英）	$n \cdot 10^{-\infty}$

①迁移值顺序指数：地表水、潜水的干流中某元素的含量与该区域岩石中相应元素的含量的比值。

②风化作用的阶段性 自然界的风化作用是一个由浅入深的连续过程，在不同地区，不同风化条件下，风化物处于不同的发育阶段。根据前苏联科学家 В·В·波雷诺夫的研究资料，可依据其元素的淋洗程度和代表性矿物的出现顺序，划分出不同的风化阶段（表 2-4）。

表 2-4 岩石风化阶段

顺序	阶段名称	从残积层中大量淋失的元素	堆积在残积层中的元素及化合物	残积层水化作用程度
1	碎屑阶段	无	无	弱
2	钙淀积阶段（饱和硅铝阶段）	Cl、S	$CaCO_3$、硅铝（铁）次生黏土矿物、蒙脱石、拜来石、白云母、绢云母	↓
3	酸性硅铝铁阶段	Cl、Ca、Na、Mg、K、S	$Fe_2O_3 \cdot nH_2O$、SiO_2（石英）、硅铝（铁）组次生黏土矿物，高岭石、多水高岭石、绿高岭石	
4	铝铁阶段	Cl、Ca、Na、Mg、K、S、SiO_2（硅酸盐）	$Fe_2O_3 \cdot nH_2O$、$Al_2O_3 \cdot nH_2O$、SiO_2（石英）、偏多水高岭石	强

注：引自 B·B·波雷诺夫。

a. 碎屑阶段：以机械破碎为主，化学风化不明显。风化物中细土粒很少，主要为粗大岩石碎块，只有最易淋失的氯和硫发生移动，属于风化的最初阶段。

b. 钙淀积阶段：所有的氯和硫都已从风化物中淋失，钙、镁、钠、钾等大部分仍保留在风化壳中，并且有一些钙在风化过程中游离出来，成为碳酸钙，淀积在岩石碎屑的孔隙中。风化物呈碱性或中性反应。这一阶段风化物中的黏土矿物以蒙脱石及部分水云母为主。在气候比较干旱的草原或荒漠地区，风化过程也常停留在这一阶段，风化物中的黏土矿物以水化度低的水云母为主，其次为蒙脱石。

c. 酸性硅铝阶段：在这一阶段，风化物遭到强烈的淋溶作用，风化过程中分离出的钙、镁、钠、钾都受到淋失，同时，硅酸盐与铝硅酸盐中分离出的硅酸也部分淋失。风化物呈酸性反应，颜色以棕、红棕为主。这一阶段风化物中的黏土矿物以高岭石和埃洛石为主。

d. 铝富集阶段：这是风化作用的最后阶段，此阶段中风化物受到彻底的分解与淋溶，黏土矿物也被破坏。淋溶物之中不仅有盐基，还有硅酸盐中的全部硅酸，残留的只是铁与铝的氧化物，形成鲜明的红色。

风化作用的阶段性受母岩岩性、气候、地形等因素控制，上述四个风化阶段是一个完整的风化过程，但在一定的气候区域，岩石风化过程，可能会长期停留在某一阶段，不一定都会进行到最后一阶段，也就是说岩石不一定会全部风化彻底。

(5) 风化产物的搬运与堆积

岩石经风化后所形成的母质，很少能够留在原地，大多数情况下，会经受各种自然动力（水、风、冰川、重力等）的一次或多次搬运到其他地方，形成各种沉积物。因此，风化产物按其成因可分为残积物和运积物两大类。残积物是指岩石风化后，基本上无动力搬运而残留在原地的风化物；运积物是指母质经外力，如水、风、冰川和地心引力等作用迁移到其他地区的物质，运积物又因搬运动力的不同可划分为不同的类型，它们的颗粒大小、磨圆度、分选性和层理性等有较大的差别（图 2-5）。

① 残积物　未经外力搬运迁移而残留于原地的风化产物。因风化产物未经搬运分选，故为杂乱堆积体，没有层理，颗粒组成极不均匀。根据气候条件，风化方式与风化程度以及岩石性质的不同，各地残积物性状有很大差异。有一个共同点就是残积物的性质与下层基岩相

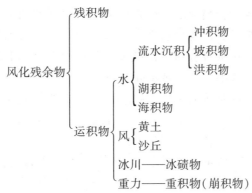

图 2-5 风化产物的搬运和类型

接近。如砂岩、石英岩因其中石英不易风化，风化后质地多偏砂性。辉长岩、玄武岩等基性岩石，缺少石英而含铁镁矿物较多，风化容易，风化后常形成铁质丰富、硅质少的黏重母质。花岗岩、片麻岩等富含石英的酸性岩石风化后形成的母质虽含砂粒较多，然而其中所含大量长石受化学风化而形成黏粒，因此，母质中粗细颗粒的分布比较均一。页岩主要由黏粒组成，易受风化，常形成黏性母质。石灰岩为含碳酸钙的岩石，常以化学风化为主，风化后常形成黏土，黏土矿物品质好者风化程度浅，钙质淋失亦较少，黏土矿物品质差者风化程度深，钙质淋溶而损失。

②坡积物 在重力和雨水冲刷的影响下，山坡上部的风化产物被搬运到坡脚或谷地堆积而成。其特点是搬运距离不远，分选程度差，层次不明显。具有良好的通透性，水分、养分也比较丰富，在这种母质上形成的土壤肥力一般较高，但坡积物的性质因山坡上部的岩石种类和所处气候条件的不同而有很大差异，对其所发育的土壤肥力产生影响。

③洪积物 由于山区暴发暂时性洪水，使岩石碎屑，砂粒、黏粒等物质在洪水的夹带下沿沟谷下移至山前平缓地带沉积而成。其外形多沿山谷成带状分布，以山谷出口为尖端向四处分散的扇状锥，分选性差。在山谷出口处沉积的主要是碎石、巨砾和粗砂等，沉积层较厚，层次不明显；在冲积扇边缘沉积的物质较细，多为细砂、粉砂或黏粒，沉积厚度渐减，层次也较明显。因此，由冲积扇顶部向扇缘推移，形成的土壤由粗变细，肥力渐高。

④河流冲积物 岩石的风化碎屑，受河流经常性流水侵蚀，搬运，在流速减缓时沉积于河谷地区的沉积物。因所处地势不同，沉积物的性质不同，在山地河谷，一般的沉积物多为砾石、砂粒，分选性差。在开阔的平原河谷沉积的物质较细，主要为细砂、粉砂、黏土等。此种沉积物分布范围广，所有江河的中下游两岸都有这种沉积物分布。其特点如下：

a. 成层性：由于季节性的雨量差异，各时期的河水流量和流速不同，搬运和沉积的物质颗粒大小不同，从而造成上下层质地的差异，形成水平层理和交错层理，具有明显的成层分选性。

b. 成带性：因河谷不同地段的流速不同，沉积物质的颗粒粗细不一致，表现为上游粗，下游细，近河床粗，远离河床则细。所以在同一河谷地区，不同区域的河流冲积物的质地会发生规律性变化，呈现成带性分布。

c. 成分复杂：由于河流冲积物分布广，物质来源于上游各地，故矿物种类多，成分复杂，养分含量较高，特别是下游的宽广冲积平原，多形成肥沃的土壤。

⑤湖积物　因湖水泛滥沉积而成的沉积物，分布在大湖的周围。由于湖水泛滥时水流较缓，故湖水沉积物质地较细，但仍有分选性。在水平分布上，表现为河口三角洲和湖岸处颗粒较粗，湖心处颗粒较细；在垂直分布上，温暖季节和雨水季节形成的沉积物较粗，寒冷季节和干旱季节形成的沉积物较细，常出现不同的质地层次。总的来说，此种沉积物养分丰富，水分状况也很好，因此可形成肥沃的土壤。我国几大内陆湖周围都为此沉积物。

⑥海积物　也叫海相沉积物，是由于海岸上升或江河入海的回流淤积物露出水面而形成。在我国东南沿海地区都可见到。各地海积物质地粗细不一，有全为砂粒的沙滩，也有全为细粒的沉积物，以质地细的养分含量高，质地粗的则低，但其都含有盐分。

⑦风积物　以风力作用为主的沉积物。一般可分为风成砂丘和风成黄土两大类。砂丘为风搬运砂粒，在前进途中遇障碍物或风速减低堆积而成。其特点是质地粗，水分和养分缺乏。黄土是疏松的微细土粒堆积层，颗粒成分属于粉砂质地，大小均一，大部分为粉粒（粒径为 $0.05 \sim 0.005 mm$），含少量黏粒，粒径 $>0.25 mm$ 的颗粒很少。黄土风化度低，含盐基成分丰富，是肥沃的母质。黄土的颜色为淡黄色，黄灰色至黄褐色，个别地区颜色较深。

⑧冰碛物　由冰川运动时夹带的物质沉积而成。其主要特点是无成层性和分选性，大块岩石碎屑、砂、粉粒及黏粒混存，在大的石砾上可以看到擦痕，此外，冰积物也可能是由于冰川融化的流水运积作用而形成的冰水沉积物，如我国长江以南分布面积较广的第四纪红色黏土，就属冰水沉积物。其特点是母质层深厚，质地黏细，呈棕红色，酸性强，养分较缺乏。是南方红壤重要的成土母质类型之一。

2.1.2.2　土壤与土壤母质

（1）母质与母岩

岩石经过风化作用后形成土壤母质。母质不同于母岩，不单纯是形状上的变化，而是母质产生了一些母岩所没有的新特性。

①由于物理风化使岩石的形状由大到小，从坚硬致密状态变为松散状态。这种物理状态的变化改变了岩石与水和空气的关系，使得母质产生对水和空气的通透性，为进一步风化作用的发生创造了条件。

②随着化学风化的进行，母岩彻底分解，次生黏土矿物不断形成，因黏粒之间具有毛管孔隙，使母质具有了持水性和保水性能，初步具备了肥力因素中的水、气、热条件。同时，由于黏粒的产生，大大增加了固体颗粒的表面积，使其具有了初步的吸附能力，为进一步发展肥力创造了条件。

③母岩经过化学风化作用，释放出可溶性盐基物质，为植物的生长发育提供所需的最初矿质养料。

（2）母质与土壤

母质并不等于土壤，因为母质还缺乏完整的肥力要素。

①作为土壤肥力重要因素之一的养分，在母质中还不能得到充分的保证，尤其是植物需要的氮素相对缺少。那些经风化作用后释放出来的矿质元素也是处于分散状态，常呈可溶性盐类随雨水淋失，母质所具有的吸附能力相对较弱，还不能令其保留下来，更不能在母质中积累和集中。

② 就母质中的水、气来说，母质对水和空气产生了通透性，并开始出现蓄水性，但并没有有机的统一起来。特别是水分与空气在母质中是对立的，水多必然导致气少。这种不协调的行为远不能满足植物对水、气的需要。

所以说母质是岩石和土壤之间的一个过渡体，它只是为肥力的进一步发展打下基础，为成土作用的进行创造了条件。

(3) 母质风化程度与土壤肥瘦的关系

风化作用产生的各种母质，是在不同的环境条件下，经过不同的风化阶段形成，其风化程度是不相同的。

如图 2-6 所示，各种原生铝硅酸盐矿物在不同环境条件下经历的风化阶段和风化过程。在化学风化过程中，首先失去碱性元素，进一步转变为碳酸盐类被淋溶，同时产生次生黏土矿物，如水化云母、蛭石、绿泥石等，这一过程称为脱盐基作用。然后铝硅酸继续水解，分解出胶状氧化硅，在碱性环境中也可以被淋溶，形成蒙脱石、高岭石类黏土矿物，此过程称为脱硅作用。脱硅作用在湿热气候条件下进行得更快更完全，高岭石类黏土矿物继续分解，硅酸进一步淋溶，只剩下氢氧化铝和高价铁的胶体矿物于母质或土壤中富集起来，前者形成铝土矿，后者形成赤铁矿。这一过程称为富铝化过程。由于赤铁矿是一种红褐色的胶状矿物，它的聚集使母质或土壤染成了红色，所以这一过程又称为红土化过程。

母质的风化程度反映在黏土矿物的类型和盐基离子的淋溶程度上。风化度浅的母质，黏土矿物以水化云母和蛭石类为主，硅酸和盐基淋失少。风化度深的母质，黏土矿物以高岭石类为主，盐基和硅酸淋失多，氢氧化铁和氢氧化铝相对地在母质中累积起来。因此，可用母质中黏粒的硅铝铁率(Saf)作为指标来推断母质的风化程度。硅铝铁率是指黏土矿物中 SiO_2/R_2O_3 的分子比率(其中 R_2O_3 表示 $Fe_2O_3 + Al_2O_3$)。

$$硅铝铁率(Saf) = \frac{SiO_2}{R_2O_3} = \frac{SiO_2}{Fe_2O_3 + Al_2O_3}$$

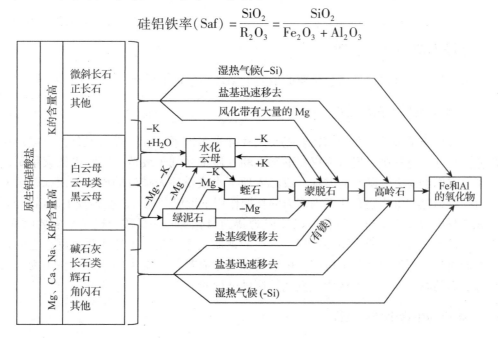

图 2-6　母质的风化程度与土壤肥瘦的关系

硅铝铁率值大，母质的风化程度低，淋溶弱，含盐基丰富，黏土矿物以 2:1 型为主，吸水、保水、保肥力强，土质较好。硅铝铁率值小，母质的风化程度高，淋溶强，盐基大量淋失，土壤呈酸性反应。黏土矿物以 1:1 型和铁铝氧化物为主，保水、保肥性能较差，发育形成的土壤肥力较低。

2.2 土壤的形成

土壤是成土母质在一定水热条件和生物因素的共同作用下，经过一系列物理、化学和生物化学的作用而形成的。在这个过程中，母质和成土环境之间发生了一系列的物质、能量交换和转化(图 2-7、图 2-8)，形成了层次分明的土壤剖面，出现了肥力特性。土壤作为一种自然体，与其他自然体一样，具有其本身特有的发生和发展规律。

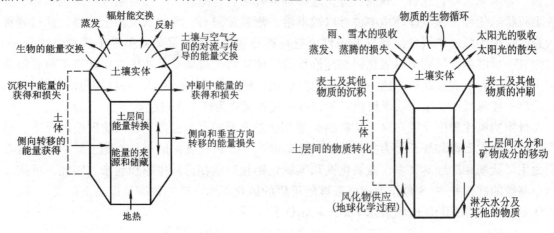

图 2-7　土壤形成过程中能量转换　　图 2-8　土壤形成过程中物质迁移转化

2.2.1 土壤形成的基本规律

土壤形成的基本规律是地球上物质的地质大循环与生物小循环过程的矛盾和统一。

2.2.1.1 物质的地质大循环过程

坚硬的岩出露地表后，受太阳辐射能及大气降水等因素的作用进行风化，形成疏松多孔体的母质。在这一过程中，岩石不仅在形态上和性质上受到了改造，同时也把大量矿质养分释放出来，它们经受大气降水的淋洗，或渗入地下水或受地表径流的搬运作用，直至成为各种海洋沉积物，这些沉积物在地壳内营力的长期作用下形成沉积岩。受地壳上升运动的影响，这些沉积岩露出海面再次进行风化，以致成为新的风化壳——母质。这是个需要时间极长，范围极广的过程，称为地质大循环过程。物质的地质大循环是一个地质学过程，它的特点是经历的时间极长，所涉及的范围极广，植物营养元素有被向下淋失的趋势。在生物未出现之前，地球表面的物质循环，可认为一直就是这样进行的。

2.2.1.2 物质的生物小循环过程

物质的生物小循环是有机物质的合成与分解的对立统一过程。当地球上出现生物有机体时，该循环就存在于自然界。岩石矿物的风化作用形成了疏松多孔的成土母质，为植物生长提供了物质基础。最初生长在母质上的是对肥力要求不高的低等生物，例如，类似化能自养性细菌的微生物，它们利用大气中的 CO_2 为碳素营养来源，从母质中吸取数量不多的磷、钾、钙、镁、硫等元素，通过氧化母质中的无机物取得合成有机质的能量进行生长繁殖，经过漫长岁月的富集，使母质积累了有机质和养分元素，特别是固氮细菌的发育，使土壤中氮素进一步积累，肥力水平不断提高，生物群落也相应地交替和发展。随后出现的是地衣、苔藓，最后进化到高等绿色植物，它们利用太阳能把二氧化碳和水合成有机物质，使土壤有机质不断累积和丰富；而且高等绿色植物具有庞大的根系（特别是木本植物），能把深层分散的养分吸进植物体内，植物死亡后以有机残体状态积累在土壤表层，在微生物作用下，一部分进行分解，将保留于有机物中的化学能和养分转化为热能和矿质养分，供植物生长繁衍再利用，另一部分有机质转化为腐殖质，腐殖质比较稳定，使土壤保留了植物所需的营养元素，并促进土壤结构的形成和发育，大大提高了土壤肥力。可见，生物小循环过程不仅控制了自然界养分元素无限制的淋失，同时也使自然界有限的营养元素得到无限的利用，丰富了自然界物质与能量的转移，聚积和转化的内容，从根本上改变了母质的面貌，使母质转化成土壤，并促进土壤从简单至复杂，由低级到高级不停地运动和向前发展。生物小循环过程是一个生物学过程，其特点是时间短，范围小，植物营养元素有向上富集的趋势。土壤的形成和肥力的发育是地质大循环和生物小循环相互作用的结果（图 2-9）。

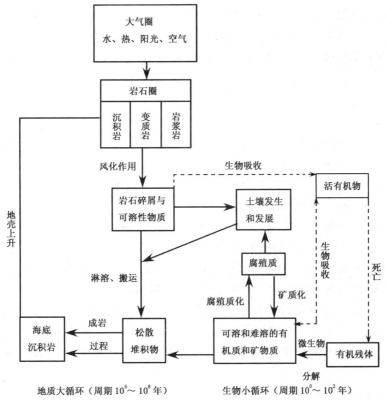

图 2-9　地质大循环与生物小循环

2.2.1.3 地质大循环和生物小循环的关系

以植物营养元素的运动方向来看，生物小循环与地质大循环是相互矛盾的，然而二者又是相互关联，相互统一的。因为地质大循环是营养元素淋失过程，生物小循环是营养元素集中累积的过程，所以是相互矛盾的，但是生物小循环以地质大循环为前提条件，没有地质大循环，岩石中营养元素不能释放，生物无法生活，生物小循环不能进行。但是，从土壤形成的角度来看，生物小循环是必备条件，没有生物小循环，养分元素和有机质不会积累，土壤肥力不会产生。因此，土壤的形成、土壤肥力的产生和发展，必须要求两个循环同时存在，在人类合理地利用土地、改造土壤的条件下，如增施有机肥、种植绿肥、合理耕作，以及兴修水利、平整土地、修筑梯田、植树造林等，均为有意识地调节和促进生物小循环中的生物累积作用，控制地质大循环的地质淋溶作用，建立良好的土壤生态系统，有力地促进植物和土壤间的物质交换，使土壤肥力不断提高。

2.2.2 土壤形成因素

土壤是在自然界各种因素的作用下发育而成的自然体。早在19世纪末，俄国土壤学家В·В·道库恰耶夫根据在欧亚大陆大范围勘察工作中的发现指出：土壤是地理景观的一部分，又是地理景观的一面镜子，这面镜子清晰地反映出水分、热量、空气、动植物对于母质长时间综合作用的结果。后来他又进一步提出母质、气候、生物、地形和时间是土壤形成的主要因素，创立了土壤形成因素学说，奠定了土壤发生学理论基础。这一理论不断地为后来的土壤科学工作者所发展，使土壤学形成一门独立的自然科学。现将这些因素对成土作用的影响分述如下：

2.2.2.1 母质

从理论上讲，土壤是一个开放系统，母质就是这个接受和移出物质及能量的开放系统的原始体。也就是说，土壤是以母质为基础，在不断地同生物界（包括动物、植物、微生物）和大气因素（包括光、热、水分、空气）进行物质和能量交流或交换过程中产生的。所以，母质在土壤形成过程中具有十分重要的作用。

母质对于土壤形成的重要影响，可从下列几方面加以阐明：

① 总的说来，母质一方面是构建土体的基本材料，是土壤的骨架；另一方面它是植物矿质营养元素的最初来源。因此，从这一方面来说，母质同土壤之间存在血缘关系。

② 母质对土壤形成过程的影响，首先表现在它的矿物组成和化学组成上。例如，在温暖湿润气候条件下，花岗岩风化形成的土壤含石英多，含铁锰矿物少，土壤盐基离子少，多呈酸性反应，这是因为花岗岩是酸性岩，硅铝含量高，铁镁等盐基离子少。闪长岩及辉长岩等中性岩或基性岩风化形成的土壤，一般富含丰富的钙和磷，盐基含量较为丰富，土壤多为中性。

③ 母质的机械组成决定了土壤的机械组成。由残积母质发育形成的土壤，其机械组成与岩石的风化特性和矿物组成密切相关，如花岗岩风化物含有大量的石英颗粒，形成的土壤多含砂粒；石灰岩风化物发育的土壤，黏粒含量高，土壤质地黏重。河流冲积母质发育的土壤

多是砂黏土层相间的，洪积母质发育的土壤常含有粗大的角砾，湖积母质发育的土壤以黏粒和粉砂粒为主。

④母质的透水性对成土作用有显著影响。水分在土体中的移动是促进剖面层次分化的重要因子。砂性母质，透水性强，水分运动快，化学风化作用较弱，可淋溶物质少，但向下淋移快，剖面分异不明显。壤性母质有适当的透水性，在水分下渗的影响下，母质易发生化学风化，风化产物随水下移淀积，从而发生层次分化。黏性母质由于透水不良，水分在土壤中移动缓慢，土壤物质由上向下的垂直淋移慢，剖面发生分异也慢。

⑤母质的层次性可长期保存在土壤剖面构造中。如河流冲积母质具有明显的砂黏相间的质地层次，所发育的土壤就保留有母质的这种质地层次特性，在泛滥平原土壤中常可见到这种特征，这是母质先天性的残迹。

2.2.2.2 气候

气候决定着成土过程的水、热条件。水分和热量不仅直接参与母质的风化过程和物质的地质淋溶过程，更重要的是它们在很大程度上，控制着植物和微生物的生长，影响土壤有机物的积累和分解，决定着养料物质的生物小循环的速率和范围，所以气候是土壤形成和肥力发展过程中最重要的环境因素（图 2-10）。

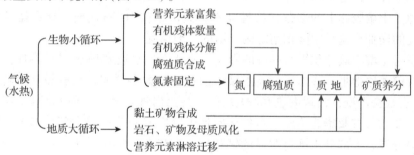

图 2-10　气候条件对土壤形成过程的影响

（1）气候影响土壤有机质的含量

由于各气候带的水热条件不同，造成植被类型的差异，导致土壤有机质的积累分解状况不同，以及有机质组成和品质的不同。一方面，当降水量和其他条件保持不变时，温带地区土壤的有机质含量随着温度的增加而减少。如中国温带地区，从北而南，从棕色针叶林土→暗棕壤→褐土，土壤有机质含量逐渐减少。但不能把这个规律随意推到赤道地区，许多湿润热带的土壤含有较高的有机质。另一方面，当温度保持不变，其他条件类似的情况下，随着降水量的减少，土壤有机质含量降低。如中国中温带地区自东而西，由黑土→黑钙土→栗钙土→棕钙土→灰漠土，有机质含量逐渐减少。不难想象，这是因为随降水量的减少，草被高度和覆盖度逐渐降低，生物量减少的必然结果。这种变化趋势在草原植被土壤中比森林植被土壤中表现得更明显。

从生物量来看，中国华南地区土壤有机质含量应高于东北地区。因为华南地区高降水量结合高温与长生长季节导致植物茂盛生长，产生大量有机物质。然而实际上，东北地区土壤的有机质含量一般高于华南地区。其原因是，在华南地区，温暖季节长，有利于有机质的分解，而东北地区，漫长寒冷的冬季抑制了微生物对土壤有机质的分解。土壤有机质含量取决于有机质已有合成与分解过程的动态平衡，这个平衡受控于水热条件的共同作用。因此，土壤有机质在水热中等指标值的地区，即温带最多。

(2) 气候影响土壤的化学性质和黏土矿物类型

①气候与土壤黏土矿物类型的关系　岩石中原生矿物的风化演变规律，即脱钾形成伊利石，缓慢脱盐基形成蒙脱石，迅速脱盐基形成高岭石，直至脱硅形成三水铝石。这些过程与风化环境条件，即气候条件有关；中国温带湿润地区，硅酸盐矿物缓慢风化，土壤黏土矿物一般以伊利石、蒙脱石、绿泥石和蛭石等2:1型铝硅酸盐黏土矿物为主；亚热带的湿润地区，硅酸盐矿物风化迅速，土壤黏土矿物以高岭石或其他1:1型铝硅酸盐黏土矿物为主；在高温高湿的热带地区，硅酸盐矿物剧烈风化，土壤中的黏土矿物主要是三氧化物、二氧化物。

②降水量与土壤阳离子交换量的关系　随着降水量的增加，土壤阳离子交换量呈增加的趋势。这是因为土壤阳离子交换量直接与有机质含量、黏粒类型及其含量有关。但这种规律只发生在温带地区，不能外推到热带。热带地区由于黏土矿物是以三氧化物、二氧化物为主，土壤阳离子交换量并不高。同时，在同一气候条件下，土壤阳离子交换量和成土母质有关。

③降水量与盐基饱和度、土壤酸碱度的关系　在年降水量少而蒸发迅速的地区，通过土壤下行水量很少，不足以洗掉土壤胶体上的代换性盐基，土壤盐基饱和度大多是饱和的，土壤呈中性或偏碱性，这是中国中部和北部地区的一般情况。在较湿润地区，土壤中下行水量较大，淋洗掉了土壤胶体上的部分代换性盐基，其位置被H^+所代换，导致盐基饱和度的降低和土壤酸度的增加，这是中国东南地区土壤的一般情况。

④降水量对土壤中盐分积累与淋洗的影响　降水量的变化影响土壤易溶性盐的多少，在西北荒漠和荒漠草原地带，降水稀少，土壤中的易溶盐大多累积，只有极易溶解的盐类，如$NaCl$、K_2SO_4有轻微淋洗，出现大量$CaSO_4$结晶，甚至出现石膏层，而$CaCO_3$、$MgCO_3$则根本未发生淋溶，在内蒙古及华北草原、森林草原带土壤中的一价盐类大部分淋失，两价盐类在土壤中有明显分异，大部分土壤有明显的钙积层。在华东、华中、华南地区，两价碳酸盐也都淋失掉，进而出现了硅酸盐的移动。

2.2.2.3 生物

生物在五大自然成土因素中起主导作用，严格地说，母质中出现了生物后，才开始成土过程。土壤生物包括植物、动物、微生物，其中绿色植物在成土过程中的作用是巨大的。

(1) 绿色植物在成土过程中的作用

首先，岩石风化所形成的母质，产生了大小不等的矿物颗粒，对养料有一定的吸附和保蓄作用，但这种作用只是暂时性的，被吸附的养分有再被雨水淋失的可能，再者，这种吸附性是发生在土壤母质整个层次中，不可能使分散的养料集中到母质的表层，而使表层的养料丰富起来。因此，它不能单独完成集中和保蓄植物所需养料的任务，只有生物特别是绿色植物生长之后，风化过程中释放出来的植物养料才有集中保蓄的可能。这是因为生物有选择吸收的性能。植物在生长过程中主动地吸收它所需要的营养元素，经过新陈代谢作用合成有机物，组成了自己的体躯，当其死亡后，则留在表层中，这样就逐渐调整或消除母质层中各种营养元素比例失调的现象，为植物生活创造了有利条件。如地壳中钠为2.78%，钾为2.58%，而土壤中钠为0.58%，钾为0.95%。另外，海水中钠盐远比钾盐为多，这就说明钾素的淋失程度比钠要低，其中植物对钾的选择吸收也有一定影响。

其次，植物有集中养料的能力，因为植物根系在土层中的分布是：质量自上而下减少，长度是自上而下增加，愈往下根的长度和须根数量大为增加（图2-11）。植物吸收养分是靠须根进行的，由于根系的这种分布状况，因此，根系吸收养分就像河流的水从支流汇入主流那样，把分散在土壤底层中的养料向上运送，集中到土壤的表层中来。这样，通过植物根系的吸收作用，把分散的养料集中在土壤表层。

再者，植物有保蓄养料的能力。因为植物吸收养料，其目的是为了它本身生长发育的需要。因此，养分被植物吸收之后，被固定在植物体中，植物不死亡，植物残体不分解，就不致随雨水淋失。

另外，植物在土壤形成中的作用还表现在：植物根系的伸展穿插对土壤结构的形成作用和根系分泌物在土壤中引起一系列的生物化学作用和物理化学作用。

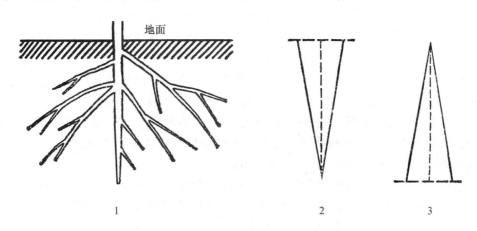

图2-11 土壤中植物根的质量与长度分布
1. 总分布状况　2. 质量分布　3. 长度分布

绿色植物可以分为木本植物和草本植物，它们对土壤形成的影响是不同的。

①木本植物在成土作用中的主要特点　木本植物是多年生植物，在天然条件下，每年只有少量枯枝落叶和花果凋落，这些残落的植物组织堆积在地面，形成枯枝落叶层，底部呈半腐烂状态，整个枯枝落叶层不含矿质土粒，具有弹性，疏松多孔，透水通气，有利于天然淋洗过程的进行，适于好气微生物活动。

木本植被下的土壤，有机质积累主要来自木本植物地上残落物质的分解，形成的腐殖质层较浅薄，表层以下土壤有机质含量锐减，形成腐殖质的胡敏酸和富里酸的比值（HA/FA）低。

针叶林和阔叶林对土壤形成发育的影响有一些差异。针叶林的残落物含单宁、树脂较多，这些物质在真菌的分解下，产生多种酸性物质，加上针叶的灰分含量低，且以 SiO_2 为主，产生的酸性物质不能被中和，这些酸性物质一方面抑制细菌活动；另一方面对矿质土粒进行酸性浸提，使其中的钙、镁、铁、铝、锰等盐基离子溶出，产生直接淋溶或螯合淋移，由于有颜色的铁、锰化合物淋移，使土壤亚表层变为灰白色。整个土壤呈酸性或强酸性反应，矿质养分贫乏，形成的腐殖质以富里酸为主。阔叶林的残落物含单宁和树脂较少，而含有较丰富的钙、镁等灰分元素，因此凋落物分解产生有机酸少，且多被盐基中和，削弱了酸性淋溶过程，所形成的土壤含有一定盐基，酸性弱，甚至呈中性。形成的腐殖质以胡敏酸为主。

②草本植物对成土过程的影响 草本植物大多为一年生植物，多年生的草本植物也只有少量的地下茎和潜匿芽可以越冬，因此草本植物每年归还土壤有机物质数量较多，不仅有枯死的茎叶残留地表，还有数量巨大的死亡根系残留于土壤内，形成的腐殖质数量多，腐殖质层较深厚，且从土表向下是逐渐减少的。

由于草本植物的有机物质含单宁和树脂少，木质素含量较木本植物低，纤维素含量较木本植物多，在腐烂分解过程中产生的酸性物质较少，并迅速为盐基所中和，有利于细菌繁殖生长，所形成的腐殖质以胡敏酸为主，品质较高。草本植物根系比较发达，表土中须根密布，在大量腐殖质及活根分泌的多糖作用下，通过强大根系的挤压切割，使土壤逐渐形成良好的团粒结构。草本植物下形成的土壤肥力一般较森林植被下土壤肥力高。

草本植物按其生长环境可分为草甸草本植物和草原草本植物。它们对土壤形成的作用也不相同。

草甸植物生长于较湿润的气候环境，受地下水或临时地下水涵养，一个生长期从春季到秋末，生长期长，植被生长繁茂，合成的有机物质数量多。在植物生长期间，虽然土壤温度较高，但湿度较大，有机残体只能在嫌气或半嫌气条件下分解，不可能被强烈分解而彻底矿化；在整个冬季，由于土温低，微生物活动停止，土壤有机质很难分解。这样，土壤有机质不断累积，逐渐形成深厚的腐殖质层。这种成土过程称草甸腐殖质聚积过程。例如，黑土、草甸土的腐殖质层都是在这种成土过程下形成的。

草原草本植物生长在气候比较干旱，全年降水分配不均，不受地下水影响的土壤上，越冬芽和种子只有在降雨来临的初夏才开始萌发，雨季内植物进入生长盛期，夏末秋初，降水锐减，土壤变干，植物迅速开花结实死亡，整个生长期较短。从初春到秋末土壤通气良好，土温高，有利于枯死有机体的好气分解，所以在草原草本植物下形成的土壤腐殖质层浅，有机质含量少，但矿质营养丰富。这种成土过程称为草原腐殖质聚积过程，例如，栗钙土、棕钙土的腐殖质聚积过程。

(2) 微生物在土壤形成中的作用

微生物是土壤形成过程中最重要的参与者，其作用表现在以下几个方面。首先，微生物是土壤有机物的分解者，进入土壤的各种有机物在微生物的作用下逐渐分解，释放养分。其次，微生物又是土壤腐殖质的合成者，有机物的分解产物在微生物的作用下进一步合成为腐殖质，其后又进行分解，这样就构成了土壤的生物小循环，使土壤中有限的矿质养分发挥无限的营养作用。再者，部分微生物具有从大气中固定氮素的能力，对土壤氮素的累积有一定作用。有机残体分解合成的腐殖质，与矿质土粒紧密结合，可促进良好土壤结构的形成，改善土壤的理化性质，推动了土壤肥力的发展。可见土壤微生物在土壤形成中的作用也是很重要的、多方面的，它与绿色植物一起协同在土壤形成过程中发挥作用。

(3) 动物在土壤形成中的作用

土壤原生动物中的变形虫和纤毛虫都是食菌的，不能分解土壤中其他有机质，但其中鞭毛虫能够分解土壤有机质；土壤动物中线虫类，有一部分能分解土壤有机质；转轮虫对有机质分解能力相当强。

土壤中的无脊椎动物种类很多，数量很大，每公顷土壤中可有数千个到几十万个，其中各种昆虫及其幼虫、蚯蚓、蚁类、蜘蛛等对翻动土壤及分解土壤有机质作用很大。脊椎动物中的鼠类、蜥蜴、鳝鱼、蛇、獾等翻动土壤能力强。

土壤动物一方面以其遗体增加土壤有机质；另一方面在其生活过程中搬动和消化其他动物和植物有机体，分解有机质，并使之拌和于土壤中，引起土壤有机质深刻的变化。如蚯蚓每年生长量大，它翻动土壤，将吃进的有机质和矿物质混合，形成很好的粒状结构，改变土壤物理性质，促使土壤肥沃。在蚯蚓繁殖量很大的许多温带土壤，其通气透水性得到很大改善。

2.2.2.4 地形

地形指地表的形态特征，不是具体的物质。地形不直接对土壤的形成产生影响，而是间接地影响土壤的形成过程，故可将地形看成是土壤形成的间接环境因素。地形通过对水分和热量的重新分配以及对母质类型的影响而影响成土过程(图 2-12)。

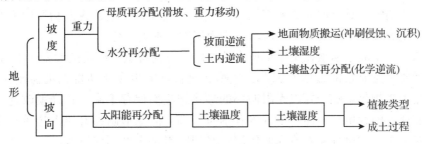

图 2-12 地形对土壤母质、水、热的再分配

(1) 地形对土壤水分的再分配

在相同的降水条件下，地面接受降水的状况因地形不同而异，在平坦地形上，接受降水相似，土壤湿度比较均匀；在丘陵顶部或斜坡上部，则因径流发达，又无地下水涵养，故常呈局部干旱，且干湿变化剧烈。斜坡下部，由于径流水及土体内侧渗水的流入，经常较为湿润；在洼陷地段、碟形洼地或封闭洼地，不仅有周围径流水及侧渗水的流入，而且地下水位较高，常有季节性局部积水或滞涝现象。不同地形部位，土壤水分条件不同，成土过程也不一样。

(2) 地形对热量的再分配

在山地和丘陵，南北坡接受的光热明显不同。在北半球，南坡日照长，光照强，土温高，蒸发大，土壤干燥，北坡则正相反。所以南坡和北坡土壤发育强度和类型均有区别。海拔高度影响气温和土壤热量状况，通常中纬地区，海拔升高 1 000m，气温下降 6℃，所以海拔越高，气温和土壤温度越低。在高山、高原地区特别明显。

(3) 地形对母质的再分配

类似于地形对土壤水分的再分配。由于地形条件的不同，岩石风化物或其他地表沉积体会产生不同的侵蚀、搬运、堆积状况。通常，陡坡受冲蚀影响，土层薄，质地粗，养分易流失，土壤发育度低。坡脚和缓坡产生堆积，土壤性质与陡坡正好相反。在干旱气候环境中，由于地形条件不同，土壤盐分发生再分配，导致盐渍化程度的差异。在微起伏的小地形区，高凸地由于蒸发强烈，表土积盐现象特别严重，一般垄作区的垄台较垄沟积盐严重。

2.2.2.5 时间

时间是一切事物运动变化的必要条件。土壤的形成和发展与其他事物运动变化形式一样是在时间中进行的，也就是说，土壤是在上述母质、气候、生物和地形等成土因素综合作用影响下，随着时间的进展而不断运动和变化的产物，时间愈长，土壤性质和肥力的变化亦愈大。

关于土壤形成的时间因素，威廉斯曾提出土壤的绝对年龄与相对年龄的概念。就具体土壤而言，它的绝对年龄应当从在当地新风化层或新的母质上开始发育的时候算起，而相对年龄则可由个体土壤发育的程度来决定。一般来说，土壤的绝对年龄愈大，则相对年龄也愈大。然而，由于土壤形成空间因素经常有很大变动，虽然有的土壤绝对年龄相近，但因成土条件不同，土壤发育的程度即相对年龄可能有很大变化，表现出土壤类型不同和性质上的差别。如在河漫滩地上，土壤由近代冲积物发育而成。高河漫滩地，其形成时间早于低河漫滩地，故土壤剖面分化明显，具有明显的淋溶层和沉积层。低河漫滩地，成土物质因冲刷、沉积作用经常变换，土壤发育时间处于初始阶段，剖面层次基本无分化。

由上可知，每个成土因素在土壤形成中的作用各有其特点。母质是形成土壤的物质基础，气候中的热量要素是能量的最基本来源，生物通过自己的生命活动将无机物转变为有机物，把太阳能转化为生物化学能，并以无限循环的形式把它们保存下来，这样就改造了母质，形成了土壤。而地形因素虽与上述几个因素有本质差别，但地形制约着地表物质和能量的再分配，间接地对土壤形成过程起着不同的作用。时间因素是土壤形成过程的一个条件，任何一个空间因素或它们的综合作用的效果都随时间的延伸而加强。但各个成土因素也不是孤立地起作用，它们之间是相互制约、相互渗透、相互影响的关系，它们既是相互矛盾的个体，又是共同完成土壤形成过程的整体。在这个整体中，它们是同等重要，彼此不可代替的，但生物因素是主导着土壤及其肥力形成的最基本因素。

由于各个成土因素之间的这种相互作用关系，土壤的发生条件更趋于多样性和复杂性，使一些大的土壤类别产生了某些属性的分异，形成了各式各样的土壤。

2.2.3 人类生产活动对土壤形成的影响

自人类有耕种历史以来，便在自然土壤上进行开垦，人的力量参与了土壤的形成过程，使土壤迅速从自然土壤阶段转变为农业土壤阶段。人类活动对土壤形成的影响主要表现在：自然植被破坏，土壤裸露，遭受大气、水、热的作用加剧，有机质分解加快，难于积累；表土直接受雨水的打击，冲刷加剧，淋溶流失不断深入底层；木本植物被栽培植物代替，根系活力减弱，自然土壤阶段的疏松层次和稳定的团粒结构，遭到开垦的破坏，水分的运动速率和保持能力发生根本的变化，尤其是栽培植物周期短，更替快，养分积累慢，致使土体中热、水、气、肥变化大，与自然土壤阶段形成鲜明的对比。但人类的进步必然体现在利用与改造自然土壤上。自然土壤的开垦就是通过人的智慧和力量，使其创造更多的产品，为人类服务。所以农业土壤既是自然土壤的发展，又是人类劳动的产物。农业土壤肥力的发展在一定程度上仍然受自然条件的影响，但更重要、更深刻地受着人类各项农业技术措施的影响。如农、林、牧业的发展，耕作施肥，灌溉排水，平整土地、改造地形以及经营管理等措施，有利于定向培育高度肥沃的土壤。

首先是栽培作物。作物在其生长发育过程中，一方面从土壤中吸收水分、养分等营养物质；另一方面又以自己的残根、落叶和根系的分泌物质补给土壤。同时，根系的机械作用往往又影响土壤的结构性能，改善土壤的理化和生物性状。不同的作物，上述作用的相对强度不同，对土壤性质的影响也不同。例如，栽培豆科作物，因为有根瘤菌的活动而增加了土壤的氮素营养。我国农民正是根据各种不同作物对土壤的反应来搭配品种，合理轮作，调节土壤肥力，以达到用地和养地的目的。

其次是耕作，创造了疏松的耕作层，增加土壤的通透性，解决水分与空气同时存在、同时供应的矛盾。尤其是深耕，为作物根系生长和有益微生物的生活创造了良好环境条件。深耕使作物根系发达，加强了作物对底层养分的吸收与生物的累积，同时微生物活跃，加速了有机质的分解与合成作用。

耕作结合施肥，改善了土壤的养分条件，使更多的营养元素加入到生物循环中去，尤其是有机肥的加入，改善了土壤的物理性、生物性，发展了微生物区系，补充了土壤中能量的来源，加强了生物循环的物质基础，使肥力迅速提高。

合理灌溉与排水，是人类有意识地控制土壤水分状况，并通过土壤水分来调节土壤的空气状况和温度条件，促进有机质的合成与分解，以满足作物生长的要求。

此外，平整土地，修筑梯田，以及其他各项改良土壤的措施，均是直接或间接消除与削弱影响土壤肥力发挥的限制因素。例如，盐碱土排水洗盐，就能消除盐分的危害，而强酸性的土壤施用石灰，可消除土壤酸性的危害。

当然，不合理利用土壤资源常常会导致土壤资源遭受极大破坏，土壤肥力下降。例如，毁林开荒、破坏草原，引起土壤侵蚀，土地沙化，气候变坏；不合理灌溉引起土壤次生盐渍化；工业的废液、废气、废渣会对土壤造成污染；不合理耕作也会造成土壤肥力下降和退化等。

综上所述，人类适当的农业生产劳动，改变了自然因素的分量与对比关系，改变了土壤热、水、光、气、养分的相互关系，克服了不利于作物生长的条件，使土壤肥力逐步恢复并得到提高。这就是说，农业土壤的肥力演变规律，是由土壤的熟化过程来决定的。所谓土壤的熟化过程，就是土壤在正确的耕作制度下，通过耕作、施肥、灌溉、排水等各项农业技术措施和土壤改良措施，改善土壤的理化生物特性，定向地培育肥力的一个过程。这个过程使土壤具有良好的耕性和生产性能，创造有利于作物生长发育的良好条件，保证获得高额和稳定的作物产量。所以土壤的熟化过程，简单地说，就是恢复和提高土壤肥力，提高作物产量的过程。因此，土壤熟化过程主要是指土壤在人类定向培育影响下，使生土变熟土，死土变活土，再由活土、熟土变为肥土和油土等一系列的土壤变化过程。所谓生土是指对未进行农业生产的自然土壤和已进行农业生产的耕作层以下的土壤而言。死土是指土性恶劣、不利于耕作或土中有毒质，不利于作物生长的土壤。活土和熟土是指土壤经过利用和改良，具有一定的肥力，作物得以正常生长的土壤。至于肥土和油土则是经过精耕细作、培养地力，土壤的理化生物性质良好、熟化程度和肥沃性更高的土壤。

由此可见，土壤的熟化不仅包括自然土壤的熟化，也包括了农业土壤不断提高土壤肥力的熟化过程,如关中地区塿土的形成,是几千年来人类反复耕种、施肥,特别是大量施加质地粗松的"土粪"的结果(图2-13)。

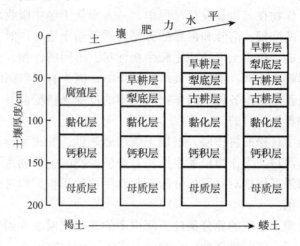

图2-13 关中地区褐土开垦变成塿土

2.2.4 土壤层次发育

土壤在其形成过程中,由于自然因素和人为因素的影响,土体中出现了物质的迁移和沉积,土壤从上向下无论在成分上或形态上都发生了显著的分异,使土体分化为不同的层次,这种层次称为土壤发生层。各发生层的组合,称之为土体构型或土壤剖面构型。

所谓土壤剖面是指从地表向下挖掘而暴露出来的垂直切面。它是外界条件影响内部性质变化的外在表现,是土壤发生发育的结果。不同土壤由于其形成条件的不同,土体内部物质运动的特点不同,土壤剖面形态特征也不同。因此,通过土壤剖面的研究,可以了解成土因素对土壤形成过程的影响,以及土壤内部物质的运动、迁移和沉积等特性在土壤外部形态上的表现,所以研究土壤剖面是研究土壤性质、区分土壤类型的重要方法之一。

2.2.4.1 自然土壤剖面

自然土壤剖面一般可分为四个基本层次,即覆盖层、淋溶层、淀积层和母质层,每个层次又可进行细分(图2-14),现将这些基本层次分述如下:

(1)覆盖层

代号 A_0(国际代号为O)。这一层由枯枝落叶所组成,在森林土壤中常见。厚度大的枯枝落叶层可再分为两个亚层:其上部为基本未分解的,保持原形的枯枝落叶,代号 A_{00};下部为已腐

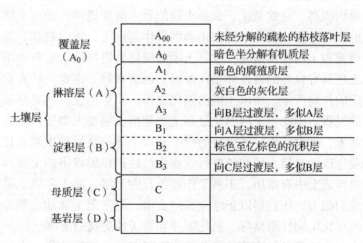

图2-14 自然土壤剖面发生层完整模式

烂分解，难以分辨原形的有机残体，代号 A_0。覆盖层虽不属于土体本身，但对土壤腐殖质的形成、积累以及剖面的分化有重要作用。

(2) 淋溶层

代号 A(国际代号 A)。这一层由于其中水溶性物质和黏粒有向下淋溶的趋势，故叫淋溶层，包括两个亚层：

①腐殖质层　代号 A_1(国际代号为 A)。自然界中无 A_0 层的土壤，这一层就是表土层。该层植物根系、微生物最集中，有机质积累较多，故颜色深暗；腐殖质与矿质土粒密切结合，多具有良好的团粒或粒状结构，土体疏松，养分含量较高，是肥力性状最好的土层。

②灰化层　代号 A_2(国际代号为 E)。这一层由于受到强烈的淋溶，不仅易溶盐类淋失，而且难溶物质如铁、铝以及黏粒也向下淋溶，使该层残留的是最难移动的石英，故颜色较浅，常为灰白色，质地较轻，养分贫乏，肥力性状最差。不同地带性土壤淋溶作用强弱不同，这一层森林土壤较明显，草原土壤和漠境土壤则无。

(3) 淀积层

代号 B(国际代号为 B)，位于 A 层之下，常淀积着由上层淋溶下来的硅酸盐黏粒、氧化铁、氧化锰、碳酸盐和其他盐类等物质，故质地较黏，颜色一般为棕色，较紧实，常具有大块状或柱状结构。

淋溶和淀积过程对土壤剖面的分化具有重要意义，在寒带或寒温带针叶林植被下，强有机酸参与的淋溶过程(灰化过程)形成强酸性的灰白色土层——灰化层；热带、亚热带生物气候条件下，伴随强烈风化作用的土壤淋溶过程，形成富含铁铝氧化物的土层；干旱与半干旱环境中与不同强度的可溶盐分淋失和积聚相联系的各种成土过程，形成盐土层、钙积层和石膏层等。此外，与土壤黏化过程相联系的土壤发生层有黏化层；与土壤氧化还原过程相联系的有潜育层；与土壤碱化过程相联系的有碱化层等。

(4) 母质层

代号 C(国际代号为 C)，为岩石风化的残积物或各种再沉积的物质，未受成土作用的影响。

(5) 基岩层

代号 D(国际代号为 R)，是半风化或未风化的基岩。

由于自然条件和发育时间、程度的不同，土壤剖面可能不具有以上所有的土层，其组合情况也可能各不相同。例如，发育时间很短的土壤，剖面中只有 A—C 层，或 A—AC—C 层；坡麓地带的埋藏剖面可能出现 A—B—A—B—C 层；受侵蚀的地区，表土冲失，产生 B—BC—C 型的剖面；只有发育时间很长，而又未受干扰的土壤才有可能出现完整的 A_0—A—B—C 式的剖面构型。

2.2.4.2 农业土壤剖面

农业土壤剖面是在不同的自然土壤剖面上发育而来的，因此也是比较复杂的。在农业土壤中，旱地和水田由于长期利用方式、耕作和灌排措施以及水分状况的不同，明显地反映出不同的层次构造(图 2-15)。

(1) 旱地土壤的层次构造

①耕作层　代号 A，厚度一般 20 cm 左右，是受耕作、施肥、灌溉等生产活动和地表生

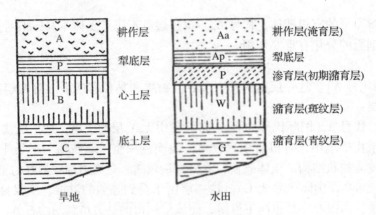

图 2-15 农业土壤剖面示意图

物、气候条件影响最强烈的土层，作物根系分布最多，含有机质较多，颜色较深，一般为灰棕色—暗棕色。疏松多孔，物理性状好。有机质多的耕层常有团粒或粒状结构；有机质少的耕层往往是碎屑或碎块状结构。耕作层的厚薄和肥力性状，常反映人类生产活动熟化土壤的程度。

②犁底层　代号 P，位于耕层以下，厚度约 10 cm。由于长期受耕犁的压实及耕作层中的黏粒被降水和灌溉水携带至此层淀积的影响，故土层紧实，一般较耕作层黏重。结构呈片状。此层有保水保肥作用，对水稻生长有利。但会妨碍根系伸展和土体的通透性，影响作物生长发育，旱地需逐年加深耕作层，加以破除犁底层。

③心土层　代号 B，位于犁底层或耕作层以下，厚度约为 20~30 cm。此层受上部土体压力而较紧密，受气候和地表植物生长的影响较弱，土壤温度和湿度的变化较小，通气透水性较差，微生物活动微弱，物质的转化和移动都比较缓慢，植物根系有少量分布。有机质含量极少，颜色较耕作层为浅，如土质黏则呈核状或棱柱状结构，土体较坚实。耕作层中的易溶性化合物会随水下渗至此层中，起保水保肥作用，对作物生育后期的供肥起着重要的作用。

④底土层　代号 C，位于心土层以下，一般在土表 50~60 cm 以下的深度。受气候、作物和耕作措施的影响很小，但受降水、灌溉、排水的水流影响仍然很大，一般把这层称为母质层。底土层的性状对于整个土体水分的保蓄、渗漏、供应、通气状况、物质转运、土温变化等，都仍会有一定程度的影响，有时甚至还很深刻。

（2）水田土壤的层次构造

水田土壤由于长期种植水稻，受水浸渍，并经历频繁的水旱交替，水耕水耙和旱耕旱耙交替，形成了不同于旱地的剖面形态和层次构造，一般水田土壤可分为以下层次：

①耕作层（代号 Aa，又称淹育层）　厚度约为 12~18 cm，是受人为影响最深刻、物质和能量交换最活跃的土层。其土色一般是灰或青灰色，淹水时柔软，泥浆状，落干后龟裂成屑粒状、碎块状，沿根孔和裂隙处有锈斑和锈纹。

以氧化还原状况划分，耕作层可分为氧化层和还原层两层。氧化层是指灌溉水层与土面浮泥相接处的层次，黄棕色，厚度不到 1 cm，氧化还原电位一般为 200~300 mV，是好气性微生物活动层。氧化层以下，相对的称为还原层，其氧化还原电位通常在 200 mV 以下，并含有较多的、诸如低铁、铵态氮一类的还原性物质。

随着水稻土熟化程度的提高，有机质与铁结合形成铁质络合物，在排水落干后便在耕作层孔隙中氧化沉积，形成鲜艳红棕色的胶膜，农民称之为"鳝血"，这是土壤熟化和氧化还原电位较高的一个标志。

②犁底层（代号 Ap）　厚度约 10 cm，是紧挨着耕作层之下的紧密土层，多为扁平的棱柱状结构，沿裂隙和根孔处有黄棕色的锈纹和红棕色的胶膜。此层具有较大的容重和较小的孔隙度。犁底层的重要意义在于它可以防止水分渗漏过快，使耕作层维持一定厚度的灌溉水层，又有利于水稻根系发育和养分释放，并防止养分及还原性铁、锰的强烈淋失。

③渗育层（代号 P）　又称初期潴育层，位于犁底层之下，受灌溉水下渗浸润或淋洗影响而形成的土层。这一层既淀积来自耕层的下淋物质，也淋失部分物质。它分为两种情况，一种耕作历史短，其剖面受水分影响较弱，淋溶淀积现象不明显，锈纹、锈斑的氧化淀积很少，这种渗育层随着水稻土利用年代的增长，发育程度的加强，可因铁、锰的逐渐沉积而过渡至淀积层，于是便失去或仅见残余渗育特征。另一种情况是在强烈淋溶条件下，铁、锰还原活化而淋溶，成为灰、白色土层，即所谓"白土层""漂白层"等。它所含黏粒、有机质、氮、磷数量都很少，肥力很低。

④潴育层（代号 W）　又称淀积层，地下水位适中，排水良好，发育程度较高的水稻土都有潴育层的发育。此层受地表水的向下移动和地下水升降的影响，一般含有较多的黏粒，有明显的有机络合、螯合体大量淀积，有较高的盐基饱和度和较多的铁、锰斑状淀积体。

⑤潜育层（代号 G）　它长期受潜水浸渍，为嫌气条件下发育的土层，其矿物质部分的铁、锰氧化物被还原使土壤呈灰蓝色。

⑥漂白层（代号 E）　是在漂洗作用下形成的灰白色土层。由于所处地势略较高，土体内长期渍水，由离铁作用及侧向漂洗下形成的白土层；也有表层离铁形成白土头，往往是起源母土形成过程产生的，辟为稻田后，进一步强化渍水离铁漂白作用。漂洗层的特征是色泽浅淡发白，界面清晰，淀板，质地较轻，具有少量铁、锰新生体。

⑦母质层（代号 C）　受地下水影响的水稻土，其下层或发育为潜育层或发育为铁锰淀积层，不能见到母质层的特征。只有在地下水位低或发育程度弱的土壤剖面才能见到母质层。

由于水稻土所处的地形条件和水分状况的不同，土壤剖面构型各不相同。如地形较高受地下水影响较弱的淹育型水稻土，剖面构型可能为 Aa—Ap—P—C 型；地形较低受地下水影响较强的潜育型水稻土，剖面构型为 Aa—Ap—G 型或 Aa—G 型；长期受侧渗水淋洗的漂白型水稻土，剖面构型为 Aa—Ap—E—C 型。

复习思考题

1. 土壤主要的成土矿物和岩石有哪几种？
2. 矿物岩石的风化作用有几种类型？
3. 比较物理风化和化学风化作用的异同点。
4. 岩石、母质、土壤之间有何差异与联系？
5. 简述土壤形成因素的作用？
6. 为什么说大、小循环的矛盾与统一是土壤形成的本质？
7. 人类活动对土壤形成有什么作用？

8. 为什么说生物是土壤形成和肥力发展的主导因素？
9. 简述土壤的熟化过程和熟化阶段。
10. 简述自然土壤的基本发生层及基本特征。

主要参考文献

梁成华, 2002. 地质与地貌学[M]. 北京：中国农业出版社.
黄昌勇, 2000. 土壤学[M]. 北京：中国农业出版社.
柯夫达 B A, 1981. 土壤学原理(下册)[M]. 陆宝树, 等译. 北京：科学出版社.
朱鹤健, 何宜庚, 1992. 土壤地理学[M]. 北京：高等教育出版社.
腊塞尔 E W, 1979. 土壤条件与植物生长[M]. 谭世文, 等译. 北京：科学出版社.
张凤荣, 2002. 土壤地理学[M]. 北京：中国农业出版社.
谢德体, 2014. 土壤学(南方本)[M]. 3版. 北京：中国农业出版社.
席承藩, 1998. 中国土壤[M]. 北京：中国农业出版社.
谢德体, 2004. 土壤肥料学[M]. 北京：中国林业出版社.
关连珠, 2000. 土壤肥料学[M]. 北京：中国农业出版社.
熊顺贵, 2001. 基础土壤学[M]. 北京：中国农业大学出版社.
河北师范大学, 1978. 普通自然地理[M]. 北京：人民教育出版社.

第 3 章 土壤的物质组成

【本章提要】本章介绍了土壤矿物质、土壤有机质、土壤生物、土壤水分和土壤空气。重点介绍了土壤粒级、土粒特征、土壤质地分类方法和土壤质地与肥力的关系;土壤有机质的组成、转化、作用和土壤有机质的调节;土壤生物多样性、作用和土壤管理与土壤生物;土壤水分类型、含量、能量、水分特征曲线、有效性和土壤水状况调节;土壤空气状况、通气机制和土壤氧化还原状况。

土壤是由矿物质与有机质(土壤固相)、土壤空气(土壤气相)和土壤水(土壤液相)三相组成的,土壤水含有可溶性有机物和无机物,又称土壤溶液。在物质组成上,这四种组成成分相互混合构成极其复杂的单个土体。四种组成成分之间相对的比例变化对土壤的行为和生产力产生极其重要的影响。然而,它们之间在容积上的组成比例关系极其简单。对于结构良好,最适合植物生长的土体,土体容积的一半是由固体成分(矿物质和有机质)组成,另一半是由粒间孔隙组成(内充土壤溶液和土壤空气)。尽管如此,四种成分对土壤的性质的影响却不能以它们所占的体积的大小来衡量,如土壤固相部分中矿物质占了土壤体积的38%以上,而有机质仅12%以下,但土壤有机质对土壤的性质的影响作用远远超过了它所占的体积的份额。

土壤组成
- 固体土粒
  - 矿物质——由岩石风化而来,一般占固体部分质量的95%以上。
  - 有机质——由动植物残体及其转化产物以及活的土壤微生物组成,一般占固体部分质量的5%以下。
- 粒间空隙
  - 土壤溶液——主要由进入土体的地上或地下水组成,由于含有溶质而被称为土壤溶液。
  - 土壤空气——一部分由地上大气层进入,主要为O_2和N_2等;另一部分由土壤内部自己产生,主要为CO_2和水汽等。

3.1 土壤矿物质

3.1.1 土壤矿物质的基本情况

土壤矿物质是构成土壤的主体物质,它是土壤的"骨骼",一般占土壤固相部分质量的95%~98%。它是由土壤母质经风化成土作用的改造后而形成的。土壤矿物质实际上就是存在于土壤中的各种原生矿物和次生矿物。土壤矿物质的组成、结构和性质对土壤物理性质(结构性、水分性质、通气性、热学性质、力学性质和耕性)、化学性质(吸附性能、表面活性、酸碱性、氧化还原电位、缓冲作用等)以及生物与生物化学性质(土壤微生物、生物多样性、酶活性等)均有深刻的影响。由坚硬的岩石矿物演化成具有生物活性和疏松多孔的土壤,要经过极其复杂的风化、成土过程。因此,研究土壤矿物组成也是认识土壤形成过程和鉴定土壤类型的基础。

3.1.1.1 土粒大小分级——粒级

土壤矿物以颗粒粗细不一，形状多样的形式存在，即是通常所说的土壤颗粒（简称土粒）。土粒大小与土壤矿物成分、土壤化学成分有密切的关系，也影响到土壤一系列的物理、化学性质。

矿质土粒大小差别极大，大的直径可达 1 mm，小的仅有 0.001mm 或小于 0.001mm，大小相差千倍甚至万倍。由于大小相差极大，必然表现出不同性质。

粒级划分的依据是根据其直径大小而表现出的不同性质进行的。划分的标准各研究者和各国均有所不同。现介绍我国常用的卡庆斯基制、国际制和美国制土粒分级，见表3-1。

表 3-1　国际制、卡庆斯基制和美国制的土壤粒级分级标准

国际制（1930）		卡庆斯基制（1957）		美国农业部制（1951）	
粒级名称	单粒直径（mm）	粒级名称	单粒直径（mm）	粒级名称	单粒直径（mm）
石砾	>2	石块	>3.0	石块	>3.0
		石砾	3.0~1.0	粗砾	3.0~2.0
砂粒 粗砂粒	2.0~0.2	砂粒 粗砂粒	1.0~0.5	砂粒 极粗砂粒	2.0~1.0
细砂粒	0.2~0.02	中砂粒	0.5~0.25	粗砂粒	1.0~0.5
		细砂粒	0.25~0.05	中砂粒	0.5~0.25
				细砂粒	0.25~0.1
				极细砂粒	0.1~0.05
粉（砂）粒	0.02~0.002	粉（砂）粒 粗粉（砂）粒	0.05~0.01	粉（砂）粒	0.05~0.002
		中粉（砂）粒	0.01~0.005		
		细粉（砂）粒	0.005~0.001		
黏粒	<0.002	黏粒 粗黏粒（黏质的）	0.001~0.0005	黏粒	<0.002
		细黏粒（胶质的）	0.0005~0.0001		
		胶体	<0.0001		

3.1.1.2 各级土粒的矿物成分和化学组成

（1）土粒的矿物组成

各级土粒的矿物组成如图 3-1 所示。砂粒和粉粒主要是由各种原生矿物组成的，其中以石英最多，其次是原生硅酸盐矿物。土壤黏粒部分的矿物组成则完全不同，在黏粒中，原生矿物很少，基本上是次生矿物，主要是高岭石、蒙脱石和水云母三类以及铁、铝等的氧化物和氢氧化物。

（2）土粒的化学组成

表 3-2 中，随着土粒大小的变化，土粒的化学成分也发生变化。

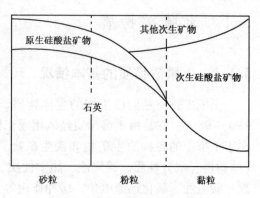

图 3-1　土壤颗粒的矿物组成
（引自 N. C. Brady, 1960）

土粒的骨干成分 SiO_2 随粒径由大到小，SiO_2 含量由多到少，这与土粒的矿物成分有关，粗大的土粒以石英为主，必然 SiO_2 含量多。R_2O_3（即 Fe_2O_3 与 Al_2O_3 的总称）与 SiO_2 相反，随粒径由大到小，R_2O_3 含量由少到多。

表3-2 不同土壤粒级化学组成(%)的平均数

土壤	粒级名称	粒径大小(mm)	SiO_2	R_2O_3	CaO	MgO	P_2O_5	K_2O+Na_2O	CO
非石灰性土壤	粗中砂粒	1.0~0.2	93.3	2.8	0.4	0.5	0.05	0.8	0
	细砂粒	0.2~0.04	94.0	3.2	0.5	0.1	0.1	1.5	0
	粗粉粒	0.04~0.01	89.4	6.6	0.8	0.3	0.1	2.3	0
	细粉粒	0.01~0.002	74.2	18.3	1.6	0.3	0.2	4.2	0
	黏粒	<0.002	43.2	34.7	1.6	1.0	0.4	4.9	0
石灰性土壤	细砂粒	0.25~0.05	84.3	8.3	3.2	0.6	未测	未测	2.5
	粗粉粒	0.05~0.01	79.7	10.3	3.3	0.6	未测	未测	2.1
	中粉粒	0.01~0.005	62.2	17.3	7.6	2.0	0.2	5.0	5.3
	细粉粒	0.005~0.001	42.7	24.6	12.7	3.1	未测	未测	9.5
	黏粒	<0.001	39.0	29.9	14.1	5.1	0.3	6.0	10.1

注：R_2O_3 代表 $Fe_2O_3+Al_2O_3$。

土粒中所含养分，即表中 CaO、MgO、P_2O_5、K_2O 随土粒由大到小，含量增加，表明粗大土粒含养分少而细小土粒含养分多。

这里必须指出的是土粒的骨干成分 SiO_2 和 Fe_2O_3、Al_2O_3，一般均占土壤总量的 75% 以上，因而对土壤性质有重要影响，在土壤学中，将黏粒部分的 SiO_2 和 Fe_2O_3、Al_2O_3 含量的摩尔比称作硅铝铁率，SiO_2 和 Al_2O_3 的摩尔比称作硅铝率，SiO_2 和 Fe_2O_3 的摩尔比称作硅铁率。计算方法如下：

【例3-1】某土壤黏粒部分 SiO_2 含量为 41.89%，Al_2O_3 含量 33.27%，Fe_2O_3 含量 11.85%，计算其硅铝铁率、硅铁率。

解：

$$SiO_2 \text{的摩尔含量} = \frac{41.89}{60} = 0.689$$

$$Al_2O_3 \text{的摩尔含量} = \frac{33.27}{102} = 0.326$$

$$Fe_2O_3 \text{的摩尔含量} = \frac{11.85}{160} = 0.074$$

$$SiO_2/R_2O_3 = \frac{0.689}{0.326+0.074} = 1.75$$

硅铝铁率可以反映土壤母质的化学风化程度。化学风化程度愈深，硅铝铁率愈小，化学风化程度愈浅则硅铝铁率大。如四川省的紫色土，属于风化程度不深的幼年土壤，其硅铝铁率在 2.5~3.5 之间，而黄壤、红壤则是发育较深的土壤，其硅铝铁率一般在 2.5 以下。

硅铝铁率还可以反映土壤的成土过程。若土壤进行了酸性淋溶过程，造成铁、铝流失，则硅铝铁率大；若渍水土壤进行了还原作用，造成铁的流失（还原离铁作用），则铝不会流失。与酸性淋溶相比则土壤硅铁率增大而硅铝率变化小。若淋失的铁在下层淀积下来，则上层硅铁率大，下层小，硅铝率的变化也不大。

硅铝铁率还可反映土壤的保肥能力。硅铝铁率大，保肥力强，硅铝铁率小，保肥能力弱。这是因为 SiO_2 反映带负电的胶体，而 R_2O_3 在土壤中所带负电少，甚至是带正电的胶体。带负电多可以吸收带正电的离子，如 NH_4^+、Ca^{2+}、Mg^{2+}、K^+ 等，这些都是植物所需养分。重庆市荣昌县一种紫色岩石发育的油砂土，$SiO_2/R_2O_3=3.75$，阳离子交换量为 23.06 cmol(+)/kg*，而另一种紫色岩发育的黄泥土，因发育较深，SiO_2/R_2O_3 为 2.76，阳离子吸收量则为 17.64 cmol(+)/kg。

3.1.1.3 各级土粒的主要特征

土粒大小不同，其理化性质差异很大，对土壤肥力有重要的影响（表3-3）。

表3-3 各级土粒的水分物理性质

土粒大小 (mm)	最大分子 持水量(%)	毛管水柱上升高度 (cm)	渗透系数 (cm/s)	膨胀性(%) (按最初体积计)	塑性值(%) (上限-下限)	阳离子交换量 [cmol(+)/kg]
3.0~2.0	2	0	5	—	不可塑	
2.0~1.5	7	1.5~3.0	2	—	不可塑	
1.5~1.0	8	4.8	12	—	不可塑	
1.0~0.5	9	8.7	0.72	—	不可塑	
0.5~0.25	0	20~27	0.56	—	不可塑	
0.25~0.10	1	50	0.30	5	不可塑	
0.10~0.05	2.2	91	0.05	6	不可塑	
0.05~0.01	3.1	200	0.04	16	不可塑	1
0.01~005	15.9			105	40~28	3~8
0.00~0.001	31.0	—	—	160	48~30	10~20
<0.001	—			405	87~34	35~65

(1) 石砾及砂粒

它们是风化物碎屑，其所含矿物成分和母岩基本一致，粒级大，抗风化，养分释放慢，比表面积小，无可塑性、黏结性、黏着性、吸附性、收缩性和膨胀性。SiO_2 含量在 80% 以上，有效养分贫乏。

(2) 粉粒

颗粒较小，容易进一步风化，其矿物成分中有原生的也有次生的，有微弱的可塑性、膨胀性和收缩性。湿时有明显的黏结性，干时减弱。粒间孔隙毛管作用强，毛管水上升速度快。SiO_2 含量在 60%~80% 之间，营养元素含量比砂粒丰富。

(3) 黏粒

颗粒极细小，比表面积大，粒间孔隙小，吸水易膨胀，使孔隙堵塞，毛管水上升极慢。可塑性、黏着性、黏结性极强，干时收缩坚硬，湿时膨胀，保水保肥性强，SiO_2 含量在 40%~60% 之间，营养元素丰富。

---

* cmol(+)/kg 表示每千克土阳离子交换的厘摩尔数。

3.1.2 土壤质地

土壤中按颗粒粒径大小划分出各级土粒,称为土壤颗粒成分或机械成分。颗粒成分的百分含量称为颗粒组成或机械组成。测定土壤颗粒组成的方法称为颗粒分析或机械分析。

自然界中各种土壤类型总是具有大小不同的颗粒成分和不同的颗粒组成。在土壤学中,按土壤颗粒组成进行分类,将颗粒组成相近而土壤性质相似的土壤划分为一类并给予一定名称,称为土壤质地。划分土壤质地的目的在于认识土壤的特性并合理利用和改良土壤。

3.1.2.1 土壤质地分类方法

在土壤学中,由于有颗粒成分的不同分级方法,相应的就有了不同的质地分类方法。

表 3-4 卡庆斯基质地分类方法(1958)

质地分类		物理性黏粒(<0.01mm)含量(%)			物理性砂粒(>0.01mm)含量(%)		
类别	质地名称	灰化土类	草原土及红黄壤类	碱化土及强碱化土类	灰化土类	草原土及红黄壤类	碱化土及强碱化土类
砂土	松砂土	0~5	0~5	0~5	100~95	100~95	100~95
	紧砂土	5~10	5~10	5~10	95~90	95~90	95~90
壤土	砂壤土	10~20	10~20	10~15	90~80	90~80	90~85
	轻壤土	20~30	20~30	15~20	80~70	80~70	85~80
	中壤土	30~40	30~45	20~30	70~60	70~55	80~70
	重壤土	40~50	45~60	30~40	60~50	55~40	70~60
黏土	轻黏土	50~65	60~75	40~50	50~35	40~25	60~50
	中黏土	65~80	75~85	50~65	35~20	25~15	50~35
	重黏土	>80	>85	>65	<20	<15	<35

注:在分析结果中,不包括粒径大于1mm的石砾,这一部分含量须另行计算,然后按表3-5标准,定其石质程度,冠于质地名称之前。对于盐基不饱和土壤,应把0.05mol/L HCl处理的洗失量并入"物理性黏粒"总量中,而对于盐基饱和土壤,则应把它并入"物理性砂粒"总量中。如果土壤中有砾石(粒径1~3mm),应将其列入砂粒内,并包括在分析结果的100%内。

(1) 卡庆斯基质地分类

根据表3-4,可将卡庆斯基质地分类方法归纳为下面几个步骤:

①根据物理性黏粒含量,将土壤分为三大质地类型9种质地,通过查表3-4确定。

②根据砂粒、粗粉粒、中细粉粒、黏粒含量,进一步划分质地,确定质地详细名称。方法是选取含量最多的第一优势粒级,冠在质地名称之前,再选取含量次多的第二优势粒级,冠在质地名称最前面,构成质地详细名称。

③根据石砾含量,查表3-5,冠在质地详细名称之前。

现举例来说明卡庆斯基质地分类方法:如四川几种类型土壤的颗粒组成及详细质地命名见表3-6。

表 3-5　土壤中所含石块成分多少的分类

粒径大于 1mm 的石砾含量(%)	石质程度	石质性的类型
<0.5	非石质土	
0.5~5.0	轻石质土	根据粗骨部分的特征确定为：漂砾性的、石砾性的和碎石性的石质土三类
5.0~10.0	中石质土	
>10.0	重石质土	

注：根据卡庆斯基，1972。

表 3-6　四川几种类型土壤的颗粒组成及详细质地命名(卡庆斯基制)

土壤名称	颗粒组成(%)						质地名称
	物理性黏粒	砂粒	粗粉粒	中细粉粒	黏粒	石砾	
黄泥小土(黄壤)	43.8	38.2	18.0	31.0	12.8	0	粉砂质中壤土
白鳝泥土(黄壤)	49.5	24.2	26.3	31.3	18.2	0	粉质重壤土
半泥砂田(水稻土)	38.0	29.0	33.0	18.0	20.0	0	粗粉质中壤土
石骨子土(紫色土)	31.0	56.4	12.6	19.2	11.8	30	重石质粉砂质中壤

注：详细质地名称命名时，若优势粒级为粗粉粒和中细粉粒，则以第一优势粒级冠在质地名称前，不再加第二优势粒级，如举例中的白鳝泥土。若优势粒级为砂粒和粗粉粒，也以第一优势粒级冠在质地名称前，不再加第二优势粒级，如举例中的半泥砂田。

(2) 国际制质地分类

国际制质地分类方法见表 3-7。根据表 3-7 可以把国际土壤质地分类方法归纳如下：

① 根据黏粒含量将质地分为三类即：黏粒含量小于 15% 为砂土类；黏粒含量 15%~25% 为壤土类；黏粒含量大于 25% 为黏土类。

② 根据粉砂粒含量，凡粉砂粒含量大于 45% 的，在质地名称前冠"粉砂质"，见表中 4、7、10 质地。

表 3-7　土壤质地分类(国际制)

质地分类		土粒含量(%)		
类别	名称	黏粒	粉(砂)粒	砂粒
砂土类	1. 砂土及壤质砂土	0~15	0~15	85~100
壤土类	2. 砂质壤土	0~15	0~45	55~85
	3. 壤土	0~15	30~45	40~55
	4. 粉(砂)质壤土	0~15	45~100	0~55
黏壤土类	5. 砂质黏壤土	15~25	0~30	55~85
	6. 黏壤土	15~25	20~45	30~55
	7. 粉(砂)质黏壤土	15~25	45~85	0~40
黏土类	8. 砂质黏土	25~45	0~20	55~75
	9. 壤质黏土	25~45	0~45	10~55
	10. 粉(砂)质黏土	25~45	45~75	0~30
	11. 黏土	45~65	0~35	0~55
	12. 重黏土	65~100	0~35	0~35

③ 根据砂粒含量，凡砂粒含量大于55%的，在质地名称前冠"砂质"，见表中2、5、8质地。

国际制土壤质地分类也可用三角坐标图表示(图3-2)。其用法及举例说明如下：以等边三角形的3个顶点分别代表100%的砂粒、粉粒和黏粒，而以其相对应的底边作为其含量百分数的起点线，各自代表0%的砂粒、粉粒和黏粒。

如某土含砂粒(粒径2～0.02mm)45%，粉砂粒(粒径0.02～0.002mm)15%及黏粒(粒径<0.002mm)40%，则可以从三角坐标图查得此三数据之线交叉位置在壤质黏土范围内，故此种土壤质地属于"壤质黏土"。

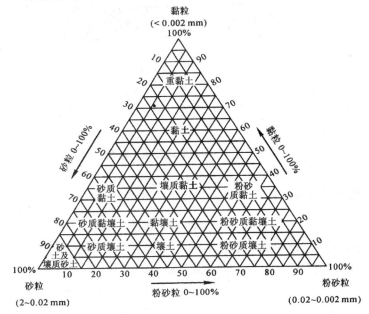

图3-2 国际制土壤质地分类标准三角图

(3) 美国制质地分类

美国制质地分类方法如图3-3所示。根据砂粒(2～0.05mm)、粉粒(0.05～0.002mm)和黏粒(<0.002mm)3个粒级的比例，划定12个质地名称。按3个粒级含量分别于三角形的3条底边划3根垂线，3线相交点，即为所查质地区。如A点代表含黏粒15%、砂粒65%、粉粒20%，故这3种不同粒级共同组合成的土壤质地名称为砂质壤土。B点代表含黏粒35%、粉粒33%、砂粒32%，三者共同组合成的土壤质地名称为黏壤土。

以上3种质地分类方法虽有差异，但都将质地归纳为砂质土、壤质土和黏质土三大类别，这三大类别也在生产上表现出不同的特点和问题。

建国以来我国在研究工作和生产中应用较多的是卡庆斯基制，但在全国第二次土普查的汇总工作中，采用了国际制质地分类。介绍美国制是便于查阅文献资料和交流。中国科学院南京土壤研究所和西北水土保持生物土壤研究所的研究人员，曾试拟了我国土壤的土粒分级和质地分类，但至今未为普遍应用，可参阅《中国土壤》的有关章节。

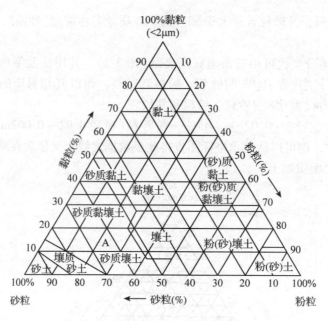

图 3-3 美国制质地分类三角图

3.1.2.2 土壤质地和肥力的关系

土壤质地与土壤肥力的关系密切。土壤蓄水、供水、保肥、供肥、容气、通气、保温、导温和耕性等，都受土壤质地影响。尽管土壤质地分类方法不同，但都划分为砂质土、壤质土、黏质土三大类别，现按这三大类别讲述其与肥力的关系。

（1）砂质土类

这类土壤粒间孔隙大，毛管作用弱，透水性强而保水性弱，水气易扩散，易干不易涝。由于胶结力弱，松散易耕，耕作上不必垄作，畦可宽但不宜长。

砂土类由于土壤大孔隙多，因此通气性好，土壤中一般不会累积还原物质。土壤中往往是水少气多。温度容易上升，特别是在早春的升温阶段，因土温容易上升而称为热性土，有利于早春作物播种，但稳温性差，值得注意。

砂土类土壤含养分少，保肥力弱，施肥后肥效来得快，属"前发型"土壤，肥劲猛，但不持久，造成作物后期脱肥早衰，因此生产上要求"少吃多餐"，加强后补。

（2）黏质土类

这类土壤的土粒间孔隙小，毛管细而曲折，透水性差，易产生地表径流，保水抗旱力强，易涝不易旱，栽培作物时宜深沟垄作，以利透水通气，并避免还原物质的产生。

黏质土壤往往水多气少，热容量大，温度不易上升，特别是在早春的升温阶段，由于土温不易上升而被称为冷性土，对早春作物播种不利。黏质土壤养分含量较丰富且保肥力强，但肥效发挥缓慢，在早春温度低时，由于肥效缓慢易造成作物苗期缺素问题，属"后发型"土壤。黏质土保肥力强，肥效稳而持久，有利于禾谷类作物生长，籽实饱满。

黏结性、黏着性强、耕作费力、耕后质量差是黏质土的耕性特点。农民形容其为"天晴一把刀，下雨一包糟"，这是黏质土类湿时黏着难耕，干时坚硬不散碎的生动写照。

(3) 壤质土类

壤质土类的土壤性质是兼具黏质土和砂质土的优点,克服了它们的缺点。耕性好,宜种广,对水分有回润能力,是较理想的质地类型。但需注意"沉浆"现象。

3.1.3 质地层次与质地改良途径

3.1.3.1 质地层次与土壤肥力

自然界的土壤,从表层到底层,其质地往往不是单一的而是由不同的质地组成质地层次。例如,由河流冲积母质或洪积母质发育的土壤存在质地层次;由于水分的淋溶,细小土粒在下层淀积,形成与上层质地有差异的黏化层;老耕作土的犁底层,与耕作层质地也有差异。质地层次一般分两类,即砂盖黏或黏盖砂。砂盖黏即砂质土在上,黏质土在下的质地层次。砂质土层透水通气,温度易上升,有利于种子顶土出苗,而下面的黏质土层起托水托肥作用,这种组合兼具了砂质土和黏质土的优点,俗称"蒙金土"。黏盖砂即黏质土在上,砂质土在下,这种组合恰恰兼具了黏质土和砂质土的缺点,俗称"漏沙土",不利于肥力的发挥。

必须指出,这里还有一个土层厚度问题,若砂盖黏的砂土层厚,就必然与砂质土特点相近;黏盖砂的黏土层厚,生产上就必然显黏质土特点。同时,还应考虑气候条件的影响,在南方多雨地区,黏盖砂由于内排水较好,故肥力效果显著优于砂盖黏。

3.1.3.2 土壤质地改良

农业生产中,各种作物因其生物学特性上的差异,加之对耕作和栽培措施的要求也不完全一样,它们所需要的最适宜土壤条件就可能不同(表3-8)。其中土壤质地就是重要的条件之一。例如,砂土宜于种植生长期短的作物及块根、块茎类作物,而需肥较多的或生长期较长的谷类作物,则一般宜在黏质壤土和黏土中生长。一些耐旱耐瘠的作物(如芝麻、高粱等),以及实施早熟栽培的作物(如蔬菜等),也以栽植于砂质至砂质壤土壤中为宜。单季晚

表3-8 主要作物栽植的适宜土壤质地范围

作物种类	土壤质地	作物种类	土壤质地
烟草	砾质砂壤土	桃	砂壤土—黏壤土
葡萄	砂壤土、砾质壤土	梨	壤土、黏壤土
西瓜	砂土、砂壤土	大麦	壤土、黏壤土
栗	砂壤土	桑	壤土、黏壤土
萝卜	砂壤土	苹果	壤土、黏壤土
花生	砂壤土	小麦	黏壤土、壤土
棉花	砂壤土、壤土	白菜	黏壤土、壤土
甘薯	砂壤土、壤土	大豆	黏壤土
马铃薯	砂壤土、壤土	油菜	黏壤土
茄子	砂壤土—壤土	玉米	黏壤土
茶	砾质黏壤土、壤土	豌豆、蚕豆	黏土、黏壤土
甘蓝	砂壤土—黏壤土	水稻	黏土、黏壤土

注:引自吴礼树,2004。

稻生长期长，需肥较多，宜种在黏质壤土至黏土中；而双季稻则因要求其早发速长，故宜在灌排方便的壤质和粘壤质土壤中生长。果树一般要求土层深厚、排水良好的砂壤到中壤质的土壤。茶树以排水良好的壤土至黏壤土最为适宜；而较黏的土壤，若含有小的石砾，有利于土壤内部排水，对茶树生长也有利。

土壤质地对于土壤性质和肥力有极为重要的影响，它是一种较稳定的自然属性。但是，质地不是决定土壤肥力的唯一因素，一种土壤在质地上的缺点，可通过改善土壤结构和调整颗粒组成而得到改良。

客土是土壤质地改良中通常采用的方法。黏质土掺砂改良，砂质土掺黏改良，由于黏或砂是搬运来的，故称"客土"。四川西昌黄联关镇黏质土，每公顷掺紫色潮砂900 m^3，小麦增产9.7%，黄花苜蓿增产64.3%（1991年）。采用引洪漫淤或漫砂的方法，也是改良质地的途径之一。客土的材料若掺黏宜用河泥、塘泥，由于富含有机质，不仅改良质地也培肥土壤。掺砂不宜用河滩地的粗砂，应用粉粒多的"潮砂"。

改良土壤结构是改善土壤不良质地状况的有效方法。如果土壤中各级土粒不是分散存在而是形成团聚体，可从根本上改善分散砂粒形成的砂质土或分散黏粒形成的黏质土的特性，协调土壤中水气状况，使肥力提高。改良土壤结构的最好方法是大量施用有机肥，提高土壤有机质含量，既可改良砂土，也可改良黏土，这也是改良土壤质地最有效和最简便的方法。因为有机质的黏结力和黏着力比砂粒强，比黏粒弱，可以克服砂土过砂和黏土过黏的缺点。有机质还可以使土壤形成层次结构，使土体疏松，增加砂土的保肥性。据报道，中国科学院南京土壤研究所在江苏铜山县孟庄村的砂土上，采用秸秆还田（主要是稻草还田），翻压绿肥，麦糠和绿肥混施等措施，都能改善土壤板结，使其迅速发暄变软。其中稻草、大麦草等禾本科植物含难分解的纤维素较多，在土壤中可残留较多的有机质，而豆科绿肥（如苕子）含氮素较多，且植株较嫩，易于分解，残留在土壤中有机质较少。因此，从改良质地的角度来看，禾本科植物比豆科植物的效果好。

3.2　土壤有机质

有机质是土壤中最活跃的部分，对土壤有多方面的影响。有机质影响土壤的养分含量以及化学特性，如带电性、吸收性等。土壤中的氮素有95%是有机态氮，磷素有20%~50%是有机态磷，此外还含有植物所需要的其他营养元素。有机质还影响土壤的物理性质，特别是对土壤优良结构的形成有重要作用。有机质也影响土壤生物性，有机质是土壤中微生物的碳源和能源，有机质含量丰富的土壤，也是生物活性高的土壤。

3.2.1　土壤有机质的来源及其组成特点

3.2.1.1　土壤有机质来源

自然土壤中，有机质来源于植物残体，耕作土壤中的有机质则来源于作物收获后的残茬及施肥。有机质来源不同，其累积的数量、性质以及对土壤的影响均不相同。

木本植物的枯枝落叶是森林土壤有机质的主要来源。其特点是数量较少，主要累积在地表。据赵其国等报道，每年每公顷的枯枝落叶量，季雨林为9.66t，雨林为8.86t，常绿阔叶林为7.72t。枯枝落叶主要累积在地表，造成森林土壤的有机质分布呈现为上层丰富，向下则锐减的特点。如四川宝兴县山地落叶阔叶与针叶林混交，林下生长大箭竹的土壤9~18cm土层有机质含量高达136g/kg，至18~37cm处则锐减为34g/kg，37~80cm处为25g/kg。木本植物枯枝落叶富含木质素，木质素疏松、有弹性、保水力强，具有保护地面免受侵蚀的作用。由于堆积疏松，空气流通，有利于真菌活动，同时又富含单宁，易形成酸性有机质，作用于矿质土粒，造成盐基物质和铁、铝流失。特别是针叶林，灰分含量少，如松树灰分含量24.6g/kg，不能中和酸性有机质而形成酸性土。阔叶林灰分含量则较高，如栎类灰分含量80.5g/kg，可中和酸性有机质，对矿质土粒的破坏较小，形成微酸性或中性土壤。

草本植物几乎每年地上部和地下部均死亡，成为土壤有机质的来源，累积的数量比木本植物的枯枝落叶多。地上部1m土层内的根量可达每年每公顷17t，草原草本可达11t。有机质的分布是从上到下逐渐减少，这点与森林土壤有较大区别。草本植物木质素少，纤维素多，故残体堆积紧实无弹性，通气不良，细菌作用于残体多形成中性有机质。由于堆积紧密，保水性强而透水性差，还可形成沼泽和泥炭。

耕地上种植的作物，收获后均全部带走，因此土壤有机质来源仅为作物收获后的残茬和施用的有机肥，数量较少。根据对太湖地区的调查表明，根茬残留量占作物产量的百分率为小麦22.3~28.9，油菜26.5，冬绿肥2.2，单季稻29，玉米5.8~8.4，大豆20.5。华北地区8种作物（玉米、谷子、芝麻、大豆等）产量3 750~5 250kg/hm² 时，根茬占籽实产量的35%~43%。由此可根据产量计算进入土壤的根茬量，再加上有机肥的施用量，一般仅15 000 kg/hm²，这是耕地土壤有机质含量低的重要原因。

3.2.1.2 土壤有机质的组成

土壤有机质是土壤中所有有机物质的总称，包括下列各类物质：①动植物残体；②微生物体（生物量占土壤有机质的2%~5%）；③上述二类物质的中间分解物以及微生物生命活动的代谢产物，如多肽、简单有机酸、脂蜡物质、碳水化合物等；④进入土壤的有机残体，经一系列复杂的生物化学变化后生成的稳定的高分子化合物——腐殖质。

严格来讲，第一类物质即动植物残体，只能作为土壤有机物质的来源，而不是土壤有机质。第②、③、④类作为土壤有机质，其主体是腐殖质，占土壤有机质总量的50%~65%。

(1) 土壤有机质的元素组成

碳、氢、氧是土壤有机质的主要元素组成，占总量的90%以上。此外，有机质还含有植物营养元素氮、磷、钾、钙、镁、硅、铁、硫、锰、铜、锌、硼、钼等。土壤有机质组成中的碳氮比值（C/N），一般变动在8:1~15:1的范围内，平均为10:1，这与植物残体的碳氮比不同，植物残体的碳氮比较大，特别是禾谷类作物秸秆的碳氮比大，麦秆达123，稻草为61.8，玉米秸秆为38.3，油菜荚为55~69.4，油菜秆为69。豆科绿肥的碳氮比则较小，蚕豆秆为12.6，紫云英为14.8，水生绿肥绿萍的碳氮比为11.2。

(2) 土壤有机质的化学组成

土壤有机质的化学组成，继承了其来源物——植物残体的化学组成，但由于在土壤中受微生物的分解、转化作用，各组成分的比重与植物残体有所不同（表3-9）。

表3-9　植物残体与土壤有机质化学组成比较　　　　　　g/kg

化学组成	植物残体	土壤有机质
纤维素	200~500	20~100
半纤维素	100~300	0~20
木质素	100~300	300~500
蛋白质	10~150	280~350
脂肪、蜡质、树脂等	10~80	10~80

表3-9中，植物残体中易分解的碳水化合物类(纤维素、半纤维素等)转变为土壤有机质后，数量减少了；木质素不易分解，故相对累积了；蛋白质通过微生物的利用，转化为自身细胞而固定下来，也相对累积了。据南京土壤研究所研究表明，以水稻土为例，土壤有机质组成为：半分解的植物残体占6%~15%；碳水化合物(仅包括中性糖)占13%~18%；蛋白质、多肽占18%；腐殖酸占50%~65%。

3.2.2 土壤有机质的转化

3.2.2.1 土壤有机质的矿质化过程(动植物残体的分解)

土壤中动植物残体的分解称为有机质的矿质化过程。矿质化是土壤中有机质转化为简单无机物的过程。通过矿质化使有机质中所含养分得以释放并进行循环。现分别介绍主要有机质成分的矿质化过程。

(1) 碳水化合物

碳水化合物包括多糖、纤维素、半纤维素、果胶质、甲壳质等。占有机质总量的15%~27%。碳水化合物矿质化过程的一般模式是：

$$\text{碳水化合物} \xrightarrow{\text{好气、嫌气}} \text{有机酸} \xrightarrow{\text{好气}} CO_2 + H_2O$$

即是说碳水化合物矿质化的最终产物是无机物：二氧化碳(CO_2)和水(H_2O)，但在矿质化过程中有中间产物有机酸产生，有机酸在嫌气条件下会暂时累积在土壤中。例如：

$$\text{乳酸、丁酸} \xrightarrow{\text{嫌气}} \text{己糖} \xrightarrow{\text{好气}} \text{柠檬酸、草酸} \xrightarrow{\text{好气}} CO_2 + H_2O$$

有机酸的累积，可使作物根系受到危害，使根系萎缩软弱，根尖枯死，形成腐根，新根少，叶黄萎蔫。危害程度芳族酸大于烃族酸。对水稻根系伸长产生抑制作用的最低浓度为甲酸3.2×10^{-3} mol/L、乙酸为4.6×10^{-3} mol/L、正丁酸为7.0×10^{-4} mol/L。

有机酸在土壤中累积的条件一是嫌气，二是低温。当土壤氧化还原电位低于300~500mV的嫌气条件时，碳水化合物矿质化的中间产物——有机酸的进一步矿化为CO_2和H_2O的过程受到阻碍，造成有机酸的暂时累积。如果是好气条件，但温度低于16℃甚至低至零度，也可使中间产物有机酸的进一步矿化为最终产物这一阶段受到抑制，造成有机酸的暂时累积。特别是温度在0℃或其以下时，有机酸显著累积。

(2) 脂肪、树脂、蜡质、单宁

这类有机物的矿质化过程与碳水化合物基本相同，不同之点是在嫌气条件下产生多酚化合物，这是形成腐殖质的基本材料。

(3) 含氮化合物

含氮化合物以蛋白质为例，其矿质化过程的一般模式为：

$$蛋白质 \longrightarrow 氨基酸 \longrightarrow NH_4^+ \longrightarrow NO_3^-$$

这一过程的结果，形成了植物可利用的 NH_4—N 和 NO_3—N，是速效氮的累积过程。与此过程同时，还有速效氮的固定过程即速效氮被微生物利用后构成自身的细胞，故称为速效氮的生物固定。

上述速效氮的累积过程及其相反的氮素生物固定过程的相对强弱，与有机物料的 C/N 有密切关系。C/N 大于 25，则产生速效氮的固定；C/N 小于 25，则有速效氮的累积。为什么是以 C/N = 25 为界线呢？其原因是微生物分解利用有机质时，分解其含碳量的 80%，以取得能量，微生物同化其 20% 的碳建造自己的细胞。微生物细胞的 C/N 等于 5，有机物料的 C/N 若为 25，则 25 份碳的 80% 被分解，20% 的碳(25 × 20% = 5)被微生物同化，恰好构成微生物细胞的 C/N = 5。若有机物料 C/N > 25，意味着碳多氮少，微生物在分解同化有机物料时，必然要夺取土壤中已有的速效氮，造成速效氮的生物固定；若有机物料 C/N < 25，表明碳少氮多，有机质通过微生物转化可在土壤中累积速效氮。100g 有机质在分解过程中固定氮的克数称为氮因素值。据南京土壤研究所研究人员测定，含氮 0.52% ~ 1.05% 的稻草，氮因素值为 0.58 ~ 0.72。在其腐解开始的一个月内，将夺取土壤中矿质态氮，50kg 稻草固定 0.29 ~ 0.36kg 氮。腐解第四个月以后，本身含有的氮素才开始释放出来。

可根据 C/N 将有机物料分为三类：第一类是 C/N < 25，水溶性物含量高，木质素含量低，如紫云英、蚕豆秆，能为微生物提供较多能源，同时能释放出较多氮素供应当季作物需要，但土壤有机质累积量低。第二类是 C/N 为 25 ~ 40，包括绿萍、柽麻(C/N = 28.5)，既能为当季作物提供适当的矿质氮，同时土壤有机质累积量高。第三类是 C/N > 40，包括稻草、稻根、麦草、麦根，在腐解初期要夺取一定量的有效氮，直接施入土中需配施一定量的氮肥。如采用秸秆还田技术，每公顷施用 4 500 ~ 6 000kg 秸秆，需配施含氮 45 ~ 60kg 的氮肥。

(4) 木质素

木质素是芳香性聚合物，含碳量高，在土壤真菌和放线菌作用下缓慢地转化，最终产物是 CO_2 和 H_2O，但往往只有 50% 可形成最终产物，其余仅为降解产物，作为形成腐殖质的原始材料。

土壤有机质因矿质化作用每年损失的量占土壤有机质总量的百分数称为有机质的矿化率，一般在 1% ~ 3%。由于土壤有机质的矿化率与有机氮的矿化率同步，因而可通过测定土壤有机氮的矿化率来代表有机质的矿化率。

3.2.2.2 土壤有机质的腐殖化过程

进入土壤中的有机质转化形成腐殖质的过程，称为腐殖化过程。由于腐殖质较一般有机物质复杂，因此腐殖化过程不单纯是有机物质的分解过程，而且还有合成作用，是在微生物作用下进行的极其复杂的生化过程，也不排除一些纯化学过程。一般将腐殖化过程分为两个阶段。

(1) 腐殖质原始材料的形成阶段

这一阶段是进入土壤的有机物质，在微生物作用下，降解为形成腐殖质的原始材料，主

要是两类物质:

①芳核结构物质　进入土壤的有机物质中,有些结构很复杂而且稳定性高,在微生物作用下一般不会彻底分解成为最终产物——矿物质,而是部分降解,保留某些结构单元,如保留芳核结构及连结的取代基—OCH₃、—OH、—COOH,这些芳核结构物质成为腐殖质的原始材料,主要有多元酚、苯多羧酸,因而也有人把腐殖质定义为含有酚酸和苯羧酸结构的高分子有机物。

②氨基酸、多肽　这是蛋白质的降解产物。

(2) 合成腐殖质阶段

这一阶段是形成腐殖质的原始材料通过缩合或聚合作用形成腐殖质的过程。

首先是多元酚在微生物分泌的酚氧化酶作用下,氧化为醌型化合物,如对位二元酚在碱性条件下易氧化成对位醌(邻位酚也可同样氧化):

$$\text{对二元酚} + O_2 \xrightarrow[\text{酚氧化酶}]{pH>8} \text{对醌}$$

其次,以醌类(或酚类)化合物和氨基酸(或肽)为例说明原始材料合成腐殖酸单体分子的最简单模式:

$$2\,(\text{对醌}) + 2NH_2RCOOH \longrightarrow (\text{氨基酸取代醌}) + (\text{对二元酚})$$

对醌型化合物　　　　氨基酸的最　　　　腐殖质(酸)单体
的最简单模式　　　　简单模式　　　　　分子的最简单模式

缩合反应也可能产生在醌基上,从而生成了:

$$\text{(苯环 O—NHRCOOH 两端取代结构)}$$

在缩合过程中,如果氨基酸分子或胺分子有两个氨基(如赖氨酸或乙二胺等),则可同时和两个相邻的醌基或两个独立的醌型化合物缩合,从而有可能产生三向主体结构,例如,一个乙二胺(CH₂NH·CH₂NH₂)可能和醌形成如下的主体结构:

3.2.2.3 土壤腐殖质

土壤腐殖质是土壤中一类性质稳定,成分、结构极其复杂的高分子化合物。腐殖质不是结构、分子相同的单一化合物,而是由多种化合物集合而成的混合物。腐殖质的主体是不同相对分子质量和结构的腐殖酸及其盐类,占腐殖质总量的85%~90%,称为腐殖物质(humic substance)。其余是一些简单的化合物(如多糖、氨基糖、多糖醛等)。这些简单化合物和腐殖质紧密结合,难于完全分离,所以把这些简单化合物和腐殖酸合在一起的物质统称为腐殖质(humus)。

(1) 土壤腐殖质的分离提取和组分

在分离提取腐殖质时,存在以下一些困难:①腐殖质和土壤矿物质紧密结合在一起,不易分离;②腐殖物质与各种简单的有机化合物结合,很难用化学方法或物理方法进行彻底分离;③用任何溶剂处理时,都可能引起有机分子某种程度的变性。目前通用的方法,是先把土壤中未分解或部分分解的动植物残体除去,然后用不同溶剂处理土壤,把腐殖酸分为几个组分,具体步骤如下:

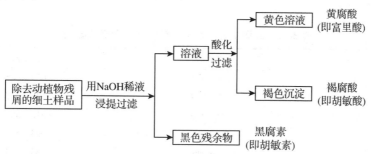

图 3-4 腐殖酸浸提过程

如图3-4所示,土壤腐殖物质分为三大类:①富里酸(Fulvic acid)简称FA,是腐殖质中溶解于碱在酸中不沉淀的黄色溶液。②胡敏酸(Humic acid)简称HA,是溶解于碱在酸中沉淀的褐色腐殖质。③胡敏素(Humin)是与矿物质紧密结合的腐殖质。

由于腐殖酸是与土壤中矿物质结合在一起的,结合程度不同对土壤性质有不同影响,因此也采用不同处理方法来分离结合程度不同的腐殖质,并研究它们与土壤肥力的关系。例如,

松结态(活性)腐殖质:用 0.1 mol/L NaOH 提取获得的腐殖质。是土壤中游离的或与活性 R_2O_3 结合的腐殖质。

联结态腐殖质:用 0.1 mol/L NaOH + 0.1 mol/L $Na_4P_2O_7$ 浸提提取获得与钙结合的腐殖

质。称联结态腐殖质。

稳结态腐殖质：同联结态腐殖质的浸提剂，再加超声波处理获得的腐殖质。

紧结态腐殖质：最后残余的与矿物质紧密结合的腐殖质。

(2) 腐殖质的组成与性质

①元素组成　腐殖质元素组成以 C、H、O、N、S、P 为主，还有少量 Ca、Mg、Fe、Si 以及微量元素等。其中含碳量 55%~60%，平均 58%，因此测定土壤中有机碳含量，乘以 100/58 = 1.724 即可换算为土壤有机质含量。腐殖质含氮量 3%~6%，平均 5.6%，故其 C/N 比值平均为 10:1~12:1。不同腐殖酸其元素组成存在一些差异（表 3-10）。

从元素组成可看出，胡敏酸含碳量较富里酸高，说明其分子结构较富里酸复杂。富里酸含氮量虽较胡敏酸低，但其有效性高，酸解时 70%~90% 以上可转入溶液，而胡敏酸酸解时，仅 50% 的氮转入溶液。

②功能团　腐殖酸组分中有很多含氧功能团，重要的有羧基、羟基、醌基等（表 3-11）。

表 3-10　我国主要土壤表土中腐殖物质的元素组成（无灰干基%）

腐殖物质	胡敏酸 HA		富啡酸 HA	
	范围	平均	范围	平均
C	43.9~59.6	54.7	43.4~52.6	46.5
H	3.1~7.0	4.8	4.0~5.8	4.8
O	31.3~41.8	36.1	40.1~49.8	45.9
N	2.8~5.9	4.2	1.6~4.3	2.8
C/N	7.2~19.2	11.6	8.0~12.6	9.8

资料来源：黄昌男，2010。

表 3-11　我国主要土壤中腐殖物质的含氧功能团　cmol(+)/kg

含氧功能团	胡敏酸	富里酸
羧基	275~481	639~845
酚羟基	221~347	143~257
醇羟基	224~426	515~581
醌基	90~181	54~58
酮基	32~206	143~254
甲氧基	32~95	39

资料来源：文昌孝，1984。

腐殖酸功能团的存在，使其表现出多种活性，如带电性、吸收性、对金属离子的络合能力、氧化-还原性等。

③分子结构特征　腐殖质是高分子聚合物，分子结构非常复杂，其单体中有芳核结构，芳核上有许多取代基，（如含氧功能团和氨基酸功能团等），并连接着多肽或脂肪族侧链。

由于分子结构复杂，腐殖质的相对分子质量也很大。根据中国科学院南京土壤研究所研究人员测定腐殖质的数均相对分子质量胡敏酸在 5×10^3 以下，富里酸在 1×10^3 以下；重均相对分子质量胡敏酸 17 000~77 000，一般不超过 200 000，富里酸 5 500。

腐殖酸分子的形状和大小，研究报道很不一致。腐殖酸制备液的分子粒径，最大的可超过 10nm，其形状过去认为成网状多孔结构，近年来通过电子显微镜拍照或通过黏性特征推断，认为其外形呈球状，而分子内部则为交联构造，结构不紧密，尤以表面一层更为疏松，整个分子表现为非晶质特征。

腐殖质整体呈黑色。不同组分腐殖酸随相对分子质量增大而颜色加深，富里酸和胡敏酸分别呈黄色和褐色。

④溶解性质和吸水性　腐殖质溶解于碱，胡敏酸在酸中沉淀而富里酸在酸中不沉淀。胡敏酸不溶于水，它与一价金属形成的盐溶于水，而与 Ca、Mg、Fe、Al 等多价离子形成的盐溶解度就大大降低。富里酸有相当大的水溶性。其溶液的酸性强，和一价及两价金属离子形成的盐也能溶于水。

腐殖酸具有一定的络合能力，可与 Ae、Al、Cu、Zn 等高价离子形成络合物，一般认为羧基、酚羟基是参与络合的主要基团。络合物的稳定性随介质 pH 值升高而增大，例如，腐殖酸在 pH = 4.8 时能和 Fe、Al、Ca 等离子形成水溶性络化物，在中性或碱性条件下会产生沉淀，但随介质离子强度的增大而降低。当然络合物稳定性还和金属离子本身的性质及腐殖酸的性质有关，腐殖化程度增大，络合物稳定性也增大。

腐殖质是一种亲水胶体，有强大吸水能力，最大吸水量可超过 500%。从饱和大气中吸水可达本身质量的一倍以上。

⑤稳定性　腐殖酸有很高的稳定性，包括化学稳定性和抗微生物分解的生物稳定性。在温带条件下，一般植物残体的半分解期少于 3 个月，植物残体新形成的土壤有机质半分解期为 4.7～9a，胡敏酸的平均停留时间为 780～3 000a，富里酸为 200～630a，腐殖酸的稳定性，除与本身分子结构复杂不易分解有关外，还与它和矿物质紧密结合，或处于微生物也难于进入的孔隙中有关，因而土壤开垦耕作以后，腐殖质的矿化率就大为增加。可从开垦前的矿化率不到 1% 提高到 1%～4%。

3.2.2.4　腐殖化系数

腐殖化系数是指有机物料施入土壤中一年后，残留的碳量占施入碳量的分数，通常变动在 0.14～0.68 之间。腐殖化系数关系到不同有机物料对土壤腐殖质的贡献及培肥土壤的效果，腐殖化系数的大小与有机物料本身的性质和环境因素都有密切关系，具体来说有以下几个方面：

(1) 土壤湿度和通气状况

土壤湿度和通气状况实际上反映土壤是好气还是嫌气状态。在好气状态下，有利于有机质的矿质化，释放养分，但腐殖化系数低。好气状态下有机质转化过程中一般不会产生还原性有害物质。在嫌气状态下，腐殖化系数高，但释放养分少，可能出现对植物有害的中间产物。一些渍水的水稻土，俗称烂泥田，虽然腐殖质含量高，但仍属于低产田，其原因就是水多土性冷，有效养分少，甚至有还原性有害物质。

(2) 温度

有机物质的矿质化和腐殖化都与微生物的活动有关，是在微生物的作用下完成的，而微生物活动要求一定的温度，通常以 25～35℃ 适合微生物活动。土壤温度状况与上述湿度状况

表 3-12　有机物料的腐殖化系数

地　区	公主岭	无锡	广州
纬度(°)	43.5	30.0	23.0
年平均气温(℃)	4.9	15.4	21.8
紫云英	0.32	0.27	0.23
稻　草	0.38	0.29	0.26
绿　萍	0.58	0.52	0.49

相结合，共同影响腐殖化系数，例如，下述地区由于温度的差异，有机物料的腐殖化系数就不同(表3-12)。

(3) 土壤酸碱度

土壤酸碱度主要是通过影响微生物活动进而影响腐殖化系数，下述例子反映土壤酸碱度与腐殖化系数之间的关系(表3-13)。

气候较湿热的华南地区的有机物料腐殖化系数大于江南地区，原因就是华南地区土壤酸性较江南地区强，影响微生物活动，故腐殖化系数高。

表 3-13　有机物料的腐殖化系数

有机物料	江南地区	华南地区
麦秆、玉米秆	0.23	0.24
麦根、玉米根	0.38	0.39
稻　草	0.20	0.24

表 3-14　土壤黏粒含量与腐殖化系数的关系

小于1μm的土粒含量(%)	腐殖化系数	
	稻草	稻根
12~15	0.17	0.38
19~23	0.21	0.42
25~35	0.23	0.46

(4) 土壤质地

质地黏重的土壤中，有机物料的腐殖化系数较高，这与黏粒与腐殖质结合形成复合体，有利于保存腐殖质有关(表3-14)。

(5) 有机物料的性质

有机物料细碎程度和干湿程度状况影响有机物料在土壤中的转化分解。多汁、幼嫩的绿肥比干枯、老化的绿肥容易分解，腐殖化系数低。磨细粉碎了的有机物料，暴露的表面积大，受微生物和外界作用的机会多。同时通过磨碎，把包裹在有机残体外面的蜡质分开，使其更易受到外界的作用，易于矿质化，而腐殖化及腐殖化系数相对降低。

有机物料的化学组成特别是C/N比值和木质素含量影响腐殖化系数，因而不同的有机物料其腐殖化系数不同(表3-15)。

表 3-15　不同的有机物料的腐殖化系数

有机物料	绿萍	蚕豆秆	紫云英	水葫芦	田菁	柽麻	稻根	麦根	稻草
腐殖化系数	0.43	0.21	0.18	0.24	0.37	0.36	0.50	0.32	0.23
C/N	11.2	12.6	14.8	16.3	24.5	28.5	39.3	49.3	61.8
木质素(%)	20.2	8.65	8.58	10.2	11.8	15.3	17.4	20.7	12.5

3.2.3 有机质在土壤肥力上的作用

3.2.3.1 提供作物所需要的养分

有机质是植物所需养分的主要供应者。大量研究表明，我国主要土壤表土中80%以上的氮，20%~76%的磷以有机态存在，大多数非石灰性土壤中，有机态硫占全硫的75%~95%。随着土壤有机质的逐步矿化，这些养分可直接通过微生物的降解和转化，以一定的速率不断地释放出来，供作物和微生物生长发育之需。有机质所含植物养分丰富，而且具有养分全面肥效稳而持久，还有促进养分有效性的作用。

在有机质转化过程中形成的有机酸、腐殖酸，对土壤矿物质有一定溶解作用，促进矿物质风化有利于某些养分的有效化；腐殖酸对金属的络合作用，可避免金属离子对磷的固定，促进磷的有效性。

3.2.3.2 增强土壤保肥性

腐殖物质具有带电性，主要是带负电，可吸收阳离子如 NH_4^+、K^+、Ca^{2+}、Mg^{2+} 等，即具有保肥能力；这些阳离子可被其他阳离子交换出来供植物吸收，即具供肥能力。腐殖质对阳离子的吸收能力为 150~450cmol(+)/kg，平均为 350 cmol(+)/kg，是土壤中矿质胶体吸收阳离子量的几倍到几十倍，高岭石为 3~5cmol(+)/kg，蒙脱石类为 80~100 cmol(+)/kg。土壤中有机质含量一般只占5%以下，但其对保肥能力贡献为5%~42%，平均为21%。因此提高土壤有机质含量，是提高土壤保肥能力的重要措施。

3.2.3.3 促进团粒结构形成、改善土壤物理性质

团粒结构是土壤的一种优良结构形态，可以调节土壤中的水、气、热、肥状况。团粒结构的形成主要是有机质的作用。有机质通过胶结、氢键、静电引力等作用，使分散土粒团聚起来形成优良团粒结构。有了团粒结构，土壤物理性质、耕作性能可以得到改善。同时有机质的黏结性大于砂粒，小于黏粒，因而使砂粒团聚，使黏土变得疏松易耕，腐殖质的颜色深，有利于吸收太阳辐射，改善土壤热状况。

3.2.3.4 其他方面的作用

(1) 有机质是微生物重要的碳源和能源

微生物细胞的 C/N 为 5:1，这 5 份碳来源于对有机质中碳的同化。微生物生命活动所需的能量，也来源于有机质。每克干物质大约含有 16~22kJ 的热量。微生物分解有机质产生的 CO_2，若排出土壤进入近地层的空气中，是光合作用所需 CO_2 的重要来源，土壤中生物来源的 CO_2 每年为 13.5×10^{10}t，与陆地上植物年需要量 8×10^{10}t 大体相当。

(2) 腐殖质有助于消除土壤中农药残毒和重金属污染

据报道，胡敏酸能吸收和溶解三氮杂苯除莠剂以及某些农药，例如，DDT 在 0.5% 胡敏酸钠溶液中的溶解度比在水中至少大 20 倍，这就使 DDT 容易从水中排出去；腐殖酸能和某些重金属离子络合，由于络合物的水溶性，而使有毒重金属离子有可能随水排出土体，减少

对作物的危害和对土壤的污染。

（3）有机质中含有一些生理活性物质

如核黄素（B_2）、吲哚乙酸、抗菌素等，对植物生长有利。

（4）腐殖酸在一定浓度下能促进微生物和植物的生理活性

例如，对胡敏酸的研究表明：①改变植物体内的糖类代谢，促进还原糖的累积，提高细胞渗透压，从而增加植物的抗旱力。②能促进过氧化酶的活性，加速种子发芽和养分吸收过程，从而增加生长速率。③稀浓度的胡敏酸溶液可加强植物呼吸作用，增加细胞膜透性，从而提高其对养分吸收能力，并加速细胞分裂，增强根系发育。

3.2.4 土壤有机质的调节途径

有机质是土壤肥力的物质基础，有机质含量的高低是土壤肥力高低的重要标志。一般旱地作物丰产要求土壤有机质含量为 15.0～25.0 g/kg，水稻丰产要求土壤有机质含量为 20.0～40.0 g/kg。而我国土壤有机质含量低于 6.5 g/kg 的耕地占耕地总面积的 10.6%。四川土壤有机质含量也不高（表 3-16）。

表 3-16　四川省土壤有机质含量　　　　　　　　　　　　　　　g/kg

有机质含量	>40.0	30.1~40.0	20.1~30.0	10.1~20.0	6.1~10.0	≤6.0
占水稻田面积(%)	1.29	6.19	39.90	51.99	0.63	0.004
占旱地面积(%)	3.14	5.52	18.72	46.26	24.66	1.10

表 3-16 中，四川水稻土有机质含量小于 20.0 g/kg 的占水田面积的 52.6%，即有一半左右的水稻田有机质含量达不到丰产要求；旱地土壤有机质含量为 10.0～20.0 g/kg 的占旱耕地面积的 46.26%；小于 10.0 g/kg 的占 25.76%，即有四分之一的旱地有机质含量相当低。可见，增加土壤有机质含量是培肥土壤的重要措施。

增加土壤有机质含量的途径是大力提倡秸秆还田。秸秆是一种相当丰富的资源，若以小麦、玉米、水稻田的经济产量与秸秆之比为 1:1.5 计算，我国每年约有秸秆 44 850×10⁴ t，相当于 665×10⁴ t 氮、磷、钾，是巨大的财富，特别是钾素，作物吸收的钾，主要累积在秸秆中（表 3-17）。

表 3-17　秸秆中吸收养分占总吸收量的　　　　　　　　　　　　　%

秸秆种类	N	P	K	Zn	Cu	B
稻　秆	35~41	21~33	82~84	55		27
麦　秆	16~26	11~14	76~79			32
玉米秆	31	7	72			
油菜秆					81	83

资料来源：林心雄等，1991。

因此，秸秆还田就是归还了养分，特别是归还了钾。秸秆还田的用量以每公顷施 4 500～6 000 kg 为宜，若以腐殖化系数 0.2 计，可增加土壤腐殖质 900～1 200 kg/hm²。由于秸秆 C/N

比值大,在秸秆还田时若用量为 4 500~6 000 kg/hm², 应配施 45~60 kg/hm² 的化学氮。农业生产中实施的沃土计划就是以秸秆还田为主的培肥土壤的措施。

栽培并施用绿肥,也是提高土壤有机质含量的重要途径。由于我国人多耕地少,利用耕地种植绿肥的方式是一个值得探讨的问题,如果净种绿肥,可能不会为广大农民所接受,因而可以采取间套种绿肥、短期绿肥、水生绿肥等方式发展绿肥,同时可以利用绿化荒山荒坡时种植木本绿肥,如紫穗槐、桤木、马桑、刺槐等。既保持水土,又提供绿肥。据四川农业大学在名山县百丈镇的实验表明,每公顷用 15 000kg 鲜桤木枝叶或马桑枝叶于黄壤性水稻土中,一年后测定土壤中胡敏酸含量较施前的增加量分别为 16% 和 50%。同一试验每公顷用新鲜紫云英 15 000kg,土壤中的胡敏酸量还有所减少,只有施前的 91%。这可用绿肥的激发效应来解释。所谓激发效应(又称起爆效应),指加入有机物料时使土壤原有机质的矿化速率加快(称正激发)或减慢(称负激发)的效应,用激发比率来反映:

$$激发比率 = \frac{加有机物时土壤原有机质的矿化量}{不加有机物时土壤原有机质的矿化量}$$

可见激发比率大于 1 是正激发,小于 1 是负激发。据南京土壤研究所试验测定,紫云英(整体)的激发比率为 1.93,是正激发,即施用后促进土壤原有机质的矿化率,这在施用有机肥时应考虑。大力提倡积造和施用有机肥是增加土壤有机质含量的又一重要措施。我国传统农业就有积造和施用有机肥的习惯,例如,粪肥、厩肥、堆肥、河泥、塘泥、饼肥、蚕沙、鱼肥等。

近年来,由于普遍应用化学除草技术,不少地方出现了免耕和少耕的技术措施。研究结果表明,免耕可以显著增加土壤微生物生物量和微生物碳与有机碳的比率,并使土壤有机质水平表现出提高的趋势,这主要是由于免耕有效地抑制了土壤的过度通气,减少了有机质的氧化降解。此外,免耕还可以防止土壤侵蚀。

由于土壤氮素与有机质密切结合,因此适当施用一些氮肥也是将土壤有机质保持在合适水平的一项措施。氮肥对土壤有机质水平的影响是多方面的。首先,氮肥能增加作物生物量及由此增加进入土壤的作物残体量;其次,施用铵态氮肥可导致土壤酸化,这也能降低土壤有机质的分解。

有机、无机肥料配合施用不仅能增产,提高肥料利用率,还能提高土壤有机质的含量。据研究表明,配合施用有机、无机肥料,可在 3~6 年使我国南方土壤的有机碳含量由 0.4%~0.77% 提高至 1.3%,并提高了土壤的盐基饱和度、有效养分含量和 pH 值等。

当然,在注重耕地土壤有机质数量的同时,还必须强调土壤有机质中要有合适比例的不同生物活性的有机质组成。土壤有机质的动态研究表明,不同活性的有机质组成在土壤管理和碳循环中起着极不相同的作用。土壤腐殖质占很大一部分,它对维持良好的土壤结构性和物理性质方面起着很重要的作用。而非腐殖物质分解速率快,在提供土壤养分方面起重要作用。要保持良好的土壤结构,又源源不断地提供养分,就需要将不同活性的有机质维持在一定的比例。这是土壤有机质动态平衡中必须考虑的重要问题。从另一角度来看,通过调节土地温度、湿度、通气状况、施肥等因素能调节土壤微生物的活性,这也同样能达到调节土壤有机质分解速率的目的。

3.3 土壤生物

土壤生物是指生活在土壤中的巨大的生物类群,是土壤具有生命活动的主要成分。在土壤形成、发育、土壤结构和肥力保持以及高等植物生长方面起着重要的作用;同时土壤微生物对环境起着天然的"过滤"和"净化"作用。土壤生物在自然生态系统中扮演着消费者和分解者的角色,对全球物质循环和能量流动起着不可替代的作用。

3.3.1 土壤生物的多样性

土壤生物包括土壤动物、土壤植物、土壤微生物三大部分。土壤中存在的生物,不仅种类多,数量也大(表3-18)土壤生物量通常可占土壤有机质总量的1%~8%。某一特定的土壤生物的活性可用其单位体积或单位面积土壤中数目、生物量或代谢活性来表征。

3.3.1.1 土壤微生物

土壤微生物分布广、数量大、种类多,是土壤生物中最活跃的部分,其生物量很大。据统计,每克土壤中微生物的数量可达1亿个以上,最多可达几十亿个。土壤的生物活性约80%应归结为土壤微生物,它对于土壤有机质的分解,腐殖质的合成,养分转化和推动土壤的发育和形成起着重要的作用。

表3-18 土壤中常见的生物的数量

生物种类	土壤表层中的数量		
	个/m^2	个/g	生物量(kg/hm^2)
细 菌	$10^{13} \sim 10^{14}$	$10^8 \sim 10^9$	450~4 500
放线菌	$10^{12} \sim 10^{13}$	$10^7 \sim 10^8$	450~4 500
真 菌	$10^{10} \sim 10^{11}$	$10^5 \sim 10^6$	562.5~5 625
藻 类	$10^9 \sim 10^{10}$	$10^4 \sim 10^5$	56.25~562.5
原生动物	$10^9 \sim 10^{10}$	$10^4 \sim 10^5$	16.875~168.75
线 虫	$10^6 \sim 10^7$	$10 \sim 10^2$	11.25~112.5
其他动物	$10^3 \sim 10^5$	—	16.875~168.75
蚯 蚓	30~300	—	112.5~1 125

土壤微生物是地球地表下数量最巨大的生命形式体。土壤微生物按形态学来分,主要包括原核微生物(古菌、细菌、放线菌、蓝细菌、黏细菌),真核微生物(真菌、藻类和原生动物)以及无细胞结构的分子生物。其中细菌数量最多,放线菌次之,藻类最少。以下就常见的几类微生物做一简要介绍。

(1)细菌

细菌是土壤微生物中数量最多的一个类群,据统计生活在土壤中的细菌有近50个属,250种,占微生物总数量的70%~90%。细菌是单细胞生物,个体很小,较大的个体长度很少超过5μm,但它表面积/体积比大,代谢强,繁殖快,与土壤接触的表面积大,据估计每克干土中细菌的总面积达20cm^2。因此它是土壤中最活跃的因素。

细菌按其营养特性可分为自养型和异养型两类。自养型细菌从氧化矿物成分中(如铵、硫黄等)获得所需能源,并从 CO_2 中获得碳源,转化矿质养分的存在状态。这部分细菌包括硝酸细菌、亚硝酸细菌、硫化细菌、硫黄细菌等。异养型细菌通过分解有机物质(包括动植物残体及其排泄物和分泌物)来获得能量和营养。这对于矿物和有机物质养分的分解和释放都具有重要的作用。

大多数细菌都是异养型的,异养型细菌按其对氧气的要求又可分为好气性、嫌气性和兼气性3种。土壤中的细菌以杆菌为主,其次是球菌。土壤细菌常见的主属有节杆菌属、芽孢杆菌属、假单胞菌属、产碱杆菌属、黄杆菌属。土壤的环境条件如温度、湿度、有机物质、pH 值等都影响着细菌的数量和活性。例如,有机质丰富的根际土壤细菌的数量明显高于非根际土壤。土壤细菌的最适温度为 20~40℃,最适 pH 值为 6.0~8.0。

(2)放线菌

土壤中放线菌的数目也很大,约占土壤微生物总数的 5%~30%。大部分为链霉菌属(70%~90%),其次是诺卡氏菌属(10%~30%),小单胞菌属(1%~15%)。土壤中放线菌是典型的好气性有机体,同真菌一样,在干燥土壤中比湿润土壤中更常见,在温暖的土壤中比凉爽的土壤中常见。适宜在中性、偏碱性、通气良好的土壤中生长,并能转化土壤的有机质,产生抗生素对其他有害菌起拮抗作用。放线菌多分布在耕层土壤中,仅少数几种寄生在植物上,而且通常都是寄生在植物根上,并随土壤深度而减少。

(3)真菌

土壤真菌有约 170 属 690 多种,是土壤微生物中的第三大类,广泛分布在耕作层中,在潮湿、通气良好的土壤中生长旺盛,在干旱条件下生长受到抑制,但仍表现出一定程度的活力。真菌耐酸性较强,最适 pH 值为 6.0~7.5。在土壤酸性较强时,细菌和放线菌的生长受到抑制,但真菌仍能较好地生长,并能至始至终地分解有机物质,因此在森林土壤和酸性土壤中,真菌起着主要作用。

(4)藻类

土壤藻类是微小的含有叶绿素的有机体,土壤藻类不仅发现于土壤表面和紧接在表面之下阳光或散射光透得进的地方,而且也发现于表面之下几厘米外阳光达不到的土壤中。土壤表面和紧接亚表面的藻类具有和绿色植物同样的作用,即能利用太阳能进行光合作用,并从土壤中吸收硝酸盐或氨。光照和水分是影响藻类发育的主要因素,在温暖、水分充足的土面大量繁殖。在肥沃的土壤中,藻类发育最为广泛,而在轻质不肥沃的酸性土壤中则藻类数量少。土壤藻类主要有硅藻、绿藻和黄藻。

3.3.1.2 土壤动物

土壤动物也是土壤中的一个重要的生物类群,由土壤原生动物和土壤后生动物群落组成。这些土壤动物共同构成了土壤微小动物区系和土壤中型动物区系。

(1)原生动物

土壤中的原生动物,大多数是根足虫类和鞭毛虫类,还有少数的纤毛虫类。这些原生动物是单细胞真核生物,并能够运动。形体差异很大,例如,根足虫类的变形虫一般的小型种为 10~40μm,大型种则达到十分之几毫米。鞭毛虫类有一根或多根鞭毛,纤毛虫类(肾形虫、弓形虫)全身或局部覆有许多短小纤毛作为其运动器官。原生动物的运动只局限于土壤孔隙中，只有在含有水分的孔隙中才能运动，在干土中不能运动。原生动物有些含叶绿素是自养型的，但大多数原生动物以有机物为食，也有的吞食细小的藻类、酵母、细菌等。原生动物在土壤中起着调节细菌数量，增进土壤生物活性，分解植物残体的作用。

(2) 后生动物

土壤后生动物群落主要由线虫、蠕虫、蚯蚓、蛞蝓、蜗牛、千足虫、蜈蚣、螨、环节动物、蚂蚁、白蚁、蜘蛛、蛇和其他昆虫等组成。这些动物活动在土壤中起着重要的作用，一方面，它们在土壤中穿孔打洞，构筑的穴洞和孔道有助于土壤的通气和排水；另一方面，它们把所食的植物枯枝落叶加以浸软和嚼碎，并以一种较易为微生物所利用的形态将之排泄出来，同时，它们还把这种浸软的植物残落物连同一些微生物传播到土体的各个角落。在种类繁多的土壤动物中，蚯蚓、线虫、蚂蚁和其他昆虫等占有很重要的作用。以下就简单阐述这些动物在土壤中所起的具体作用。

① 蚯蚓　蚯蚓通过其活动对土壤进行挖掘，留下的沟道穴洞有助于改善土壤排水状况，提供通气良好的区域，并对土壤进行全面彻底的疏松。又能改善土壤结构，提高土壤团块的持水量。特别重要的是蚯蚓的活动使土壤中的有机质与土壤得到充分的混合，矿质成分在蚯蚓体受到机械研磨和各种消化酶类的作用时发生变化，排出体外的物质更容易被微生物分解。蚯蚓粪中含大量的氮素、有效态磷、钾等能被植物利用和吸收。蚯蚓对环境反应敏感，在干旱、霜冻、土壤黏重、通气性差或排水不良的土壤中生长受到抑制，在有机质含量丰富的土壤中生长良好。蚯蚓喜钙，一般不耐酸，在交换性钙含量高的石灰性土壤中活性最高。

② 线虫　土壤中的线虫，种类繁多，数量大，在阔叶林下和一些牧场中的细腐殖质土壤中，线虫的活体重可高达 $100\sim200kg/hm^2$。根据线虫的营养特性可将其分为三类：第一类以细菌和其他小细胞为生；第二类靠土壤生物群体的真菌、原生动物、线虫类和寡毛类动物的细胞内含物过活；第三类以植物根际的细胞内含物和汁液为生。

③ 其他的土壤动物　土壤中的其他动物如蚂蚁是群居动物，主要通过挖孔打洞改善土壤通气性和促进排水流畅。蜗牛肠胃里含有高浓度的纤维素分解酶能消化纤维素。鼠科动物挖掘洞穴对表土的疏松起着重要的作用，并且能将亚表土和心土搬到土表，对土壤的混合起着重要的作用。

3.3.1.3　土壤植物

土壤植物是土壤的一个重要的组成部分。就高等植物而言主要是指高等植物地下部分，包括植物根系、地下块茎(如红薯、马铃薯等)。

3.3.2　土壤生物对土壤及其植物的作用

3.3.2.1　土壤生物对土壤和植物的有益作用

(1) 有利于土壤结构的形成和土壤养分的循环

土壤生物在土壤生态环境中起着重要的作用(表3-19)，它通过对植物残体的分解将固持在其中的碳、氮、磷、硫等营养元素，重新释放出来，成为土壤的有效养分，供植物吸收利用。土壤微生物的分泌物和有机残体分解的中间产物可以促进土壤腐殖质的合成和土壤团聚体的形成。土壤动物的排泄物也可间接改变微生物的微环境，反过来又影响土壤的孔隙度和团聚体的大小。

表 3-19 土壤生物区系在土壤生态系统过程中所起的作用

生物区系	养分循环	土壤结构
微生物群落	分解有机质、矿化和固定养分	形成能黏合团聚体的有机化合物，菌丝将颗粒缠结形成团聚体
小型土壤动物	调节细菌和真菌种群，改变养分周转	通过与微生物群落的相互作用影响土壤团聚体
中型土壤动物	调节真菌和小型土壤动物种群，改变养分周转	产生粪粒，创造生物孔隙
大型土壤动物	破碎植物凋落物，刺激微生物活动	混合有机和无机颗粒使有机质和微生物重新分布，创造生物孔隙，提高腐殖化作用，产生粪粒

(2) 无机物的转化作用

土壤微生物对土壤中的磷、硫、铁、钾以及微量矿质元素各自的循环转化起着重要的作用。

①磷的微生物转化 土壤有机磷是土壤全磷重要的组成部分，一般占全磷的 20%～50%。土壤微生物通过产生有机酸，溶解不溶态的无机磷，通过分泌磷酸酶水解有机磷，土壤微生物在分解有机质时释放 CO_2，生成 H_2CO_3 和 HCO_3^-，对含磷矿石起风化作用，增加钙、镁磷盐的溶解性。

②硫的微生物转化 土壤中有机硫的矿质化、无机硫化物的氧化和硫酸盐的还原，主要由微生物推动。在通气良好的条件下，土壤中的有机硫通过微生物的矿化作用最终生成 SO_4^{2-}，它是很多植物的有效态硫，能被植物吸收利用。

③铁的微生物转化 在通气良好的条件下，自养微生物能将亚铁氧化成为溶解度低的高价状态，而不致于在高浓度条件下对植物产生毒害；有些细菌和真菌能产生酸性物质，如硝酸、碳酸、硫酸和有机酸而增加铁的溶解度使铁进入溶液。或产生的有机酸与铁生成有机铁的络合物，被植物吸收。

④其他无机物的转化 微生物对土壤中的钾有活化作用，将低价锰氧化成高价锰，避免在高浓度下对植物产生毒害；控制污染土壤中重金属被植物吸收等作用。

(3) 生物固氮

分子氮在生物体内由固氮酶催化还原为氨的过程称为生物固氮作用。自然界中有一少部分微生物(如圆褐固氮菌、雀稗固氮菌、固氮红螺菌、根瘤菌)等能将大气中的分子氮转化为氮素化合物，供植物吸收。据估计，全球生物固氮的氮素总量每年约有 1.22×10^8 t，大大超过化肥氮素量。所以生物固氮作用在自然界氮循环和农业生产上具有重要的作用。

(4) 土壤微生物对土壤污染的净化作用

土壤微生物可以通过自身的各种代谢活动，对土壤中的污染物质，如重金属、有机农药(DDT、六六六、毒杀芬等)、放射性垃圾进行代谢、降解和转化，从而消除或降低污染物的毒害，对土壤起着天然的净化作用。

3.3.2.2 土壤生物对土壤和植物和有害作用

有些土壤动物可以对作物造成严重的危害，如老鼠、蜗牛、蛞蝓等，它们啃食作物的根、茎、叶。有些植物的根易遭受根结线虫的危害。部分细菌通过土壤传播植物病害的病原菌，许多真菌能侵染植物的种子、根和幼苗，而引起植物枯萎病、黄萎病和根腐病等。

3.3.3 土壤管理对土壤生物的影响

土壤的环境条件与土壤生物的关系非常密切。土壤的耕作制度与土壤管理的变化会导致各种生态因子(如水分、光、土壤pH值、温度、地形、土壤孔隙度、土壤松紧度、土壤养分等)的相应变化，这些土壤环境条件的变化可直接或间接地影响土壤生物群落(土壤动物、植物、微生物)的组成、数量和分布。

(1) 耕作制度对土壤生物的影响

常规耕作有利于生命周期短，代谢率高和扩散迅速的生物的发展，频繁的耕翻会破坏土壤真菌的菌丝，对蚯蚓的通道有直接的损伤，并且不利于中型或大型土壤动物的繁殖。少耕或免耕能促进那些以食真菌为主的原生动物和线虫等土壤原生虫系的发展。有研究表明，长期免耕比常规耕翻相比，表土层的土壤微生物生物量碳、氮含量均有所提高，并且由于少耕或免耕减少了对土壤的扰动，有利于土壤生物的活动。例如，森林土壤的土壤生物明显多于耕作土壤。设施栽培对土壤生物也有一定影响，大棚土壤与露地土壤相比，大棚土壤中的硝化细菌(包括亚硝酸细菌和硝酸细菌)和反硝化细菌的数量均大于露地土壤；土壤的总菌数大小顺序也是大棚内土壤>温室内土壤>露地土壤；设施土壤的真菌以腐生性的青霉、曲霉和小克银汉霉为主。增施秸秆，可以增进土壤中各类群生物的活性。有试验研究表明，在大棚内施用干枯稻草后，放线菌和真菌的数量随着稻草量的增加而增加，而细菌中的亚硝酸细菌、硝酸细菌、反硝酸细菌的含量随着稻草量的增加而下降。不同的轮间作方式对土壤微生物也有影响，例如，桃粮间作可使根冠区及近冠区的解磷细菌、纤维素分解菌的数量减少，解磷强度下降。

(2) 施肥措施对土壤生物的影响

施用有机堆肥一般能增加土壤微生物和土壤动物(特别是线虫、蚯蚓、线蚓、跳虫)的数量。这是由于增加了这些土壤生物的营养来源和栖息场所。这些土壤生物活性的提高有利于增强对病原菌的拮抗。在土壤中施用腐熟的堆肥，利用堆肥后期放线菌产生的抗生素可以抑制由链刀霉引起的病害。无机肥料的施用可使某些土壤生物的密度下降。

(3) 施用化学物质对土壤生物的影响

土壤中施用农药、除草剂、杀虫剂等化学物质，这些物质可使生物的正常代谢受到抑制，大大地降低土壤生物，特别是土壤动物的群体个数。

(4) 其他措施对土壤生物的影响

在酸性土壤上增施石灰调节土壤的pH值，可以增加蚯蚓的数量。将土壤的pH值保持在5.2以下可以防治由放线菌引起的马铃薯疮痂病，将土壤pH值调至7.2可以阻止或减弱引起甘蓝根肿病的真菌孢子的萌发。

3.4 土壤水分

水是植物的重要组成部分,植物体的水分含量在80%~90%左右;水是植物生命活动的参与者,植物光合作用就是将 CO_2 与 H_2O 合成有机物;植物还通过蒸腾水分来调节体温。植物所需要的这些水分主要来自土壤,因此土壤水分状况直接关系到植物的生长发育。水是土壤的重要组成部分,它是土壤的"血液",土壤中的生物、化学、物理过程都与水分有密切关系。

3.4.1 土壤水分类型及含量

3.4.1.1 土壤水分类型

土壤能保持水分是由于土粒表面的吸附力以及毛管孔隙的毛管力。按水在土壤中存在状态通常可划分为固态水(化学结合水和冰)、液态水和气态水(水汽)。其中数量最多的是液态水,包括束缚水和自由水,自由水又分为毛管水、重力水和地下水。这里主要介绍液态水。

(1) 吸湿水

土壤具有吸附空气中水汽分子的能力叫吸湿性;土粒通过吸附力吸附空气中水汽分子所保持的水分被称为吸湿水;只含有吸湿水的土壤称为风干土;除去吸湿水的绝对干土称为烘干土。

吸湿水是由土粒吸附力所保持的水分,其厚度只有2~3个水分子层,吸附力包括氢键、范德华力和具有极性的水分子与带有电荷的土壤胶体之间的静电引力。吸附力很强,对水汽分子的吸附可达 $10^9 Pa$(相当于1万个大气压),因而水的密度增大,可达 $1.5 g/cm^3$,无溶解力,不移动,通常是在105~110℃条件下烘干除去。

由吸湿水的特性可见,吸湿水对植物是无效的。但吸湿水却是土壤分析测定的一个最基础的数据,用以进行风干土和烘干土的换算。因为土壤分析测定所用的土样是风干土,而测定结果的计算应用烘干土,这里就需要将风干土换算为烘干土参加计算,换算公式如下:

$$烘干土重 = 风干土重 \div (1 + 吸湿水含量\%)$$

【附注:因为湿土质量本身是变化的,故不能以它为基数来计算土壤含水量,只有以干土质量为基数,才能给出土壤水分变化的清晰概念,例如,某一时期土壤水分含量为20%,即干土质量为100g,湿土质量为120g,土壤水 $w\% = [(120-100)/100] \times 100 = 20\%$,在丢失一半后,则水 $w\% = [(110-100)/100] \times 100 = 10\%$,恰好是一半。如以湿土质量为基数,则先后得出 $[(120-100)/120] \times 100 = 16.67\%$ 和 $[(110-100)/110] \times 100 = 9.09\%$,得不出水分丢失一半的概念。】

土壤吸湿水含量受土壤质地的影响,黏质土吸附力强,保持的吸湿水多,砂质土则吸湿水含量低。四川农业大学农场几种不同质地土壤的吸湿水含量见表3-20。

表3-20 四川农业大学农场几种不同质地土壤的吸湿水含量

土 壤	紫色土	黄 壤	潮 土	潮 土
质地	黏土	重壤土	轻壤土	砂 土
吸湿水质量(%)	4.47	3.03	2.36	0.36

吸湿水含量还受空气湿度的影响,空气相对湿度高,吸湿水含量也高,反之则吸湿水含量低。

(2)膜状水

土粒吸附力所保持的液态水,在土粒周围形成连续水膜,称为膜状水。膜状水厚度可达几十个水分子厚。膜状水虽然也是土粒吸附力保持的水分,但保持的力较吸湿水低,仅为 $6.25 \times 10^5 \sim 31 \times 10^5$ Pa,水的密度较吸湿水小,仍黏滞而无溶解性;移动缓慢,由水膜厚的地方往水膜薄的地方移动,速率仅 $0.2 \sim 0.4$ mm/h。膜状水对植物有效性低,仅吸力小于 15×10^5 Pa 的部分有效。

(3)毛管水

存在于毛管孔隙中为弯月面力所保持的水分称为毛管水。它是土壤自由水的一种,可以上下自由移动,速度快,每小时可达 $10 \sim 30$ mm;它对作物全部有效,本身所受的引力为 $6.25 \times 10^5 \sim 8 \times 10^5$ Pa,比作物根的吸水力(10×10^5 Pa)小;它有溶解养分的能力,也具有输送养分到植物根部的能力。

毛管水上升的高度与毛管半径呈反比,其公式为:

$$H = 0.15/r$$

式中 H ——毛管水上升高度;
r ——毛管半径。

土壤质地不同,其毛管孔隙不一样,所以毛管水上升的高度也不一样(表3-21)。

表3-21 不同质地毛管水上升高度

土壤质地	毛管水上升高度(m)
砂土	0.5~1.0
砂壤土、轻壤土	1.5
粉砂质壤土	2.0~3.0
中壤土、重壤土	1.2~2.0
轻黏土	0.8~1.0

根据土层中地下水面与毛管水相连与否,毛管水又分为两类:

①毛管上升水 与地下水有联系,随毛管上升保持在土壤中的水分。毛管上升水与地下水有水压上的联系,随地下水位的变动而变化。当地下水位适当时,毛管上升水可达根系分布层,是作物所需水分的重要来源之一。当地下水位很深时,它不能达到根分布层,不能发挥补给作物水分的作用。如果地下水位过高则会引起湿害。

②毛管悬着水 与地下水无联系,由毛管力保持在土壤中的水分,好像悬在土壤中一样,故称毛管悬着水。

(4)重力水

受重力作用可以从土壤中排出的水分称为重力水,主要存在于通气孔隙中。当重力水下渗到不透水层后,就在那里聚积起来形成地下水。对旱地来说,重力水只能暂时存在于根分布层,不能持续为作物利用。重力水的存在常与空气发生尖锐矛盾,因为重力水存在于通气孔隙中,有水则无气。在水稻土中,由于犁底层的顶托,土壤耕层有大量重力水,对水稻并无害处。

3.4.1.2 土壤水分常数

土壤中某种水分类型的最大含量,随土壤性质而定,是一个比较固定的数值,故称水分常数。

(1) 吸湿系数

吸湿水的最大含量称为吸湿系数，也称最大吸湿量。吸湿水的含量受空气相对湿度的影响，因此测定吸湿系数是在空气相对湿度98%（或99% K_2SO_4 饱和溶液在密闭条件下）条件下，让土壤充分吸湿（通常为1周时间），达到稳定后在105~110℃条件下烘干测定得到吸湿系数。测定吸湿系数不能在空气相对湿度100%的条件下测定，这是由于相对湿度100%条件下可产生液态水滴，这时吸附的就不仅是气态水，而有液态水了。吸湿系数测定时已规定空气相对湿度，因此影响吸湿系数的因素就只有土壤质地。黏质土的吸湿系数大于砂质土，如四川农业大学农场不同质地土壤吸湿系数因土壤质地的差异而有所差别（表3-22）。

表3-22 四川农业大学农场不同质地土壤吸湿系数

土壤	紫色土	黄壤	潮土	潮土
质地	黏土	重壤土	轻壤土	砂土
吸湿系数(%)	7.53	4.11	2.52	0.80

(2) 凋萎系数

植物永久凋萎时的土壤含水量称为凋萎系数。凋萎系数不是某种土壤水分类型的最大含量，但却是土壤水分状况与植物生长之间的一个有意义的水分常数。土壤凋萎系数的大小，通常用吸湿系数的1.5~2.0倍来衡量。我们曾采集四川省不同母质发育形成的紫色土和黄壤，用常规方法测定其凋萎系数与吸湿系数的1.5倍得到的凋萎系数比较，无统计上的显著差异，说明可以用吸湿系数的1.5倍代表凋萎系数。表3-23中，土壤质地愈黏重，凋萎系数愈大。

表3-23 四川农业大学农场不同质地土壤的凋萎系数

土壤	紫色土	黄壤	潮土	潮土
质地	黏土	重壤	中壤	砂土
吸湿系数(%)	7.53	4.11	2.52	0.8
凋萎系数(%)	11.3	6.2	3.8	1.2

(3) 田间持水量

田间持水量是毛管悬着水达最大量时的土壤含水量。以四川丘陵区、山区和阶地区的旱地土壤而言，地下水位均较深，毛管水以毛管悬着水为主，因此在田间自然状态下，土壤能保持水分的最大量，就是毛管悬着水的最大量，田间持水量也就可以定义为土壤在田间自然状态下能保持水分的最大量，它是反映土壤保水能力大小的一个指标。用田间持水量减去凋萎系数可以得到土壤保蓄有效水的最大量。在计算土壤灌溉水量时以田间持水量为指标，既可节约用水，又避免超过田间持水量的水分作为重力水下渗后抬高地下水位。我国西北地区，不合理的大水漫灌，抬高地下水位，是造成土壤返盐，形成次生盐渍化土壤的重要原因。

(4) 毛管持水量

即毛管上升水达最大量时的土壤含水量。毛管上升水与地下水有联系，受地下水压的影响，因此，毛管持水量通常大于田间持水量。毛管持水量是计算土壤毛管孔隙度的依据。

(5) 饱和持水量

土壤孔隙全部充满水时的含水量称为饱和持水量。如按容积百分比计，饱和含水量则相当于土壤总孔隙度。在地下水面以下的土层、水面淹水灌溉的耕层等均处于饱和含水量状态。饱和含水量是排水及降低地下水位时计算排水定额的依据。

3.4.1.3 土壤含水量

土壤含水量有多种表示方法，常用的有：

(1) 质量含水量 (θ_m)

土壤样品水分质量 ($m_1 - m_2$) 占干土质量 (m_2) 的百分数。这是最基本最常用的土壤水分含量的表示方法：

$$\theta_m = \frac{m_1 - m_2}{m_2} \times 100\%$$

式中　θ_m——土壤质量含水量；
　　　m_1——湿土质量；
　　　m_2——干土质量。

这里需要注意的是计算土壤含水量时，是以干土质量为计算基础，这样才能反映土壤的水分状况。定义中的干土是指在 105~110℃ 条件下烘干的土壤。而通常所说的"风干土"，是指在当地大气中自然干燥的土壤，又称气干土，其质量含水量比 105℃ 烘干的土壤高（一般高几个百分点）。由于大气湿度是变化的，所以风干土的含水量不恒定，故一般不以此值作为计算 θ_m 的基础。

(2) 容积含水量 (θ_v)

是土壤所含水分的容积总量占土壤总容积的百分数。即

$$\theta_v = \frac{V_w}{V_s} \times 100\%$$

式中　θ_v——土壤实际含水量的容积百分率 (%)；
　　　V_s——土壤总体积 (cm^3)；
　　　V_w——水所占体积 (cm^3)。

注意，θ_v 计算的基础是土壤的总容积。由于水的密度可近似等于 $1.0g/cm^3$，可以推知 θ_v 与 θ_m 的换算公式：

$$\theta_v = \theta_m \times \rho$$

式中　ρ——土壤容质量 (g/cm^3)。

根据水分的容积百分数可算出土壤中空气含量并进而算出土壤固、液、气三相的比例。

(3) 储水量深度 (D_w)

亦即水层厚度 h (mm)，是指一定厚度的土层中，水分的厚度毫米数。其计算公式为：

$$D_w = \theta_v \times h$$

式中　D_w——储水量深度；
　　　θ_v——容积含水量；
　　　h——土层厚度。

公式来源如图 3-5 所示，设面积为 A，土层厚度为 h，a 为空气所占据的厚度，b 为液相的厚度，c 为固相的厚度。

因为： $\theta_v = \dfrac{V_w}{V_m} = \dfrac{A \times b}{A \times h} = \dfrac{b}{h}$

所以： $b = \theta_v \times h$

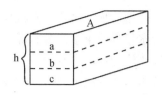

图 3-5 储水量深度的计算模型

式中，h 的单位应与水层厚度单位一致。

用储水量深度（D_w）或水层厚度 h（mm）来表示土壤含水量的优点在于与气象资料和作物耗水量所用的水分表示方法一致，便于互相比较和换算，现举例说明：

【例 3-2】容质量为 1.2g/cm³ 的土壤，初始含水量（θ_m）为 10%，田间持水量（θ_m）为 30%，降水（D_w）10mm，若全部入渗，可湿润土层多深？

解：先将土壤含水量 θ_m 换算为 θ_v：

初始含水量 $\theta_v = 10\% \times 1.2 = 12\%$

田间持水量 $\theta_v = 30\% \times 1.2 = 36\%$

因 $D_w = \theta_v \times h$（土层厚度）

故 土层厚度（h）= D_w/θ_v = 10/(0.36 − 0.12) = 41.7(mm)

答：降水 10mm 可渗入土层 41.7mm。

【例 3-3】棉花开花结铃期日耗水 5.1mm，某土壤 30cm 土层含有效水（θ_m）15%，容质量（ρ）1.2 g/cm³。若无水源补充，该土水分可供棉花生长多少天？

解：有效水 $\theta_v = 15\% \times 1.2 = 18\%$

$D_w = 300 \times 0.18 = 54$(mm)

$54/5.1 \approx 11$(d)

答：可供棉花生长 11d。

（4）储水量容积 Q(m³/hm²)

1 hm² 土壤水贮量（m³/hm²）的计算公式为：

$$Q = 10 \times D_w$$

公式来源为： $Q = D_w \times 1/1\,000 \times 10\,000 = 10 \times D_w$

这种水分表示方法的作用在于与灌溉水量的表示方法一致，便于计算库容和灌水量，现举例说明：

设一容质量为 1.0 g/cm³ 的土壤，初始含水量（θ_m）为 12%，田间持水量（θ_m）为 30%，要使 30cm 土层含水量达田间持水量的 80%，需灌水多少？

解：田间持水量的 80% 为：$\theta_m = 30\% \times 80\% = 24\%$

30cm 土层含水达 80% 田间持水量时：

$D_w = (0.24-0.12) \times 1 \times 300 = 36$(mm)

$Q = 10 \times 36 = 360$(m³/hm²)

答：需灌溉水量为 360m³/hm²。

（5）相对含水量

上述各种含水量的表示方法都是指的土壤自然含水量，或称为绝对含水量，而相对含水量是指土壤自然含水量占某种水分常数的百分数。一般是以田间持水量为基数，土壤自然含水量占田间持水量的百分数为相对含水量。

土壤质地、结构、有机质含量等对土壤含水量及水分有效性均有很大影响，如果仅用自然含水量反映土壤水分状况，常得不出清晰概念且不便于互相比较。例如，一种黏质土和一种轻壤质土，均含水10%，含水量相等，似乎水分状况无差异，但实际上此时黏质土几乎无有效水，而轻壤土此时尚有较多的有效水。用相对含水量在自然含水量的基础上有了一定的改进，通常相对含水量的60%~80%，是适宜一般农作物以及微生物活动的水分条件，不同土壤都大体上适用此标准。相对含水量也有以饱和持水量为基数来进行计算的。例如，水稻灌浆乳熟期要求土壤相对含水量90%左右，就是以饱和持水量为基数计算的。

3.4.2 土壤水分能量

土壤水分状况先后分别用含水量（数量指标）、水分类型及水分常数、水分能量来表示，是一个发展过程。水分数量指标是反映水分状况的基础，但它只是水分和土壤固相间的数学比值，未反映土壤和水之间的物理关系，因而不能说明水分的有效性，水分的运动等问题。根据土壤对水的吸附力将水分划分出各种类型，在水分数量的基础上进行了规范，在孤立的水分数量基础上前进了一步。但仍存在一定问题，因为土壤吸附水分的力不能截然分开，溶质可吸附水分又未包括在内。同时测定方法带一定经验性，如吸湿系数的测定。针对上述问题发展为用能量来反映土壤水分状况。

3.4.2.1 土水势

(1) 定义

土壤水的自由能与标准状态水自由能的差值称为土水势，一般用"Ψ"来表示。标准状态水是指：纯水，即无溶质；自由水，即无束缚力；10^5 Pa（一个大气压）；一定高度和温度。以标准状态水的自由能为零，土壤水的自由能与其比较的差值一般为负值。差值大，表明水不活跃，能量低；差值小，表明土壤水与自由水接近，活跃，能量高。

利用土水势研究土壤水问题有许多优点：①它表明土壤水的能量状态，而不是简单的数量关系，可以把它看成是土壤水运动的推动力，能在不同土壤间作为统一的指标或尺度来使用，土壤水总是从土水势高处流向低处的。②土水势的数值可以在土壤—植物—大气之间统一使用。③能够提供一些更为精确的测试手段。

(2) 分势

土壤水与自由水比较能量出现差异，而且土水势常为负值，这是由于水分进入土壤后，就受到各种力的作用，使其自由能降低。使土壤水的自由能发生变化的各种力，就构成了土水势的分势，主要有：

①基模势（Ψ_m）　基模势也称基质势，是由土粒吸附力和毛管力所产生的。在土壤水不饱和的情况下，非盐碱化土壤的土水势以基模势为主。

②溶质势（Ψ_s）　溶质势又称渗透势，是由溶质对水的吸附所产生的。土壤水不是纯水，其中有溶质，如带有电荷的各种离子即是，而水分子是极性分子，与溶质之间可产生静电吸附，产生溶质势。

③重力势（Ψ_g）　由重力作用产生的水势。如果土壤水在参照面之上，则重力势为正，反之，重力势为负。

④压力势(Ψ_p)　标准状态水的压力为 10^5 Pa，但在土壤中的水所受到的压力，在局部地方就不一定为 10^5 Pa，例如，闭蓄在土壤孔隙中的空气，其压力可能大于 10^5 Pa；如果土壤中有水柱或水层，就有一定的静水压；悬浮于水中的物质也会产生一定的荷载压。若存在上述状况则 Ψ_p 为正值。

土水势是这些分势的总和，即 $\Psi_t = \Psi_m + \Psi_s + \Psi_g + \Psi_p$

3.4.2.2　土壤水吸力

土壤水承受一定吸附力情况下所表现的能态，称为水吸力。水吸力是用土壤对水的吸力来表示的，因此它是正值。土壤水吸力从数值上来说与土水势数值相等而符号相反，土壤对水的吸力为 10^5 Pa，则水吸力是 10^5 Pa，而土水势是 -10^5 Pa，即土壤水的能量较标准状态水低了 10^5 Pa，如果把 10^5 Pa 的能量再给予这个水，则它获得 10^5 Pa 的能量后就又恢复为标准状态的水了。土水势有四个分势即基模势、渗透势、重力势和压力势，而水吸力只包括基质吸力和渗透吸力两类。土壤水是从土壤吸力低处流向高处的。水吸力是正值，在使用上较土水势方便，避免了在计算时符号的麻烦。

土壤吸力的范围大致可分为三段：①低吸力段，吸力值为 $<10^5$ Pa；②中吸力段，吸力值为 $1\times 10^5 \sim 15\times 10^5$ Pa；③高吸力段，吸力值为 $\geq 15\times 10^5$ Pa。中、低吸力段的吸力值区间属于植物有效水范围。

3.4.2.3　土壤水分能量的表示方法

土水势或水吸力的表示方法，以使用水柱高度的厘米数（cm H_2O）来表示最简便，最易理解，此问题解释如图 3-6 所示。

图 3-6 中湿土的右侧通过半透膜与纯水隔开，土壤水受到基质吸力和溶质吸力的作用其水势必然低于纯水。根据液体由能量高处往能量低处移动的原理，纯水必然往土壤中移动，直到平衡。由于整个体系是密闭的，因此纯水向土壤移动以后所产生的负压就会使水银槽中的水银上升一段距离，水银柱上升高度（mm 或 cm）就代表了水吸力，包括基质吸力和渗透吸力，再换算为水柱高度的厘米数即可。湿土的左侧通过全透膜（既透水又透溶质）与土壤溶液隔开，此时两侧的渗透吸力相等，但土壤水还承受了基质吸力，而土壤溶液一侧的水分无基质吸力，故其水势较

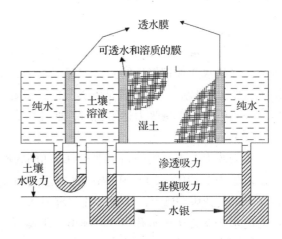

图 3-6　土壤水吸力（渗透吸力和基质吸力）示意

土壤水势高，水分向土壤中移动，并产生一定负压使水银槽中的水银上升一距离，此时水银柱高度代表基质吸力，同样可换算为水柱高度的厘米数。再者土壤溶液通过半透膜与纯水隔开，这时由于土壤溶液存在渗透吸力，其水势低于纯水，故纯水向土壤溶液一侧流动直至平衡，并产生一定负压使 U 形管中的水银上升，上升的高度即代表渗透吸力，同样可换算为水

柱高度的厘米数。至于重力势可以用土壤水与参照面的距离（cm）来表示。土壤是一个开放系统，与大气相通，故其所受压力通常与参照面相同，即压力势为零。若存在连续水柱或水层的压力，也可以水柱高度或水层厚度的厘米数表示。

现国际计量统一使用的单位为帕（Pa），与厘米的换算关系为：$1\ Pa = 10^{-2}$ cm 水柱，或 1 cm 水柱 $= 10^2$（Pa）。其换算关系和过程如下：

帕是压力单位，即每平方米面积受到 1 牛顿（N）力的作用称为 1 帕（Pa）：

$$1\ 帕（Pa）= 1\ 牛顿/米^2（N/m^2）= 10^5\ 达因/米^2（dyn/m^2）= 10\ 达因/厘米^2（dyn/cm^2）$$

$$1\ 巴（bar）= 10^6\ 达因/厘米^2（dyn/cm^2）= 10^5\ 帕（Pa）$$

$$1\ 大气压（atm）= 1.013\ 巴（bar）= 1.013 \times 10^5\ 帕（Pa）$$

$$1\ 大气压（atm）= 13.6 \times 76 = 1\ 033.6\ 厘米水柱（cmH_2O）$$

$$1\ 巴（bar）= 1\ 033.6/1.013 = 1\ 020\ 厘米水柱（cmH_2O）$$

因此： $1\ 大气压（atm）\approx 1\ 000\ 厘米水柱（cmH_2O）\approx 1\ 巴（bar）= 10^5\ 帕（Pa）$

$$1\ 厘米水柱（cmH_2O）= 10^2\ 帕（Pa）= 百帕（hPa）$$

用水柱高度的厘米数作为水吸力单位又带来了另一概念 pF。pF 定义为水柱高度厘米数的对数。使用 pF 的概念是便于应用，特别是便于作图。因为土壤水吸力的变幅很大，可以从零直到 10^7 cm（10 000 atm），用这样大的数字作图是不可能的，而用 pF 就方便多了。

土壤水分能量的各种表示的换算关系为：

$1\ 大气压（atm）= 1.013\ 3\ 巴（bar）= 1\ 033\ 厘米水柱（cmH_2O）= 760\ 毫米汞柱（mmHg）\approx 3pF \approx 10^5\ 帕（Pa）$

3.4.2.4 土壤水吸力的测定

（1）张力计法

这是最通常的田间测定水吸力的方法。张力计又名负压计或湿度计（图 3-7）。其基本原理为：注满水并处理好后的张力计埋入土中，由于土壤水是不饱和的，有一定吸力，必然从陶土管壁上"吸水"。陶土管是不透气的，故此时仪器便产生一定的真空，使负压计指示出负压力，当仪器与土壤吸力达平衡时，此负压力即为土壤水吸力。

（2）压力膜法

压力膜为上下开闭的扁平钢室（C）如图 3-8 所示，可测定较高吸力与土壤含水量的关系，测定范围为 $1 \times 10^5 \sim 20 \times 10^5$ Pa。其方法是将土样（A）湿润到一定程度（如田间持水量）置于钢室下部的薄膜（B）上，从通气孔（D）引入压缩气体使钢室内保持一定气压。土壤中低于该压力的水分就会从排水孔（E）中排出，平衡后测定土壤含水量，即为该压力下土壤保持的水分，该压力也就是这时土壤水的吸力。变换钢室的气压，可以得到各种吸力下的土壤含水量。

（3）水气压法

将干燥土样置于密闭的器皿内（可用干燥器），使器内保持一定湿度，使土样吸湿，平衡后，用热电偶湿度计测定水气压，再根据下述公式计算土壤水势。由于热电偶湿度计并不普遍，因此可在干燥器内盛一定溶液使器内空气相对湿度达 98%，在此条件下土壤吸湿所保持的水分是最大吸湿量。计算水势的公式为：

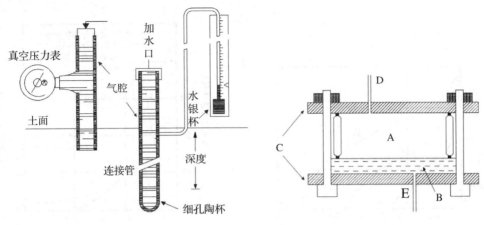

图 3-7 测定土壤水吸力的张力计　　　图 3-8 压力膜装置示意

$$\Delta F = RT/M \ln(P/P_0)$$

式中　ΔF——土壤水自由能；
　　　R——气体常数，20℃时为 8.314J/(K·mol)；
　　　T——绝对温度(K)；
　　　M——水的相对分子质量；
　　　P/P_0——相对湿度。

在 20℃时将有关数据代入并换算成普通对数即得：

$$\Delta F = 3.117 \times 10^6 \log(P/P_0)\ (\text{mbar 或 hPa})$$

若 20℃时在相对湿度 98% 条件下吸湿平衡后，计算的水势(ΔF)就是土壤最大吸湿量时的水势：

$$F = 3.117 \times 10^6 \log 0.98 = -27.4 \times 10^5\ (\text{hPa})$$

3.4.2.5　土壤水分特征曲线

土壤水分特征曲线是土壤水的能量指标(水吸力)与数量指标(含水量)的关系曲线。是用原状土测定不同水吸力条件下的土壤含水量然后在坐标纸上绘制成曲线(图 3-9)。

从土壤水分特征曲线可以了解土壤的水分状况，如图水吸力同为 0.1×10^5Pa 时，砂土含水量约为 11%，壤土约为 30%，而黏土约为 55%；水分含量同为 20%，水吸力则砂土为 0.02×10^5Pa，壤土为 1.2×10^5Pa，黏土为 50×10^5Pa。必须指出，由于受水分滞后作用的影响，土样由干到湿和由湿到干测出的水分特征是不重合的，应予注意。

根据水分特征曲线可以了解不同孔隙的分布，现以图 3-10 说明。

如图 3-10 所示，其显示的数据可以说明土壤孔隙的分布情况。

表 3-24　黏土 1~2mm 团粒的土壤孔隙分布情况

水吸力(hPa)	0	5	10	30
θ_v(%)	74	60	37	32
孔径(mm)	—	0.6	0.3	0.1
孔隙容积(%)	14	23	5	

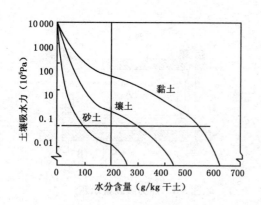

图 3-9 几种不同质地的土壤水分特征曲线
(引自 Brady, 1974)

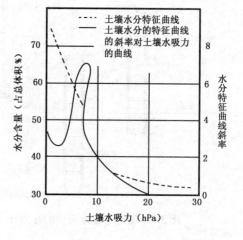

图 3-10 一个黏土 1~2mm 团粒的水分特征
曲线及其斜率(引自 Russell, 1973)

根据表 3-24 各组数据可看出,当水吸力由 0 增至 5 hPa 时,水分由 74% 降至 60%,有 14% 的水分被排出,这 14% 的水分是从孔径大于 0.6mm 的孔隙中排出的,即是说孔径大于 0.6mm 的孔隙数量有 14%;水吸力由 5 hPa 增至 10 hPa 时,水分由 60% 降至 37%,有 23% 的水分由孔径 0.6~0.3mm 孔隙中排出,即是说该孔隙的数量为 23%;水吸力由 10 hPa 增至 30 hPa 时,水分由 37% 降至 32%,有 5% 的水分自孔径 0.3~0.1mm 的孔隙内被排出,说明该孔径孔隙的数量为 5%。从水分特征曲线的形状也可看出,曲线陡的部分,表明吸力变化 1 单位使水数量变化很大,即该吸力对应的孔隙数量多,如 0~10 hPa 吸力对应的孔隙数量为 37%;曲线平缓情况则相反,如 10~30 hPa 区间段的曲线很平缓,表明吸力变化很小,对应的孔隙数量仅 5%。图 3-10 中实线是水分特征曲线的斜率与水吸力的关系曲线,其峰值在 7 hPa 处,对应的孔径 $D = 3/7 = 0.43 (mm)$,说明该土孔径 0.43mm 孔隙数量最多。据此又引入了另一个概念——水容量(又称比水容),其定义为:吸力变化时土壤可吸入或释出的水量,即水分特征曲线的斜率($d\theta/ds$)。水容量可作为土壤供水能力的指标。例如,中国科学院成都山地灾害与环境研究所何毓蓉等利用水容量来鉴定蓬莱镇组石灰性紫色土的耐旱性(表 3-25)。

表 3-25 紫色土水容量及耐旱性评价   mL/(10^5Pa·g)

土 壤	吸力(10^5Pa)						耐旱性
	0.1	0.2	0.3	0.5	0.7	0.9	
紫泥土	0.31	0.28	0.25	0.14	0.12	0.08	弱
夹砂土	0.38	0.37	0.31	0.14	0.13	0.07	较弱
羊肝子土	2.50	0.27	0.30	0.15	0.13	0.08	较弱
油夹砂土	0.42	0.46	0.45	0.17	0.16	0.12	较弱
黄泥砂土	0.66	0.65	0.33	0.18	0.15	0.11	较强

3.4.2.6 水吸力与水分常数

水吸力与水分常数的对应关系可概括为图 3-11。

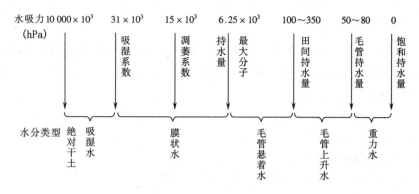

图 3-11 水吸力与水分常数的对应关系

3.4.3 土壤有效水

3.4.3.1 有效水概念

植物可吸收利用的水是有效水。土水势大于根水势的水植物才能吸收利用。一般根系吸水的力是在 15×10^3 hPa 左右，因此土水势应大于 -15×10^3 hPa（或水吸力小于 15×10^3 hPa）的水才是植物能吸收的有效水。

有效水的范围是凋萎系数至田间持水量的水分。低于凋萎系数的水分，植物不能吸收，是无效水，因此凋萎系数是有效水下限，高于田间持水量的水分，水势高，可为植物吸收，但超过田间持水量的水分，土壤不能保持，在重力作用下可排出根系生长层或排出土体，同时水分超过田间持水量时，会造成空气缺乏，不利于植物生长，因此将田间持水量定为有效水上限。

从凋萎系数到田间持水量是有效水范围，但其有效性程度不是等同的。接近凋萎系数的水分，水吸力大，运动迟缓，因此虽有效但有效性程度低；接近田间持水量的水分，其有效性程度则较高。从上述水容量的概念也可看出，水吸力愈大，水容量则愈小，即吸力变化时可释出的水分少，供应根系吸收的水分也就较少。根据水分有效性程度，可对其进行分级（图 3-12）：

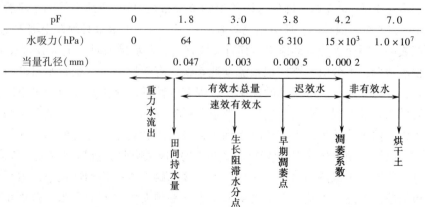

图 3-12 水分有效性分级

3.4.3.2 影响水分有效性的因素

水分在土壤、植物、大气之间流动、循环，Phillp(1996)将其称为 SPAC 连续系统(Soil-Plant-Atmosphere Continuum)。包括以下几个环节：

①土壤水向根表皮的流动；
②水由根表皮到根木质部的流动；
③水由根、茎木质部到叶的流动；
④水在叶细胞间隙内的气化；
⑤通过孔腔或气孔水汽扩散到近叶面的宁静空气层；
⑥水汽运动到外部大气。

在 SPAC 中土壤向植物供水即土壤水分的有效性，受气象因素、植物、土壤性质的影响。

气象因素中大气蒸发力与土壤水分有效性有密切关系。大气蒸发力较低时，植物蒸腾量较小，土壤水可以源源不断补充叶面消耗的水量、使植物保持正常生长发育，此时土壤水的有效性表现为较高；大气蒸发力较高时，土壤水来不及运输到植物叶片供蒸腾的需要，则气孔关闭，植物萎蔫。但此时植物的萎蔫可能是暂时的，因为土壤中尚有可供植物利用的有效水，只是因运动速率迟缓不能满足植物需要。通过一个夜晚，土壤供水可使植物细胞恢复充胀，保持正常生长。大气蒸发力很强时，则植物可能因土壤供水不足而永久凋萎，这种情况下，土壤的凋萎系数会较大气蒸发力低时的凋萎系数偏高，即土壤水的有效性降低。

植物根系的吸水能力与土壤水分的有效性有直接关系。具有强大根系的植物根系分布广，吸水面积大，土壤水分的有效性相应就较高。相反，根系弱且分布层次浅，吸水能力弱，相应土壤水分有效性就较低。同一植物在不同生育期，要求水分的量也有差异，如玉米丰产要求的土壤水分条件，在生长期土壤水吸力上限为 500~1 000 hPa，在成熟期则为 800~1 200 hPa。洋葱丰产要求的土壤水分条件在早期水吸力上限为 450~550 hPa，在鳞茎期则为 50~500hPa。可见种植不同植物或同一植物的不同生育期，对土壤供水的要求不同，土壤水分的有效性表现也随之发生差异。

土壤水分的有效性，与土壤水分性质有关，这是不言而喻的。水分的有效性与土壤水分的导水率(可理解为水分的运动速率)有关，因为植物根系仅与一小部分土粒接触，如一年生草本植物的根面积可达 1 000m^2 左右，即使这样的根如果分布在 100L 质地中等的土壤容积中，只不过是与不到 1% 的土粒表面接触。所以植物吸收的相当大部分土壤水必须在土壤中流动一定的距离才能达到根表面，因而水分运动速率与其有效性有关。含水量高时，土水势与根水势差异大，土水势高，根水势低，水分由土壤向根系流动速率快，有效性高；土壤含水量低时，土水势与根水势虽有差异，但差值小，水流动的速率慢，则有效性低，这正是前面所讲由凋萎系数到田间持水量的有效水有效性程度不同并进行有效水分级的原因之一。水分流动速率与土壤质地有关，在黏质土中，由于孔径小，水流动时受到土粒吸附力和管壁摩擦力的影响，流速慢，但由于毛管孔隙的连续性，使水分可以连续缓慢移动以供应根系吸收，抗旱力较强。砂质土孔隙大，水分易于流动，但砂质土保持的水分，往往是不连续的触点水，移动性很小，根系直接接触这种水，才能被吸收。因此，砂质土中植物从未发生萎蔫到发生萎蔫的含水量范围很小，容易被人们忽视。有良好结构的土壤，有利于根系发展，水分有效性高。

3.4.3.3 土壤有效水量

前述土壤水分由凋萎系数到田间持水量为有效水范围，则有效水量与土壤质地、有机质含量等有密切关系。不同质地土壤的凋萎系数见表3-26，随着质地由砂质土变为黏质土，凋萎系数增加。同时田间持水量（表3-27）也是随着质地由砂到黏，田间持水量增加。

表3-26 华北平原土壤的质地凋萎系数   %

质　地	砂壤土	轻壤土	中壤土	重壤土	轻黏土	中黏土
质量含水量(θ_m)	4~6	4~9	6~12	6~12	15.0	12~17
容积含水量(θ_v)	5~9	6~12	8~15	9~18	20.0	17~24

引自中国科学院土壤调查队，1981。

表3-27 各种质地土壤的田间持水量   %

质地名称	质量含水量(θ_m)		容积含水量(θ_v)	
	上限	下限	上限	下限
紧砂土	16	22	26	32
砂壤土	22	30	32	34
轻砂土	22	28	30	35
中砂土	22	28	30	35
重壤土	22	28	32	42
轻黏土	25	32	40	45
中黏土	25	35	35	45
重黏土	30	35	40	45

引自中国科学院土壤队，1961。

为了保证作物丰产，要求土壤有效水含量高，特别是在作物需水临界期，更要求土壤能保证供水。通常土水势 -100 ~ -300hPa 是作物正常生长要求的水分条件。在这种土壤水分条件下，可保证叶片正常生长的叶水势，同时土壤中养分的有效性也是在这种水分条件下最好，因为此时氧的扩散有足够的空间，溶解态养分数量最多，离子扩散和水分扩散和水分质流面积最大，根系活动条件也好。不同作物种类对水分条件的要求也有一定差异，见表3-28。

表3-28 作物丰产栽培时，土壤吸力的上限（蒸发低时用较高值，蒸发高时用较低值）

作物种类	吸力(hPa)	作物种类	吸力(hPa)
苜蓿	1 500	芹菜	200~300
卷心菜	600~700	莴苣	400~600
罐头用豌豆	300~500	马铃薯	300~500
胡萝卜	550~650	花椰菜	600~700
球根甘蓝		洋葱	
早期	450~550	早期	450~550
现蕾后	600~700	鳞茎期	550~650
甘蔗	150~500	苏草	300~500
牧草(禾草类)	300~1 000	草皮草	240~360
甜玉米	500~1 000	柠檬	400
柑橘	200~1 000	苹果、梨	500~800

(续)

作物种类	吸力(hPa)	作物种类	吸力(hPa)
鳄梨	500	葡萄	
草莓	200~300	早期	400~500
甜瓜	1 500	成熟期	>1 000
玉米		香蕉	300~1 500
生长期	500~1 000	细谷类作物	
成熟期	800~1 200	灌浆前	400~500
		成熟期	800~1 200

若用土壤张力计监测土壤水分条件,则表 3-28 可作为确定灌溉时间的参考依据。

3.4.4　土壤水运动

3.4.4.1　液态水运动

水分进入土壤在土中运动可分为两个阶段:第一个阶段是在下渗过程中被土粒和毛管吸收,直到饱和为止,这一阶段叫渗吸,实际上是水分的不饱和流动;此后如果水分继续增加,水分将向下渗透补充地下水,这一阶段叫渗透(渗漏),即土壤水的饱和流动。

水分在土壤中的运动可用液体在多孔体中运动的达西定律来表示:

$$q = -k \cdot dh/dx$$

式中　q——单位时间通过单位断面的水的容积,因此 q 可理解为速率(cm/s);

　　　x——距离,即水的流程(cm);

　　　h——以水柱高度表示的水压(cm);

　　　k——导水率,即单位压力梯度下水的流量。

负号表示水流方向,因水流由 $0→x$,$dx = 0 - x$ 为负,前面加"-"则正。

(1) 土壤水的饱和流动

饱和流的推动力是重力和静水压力,因此时水势为零,故推动饱和流的力(即式中 h)为重力和静水压力。

饱和流中出现 3 种情况:一是垂直向下的饱和流,发生在雨后或稻田灌水以后。垂直向下的饱和流有利于稻田土壤空气的更新,排出还原过程产生的有害物质,促进肥料向下分布,雨后的垂直向下饱和流可以减少地表径流,控制水土流失。二是水平饱和流,如发生在灌溉渠道两侧的侧渗,水库的侧渗,或在不透水层上的水分沿倾斜面的流动等水平饱和流,不仅造成水分的损失而且可使邻近的土壤发生水渍致作物遭受湿害。三是垂直向上的饱和流,发生在地下水位较高的地区,或因不合理灌溉抬高了地下水位,就会引起垂直向上的饱和流,这是造成土壤返盐的重要原因。

饱和导水率 k 是单位水压梯度下的流量。k 主要受孔径大小的影响,流速与管的半径的 4 次方成比例,即管径减小一半,流速则为原流速的 1/16。水分在土壤中流动的速率与孔径的关系为(表 3-29):

影响孔径大小的因素一是质地,孔径大小是砂质土大于壤质土大于黏质土;二是结构,有结构的土壤在结构之间通常是较大的孔隙,有利于透水通气;三是土壤吸附的阳离子种类,

表 3-29　土壤中水分流动情况与孔径关系

孔径(mm)	>0.3	0.06~0.3	<0.01	<0.001
水流动情况	自由通过	较易通过	流动较慢	流动很慢

若土壤胶体吸附一价阳离子，特别是钠离子，则造成结构破坏，土粒分散，堵塞孔隙，影响水分流通；黏土矿物若为膨胀性矿物，也易造成孔隙堵塞使水分流动不畅。

在生产中要求土壤保持适当的饱和导水率。若 k 值过小，造成透水通气差，还原有害物质易在土壤中积累，易造成地表径流。若 k 值过大则造成漏水漏肥现象。根据 k 值大小对土壤饱和导水率的分级见表 3-30。

表 3-30　土壤饱和导水率的分级

级 别	饱和导水率(cm/h)
很 慢	<0.125
慢	0.125~0.5
稍 慢	0.5~2.0
中	2.0~6.25
稍 快	6.25~12.5
快	2.5~25.0
很 快	>25.0

引自 O'neal, 1954。

在农业生产中，水稻田往往采用适当厚度的犁底层来调控饱和导水率的大小。四川紫色丘陵区的耕地犁底层厚度达到 8~10cm 左右，就有较好的保水保肥和适当通气的作用。

（2）土壤水的不饱和流动

土壤水不饱和时，推动其流动的力主要是基模势梯度，也有一定的重力作用。不饱和流的流量仍用达西定律反映：

$$q = -k(\Psi) \cdot dh/dx$$

从公式可看出，与饱和流比较，不饱和流具有两个特点，一是不饱和流推动力(h)包括基模势和重力势；二是不饱和流的 k 值不是一个常数，而是一个变量，受含水量的影响。含水量高，水势高则 k 值大，含水量低，水势低则 k 值小。同时 k 值受土壤中水分存在状态的影响。若水分是连续的，在黏质土中往往是这种情况，则随着土壤含水量减少，k 值逐渐降低；若水分是不连续的，在砂质土中往往是这种情况（图 3-13）。则 k 值随着含水量降低后急剧下降（表 3-31）。

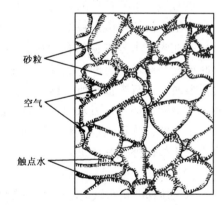

图 3-13　砂质土中的触点水

表 3-31　几种质地土壤在不同吸力时的导水率　　　　cm/h

吸力 (hPa)	砂土		粉质砂土		壤质砂土		粉质黏壤土	
	K_u	K_u/K_o	K_u	K_u/K_o	K_u	K_u/K_o	K_u	K_u/K_o
0	6.59	1.0	1.69	1.0	2.40	1.0	0.723	1.0
1.0	1.30	0.197	0.13	0.077	0.82	0.34	0.060	0.083
20	0.65	0.099	0.12	0.071			0.038	0.058
40	0.37	0.056	0.11	0.065			0.013	0.018
80			0.059	0.035			0.006 4	0.008 9
200	0.000 12	0.000 008	0.005 9	0.003 5	0.000 58	0.000 24	0.001 15	0.001 6

注：K_u 为不饱和导水率；K_o 为饱和导水率。

不饱和流的主要推动力是基模势梯度，故其流动方向是从水势高处向低处流动，在土壤中具体的流动方向就是由水膜厚的地方向水膜薄的地方移动；由曲率半径大的孔隙向曲率半径小的孔隙移动（即大孔隙往小孔隙移动）；由温度高处向温度低处移动。这种流动方向，恰好说明中耕为什么是一个保水措施。中耕以后，表层疏松，是大孔隙，底层则是相对较小的孔隙；表层疏松后，空气较多，接受太阳辐射后，温度容易上升，使表土在白天温度高于底土，这种孔隙和温度状况促使水流向下，不致造成水分的大量蒸发损失。夜晚的土温情况则相反，疏松的表层易降温，使其温度低于下层，由于液态水和汽态水由高温向低温移动的趋势，可使白天变干的表土回潮。

3.4.4.2 水汽运动

(1) 水汽运动的方式

土壤中水汽运动的主要方式是扩散，即由水汽压高的地方向水汽压低的地方扩散移动，扩散公式为：

$$q_v = -D_v \mathrm{d} \cdot p_v / \mathrm{d}x$$

式中 q_v——水汽扩散量；

D_v——扩散系数，单位水汽压梯下水汽扩散量；

$\mathrm{d}p_v/\mathrm{d}x$——水汽压梯度，为水汽扩散的推动力。

负号表示水汽扩散的方向。

土壤水汽的扩散系数低于大气，这是由于水汽在土壤中扩散时，要受到土粒的吸附，而且只有在未被水分占据的孔隙中扩散。当扩散道路上遇到阻隔，就要迂回婉转，另谋出路，因此道路必然是曲折的。这说明土壤中水汽扩散只有在中等湿度的土壤中才有意义。土壤水含量多时，没有未被水所占据的孔隙，或这种孔隙数量很少；土壤水分含量少时，水汽又易被土粒吸附，都会造成水汽扩散系数的降低。

水汽的整体移动也是水汽运动的一种方式。如地下水位升降时，将土壤空气包括水汽整体排出土体以外或整体进入土体。

(2) 影响水汽压梯度的因素

水汽压梯度是水汽运动的主要推动力，它受土水势和温度两个因素的影响，而又以温度的影响为主。土水势引起的水汽压差变化很小，例如，土水势由 0 到 10^7Pa，土壤水的水汽压分别为 23.27hPa 和 21.79 hPa，即土水势相差 10^7Pa，而水汽压差只有 1.48 hPa，所以在田间绝大多数情况下，土壤空气是接近水汽饱和的。温度引起的水汽压变化则较大，温度低，水汽压低，温度高，水汽压高，温度由 19℃增加至 20℃时，水汽压增加 1.47 hPa，相当于 10^7Pa 土水势差引起的水汽压差。在田间土壤温度范围内，饱和水汽压（即与自由平衡的水汽压）如下（表3-32）：

表 3-32　土壤温度与饱和水汽压关系

温　度(℃)	0	10	20	30	40	50
水汽压(hPa)	6.11	12.27	23.36	42.43	73.73	123.33

温度引起的水汽压变化，使白天水汽由温度较高的表层向底层移动，有利于防止蒸发；夜晚则由温度较高的底层向表层移动，有利于土壤回润。

3.4.4.3 土面蒸发

(1) 土面蒸发的条件

土面蒸发过程是在下述条件作用下进行的：

①有足够热量达到地面满足水的汽化热需求；

②水汽从地面移走。例如，风、乱流的作用，将土面的水汽带走；

③土壤水传导至地面。当地表由于蒸发损失水分以后，能得到下层水分的供应，则蒸发可以持续进行。

前两个条件是受气象因素的作用，单位时间、单位面积(自由水面)蒸发的水量称大气蒸发力(L/T)。第三个条件则决定于土壤的导水性质。

(2) 土面蒸发的3个阶段

①大气蒸发力控制(蒸发率不变)阶段 这一阶段控制土面蒸发的因素是大气蒸发力，包括太阳辐射、温度、空气湿度、风力等。要求土壤的导水率大于蒸发力，则蒸发损失的水分可以得到源源不断的补充，蒸发率不变。这一阶段蒸发损失的水分多。但若大气蒸发很强，蒸发率大，土壤含水量降低得快，不能长久维持蒸发失水与导水补给的平衡，则此阶段维持的时间短；反之，若蒸发率小，则此阶段维持的时间长，如图3-14所示，图中曲线呈平缓直线的部分表明

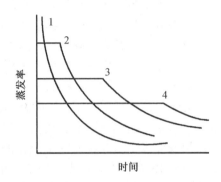

图3-14 蒸发率与时间的关系

是蒸发率不变的阶段，这一阶段随蒸发率变小维持的时间增长。如曲线1，蒸发率强，曲线直线下降，几乎不存在蒸发率不变阶段；曲线2、3、4蒸发依次下降，蒸发率不变的阶段依次增长。这一阶段控制蒸发的措施是中耕或覆盖。中耕使表土疏松度增加，空气含量增多，白天温度易上升，根据液态水运动方向从大孔隙流向小孔隙，从温度高处流向温度低处的原理，中耕以后有利于保持水分，防止蒸发。

②土壤导水率控制阶段 这一阶段控制土面蒸发的因素是土壤导水率，发生的条件是土壤水分流向土表的流量小于大气蒸发力，因而只能导来多少水，才能蒸发多少水，蒸发量降低。随着蒸发失水使土壤含水量减小，导水率越来越低，蒸发量也随之降低。这一阶段控制水分蒸发的措施仍然是中耕松土，降低水分由土壤底层向表层流动的导水率，使蒸发量降低。

③扩散控制阶段 土壤通过以上两个阶段的蒸发失水，其表层变干，导水率几乎降为零，水分不能以液态运行到地表，而是在干土层下先汽化为水汽，再散发到大气中，因此这一阶段蒸发量减小。许多资料证明，只要土面有1~2mm的干土层就能显著降低蒸发率。如果干土层疏松且有多量大孔隙，水汽较易通过大孔隙扩散损失，这时应适当压实干土层，避免水汽扩散，同时使作物种子能与下层湿润土接触，吸收水分进行萌发。

3.4.5 土壤水状况调节

3.4.5.1 水田水分状况及调节途径

水田水分状况有以下 3 个方面应注意调节：

(1)渗漏过快

水田水分渗漏过快，俗称"漏水田"，淹水深度 7～10cm 时只能管一天甚至半天，不仅耗水量大而且造成养分随水流失。通常认为砂壤土或轻壤土，质地层次上黏下砂的土壤，容易发生渗漏过快的问题。针对这些问题应进行质地改良，或通过多犁多耙创造一个较坚实的犁底层以托水托肥。

(2)维持高产稻田平均日渗漏量有适宜的范围，不过高也不过低

一般高产稻田适宜的渗漏量为 10～15mm/d。通过适宜的渗漏量以使稻田土壤空气更新，排除有毒物质，补充新鲜空气；又不造成养分流失。通过创造适宜厚度的犁底层，建立合理的排灌体系，消灭串灌串排可为水稻高产创造所需的爽水性。

(3)消除旱作季节的湿害

湿害是两季稻田收获后影响秋播作物生长发育和产量的重要原因。湿害，顾名思义是土壤水分过多，造成土壤水多气少，氧化还原电位低，出现还原性有害物质，危害作物生长。如四川农业大学滇江农场发生湿害的油菜、小麦田内 Fe^{2+} 含量达 200 mg/kg（豌豆幼苗期测定），四川荣昌县发生湿害的油菜、小麦田内 Fe^{2+} 含量达 70～80 mg/kg。发生湿害的原因除气象条件为秋雨绵绵以及土质黏重外，也与地貌条件有密切关系。在向斜构造槽部、单面山顺倾坡下部以及位于丘陵区长谷、坦谷、曲谷内的沟田，最易发生湿害。消除湿害要建立合理的排灌溉体系，在丘陵区应开好三沟，即环山修建排洪沟，截留坡面径流；每块田开避水沟（俗称背沟），防止土坎水侵入田内；田块面积大的还应在田中间开挖排水沟，降低地下水位。平坝区应沟、渠、路结合建立排灌系统，沟深和间距根据地下水位情况调节。

3.4.5.2 旱地水分状况及调节

以四川丘陵区旱地举例，土壤状况存在的主要问题是干旱，川中丘陵区干旱的频率为春旱 89%、伏旱 62%。从降水量来看，虽然各地有差异，但一般均在 900mm 左右，除降水分布不均的原因以外，土壤存在的问题是：

(1)土壤库容小

土壤保蓄降水的能力直接关系到土壤的供水能力和抗旱能力。土壤库容小即蓄水能力弱，主要是土层浅薄所造成，从公式 $D_w = \theta_v \times h$（土层厚度）就可明显看出，土层厚度与土壤保蓄水分能力直接有关，土层薄不能发挥"土壤水库"的作用。四川丘陵区 8°～25° 的坡耕地占总耕地 53.8%，土层厚度多小于 30cm，大于 25° 的坡耕地占总耕地 20.3%，土层厚度多小于 20cm。若土壤有效水含量均以 12%（θ_v,%）计，则土厚 20cm 的库容为 200×0.12=24mm，土厚 30cm 的库容为 300×0.12=36mm，而土厚 60cm 的库容为 600×0.12=72mm，土层厚度大的抗旱能力显然高于土层薄的。

(2)地表径流

地表径流既造成水土流失，又减少进入土壤中的水分数量。四川紫色丘陵区径流系数平

均约0.45，如果年降水量900mm，也只有约400mm水分能进入土壤。产生地表径流与坡耕地的坡度有关，坡度越大，越易产生地表径流；也与土壤的导水率有关，土壤导水率越小，越易产生地表径流。以四川遂宁组岩石形成的钙质紫色土为例（表3-33）。

表3-33　钙质紫色土渗透系数　　　　　　　　　　　　　　　　　cm/h

土层（cm）	0~20	20~45	45~100
质　地	中壤	重壤	轻壤
1分 K_{10}	7.08	0.36	0.18
30分 K_{10}	5.76	0.30	0.12
60分 K_{10}	4.56	0.30	0.12

资料来源：张建辉，1986。

表3-33中，除表层为中壤质地水分渗透稍快以外，20cm以下就渗透缓慢以至很慢，这不仅会使降水产生地表径流，而且产生壤中流，据赵燮京等（1997）研究，四川紫色丘陵区壤中流占径流总量的50%。

此外，土壤蒸发失水快也是造成土壤抗旱力弱的重要原因。

解决丘陵区生产中的干旱问题，应采取综合措施，既改良土壤，增加库容，又配合耕作栽培措施。中国科学院成都山地灾害与环境研究所推出的聚土免耕耕作法及四川农业大学推出的目字形耕作法就是这方面的实例，共同的要点是：

聚土作垄：沿等高线聚土作垄，增厚土层，垄沟相间，通过沟内作土埂或沟端封闭，保持水土。聚土作垄时大量施用有机肥，培肥土壤，增强抗旱能力。

沟内深耕：起垄后的沟应深耕并大量施用有机肥，强化培肥。

立体种植：垄上种植较耐旱的作物，沟内则种耐湿作物，改良与利用相结合。

垄沟互换：免耕3~5年后，垄沟互换，全面培肥土壤。

在实行上述耕作法的同时，还应有一系列的配套措施，主要有：

①适宜的作物品种、配方施肥。

②覆盖　地膜覆盖或秸秆覆盖，既保水肥，又可增加温度。

③三池配套　包括沉砂池、蓄水池、蓄粪池。将排洪沟、避水沟等拦蓄的降水，引入沉砂池，沉淀泥砂以后引入蓄水池。蓄水池一般为10~1 000m³的微型水池，分散建造，千坑万氹，适于丘陵地区地形破碎的条件下灵活机动使用。蓄粪池可单独建造，也可与小型蓄水池结合，农闲时积肥，农忙时应用。

④节水灌溉　喷灌、滴灌等措施，不仅可提高灌水利用率，节约水资源，而且可避免沟灌、大水漫灌对土壤性质的不良影响，应大力提倡。

3.5　土壤空气

土壤是由固、气、液三相组成的，可见土壤空气是土壤组成成分之一。土壤空气也是土壤肥力因素，是植物根系和种子萌发所需氧气的主要来源，也是土壤中微生物活动所需氧气的主要来源。

3.5.1 土壤空气状况

3.5.1.1 土壤空气含量

水分和空气均存在于土壤孔隙中，空气存在于未被水所占据的孔隙内，因此土壤空气含量可由土壤总孔度减去水占孔隙而得到，即：

$$土壤空气含量(容积百分率) = 总孔度 - 水分含量(容积百分率)$$

式中水分含量可根据需要代入不同的数值，得到不同条件下的土壤空气含量，例如：

①田间持水量。在公式中代入田间持水量，则表明土壤水分达田间持水量时的空气含量，一般要求为 10% ~ 15% 以上。

②土壤水吸力为 100 hPa 时的含水量，此时得到的空气含量，对水稻土的旱作季节而言，要求大于 8%。

③自然含水量。为了监测土壤空气含量及其变化，可以在不同时间连续测定土壤自然含水量，代入公式则可达到监测土壤空气状况的目的。

3.5.1.2 土壤空气组成

土壤空气与大气是相通的，并经常进行交换，因此土壤空气与大气的组成是近似的，但也有其特点。

表 3-34 土壤空气与大气组成* %

气体	氮(N_2)	氧(O_2)	二氧化碳(CO_2)	氩(Ar)	其他
土壤空气	78.08 ~ 80.24**	20.9 ~ 0.0	0.03 ~ 20.0		
大气	78.08	20.95	0.03	0.93	0.03

注：* 容积百分比；** N_2 + Ar。

表 3-34 中，土壤空气中 CO_2 含量高于大气，而 O_2 含量低于大气；土壤空气中还有少量还原性气体，同时水汽含量基本饱和，这是土壤空气的特点。

3.5.1.3 土壤空气与作物生长

植物根系生长发育要求的氧气来自土壤，如果土壤空气中 O_2 的含量小于 9% 或 10%，根系发育就会受到影响，O_2 含量低至 5% 以下时，绝大多数作物根系停止发育。O_2 与 CO_2 在土壤空气中互为消长，O_2 含量减少意味着 CO_2 增多，当 CO_2 含量大于 1% 时，根系发育缓慢，至 5% ~ 20%，则为致死的含量。土壤空气中的还原性气体，也可使根系受害，如 H_2S 使水稻产生黑根，导致吸收水肥能力减弱，甚至死亡。

植物种子在土壤中萌发，所需氧气主要由土壤空气提供，缺氧时，葡萄糖酒精发酵，产生酒精，会使种子受害。

土壤空气状况影响微生物活动，从而影响土壤中有机质转化。通气良好有利于有机质矿质化，为作物生长提供速效养分。根系吸收养分，也需要通气良好条件下的呼吸作用提供能量。因此，通气不良常常造成养分不足，特别是根系对钾的吸收，在通气不良的条件下受到阻碍，如受到湿害的小麦秸秆 N/K 比为 0.64，而正常的为 0.3。

土壤空气状况与作物抗病性还有一定关系。当植物感病后，呼吸作用加强，以保持细胞内较高的氧化水平，对病菌分泌的酶和毒素有破坏作用；呼吸提供能量和中间产物，以利于植物形成某些隔离区（如木栓隔离层）阻止病斑扩大；伤口呼吸显著增强，有利于伤口愈合，减少病菌侵染。

3.5.1.4 土壤空气与大气痕量温室气体的关系

大气中痕量温室气体（CO_2、CH_4、N_2O、氯氟烃化合物）导致的气候变暖，是人们非常关注的重大环境问题。土壤是大气痕量温室气体的源和汇。

土壤向大气释放温室气体，因此说土壤是大气痕量温室气体的源。其中，土壤释放的 CO_2 占全球释放量的 5%~20%，土壤释放的氮氧化合物（N_2O、NO_x）占全球总排放量的 80%，土壤释放的 CH_4，占全球的释放量为水田 11%、自然湿地 22%。

土壤对大气中温室气体的吸收和消耗，称为汇，例如，土壤中甲烷细菌利用 CH_4 占全球总汇的 6%。

土壤对大气痕量温室气体的源和汇的作用，值得土壤和环境工作者的研究，包括土地利用与源和汇的关系以及施肥与源和汇的关系等。土地利用方式不同，土壤的源和汇作用会发生差异，如淹水种稻，有利于 CH_4 生成菌的生长，增加汇的作用。氮肥中的 0.1%±0.08% 的 N 以 N_2O 形式排放到大气中，不仅造成氮素的损失，而且增加大气中痕量温室气体。施用氮肥后，降低土壤作为 CH_4 汇的作用。若施用含 NO_3^-、SO_4^{2-} 的化肥，NO_3^-、SO_4^{2-} 可作为电子受体阻止土壤氧化还原电位下降，抑制 CH_4 生成菌的活动（CH_4 生成菌要求的理想氧化还原电位为 -200mV），降低土壤作为 CH_4 源的作用。

上述有关土壤源和汇的作用，都值得进一步深入研究。

3.5.2 土壤通气性

3.5.2.1 土壤通气性的重要意义

土壤空气的变化过程是 O_2 不断消耗，CO_2 不断产生，这个过程导致土壤空气中 O_2 不断减少和 CO_2 不断累积，不利于植物生长发育，需要通气过程，即土壤空气与大气进行交换，排出 CO_2，吸入新鲜空气，促使土壤空气组成始终保持适合植物生长的状态。

在 20~30℃ 的温度条件下，0~30cm 土层耗 O_2 量为 0.5~1.7 [L/(h·m²)]，若以土壤空气容量为 33.3%，空气中 O_2 的含量为 20%，则横截面为 1m² 的 30cm 厚的土壤 O_2 含量及可供生物消耗的时间可计算如下：

$$100^2 \times 30 \times 33.3\% \times 20\% = 20\,000\ cm^3 = 20L$$

则 O_2 可供时间为 20/0.5~10/1.7 = 12~40h

根据上述计算就可看出，必须及时补充 O_2，才能保证土壤中植物和微生物的需要。

土壤空气中，CO_2 不断产生的途径主要是根系的呼吸作用，如 1hm² 小麦一昼夜可放出 60kg CO_2；微生物活动产生的 CO_2 在温度 15℃ 时，以细菌为例，是其干物质重的 16%；有机

质分解产生的 CO_2，在我国每年可达 $37.5 \times 10^8 t$。通过土壤空气与大气进行交换，土壤 CO_2 排出到近地层大气中，还可补充植物光合作用所需的 CO_2。

3.5.2.2 土壤通气性机制

土壤通气性有以下两种途径。

(1) 土壤空气和大气之间的气体整体交流

这种整体交流可在灌排水、温度变化、气压和风的影响下进行。

进行土壤灌排水时，使土壤孔隙充水或排水，充水时孔隙被水占据，空气被整体挤出土体以外，排水时，近地层大气又可整体进入土壤孔隙内。地下水位的升降也与灌排水一样使土壤空气与大气进行整体交流。当土温大于气温时，土壤空气受热上升，整体扩散到大气中去，大气则下沉进入土壤孔隙，形成冷热对流。土温降低时，空气收缩，吸进一些大气，使土壤空气更新。

当大气气压发生变化时，大气整体进入土壤或土壤空气整体排出土壤，使土壤空气更新。

(2) 气体扩散

土壤中 O_2 不断消耗和 CO_2 不断产生，必然造成土壤空气和大气之间 O_2 的分压梯度和 CO_2 分压梯度，两个梯度方向相反，分别使 CO_2 从土壤扩散到大气，O_2 由大气扩散到土壤。这种扩散与生物的呼吸作用近似，即吸入 O_2，排出 CO_2，故称为土壤呼吸作用。气体扩散的公式与水汽的扩散公式相同：

$$F = -D \cdot dc/dx$$

式中　F——单位时间气体扩散通过单位断面的数量；

　　　D——扩散系数；

负号表示气体扩散的方向，dc/dx 为气体的浓度梯度，气体浓度一般以气体分压表示，因此也可以是气体分压梯度 (dp/dx)。

气体在土壤中的扩散系数 (D) 要比在大气中的扩散系数 (D_0) 小，二者的关系为：

$$D = D_0 \cdot S \cdot L/L_e$$

式中　S——未被水所占据的孔隙度，因为气体只能在未被水所占据的孔隙中扩散；

　　　L——土层厚度；

　　　L_e——气体扩散的实际途径。

L_e 必然大于 L，因为气体扩散的途径是迂回曲折的。既然 S 和 L/L_e 两个数值是小数，因此 $D < D_0$。

3.5.2.3 通气指标

(1) 土壤孔隙度

为了保证作物正常生长发育要求土壤总孔隙度 50%～55% 或 60%，其中通气孔度要求 8%～10%，最好达到 15%～20%。这样可以使土壤有一定保水能力又可透水通气。

(2) 土壤呼吸强度

以单位时间通过单位断面(或单位土重)的 CO_2 数量所反映的土壤呼吸强度，不仅可作为土壤通气指标，而且是反映土壤肥力状况的一个综合指标。因为土壤中 CO_2 的产生，主要是生物活动的结果,产生 CO_2 多反映土壤中生物活性强,排出 CO_2 多又反映通气状况良好,故呼吸强度大的土壤,肥力较高,如山西棉花所试验土壤呼吸强度与皮棉产量的关系为(表3-35):

表 3-35 土壤呼吸强度与皮棉产量关系

呼吸强度 CO_2 [mg/($dm^2 \cdot d$)]	42.7	112	203
皮棉产量(kg/hm^2)	<450	600	1 350

四川农业大学所做不同肥力状况土壤呼吸强度为(表3-36):

表 3-36 不同肥力状况土壤呼吸强度

土 壤	黄 壤	红紫泥土(紫色土)	油砂土(水稻土)
肥力状况	下	中	上
呼吸强度 CO_2 [mg/($g \cdot h$)]	0.78×10^{-2}	0.98×10^{-2}	1.36×10^{-2}

(3)土壤透水性

水田土壤适当的透水性可反映土壤透水通气状况。水分向下渗透,可促使新鲜空气进入土壤,同时新鲜灌水溶解的氧补充了土壤中氧的不足。在20℃时,每升水中溶解0.006 L氧气。

(4)土壤氧化还原电位

在本章3.5.3叙述。

3.5.3 土壤氧化还原状况

3.5.3.1 土壤通气状况与土壤氧化还原状况

土壤氧化还原状况以氧化还原电位(Eh)表示,根据能斯托公式,则

$$Eh = E^\ominus + [0.059/n] \log[氧化剂]/[还原剂]$$

式中 $E^\ominus$——标准氧化还原电位,即氧化剂、还原剂浓度相等时的电位;

n——电子得失数。

对于一定氧化还原体系来说,$E^\ominus$ 是一个定值,因此氧化剂浓度高时,Eh 值高,反映土壤通气状况良好;还原剂浓度高时,Eh 值低,反映土壤通气状况不良。可见,土壤氧化还原电位,可作为土壤通气状况的一个指标。通常将 Eh = 300mV 视为土壤氧化状况到还原状况的分界点。因为参与土壤氧化还原作用的体系最多的是铁,氧化铁对于阻碍土壤因有机质分解而向还原方向发展的作用最大,所以土壤中活动性还原铁开始出现的电位视为土壤转变为还原状况的开始,还原状况的进一步划分为: -50~300mV 为弱还原态,此时有反硝化脱氮、Fe^{2+}、Mn^{2+} 等出现;小于 -50mV 为强还原态,此时有硫酸盐的还原,出现 H_2S 等还原物质。当然,用 Eh 值来划分土壤氧化还原状况,不同学者有不同指标。

3.5.3.2 土壤氧化还原状况的特点

土壤中进行的氧化还原过程,具有以下特点:

(1) 不仅是纯化学反应，而是在很大程度上由生物参与完成

土壤中进行的氧化过程，如铵转化为亚硝酸再进一步转化为硝酸，是在亚硝化细菌和硝化细菌作用下完成的；Fe^{2+} 的氧化，部分可以是纯化学反应，但也有在铁细菌作用下进行的。土壤中进行的还原过程，常常是微生物在嫌气条件下，以氧化物为受氢体（或电子接受体），使氧化物还原，如硫氧化细菌对硝酸盐的反硝化作用：

$$5S + 6NO_3^- + 2H_2O \longrightarrow 5SO_4^{2-} + 3N_2 + 4H^+$$

细菌对有机酸的降解，以高铁为电子受体：

$$CH_3COOH + 8Fe^{3+} + 2H_2O \longrightarrow 2CO_2 + 8Fe^{2+} + 8H^+$$

(2) 土壤中的氧化还原体系，有部分是不可逆的

如铵氧化为硝酸、有机质的氧化等是不可逆的反应。有机质氧化的 E_0 值为负值，即还原性强，同时有机质又为微生物活动提供能源，促进微生物活动，因此有机质丰富的水稻土，是引起土壤还原过程的主要物质。

(3) 土壤是不均匀体系

在土壤中不同土层，不同部位的氧化还原状况是不相同的，其中水稻土的氧化还原状况差别很大，在淹水期间，其表层与淹水层接触的地方，有很薄一层氧化层，下部即为还原层，或氧化还原交替的层次。

(4) 土壤氧化还原状况随管理措施而变化

如灌溉排水、耕作栽培等措施都可影响土壤的氧化还原状况。

3.5.3.3 影响土壤氧化还原状况的因素

(1) 微生物活动

微生物活动本身要消耗 O_2，同时由微生物引起的氧化作用以氧化物为电子受体，因此微生物愈活跃，土壤的还原作用则愈强。例如，由于结构表面的微生物活动，可使 1 个 1cm 团块（夏季）或 2cm 团块（冬季）中心呈嫌气还原状态。

(2) 有机物

有机物的分解是一个耗氧过程且其 $E^{\ominus}$ 值低，还原作用强，是影响土壤氧化还原作用的主要因素。

(3) 土壤中易氧化和易还原的无机物质含量

土壤中易氧化或易还原物质的含量高，可影响土壤 Eh 值的升降。首先是氧气，只要氧气存在，可使土壤 Eh 值维持较高水平，当土壤 pH 值为 7，O_2 分压为 0.2 时，土壤中 Eh 值可达 810mV，O_2 分压为 0.1 时，土壤 Eh 值为 805mV，下降较缓慢。土壤中存在硝酸盐类，可使土壤 Eh 值维持 200~400mV；土壤中 MnO_2—Mn^{2+} 体系，可使土壤 Eh 值维持在 100mV 以上数月，Fe^{3+}—Fe^{2+} 体系可使土壤 Eh 值维持在 -50mV 以上数月。

(4) 耕作栽培措施

栽培作物种类不同受作物根系代谢的影响，土壤 Eh 值的变化有所差别。水稻根系可以分泌氧，因此根际土壤 Eh 值高于根外土壤；而一般旱地作物的根际土壤 Eh 值低于根外土壤。旱地土壤 Eh 值一般为 500~700mV，水稻田土壤 Eh 值则随耕作管理措施而变化。淹水种稻后土壤 Eh 值开始下降，至分蘖盛期下降到最低点，中期排水晒田后土 Eh 值开始回升，

完熟期后可恢复到 500~600mV,可见分蘖盛期最易受还原过程及其产生的有害物质的危害。

(5) 土壤酸碱度

pH 值与 Eh 值有一定关系,一般是土壤 Eh 值下降 pH 值上升,这是因为土壤中的还原过程消耗了氢,使 pH 值上升,如下述反应式:

$$Fe(OH)_2 + 3H^+ + e \Leftrightarrow Fe^{2+} + 3H_2O$$

Eh 值和 pH 值的关系值,决定于消耗 H^+ 和 e 的比值,见下述反应式:

在 25℃时,

$$[氧化物] + ne + mH^+ \Leftrightarrow [还原物] + xH_2O$$

$$Eh = E^{\ominus} + [0.059/n]\log 氧化剂/还原剂 - [0.059m/n] \times pH$$

当 $m/n = 1$ 时,$\Delta Eh/\Delta pH = -0.059$;

$m/n = 2$ 时,$\Delta Eh/\Delta pH = -0.118$;

$m/n = 3$ 时,$\Delta Eh/\Delta pH = -0.177$。

3.5.3.4 土壤中氧化还原过程的意义

土壤中氧化还原过程是土壤通气状况的指标已如上述,此外,土壤氧化还原过程还与土壤形成和土壤养分状况有关。

土壤氧化还原过程与土壤形成过程有一定关系。例如在土壤形成过程的富铝化过程基础上,若土壤渍水引起铁和锰的还原和漂洗,使土壤形成一个漂白层次,称为白鳝化过程,形成的土壤俗称白鳝泥。水稻土表层在通气条件下所形成的鳝血斑块和条纹,是有机物与铁的络合物,在氧化状态下为棕红色,它是肥沃水稻土的标志。

土壤中的养分状况与土壤氧化还原状况也有一定关系。土壤中的有效 N 素,主要来自有机物的矿质化,因此通气条件好,有效 N 素多。土壤中的硫以氧化态的 SO_4^{2-} 有效性高。还原条件下有机物矿质化作用减弱,甚至会产生有害物质,同时还原条件下产生的 S^{2-},与金属微量元素结合形成硫化物,有效性大大降低,但在还原条件下,可提高磷的有效性。土壤 Eh 值低时,影响根系吸收,会造成作物的缺素现象。

3.5.4 土壤空气的调节

土壤通气性对植物生长、微生物的活动以及土壤中化学的和生物的过程都有重大的影响。所以,调节土壤空气状况是农业技术措施的重要任务之一。

(1) 改善排水条件

水分过多,不仅空气容量减少,而且阻碍土壤空气与大气的气体交换。所以,在低平的河网地区,必须建立完整的排水系统,以保证作物对土壤通气的要求。

(2) 改善土壤结构

通过耕作,结合施用有机肥来改善土壤结构,解决水、气矛盾的问题。因为结构良好的土壤,除有发达的毛管孔隙外,还有较多的大孔隙,能使过多的水分排除,保证空气能很快进入土壤。

(3) 改革耕作制

南方冬水田,一年仅种一季中稻,长期淹水,使土壤结构破坏,冷浸烂泥,有毒物质积累,水稻产量也不高。因此,通过开沟排水,水旱轮作可改善土壤通气条件。

在南方推广的水田自然免耕技术,通过起垄免耕,既增加了土壤通气,又保持了稻田蓄水功能,并使水旱作物均能正常生长,获得高产优质。

传统的排水晒田、炕土等措施,也能增加土壤通气。

复习思考题
1. 各级土粒的理化特性有什么不同?它们对土壤肥力的影响有何差异?
2. 什么是土壤质地?常见的土壤质地分类方法有哪几种?
3. 某土壤,已测得砂粒含量为14%,粉粒含量为42%,黏粒含量64%,用国际制土壤质地标准,查出其质地名称。
4. 砂质土、壤质土和黏质土的肥力特点各有什么不同?
5. 哪些主要环境因素影响植物残体在土壤中的分解和转化?有机物质的碳氮比对其在土壤中分解速率有何影响?
6. 土壤有机质对土壤肥力有哪些作用?
7. 怎样合理调节土壤有机质?
8. 土壤微生物类型主要有哪些?各有什么特点?
9. 土壤水分类型有哪些?它们之间的相互关系如何?
10. 何为土水势?它包括哪几个分势?土水势和土壤水吸力有何异同点?
11. 什么是土壤水分特征曲线?它有何作用?
12. 土壤空气与大气组成有何不同?产生的主要原因有哪些?

主要参考文献

黄昌勇,徐建明,2010. 土壤学[M]. 北京:中国农业出版社.
关连珠,2007. 普通土壤学[M]. 北京:中国农业大学出版社.
陈怀满,2005. 环境土壤学[M]. 北京:科学出版社.
吴礼树,2004. 土壤肥料学[M]. 北京:中国农业出版社.
陆欣,2002. 土壤肥料学[M]. 北京:中国农业大学出版社.
沈其荣,2001. 土壤肥料学通论[M]. 北京:高等教育出版社.
熊顺贵,2001. 基础土壤学[M]. 北京:中国农业大学出版社.
关连珠,2000. 土壤肥料学[M]. 北京:中国农业大学出版社.
谢德体,2004. 土壤肥料学[M]. 北京:中国林业出版社.
侯光炯,1992. 土壤学(南方本)[M]. 2版. 北京:中国农业出版社.
朱祖祥,1992. 土壤学[M]. 北京:农业出版社.

第 4 章 土壤的基本性质

【本章提要】 本章主要阐述了土壤的吸附性能、酸碱性、孔隙性、结构性、土壤的热性质、土壤生产性能等基本性质。通过学习，重点掌握土壤的组成与土壤基本性质的相互关系。

土壤是一综合的自然体，它的定型状态的固体部分包含着无机物质、有机物质（腐殖质）以及半分解状态的有机残体。在固体物质间的孔隙中，分布着无定型状态的液体物质（土壤溶液）与气体物质（土壤空气）。土壤三相组成与作物互相依存，互相促进，构成具有生命力的特殊自然体。表现在土壤能稳、匀、足、适地供应作物以热、水、气、肥四因素的肥力特征，肥力四因素对作物产量和品质及资源的永续利用，均与土壤的一系列基本性质相关。

4.1 土壤的吸附性能

土壤对不同形态的养分和物质，其所吸收和保持的方式是不同的，可分为五种类型：具有多孔体系的土壤，能够机械的阻拦进入比其孔隙大的固体颗粒，保留而不致流失的作用，叫做机械吸收；把土壤能保留分子态物质的作用叫做物理吸收，例如用泥土垫畜栏，既减少臭气又可保肥；把土壤能保留离子态物质的作用叫做物理化学吸收，土壤胶体带正电荷或负电荷与溶液接触时，便吸附溶液中带相反电荷的离子；把土壤溶液中阴、阳离子相互作用形成难溶性沉淀化合物的作用叫做化学吸收，如可溶性的磷酸盐，被铁、铝、钙等离子固定生成难溶性的磷酸铁、磷酸铝或磷酸三钙；把生物吸收营养物质的作用叫做生物吸收。实质上，土壤保留某些分子态和离子态物质，并非吸收，而是一种吸附现象。

土壤吸附现象是指土粒（特别是黏粒和腐殖质）的表面，能将与其接触的土壤溶液或土壤空气中某些物质分子和离子吸附在表面上，使其本身的表面自由能降低而趋于稳定。如烘干土壤因吸附空气中水分子而使自己质量不断增加；海水通过土壤，由于盐分被吸附而变淡是土壤这种性质的表现。土壤对胶体物质、分子态物质以及各种离子都能进行吸附。本节将重点讨论土壤对阳离子的吸附，它对土壤许多性质（分散—凝聚性、酸碱性以及黏结性、黏着性、可塑性等）和土壤对植物养分的保持等都有很大意义。因此，在阳离子吸附的研究中，不仅要研究土壤吸附阳离子的总量（又称为代换量或交换量），而且还要注意所吸附阳离子的种类和组成。

土壤能够吸附各种离子态和分子态物质的原因，是由于土壤中存在着胶体。因此，在研究土壤性质前必须了解土壤胶体的构造和种类。

4.1.1 土壤的胶体

4.1.1.1 土壤胶体的类型

土壤胶体的类型，就表面位置而言可分为内表面和外表面，一般外表面上产生的吸附反应是很迅速的，而内表面的吸附反应则往往是一个缓慢的渗入过程，土壤中的高岭石、水铝英石和铁铝氧化物等的表面以外表面为主，蒙脱石、蛭石等以内表面为主。有机胶体虽有相当多的表面结构，但由于其聚合结构不稳定，难以区分内表面和外表面。

根据土壤胶体的结构特点，土壤中胶体物质按化学成分和来源，大致可将土壤胶体分为无机胶体、有机胶体和有机无机复合胶体三种类型。

（1）土壤无机胶体

土壤无机胶体存在于极细微的土壤黏粒部分。包括成分较简单的次生含水氧化铁、含水氧化铝和含水氧化硅等，以及成分较复杂的结晶层状次生铝硅酸盐类（黏土矿物）。

①含水氧化硅胶体　其分子式为 $SiO_2 \cdot H_2O$ 或 H_2SiO_3，在一般情况下，含水氧化硅的外层分子发生解离，解离出 H^+，而把 $HSiO_3^-$ 或 SiO_3^{2-} 留在胶黏表面，组成决定电位离子层，使胶粒带负电荷。土壤反应越是偏碱性，硅酸的解离度也越大，所带的负电荷也越多。

②水合氧化物型胶体　水合氧化物表面质子产生电荷，其数量因土壤溶液的 pH 值和电解质浓度的变化而变化。

水合氧化物型胶体，常为铝硅酸盐深度风化的产物，均为两性胶体，其电荷随土壤溶液反应的变化而变化，当介质 pH 值低于等电点时，它带正电荷，介质 pH 值高于等电点时，它带负电。

③黏土矿物　指土壤中次生层状铝硅酸盐类。粒径一般小于 $1\mu m$，是一般土壤中胶体矿物的主要部分，是土壤矿质部分离子交换作用的主要载体。黏土矿物大多是结晶层状构造，外形多为各种不同形态的薄片，这是由于内部离子排列特点决定的。其内部结构是由硅氧片和水铝片叠合而成。根据其叠合情况的不同，可将黏土矿物分为不同类型。土壤中主要的黏土矿物有高岭石、蒙脱石、水云母（伊利石）等种类。

由于黏土矿物是由硅氧片和水铝片叠合而成的，因此，要了解黏土矿物的构造和性质，必须先说明硅氧片和水铝片的结构状况。

硅氧片由硅氧四面体连接而成，每一个硅氧四面体由一个硅离子与四个氧离子组成，砌成一个三角锥形体，一共四个面，故称为硅氧四面体（图4-1）。

许多硅氧四面体连接起来就成为硅氧片或硅氧层（图4-2）。但是，一个层面上的电价仍不饱和，如与氢离子结合，而成 OH 群，则成为稳定的含水氧化硅胶体，另一种情况就是与水铝片结合，共用氧离子而结合成硅酸盐类黏土矿物。

水铝片由铝氧八面体连接而成。铝氧八面体为一个铝离子与六个氧离子所组成，具有八个面（图4-3），故称铝氧八面体。铝氧八面体互相连接成片，即水铝片（图4-4）层面上氧离子的电价不饱和，可与氢离子结合成 OH 群，形成水铝矿，或与硅氧片结合，共用氧离子，形成铝硅酸盐黏土矿物。

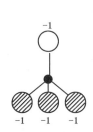

图 4-1　硅氧四面体构造示意
● 代表硅离子　○ 代表顶层氧离子

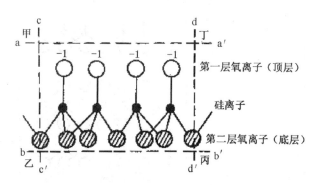

图 4-2　硅氧四面体互相连接方式的示意图

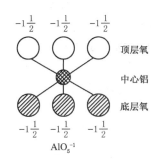

图 4-3　铝氧八面体构造示意图

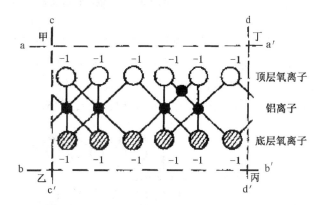

图 4-4　铝氧八面体互相连接方式的示意图

硅氧片和水铝片相互重叠，正负离子价达到中和，因而具有稳定的晶形，这种重叠组合称为单元晶层。黏土矿物的单元晶层类型，有由一层硅氧片和一层水铝片相结合的 1:1 型，有由两层硅氧片中间夹一层水铝片结合组成的 2:1 型等。一个几微米大的黏土矿物薄片大约由几到几十个这样的晶层构成。

高岭石类（包括高岭石、迪恺石、埃洛石）是硅氧片和水铝片各一相重叠组成的 1:1 型矿物。其晶层间的距离紧密，内部孔隙不大，晶层的一面是氢氧离子组，另一面是氧离子出露于表面，晶层间由氢键紧密相连，距离比较固定，不易移开（图 4-5）。通过氢键连接，电性引力较大，吸水力小，膨胀度小于 6%。这类矿物颗粒较大，约 $0.1 \sim 5.0 \mu m$，比表面小，仅 $5 \sim 20 m^2/g$，而且仅有外表面，可塑性、黏结性小，阳离子交换量仅 $3 \sim 15\ cmol(+)/kg$ 土，因此，富含高岭石的土壤肥力较差。

蒙脱石类（包括蒙脱石、拜来石、绿脱石等）是由两片硅氧片中间夹一片水铝片组成的 2:1 型矿物（图 4-6），其晶层两面都是氧离子，晶层间通过"氧桥"联系，这种联系力小于氢键的连接力，此类矿物晶层间不紧密，水分子和其他阳离子很容易进入层间空隙，而扩大层间距离，因此，层间距离较大而且具有伸缩性。比表面 $700 \sim 800 m^2/g$，有大量的内表面。其阳离子交换量 $60 \sim 100\ cmol(+)/kg$ 土，保肥力强。蒙脱石吸水力强，吸水量可达 30% 以上，具有较强的胀缩性，黏结性和可塑性。

水云母类（包括水白云母、水黑云母、伊利石等）是由两层硅氧片中间夹一层水铝片组成的 2:1 型矿物（图 4-6），但由于其晶格的硅氧片中部分硅被铝所代替，正电荷不足，钾离子补

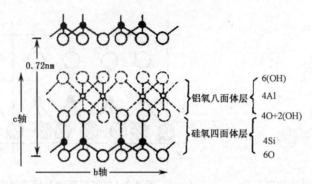

图 4-5　1:1 型层状硅酸盐(高岭石)晶体结构示意
○代表 OH 群

偿。由静电引力连接。这种连接较紧密，晶层底面距离较固定，层间不易吸水膨胀，它的水化特性，可塑性、胀缩性和阳离子交换量[20~40 cmol(+)/kg 土]都比高岭石类矿物大，比蒙脱石类小。比表面 100~200m²/g，富含钾，但这类矿物吸附的盐基是在胶粒晶层之间，又不能活动，所以有效度比高岭石和蒙脱石都小(表 4-1)。

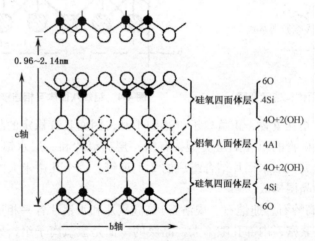

图 4-6　2:1 型层状硅酸盐(蒙脱石)晶层结构
○代表 OH 群

表 4-1　土壤中 3 种主要硅酸盐黏土矿物性质

性　质	黏土矿物类型		
	高岭石	伊利石	蒙脱石
大小(μm)	0.1~5.0	0.1~2.0	0.01~1.0
形状	六方形晶片	无规则片状	卷形薄片状
比表面积(m²/g)	5~2.0	100~120	700~800
外表面	低	中等	高
内表面	无	中等	很高
内聚力可塑性	低	中等	高
膨胀度	低	中等	高
阳离子交换量[cmol(+)/kg]	3~15	15~40	60~100

(2)有机物胶体

有机物因有明显的蜂窝状特征,而具有较大的表面。有机物表面上具有羧基(—COOH)、羟基(—OH)、醌基(=O)、醛基(—CHO)、甲氧基(—OCH$_3$)和氨基(—NH$_2$)等活性基团。这些表面功能基可离解 H$^+$ 离子或缔合 H$^+$ 离子而使表面带电荷。

土壤中的有机胶体,主要是腐殖质,它具有与矿质胶体类似的胶体结构。腐殖质胶体的胶核由各种腐殖质酸的分子团组成,如胡敏酸或富里酸的分子团,这些分子团的主要化学成分由碳、氧、氢等组成。由于腐殖质是一类高分子有机化合物,相对分子质量极大,功能团很多,解离后产生的负电荷多,因此吸附的阳离子也多,对土壤有效养分的保蓄起着重要的作用。

腐殖质胶体一般都带负电,并随溶液 pH 值升高,解离的 H$^+$ 增多,负电荷量也增大,是随 pH 值改变而变化的一种可变电荷。有机胶体易被微生物分解,不如矿质胶体稳定,其数量随施用有机肥料和土壤有机质含量而不断变动。

腐殖质胶体是非晶质无定形的,颗粒大小变化极大,最小的约 0.01~0.1μm,大的可达几微米,因为腐殖质是多孔性胶体它具有极大的比面,可高达 800~1 000m^2/g。

在酸性条件下,腐殖酸胶体或蛋白质胶体表面的 —NH$_2$ 根上吸附溶液中的 H$^+$,从而也可成为带正电的胶体。

(3)土壤有机无机复合胶体

在实际土壤中,特别是在耕层土壤及植物根系影响所及的根际土壤中,有机胶体和无机胶体很少单独存在,绝大多数是相互紧密地结合成有机—无机复合胶体。这种复合体是土壤胶体存在的主要形式。土壤有机胶体和无机胶体相互结合的详细机制,目前还不甚清楚。有关的学者提出了以下这些可能的结合机制。

①极性吸附 腐殖质的羧基端显正电性,因此腐殖质可视为极性化合物,带负电荷的土壤黏土胶粒可将腐殖质的正电性一端引向它的表面,呈极性吸附而使腐殖质围聚在它的周围。电子显微镜观察的实际情况,也是矿质土粒的周围大都包被着腐殖质。

②阳离子的键桥作用 带负电的有机和无机胶体通过二阶或三阶阳离子而连接起来。同样,也可通过羟基铝离子连接起来。

③分子吸附 有人认为多糖类,如纤维素、果胶等与黏土胶粒的结合,主要是通过不带电的分子引力,即范德华力而作分子吸附。

(4)氢键作用

有机胶体功能团中的氢与无机胶体上的氧之间产生氢键结合。

4.1.1.2 土壤胶体的比表面和表面积

土壤胶体表面积通常以比表面来表示,它可作为评价土壤表面化学活性的一项指标。比表面常用单位质量土壤(或土壤胶体)的表面积表示,单位为 m^2/kg 或 m^2/g。

土壤胶体的晶核对土壤的表面积有重要的贡献。晶质黏土矿物是土壤胶体晶核的主体。黏土矿物的类型不同,其表面积的大小和表面类型的差别相当大。因样品的纯度和测定方法的不同,而有一定的变异。

我国几种主要土壤胶体比表面积的大小与其主要黏土矿物的组成和含量吻合。例如,以高岭石和三水铝石为主的砖红壤胶体,其比表面积只有约 60~80m²/g,并以外表面为主;水云母和蛭石为主的黄棕壤胶体,其比表面积约为 200~300m²/g,且以内表面为主(表4-2)。

表 4-2　土壤中常见黏土矿物的比表面积　　　　　m²/g

胶体成分	内表面积	外表面积	总表面积
蒙脱石	700~750	15~150	700~850
蛭石	400~750	1~50	400~800
水云母	0~5	90~150	90~150
高岭石	0	5~40	5~40
埃洛石	0	10~45	10~45
水化埃洛石	400	25~30	430
水铝英石	130~400	130~400	260~800

4.1.1.3　土壤表面电荷和电位

土壤胶体部分所带电荷的数量与土壤吸附离子的多少呈正比,离子吸附牢固程度则与土壤的电荷密度直接相关。但土壤有机—无机复合体对土壤电荷的数量也产生一定的影响。

(1)土壤电荷的起因和种类

根据表面电荷的性质和起源,可将它分为永久电荷和可变电荷。胶体表面电荷可也分为正电荷和负电荷,其代数和则为净电荷。

①永久电荷　永久电荷起源于矿物晶格内部离子的同晶置换。如果低价阳离子置换高价阳离子,则造成正电荷的亏缺,产生剩余负电荷。同晶置换一般形成于矿物的结晶过程,一旦晶体形成,它所具有的电荷就不受外界环境(如 pH 值、电解质浓度等)影响,故称之为永久电荷、恒电荷或结构电荷。同晶置换作用是 2:1 型层状黏土矿物负电荷的主要来源。

②可变电荷　土壤电荷量,随 pH 值的变化而变化的,这种电荷称为可变电荷。可变电荷的产生,是由于土壤固相表面从介质中吸附离子或向介质中释出离子(如 H^+ 离子)所引起的,包括水合氧化物型表面对质子的缔合和解离,以及有机物表面功能团的离解和质子化等。土壤有机质、层状硅酸盐黏土矿物的边面及表面断键、1:1 型黏土矿物的 Al—OH 基面、晶质和非晶质铁、铝、锰的水合氧化物和氢氧化物、非晶质和铝硅酸盐等表面所带的电荷都是可变电荷。可变电荷的数量和符号取决于可变电荷表面的性质、介质 pH 值和电解质浓度等。

③正电荷　通常情况下,土壤正电荷主要是由游离的氧化铁所产生的,其次为游离的铝化合物。在酸性条件下,高岭石的铝氧八面体的裸露边面,从介质中接受质子而使边面带有正电荷。在土壤 pH 值较低时,水铝英石和有机物质也都可能接受质子,而带正电荷。

④净电荷　土壤的正电荷和负电荷的代数和就是土壤的净电荷。由于土壤的负电荷量一般都高于正电荷量,所以除了少数土壤在较强的酸性条件下,或者氧化土可能出现净正电荷以外,大多数土壤带有净负电荷。

(2)土壤的电荷数量

土壤的电荷数量一般用每千克物质吸附离子的厘摩尔数来表示。最常见的阳离子交换量(CEC)即 pH 值为 7 时土壤净负电荷的数量。其他 pH 值条件下的 CEC 也用于表示相应 pH 值时土壤的净负电荷,因而土壤的 CEC 值并非恒值。土壤的阴离子交换量(AEC)用于表示一定条件下土壤的正电荷量。土壤电荷有永久电荷和可变电荷之分，其数量也有永久电荷量（CECp）和可变电荷电量（CECv）之分。土壤正电荷一般为可变正电荷，也常用 AEC 表示。

土壤电荷几乎是 80% 以上主要集中在土粒粒径小于 2 μm 的胶体部分，（包括无机胶体和有机胶体）是土壤带电荷的主体。

土壤胶体组成成分的不同，其所带电荷的数量也不同。含有较多蛭石、蒙脱石或有机质的土壤胶体，其电荷量一般较高；含有较多高岭石和铁铝氧化物的土壤胶体，其电荷量一般较低。对矿质土壤而言，黏土矿物是土壤胶体的主体，它的总电荷量远远大于有机质胶体。

（3）土壤胶体表面电位

土壤胶体表面带有电荷。当带电胶体分散在电解质溶液中时，不论胶体表面电荷是通过何种途径产生的，电中性原理都要求等量的反号电荷离子在带电表面邻近的液相中积累。此时，溶液中带相反电荷的离子，一方面受胶体表面上电荷的吸引，趋向于排列在紧靠胶粒表面；另一方面由于热运动，这些离子又会向远离胶体表面的方向扩散。当静电引力与热扩散相平衡时，在带电胶体表面与溶液的界面上，形成了由一层固相表面电荷和一层溶液中相反符号离子所组成的电荷非均匀分布的空间结构，称为双电层。

4.1.2 土壤的阳离子的吸附

4.1.2.1 离子吸附的概念

在土壤学中，主要是根据土壤胶体颗粒与液相界面附近所发生的相互作用来解释土壤胶体体系中离子分布的不均一性。土壤胶体表面层中的浓度与溶液内部浓度不同的现象称为吸附作用。凡使液体表面层中溶质的浓度大于液体内部浓度的作用称为正吸附，反之则称为负吸附。如果土壤胶体表面或表面附近的某种离子的浓度高于或低于扩散层之外的自由溶液中该离子的浓度，则认为土壤胶体对该离子发生了吸附作用。一般所说的吸附现象是指包括整个扩散层在内的部分与自由溶液中的离子浓度的差异。

4.1.2.2 阳离子吸附

（1）金属键合特点

电负性是确定金属离子化学吸附的重要因素。在任何特定的矿物表面，电负性强的金属与氧原子可能形成共价键。对二价金属离子，其电负性键合的大小顺序一般为：$Cu > Ni > Co > Pb > Cd > Zn > Mg > Sr$。另一方面，依据静电学理论，具有最大的电荷/半径比的金属能形成最强的键。这将使得以上金属产生一个不同的键合大小顺序：即 $Ni > Mg > Cu > Co > Zn > Cd > Sr > Pb$，而三价微量金属如 Cr^{3+} 和 Fe^{3+} 的化学吸附作用会优先于上面列出的所有二价金属。

锰氧化物对 Cu^{2+}、Ni^{2+}、Co^{2+} 和 Pb^{2+} 表现出特别高的选择性，表明共价键对吸附具有重要贡献。另一方面，吸附在某种程度上与水解有关。例如，通过反应：

$$>S-OH + M^{n+} = >S-O-M-OH^{(n-2)+} + 2H^+$$

其中，S 是吸附表面的金属。

在土壤有机物中，半径越小的金属通常倾向于形成较强的配合物。由此产生众所周知的

Irving-Williams 序列，二价金属离子的络合强度大小顺序为：Ba < Sr < Ca < Mg < Mn < Fe < Co < Ni < Cu < Zn。表 4-3 中给出了土壤有机物在 pH = 5 时的一个典型的金属亲和序列。

表 4-3　适用于与 Pauling 电负性相关的土壤有机质的二价金属离子亲和力大致顺序

亲和力序列大小依次	Hg	Cu	Ni	Pb	Co	Ca*	Zn	Cd	Mn	Mg
电负性	2.0	2.0	1.91	1.87	1.88	1.00	1.65	1.69	1.55	1.31

注：Ca 的电负性为 1，但亲和力大于电负性比它大的 Zn、Cd、Mn、Mg，所以 Ca 是一个特殊
引自 McBride, 1989。

(2) 离子选择性和吸附效率的影响因素

与矿物和土壤有机物黏结的金属选择性取决于除金属本身性质外的其他一些因素，包括：①活性表面的化学性质(例如，有机物上复合金属的官能团类型)；②吸附层(吸附质/吸附剂的比)；③测定吸附点位的 pH 值(一些金属在有 H^+ 下竞争更有效，或黏结到官能团上，其竞争更强于其他离子)；④离子强度(通过其他阳离子的结合位点确定竞争强度)；⑤可溶性配体的存在可以与游离金属配位。

所有这些变量可以改变金属的吸附等温线。因此，重金属对铁氧化物的 pH 值吸附边缘随着吸附质(金属离子)的增加或吸附剂(氧化物)浓度的减小向更高的 pH 值变化，如图 4-7 所示，吸附密度低的金属较吸附密度高的金属导致更强的内在黏结。

溶解性有机物(DOM)的存在也可以改变离子的吸附特征，金属离子添加到土壤或腐殖质中，产生 S 形吸附等温线，而不是 L 形(Langmuir)等温线。实际上，这些配体抑制了低浓度加入的金属吸附，仅消除了在更高金属浓度的吸附等温线的影响。溶液中的卤离子能明显地抑制金属吸附，如 Cd^{2+} 和 Hg^{2+} 通过类似的机制对矿物和土壤的吸附。

金属/吸附剂比的重要性已在 Zn^{2+} 和 Cd^{2+}-针铁矿体系得到证实，还原针铁矿的数量而增加较低活性的吸附剂高岭土，以保持相同的总的吸附剂数量，将微量的 Zn^{2+} 和 Cd^{2+} 的 S 形吸附曲线转变为较高的 pH 值。土壤中的微量金属吸附已观察到同样的普遍趋势，其解释部分原因为土壤表面的异质性，但事实上是首先占领吸附位点的金属具有较高的黏结强度。此外，黏粒和土壤在更低 pH 值较预期来自纯氧化体系等温线上具有吸附微量金属的能力。有一些迹象表明，这种低 pH 值的吸附是由于永久电荷的黏土或 SOM 上的阳离子交换，虽然大部分的实验试图测量特定吸附，采用背景电解质如 10^{-2} M 的 $CaCl_2$ 竞争性地抑制微量金属阳离子的交换吸附。然而，只有一小部分的交换点位需要占用，去吸附溶液中低浓度微量金属的重要部分，如此溶液中多余的 Ca^{2+} 不能完全灭

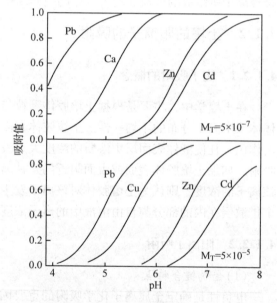

图 4-7　在两种金属/氢氧化铁比率下 Cd^{2+}、Cu^{2+}、Pb^{2+} 和 Zn^{2+} 对无定形氢氧化铁的吸附

(引自 Benjamin & Leckie, 1981)

活离子交换作为从溶液中去除微量金属的机理。在任何情况下，含有层状硅酸盐的土壤黏粒中的微量金属吸附，倾向开始于较低 pH 值、随 pH 值逐渐增加而非图 4-7 建议的 S 形曲线。

金属污染严重的土壤中，水解和沉淀作用可以从 pH 值接近中性的溶液中去除易水解金属，以便实验吸附曲线（包括化学吸附和沉淀）往往比吸附边缘如图 4-7 显示的更陡峭。例如，当 Cu/Al(OH)$_3$ 体系的 pH 值向上调整，如果为保持 $(Cu^{2+})(OH^-)^2$ 的活度积低于它的溶度积而发生不完全吸附，Cu(OH)$_2$ 可以沉淀。在无吸附时，10^{-5}M、10^{-4}M 和 10^{-3}M 的 Cu^{2+} 将开始从 pH 值为 6.8、6.3 和 5.8 的 Cu(OH)$_2$ 溶液中去除。这意味着，相对于金属的吸附曲线，当体系中总的金属增加，金属氢氧化物和氧化物沉淀曲线转移到较低的 pH 值。

每个微量金属有其自身特性的 S 形吸附曲线，由图 4-7 中的金属吸附曲线为例。总的来说，正如前面所指出的，吸附倾向似乎与金属水解的缓解相关。因此，强烈水解的金属吸附曲线（如 Cu^{2+}）相比更弱水解的金属（如 Cd^{2+}）集中在较低的 pH 值。

4.1.2.3 阳离子交换

(1) 阳离子交换作用

在土壤中，被胶体静电吸附的阳离子，一般都可以被溶液中另一种阳离子交换而从胶体表面解吸。对这种能相互交换的阳离子叫做交换性阳离子，而把发生在土壤胶体表面的交换反应称为阳离子交换作用。例如，某种土壤原来吸附的阳离子有：H^+、K^+、Na^+、NH_4^+、Mg^{2+} 等，当施用含 Ca^{2+} 离子的肥料后，会产生阳离子交换作用，Ca^{2+} 离子可把原来胶体表面吸附的部分离子交换出来，其交换反应可用下面的反应式表示：

$$\begin{array}{c} K^+ \quad NH_4^+ \quad NH_4^+ \\ \boxed{\text{土壤胶体}} \quad Na^+ \\ K^+ \quad H^+ \quad Mg^{2+} \quad Na^+ \end{array} + 3Ca^{2+} \rightleftharpoons Ca^{2+} \boxed{\text{土壤胶体}} Ca^{2+} \atop H^+ \quad Mg^{2+} + 2K^+ + 2Na^+ + 2NH_4^+$$

离子从土壤溶液转移至胶体表面的过程为离子的吸附，而原来吸附在胶体上的离子迁移至溶液中的过程为离子的解吸，二者构成一个完整的阳离子交换反应。

土壤阳离子交换作用有以下 3 个主要特点：

① 阳离子交换是一种可逆反应　而且反应速率很快，可以迅速达到平衡，即溶液中的阳离子与胶体表面吸附的阳离子处于动态平衡中。一旦溶液中的离子组成或浓度发生改变，土壤胶体上的交换性离子就要和溶液中的离子产生逆向交换，被胶体表面静电吸附的离子，重新归还至溶液中直至建立新的平衡。这一原理，在农业化学上有重要的实践意义。例如，植物根系从土壤溶液中吸收了某阳离子养分后，降低了溶液中该阳离子的浓度，土壤胶体表面的离子就解吸、迁移到溶液中，被植物根系吸收利用。另外，可以通过施肥、施用土壤改良剂以及其他土壤管理措施，恢复和提高土壤肥力。

② 阳离子交换遵循等价离子交换的原则　例如，用一个两价的 Ca^{2+} 去交换两个一价的 K^+，则 1mol Ca^{2+} 离子可交换 2mol 的 K^+ 离子。同样，1mol 的 Fe^{3+} 离子需要 3mol 的 H^+ 或 Na^+ 离子来交换。

③ 阳离子交换符合质量作用定律　对于任一个阳离子交换反应，在一定温度下，当反应达到平衡时，根据质量作用定律有：

$$K = \frac{[产物_1][产物_2]}{[反应物_1][反应物_2]}$$

K 为平衡常数。根据这一原理，可以通过改变某一反应物（或产物）的浓度达到改变产物（或反应物）浓度的目的。例如，通过改变土壤溶液中某种交换性阳离子的浓度使胶体表面吸附的其他交换性阳离子的浓度发生变化，这对施肥实践以及土壤阳离子养分的保持等有重要意义。

阳离子发生相互交换反应，这主要与阳离子本身的特性即该离子与胶体表面之间的吸附力有关。一般高价阳离子的交换能力大于低价离子。就同价离子而言，水化半径较小的阳离子的交换能力较强。土壤中常见的几种交换性阳离子的交换能力的大小顺序如下：

$$Fe^{3+}、Al^{3+} > H^+ > Ca^{2+} > Mg^{2+} > NH_4^+ > K^+ > Na^+$$

在这个序列中，氢离子是一个例外，H^+ 的半径较小，水化程度也极弱。由于它的运动速率快，其交换能力也很强，所以运动速率也影响离子交换能力。在实践中，我们可以通过增加土壤中有益阳离子浓度的方法，来调控阳离子的交换方向，以达到培肥土壤，提高土壤生产能力的目的。

（2）阳离子交换量

土壤阳离子交换量（CEC）是指土壤所能吸附和交换的阳离子的容量，用每千克土壤的一价离子的厘摩数表示即 cmol(+)/kg。

土壤阳离子交换量是通过用已知的阳离子代换土壤吸附的全部阳离子，即 CEC = ∑交换性阳离子。不同的土壤，阳离子交换量的差异，其影响因素主要有以下三个方面：

①土壤质地　土壤中带电的颗粒主要是土壤矿物胶体即黏粒部分，因此，土壤黏粒的含量愈高，即土壤质地愈黏重，土壤负电荷量越多，土壤的阳离子交换量越高。吸收量大，保肥力强。

②胶体的类型　不同类型的土壤胶体，所带的负电荷差异很大。因此阳离子交换量也明显不同。表4-4中，含腐殖质和2∶1型黏土矿物较多的土壤，其阳离子交换量较大，而含高岭石较多的土壤，其阳离子交换量较小。

表4-4　不同类型土壤胶体的阳离子交换量

土壤胶体	CEC[cmol(+)/kg]
腐殖质	200~400
蒙脱石	70~95
伊利石	10~40
高岭石	3~15
紫色土	20~30

③土壤pH值　由于pH值是影响可变电荷的重要因素，因此土壤pH的改变会导致土壤阳离子交换量的变化。在一般情况下，随着土壤pH值的升高，土壤可变负电荷增加，土壤阳离子交换量增大。可见，在测定土壤阳离子交换量时，控制pH值是很重要的。

土壤阳离子交换量是土壤的一个很重要的化学性质，它直接反映了土壤的保肥、供肥性能和缓冲能力。一般认为阳离子交换量在20cmol(+)/kg以上为保肥力强的土壤；20~10cmol(+)/kg为保肥力中等土壤；小于10cmol(+)/kg土壤为保肥力弱的土壤。

（3）盐基饱和度

土壤胶体上吸附的交换性阳离子可以分为两种类型：一类是致酸离子，如 H^+、Al^{3+} 离子；另一类是盐基离子，如 K^+、Na^+、Ca^{2+}、Mg^{2+}、NH_4^+ 离子等。当土壤胶体上吸附的阳离子全部是盐基离子时，土壤呈盐基饱和状态，称之为盐基饱和土壤。当土壤胶体吸附的阳离子仅部分为盐基离子，而其余部分则为致酸离子时，该土壤呈盐基不饱和状态，称之为盐基不饱和土壤。盐基饱和土壤具有中性或碱性反应，而盐基不饱和土壤则呈酸性反应。

土壤的盐基饱和程度通常用盐基饱和度来表示。盐基饱和度的定义为，交换性盐基离子占阳离子交换量的百分数，即：

$$盐基饱和度(\%) = \frac{交换性盐基\ cmol(+)/kg}{阳离子交换量\ cmol(+)/kg} \times 100\%$$

例：测得某一土壤的 CEC 为 40cmol(+)/kg，交换性盐离子 Ca^{2+}、Mg^{2+}、K^+、Na^+ 的含量分别为 12、4、12、4cmol(+)/kg

故 该土壤的盐基饱和度$(\%) = \frac{12+4+12+4}{40} \times 100\% = 80\%$

土壤盐基饱和度的高低，可反映土壤 pH 值的高低。在我国干旱、半干旱的北方地区，土壤的盐基饱和度大，土壤的 pH 值也较高。而在多雨湿润的南方地区，土壤盐基饱和度较小，土壤 pH 值也低。

盐基饱和度常常被作为判断土壤肥力水平的重要指标，盐基饱和度≥80% 的土壤，一般认为是很肥沃的土壤。盐基饱和度为 50%～80% 的土壤为中等肥力水平，而饱和度低于 50% 的土壤肥力较低。

(4) 交换性阳离子的有效度

土壤胶体表面吸附的养分离子，可以通过离子交换作用回到溶液中，保持对植物的有效性，供植物吸收利用。影响交换性阳离子有效度的因素主要有以下几个方面。

①离子饱和度　总的来说，离子的饱和度越高，被交换解吸的机会愈多，有效度越大。表 4-5 中，虽然 A 土壤的交换性钙含量低于 B 土壤，但 A 土壤中交换性钙的饱和度(75%)要远大于 B 土壤(33%)。因此，钙离子在 A 土壤中的有效度要大于其在 B 土壤中的有效度，如果我们把同一种植物以同样的方法栽培于 A、B 两种土壤中，显而易见，B 土壤比 A 土壤更需补充钙离子养分。

表 4-5　土壤阳离子交换性与离子饱和度

土壤	CEC[cmol(+)/kg]	交换性钙[cmol(+)/kg]	饱和度(%)
A	8	6	75
B	30	10	33

所以，在施肥上，采用集中施肥的方法，如根系附近的条施、穴施等，可以增加养分离子在土壤中的饱和度，提高其对植物的有效度。另一方面，同样数量的某种化肥，分别施入砂质土和黏质土，结果砂质土的肥效快，而黏质土的肥效较慢。原因是由于施肥后砂质土的盐基饱和度一般都比黏土的高，所以，其有效性也较高。

②互补离子效应　一般来讲，土壤胶体表面总是同时吸附着多种交换性阳离子。对某一指定离子而言，其他离子则是该离子的互补离子，也称陪补离子。假定某一土壤同时吸附有 H^+、Ca^{2+}、Mg^{2+} 和 K^+ 等四种离子，对 H^+ 离子来讲，Ca^{2+}、Mg^{2+} 和 K^+ 离子是它的互补离子。而 Ca^{2+} 离子的互补离子则是 H^+、Mg^{2+} 和 K^+ 离子。一般说来，某离子的互补离子受土

胶体的吸附力越强，该离子的有效度越高。这实际上是一个竞争吸附的问题。表 4-6 的小麦实验结果更进一步说明了互补性对离子有效度的影响。

表 4-6　互补离子与交换性钙的有效性

土壤	交换性阳离子组成	小麦幼苗干质量(g)	小麦幼苗吸钙量(mg)
A	40% Ca + 60% H	2.80	11.15
B	40% Ca + 60% Mg	2.79	7.83
C	40% Ca + 60% Na	2.34	4.36

上述小麦的盆栽实验表明，3 种土壤上幼苗吸钙量的大小顺序是 A > B > C，说明这三种土壤中交换性钙的有效度的大小顺序也是 A > B > C。造成三种土壤中钙有效性差异的主要原因是土壤中钙的互补离子效应的不同。三种互补离子 H^+、Mg^{2+} 和 Na^+ 与胶体的吸附力是依次递减的，因此，它们对提高钙离子有效度的作用是依次增强的。

③黏土矿物类型　不同黏土矿物吸附阳离子的牢固程度也不同。蒙脱石类矿物吸附的阳离子一般位于晶层之间，吸附比较牢固，因而有效性较低。而高岭石类矿物吸附的阳离子通常位于晶格的外表面，吸附力较弱，因此有效性较高。

4.1.3　土壤阴离子代换作用

土壤对阴离子的吸附既有与阳离子吸附相似的地方，又有不同之处。如土壤胶体对阴离子也有静电吸附和专性吸附作用，但我们知道土壤胶体多数是带负电荷的，因此，在很多情况下，阴离子还可出现负吸附。虽然，从数量上讲，大多数土壤对阴离子的吸附量比对阳离子的吸附量少，但由于许多阴离子在植物营养、环境保护，甚至矿物形成、演变等方面均具有相当重要的作用，因此，土壤的阴离子吸附一直是土壤化学研究中相当活跃的领域。

(1) 阴离子键合

阴离子可以被吸附到土壤的氧化物、非晶硅(水铝英石)和硅酸盐矿物组分中。然而，某些阴离子也能结合到土壤有机物(SOM)中。在这方面，硼酸盐 $[B(OH)_4^-]$ 比较常见，其结合按照此类型的反应：

$$\begin{array}{c} >C\text{—}OH \\ \\ >C\text{—}OH \end{array} + B(OH)_4^- = \begin{array}{c} >C\text{—}O \\ \diagdown\diagup \\ B \\ \diagup\diagdown \\ >C\text{—}O \end{array} \begin{array}{c} OH^- \\ \\ \\ OH^- \end{array} + 2H_2O$$

其中，所涉及的有机基团可以是脂肪族或芳香族。目前尚不清楚是否有其他阴离子吸附在腐殖质上，如砷酸盐和亚砷酸盐，通过这种机制或通过将无机杂质黏结在腐殖质上。一些阴离子可以间接地通过金属离子如 Al^{3+}、Fe^{3+} 架桥与有机基团结合。因为大多数阴离子不吸附在腐殖质上，结合到矿物表面的阴离子占土壤阴离子滞留的大部分。

许多环境污染问题如 Cr、As 和 Se 以含氧阴离子存在土壤中，一些吸附在氧化物和其他可变电荷矿物上。土壤学中关注的一些阴离子(表 4-7)，根据正电荷的测定进行排列，这种正电荷是由含氧阴离子的中心原子与每个结合的 O 原子达成共用电荷。这个共用电荷由结合的 O 原子数除以中心原子的化合价决定。假设含氧阴离子去质子化的 O 原子实际上结合金属离子(如 Fe^{3+} 和 Al^{3+})到矿物表面，然后共用电荷越小，保留在每个氧原子上的有效负电荷越多,金属含氧阴离子的离子键越强。这个概念似乎产生的效果相当好,因为如表 4-7 所示阴离子排序中,它是依据共用电荷近似随阴离子对氧化物和铝硅酸盐的亲和力的顺序。含氧阴离子与共用电荷相比较的例子中,更深一层的化学因素如电负性必须予以考虑,以便规范共价键对含氧阴离子—表面键合强度的贡献。例如,在任何特定的 pH 值下,铬酸盐对氢氧化铁的结合较硒酸盐更强烈,即使是这两个含氧阴离子具有相同的共用电荷。

表 4-7 土壤化学中重要阴离子的化学特性*

	阴离子	化学式	共用电荷	电负性
含氧阴离子	Borate	$B(OH)_4^-$	3/4 = 0.75	2.04
	Silicate	SiO_4^{4-}	4/4 = 1.0	1.90
	Hydroxyl	OH^-	1/1 = 1.0	2.20
	Phosphate	PO_4^{3-}	5/4 = 1.25	2.19
	Arsenate	AsO_4^{3-}	5/4 = 1.25	—
	Selenite	SeO_3^{2-}	4/3 = 1.33	—
	Carbonate	CO_3^{2-}	4/3 = 1.33	2.55
	Molybdate	MoO_4^{2-}	6/4 = 1.5	2.35
	Chromate	CrO_4^{2-}	6/4 = 1.5	—
	Sulfate	SO_4^{2-}	6/4 = 1.5	2.58
	Selenite	SeO_4^{2-}	6/4 = 1.5	—
	Nitrate	NO_3^-	5/3 = 1.67	3.04
	Perchlorate	ClO_4^-	7/4 = 1.75	3.16
卤族阴离子	Fluoride	F^-	—	3.98
	Chloride	Cl^-	—	3.16
	Bromide	Br^-	—	2.96
	Iodide	I^-	—	2.66

* 共用电荷和电负性(Pauling)分别是含氧阴离子的 O 原子(Lewis 碱)和中心原子的特性。对于卤族阴离子,共用电荷没有意义。

以 F^- 为例,表 4-7 中列出的卤化阴离子通过外球静电吸引而键合,因此,它只有当可变电荷矿物表面带正电荷才吸附。这意味着所有的卤化物,除了 F^- 在矿物对阴离子的选择性尺度排在底。F^- 的高电负性和小的电荷/半径比可以解释强的 F^- 表面黏结,保证内球型的高能阴离子表面联合。

总之,表 4-7 中位列高的阴离子通过配位体交换(内层)对土壤矿物进行化学吸附,而那些位列低的往往通过非特异性的离子交换(外层)吸附。位列高的阴离子易通过配体交换竞争过程取代那些位列较低的阴离子,吸附位点超过可用除外。例如,磷酸盐从氧化物的结合位点上置换砷酸盐比钼酸盐更有效,硫酸盐抑制土壤矿物吸附铬酸盐。被观察到的铁氧化物上抑制或磷酸盐吸附是按以下顺序:砷酸盐 > 亚硒酸钠 > 硅酸盐 > 钼酸,砷在与磷酸盐竞争中最有效。在 pH = 7 的针铁矿上与亚硒酸盐吸附相竞争的顺序依次为:磷酸盐 > 硅酸盐 > 柠檬酸 > 钼酸盐 > (重)碳酸盐 > 草酸 > 氟化物 > 硫酸。几种含氧阴离子中,如磷酸盐、砷酸盐和亚硒酸盐，可以通过双核桥联机理化学吸附在氧化物上：

$$\begin{matrix} >\text{S—OH} \\ \\ >\text{S—OH} \end{matrix} + MO_y^{n-} = \begin{matrix} >\text{S—O} \\ \diagdown \\ MO_{y-2}^{(n-2)-} \\ \diagup \\ >\text{S—O} \end{matrix} + 2OH^-$$

由于这种联合的能量在吸附/解吸行为上不可逆是预期的。联合由熵进一步稳定，因为解吸需要两键同时打破。

共用电荷规则的一个问题是这些含氧阴离子形成弱酸的分类，如硅酸盐，亚砷酸盐和硼酸盐。这些阴离子易与矿物如氧化物形成内在牢固的键合，因为它们具有低的共用电荷（表4-7）。然而，它们还有很少的游离在正常的土壤pH值中，因此，除了相对高的pH值，其吸附都很弱。事实上，共用电荷随黏结的质子而增加，在低pH值下抑制弱酸的含氧阴离子吸附的趋势。溶液中的硅酸盐形成不带电的单硅酸[$Si(OH)_4$]，pH值相当高时除外。所以，Si吸附到氧化物随pH值从3提高到大约9而增加，其结果是在高pH值下弱酸性$Si(OH)_4$分解形成硅酸盐离子。相类似地，溶液中的B产生一个很弱的酸，中性$B(OH)_3$分子。pH值为9的B比较低pH值的B具有更大程度的吸附，因为较高的pH值有利于转化为$B(OH)_4^-$。相反，表4-7中大多数含氧阴离子是强酸阴离子（H_3PO_4、H_2SO_4、HNO_3），在溶液中形成带负电荷的物质（即使在低pH值下），它们的分解很容易，不妨碍吸附。因此，这

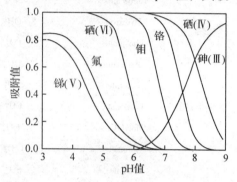

图4-8　几种阴离子元素在水合氧化铁上的吸附预测

（引自Dzombak和Morel，1990）

些阴离子在低pH值的吸附最有效。如图4-8所示，大多数阴离子（如氟和锑）最有利的吸附是在低pH值的矿物和土壤上，但弱酸性含氧阴离子，如亚砷酸盐和硼酸盐，吸附最强烈的则是pH值高于7。

鉴于pH值对吸附的影响因不同的阴离子而异，有关矿物表面对某个阴离子的偏好的概括必须具备足够条件。如以下规则：①弱酸阴离子的化学吸附最适pH值为中性或更高；②强酸阴离子的化学吸附适于低的pH值；③含氧阴离子吸附在pH值接近吸附态阴离子质子化形式的pKa值时趋向最大值；④高pH值下阴离子吸附不利与OH^-、碳酸盐竞争，也不利于竞争表面电荷。最后一个规则描述了碳酸根和氢氧根离子对阴离子吸附的抑制影响。土壤溶解性有机物也减少了含氧阴离子的吸附，因为羧酸和其他官能团会竞争相同的结合位点。

（2）选择性和吸附的影响因素

与金属一样，土壤和土壤矿物对阴离子的选择性除本身性质外，取决于以下多种因素：①表面活性基团的化学性质；②吸附质/吸附剂比；③测量吸附的pH值；④被测吸附溶液中的离子强度（确定与其他阴离子竞争结合位点的强度）；⑤可溶性配体的存在以及和含氧阴离子能够竞争阴离子。吸附剂/吸附质的比率影响阴离子的吸附，其随着吸附边缘被转移到更高的固体/阴离子比时的较高的pH值（图4-9）。

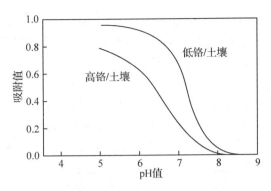

图 4-9 在两个不同的铬酸盐/土比率下的铬酸盐(CrO_4^{2-})
对地下氧化物的吸附边缘

(引自 Zachara 等,1989)

4.2 土壤酸碱性和氧化还原反应

4.2.1 土壤的酸碱性

土壤盐基离子类型决定土壤的酸碱性,同时盐基离子影响土壤的风化程度。发生学观点认为土壤酸碱性,是由母质、生物、气候以及人为作用等多种因素综合作用的结果。在我国北方地区的土壤盐基饱和度高,南方地区高温多雨,土壤呈盐基不饱和,盐基饱和度一般只有 20%~50%。所以,土壤的 pH 值表现为从南至北逐渐增高的趋势。华北地区碱土的 pH 值最高,而华南地区的强酸土的 pH 值最低。

4.2.1.1 土壤酸的形成

(1)土壤酸化过程

①土壤中 H^+ 离子的来源 在多雨的自然条件下,降水量大大超过蒸发量,土壤的淋溶作用非常强烈,盐基离子的大量淋失,土壤中易溶性成分减少。这时溶液中 H^+ 离子取代土壤吸收性复合体上的金属离子,而为土壤所吸附,使土壤盐基饱和度下降,引起土壤酸化,在交换过程中,水的解离、碳酸解离(土壤中的碳酸主要由 CO_2 溶解于 H_2O 生成,而 CO_2 是植物根系和微生物的呼吸以及有机物质的分解时产生的)、有机酸的解离(有机质分解的中间产物在通气不良以及在真菌活动下,有机酸可能累积很多。在不同 pH 值条件下,可释放出几个 H^+)、酸雨(大气中的酸性物质进入土壤,成为土壤氢离子的重要来源之一。pH<5.6 的酸性大气化学物质,通过气体扩散、将固体物降落到达地面。随降水夹带大气酸性物质到达地面。工业化过程,向大气排放的 SO_2 和 NO_x 化合物不断增加,大大加剧了酸雨的进程)等是土壤溶液中 H^+ 离子的主要补给途径。

②土壤中铝离子的活化 当土壤有机矿质复合体或铝硅酸盐黏粒矿物表面吸附的氢离子超过一定限度时,这些胶粒的晶体结构就会遭到破坏,有些铝八面体被解体,使铝离子脱离了八面体晶格的束缚,变成活性铝离子,被吸附在带负电荷的黏粒表面,转变为交换性 Al^{3+}

离子。土壤酸化过程始于土壤溶液中活性 H^+ 离子,土壤溶液中 H^+ 离子和土壤胶体上被吸附的盐基离子交换,盐基离子进入溶液,然后遭雨水的淋失,使土壤胶体上交换性 H^+ 离子不断增加,并随之出现交换性铝,形成酸性土壤。

(2) 土壤酸的类型

土壤酸可分为活性酸和潜性酸。土壤活性酸指的是与土壤固相处于平衡状态的土壤溶液中的 H^+ 离子。土壤潜性酸指吸附在土壤胶体表面的交换性致酸离子(H^+ 和 Al^{3+}),交换性氢和铝离子只有转移到溶液中,转变成溶液中的氢离子时,才会显示酸性,故称潜性酸。土壤潜性酸是活性酸的主要来源和后备,它们始终处于动态平衡之中,是属于一个体系中的二种酸。在强酸性、酸性和弱酸性土壤中,活性酸和潜性酸存在以下平衡关系。

① 强酸性土壤中 在强酸性土壤条件下,交换性铝与土壤溶液中铝离子处于平衡状态,通过土壤溶液中铝离子的水解,增强土壤酸性。

$$\boxed{胶\ 体}\ Al^{3+}_{(交换性铝)} \rightleftharpoons Al^{3+}_{(土壤溶液中铝离子)}$$

土壤溶液中的铝离子按下式水解:

$$Al^{3+} + 3H_2O \rightarrow Al(OH)_3\downarrow + 3H^+$$

在强酸性土壤中,土壤活性酸(溶液 H^+ 离子)的主要来源是铝离子,而不是 H^+ 离子。这是因为强酸性土壤上,一方面以共价键结合在有机和矿质胶粒上,H^+ 离子极难解离,另一方面腐殖酸基团和带负电荷黏粒表面吸附的 H^+ 离子虽易解离,但其数量很少,对土壤溶液 H^+ 离子的贡献小,但铝的饱和度大,土壤溶液中的每一个铝离子水解可产生 3 个氢离子。据报道,pH < 4.8 的酸性红壤中,交换性氢一般只占总酸度的 3%~5%,而交换性铝占总酸度的 95% 以上。

② 酸性和弱酸性土壤 这种土壤的盐基饱和度较大,铝不能以游离 Al^{3+} 存在,而是以羟基铝离子如 $Al(OH)^{2+}$、$Al(OH)_2^+$ 等形态存在。这种羟基铝离子实际上是很复杂的,可能呈 $[Al_6(OH)_{12}]^{6+}$、$[Al_{10}(OH)_{22}]^{8+}$ 等离子团形式。有的羟基离子可被胶体吸附,其行为如同交换性铝离子一样,在土壤溶液中水解产生 H^+ 离子。

$$Al(OH)^{2+} + HOH \rightarrow Al(OH)_2^+ + H^+$$
$$Al(OH)_2^+ + HOH \rightarrow Al(OH)_3 + H^+$$

酸性和弱酸性土壤中,除了羟基铝离子水解产生 H^+ 离子外,胶体表面交换性 H^+ 的解离可能是土壤溶液中 H^+ 离子的第二个来源。

$$\boxed{胶\ 体}\ H^+_{(交换性氢离子)} \rightleftharpoons H^+_{(土壤溶液中氢离子)}$$

在强酸性矿质土壤中以交换性 Al^{3+} 和以共价键紧束缚的 H^+ 及 Al^{3+} 占优势;在酸性土壤中,致酸离子以 $Al(OH)^{2+}$ 和 $Al(OH)_2^+$ 等羟基离子为主;而在中性及碱性土壤中,土壤胶体上主要是交换性盐基离子。

4.2.1.2 土壤碱的形成

(1) 土壤碱性的形成机理

土壤碱性反应及碱性土壤形成是自然成土条件和土壤内在因素综合作用的结果。碱性土壤的碱性物质主要是钙、镁、钠的碳酸盐和重碳酸盐,以及胶体表面吸附的交换性钠。

①碳酸钙水解 在石灰性土壤和交换性钙占优势土壤中,碳酸钙,土壤空气中的 CO_2 分压和土壤水处于同一个平衡体系。碳酸钙可通过水解作用产生 OH^- 离子,其反应式如下:

$$CaCO_3 + H_2O \rightleftharpoons Ca^{2+} + HCO_3^- + OH^-$$

因为 HCO_3^- 又与土壤空气中 CO_2 处于下面的平衡关系:

$$CO_2 + H_2O \rightleftharpoons HCO_3^- + H^+$$

所以石灰性土壤的 pH 值主要是受土壤空气中 CO_2 分压控制的。

②碳酸钠的水解 碳酸钠(苏打)在水中能发生碱性水解,使土壤呈强碱性反应。土壤中碳酸钠的来源有:

a. 土壤矿物中的钠在碳酸作用下,形成重碳酸钠,重碳酸钠失去一半的 CO_2 则形成碳酸钠。

$$2NaHCO_3 \rightleftharpoons Na_2CO_3 + H_2O + CO_2$$

b. 土壤矿物风化过程中形成的硅酸钠,与含碳酸的水作用,生成碳酸钠并游离出 SiO_2,其反应式:

$$Na_2SiO_3 + H_2CO_3 \rightleftharpoons Na_2CO_3 + SiO_2 + H_2O$$

c. 盐渍土水溶性钠盐(如氯化钠、硫酸钠)与碳酸钙共存时,可形成碳酸钠,其反应如下:

$$CaCO_3 + NaCl \rightleftharpoons CaCl_2 + Na_2CO_3$$
$$CaCO_3 + Na_2SO_4 \rightleftharpoons CaSO_4 + Na_2CO_3$$

③交换性钠的水解 交换性钠水解呈强碱性反应,是碱化土的重要特征。碱化土形成必须具备:

a. 是有足够数量的钠离子与土壤胶体表面吸附的钙、镁离子交换。

b. 是土壤胶体上交换性钠解吸并产生苏打盐类。

交换结果产生了 NaOH,使土壤呈碱性反应。但由于土壤中不断产生 CO_2,所以交换产生的 NaOH,实际上以 Na_2CO_3 或 $NaHCO_3$ 形态存在的。

$$2NaOH + H_2CO_3 \rightleftharpoons Na_2CO_3 + 2H_2O$$

或 $$NaOH + CO_2 \rightleftharpoons NaHCO_3$$

盐土在积盐过程中,胶体表面吸附有一定数量的交换性钠,但因土壤溶液中的可溶性盐浓度较高,阻止交换性钠水解。所以,盐土的碱度一般都在 pH 8.5 以下,物理性质也不会恶化,不显现碱土的特征。只有当盐土脱盐到一定程度后,土壤交换性钠发生解吸,土壤才出现碱化特征。但土壤脱盐并不是土壤碱化的必要条件。

(2)影响土壤碱化的因素

①气候因素 碱土都分布在干旱、半干旱和漠境地区。这些地区的年降水量远远小于蒸发量,尤其在冬春干旱季节的蒸降比一般为 5~10,甚至 20 以上。降水量集中分布在高温的 6~9 月,可占年降水量的 70%~80%。土壤具有明显的季节性积盐和脱盐频繁交替的特点,是土壤碱化的重要条件。

②生物因素 由于高等植物的选择性吸收,富集了钾、钠、钙、镁等盐基离子,不同植被类型的选择性吸收不同影响着碱土形成。荒漠草原和荒漠植被对碱土的形成起重要作用。

③母质的影响 母质是碱性物质的来源,如基性岩和超基性岩富含钙、镁、钾、钠等碱

性物质，风化体含较多的碱性成分。此外，土壤不同质地和不同质地在剖面中的排列都左右着土壤水分的运动和盐分的运移，从而影响土壤碱化程度。

4.2.2 土壤酸度的指标

土壤酸度是土壤酸、碱性的简称。土壤酸度有不同的表示方法，土壤活性酸常用酸性强度指标表示。而潜性酸则用容量指标表示。

4.2.2.1 土壤酸度的强度指标

（1）土壤 pH 值

土壤 pH 值代表与土壤固相处于平衡的溶液中 H^+ 离子浓度的负对数，即 $pH = -\log H^+$，$pH = 7$ 时，溶液的 H^+ 和 OH^- 离子的浓度相等，等于 10^{-7} mol/L。

土壤 pH 值的表示方法有 pH_{H_2O} 和 pH_{KCl} 二种，pH_{H_2O} 代表水浸提所得的 pH 值，而 pH_{KCl} 即用 1mol KCl 溶液浸提土壤所得的 pH 值，在一般情况下 $pH_{H_2O} > pH_{KCl}$。土壤水浸液的 pH 值一般在 4~9 的范围之内。土壤 pH 值高低可分为若干级，《中国土壤》一书中将我国土壤的酸碱度分为五级：

pH < 5.0	强酸性
pH 5.0~6.5	酸 性
pH 6.5~7.5	中 性
pH 7.5~8.5	碱 性
pH > 8.5	强碱性

对土壤 pH 的分级时，主要参照上述分级指标，我国土壤的酸碱反应，大多数在 pH 4.5~8.5，在地理分布上具有"南酸北碱"的地带性分布特点。即由南向北，pH 值逐渐增大。长江以南土壤多数为强酸性，如华南、西南地区分布的红壤、砖红壤和黄壤、pH 值大多数在 4.5~5.5。华东、华中地区的红壤，pH 值在 5.5~6.5。长江以北的土壤多数为中性和碱性土壤。华北、西北的土壤含碳酸钙，pH 值一般在 7.5~8.5，部分碱土的 pH 值在 8.5 以上，少数 pH 值高达 10.5，为强碱性土壤。

（2）石灰位

不同类型土壤的酸度，石灰位的差别还较 pH 值的差别更明显（表 4-8）。

表 4-8 水稻土及其母质的 pH 值与 pH − 0.5pCa 的比较

土壤类型	pH 值			pH − 0.5pCa		
	水稻土	母 质	相 差	水稻土	母 质	相 差
砖红壤	5.23	5.12	0.11	3.40	2.29	1.11
红 壤	6.56	5.15	1.41	4.93	3.02	1.91
黄棕壤	6.83	5.71	1.12	5.32	3.91	1.41

资料来源：于天仁等，1983。

虽然石灰位($pH-0.5pCa$)，无论从理论或实际的角度看都有许多可取之处，但在土壤学的应用中，普遍应用的指标仍然是 pH 值。

4.2.2.2 土壤酸的容量指标

土壤胶体上吸附的氢、铝离子所反映的潜性酸量，可用交换性酸或水解性酸度表示。

(1) 交换性酸

在非石灰性土壤及酸性土壤中，土壤胶体吸附了一部分 Al^{3+} 离子及 H^+ 离子。当用中性盐溶液如 1mol KCl 或 0.06mol $BaCl$ 溶液($pH=7$)浸提土壤时，土壤胶体表面吸附的铝离子与氢离子的大部分均被浸提剂的阳离子交换而进入溶液，此时不但交换性氢离子可使溶液变酸，而且交换性铝离子由于水解作用也增加了溶液酸性：

$$Al^{3+} + 3H_2O \rightarrow Al(OH)_3\downarrow + 3H^+$$

浸出液中的氢离子及由铝离子水解产生的氢离子，用标准碱液滴定，根据消耗的碱量换算，为交换性氢与交换性铝的总量，即为交换性酸量(包括活性酸)，单位为 $cmol(+)/kg$，它是土壤酸度的数量指标。用中性盐液浸提的交换反应是一个可逆的阳离子交换平衡。因此，所测得的交换性酸量，只是土壤潜性酸量的大部分，而不是它的全部。交换性酸量在进行调节土壤酸度，估算石灰用量时，有重要参考价值。

(2) 水解性酸

这是土壤潜性酸量的另一种表示方式。当土壤是用弱酸强碱的盐类溶液(常用的为 $pH=8.2$ 的 1mol 醋酸钠溶液)浸提时，因弱酸强碱盐溶液的水解作用，结果如下：①交换程度比之用中性盐类溶液更为完全，土壤吸附性氢、铝离子的绝大部分可被 Na^+ 离子交换。②水化氧化物表面的羟基和腐殖质的某些功能团(如羟基、羧基)上部分 H^+ 解离而进入浸提液被中和。这一反应的全过程可表示为：

$$CH_3COONa + H_2O \rightleftharpoons CH_3COOH + NaOH$$

$$H^+ \boxed{胶粒} Al^{3+} + 4CH_3COONa + 3H_2O \rightleftharpoons \begin{matrix}Na^+\\Na^+\end{matrix}\boxed{胶粒}\begin{matrix}Na^+\\Na^+\end{matrix} + Al(OH)_3 + 4CH_3COOH$$

反应的生成物中，$Al(OH)_3$ 在中性到碱性的介质中沉淀，而 CH_3COOH 的解离度极小而呈分子态，故反应向右进行，直到被吸附的 H^+ 和 Al^{3+} 被 Na^+ 完全交换，再以 NaOH 标准液滴定浸出液，根据所消耗的 NaOH 的用量换算为土壤酸量。这样测得的潜性酸的量称之为土壤的水解性酸。表 4-9 中，土壤的水解性酸度大于交换性酸度，土壤水解性酸度也可作为酸性土壤改良时，计算石灰需要量的参考数据。

表 4-9　几种土壤中的交换性酸量和水解性酸量的比较　　　　cmol(+)/kg

土　壤	潜性酸	
	交换性酸	水解性酸
黄　壤(广西)	3.62	6.81
黄　壤(四川)	2.06	2.94
黄棕壤(安徽)	0.20	1.97
黄棕壤(湖北)	0.01	0.44
红　壤(广西)	1.48	9.14

4.2.2.3 土壤碱性指标

土壤溶液中 OH^- 离子浓度超过 H^+ 离子浓度时表现为碱性反应,土壤的 pH 值愈大,碱性愈强。土壤碱性反应除常用 pH 值表示以外,总碱度和碱化度是另外两个反映碱性强弱的指标。

(1) 总碱度

总碱度是指土壤溶液或灌溉水中碳酸根、重碳酸根的总量。即

$$总碱度 = CO_3^{2-} + HCO_3^- \quad [cmol(+)/L]$$

土壤碱性反应,是由于土壤中有弱酸强碱的水解性盐类存在,其中最主要的是碳酸根和重碳酸根的碱金属(Na,K)及碱土金属(Ca,Kg)的盐类存在。其中 $CaCO_3$ 及 $MgCO_3$ 的溶解度很小,在正常 CO_2 分压下,它们在土壤溶液中的浓度很低,所以含 $CaCO_3$ 和 $MgCO_3$ 的土壤,其 pH 值不可能很高,最高在 8.5 左右(据实验室测定,在无 CO_2 影响时,$CaCO_3$ 的 pH 值可高达 10.2)。这种因石灰性物质所引起的弱碱性反应(pH 7.5~8.5)称为石灰性反应,土壤称之为石灰性土壤。石灰性土壤的耕层因受大气或土壤中 CO_2 分压的控制,pH 值常在 8.0~8.5 范围内,而在其深层,因植物根系及土壤微生物活动都很弱,CO_2 分压很小,其 pH 值可升至 10.0 以上。

Na_2CO_3、$NaHCO_3$ 及 $Ca(HCO_3)_2$ 等是水溶性盐类,可以出现在土壤溶液中,使土壤溶液的总碱度很高。

(2) 碱化度(钠碱化度:ESP)

碱化度是指土壤胶体吸附的交换性钠离子占阳离子交换量的百分率。

$$碱化度(\%) = \frac{交换性钠}{阳离子交换量} \times 100\%$$

当土壤碱化度达到一定程度,可溶盐含量较低时,土壤就呈极强的碱性反应,pH 值大于 8.5,甚至超过 10.0。这种土壤土粒高度分散,湿时泥泞,干时硬结,结构板结,耕性极差。土壤理化性质上发生的这些恶劣变化,称为土壤的"碱化作用"。

4.2.2.4 影响土壤酸度的因素

(1) 盐基饱和度

盐基饱和度与土壤酸度关系密切,在一定范围内土壤 pH 值随基饱和度增加而增高(表 4-10)。

表 4-10 土壤盐量饱和度和土壤 pH 值关系

土壤 pH 值	<5.0	5.0~5.5	5.5~6.0	6.0~7.0
土壤盐基饱和度(%)	<30	30~60	60~80	80~100

(2) 土壤空气中的 CO_2 分压

石灰性土壤及以吸附性钙离子占优势的中性或微碱性土壤上,其 pH 值的变化与土壤空气中的 CO_2 分压有密切的关系。它们在 $CaCO_3—CO_2—H_2O$ 平衡体系中有下列关系:

石灰性土壤空气中的 CO_2 分压影响 $CaCO_3$ 的溶解度和土壤溶液的 pH 值,CO_2 分压愈大,pH 值愈大,土壤空气中 CO_2 含量高于 0.03%,低于 10%,石灰性土壤 pH 值在 6.8~8.5。所

以农业上施用石灰来中和土壤酸度是比较安全的。测定石灰性土壤pH值时，应在固定的CO_2分压下进行，并必须达到平衡时才读数。

(3) 土壤水分含量

土壤含水量影响离子在固相液相之间的分配，$CaCO_3$等盐类的溶解和解离，以及胶粒上吸附性离子的解离度，从而影响土壤pH值。土壤的pH值一般随土壤含水量增加有升高的趋势，酸性土壤中这种趋势尤为明显。因此，在测定土壤pH值时，应注意土水比。土水比愈小，所测得的pH值愈大。

(4) 土壤氧化还原条件

当土壤淹水时，促进土壤还原，对土壤pH值有明显的影响。在有机质低的强酸性土壤，淹水后pH值迅速上升。酸性土施加绿肥，淹水后pH值上升快，经一段时间后，pH值略有下降。酸性土淹水后pH值上升的原因主要是由于在嫌气条件下形成的还原性碳酸铁、锰呈碱性，溶解度较大，因之pH值升高。而酸性硫酸盐土壤(含大量硫酸铁、铝、锰等)，在淹水和有机肥的影响下，硫酸盐被还原为硫化物，土壤可由极端酸性(pH<2~3)转变为中性反应。

碱性和微碱性土壤经淹水或施入有机肥，其pH值往往有所下降，这与有机酸和碳酸的综合作用有关。因此，尽管原来旱地的pH值差异很大，但旱地改水田，种植水稻的情况下，土壤pH值有向中性发展的趋势。

4.2.3 土壤氧化还原反应

土壤氧化还原反应是发生在土壤溶液中的重要化学性质之一。氧化还原反应始终存在于岩石风化和母质成土的整个土壤形成发育过程中，对物质在土壤剖面中的移动和剖面分异，养分的生物有效性，污染物质的缓冲性等有深刻影响。淹水植稻土壤的干湿交替频繁，土壤氧化还原反应显得特别活跃。

4.2.3.1 土壤氧化还原体系

氧化还原反应中氧化剂(电子给予体)和还原剂(电子接受体)构成了氧化还原体系。土壤中有多种氧化还原物质共存，常见的氧化还原体系如下：

氧体系 $\frac{1}{4}O_2 + H^+ + e \Longleftrightarrow \frac{1}{2}H_2O$

锰体系 $\frac{1}{2}MnO_2 + 2H^+ + e \Longleftrightarrow \frac{1}{2}Mn^{2+} + H_2O$

铁体系 $Fe(OH)_3 + 3H^+ + e \Longleftrightarrow Fe^{2+} + 3H_2O$

氮体系 $\frac{1}{2}NO_3^- + H^+ + e \Longleftrightarrow \frac{1}{2}NO_2^- + \frac{1}{2}H_2O$

$NO_3^- + 10H^+ + 8e \Longleftrightarrow NH_4^+ + 3H_2O$

有机碳体系 $\frac{1}{8}CO_2 + H^+ + e \Longleftrightarrow \frac{1}{8}CH_4 + \frac{1}{4}H_2O$

硫体系 $\frac{1}{8}SO_4^{2-} + \frac{5}{4}H^+ + e \Longleftrightarrow \frac{1}{8}H_2S + \frac{1}{2}H_2O$

主要的氧化剂是大气中的氧,它进入土壤,与土壤中的化合物引起作用,得到电子还原为 O^{2-},土壤的生物化学过程的方向与强度,在很大程度上决定土壤空气和溶液中氧的含量。当土壤中 O_2 被消耗掉,其他氧化态物质如 NO_3^-、Fe^{3+}、Mn^{4+}、SO_4^{2-} 依次作为电子受体被还原,这种依次被还原现象称为顺序还原作用。土壤中的主要还原性物质是有机质,尤其是新鲜未分解的有机质,它们在适宜的温度、水分和 pH 值条件下还原能力极强。土壤中由于多种多样氧化还原体系存在,并有生物参与,较纯溶液复杂。

通常说来,土壤中氧化还原体系,包括无机体系和有机体系两类。如氧体系、铁体系、锰体系、硫体系、有机化合物及其代谢产物(有机酸、酚、醛类和糖类等化合物)。它们的反应有可逆的、半可逆和不可逆的。一般有机体系是半可逆的或不可逆的。

土壤作为一个多相不均一的混合体系,在自然土壤中,由于受多种因素的影响,在同一田内,每一点土壤都存在很大的变异,测 Eh 值时,要选择代表性土样,最好多点测定求平均值。不同时间、空间,不同耕作管理措施等都会改变 Eh 值,永远不可能达到真正的平衡。

4.2.3.2 土壤氧化还原指标

(1) 氧化还原电位(Eh)

土壤溶液中氧化态物质和还原态物质的相对比例,决定着土壤的氧化还原状况,随着溶液浓度的变化,溶液电位也就相应地改变。这种由于溶液中氧化态物质和还原态物质的浓度关系而产生的电位称为氧化还原电位,用 Eh 表示之,单位为伏或毫伏。氧化还原反应的通式及 Eh 表示式如下:

$$[氧化态] + ne = [还原态]$$

$$Eh = E^\ominus + \frac{RT}{n}\log\frac{[氧化态]}{[还原态]}$$

式中　Eh——氧化还原电位;
　　　$E^\ominus$——标准氧化还原电位。

在恒温下,一定的氧化还原体系的 $E^\ominus$、n、R、T 都是固定值,所以[氧化态]与[还原态]的比值愈大,Eh 值愈高,氧化强度愈大;反之,则还原强度愈大。

(2) 电子活度负对数(pE)

酸碱反应是质子在物质间的传递过程,氧化还原反应则是电子的传递过程。

pE 为电子活度(e)的负对数。当 $T=298K$,[氧化态]与[还原态]的比值为 1 时

$$Eh = \frac{2.303RT}{F}pE = 0.059pE$$

$$pE = \frac{Eh}{0.059}$$

式中,电子活度乘以 RT 是所做的功,单位为 J,再除以法拉第常数 F(96 500C),就得到氧化还原电位 Eh(V)。

Eh 和 pE 都是氧化还原的强度指标,Eh 值高低表示氧化还原的难易,习惯上已长期使用,但计算比较麻烦。pE 值以电子活度表示,不需换算,可从平衡常数 K 直接计算,比较方便,

$$pE = \frac{1}{n}\log K - \frac{1}{n}\log\frac{[还原态]}{[氧化态]}$$

而且 pE 值和 pH 值相对应，反映的概念比较清楚，pE 值的应用日趋广泛。体系的 pE 值高，$[e^-]$ 低，处于氧化态；体系的 pE 值低，$[e^-]$ 高，处于还原态。pE 值增大，体系氧化态浓度相对升高，pE 值减小，体系还原态浓度相对升高。

(3) Eh 值和 pH 值的关系

土壤中的氧化还原反应总有氢离子参与，质子活度对氧化还原平衡有直接的影响，两者的关系对如下：

$$（氧化态）+ ne + mH^+ =（还原态）+ xH_2O$$

在 25℃时，其关系式为：

$$Eh = E^\ominus + \frac{0.059}{n}\log\frac{（氧化态）}{（还原态）} - 0.059\frac{m}{n}pH$$

式中　m——参与反应的质子数；

Eh 值随 pH 值增加而降低。因此，同一氧化还原反应在碱性溶液中比在酸性溶液中容易进行。

式中，pH 值对 Eh 值的影响程度决定于 m/n 的比值，当 m/n 比值为 1 时：

$$Eh = E^\ominus + \frac{0.059}{n}\log\frac{（氧化态）}{（还原态）} - 0.059pH$$

每单位 pH 值变化引起的 Eh 值变化（$\Delta Eh/\Delta pH$），25℃时为 59mV。

根据各体系的氧化还原反应式，可给出各体系的 Eh-pH 图，即以 pH 值为横轴，Eh 值为纵轴，从绘制的 Eh-pH 图可以看出，不同 pH 值条件的临界 Eh 值及各种形态化合物的稳定范围。

4.2.3.3　土壤氧化还原指标测定方法

氧化还原电位（Eh）常采用两电极法测定，即用铂电极为测量电极，饱和甘汞电极（或银—氯化银电极）作为参比电极，与介质组成原电池，用电子毫伏计或 pH 计测定铂电极相对于甘汞电极的氧化还原电位。

但是，由于铂电极并非绝对惰性，尤其在溶氧量大的土壤溶液中，铂表面可形成氧化膜或吸附其他物质，影响氧化还原电对在铂电极上的电子交换速率，因此建立平衡电位极为缓慢，测量误差较大且测量重现性较差。

4.2.3.4　影响土壤氧化还原的因素

(1) 土壤通气性

土壤通气状况决定土壤空气中的氧浓度，通气良好的土壤与大气间气体交换迅速，土壤氧浓度较高，Eh 值较高。排水不良的土壤通气孔隙少，与大气交换缓慢，氧浓度降低，再加上微生物活动消耗氧，Eh 值下降。

(2) 微生物活动

微生物活动愈强烈，耗氧愈多，使土壤溶液中的氧压减低，或使还原态物质的浓度相对增加，氧化还原电位降低。

(3) 植物根系的代谢作用

植物根系分泌多种有机酸，造成特殊的根际微生物的活动条件，有一部分分泌物能直接参与根际土壤的氧化还原反应。水稻根系分泌氧，使根际土壤的 Eh 值较根外土壤高，存在甲烷氧化过程。根系分泌物虽然主要限于根域范围内，但它对改善水稻根际的土壤营养环境有重要作用。

(4) 土壤的 pH 值

土壤 pH 值和 Eh 值的关系很复杂，在理论上把土壤的 pH 值与 Eh 值关系固定为 $\Delta Eh/\Delta pH = -59 mV$（即在通气不变条件下，pH 值每上升一个单位，Eh 值要下降 59 mV），但实际情况并不完全如此。据测定，我国红壤性水稻土样本 $\Delta Eh/pH$ 关系，平均约为 85mV，变化范围在 60～150 mV；13 个红黄壤平均 $\Delta Eh/\Delta pH$ 约为 60 mV，接近于 59 mV。一般土壤 Eh 值随 pH 值的升高而下降。

4.2.4 土壤缓冲性

4.2.4.1 土壤缓冲性的概念

土壤缓冲性是指土壤抵抗酸、碱物质、减缓 pH 值变化的能力。当把少量的酸或碱加到纯水中，则水的 pH 值立即变化。但将它加入土壤不是这样，它的 pH 值变化极为缓慢。土壤因施肥、灌溉等增加或减少土壤的 H^+、OH^- 离子浓度时，土壤酸度变化可稳定保持在一定范围内，不致因环境条件的改变而产生剧烈的变化。这样，就为植物生长和土壤生物（尤其微生物）的活动，创造了一个良好的稳定的土壤环境条件。

土壤不仅仅具有抵御酸、碱物质减缓 pH 值变化的能力。土壤作为一个巨大的缓冲体系，对营养元素、污染物质、氧化还原等同样具有缓冲性，具有抗衡外界环境变化的能力，常常具有一定的自身调节能力。所以，从生产上讲土壤缓冲性，可以看作一个能表征土壤质量及土壤肥力的指标。

4.2.4.2 土壤酸、碱缓冲性

(1) 土壤酸、碱缓冲作用的原理

在一个溶液中，当弱酸及弱酸盐或弱碱及弱碱性盐共存时，则该溶液具有对酸或碱的缓冲作用。在土壤中有许多弱酸，如碳酸、硅酸、磷酸、腐殖酸和多种多样的有机酸及其盐类，是良好的缓冲物质。而土壤胶体对酸碱缓冲性更具有重要意义，通常把土壤胶体看作是由具有弱酸或弱碱性质的酸胶基和碱胶基组成的。因而，它们的酸碱缓冲性是由下面反应决定的，例如：

$$CH_3COOH = H^+ + CH_3COO^-$$

弱酸及其盐类共存时：

$$CH_3COONa + HCl \rightleftharpoons CH_3COOH + NaCl$$

土壤胶体（M 代表价金属离子）

$$\boxed{胶粒}-M + HCl \rightleftharpoons \boxed{胶粒}-H + MCl$$

根据弱酸的平衡原理，弱酸用碱中和时，pH 和中和程度之间的关系，可用下式表示：

$$pH = pKa + \log\frac{[盐]}{[酸]}$$

土壤对酸碱缓冲能力与酸和盐的总浓度及酸、盐比值的有关。总浓度愈大，缓冲能力愈

强。如果总浓度不变，则盐和酸的比值等于1时，缓冲能力最大。

(2) 土壤酸碱缓冲体系

缓冲体系必须具备缓冲对，而不同土壤组成成分形成不同的缓冲体系，各缓冲体系又有其一定的缓冲范围。土壤的酸碱缓冲体系主要有：

①碳酸盐体系　石灰性土壤的缓冲作用主要取决于 $CaCO_3$—H_2O—CO_2（分压）的平衡。缓冲的 pH 值范围在 pH $8.5 \sim 6.7$，其反应式为：

$$CaCO_3 + H_2O + CO_2(气) \rightleftharpoons Ca^{2+} + 2HCO_3^-$$

理论上，根据碳酸钙和 CO_2 的溶解度，碳酸的离解常数，可以得到 CO_2 分压（P_{CO_2}）与 pH 值的简化关系为：

$$pH = 6.03 - \frac{2}{3}\log P_{CO_2}$$

土壤空气中 CO_2 浓度愈高，土壤 pH 值愈低。大气中 CO_2 的浓度约为 0.03%，所以石灰性土壤风干后，pH 值稳定在 8.5 左右。而田间土壤空气中 CO_2 浓度一般为 0.2% ~ 0.7%，所以田间原位测定石灰性土壤 pH 值可低至 7.5 左右。

②硅酸盐体系　硅酸盐矿物含有一定数量碱性金属和碱土金属离子，通过风化、蚀变释放出钠、钾、钙、镁等元素，并转化为次生黏粒矿物，进而对土壤的酸性物质起缓冲作用。镁橄榄石（Mg_2SiO_4）的脱盐基，脱硅作用的缓冲机理，如下式所示：

$$Mg_2SiO_4 + 4H^+ \rightleftharpoons 2Mg^{2+} + Si(OH)_4$$

③交换性阳离子体系　土壤胶体上吸附的各种盐基离子，能对土壤 H^+ 离子（酸性物质）起缓冲作用。而胶体表面吸附的 H^+、Al^{3+} 离子，又能对 OH^- 离子（碱性物质）起缓冲作用。土壤阳离子交换量愈大，缓冲能力愈大。对两种阳离子交换量相同的土壤，则盐基饱和度愈大的土壤，对酸的缓冲性愈强。

④铝体系　土壤 pH > 4.0 时，铝离子以 $Al(H_2O)_6^{3+}$ 形态存在，加入碱性物质使土壤溶液 OH^- 离子增多时，铝离子周围的六个水分子中，就有 1~2 个水分子解离出 H^+ 离子，以中和加入的 OH^- 离子。其反应式为：

$$2Al(OH_2)_3^{3+} + 2OH^- \rightleftharpoons Al_2(OH)_2(H_2O)_8^{4+} + 4H_2O$$

当土壤 pH > 5.0 时，铝离子形成 $Al(OH)_3$ 沉淀，失去它的缓冲能力。

⑤有机酸体系　土壤腐殖酸，胡敏酸和富里酸是一种大相对分子质量有机酸，含有羧基、羟基、酚羟基、醇羟基等功能团，此外，土壤中还存在多种小相对分子质量有机酸，在土壤溶液中构成一个良好的缓冲体系。对酸、碱具有缓冲作用。

(3) 影响土壤酸碱缓冲性的因素

①土壤无机胶体　不同土壤的无机胶体种类不同，其阳离子交换量不同，缓冲性不同。土壤胶体的阳离子交换量愈大，缓冲性也愈强。在无机胶体中缓冲性由大变小的顺序为：蒙脱石 > 伊利石 > 高岭石 > 含水氧化铁、铝。

②土壤质地　从不同土壤的质地来看，黏土 > 壤土 > 砂土，这是因为前者黏粒含量高，相应的阳离子交换量亦大。

③土壤有机质　土壤有机质含量虽仅占土壤的百分之几，但腐殖质含有大量的负电荷，对阳离子交换量贡献大。通常表土的有机质含量较底土的高，缓冲性也是表土较底土强。

4.2.4.3 土壤酸碱性和氧化还原状况的调节

(1) 土壤酸度的调节

土壤酸度通常以施用石灰或石灰粉来调节。以 Ca^{2+} 离子代替土壤胶体上吸附的交换性氢(H^+)和铝(Al^{3+})离子，提高土壤的盐基饱和度。石灰可分为生灰石(CaO)和熟石灰 $[Ca(OH)_2]$，具有很强的中和的能力。石灰石粉是把石灰石磨细为不同大小颗粒，直接用作改土材料。它中和土壤酸性的作用较缓慢，但后效较长。

① 石灰在土壤中的转化 石灰施入土壤的化学反应有：与 CO_2 的作用和与土壤胶体上吸附性铝的交换作用。

在土壤空气中，因为 CO_2 的浓度往往比大气中的 CO_2 大几十倍甚至几百倍，CO_2 溶于水生成碳酸与石灰或石灰石粉起反应。

$$CO_2 + H_2O \rightleftharpoons HCO_3$$
$$Ca(OH)_2 + 2H_2CO_3 \rightleftharpoons Ca(HCO_3)_2 + 2H_2O$$
$$CaCO_3 + H_2CO_3 \rightleftharpoons Ca(HCO_3)_2$$

石灰与酸性土壤胶体的作用，胶体上的 H^+、Al^{3+} 被 $Ca^{2+}(Mg^{2+})$ 所交换。

$$\boxed{胶粒}{\begin{matrix}-H^+\\-H^+\end{matrix}} + Ca(OH)_2 \rightleftharpoons \boxed{胶粒}-Ca^{2+} + 2H_2O$$

$$\boxed{胶粒}{\begin{matrix}-Al^{3+}\\-Al^{3+}\end{matrix}} + 3Ca(OH)_2 \rightleftharpoons \boxed{胶粒}{\begin{matrix}-Ca^{2+}\\-Ca^{2+}\\-Ca^{2+}\end{matrix}} + 2Al(OH)_3\downarrow$$

② 石灰需要量 影响石灰用量因素有：土壤潜性酸和 pH 值、有机质含量、盐基饱和度、土壤质地等土壤性质；作物对酸碱度的适应性；石灰的种类和施用方法等。

土壤 pH 值与盐基饱和度间存在着明显的相关性，对 pH 值为 5~6 的温湿地区矿质土壤，pH 值变动 0.10，其盐基饱和度一般相应变动 5% 左右，假设 pH = 5.5 时的盐基饱和度为 50%，施用石灰，pH 值升到 6 时，土壤盐基饱和度约升至 75%。土壤有机质和质地能指示土壤交换量和缓冲能力大小，土壤缓冲能力愈大，改变单位 pH 值所需的石灰用量愈多。

酸性土壤石灰需要量可通过交换性酸量或水解性酸量进行大致估算。还可根据土壤的阳离子交换量及盐基饱和度、土壤潜性酸量等进行估算求得。依据阳离子交换量和盐基饱和度计算式为：石灰需要量 = 土壤体积 × 容重 × 阳离子交换量 × (1 - 盐基饱和度)，单位为 kg/hm^2。举例如下：

假设某红壤的 pH 值为 5.0，耕层土壤为 2 250 000 kg/hm^2，土壤含水量为 20%，阳离子交换量为 10cmol(+)/kg，盐基饱和度为 60%。试计算 pH = 7 时，中和活性酸和潜性酸的石灰需要量（理论值）。

中和活性酸 pH = 5 时，土壤溶液中 $[H^+] = 10^{-5}$ mol/kg，则每公顷耕层土壤含 H^+ 离子为
$$2\ 250\ 000 \times 20\% \times 10^{-5} = 4.5 \text{(mol)}$$

同理，pH = 7 时，每公顷土壤中含 H^+ 离子为
$$2\ 250\ 000 \times 20\% \times 10^{-7} = 0.045 \text{(mol)}$$

所以需要中和活性酸量为 $4.5 - 0.045 = 4.455 \text{(mol)}$

若以 CaO 中和，其需要量　　$4.455 \times \dfrac{56}{2} = 124.74\text{g}$

$$\text{石灰需用量} = \text{土重} \times \text{CEC} \times (1 - \text{盐基饱和度})$$

中和潜性酸　$2\,250\,000 \times 10 \times (1 - 40\%) = 90\,000\text{mol}$

需 CaO 量　　$90\,000 \times \dfrac{56}{2} = 2\,520\,000\text{g/hm}^2 = 2\,520(\text{kg/hm}^2)$

从上例可见，中和酸土活性酸的石灰用量极少。而中和潜性酸的石灰用量每公顷约需 2 500kg。用潜性酸的计算量是一个石灰需要量的理论估算值，在实际应用时，还要综合考虑其他影响因素，得出石灰实际需要量。

（2）土壤氧化还原状况的调节

由于氧化还原状况的变化在水稻土中表现得最强烈。从水稻土的发育来说，调节土壤氧化还原交替，有助于高肥力水稻土的形成。如在耕作还原条件下，土色较深，排水落干后出现血红色的"锈纹、锈斑"，整个剖面有一定的层次排列。这是肥沃水稻土的剖面形态特征。

从水稻生长来说，调节土壤氧化还原状况是水稻生产管理的重要环节。土壤的还原性过强，易产生有毒物质的积累。而氧化性过强，又可能出现某些养分的生物活性下降。一般说，水稻土的还原条件不宜过分强烈。

水稻土氧化还原状的调节，通常通过排灌和施用有机肥等来实现的，在强氧化条件下，如所谓的"望天田"，要解决水源问题，并增施有机肥料，以促进土壤适度还原；反之，在强还原条件的土壤，如"冷浸田""冬水田"等，则应采取开沟排水，降低地下水位等措施，以创造氧化条件。

4.3　土壤孔性、结构性和耕性

土壤孔隙性质（简称孔性）是指土壤孔隙总量及大、小孔隙分布，它对土壤肥力有多方面的影响。土壤孔性的好坏，决定于土壤的质地、松紧度、有机质含量和结构等。可以说，土壤孔性是土壤结构性的反映，结构好则孔性好，反之亦然。土壤结构的肥力意义，实质上是决定于土壤孔性。了解土壤孔性，就可进一步认识土壤结构性，认识到为什么说"团粒结构是农业上宝贵的结构"。

4.3.1　土壤的孔性与孔度

土壤孔性可从两方面了解：一是土壤孔隙总量（总孔度）；二是大小孔隙分配（分级孔度），包含其连通情况和稳定程度。与之有关的还有一个"土体构造"即上下土层的孔隙分布问题。

4.3.1.1　土壤总孔度和孔隙比

土壤孔隙是土壤中固相部分所占容积以外的空间。这包括固相颗粒或结构体之间的间隙和生物穴道，由水、气所占据。土壤孔隙状况受质地、结构和有机质含量等的影响。黏质土壤中水占孔隙较多，而砂质土壤中的气占孔隙较多；结构好的土壤中水占孔隙和气占孔隙的比例较为协调。有机质,特别是粗有机质较多的土壤中孔隙较多;耕作、施肥、灌溉、排水等人为措施对土壤孔隙的影响很大,因而它一直处于动态变化之中。

(1) 总孔隙度(总孔度)

容质量 为了量化土壤压实状态和总的孔隙空间,引入了与土壤密集程度紧密相关的固体颗粒的体积和质量。

$$容质量 = \frac{土粒质量}{土粒体积 + 孔隙体积}$$

孔隙度 在土壤中不包括固相所占据空间的总体积被称为孔隙总量。孔隙度表示孔隙体积相对于土壤总体积的比率,以百分数(%)或小数表示。这里的土壤体积,包括固体土粒的体积和孔隙的体积两部分。其值一般在0.3~0.6。典型的孔隙度范围分布从约0.3的粗(沙)土壤到约0.6的细黏质土壤。

$$土壤孔隙度(\%) = \frac{孔隙体积}{土壤体积} \times 100\%$$

$$= \frac{孔隙体积}{土粒体积 + 孔隙体积} \times 100\%$$

土粒的大小,形成土壤孔隙度的差异。砂土的孔隙粗大,但孔隙数目少,故孔隙度小;黏土的孔隙狭细而且数目很多,故孔隙度大。一般说来,砂土的孔隙度为30%~45%,壤土为40%~50%,黏土为45%~60%。土粒团聚成团粒结构,使孔隙度增加,结构良好的壤土和黏土的孔隙度高达55%~65%,甚至在70%以上。有机质特别多的泥炭土的孔隙度超过80%。

土壤孔隙度通常不是直接测定的,而是根据土壤的密度和容重来计算,若土壤的容重确定,则相对孔隙量是固定的。

$$土壤孔隙度(\%) = \left(1 - \frac{土壤容重}{土壤密度}\right) \times 100\%$$

此式的来源推导如下:

$$土壤孔隙度 = \frac{孔隙体积}{土壤体积} = \frac{土壤体积 - 土粒体积}{土壤体积} = 1 - \frac{土粒体积}{土壤体积}$$

$$= 1 - \left(\frac{土重}{土壤密度} \Big/ \frac{土重}{土壤容重}\right) = 1 - \frac{土壤容重}{土壤密度}$$

(2) 土壤孔隙比

土壤孔隙的数量,也可用孔隙比来表示之。它是土壤中孔隙容积与土粒容积的比值。例如,孔隙度为55%,即土粒占45%,则孔隙比为 $\frac{55}{45} = 1.12$

所以

$$土壤孔隙比 = \frac{孔度}{1 - 孔度}$$

4.3.1.2 当量孔径(粒径分布)

由于土壤固相骨架内的土粒的大小、形状和排列十分多样,粒间的孔隙的大小、形状和连通情况更为复杂,很难找到有规则的孔隙管道来测量其直径以进行大小分级。为此,用当量孔隙及其直径——当量孔径,或称有效孔径代替之,如同前述用当量粒径(有效粒径)代替真实的土粒直径一样。

当量孔径即为土壤粒径分布(PSD),是土壤最基本的物理性质,并可表征土壤质地。粒径分布和其相对丰度极大地影响了土壤物理性质。土壤粒径(或有效直径)为土壤分类系统提供了基础。一定范围内的粒径可能被赋予特殊的名称,例如,2.0~1.0mm 的土粒是粗的砂粒。通常,土粒尺寸粒级范围的对数被称为土壤分粒级数,其大小随分形维数的变化而变化。

4.3.2 土体构造

由上、下土层的固相骨架垒合在一起,把上、下层作为一个整体来看,就是土体构造或剖面构造。它是质地、结构和孔度剖面造成的。

(1) 耕层构造

土壤耕层的三相搭配以及上下垒结叫做耕层构造,良好的耕层土壤要求有较高的孔度,即孔隙容积所占比例大,可以容纳大量的水分和空气,而且大小孔隙各占一定比例,解决水、气不能并存的矛盾。对于旱地土壤来说,一般以保持三相比 2∶1∶1 为较适宜。同时,耕层本身也可根据作物生长和气候条件,通过耕作管理(翻耕、中耕、镇压等)造成上松下紧或上紧下松的构造,使之利于接纳降水和减少蒸发,增加种子与土的接触等。为了改变土表状况,还可采取铺砂、盖灰、覆草等措施。耕层构造主要是人为管理所造成的,使之有利于土壤肥力的发挥和植物根系伸展。

(2) 质地剖面

土体构造是上下土层质地、结构的垒结所造成,其中主要是质地剖面所造成。土壤质地的层次组合主要是成土过程和母质沉积过程所致,而人为的影响甚少(除了客土法、平整土地、引洪淤灌以外),常见的土壤质地剖面类型有以下几种:①上砂下黏(上松下紧);②上黏下砂(上紧下松);③砂夹黏或黏夹砂(夹层型);④特殊夹层型;⑤均一的砂土型或黏土型(松散型或紧实型)。

(3) 结构剖面

土壤的结构层次与质地层次有密切关系。一定的质地层次往往易形成相应的结构类型。如黏质的表层往往形成大块状结构,而黏质心土层在干湿交替的影响下容易形成柱状、棱柱状结构。砂质土层在缺乏有机质时易形成单粒结构。

结构剖面(除耕层外)主要是成土过程造成的,尤其是上下行水流和淋溶沉积作用的影响大。以黏质、黏壤质的水稻土为例,常见的几个发生层各有其特征性的结构。自上而下的各土层的结构如下:

①淹育层(A 层) 此层常受农具的扰动,土壤团粒结构体易遭破坏,灌水期间土粒分散,只有土块中的毛管孔隙中有少量闭蓄空气。秋收排水后,土面干燥,土体逐渐收缩,沿稻桩四周裂成多边形的大块。耕耙后呈块状、碎块状。如耕层中富含腐殖质,则在灌水期间多产生微团粒,而在排水干燥后恢复成团粒。

②渗育层(P 层)或初期潴育层 有轻微的铁质淋溶沉积现象,有完整的块状结构,或为短的棱柱状、立方柱状结构体。

③潴育层(W 层) 受地下水位升降或季节性渍水的影响,有铁质大量的淋溶沉积,产生

锈纹、锈斑，常有铁结核、铁盘等新生体。由于较长时间的水分浸渍和多次的干湿交替，形成较小的棱柱状、棱块状结构体，其外面常有胶膜覆被。

④潜育层(G层)　终年处于地下水浸渍下，土壤分散度大，常常未形成结构体，而以单粒存在。

(4) 孔度剖面

土体结构反映在上下层土壤孔隙的分布和叠合、联通的状况即孔度剖面，而后者则是质地剖面和结构剖面的综合反映。

为适于植物的生长发育，对土壤孔性剖面的要求是：耕层的总孔度为50%~55%，通气孔度在10%以上，如能达到15%~20%则更好。土体内的孔隙垂直分布为"上虚下实"。耕层上部(0~15cm)的总孔度为55%左右，通气孔度达15%~20%；下部(15~30cm)的总孔度和通气孔度分别为50%和10%左右。"上虚"有利于通气透水和种子的发芽、破土；"下实"则有利于保土和扎稳根系。"下实"与"上虚"是相对而言的，即要求大孔隙适当减少，不是极实，即使在心土层，也需要保持一定数量的大孔隙，以利于下层土壤的通气，增强微生物活性和养分转化，而且促进根系深扎，扩大作物的营养范围。此外，在潮湿多雨地区，土体下部有适量的大孔隙可增强排水性能。

根据中国科学院南京土壤研究所物理室的研究，种麦季节的高产水稻土耕层的总孔度大于55%，容重小于1.2 g/cm³，田间持水量时的通气孔度一般在8%~10%以上。

4.3.3　土壤结构

早在160多年前研究人员就意识到土壤结构的重要性，对于其性质做了大量研究和全面调查。土壤质地和土壤结构是土壤的两项基本物理性质，两者密切相关，有互补性。例如，土壤质地过砂、过黏等缺点极难在农田管理中改变，但可通过土壤培肥、改善土壤结构来克服。

4.3.3.1　土壤结构体

(1) 土壤结构的概念

土壤结构是土粒(单粒和复粒)的排列、组合形式。这个概念包含两重含义：结构体和结构性。通常所说的土壤结构多指结构性。

土壤结构体或称结构单位，它是土粒(单粒和复粒)互相排列和团聚成为一定形状和大小的土块或土团。他们具有不同程度的稳定性，以抵抗机械破坏(力稳性)或泡水时不致分散(水稳性)。耕作土壤的结构体种类也可以反映土壤的培肥熟化程度和水文条件等。如丘陵地区紫色土耕层中的豆瓣泥的结构体多，肥力水平低；耕作土表层如蚯蚓泥的结构体多，则肥力水平高。

在农学上，通常以直径在10~0.25mm的水稳性团聚体含量判别结构好坏，多的好，少的差。并据此鉴别某种改良措施的效果。土壤团聚体合宜的直径和含量与土壤肥力的关系，因所处生物气候条件不同而异。在多雨和易溃水的地区，为了易于排除土壤过多的溃水，水稳团聚体的适宜的直径可偏大些，数量可多些；而在少雨和易受干旱地区，为了增加土壤的保水性能，团聚体适宜的直径可偏小些，数量也可多些；在降水量较少和雨强不大的地区，非水稳团聚体对提高土壤保水性亦能起到重要作用。所以，要讨论土壤结构性的肥力意义，是离不开结构体的。

农业上宝贵的土壤是团粒结构土壤，含有大量的团粒结构。团粒结构土壤具有良好的结构性和耕层构造，耕作管理省力且易获作物高产，但是，非团粒结构土壤也可通过适当的耕作、施肥和土壤改良而改善它们，使之适合植物生长，因而也可获得高产。

(2) 土壤结构的发展

土壤发育的一个重要组成部分是土壤结构替代母质结构，土壤结构使水、有机物、矿物质可以沿着流水线向下运动。土壤结构单元，叫做土体。土体表面与内部逐渐分化，使土体表面与内部差异越来越大。湿润诱导膨胀形成压迫面或黏粒胶膜，随后，干燥收缩使得土体之间的孔隙打开。再湿润时，水流量优先通过收缩孔隙使黏土沉淀下来，而有机质则留在土体表面，进一步分化土体内外结构。其他的化合物，如方解石、二氧化硅，以及铁锰氧化物，也可以沿土体表面沉积。相反，在某些条件下，土体边缘的黏土和可溶性化合物被优先浸出。

(3) 土壤结构体分类

土壤结构体分类是依据它的形态、大小和特性等。最常用的是根据形态和大小等外部性状来分类，较为精细的是外部性状与内部特性（主要是稳定性、多孔性）的结合。在野外土壤调查中观察土壤剖面中的结构，应用最广的是形态分类。

①棱柱状结构和块状结构　潮湿土壤在干燥时，收缩引起多方向的压力集中作用于一个土团上，当收缩力大部分分解为横向时，土壤物质可能以一致的等距形式收缩，形成周围是垂直裂缝的棱柱或者柱形结构。在棱柱状结构形成过程中，均匀的收缩是很重要的。因为这样可以形成间隔一致和排列一致的裂缝，并构成土体界限。均匀收缩常常发生在缓慢干燥的同类土壤物质中，常常与地势低洼、排水性差、有均匀纹理的沉积物联系起来。相反，为了使棱柱结构更明显，块状结构是在横向和垂直方向上的收缩力共同作用下形成的，良好的块状结构形成的条件是快速干燥和非相似的土壤物质。

如果棱柱状结构体的边角不明显，则叫做柱状结构体。柱状结构体常出现于半干旱地带的心土和底土中，以柱状碱土的碱化层中的最为典型。

②片状结构（板状结构）　片状结构通常形成于单向压缩力的作用，如动物、机器压实表层土壤或雨滴冲击土壤过程中产生的力。在干旱和半干旱地区比较常见的是，重力产生垂直的力迫使疏松层形成片状结构体。在表层，当土壤湿润时，土壤孔隙中气体被挤出，形成小水泡，连续的干湿交替增大小水泡的体积，直到他们不再能支持上面物质的质量而破碎，形成一个束缚片状结构土体的面。土粒排列成片状，结构体的横轴大于纵轴，多出现于冲积性土壤中。老耕地的犁底层有片状结构，群众称之为横塌土。在表层发生结壳或板结的情况下，也会出现这类结构。在冷湿地带针叶林下形成的灰化土（漂灰土）的漂灰层中可见到典型的片状结构。按照片的厚度可分为板状（>5cm）、片状、页状、叶状（<1cm）结构，还有一种鳞片状结构。

③团粒（粒状和小团块）结构　土粒胶结成粒状和小团块状，大体成球形，自小米粒至蚕豆粒般大，称为团粒。这种结构体在表土中出现，具有良好的物理性能，是肥沃土壤的结构形态。团粒具有水稳性（泡水后结构体不易分散）、力稳性（不易被机械力破坏）和多孔性。在黑钙土等的 A 层及肥沃的菜园土壤表层中，团粒结构数量多。此类土壤的有机质含量丰富而

肥力高，团粒结构可占土重的 70% 以上，称为团粒结构土壤。表面土壤的结构往往受生物因素的影响较大，包括有机物、微生物、植物根系和土壤动物。大型土壤动物的粪便，如蚯蚓、蜗牛等。表层团聚体通常被有机质矿质复合物结合在一起，在土壤表层占主导地位。

团粒的直径约为 10～0.25mm，而 <0.25mm 的则称为微团粒。按照团粒的形状和大小，也可分为团粒和小团块两种。

在缺少有机质的砂质土中，砂粒单个地存在，并不黏结成结构体，也可称为单粒"结构"。

(4) 几种结构体出现的部位

块状结构体和团粒主要是出现于表土。片状结构体在表土层和亚表土层中都会出现，核状、柱状和棱柱状结构体则出现心土和底土中。

通常，我们说的"土壤结构体"，往往是指团粒结构。因为，其他结构体（块状、片状、柱状）等基本上都是直接由土粒相互黏结而成的，泡水分散时又成为单独的土粒，缺少团粒结构那样的多级构造。

土壤结构对植物生长，碳循环和养分的接收、储存，水分运输能力有重大影响，并对土壤侵蚀和人类活动都一定的抵抗能力。值得注意的是，人类活动导致土壤结构短期和长期的变化将对土壤生态系统产生积极或不利的影响。

4.3.3.2 团聚体结构的发生

土壤中黏粒含量大于 15% 时，易形成团聚体结构单元。团聚体大小可能不同，由碎屑（<2mm）到稍有棱角的块状，或者次棱角形的块状（0.005～0.02m）到棱柱状或柱状 >0.1m。团聚体或有锋利的矩形边缘，或有矩形剪切面。土壤团聚体通常比均质材料更牢固。物理，化学和生物过程在各团聚体间和团聚体内部发生的空间有所不同。因此，水力、机械、生物和化学过程的动力严重影响土壤强度特性。团聚体结构通常是经多级（多次）团聚的结果。其团聚体结构的形成机制，主要有以下过程。

(1) 团粒的形成过程

土壤团粒结构的形成，其机制只是一种"多级团聚说"。假设，与其他结构体的形成不同，团粒是在腐殖质（或其他有机胶体）参与下发生的多级团聚过程，这是形成团粒内部的多级结构并产生多级孔性的基础，与此同时发生或接着发生的还有一个切割造型的过程。

①黏结团聚过程　这是黏结过程和团聚过程的综合，后者是团粒形成所特有的。土壤团粒的多级团聚过程包括各种化学作用和物理化学作用，如胶体凝聚作用、黏结和胶结作用以及有机—矿质胶体的复合作用等。

胶粒相互凝聚，形成微凝聚体，单粒、微凝聚体又可通过各种黏结作用形成复粒、各级微团聚体（微团粒）以及团聚体（团粒）。这包括无机物质的化学黏结作用、黏粒本身的黏结作用以及有机物质（腐殖质、根系分泌物、菌丝等）的胶结作用在内。

a. 凝聚作用：凝聚作用是指土壤胶体相互凝聚在一起的作用。土壤胶粒一般带负电荷，因而互相排斥。但是，如果在胶体溶液中加入多价阳离子（如 Ca^{2+}、Fe^{3+} 等）或降低溶液的 pH 值，就可使胶体表面的电位势降低，当各个土粒之间的分子引力超过相互排斥的静电力时，他们就相互靠拢而凝聚。在酸性土壤中黏粒矿物晶粒的带负电荷的面与带正电电荷的边之间的静电引力是重要的凝聚机制。三价阳离子也在黏粒与黏粒的凝聚中起作用。凝聚作用使黏粒集合成微凝聚体，这种微凝聚体的化学稳定性不高，如果离子种类改变，如以一价离子（Na^+、NH_4^+ 等）代替了多价离子，它们就可能重新分散。所以，微凝聚体还不能看作复粒。

b. 无机物质的黏结作用：土壤中常见的无机物质如碳酸钙（$CaCO_3$）、硫酸钙（$CaSO_4 \cdot 2H_2O$）以及无定形的硅酸（H_2SiO_3）、氧化铁（$Fe_2O_3 \cdot nH_2O$）和氧化铝（$Al_2O_3 \cdot nH_2O$）胶体等，还有黏粒本身，在湿润条件下，起黏结作用，把土粒或微凝聚体黏结在一起，干燥脱水后就成土块。心土和底土中的大块状结构或棱柱状结构，均由无机物质黏结起来的。这种结构体的水稳性较差，在水中易分散。只有氧化铁和氧化铝胶体在脱水后不可逆或可逆缓慢，形成牢固的结构体。在红壤中氧化铁对形成结构体的作用是明显的。由氧化铁黏结成的紧实而具有水稳性和力稳性的结构体。它们的大小、形状和粗糙度似砂粒，实际上是由黏粒黏结成的核状结构体和微结构体。

c. 有机物质的胶结作用：有机物质是土壤中的重要胶结物质。多种多样的有机物质如木质素、蛋白质和真菌、丝状菌菌丝等都有胶结作用，在结构形成上较重要的是新施入土壤中的有机物质。它们在分解时产生多糖胶、脂肪、蜡等，都能起胶结作用，尤其是多糖胶是重要的土壤胶结剂。因此，土壤在施用新鲜有机肥料后结构体的数量有所增加。但是，随着时间的增长，这些有机物质被微生物分解，结构体又遭破坏。

土壤腐殖质不但是重要的有机胶结剂，而且它还可通过多价阳离子（Ca^{2+}、Fe^{3+}、Al^{3+} 等）与矿物质土粒形成有机—矿质复合体（复粒的一种）。有机—矿质复合体的形成机制有多种，其中一种就是通过阳离子"桥"的连接，例如：

$$\geqslant Si\text{—}O\text{—}Ca\text{—}OOCCOO\text{—}Ca\text{—}O\text{—}Si \leqslant$$
$$R$$
$$\geqslant Si\text{—}O\text{—}Ca\text{—}OOCCOO\text{—}Ca\text{—}O\text{—}Si \leqslant$$

或

$$\geqslant Si\text{—}O\text{—}Fe(OH)\text{—}OOCCOO\text{—}Fe(OH)\text{—}Si \leqslant$$
$$R$$
$$\geqslant Si\text{—}O\text{—}Fe(OH)\text{—}OOCCOO\text{—}Fe(OH)\text{—}Si \leqslant$$

d. 有机—矿质复合体：根据阿·弗·丘林的研究（1950），上述方式形成的有机—矿质复合体，因为阳离子桥的不同，分为 G_1 组（中性盐分散）和 G_2 组（稀碱液加研磨分散），分别是松、紧结合的两种水稳性复粒。20 世纪 90 年代进而把有机—矿质复合体分为铁铝键结合和钙键结合两类，红壤复合体中以前者为主，而后者甚少。

通过有机—矿质复合而形成的复合体比较稳定，因为腐殖质是较难分解的，在土壤中保持较长时间，在此基础上形成的结构体具有较好的水稳性。用有机的人工结构剂（理化性质与腐殖质相似而相对分子质量更大）形成的结构体，其稳定性比由腐殖质形成的天然结构体（团粒）具有更强的稳定性。因为，这种结构剂能抵抗微生物的分解。

e. 蚯蚓和其他小动物的作用：土壤是大量的动物的生存环境，动物以不同的方式影响土壤的化学、生物和物理性质，但对土壤结构的影响主要是通过其在土壤中的移动、取食或分泌活动。土居小动物,如蚯蚓、蚁类和一些昆虫的活动也可促进土壤团粒结构的形成,特别是蚯蚓的作用甚大,它的排泄物本身就是含有丰富有机质和养分的团粒。

②切割造型过程 所有结构体的形成均有一个切割造型的过程,对于经过多次团聚的土体来说,这一过程就会产生大量团粒。

a. 根系的切割:植物根系把土体切割成小团,在根系生长过程中对土团产生压力,把土团压紧。因此在根系发达的表土中容易产生较好的团粒结构。田间和温室的研究表明,植物生长引起土壤团聚体的迅速形成。另一方面,植物的根可以通过释放物质促进土壤团粒结构的形成。这些释放物质对土壤颗粒有直接稳定性,或通过影响根际微生物的活性反过来影响土壤结构。

b. 干湿交替:湿润土块在干燥的过程中,由于胶体失水而收缩,使土体出现裂缝而破碎,产生结构体。在缺少根系的土壤下层,由于干湿交替产生裂隙,形成垂直的棱柱结构。干湿交替循环对体积大小变化是很重要的,具有良好结构的土壤和蒙脱石矿物通常具有相对较大的体积变化,可发展为极有特点的土壤结构单元。具有良好结构的土壤中抗剪切性能较低,所以往往有更多的裂缝和更精细的结构单元。频繁的干湿交替使得结构单元特征更明显。缓慢干燥过程使土体相对均匀的收缩,形成较大土体。

c. 冻融交替:土壤孔隙中的水结冰时,体积增大,因而对土体产生压力,使它崩碎。这有助于团粒形成。秋冬季翻起的土垡,经过一冬的冻融交替后,土壤结构状况得到改善。

d. 耕作:合理的耕作和施肥(有机肥)可促进团粒结构形成。耕耙把大土块破碎成块状或粒状,中耕松土可把板结的土壤变成细碎疏松。当然,不合理的耕作,反而会破坏土壤的团粒结构。

(2)团粒的多级孔性

在土壤结构体形成的两大步骤中,黏结团聚过程是其基础,否则,单纯的切割造型过程就只产生块状、核状、棱柱状等非团聚化结构体。而团粒结构是经过多次(多级)的复合、团聚而形成的,可概括为如下几步:单粒→复粒(初级微团聚体)→微团粒→团粒(大团聚体)。每一级的复合和团聚,就产生相应大小的一级孔隙,因此,团粒内部有从小到大的多级孔隙。是微团粒和团粒区别于其他非团聚化结构体的主要机制和特点,而通常所说的微团聚体和团聚体可分别看作是微团粒和团粒的同义词。

(3)团粒结构在土壤肥力上的意义

①团粒结构土壤的大小孔隙兼备 团粒具有多级孔性,总的孔度大,即水、气总容量大,又在各级(复粒、微团粒、团粒)结构体之间发生了不同大小的孔隙通道,大小孔隙兼备,蓄水(毛管孔隙)与透水、通气(非毛管孔隙)同时进行,土壤孔隙状况较为理想。同团粒结构土壤比较,非团聚化土壤的孔隙单调且总孔隙度较低,调节水、气矛盾的能力低,耕作管理费力,以往曾称这些土壤为"无结构"土壤,此名称虽不恰当,但从肥力调节看也不无道理。

团粒愈大,则总孔度和非毛管孔度也同步增加,尤其是后者(表4-11),因而调蓄能力随之加强。不过,在不同的生物气候带,对适宜的土壤团粒大小要求稍有不同,在湿润地区以10mm(直径)左右的团粒为好,而干旱地区则以0.5~3mm 的为好。在发生土壤侵蚀的地方,>2mm 的团粒抗蚀性强,1~2mm 的抗蚀性弱,而<1mm 的几乎没有抗蚀作用。

表 4-11　团粒大、小与土壤孔性的关系

项目	团粒直径(mm)			
	<0.5	0.5~1.0	1.0~2.0	2.0~3.0
土壤总孔度(%)	47.5	50.0	54.7	59.6
土壤通气孔度(%)	2.7	24.5	29.6	35.1
土壤毛管孔度(%)+非活性孔度(%)	44.8	25.5	25.1	24.5
土壤空气中含氧量(%)	5.4	18.6	19.3	19.4
土壤中含氧量(%)	0.1	4.5	5.7	6.7
硝酸盐生成量(mgN/kg)	9.0	19.1	—	34.0

资料来源：阿·尼·道耶连柯。

②团粒结构土壤中水、气矛盾的解决　在团粒结构中，团粒与团粒之间是通气孔隙(非毛管孔)，可以透水通气，把大量雨水迅速吸入土壤。在单粒或大块状结构的黏质土壤中，非毛管孔很少，透水性差，降水量稍多即沿地表流走，造成水土流失，而土壤内部仍不能吸足水分，在天晴后很快发生土壤干旱。

团粒结构土壤又有大量毛管孔隙(在团粒内部)，可以保存水分，可以源源不断地供应植物根系吸收的需要。良好的团粒结构土壤，毛管水上升快，但土表团粒结构因干燥而收缩，与其下的结构脱离，使毛管中断，减少水分向地面移动而蒸发损失。

总之，在非团粒结构土壤中，水气难以并存，不能同时地适量地供应植物以水分和空气。在团粒结构土壤中，水分和空气兼蓄并存，各得其所，团粒内部多是毛管孔，可以蓄水，团粒间的非毛管孔是透水和通气的过道。

③团粒结构土壤的保肥与供肥协调　在团粒结构土壤中的微生物活动强烈，因而生物活性强，土壤养分供应较多，有效肥力较高。致使土壤养分的保存与供应得到较好的协调。

在团粒结构土壤中，团粒的表面(大孔隙)和空气接触，有好气性微生物活动，有机质迅速分解，供应有效养分。在团粒内部(毛管孔隙)，贮存毛管水而通气不良，只有嫌气微生物活动，有利于养分的贮藏。所以，每一个团粒既好像一个小水库，又像一个小肥料库，起着保存、调节和供应水分和养分的作用。在单粒和块状结构土壤中，孔隙比较单纯，缺少多级孔隙，上述保肥和供肥的矛盾不易解决。

④团粒结构土壤宜于耕作　黏重而"无结构"土壤的耕作阻力大，耕作质量差，宜耕时间短；结构良好的土壤，由于团粒之间接触面较小，黏结性较弱，因而耕作阻力小，宜耕时间长。

⑤团粒结构土壤具有良好的耕层构造　团粒结构的旱地土壤，具有良好的耕层构造。肥沃的水田土壤耕层则有一定数量的水稳性微团粒，在一定程度上可以解决水气并存的矛盾(微团粒之间是水，微团粒内部有闭蓄空气)。

不过，我国各地的大多数耕地土壤缺少大量的团粒和微团粒，特别是在南方高温多雨地区。因此，要通过合理的耕作来保持良好的孔性和耕层构造，或创造非水稳性团粒，在干旱季节仍能起保水作用。

(4) 耕作对土壤结构的影响

耕作对土壤结构的影响将取决于所使用的耕作设备类型、土体初始的结构形态以及耕作

时土壤的含水量。耕作设备或动物的压实降低了土壤孔隙度，破坏了土壤结构，最终会减少作物产量，增加水侵蚀的风险。虽然压实所造成的损坏，可以通过深层疏松土壤或自然干湿交替过程得以缓解，但人们普遍是通过控制耕作设备或维持有机质水平进行调整。

耕作方式对土壤团聚体和结构稳定性也有强烈的影响。一些研究表明，免耕与耕作的表层土壤(0~10cm)相比较，免耕的表层土壤中含有较大和更稳定的团聚体。也有研究表明，耕作方式不能显著改变土壤中聚体和微团聚体比例，但数据显示常规耕作模式有将大团聚体破坏为砂粒，黏粒或者单个颗粒的趋势。垄作免耕和常规耕作措施中大团聚体(>2.0 mm)所占比重最大，而团聚体(2.0~0.25 mm)和微团聚体(0.25~0.053 mm)所占比重最小。与垄作免耕相比，常规耕作粉砂黏粒比重增加60%，大团聚体减少35%(表4-12)。

表4-12　不同耕作模式下土壤团聚体分布　　　　　　　　　　　　　　　　　%

耕作方式	团聚体粒径(mm)			
	>2.0	2.0~0.25	0.25~0.053	<0.053
常规耕作	47.1b	6.9a	7.8a	38.2a
垄作免耕	63.6a	8.4a	5.8a	22.2b

注：Tukey检验，同列不同字母表示差异显著($P<0.05$)。
资料来源：Jiang，等，2013。

此外，水稻种植年限对土壤团聚体粒径分布也有影响。长期种植水稻明显改变了土壤团聚体粒径分布(表4-13)。种植年限为300年(P300)的土壤中粉砂黏粒(<0.053mm)含量最高，种植年限为2 000年(P2 000)的土壤中微团聚体(0.25~0.053mm)含量最高。P300与P2 000相比大团聚体比例上升，粉砂黏粒比例降低。由此表明，栽培年限可使土壤由粉砂黏粒向大团聚体结构转变。

表4-13　P300和P2 000土壤不同粒径团聚体分布　　　　　　　　　　　　　　%

耕作年限(年)	团聚体粒径(mm)			
	>2.0	2.0~0.25	0.25~0.053	<0.053
P300	6.26a	16.9a	34.8a	42.0a
P2 000	20.5b	20.4a	34.3a	24.8b

注：Tukey检验，同列不同字母表示差异显著($P<0.05$)。
资料来源：Xin等，2014。

(5)土壤结构的管理

作物的生长、发育、高产和稳产都需要有一个良好的土壤结构状况，以便能保水保肥、及时通气排水，调节水气矛盾，协调肥水供应，并有利于根系在土体中穿插等。大多数农业土壤的团粒结构，因受耕作和施肥等多种因素的影响而极易遭到破坏，因此，必须进行合理的土壤结构管理，以保持和恢复良好的结构状况，其主要途径如下：

①增施有机肥　有机物料除能提供作物多种养分元素外，其分解产物多糖等及重新合成的腐殖物质是土壤颗粒的良好团聚剂，通常会导致土壤容重下降，增加土壤孔隙度，明显改善土壤结构。有机物料改善土壤结构的作用取决于物料的施用量、施用方式以及土壤含水量。一般说，有机物料用量大的效果较好，秸秆直接还田(配施少量化学氮肥以调节土壤的碳氮

化)比沤制后施入田内的效果好。

②实行合理轮作 作物本身的根系活动和合理的耕作管理制度,对土壤结构性可以起很好的影响。一般说来,不论是禾本科作物或豆科作物,不论是一年生作物或多年生牧草,只要生长健壮,根系发达,都能促进土壤团粒形成,只是它们的具体作用有相当大的区别。例如,多年生牧草每年供给土壤的蛋白质、碳水化合物及其他胶结物质比一年生作物就要多些,一年生作物的耕作比较频繁,土壤有机物质的消耗快,不利于团粒的保持。

短期轮作和覆盖作物对水稳定的团粒的影响,与作物品种和残留物数量有关。在水稻与冬作(紫云英、苜蓿、蚕豆、豌豆、油菜、小麦及大麦)的轮作中,冬季种植一年生豆科绿肥,能增加土壤中有机质含量,其中以紫云英最好,直径为 1~5mm 的团粒含量有显著增加。冬作禾谷类(小麦、大麦)或油菜对于土壤中 1~5mm 的团粒含量有破坏作用。

③合理的耕作、水分管理及施用石灰或石膏 在适耕含水量时进行耕作,避免烂耕烂耙破坏土壤结构,采用留茬覆盖和少(免)耕配套技术。在推行这项措施时必须根据当地的气候、土壤、作物种类以及农作制度的不同而异。合理的水分管理亦很重要。土壤水可以从数量和质量两个角度考虑,主要是通过灌溉和排水管理,并在较小程度上,可通过径流和蒸发管理。尤其在水田地区,采用水旱轮作、减少土壤的淹水时间,能明显改善水稻土结构状况,促进作物增产。

此外,酸性土施用石灰,碱土施用石膏,均有改良土壤结构性的效果。在黄土高原地区有施用黑矾(也称绿矾,$FeSO_4 \cdot nH_2O$)的习惯,施用过黑矾的土壤会发虚变松,可能与铁离子对结构性的改善有关。

④土壤结构改良剂的应用 土壤结构改良剂是改善和稳定土壤结构的制剂。按其原料的来源,可分成人工合成高分子聚合物、自然有机制剂和无机制剂 3 类。但通常多指的是人工合成聚合物,因它的用量少,只须用土壤质量的千分之几到万分之几,即能快速形成稳定性好的土壤团聚体。它对改善土壤结构、固定砂丘、保护堤坡、防止水土流失、工矿废弃地复垦以及城市绿化地建设具有明显作用。

a. 人工合成高分子聚合物制剂:它于 20 世纪 50 年代初在美国问世。作为商品的有 4 种:乙酸乙烯酯和顺丁烯二酸共聚物(简称 VAMA),又称 CRD-186 或克里利姆 8;水解聚丙烯腈(HPAN),又称 CRD-189 或克里利姆 9,为黄色粉末,水溶性,溶液 pH=9.2。属聚阴离子类型;聚乙烯醇(PVA),水溶液中性。属非离子类型;聚丙烯酰胺(PAM),属强偶极性类型。

b. 自然有机制剂:由自然有机物料加工制成,如醋酸纤维、棉紫胶、芦苇胶、田菁胶、树脂胶、胡敏酸盐类以及沥青制剂等。与合成改良剂相比,施用量较大,形成的团聚体的稳定性较差,且持续时间较短。

c. 无机制剂:如硅酸钠、膨润土、沸石、氧化铁、铝硅酸盐等,利用它们的某一项理化性质来改善土壤的结构性。如膨润土的膨胀性强,施入水田可减少水分渗漏;氧化铁、铝硅酸盐制剂的孔隙多,施入土中可改善土壤的通透性。无定形无机物料主要是通过影响土壤颗粒间的相互作用而影响土壤结构的。无机物料具有可变电荷,当被吸附或作为表面膜存在时,可以改变黏土矿物的表面电荷特性,从而影响粒子间的相互作用。

据中国科学院南京土壤研究所在黄棕壤上进行的水解聚丙烯腈试验,施用量为耕层土重的 0.01% 时，>0.25mm 的水稳性团粒含量由对照的 10.9% 增至 30.1%，而当用量为 0.1% 时，便增至 82.9%。该试验在江苏省铜山县孟庄的砂板地上施用聚乙烯醇，用量 0.05%；>0.25mm 水稳性团粒的含量在 0~10cm 土层从对照的 7.4% 增至 38.5%，而在 10~20cm 从 4.3% 增至 17.6%。

4.3.4 土壤耕性

4.3.4.1 土壤耕性的概念

土壤耕性是指土壤在耕作过程中，所表现出来的特性。它是土壤的各种理化性状在耕作上的反映，也表现土壤的熟化程度。土壤耕性的好坏，关系到能否为作物创造良好的生育环境和提高劳动生产率的问题。土壤耕性的好坏，主要包括以下三方面的含义：

①耕作的难易　指土壤在耕作时受阻力的大小决定耕作效率和耕作成本的大小。

②耕作质量　指耕后土壤所表现的状况及对作物生长的反映。

③宜耕期长短　指最适宜耕作时间的长短，即是指不同水量最适宜耕作的时间。

所以，土壤耕性实际上是肥力的综合指标，也是人类调节土壤与作物供求矛盾的主要根据。

4.3.4.2 影响土壤耕性的因素

土壤物理机械性，是影响土壤耕性的因素，它是把土壤的力学性质，是由土壤中的固体颗粒结合起来，表现对外力的抵抗力或对外力的反映，主要有黏性、塑性和胀缩性等。

（1）黏性

土壤黏结性影响耕作阻力的程度很大，当土壤含黏粒愈多，则土粒相互黏着越紧，对外的反抗就愈大。在生产上表现土团硬，不易破碎耙烂。当土壤水分增加，土粒黏结就会降低，因为在含水条件下，土壤的吸附力有一部份表现在吸收水分的作用上，所以使土粒与土粒之间的黏结力就减弱了。当含水量增多，土粒间距离增大，加以水分对其他物体的吸附力，所以土壤逐渐表现对外物的黏着力。这两个性质都是耕作的阻力。在耕作上要求于黏结性明显降低而黏着性尚未明显增高以前，这个时候的含水量最适合耕作。

（2）塑性

土粒在含水量一定范围内具有塑造成型的性质，塑性与黏粒的片状组织形式有关。一般把开始表现塑性的含水量称为塑性上限（液限），塑性消失时的土壤含水量称为塑性下限（塑限）。液限是指卡氏装置中的土壤在一定能量作用下时的含水量。将某一匀质土样放置在一个特殊的碗状沟槽中，从上到下切入，土样随着专用装置连续上下跳动。当沟槽已接近 <1cm 时的水分含量即为液限（≥4 次重复）。液限随着土壤黏度，有机物含量，离子强度，离子价态和 2:1 黏土矿物的增加而增加。塑限是指当匀质土样蜷曲成直径小于 4mm 开始出现裂纹时的土壤含水量。液限和塑限的差值即为可塑值，通常作为土壤的可塑性指数。塑性变形的灵敏度随着可塑值的增加而增加。土壤塑性常被用来预测土壤的耕作性能，在塑性范围内不宜耕作，土壤塑性的大小，与土壤胶体类型和数量有关。

表 4-14　不同土壤质地的塑性值　　　　　　　　　　　　　　　%

质　地	>0.01mm	塑性下限	塑性上限	塑性范围
黏　壤	>40	6~11	30~44	18~21
壤　土	28~40	18~20	34~32	12~16
砂　壤	20~25	22±	30±	8

表 4-14 中，黏土的宜耕范围窄，砂土则几乎不择时间，壤土宜耕较黏土为宽。

（3）胀缩性

胀缩性由土粒表面作用所引起，黏粒有明显的胀缩性，胀缩是因为胶体颗粒间的内聚力，水膜使土粒互相分离，因此、引起土的体积增大，结果大孔隙缩小，小孔隙阻塞，随着土壤的失水收缩，形成裂缝成断裂，增大了大孔隙。收缩时土粒黏结性逐渐增强，使土壤结成大块。虽然土块外部干燥，而内部仍然温润，因为有些水分存在于微毛管孔隙中，这种水分实际上是不能活动的，所以土块干不透，显绵性，即不易破碎也不易泡散。黄浑田就是这种特征，对于这种土壤最好是不让它失水。但这对改造冬水田又不利，所以仍应放水。注意须让田面明水放完后迅速开沟，开深沟排净水分。裂缝形成是和失水率有关的，失水愈快，裂缝愈易形成，有利于进一步失水。

4.3.4.3　土壤的宜耕性

土壤的宜耕性，是指土壤适宜耕作的性能。在宜耕期，耕作可以将土壤很好的碎成团块，形成较好的结构状态，并且耕作阻力小。很明显，土壤宜耕性受土壤黏性、塑性的影响，而这些性质受水分影响极大，因此水分综合地影响土壤耕性。

4.4　土壤热量状况

4.4.1　土壤热量的来源

（1）太阳的辐射能

土壤热量的最基本来源是太阳的辐射能。农业就是在充分供应水肥的条件下植物对太阳能的利用。当地球与太阳为日地平均距离时，一般为 $7.985/(cm^2 \cdot min)$。其中99%的太阳能包含在 $0.3~4.0\mu m$ 的波长内，这一范围的波长通常称为短波辐射。当太阳辐射通过大气层时，其热量一部分被大气吸收散射，一部分被云层和地面反射，土壤吸收其中的一少部分。

（2）热生物能

微生物分解有机质的过程是放热的过程。释放的热量，一部分被微生物自身利用，而大部分可用来提高土温。土壤有机质每年产生的热量是巨大的。在保护地蔬菜的栽培或早春育秧时，施用有机肥，并添加热性物质，如半腐熟的马粪等，就是利用有机质分解释放出的热量以提高土温，促进植物生长或幼苗早发快长。

（3）地球内热

由于地壳的传热能力很差，地面全年从地球内部获得热量不高，地热对土壤温度的影响极小，但在地热异常地区，如温泉、火山口附近，这一因素对土壤温度的影响就不可忽略。

4.4.2 影响地面辐射平衡的因素

(1) 太阳辐照强度

太阳辐照强度(Rsi)是指到达地表某水平面的辐射能,包括直射和散射短波辐射。可由经国际标准校准的日射强度计或太阳能电池测定。如硅光电探测太阳辐射传感器,虽然仅在部分光谱区间敏感,但在大多数户外光照条件下可给出精确数值,由于硅传感器价格便宜,已经广泛运用于野外气象观测站。通过测定入射(Rsi)和反射(Rsr)的短波辐射,可估算反射系数:$Rsi(1-\alpha) = Rsi - Rsr$。在日地平均距离条件下,地球大气上界垂直于太阳光线的面上所接受的太阳辐射通量密度,称为太阳常数,约为 1 370 W/m², 变化约±3.5%,在太阳最接近地球的1月最大,7月最小,由于大气的吸收和散射以及日照角的影响,地球表面的辐射较少,通常不超过 1 000 W/m²。太阳距离越远,辐射在大气中的传输路径就越长,被吸收和散射的太阳辐射也就越多。日照角为太阳光在地面的投射角,根据朗伯定律:$I = I_\alpha \sin\beta$,日照角(β)越小(中午为最大),到达水平面的辐射密度(I)越低(I_α为与光束垂直面上的辐射密度),单位面积上接受的热量越少。日照角主要受到纬度,太阳赤纬,太阳时角的影响,也与地表的坡向和坡度以及地面的起伏情况有关,并由此影响到太阳的总辐射强度。一定纬度和高度下,在低纬度的热带地区,由于太阳光垂直照射地表,坡度和坡向对辐射的影响不大。同样,在中纬度地区,南坡比北坡接受的辐射能多,土温也比北坡高。坡度越陡,坡向的温差越大。坡向的这种差异具有巨大的生态意义和农业意义。

(2) 地面的反射率

地面反射率在能量平衡中发挥着重要的作用,地球的平均反射率为 0.36±0.06 (Weast, 1982)。地面对太阳辐射的反射率与太阳的入射角、日照高度有关。反射率随昼夜变化,太阳高度角越低,反射率越高。地表土壤和植物表面在光学上往往被认为是粗糙的,但在某些情况下,可能会发生镜面反射而不是漫反射。当入射角较小时,一些植物的叶片具有光泽并发生镜面反射,湿润的土壤表面也可能产生镜面反射。直立植物的反射率在正午时较低,因为更多的阳光深入到树冠内并被多次反射,在一天当中,植物的萎蔫和其他生理变化会导致反射率的不断变化。反射率随土壤含水量的增加而降低,裸露土壤(光滑的黏壤土)的反射率与表层2mm土壤的含水量呈线性关系,与较厚土层则呈非线性关系。风干土壤反射率最大(0.3),随含水量增加,反射率减小,当土壤含水量约为 0.22~0.23m³/m³(大概为土壤田间持水量)时,土壤反射率最小,约为0.14,不同质地土壤有所不同。

土壤反射率的主要决定因素还包括土壤颜色、质地、有机质含量和表面粗糙度。Dvoracek 和 Hannabas 在 1990 年提出了一个基于日照角、表面粗糙度和颜色的反射模型:$\alpha = p^{(c\sin\beta+1)}$,其中,$p$ 为颜色系数,c 为粗糙度系数,β 为日照角,所计算数据与实际测定数据有较好一致性。

(3) 地面有效辐射

影响地面有效辐射的因子有:

①云雾、水汽和风 它们能强烈吸收和反射地面发出的长波辐射,使大气逆辐射增大,因而使地面有效辐射减少。

②海拔 空气密度、水汽、尘埃随海拔增加而减少,大气逆辐射相应减少,有效辐射增大。

③地表特征 起伏、粗糙的地表比平滑表面辐射面大,有效辐射也大。

④地面覆盖 导热性差的物体如秸秆、草皮、残枝落叶等覆盖地面,可减少地面的有效辐射。

4.4.3 土壤的热量平衡

除了上述的辐射平衡影响土壤热量状况外,热量平衡对土壤热量状况的影响更为显著。在土壤—大气和植物—大气界面上流动的能量总和为零,因为这个界面没有储存能量的能力。表面能量平衡方程为:

$$0 = Rn + G + LE + H \text{(当通量指向地表时所有项均取正值[W/m}^2\text{])}$$

式中 Rn——净辐射量(包含吸收和反射的短波辐射以及发射和接收的长波辐射);

G——土壤热通量;

LE——潜热通量(是向大气蒸发的蒸发量 E 和汽化潜热的乘积);

H——感热通量(土壤与大气层之间的湍流交换量)。

当土面所获得的太阳辐射能转换为热能时,这些热能大部分消耗于土壤水分蒸发与大气之间的湍流热交换上,另一小部分被生物活动所消耗,只有很少部分通过热交换传导至土壤下层,单位面积上每单位时间内垂直通过的热量叫热通量,单位为 $J/(cm^2 \cdot min)$,它是热交换量的总指标。

4.4.4 土壤热性质

辐射平衡所得热量和热量平衡所获得或损失的热量,能否以热通量形式传至下面土层以升高土温,以及用来增加土温的热量能使土温增加多少,受下列土壤热性质的影响。

4.4.4.1 土壤热容量

土壤热容量是指单位质量或容积的土壤每升高(或降低)1℃所需要(或放出的)热量。一般以 C 代表质量热容量,单位为 $J/(g \cdot ℃)$;Cv 代表容积热容量,单位为 $J/(cm^3 \cdot ℃)$。C 与 Cv 的关系为 $C = Cv \cdot P$,P 为土壤容量。

由于土壤组成分的差异,土壤的 C 和 Cv 也有很大差异。一般矿质土粒的 C 为 0.71 $J/(g \cdot ℃)$,密度为 2.65 或 2.7;$_mCv$ 为 0.71 × 2.7 = 1.9 $J/(cm^3 \cdot ℃)$。有机质的 C 为 1.9 $J/(g \cdot ℃)$,密度为 1.3;$_oCv$ 为 1.9 × 1.3 = 2.5 $J/(cm^3 \cdot ℃)$,土壤水的 C 和 $_wCv$ 都是 4.2。土壤空气的 $_aCv$ 是 1.26×10^{-3}。土壤不同组分的热容量见表 4-15。

表 4-15 不同湿度状况下各类土壤的热容量　　　　　　　　　　　　$J/(g \cdot ℃)$

土壤	土壤湿度占全蓄水量的百分比				
	0	20	50	80	100
砂土	0.35	0.40	0.48	0.58	0.63
黏土	0.26	0.30	0.53	0.72	0.90
壤土	0.20	0.32	0.56	0.79	0.74

因为不同土壤的三相物质组成比例是不同的。故土壤的容积热容量(Cv)可用下式表示：

$$Cv = {}_mCv \cdot Vm + {}_oCv \cdot Vo + {}_wCv \cdot Vw + {}_aCv \cdot Va$$

${}_mCv$、${}_oCv$、${}_wCv$ 和 ${}_aCv$ 分别为土壤矿物质、有机质、水和空气的容积热容量，Vm、Vo、Vw、Va 分别为土壤矿物质、有机质、水和空气在单位体积土壤中所占的体积比。因空气的热容量很小，可忽容不计，故土壤热容量可简化为：

$$Cv = 1.9Vm + 2.5Vo + 4.2Vw \ [\text{J}/(\text{cm}^3 \cdot ℃)]$$

在土壤的三相物质组成中，水的热容量最大，气体热容量最小，矿物质和有机质热容量介于两者之间。土壤空气，由于热容量很小，它虽然也是易变化因素，但影响甚微。所以通过灌排调节土壤水分含量，是调节土温的有效措施。

4.4.4.2 土壤导热率

土壤吸收一定热量后，一部分用于它本身升温，一部分传送给其邻近土层。土壤具有对所吸热量传导到邻近土层性质，称为导热性。导热性大小用导热率表示。在单位厚度(1cm)土层，温差为1℃时，每秒钟经单位断面(1cm^2)通过的热量焦耳数(λ)。其单位是 $\text{J}/(\text{cm}^2 \cdot \text{s} \cdot ℃)$。热量的传导是由高温处到低温处，设土壤或其他物质两端的温度为 t_1、t_2，土壤的厚度为 d，在一定时间(T)内流动的热量为 Q。则一定时间内单位面积上流过的热量为 Q/AT。两端间的温度梯度为 $(t_1 - t_2)/d$，故导热率 λ 根据定义为：

$$\lambda = \frac{Q/AT}{(t_1 - t_2)/d} \quad \text{或} \quad \lambda = \frac{Qd}{AT(t_1 - t_2)}$$

固体部分导热率最大，约为 $8.4 \times 10^{-3} \sim 2.5 \times 10^{-2}$，而不同固体物质导热率还有差异。空气导热率最小，约为 $2.301 \times 10^{-4} \sim 2.343 \times 10^{-4}$。水的导热率大于空气，约为 $5.439 \times 10^{-3} \sim 5.858 \times 10^{-3}$。由此可见，土壤空气导热率最小，固体物质中矿物质导热率最大，水介于两者之间，水的导热率比空气要大25倍，矿物质比空气要大100倍。

正因为增加土壤湿度能提高土壤导热性，所以在自然条件下，白天干燥的表土层温度比湿润表土的温度高。湿润的表土层因导热性强，白天吸收的热量易于传导到下层，使表层温度不易升高，夜晚下层温度又向上层传递以补充上层热量的散失，使表层温度下降却不致过低，因而湿润土壤昼夜温差较小。冬季麦田干旱时灌水防冻，早春灌水防霜冻都是根据这个道理。

4.4.4.3 土壤的热扩散率

土壤温度的变化决定于土壤的导热性和热容量。在一定的热量供给下，能使土壤温度升高的快慢和难易则决定于其热扩散率，土壤热扩散率是指在标准状况下，在土层垂直方向上的每厘米距离内，1℃的温度梯度下，每秒流入 1cm^2 土壤断面面积的热量，使单位体积(1cm^3)土壤所发生的温度变化。其大小等于土壤导热率/容积热容量之比值。

$$D = \frac{\lambda}{Cv}$$

式中 D——热扩散率(cm^2/s)；

λ——土壤导热率[$\text{J}/(\text{cm} \cdot \text{s} \cdot ℃)$]；

Cv——土壤容积热容量[J/(cm³·℃)]。

土壤水的热扩散率 = $5.021 \times 10^{-3}/4.184 cm^2/s$；土壤空气的热扩散率 = $2.092 \times 10^{-4}/1.255 \times 10^{-3} cm^2/s$，土粒的热扩散率 = $(8.4 \times 10^{-3} - 2.5 \times 10^{-2})/1.9 cm^2/s$。干土土温易上升，湿土土温不易上升。至于影响 λ 和 Cv 的土壤因素，如质地、松紧度、结构及孔隙状况等的影响，由于它们各自对 λ 和 Cv 影响的程度不同，而表现出差异。

4.4.5 土壤温度

土壤温度是太阳辐射平衡、土壤热量平衡和土壤热学性质共同作用的结果。不同地区（生物气候带）、不同时间（季节变化等）和土壤不同组成、性质及利用状况，都不同程度地影响土壤热量的收支平衡。因此，土壤温度具有明显的时、空特点。本节讨论的是土壤温度变化的一些一般规律。

4.4.5.1 土壤温度的季节或月变化

不同深度土壤温度的月变化，土壤表层温度随气温的变化而起伏波动。全年表层15cm土层的平均温度较气温为高；心土则秋冬比气温高，而春夏较低。这是由于心土处于被掩蔽状态和热传导的滞后性所造成的。心土温度变化的滞后性。一般说，季节变化的变幅随深度的增加而减小。在高纬度消失于25m深处，在中纬度消失于15~20m深处，在低纬度则消失于5~10m深处。

4.4.5.2 土壤温度的日变化

土壤热量主要来自太阳辐射，在温带地区太阳辐射使气温从早晨开始上升，到14:00左右达到最高温，表土温度也随之上升，但由于土温的滞后现象，通常在14:00后或更迟的时间才达到最高温度。在晚间，土表温度常比亚表层或心土层低，热朝向地表方向运动。

4.4.5.3 地形地貌和土壤性质对土温的影响

（1）海拔对土壤温度的影响

这主要是通过辐射平衡来体现，海拔增高，大气层的密度逐渐稀薄，透明度不断增加，散热快，土壤从太阳辐射吸收的热量增多，所以高山上的土温比气温高。由于高山气温低，当地面裸露时，地面辐射增强，所以在山区随着高度的增加，土温还是比平地的土温低。

（2）坡向与坡度对土壤温度的影响

这种影响极为显著，主要是由于：①坡地接受的太阳辐射因坡向和坡度而不同；②不同的坡向和坡度上，土壤蒸发强度不一样，土壤水和植物覆盖度有差异，土温高低及变幅也就迥然不同。在农业上选择适当的坡地进行农作物、果树和林木的种植与育苗极为重要。南坡的土壤温度和水分状况可以促进早发、早熟。

（3）土壤的组成和性质对土壤温度的影响

这主要是由于土壤的结构、质地、松紧度、孔性、含水量等影响了土壤的热容量和导热率以及土壤水蒸发所消耗的热量。土壤颜色深的，吸收的辐射热量多，红色、黄色的次之，浅色的土壤吸收的辐射热量小而反射率较高。在极端情况下，土壤颜色的差异可以使不同土壤在同一时间的土表温度相差 2~4℃，园艺栽培中或农作物的苗床中，有的在表面覆盖一层炉碴、草木灰或土杂肥等深色物质以提高土温。

4.4.5.4 土壤温度对作物生长与土壤肥力的影响

土壤温度状况对植物生长发育的影响是很显著的，植物生长发育过程，如发芽、生根、开花、结果等，都是在一定的临界土温之上才可能进行。

各种农作物的种子发芽都要求一定的土壤温度（表 4-16）。土温过高或过低，不但会影响种子发芽率，而且对作物以后的生长发育以及产量、品质都有影响。所以在考虑各种作物播种时间时，土温是不可忽视的因素。在土温适宜时，根系吸收水和养分的能力强，代谢作用旺盛，细胞分裂快，因此，根系生长迅速。土温过高或过低，都不适宜根系生长。当然，不同作物根系生长的最适土温，有很大差别，例如，小麦根系生位最适土温为 12~16℃，水稻为 30~32℃。

表 4-16 主要农作物种子芽要求的土温   ℃

作物	最低温度	最适温度	最高温度
水稻	10~12	30~32	36~38
小麦	3~3.4	25	30~32
大麦	3~3.4	20	28~30
棉花	10~12	25~30	40~42
花生	8~10	32~38	40~44
燕麦	4~5	25	30
大麻	8~10	35	45
高粱	8~10	32~35	30
烟叶	13~14	28	30
蚕豆	3~4	25	30
向日葵	8~9	28	35
胡萝卜	4~5	25	30
甜菜	4~5	35	28~30
菜豆	10	32	37

土温不仅影响根系而且对植物地上部分的生长也有明显影响，例如据国际水稻研究所在控制条件下进行的试验，表明土温 30℃ 条件下生长的水稻显然优于土温 20℃（表 4-17）。

表 4-17 土温对水稻生长与产量的影响（8 种土壤平均结果）

土温（℃）	茎秆重（g/盆）	有效分蘖（个/盆）	种子重（g/盆）	子粒（%）
20	27	32	24	56
30	57	38	43	100

土温对土壤中的植物、微生物和土壤肥力等都有巨大的影响，因为土壤中一切过程都受土温的制约，例如，许多无机盐在水中的溶解度，随土温增加而加大，气体在土壤中的溶解

度，也总是随土温变化而变动；土壤溶液黏滞性，随土温升高而降低，气体与水汽的扩散随土温升高而加强，代换性离子的活度，随土温上升而增加。土壤微生物活动随土温变动而变动等，都直接或间接受到土温的影响。

4.4.5.5 土壤热状况的调节

调节土壤热状况的主要任务，在不同时间与不同条件下是不同的。早春与晚秋为了防止霜冻，应采取措施提高土温，促进作物苗期生长与开花结实。炎夏温度太高时，则应采取措施降低土温。此外，在我国南方还有一部分特殊的低产土壤，由于土壤本身性质与其他环境关系使土温过低。如冷浸田、烂泥田等，也是该解决土温问题的重点对象。调节土温的途径归纳起来不外两方面：一是调节土壤热量的收支情况；二是调节土壤热特性。

（1）耕作施肥

耕作是最普通、最广泛、最简便的调节土温的措施，通过耕作可改变土壤松紧度与水气比例，改变土壤热特性，达到调节土温的目的。例如，苗期中耕可使土壤疏松，并切断表层与底层的毛管联系，使表层土壤热容量与导热率都减小，这样白天表层土温容易上升，对于发苗发根都有很大作用。又如，冬作物培土也可显著提高土温。施肥也是调节土温的重要措施之一，我国农民群众很早就有"冷土上热肥，热土上冷肥"的经验。例如，在冷性土上施用马粪、灰肥、煤灰、火土灰等热性肥，就有利于改进土壤的热状况。

（2）灌溉排水

这不仅是调节土壤水分和空气的重要措施，也是调节土温的重要措施。例如，早稻实施排水，减少土壤水分；有利于土温迅速上升，早稻秧田管理实行日排夜灌，以提高土温，促进秧苗健壮生长，炎热夏天实行"日灌夜排"以降低土温等都是利用灌排调节土温。水稻管理中的浅水灌溉，排水晒田等措施也都有调节土温的作用。

（3）覆盖与遮阴

覆盖是影响土温的有力手段，它不仅可改变土壤对太阳辐射热的吸收，而且可减少辐射和土壤水分蒸发速率，从而给土壤以很大影响。一般说，早春与冬季覆盖可以提高土温，夏季覆盖可以降低土温。遮阴可减少太阳对土表的直接照射，降低土温与近地层气温。对于一些喜雨植物，如三七、茉莉、茶叶及某些热带经济作物特别需要。

（4）应用增温保墒剂

这是利用工业副产品，如沥青渣油等制成的增温剂喷射到土壤表面以后，可形成一层均匀的黄褐色的薄膜，从而增加土壤对太阳辐射能的吸收，减少土壤蒸发对热量的消耗，产生显著的增温效果（表4-18）。

表4-18 增温剂对棉花出苗的影响

处理	播种 月/日	见苗 月/日	出苗 月/日	全苗 月/日	出苗率（%）	死苗率（%）
对照	4/11	4/30	5/4	5/7	60	18.1
增温剂	4/11	4/21	4/24	4/25	79	11.6
塑料薄膜	4/11	4/18	4/21	4/23	81	32.0

4.5 土壤生产性能

4.5.1 土壤生产性能的概念

土壤的本质是土壤肥力，而土壤肥力是受土壤一系列性质的影响，土壤肥力的高低，是通过土壤与作物的相互关系上体现出来，即土壤的生产性能。土壤生产性能是指土壤在耕作、栽培过程中，所表现的各种性能。它是在一定的气候、土壤、作物和农事活动的相互作用下，土壤对作物提供生活因素的能力及其与作物生长发育相适应的程度，并以它作判断土壤好坏的依据。

群众常把土壤生产性能比喻为土壤的"脾气"，如适合哪种肥料，哪类作物品种，哪种耕作措施，哪类气候条件等。并用许多生动形象的语言来描述它。例如，江苏小粉田对水稻田发棵性，农民形容是"前期见苗哈哈笑，后期见苗双脚跳"，这说明粉砂含量高，肥效快，易脱肥的特点。四川农民形容石骨子土是"漏水、漏肥、漏太阳"，生动的反映坡地石骨子具有土层薄、土粒粗、胶体数量少、保水保肥力差、作物生长不良的现象。由于生产性能是在农业生产全部过程中表现出来的，主要体现在3个方面：在作物生长方面有发棵性、宜肥性和耐肥性等。在抗御自然方面有耐蚀性、耐毒性和抗病性等；在耕作方面有宜耕性等。

4.5.2 土壤生产性能分述

4.5.2.1 发棵性

(1) 发棵性的概念

在农业生产中，不同土壤上生长的作物，在同一栽培措施下，会出现不同的生活习性。如由于土壤的发棵性作用，作物长势有早、迟、健、弱等情况，农民群众常用"发小苗不发老苗"或"发老苗"等来描述土壤的发棵性，各种作物有不同的生长习性，前后期的划分和生长速率的快慢应有不同的标准，通常以作物在整个生长期中发苗的情况，作为划分依据。以小麦为例，拔节前称小苗，孕穗后称老苗，前后期植株增长速率大于30%的称为发苗，反之为不发苗。土壤发棵性分以下4个类型：

①兼发型　表现为发小苗也发老苗，在整个作物生长期的各个生育阶段，土壤都能促进作物正常生长，表明土壤供应热、水、气、养分的能力较稳定和持久，产量较高，是良好的发棵性类型。

②前发型　表现为"发小苗不发老苗"，出苗整齐健壮，前期生长较快，而后期不足，说明土壤的供肥能力在前期较好，但不持久，中期需要采取措施予以补救，如果措施及时仍可获得较高的产量。

③后发型　表现为"发老苗不发小苗"作物前期生长缓慢，后期劲足疯长，表明土壤前期供应养分的能力弱，后期温度升高后，水热条件改善，供肥能力强，常采取前促中控，才能保证作物正常生长，获得较高的产量。

④弱发型　表现为既不发老苗也不发小苗，作物在整个生长期中，生长缓慢，株型纤弱，

产量低，表明土壤调节肥力因素较弱，供应养分的能力较差。需要从根本上改造土壤及环境条件，才能改善发棵性。

（2）影响土壤发棵性的主要因素

①土壤复合胶体的品质　土壤对作物供应养分的能力，取决于潜在养分的有效化过程。和土壤胶体吸收性离子的有效度，这两方面的作用，都与土壤矿质—有机质—生物（微生物和酶）复合胶体有密切关系，而复合胶体活性，又受温度条件的影响（表4-19）。

表4-19　不同胶体活性的主要因素

样品	温度（℃）	pH值			代换酸	代换碱
		水	$BaCl_2$（1mol/L）	Na_2SO_4（1mol/L）		
磷细菌液	16	7.0	7.3	7.5		0.5
	19	6.9	6.9	7.6		0.7
	21	6.4	7.0	7.0		0.6
	25	6.7	7.1	7.0		0.3
氢氧化铁胶状液	22.5	7.1	7.1	7.8		0.7
	32.5	6.0	6.0	8.0		2.0
硅酸胶状液	16	8.2	6.8	7.0	1.4	

表4-19中，高硅性胶体在较低温度（16℃）即可活化，而低硅土在温度较高（30℃）时胶体才有正常的活化能力，由于作物生长过程一般是前期处于低温环境，后期气温逐渐升高，这就使具有不同复合胶体组成的土壤，养分转化和供应随季节气候的不同而有强弱的差别，因而表现发棵性的差异。

②土壤质地与结构　土壤质地和结构对土壤水、气、肥运动状况有重要影响。砂土通气良好，在作物生长前期，易于升温，养分释放较快，故一般前发性较好；黏性土通气不良，但后期稳温性较好，有利于养分的有效化过程，故一般表现为后发型；具有良好结构的壤土，水、气、热状况协调稳定，一般为兼发型。因此，采取措施促使土壤团粒结构化，改良土壤质地，都有利于发棵性的改善。

③农事活动的影响　针对土壤发棵性的特点，通过耕作和水、肥管理措施，可以对作物生长进行促、控以克服土壤不良的发棵能力，如增加灌水可以使棕紫泥的发棵性得到改善，黄泥土施用猪粪能提高前发能力，所以正确的农业措施可以改善不良的生产性能，由此可见，根据土壤养分供应的能力与水、热条件的矛盾，结合气候，复合胶体品质和耕层特性，进行综合分析，不难判断土壤发棵性类型，为制订因地制宜的栽培技术和土壤改良方案提供依据。

4.5.2.2　宜种性

宜种性是指土壤适宜种植作物种类的性能，宜种性好的土壤，不择庄稼，种啥长啥，宜种范围宽；宜种性不好的土壤，则宜种范围窄。例如，四川绵阳地区的农民总结的"海椒宜黏，花生宜沙，生姜不怕黄泥巴"，又如茶树必须种在海拔较高，雾日较多，湿度较高的酸性土上，这些都是土壤宜种性的表现。土壤不同宜种性表现的实质是土壤供应热、水、气、养分与作物生理需要相协调的程度，在不同作物整个生育过程中的表现。土壤与某种作物之间供求关系协调，作物生长良好，就适宜种植。如供求关系不协调，作物发育不良，则不宜种植，影响土壤宜种性的因素有以下几方面。

(1) 作物根际营养环境

"根际"是植物的根能直接影响土壤性质的区域，作物主要通过根分泌物对根际土壤产生影响，根分泌物包括碳水化合物，有机酸、糖类、氨基酸、维生素和二氧化碳等，还有胞外活性物，与根际外的土壤性质极不相同，并使根际有更多的有效养分和良好的结构。如豆科绿肥作物根际土壤中固氮菌较多，小麦根际无机磷细菌占细菌总数的30%等，对营养环境的改善效果也有差异。这就造成了土壤不同的宜种性。例如，新开垦的红壤荒地，由于养分和有机质贫乏，土壤酸度较大，低硅性胶体，对水、热条件的调节能力弱，只宜种植适应性强的甘薯、花生、小麦、绿豆等先锋作物。

(2) 作物根部要求的通气条件

作物根部对养分的吸收与根的有氧呼吸有关，需要土壤供应适量的氧气。作物需氧量随种类不同而有差别(表4-20)，三种作物的呼吸强度相差可达40%，其中以水稻需氧量最少，它可以在淹水情况下生长发育，适宜在水田中栽培。小麦需氧量高出蚕豆近两倍半，因此，蚕豆在黏性重的大土泥中生长较好，小麦宜在壤质土中种植，水田种麦就需深沟排水，精耕细作，保持土壤较好的通气条件。

表4-20 几种主要作物的呼吸强度(10~30℃)

作物种类		呼吸强度*[mm³/(g·h)]	作物种类	呼吸强度[mm³/(g·h)]
水稻	日本型	7.7	小麦	251.0
	印度型	10.3	蚕豆	96.6

* 每克植物鲜重每小时所消耗的氧气量。

(3) 土壤复合胶体与根细胞活性的关系

土壤复合胶体是具有正负两种电荷的胶基，不同组成的复合胶体所带正负电荷的数量不同，对于不同价的养分离子的代换能力也有差异，作物根细胞胶体吸收利用不同价的阴阳离子的程度也有差别。禾本科类作物，如小麦根系的正性胶基活性较强，豆科作物根系的负性胶基活性较强。凡是复合胶体正电胶基活性较强的土壤类型，都能适应不同根系胶体类型的作物生长，其宜种性较宽。否则宜种较窄。因此，同一气候区域的低硅土壤(红、黄壤)，豆科作物长势较弱，小麦则较好，而高硅性土壤(冲积土或暗紫泥)种植豆科和麦类都很适宜。

(4) 区域气候、地貌、条件对宜种性的影响

气候、地貌等自然条件，通过对太阳的辐射热和降水在时间和空间的不同分配，改变了土壤与作物对养分的供求关系，由于不同土壤所受的影响不同，同时，作物对气候的适应性也有差异，因而，土壤的宜种性也出现较大的差别。如四川省綦江县横山区，特产的优质大米，以中横山所产稻米品质最佳，当地的海拔640~650m。平均坡度小于10°，坡面平缓，开阔向阳，阳光充足，在水稻抽穗—成熟期，山下炎热高温，最高可达40℃左右，土温也可达35℃，稻粒逼熟，品质较差。而横山天气晴和凉爽，平均气温较山下低6.2~9.5℃，土温平均低5℃左右，作物进行光合作用的条件较好，适合水稻灌浆成熟的要求。同时夜间散热快，气温低，可以减少植株呼吸作用的消耗，有利于籽粒干物质的累积和优质米的形成，因此，土壤宜种性与气候、地貌等自然条件有密切关系。

4.5.2.3 宜肥性

宜肥性是土壤对施肥的反映，体现了土壤耐肥瘦的能力。耐肥性好的土壤，多施肥作物不疯长不倒伏，少施肥作物不脱肥早衰，对肥料的选择不严，作物的产量也较高；耐肥性差的土壤，有的"背肥"则需肥量多，有的需"少吃多餐"，有的施肥过多过少都不利，作物产量也较低。例如，四川重庆南桐矿区的黄泥土缺了灰肥(特别是尿窖灰)和磷肥就很难高产，这是因灰肥是为了改善土壤通透性，使土壤易于增温，又增加了钾肥。

影响土壤的肥性主要因素有两方面。

(1) 土壤因素

土壤因素主要是指土壤复合胶体的品质、活性与土层构造，土壤中的化学反应和离子交换作用与土壤胶体密切相关。有机胶体和高硅性矿质胶体品质好，调节养分的能力强，多施肥可使养分吸收保留在胶体表面，并缓慢地释放出来供作物吸收，不至于烧根，疯长、肥劲稳而长，低硅性的矿质胶体品质差，调节力弱，肥劲不稳，施肥后劲猛而不持久，以后肥劲又逐渐衰竭，土壤层次构造在调节土壤水分条件与养分方面有重要作用。同时。也影响养分在剖面中的移动。有利于下层养分运输补给根层中的亏缺，使土壤能源不断地供应。

(2) 环境因素

大气水、热条件对有机质和矿物质的分解有直接影响。同时通过对土壤水、热条件的作用，而影响土壤耐肥性。此外，在作物生长过程中，单靠土壤对养分的调节和生理自养能力，不可能完全适应作物各生育期的需要，还要靠人工措施予以调节，才能满足作物高产的要求。

4.5.2.4 抗逆性

(1) 土壤的抗病力

土壤是许多作物病原菌栖息的地方。作物发病的原因和途径是多方面的，在作物病害发生时，常可看到，在不同土壤上，同一作物、同一品种，发病率有很大差异。这表明，土壤具有抗病力。土壤抗病力是指在同一气候、地形、作物品种、肥水管理条件下，某种病菌扩展侵袭时，土壤免疫程度大小在作物发病率上的表现。

土壤的抗病力，在一定程度上是土壤微生物和外来病菌之间矛盾斗争的结果，如果土壤本身的微生物活力小。抵御不过外来的病菌，就难免使作物受到病害。施用有机肥之所以能增强土壤的抗病力，主要是加入有机质后，土壤微生物的总数和有益微生物的数量大大增加，从而迫使病菌处于劣势地位(表4-21)。

表4-21中，酸性红壤施用有机肥和石灰后，细菌总数比施用化肥的增加4倍，而喜温性的嫌气固氮菌减少80%，真菌减少107%。这里虽然没有谈到抗病力的问题，但是有机肥可以直接加强土壤中好气性微生物的活性，间接抑制嫌气细菌和真菌的活动是显而易见的。

植物的根系分泌物，对土壤抗病力也有很大的影响。根分泌许多可溶性水化合物于土壤中，其中有的是某些根际微生物的能源。根际微生物的发展，可压抑病原菌活动。根还分泌一些直接毒害病原体的物质，如亚麻分泌氢氰酸能保护根，使之不受某些病原菌的侵袭。

土壤抗病力的研究，是预防和减少作物病害发生的很重要的方面，但这方面的工作还未引起有关方面的重视，致使在作物病害防治上，受到很大的局限。

表 4-21 施用有机肥和石灰改良红壤时小麦根际微生物的变化

处理	好气性纤维分解菌（个/g）			亚硝酸细菌（个/g）		嫌气性固氮菌（个/g）			细菌总数（×10³ 个/g）			
	分蘖期	盛穗期	成熟期	盛穗期	成熟期	分蘖期	盛穗期	成熟期	分蘖期	拔节期	盛穗期	成熟期
无肥区	0	25	0	5	50	0	250	250	5 540	12 650	7 565	2 813
石灰	0	0	0	5	130	0	250	250	12 530	22 580	4 094	6 106
N、P、K	0	0	0	20	60	0	250	1 100	8 589	17 820	9 035	5 669
NPK+石灰	0	6	25	130	60	250	700	110	34 590	46 350	20 030	5 694
有机肥+石灰	700	700	700	700	900	250	250	250	49 990	44 020	20 330	16 160

（2）土壤的耐蚀力

土壤耐蚀力指土壤抵抗雨水冲刷侵蚀的能力。土壤耐蚀力的强弱，必须从地形（坡度、坡长和坡宽）、土壤胶体品质、土壤结构和质地组成等多方面来考虑，而不单是坡度大小和雨量多少的问题。坡度和雨量是引起土壤冲蚀的外因，但要想全面了解土壤耐蚀力强弱的原因，必须从内因和外因两方面来考虑。例如，东北地区漫岗孤丘坡面的黑土，在 40℃ 的陡坡上，冲蚀现象不明显，而在坡长 >100m，坡度仅为 5°左右的低丘黑土地区，反而可显出严重的沟状冲刷。这是因为在排水密度较小的孤丘陡坡地，雨水急速排走，较少渗入土中，因而，坡度不是限制因子。这时黑上的优良结构性状就是评价耐蚀的主要依据。低丘长坡地区的黑土，地面径流速率较小，浸入土内的机会较多，可以不显冲刷现象。但是，径流不断下渗（排水密度大），势必引起表层土粒分散，随水顺坡流失，坡面越长，集水量越多，土壤流失的程度越大。

胶体品质与土壤耐蚀能力的强弱有密切的关系。例如，四川省的 3 种紫色土，其耐蚀性各有不同的特点。自流井组紫色土属高硅性土。吸水能力大，自然耐蚀力高，但径流入渗快，容易使土粒分散，如果地形平坦径流可携带分散的土粒，沿着底层裂缝向下流失，使底土吸水膨胀，往往可造成新开梯田发生崩塌。为了防止这种现象的发生，梯田的表面必须保持一定的坡度，使径流沿坡面流失，以减少入渗量。属于高硅性低硅土的夹关组紫色土，由于胶体的吸水能力较弱，径流入渗缓慢，因而相对地加长了径流在表层中停留的时间，引起表土的分散，所以即使在较平的梯地，也容易产生冲刷的现象，在这种情况下，梯田必须保持绝对水平，促使径流慢慢向底层渗透。至于胶体品质属于低硅性高硅土的沙溪庙组紫色土，它的耐蚀情况比较接近夹关组紫色土，所以防止冲刷的方法也大致和夹关组相同。

土壤质地中粉沙粒含量的多少，与耐蚀力的强弱也有很大的关系。我国西北地区的风成黄土和次生黄土，土壤的粉沙粒含量大都在 60% 以上，粉沙粒没有胶体的特性，遇水立即分散，容易引起冲刷，所以梯田必须保持水平，雨后必须填平产生的微小浅沟，以消除因地面径流不均而引起集中冲刷的危险。坡地黄土更应注意仔细平整土地，并沿坡面加开人字形浅沟，以加速排除径流，避免引起冲刷。

（3）土壤的耐毒力

土壤耐毒力指土壤具有缓冲某些使作物受特殊毒性物质危害的能力。我国有毒性物质危害的土壤，主要有以下几种：

①盐碱土　盐碱土的特点是含有过量的可溶性盐分，如氯化钠、硫酸钠、碳酸氢钠、碳酸钠、氯化镁和硫酸镁等。轻度盐土含盐量为 0.2%~0.5%，中度盐土为 0.5%~0.7%。由于盐分含量过多，使土壤溶液浓度增加，抑制了农作物对水分和养分的正常吸收，甚至发生某种生理毒害。常使播下的种子不易萌发出苗，或出苗后造成生理失调，而生长不良，甚至死亡。

②红黄壤　这种土壤是高温多雨气候条件下形成的，由于土壤中盐基物质淋失，土壤胶体表面多为氢离子和铝离子，毒害作物生长，同时也抑制了作物对磷素的吸收，致使作物红苗不发，生长极差。

③涝洼地和冷浸田　这些土壤主要是硫化氢和亚铁离子毒害，也有甲酸、乙酸、丁酸、乳酸、二氧化碳、一氧化碳和甲烷等物质的毒害作用。水稻植株吸收了硫化物 10mg/kg 以上时，会阻碍根系吸收磷素养分和其他养分的作用，也会抑制植株体的代谢作用，水稻植株吸收亚铁 5mg/kg 以上，土壤中亚铁离子浓度 300mg/kg 以上，其浓度超过根系氧化力时，也会导致生理性能的衰退、氧化力下降，伴随其他有害物质入侵。

④咸酸田　这种土壤又酸又咸，还有毒质危害，pH 值为 3~5，活性铝含量 45mg/kg，活性铁含量 100mg/kg，活性锰含量 30mg/kg，同时还含有硫酸钠、氯化钠、硫酸铝等盐分 0.35% 左右。因此，这种稻田的水稻产量极低，是我国广东、福建沿海地区的主要低产土壤。

⑤矿毒田　矿山、工厂废水中常含有重金属铁、铝、铜、锌、镍以及砷等。用未经处理的废水灌溉，对水稻生长有害，其中砷的毒害性最大。一般金属溶剂浓度大致在十万分之一以下，用来灌溉没有影响，但超过万分之五则伴有毒害。

为了增强土壤的耐毒力，一般针对土壤发生毒害的原因，采取各种不同的途径进行改良，目前常用的方法有：用增施有机质或种植绿肥的方法，提高土壤肥力，改进土壤结构，使土壤通气透水，利于排除毒质或通过氧化作用转化毒质。施用特种改良物质，如石灰、石膏、土壤结构改良剂等，改良土壤化学性状、消除毒性物质的危害。利用客土或改土等方法，改进耕作层的胶体品质和质地组成，或用水冲洗有毒物质，降低其浓度，使它不致造成毒害作用。

从上述土壤的发棵性、宜种性、适耕性和抗逆性等的介绍可以看出，土壤生产性能是农业生产中土壤本身反映出来的不同脾气。一般情况下，同一土壤类型其肥力特性是一致的，其生产性能也是相同的。但不同土壤类型的肥力特性极不相同，其主要生产性能也各有其特点。例如，胶泥田、沙泥田和冷浸田是三种不同类型的土壤、在抗逆性上，胶泥田和砂泥田是耐涝的，而冷浸田在涝年就会大减产；在发棵性上，胶泥田与冷浸田是后发型，而砂泥田却是早发型；在宜种性上，胶泥田宜种蚕豆，砂泥田宜种小麦，而冷浸田上小麦、蚕豆都长不好。因此，各种土壤类型在发棵性，宜种性、适耕性、择肥性和抗逆性等各方面都表现出独特的性状。

农业生产中改良土壤的目的，就是要消除各类型土壤的不良生产性能，使之成为各方面表现良好的高产稳产农田。例如经过改良以后的胶泥田、砂泥田和冷浸田，都可以转变为高产的油砂田，具有发小苗又发老苗，不择肥、不择种，好耕好耙，旱涝保收等优良的农业生产性能。

无数事实证明，高肥力土壤的优良生产性能是来自土壤本身具有良好的有机无机复合胶体，粒状结构和剖面层次构造。而这些优良的土壤性状，在改良和培肥低产土壤和中产土壤时，并不是一开始就具备的。只有在实现高产过程中，采取平整土地、增施有机肥料、合理耕作轮作等措施以后才能逐年培肥起来。因此，深入研究土壤生产性能极为重要，它可以指引人们正确地认土、用土、改土和培土，以保证农业不断持续高产。

复习思考题

1. 土壤胶体带电的原因？
2. 土壤阳离子交换作用的特征？
3. 土壤活性酸与潜在酸的关系？
4. 土壤的缓冲作用机理？
5. 土壤结构体的形成机理？
6. 为什么说土壤水对土壤温度的影响最大？
7. 什么是土壤的生产性能？

主要参考文献

朱祖祥，1983. 土壤学[M]. 上册. 北京：农业出版社.

李庆逵，1983. 中国红壤[M]. 北京：科学出版社.

谢德体，2004. 土壤肥料学[M]. 北京：中国林业出版社.

姚贤良，程云生，等，1987. 土壤物理学[M]. 北京：农业出版社.

熊毅，李庆逵，1987. 中国土壤[M]. 2版. 北京：科学出版社.

于天仁，1987. 土壤化学原理[M]. 北京：科学出版社.

袁可能，1990. 土壤化学[M]. 北京：农业出版社.

李学垣，1987. 土壤的表面化学性质[M]. 北京：科学出版社.

熊毅，陈家坊，等，1990. 土壤胶体[M]. 第3册. 北京：科学出版社.

黄昌勇，2000. 土壤学[M]. 北京：农业出版社.

谢德体，2014. 土壤学（南方本）[M]. 3版. 北京：中国农业出版社.

第 5 章
我国主要土壤类型及改良利用

【本章提要】 本章主要介绍我国土壤的成土条件、形成过程、分布特征及当前主要土壤分类系统。针对我国区域土壤的特点，简要介绍各主要土壤类型的形成、分析和改良利用的对策，为我国科学合理利用土壤资源，实现土壤资源的可持续利用提供依据。

我国位于亚洲东部，东临太平洋，南北跨纬度 50 多度，东西占经度达 60 多度，面积约为 $960 \times 10^4 km^2$。由于地域辽阔，各地自然条件差别很大，因此形成了各种各样的土壤。此外，我国又是历史悠久的农业国，人类生产活动已有几千年的历史，在长期生产过程中，不断地改造自然环境以适应于人类的需要，这些生产活动不仅能加速土壤的演变，甚至能改变土壤的发展方向。因此，我国土壤的形成与演化，与自然条件以及人类的农业生产活动有着密切的关系。

5.1 我国土壤的形成条件及分布

5.1.1 形成条件

在土壤学中，将影响土壤形成的各种自然条件，归纳为地形、气候、成土母质、生物、时间等五大因素，称为土壤形成因素，或简称成土因素。也就是说，地球陆地表面的任何一种土壤，都是在这五种因素的共同作用下形成的。但是，在不同地区，各因素的具体内容和特点不同，各因素以不同的作用强度相配合，从而形成各种各样的土壤。

5.1.1.1 地形

我国的地势是西部高，东部低，由西向东倾斜并呈阶梯状逐渐下降。总的来说，可分为东西两大部分，大体上以大兴安岭、阴山山脉、贺兰山和青藏高原的东部边缘为界。西部多为高大的山岭、高原和大盆地；东部主要是平原、低山和丘陵。

地形因素对土壤形成的作用很明显，就大的方面来说，山地和平原上的土壤迥然不同。山地的海拔越高，山体越大，分异也越显著。高大的山脉和高原，常常成为气流的屏障，直接影响太阳辐射量、热量和水分在地表面的分布，并影响着植被的演替和土壤内物质的运动，因而常使山体两侧的土壤差异显著。例如，秦岭是东西走向的高大山脉，对来自南方的暖湿气流和来自北方的干冷气团都有阻滞作用，所以山地南坡和北坡的土壤有显著不同。在南坡形成酸性的黄棕壤，而北坡形成中性至微碱性的褐土。又如，大体上呈南北走向的大兴安岭和太行山脉，同东南季风呈直角相交，在夏季，迎风面降水量大有利于土壤中物质的化学分解和生物积累；背风面受气温增高、湿度小的焚风影响，土壤的淋溶和生物积累都较弱。因此，这些山地就成了不同类型土壤的分界线。例如，大兴安岭东坡为暗棕壤，而西坡为灰色森林土。

山地和高原对土壤形成的影响，还表现在：海拔越高，土壤变化越复杂，形成的土壤类型就越多。这是因为，气温随山地海拔增高而递减；在一定高度范围内，降水量随高度增高而增大；植被类型也相应地更替，所以土壤类型也不同。

在平原、盆地和丘陵范围内，地形的高差变化虽小，但对土壤的形成仍有明显影响。如平原地区局部起伏的地面变异，会引起土壤水分和水质特点的变化，形成各种不同的土壤组合。在地形高、排水好的部位，形成能反映当地生物气候条件的地带性土壤；而地形低的部位，由于地下水位较高甚至地面积水，形成非地带性的半水成土和水成土，如果地下水含盐类较多，还可以形成盐渍化土壤。又如盆地周围的高地，原来是地带性土壤，如果开垦为农地，绝大多数是旱耕地；盆地中心大多为在河流冲积物上发育的半水成土或水成土，开垦后，在北方常成为有良好灌溉条件的水浇地，而在南方则绝大部分成为稻田。丘陵的高度不大，虽然不会像山地那样引起气候和植被发生大的变化，但地面形状和坡度也能影响降水的再分配，从而影响到土壤的发育程度。土壤侵蚀的强度，就与地形和坡度密切相关。

5.1.1.2 气候

我国国土辽阔，从南海诸岛起，自南而北直至黑龙江省最北部，如果按热量分带，全国可划分为热带、南亚热带、中亚热带、北亚热带、暖温带、温带、寒温带等热量带。热量从南往北递减，不仅对土壤形成有影响，而且对土地利用也有深刻影响。例如，热带地区 $\geq 10℃$ 的积温在 9 000℃ 左右，全年没有零下低温和霜冻，水稻年可三熟，甘薯年可四熟，热带作物终年生长茂盛，而最北部的寒温带，$\geq 10℃$ 的积温仅约 1 500～1 700℃，冬季漫长、寒冷，无霜期一般不到 100d，最多的也仅有 110d。有呈岛状分布的永冻层，夏季融化也仅限于表层，由于永冻层不透水，常使土壤沼泽化。寒温带仅可栽培春小麦、马铃薯、荞麦等，一年一熟。

我国的气候属季风气候。冬季受西北干冷气流的控制，多西北风；夏季分别受东南、西南季风的影响，带来丰富的降水。但由于山脉和高原的屏障作用，夏季风不易深入到大陆内部，因此降水量的分布呈现出由东南沿海向内陆递减的特点。同时，西北内陆由于空气十分干燥，蒸发量很大，东南部分则较湿润，所以蒸发量表现出自西北向东南递减的趋势。

气候因素在土壤形成上的作用，主要表现为水热条件对土壤形成的方向、强度的影响。概括地说，在我国东部地区，秦岭—淮河一线以北，热量较低，降水也较少，矿物风化、淋溶作用和有机质分解都较微弱，土壤可由微酸性至微碱性反应，部分土壤含有碳酸钙。也有一些土壤含有可溶盐，而有盐渍化。但在该线以南，由于湿热程度增强，有机质分解强烈，风化产物和成土产物的分解和淋溶程度高，富铝化作用显著，土壤呈酸性反应，除滨海地段外，土壤无盐渍化。

在北部和西北地区，干旱程度自东往西增强，形成各种含碳酸钙的草原土壤以至漠境土壤。青藏高原的高寒环境，使土壤形成受到冻融交替的强烈影响，矿物和有机物的分解程度都不高，而形成各类高山土壤。

5.1.1.3 成土母质

我国土壤的成土母质类型，总的来说，在秦岭、淮河一线以南地区，多是各种岩石在原地风化形成的风化壳，并以红色风化壳分布最广。昆仑山、秦岭、山东丘陵一线以北地区，主要的成土母质是黄土状沉积物及沙质风积物。在各大江河中下游平原，成土母质主要是河流冲积物。平原湖泊地区的成土母质主要是湖积物。高山、高原地区，除各种岩石的就地风化物外，还有冰碛物和冰水沉积物。

成土母质是土壤形成的物质基础。母质因素在土壤形成上具有极重要的作用，它直接影响土壤的矿物组成和土壤颗粒组成，并在很大程度上支配着土壤的物理、化学性质，以及土壤生产力的高低。例如，花岗岩、砂岩等的风化物含石英多，质地粗，透水性好，除花岗岩因含长石较多而钾含量较高外，一般都缺乏矿质养分。玄武岩、页岩等的风化物，含石英颗粒少，黏细物质含量较高，且富含铁、镁的基性矿物，透水性较差，矿质养分含量较丰富。石灰岩及其他含碳酸钙岩石的风化物，质地比较黏重，碳酸钙含量不等，矿质养分也较丰富。

5.1.1.4 植被

我国东部，是受到东南季风和西南季风影响较强的地区，自然植被以森林植被为主。由于长期开发和利用，原生植被已保存不多。就森林类型来说，在热带地区是常绿阔叶雨林和落叶、常绿阔叶混交季雨林；亚热带地区是常绿阔叶林和常绿、落叶阔叶混交林；温带地区是落叶阔叶林和针叶、落叶阔叶混交林；寒温带为常绿针叶林（如冷杉、云杉）和落叶针叶林（落叶松）。

在我国西北部，夏季风无影响，或影响很弱，气候干旱，从东往西由草原植被类型依次更替为草原、草原荒漠、荒漠植被类型。

青藏高原和西部的高山上，则广泛分布着高寒草甸、草原、荒漠及垫状植被类型。

此外，在平原地区，在大江河三角洲上，还广泛地分布着草甸植被类型和沼泽植被类型。不过这些地区大多已被开辟成为耕地，很少保留有成片的自然植被了。

植被类型与土壤类型关系密切，森林凋落物、草根等直接影响土壤形成；同时，随着土壤性质的变化，又能促使植被类型发生变化。例如，分布在大、小兴安岭一带的暗棕壤，是在针叶—落叶阔叶混交林下形成的，但是当森林由于自然原因或人为原因受到破坏后，土壤水分的蒸腾量大为减少，土壤由干变湿，促进了草甸植被的发展，土壤有机质来源丰富，暗棕壤逐渐演变为富含腐殖质的黑土。但是，此后随着腐殖质大量积累和蓄水性不断加强，以及由于母质黏重和冻层托水而促成的土壤内排水不畅，土壤逐渐沼泽化，使残存的、稀疏的旱生树种，为湿生性树种所取代，草甸植被也逐渐演替成沼泽—草甸或沼泽植被，从而又促进土壤向沼泽化黑土或沼泽土的方向发展。

5.1.1.5 成土年龄

土壤也是有年龄的。从开始形成土壤时起，直到目前的这段时间，就是土壤的年龄。对这段时间，在土壤学上称它为土壤的绝对年龄。

土壤绝对年龄的开始，是指冰川消融、退缩后地面出露，或是河流、湖泊沉积物基本稳定地露出了水面，或是海岸升高和海水退缩后海滩成陆。一般来说，高海拔的高山地区、高纬度的北方地区，脱离冰川影响较晚，土壤绝对年龄小些；低海拔地区和低纬度的南方地区，土壤绝对年龄较大。也可以说，原地残积风化物上形成的土壤，年龄一般都较大，冲积物上的土壤则年龄较轻。如仅从土壤绝对年龄这一概念本身的含义来看，似乎土壤绝对年龄越大，其发育程度越深，但事实上并不完全如此，因此又提出了土壤相对年龄的概念。

土壤相对年龄，并不是指土壤存在的持续时间，而是指由于各种成土因素综合作用下的成土速率，也就是土壤发育的深度。例如，在四川省的紫色岩上，如果地形、植被等因素有利于成土作用稳定地进行，可以形成发育程度较深，有富铝化特征的黄壤；反之，由于土壤侵蚀、地面物质不断更新，土壤发育始终停留在幼年阶段，只能形成保留着许多母质特征的紫色土，而与黄壤差别甚大。但就绝对年龄来说，它们之间应当是没有区别的。

5.1.1.6 人为因素

人为因素给予土壤形成、演化的影响十分强烈，它对于土壤形成影响的性质与自然因素有着本质的不同。人是在逐渐认识土壤发生发展规律的基础上，有目的地采取各种利用改造措施定向培育土壤，使土壤朝着更有利于农业生产需要的方向发展。自然土壤在人类活动的影响下便开始了农业土壤的发生发展过程。

人们在利用土壤的过程中，发挥人的主观能动性来改造不良的土壤，对其进行土地综合整治，实施农田基本建设，调节各种成土因素的作用，变不利为有利，不断培肥土壤以提高土壤肥力。人类通过采取生物措施和工程措施，及农艺技术措施，调整土壤形成过程中的物质循环及成土因素的作用，培植高度熟化的肥沃土境（耕作土壤）。现阶段实施的精准农业技术体系由信息获取系统、信息处理系统与智能化农业机械等三个部分组成，遥感技术、高新技术等在人类利用土壤的过程中发挥着巨大的作用。其中，农田信息获取系统是精准农业的实施基础和关键技术之一。获取农田信息的方式主要包括卫星遥感、大型飞机航拍、定点摄像、手持或车载式信息采集和无人机农田信息获取等。

由于我国土地资源、农业栽培模式和农业经营规模等因素的影响，植保机械化将在不同地域有不同的模式。无人机具有质量轻、尺寸小、操控灵活等优点，因此无人机（UAV）航空施药技术具有许多地面装备没有的特殊优势，因而可在丘陵山区，中、小田块的病虫害防治或是大田块内局部的精准施药、卫生消杀等作业中发挥不可替代的作用。但是由于受到技术水平等多种因素的制约，目前我国无人机（UAV）施药技术研究还处于初级水平，随着社会的发展和先进技术的引入，无人机（UAV）施药技术在我国特殊区域的现代农业中将具有广泛的应用价值。

人为因素对土壤形成过程的影响并不都是积极的，存在自然界的生态平衡由于受到人为活动的影响而遭到破坏的现象。例如，三峡移民及水库的修建对当地的土壤肥力造成很大影响，随着三峡水库蓄水位方案的实施，人口动迁、土地淹没、城镇搬迁和土地利用方式改变等问题不可避免，土地原有状态的改变、人为活动的加剧，影响库区农业生态系统的稳定性，并进一步加剧人地矛盾。因此，人为活动必须符合土壤发生、发展的客观规律，尽可能避开对土壤的不利影响，采取一切有效的措施，促进土壤向高肥力和高产出的方向持续发展。

5.1.2 分布

土壤是各种成土因素综合作用的产物。在一定的成土条件下,产生一定的土壤类型,各类土壤都有着与之相适应的空间位置。土壤类型在空间的组合情况,呈现有规律的变化,这就是土壤的地理分布规律。土壤的地理分布既与生物气候条件相适应,表现为广域的水平分布规律和垂直分布规律,又与地方性的成土因素如母质、地形、水文以及成土年龄等相适应,表现为区域性分布规律;在耕作、施肥、灌溉等耕种条件下,土壤分布又受人为活动的制约。认识这些规律性,对于因地制宜地利用、改良、培肥土壤和进行农业生产配置具有很重要的意义。

5.1.2.1 土壤的地带性分布规律

土壤的地带性分布规律是指土壤类型与气候、生物条件相适应的分布规律,亦称土壤显域性分布规律。由于气候、生物等成土因素具有三维空间的立体变化,土壤作为它们的函数也必然会有三维空间的分布状态。因此,土壤分布的一般情况,可用下列多元函数式表达:

$$S = f(W, J, G)$$

式中　S——表示土壤的分布状况;

W, J, G——分别表示纬度(南北)、经度(东西)及海拔高度(垂直)等方向的变化。

在广大平原地区,垂直变化较小,海拔(G)可以看作常数或接近常数,其土壤分布变化主要受纬度(W)或经度(J)所控制;在一定位置的山区,由于地形影响突出,纬度(W)和经度(J)又可视为常数或接近常数。因此,如果以三维坐标轴表示土壤分布的变化情况,则:

$S_1 = f(W)$　　　　　　　　　　　　　　　S_1 为纬度地带性

$S_2 = f(J)$　　　　　　　　　　　　　　　S_2 为经度地带性

$S_3 = f(G)$　　　　　　　　　　　　　　　S_3 为垂直地带性

上述意义上的相对划分,可以用来说明土壤的广域分布规律,即通常所讲的土壤分布的纬度地带性、经度地带性和垂直地带性。

从土壤地带性的起因来说,纬度地带性是经度地带性和垂直地带性的基础。从三者对土壤分布的制约关系来看,纬度地带性和经度地带性共同制约着土壤的水平分布;垂直地带性直接决定着山地和高原谷地的土壤分布。而在广大高原高山条件下,土壤分布实际上受纬度地带性、经度地带性和垂直地带性的共同控制。所以,土壤地带性分布包括水平地带性分布、垂直地带性分布和水平—垂直地带复合分布。

5.1.2.2 土壤的水平分布规律

(1)土壤的纬度地带性分布

土壤分布的经度地带性,是指地带性土类(亚类)大致按纬度(南北)方向逐渐变化的分布规律。由于不同纬度上热量的差异,从而引起温度、湿度等气象要素以及气候自赤道向两极的变化,相应地也引起生物、土壤呈带状分布。例如,我国东部沿海型纬度地带谱,由南而北依次排列着砖红壤—赤红壤—红壤、黄壤—黄棕壤—棕壤—暗棕壤。

(2)土壤的经度地带性分布

土壤分布的经度地带性,是指地带性土类(亚类)大致按经度(东西)方向由沿海向内陆变化的规律。这种变化主要与距离海洋的远近有关,距离海洋愈远,气候愈干旱,距离海洋愈近,气候愈湿润。由于气候不同,植被条件也不同,从而对土壤的形成和分布产生重大影响。例如,我国东北—内蒙古—宁夏一线,由东向西,植被的递变规律是森林—草甸草原—草原—干草原—荒漠草原—荒漠;土壤也自东向西呈有规律的递变。在温带,其土壤带依次为暗棕壤—黑土—黑钙土—栗钙土—棕钙土—灰漠土—灰棕漠土;在暖温带范围内则为棕壤—褐土—黑垆土—灰钙土—棕漠土。

(3) 大地形对土壤水平分布的影响

大的山地常常是气候、生物的天然屏障,它加强了地带的分异,往往成为土壤地带的明显分界。例如,我国的南岭是赤红壤和红壤的分界线,秦岭是黄棕壤与褐土的分界线,天山是棕漠土和灰棕漠土的分界线等。

由于大地形对水热条件再分配的明显影响,因此也直接影响着土壤的水平分布。例如,青藏高原的隆起影响亚热带、暖温带、温带等土壤水平地带向西延展;黄土高原因受太行山脉阻碍,其气候明显变干,由南而北出现褐土、黑垆土;由于燕山山脉横贯对东南季风的阻碍,使内蒙古高原面上均为钙层土。

(4) 我国土壤水平分布的特点

我国位于北纬 $4°15′ \sim 50°30′$,由北向南跨越 5 个热量带,即热带、亚热带、暖温带、温带和寒温带。由于受东南季风的强烈影响,热带和亚热带土壤的带幅宽广,其中砖红壤、赤红壤、红壤、黄壤与黄棕壤带自南向北依次排列,并呈东西伸展,西侧直抵横断山系。长江以北,因东南季风减弱,沿海湿润型纬度地带谱的带幅变窄,方向偏转,加之华北平原横贯其间,暖温带棕壤地带均呈东北—西南向,直到东北地区,这种偏转更为明显,由东至西依次排列着暗棕壤、黑土、黑钙土、栗钙土带,呈南北延伸。黄土高原和内蒙古高原的地势较高,东南季风势力更弱,所以,土壤带排列又大致成为东北—西南—东西向,由南而北顺次出现褐土、黑垆土、栗钙土和棕钙土。到内陆地区,由于有青藏高原屏障,东南季风受阻,其土壤地带又变成东西向分布,由南疆至北疆依次出现棕漠土、灰棕漠土和灰漠土 3 个土壤带。

不同的土壤类型,在利用改良的方向上有显著的差别。研究和掌握土壤的水平分布规律,对拟订全国或区域性的土壤利用、改良规划具有很重要的现实意义。

5.1.2.3 土壤的垂直分布规律

土壤的垂直分布规律是指土壤随地势高度的升高(或降低),相应于生物气候的变化而变化的分布规律,即土壤类型随海拔的高低自基带向上(或向下)依次更替的现象,称为土壤分布的垂直地带性。土壤类型自基带随海拔升高向上依次更替的现象,称为正向垂直地带性;反之,称为负向垂直地带性。通常所讲的垂直地带性皆指正向垂直地带性,简称垂直地带性。

(1) 土壤的(正向)垂直分布规律

①土壤正向垂直分布的一般规律 山地随着海拔的升高,其气温不断下降(一般每升高 100m,气温下降约 0.6℃),大气湿度则由于水分蒸发力的减弱和在一定高度内降水量的增加而增大,因此自然植被也随之而变化,土壤的形成、分布也发生相应的变化。所以,从山麓至山顶,在不同的高度分布着不同类型的土壤,这就是土壤的(正向)垂直地带性。

由于土壤分布的垂直地带性是在水平地带性的基础上发展起来的,所以,各个水平地带都有相应的垂直地带谱。一般说来,这种垂直地带谱由基带(即带谱的起点)土壤开始,随着山体的升高,依次出现一系列与所在地区向极地(或沿海)延伸的相应的土壤类型。

土壤垂直带谱的组成,既随基带土壤类型,也随山体高度与山体形态的不同而呈有规律的变化。

②我国主要的山地土壤垂直带谱　从我国热带到温带的主要山地土壤垂直地带谱皆属沿海湿润型,并呈现有规律的变化。现举例说明种种不同的土壤垂直带谱:

海南五指山东北坡(热带湿润型):基带土壤为砖红壤(海拔<400m),向上依次为山地砖红壤(800m)—山地黄壤(1 200m)—山地黄棕壤(1 600m)—山地灌丛草甸土(1 879m)。

台湾玉山西坡(南亚热带湿润型):基带为赤红壤(海拔100~800m)—山地黄壤(1 500m)—山地黄棕壤(2 300m)—山地棕壤或暗棕壤(2 800m)—山地草甸土(3 600m)。

贵州梵净山东南坡(中亚热带湿润型):基带为红壤(海拔<500m)—山地黄壤(1 400m)—山地黄棕壤(2 200m)—山地草甸土(2 572m)。

安徽大别山(北亚热带湿润型):基带为黄棕壤(海拔<750m)—山地棕壤(1 350m)—山地暗棕壤(1 450m)。

辽宁千山(暖温带湿润型):棕壤(海拔<50m)—山地棕壤(800m)—山地暗棕壤(1 100m)。

长白山北坡(温带湿润型):白浆土、暗棕壤(海拔<800m)—山地暗棕壤(1 200m)—棕色针叶林土(1 900m)—山地寒漠土(2 170m)。

大兴安岭北坡(寒温带湿润型):黑土(海拔<500m)—山地暗棕壤(1 200m)—棕色针叶林土(1 700m)。

土壤垂直带谱随经度的变化规律,以温带和暖温带的表现比较明显。如在我国温带范围内,可分出下列四种具有代表性的垂直带谱:

湿润型:如上述长白山北坡的土壤垂直带谱。

半湿润型:以大兴安岭黄岗山为例,黑钙土(海拔<1 300m)—山地暗棕壤(1 900m)—山地草甸土(2 000m)。

半干旱型:以阴山北坡为例,栗钙土(海拔<1 200m)—山地栗钙土(阳坡)或灰褐土(阴坡)(1 700m)—山地黑钙土(阳坡)或灰褐土(阴坡)(2 200m)。

干旱型:如阿尔泰山布尔津山区,棕钙土(海拔<800m)—山地栗钙土(1 200m)—山地黑钙土(1 800m)—山地灰黑土(2 400m)—山地寒漠土(3 300m)。

此外,土壤垂直地带性分布还具有下列特点:

其一,基带土壤不同,亦即地理位置不同,山地土壤垂直地带谱的组成各异。即使在同一地带内,因所在纬度(或经度)的位置不同,垂直地带中同一土壤类型出现的高度也不一致。

其二,山体愈高,相对高差愈大,土壤垂直地带谱愈完整,其中包含的土壤类型也愈多。例如,喜马拉雅山的珠穆朗玛峰为世界最高峰,从而形成最完整的土壤垂直地带谱,由基带的红壤、黄壤起,经山地黄棕壤、山地棕壤、山地暗棕壤、灰化土、亚高山草甸土、高山草甸土,直到高山寒冻土与冻雪线。如此完整的土垂直壤地带谱,实为世界罕见。

其三，山地坡向对土壤垂直地带谱的组成有明显的影响，尤其是作为土壤水平地带分界线的山体两侧特别明显。总的特点是，山地下部基带土壤类型各异，向上逐渐趋于一致，但带幅高度仍然有别。

（2）土壤的负向垂直分布规律

土壤负向垂直地带性是指从基带土壤向下（由高原面向谷底）随着生物气候变化而土壤依次变化的规律。负向垂直地带谱也称土壤下垂谱，主要发生在高原面的负地形（河谷）中。如贵州六盘水的北盘江上游，高原面上（海拔 1 700～1 800m）分布着黄壤或黄棕壤，这是土壤下垂谱的基带。由于新构造运动的抬升作用，北盘江河流下切，海拔降至 600m 左右，出现了红壤。从六盘水市东南部的老王山梁子至北盘江河谷，由上而下，土壤的垂直分布依次为：山地黄棕壤（海拔＞1 750m）—山地黄壤（1 750～1 200m）—山地（黄）红壤（1 200～600 m）。从六盘水市西部的杨梅坡垭口至北盘江发耳河谷，相对高差逾 1 400 米；其土壤下垂谱亦很明显，由上而下土壤分布依次为：山地暗黄棕壤（海拔 2 400～1 900m）—山地黄壤（1 900～1 100m）—山地（黄）红壤（1 100～850m）。

研究和掌握土壤的正向和负向垂直分布规律，对因地制宜地发展"立体农业"具有重要的意义。

5.1.2.4　土壤垂直—水平复合分布规律

土壤的垂直—水平复合分布规律，是指在垂直地带性基础上出现水平地带性分布，而在水平地带性基础上又有垂直地带性分布的规律。这是高原土壤地理分布的重要特点。我国青藏高原隆起于祖国西南部，其四周为一系列高山所烘托，山地的土壤由一系列（正向）垂直地带谱所组成；而在高原面上，与生物气候分异一致，由南而北依次出现 6 个土壤水平地带，即亚高山草甸土、高山草甸土、亚高山草原土、高山草原土、亚高山漠土和高山漠土。这种垂直—水平复合分布规律在云贵高原也有比较明显的表现。

5.1.2.5　土壤的区域性分布规律

前述土壤的地带性分布，属于土壤的广域分布规律，主要受生物气候条件的制约。但它并不能全面地反映一个地区具体土壤分布的实际情况。例如，四川盆地处于黄壤带，但其分布面积最大的是水稻土和紫色土，黄壤仅居第三位，此外还有石灰（岩）土、潮土等。因此，土壤分布还表现出强烈的区域性规律。土壤的区域性可以理解为在一个土壤带内，由于母质、地形、水文和人为活动等地方性成土因素的差异所造成的土壤组合（或土被结构）特点，包括土壤的类型（地带性土壤和非地带性土壤类型）及其面积构成比例、分布特点和优势土壤类型等。在一个土壤带内可有若干个不同土壤组合特点的区域。例如，在黄壤带内，不仅四川盆地与贵州高原土壤的区域性不同，而且四川盆地的盆西平原与盆中丘陵的土壤组合也有很大的差别，这些差别和特点正是不同地区进行土壤资源开发利用和土壤改良、管理的基本出发点，也是地区性土壤利用、改良规划的依据，研究土壤区域性分布规律的重要意义即在于此。关于土壤地带性与区域性的关系，可以说地带性寓于区域性之中，而区域性则是地带性的具体而生动的体现。这两方面的认识相互补充，即可更全面地掌握土壤的地理分布规律。现对土壤区域性分布中的若干土壤组合类型分述如下：

(1) 母质引起的土壤组合

这种土壤组合是指在一定地区范围内，主要由成土母岩及母质类型的变化所引起的土壤类型有规律的组合分布。例如，在贵州高原，因碳酸盐类岩石与砂页岩的风化物常呈相间分布，因而在黄壤（红壤或黄棕壤）带内，出现石灰（岩）土与地带土壤呈相互交错分布的状况；在有紫色砂页岩出露的地段，尚有紫色土分布其间，从而构成较为复杂的土壤组合。例如，贵阳市花溪河谷至孟关一线的土壤组合，就包括黄色砂页岩风化物形成的黄壤或黄泥田（黄壤性水稻土）、白云岩及石灰岩风化物形成的石灰（岩）土和紫色砂页岩风化物发育的紫色土或紫泥田（紫色土性水稻土），以及河流冲积母质发育的潮泥田（潮土性水稻土）等。

(2) 地形和水文条件引起的土壤组合

这种土壤组合是在一定地区内，主要由地形—水文条件的变化所引起的土壤分布及组合规律。在平原及低山丘陵地区的沟谷、山间盆地、河流两岸以及湖泊周围等区域内，土壤的地形—水文变异分布及组合规律表现得较为明显。例如，位于褐土带的华北平原，由山麓到滨海平原依次出现褐土、潮褐土、潮土、盐化潮土、花碱土和滨海盐土等。

土链（catena）是与地形等有关的一种土壤区域性分布形式，它是指在一个土壤地带内，因地形及其有关的水文地质和母质等差异而形成的区域性土壤系列，因其横断面状如链条而得名。土链又有多种类型：若地形的不均一性超过母质岩性的差异，称为地形-链；若岩性的不均一性（但呈有规则的变异）大于地形的差异，称为岩性-链；还有地形和岩性都不均一的土链。

地形引起物质重新分配后，往往形成各种特殊的土壤组合。

山地的不同坡向（阴坡和阳坡，迎风坡和背风坡），由于水热条件的变化，也会造成土壤的坡向分异和组合。又如，在藏东干暖河谷，谷底为褐土，沿谷坡向上延伸，阴坡可依次出现棕壤、暗棕壤，而阳坡在褐土之上则出现灰褐土。

(3) 人为因素引起的土壤组合

这是指由于人为改造自然条件（如地形、水文等）和耕种熟化土壤所形成的一系列土壤区域性分布及组合规律。在山地、丘陵地区，为了保持水土，在坡地上修筑梯田、梯土，可以形成特殊的阶梯式土壤分布及组合规律。如在黄壤地带的页岩山区，由坡麓到山坡中上部的耕种土壤，通常依次分布为油黄泥田（土）、黄泥田（土）和死黄泥田（土）等。在平原地区，进行农田基本建设时，通过统一规划和平整土地，促进大地园田化，结果形成特有的棋盘式土壤分布及组合规律。如太湖平原水稻土区，由鳝血白土与小粉白土或鳝血黄泥土与黄泥土构成的组合规律；长江下游沿江平原地区则由灰潮土中的黄泥夹砂和砂夹黄泥或砂土构成棋盘式的组合规律。在低洼坝地和湖荡地区，在洼地与湖荡疏干垦殖时，四周的排水条件较中心部分良好，因而形成以湖洼为中心而向四周有规律地分布不同类型的耕种土壤，称之为框式土壤分布及组合规律。如江苏里下河地区，常将湖荡区划分为塘心田、下框田、中框田和上框田，并在上述不同田上采取不同的耕种培肥措施，从而相应地形成鸭屎土、黑黏土、黄黏土和红砂土的系列组合；在贵州岩溶洼地上，通常可见由烂泥田、鸭屎泥田、干鸭屎泥田所构成的组合规律。

除了人为改造自然条件引起的土壤区域性分布外，耕种土壤按熟化度的区域性分布也是很有规律的。这种分布一般具有同心圆式的分布特点。它多以居民点为中心，距居民点愈近，受人为耕作熟化的影响愈强烈，土壤的熟化度愈高。如贵州山区的村寨多依山傍水，其周围耕种土壤的分布由近及远表现为：村前多为高、中、低肥力的水稻土系列组合，村后多为高、中、低肥力的旱作土系列组合，两者共同组成同心圆式分布；同时，水稻土又呈现弧形分布特征，旱作土则呈阶梯式分布特点。

5.2 我国土壤形成过程与分类

5.2.1 土壤形成过程

根据我国的具体情况，可以归纳出如下10种成土过程：

5.2.1.1 原始成土过程

原始土壤形成过程是从岩生微生物着生开始到高等植物定居之前形成土壤的过程。这一过程包括3个阶段，即岩石表面在地衣定居以前，着生蓝藻、绿藻、甲藻和硅藻等岩生微生物的"岩漆"阶段，岩漆阶段是原始成土过程开始的标志；被岩漆改变了的岩石为地衣的繁生创造了条件。随着石面地衣向壳状地衣、叶状地衣和枝状地衣的更替，地衣对原生矿物发生强烈的破坏性影响而进入地衣阶段；地衣覆盖下的成土作用准备了适宜的细土层之后，苔藓便在岩石上出现了。苔藓代替了地衣，使细土和有机质不断增多，这就为绿色高等植物准备了肥沃的基质，称为苔藓阶段。原始土壤形成过程多发生在高山区。

5.2.1.2 有机质积累过程

有机质积累过程是在木本或草本植被下，土体上部进行有机质积累的过程，各种土壤中都有存在。我国土壤有机质积累过程可以细分为6种类型：①土壤表层有机质含量大部分在 10.0 g/kg 以下，甚至低于 3.0 g/kg，硝态氮占水解氮 80% 以上，胡敏酸与富里酸之比小于 0.5（棕漠土中 <0.2）的漠土有机质积累过程；②土壤有机质集中在 20~30 cm 以上，含量为 10.0~30.0 g/kg，胡敏酸与富里酸之比小于 1.0（棕钙土、灰钙土）或大于 1.0（栗钙土）的草原土有机质积累过程；③土壤表层有机质含量达 30.0~80.0 g/kg 或更高，腐殖质组成以胡敏酸为主的草甸土有机质积累过程；④地表有特有的枯枝落叶层，有机质积累明显，其累积与分解保持一个动态平衡（在滇南热带雨林下有机质为 37.0~39.0 g/kg 的林下有机质积累过程；⑤有机质腐殖化作用弱，土壤剖面上部为毡状草皮，有机质含量达 100 g/kg 以上的高寒草甸（草毡状）有机质积累过程；⑥地面长期潮湿，生长喜湿和喜水植物，并形成一个厚度无定黑色泥炭层的泥炭积累过程。

5.2.1.3 盐渍化过程

土壤盐渍化过程是由季节性地表积盐与脱盐两个方向相反的过程构成的。主要发生在干旱、半干旱地区和滨海地区，可分为盐化和碱化两种过程。

盐化过程是指地表水、地下水以及母质中含有的盐分，在强烈的蒸发作用下，通过现代正在进行的土体毛管水的垂直和水平移动，逐渐向地表积聚，或是已脱离地下水或地表水的影响而表现为残余积盐特点的过程。前者称为现代积盐作用，后者称为残余积盐作用。在我国现代的积盐作用中，海水浸渍下的积盐特点是土壤积盐重，心、底土含盐量接近海积淤泥，以氯化物占优势；地下水与地表水双重影响的积盐特点是表聚性强，盐分剖面呈"T"字形，可分出硫酸盐—氯化物、氯化物—硫酸盐与苏打等积盐类型；地下水影响的积盐特点是气候愈干旱，积盐强度愈大，积盐层愈厚，土壤中盐分与地下水盐分组成基本一致。

碱化过程是交换性钠或交换性镁不断进入土壤吸收复合体的过程。可分为两个发生阶段：季节性积盐、脱盐交替，并以积盐为主的阶段和以脱盐为主的阶段。碱化过程的表现带有明显地区性。山西几个盆地和河套平原以斑状碱土为主，华北平原以瓦碱为主，内蒙古和东北平原以典型碱化土为主，漠境地区则为碱化龟裂土。

5.2.1.4 钙化过程

钙化过程是我国干旱、半干旱地区土壤碳酸盐发生移动和积累的过程。在季节性淋溶的水分条件下，降水淋洗了易溶性盐类，钙、镁只部分淋失，部分仍残留在土壤中。因此，土壤胶体表面和土壤溶液中多为钙（或镁）所饱和。土壤表层残存的钙离子与植物残体分解时产生的碳酸结合，形成重碳酸钙，在雨季向下移动并淀积在剖面中部或下部，形成钙积层，其碳酸钙含量一般在 $100 \sim 200 \text{g/kg}$ 之间，因土类和地区不同而异。碳酸钙淀积的形态有粉末状、假菌丝状、眼斑状、结核状或层状等。

在我国草原和漠境地区，还出现有另一种钙化过程的形式，土壤中常发现石膏的积累，而且石灰表聚性很强，这与极端干旱的气候条件有关。

5.2.1.5 黏化过程

黏化过程是土壤剖面中黏粒形成和积累的过程。一般分为残积黏化和淀积黏化两种形式。前者是土内风化作用所形成的黏土产物，由于缺乏稳定的下降水流，没有向较深土层移动，而就地积累，形成一个明显黏土化或铁质化的土层。其特点是土壤颗粒只表现由粗变细；除 CaO 和 Na_2O 稍有移动外，其他元素皆有不同程度的积累；黏化层有纤维状光性定向黏粒出现；黏化层厚度随土壤湿度的提高而增加。多发生在漠境和半漠境土壤中。而后者是风化和成土作用所形成的黏土产物，自土层上部向下淋溶和淀积，形成淀积黏化土层；出现明显泉华状光性定向黏粒；该层铁、铝氧化物明显增加，但胶体组成无明显变化，仍处于开始脱钾阶段。多发生在暖温带和北亚热带湿润地区的土壤中。

5.2.1.6 白浆化过程

白浆化过程是在季节性还原淋溶条件下，黏粒与铁、锰淋溶淀积的过程。它的实质是潴育淋溶，同假潜育过程类同。在季节还原条件下，土壤表层的铁、锰与黏粒随水流失或向下移动，在腐殖质层（或耕层）下，形成粉砂量高，而铁、锰贫乏的白色淋溶层。在剖面中、下部则形成铁、锰和黏粒富集的淀积层。因其溢出的土壤地下水中含有一定量状似白浆的乳白色悬浮物而得名。这类土壤的特点是土体全量化学组成在剖面中分异明显，而黏粒化学组成较为均一。它的形成与地形条件有关，多发生在白浆土和水稻土类的白土层中。

5.2.1.7 富铝化过程

富铝化过程是我国热带、亚热带地区风化和土壤物质由于矿物的水解作用，形成弱碱性条件，随着可溶盐、碱金属和碱土金属盐基及硅酸的大量流失，而造成铁、铝在土体内相对富集的过程。因母质性质的不同，砖红壤与红壤中，SiO_2 和 CaO、MgO、K_2O、Na_2O 等的迁移强度差异很大。在富铝化土壤上生长的植物，通常灰分含量很低，锰的含量略高一些，而铝的含量特别高。植物对铝的富集反过来又影响富铝化过程。

5.2.1.8 潜育化过程

潜育过程是指土体在水分饱和、强烈嫌气条件下所发生的还原过程。由于土体长期被水浸润，空气缺乏，处于脱氧状态，有机质在分解过程中产生较多的还原物质，高价铁锰转化成亚铁锰，形成一个颜色呈现蓝灰色或者青灰色的还原层。这个还原层次称为潜育层或青泥层，多出现在沼泽土和还原型水稻土中。

5.2.1.9 潴育化过程

潴育化实质上是土壤干、湿交替所引起的氧化与还原交替的过程。这个过程主要发生在土体中地下水位的季节性升降层段。在雨季地下水位上升期，土壤水分饱和，铁、锰发生还原、溶解、移动；在旱季水位下降期，铁、锰又氧化沉淀，在结构面、孔隙壁上形成锈色斑纹，甚至出现铁锰结核。这样形成的铁锰斑纹层，称为潴育层或氧化还原层。潴育化是草甸土、潮土等的重要成土过程，它与潜育化都主要是由地下水作用所引起的，但后者发生在土壤的稳定地下水层，一般无干湿交替和氧化还原交替存在。

5.2.1.10 人为熟化过程

土壤熟化过程是在耕作条件下，通过耕作、培肥与改良，促进水、肥、气、热诸因素不断协调，使土壤向有利于作物高产方面转化的过程。通常把种植旱作条件下定向培肥土壤的称为旱耕熟化过程，而把淹水耕作，在氧化还原交替条件下的培肥土壤过程称为水耕熟化过程。

我国各地土壤旱耕熟化的方式互有不同。一般旱耕熟化过程可分为三个阶段：即改造土壤前身固有的不利成土过程和性状（如潜育化、盐渍化、侵蚀、沙化等），发挥有利于农业生产的过程和性状的改造熟化阶段；通过积累养分、改变土性、改良土质和改善结构等作用，改善土壤营养条件和环境因素的培肥熟化阶段；进一步提高土壤肥力，使土壤具有良好剖面结构的高肥稳产阶段。

不同起源土壤的水耕熟化过程具有不同的特点。一般说来，充分排水的土壤起源的水稻土，由于灌溉渍水，土壤剖面由 A—C、A—Ap—C 发育成 A—Ap—P—W—C；草甸土起源水稻土，通过淤灌形成犁底层，剖面由 A—Ap—P—G 发育为 A—Ap—P—W—G；沼泽土起源水稻土，通过排水和填高田面，随着水分状况和氧化还原条件的改善，由 AG—G 剖面发育成 A—P—G 至 P—W—G 和 A—Ap—P—W，A—G 剖面。不同起源的水稻土向着具有一定剖面结构的肥沃水稻土方向发展。

5.2.2 我国土壤的分类

5.2.2.1 我国现行的土壤分类

我国现行土壤分类的基础是1978年全国土壤分类会议提出的《中国土壤分类暂行草案》，于1992年确立为《中国土壤分类系统》，最后于1995年在原方案基础上提出《中国土壤系统分类》修订方案。

(1) 土壤分类的基本原则

①土壤分类的发生学原则　土壤是客观存在的历史自然体。土壤分类必须严格贯彻发生学原则。这一原则体现为把成土因素、成土过程和土壤属性（比较稳定的性态特征）三者结合起来考虑，而以土壤属性作为土壤分类的基础。土壤属性是在一定成土条件下一定成土过程作用的结果。它是一种客观存在并可以量化的事实，因此只有以土壤属性为基础，土壤分类才有可能成为客观的定量分类。

②土壤分类的统一性原则　土壤是一个整体，既是历史自然体，又是劳动的产物。自然土壤与耕种土壤有着发生上的联系。耕种土壤是自然土壤通过耕垦、改良、熟化而形成的，两者既有土壤属性的继承关系，又有发育阶段的差别。在进行土壤分类时，将两类土壤归入统一的分类系统中，对于不同的耕种土壤，则根据其变化情况给予适当的分类位置。

③土壤分类的系统性原则　我国幅员广阔，土壤种类繁多。为了全面地反映不同土壤的发生、演变规律和纵横发生联系，必须采用多级分类系统，但土壤分类等级又不宜过繁。

(2) 土壤分类的依据和系统

我国现行的土壤分类是在发生学原理指导下，以土壤属性（比较稳定的土壤剖面形态和理化性质）作为土壤分类的依据。分类系统采用土纲、亚纲、土类、亚类、土属、土种、变种共7级分类制，其中土纲、亚纲、土类和亚类为高级分类单元，土属是中级分类单元，土种是基本的基层分类单元。以土类、土种最为重要。土类以上概括为土纲，亚纲是土纲的辅助单元；土类以下续分为亚类，土种以下续分为变种，土属为土类与土种间的过渡单元，起承上启下的作用。

①土纲　土纲是根据各土类共性归纳而成的土壤分类的最高级单元。例如，砖红壤、红壤、黄壤等土类，其共性是具有中等以上的富铝化作用而使铁、铝氧化物聚积，故归纳为铁铝土纲；黄棕壤、棕壤、暗棕壤、棕色针叶林土等均具有石灰充分淋溶，酸性反应和黏粒移动的特点，故归纳为淋溶土纲。

②亚纲　亚纲是土纲的辅助单元；是根据对主导成土过程起主要控制作用的因素，以及由此因素造成的土壤发生层的形态差异来划分。如对铁铝土纲的富铝化过程起控制作用的因素是湿度和热量，因此用热量和湿度作为划分亚纲的依据，例如，湿热铁铝土亚纲、湿暖铁铝土亚纲；又如，淋溶土纲划分为湿暖淋溶土亚纲、湿暖温淋溶土亚纲、湿温淋溶土亚纲和湿寒温淋溶土亚纲等。

③土类　土类是在一定的气候、植被、母质、地形和人为活动等因素作用下形成的，具

有独特的成土过程和土壤属性的土壤组合。例如，砖红壤代表热带雨林下高度化学风化，富含游离铁、铝的酸性土壤；黑土代表温带湿草原下有大量腐殖质积累的土壤。这些土壤的成土条件、成土过程都各不相同，且均有相对稳定的性态特征可资鉴别。

④亚类　亚类是在土类范围内的续分，是根据主导成土过程以外的次要成土过程或者同一土类不同的发育阶段来划分。如黄壤土类以中等富铝化为主导成土过程，其中的漂洗黄壤亚类还有作为次要成土过程的漂洗作用。

⑤土属　土属是具有承上启下意义的分类单元，主要根据母质、水文等地方性因素以及土壤的残遗特征来划分。如红壤根据成土母质的地球化学状况划分为铁质红壤、硅质红壤、铁铝质红壤、硅铁质红壤、硅铝质红壤等土属；而盐土的土属则是根据盐分的组成来划分。

⑥土种　土种是基层分类单元，在土属范围内根据反映发育程度或熟化程度的性状来划分。如山区土壤根据土层厚度分为厚层（>80cm）、中层（40~80cm）、薄层（<40cm）土壤。耕种土壤常以表层有机质的含量来反映（旱地）土壤的熟化度。如有的地区将耕层有机质含量大于40g/kg的归为高熟化土壤，小于20g/kg的称为低熟化土壤。

⑦变种　变种是土种范围内的细分，在同一土种范围内根据表层或耕层的某些性质或成分的变化来划分。

(3) 土壤命名系统

土壤命名系统与土壤分类系统是不可分割的，一个好的土壤分类系统需有一个好的命名系统。建立一个好的土壤命名系统，通常应注意以下几点：①土壤命名的字数和结构应尽量简明化和系统化；②能反映成土过程和土壤属性；③基层分类单元的名称尽量能与生产紧密联系，便于群众使用；④已习用的名称不宜轻易改动，以免造成混乱。

我国现行的土壤分类(1984, 1992)采用的是分段命名法，即土类、土种等都可以单独命名，习惯名称与群众中提炼出来的名称并用。高级分类单元土类以习用名称为主，如红壤、黑钙土、紫色土等；有的是从群众名称中提炼出来的，如白浆土等。土壤名称一般也不反映土壤的地形分布，如山地的黄壤仍称黄壤，而不称"山地黄壤"。在基层分类单元中，尤其是耕种土壤的土种，主要选用习用名称，如紫泥土、黄砂土、鸭屎泥田等等。这一命名方法较好地体现了土壤命名的科学性、生产性和群众性。

(4) 我国现行土壤分类系统

现将我国1992年全国第二次土壤普查汇总后修订的《中国土壤分类系统》列于表5-1。本系统共确立了12个土纲、29个亚纲、61个土类和231个亚类。应当指出，土壤分类是一件复杂的工作，随着对土壤认识的不断加深，土壤分类系统也应当不断地修订和完善。

表5-1　中国土壤分类系统(1992)

土纲	亚纲	土类	亚类
铁铝土	湿热铁铝土	砖红壤	砖红壤，黄色砖红壤
		赤红壤	赤红壤，黄色赤红壤，赤红壤性土
		红壤	红壤，黄红壤，棕红壤，山原红壤，红壤性土
	湿暖铁铝土	黄壤	黄壤，漂洗黄壤，表潜黄壤，黄壤性土

(续)

土纲	亚纲	土类	亚类
淋溶性土	湿暖淋溶土	黄棕壤	黄棕壤，暗黄棕壤，黄棕壤性土
		黄褐土	黄褐土，黏盘黄褐土，白浆化黄褐土，黄褐土性土
	湿暖温淋溶土	棕壤	棕壤，白浆化棕壤，潮棕壤，棕壤性土
	湿温淋溶土	暗棕壤	暗棕壤，灰化暗棕壤，白浆化暗棕壤，草甸暗棕壤，潜育暗棕壤，暗棕壤性土
		白浆土	白浆土，草甸白浆土，潜育白浆土
	湿寒温淋溶土	棕色针叶林土	棕色针叶林土，灰化棕色针叶林土，白浆化棕色针叶林土，表潜棕色针叶林土
		漂灰土	漂灰土，暗漂灰土
		灰化土	灰化土
半淋溶土	半湿热半淋溶土	燥红土	燥红土，淋溶燥红土，褐红土
	半湿暖温半淋溶土	褐土	褐土，石灰性褐土，淋溶褐土，潮褐土，燥褐土，褐土性土
	半湿温半淋溶土	灰褐土	灰褐土，暗灰性褐土，淋溶灰褐土，石灰性褐土，灰褐土性土
		黑土	黑土，草甸黑土，白浆化黑土，表潜黑土
		灰色森林土	灰色森林土，暗灰色森林土
钙层土	半湿温钙层土	黑钙土	黑钙土，淋溶黑钙土，石灰性黑钙土，淡黑钙土，草甸黑钙土，盐化黑钙土，碱化黑钙土
	半干温钙层土	栗钙土	暗栗钙土，栗钙土，淡栗钙土，草甸栗钙土，盐化栗钙土，碱化栗钙土，栗钙土性土
	半干暖温钙层土	栗褐土	栗褐土，淡栗褐土，潮栗褐土
		黑垆土	黑垆土，黏化黑垆土，潮黑垆土，黑麻土
干旱土	干温干旱土	棕钙土	棕钙土，淡棕钙土，草甸棕钙土，盐化棕钙土，碱化棕钙土，棕钙土性土
	干暖温干旱土	灰钙土	灰钙土，淡灰钙土，草甸灰钙土，盐化灰钙土
漠土	干温漠土	灰漠土	灰漠土，钙质灰漠土，草甸灰漠土，盐化灰漠土，碱化灰漠土，灌耕灰漠土
		灰棕漠土	灰棕漠土，草甸灰棕漠土，石膏灰棕漠土，石膏盐盘灰棕漠土，灌耕灰棕漠土
	干暖温漠土	棕漠土	棕漠土，草甸棕漠土，盐化棕漠土，石膏棕漠土，石膏盐盘棕漠土，灌耕棕漠土
初育土	土质初育土	黄绵土	黄绵土
		红黏土	红黏土，积钙红黏土，复盐基红黏土
		新积土	新积土，冲积土，珊瑚砂土
		龟裂土	龟裂土
		风沙土	荒漠风沙土，草原风沙土，草甸风沙土，滨海风沙土
		粗骨土	酸性粗骨土，中性粗骨土，钙质粗骨土，硅质岩粗骨土
	石质初育土	石灰(岩)土	红色石灰土，黑色石灰土，棕色石灰土，黄色石灰土
		火山灰土	火山灰土，暗火山灰土，基性岩火山灰土
		紫色土	酸性紫色土，中性紫色土，石灰性紫色土
		磷质石灰土	磷质石灰土，硬盘磷质石灰土，盐渍磷质石灰土
		石质土	酸性石质土，中性石质土，钙质石质土，含盐石质土

(续)

土纲	亚纲	土类	亚类
半水成土	暗半水成土	草甸土	草甸土、石灰性草甸土、白浆化草甸土、潜育草甸土、盐化草甸土、碱化草甸土
	淡半水成土	潮土	潮土、灰潮土、脱潮土、湿潮土、盐化潮土、碱化潮土、灌淤潮土
		砂姜黑土	砂姜黑土、石灰性砂姜黑土、盐化砂姜黑土、碱化砂姜黑土、黑黏土
		林灌草甸土	林灌草甸土、盐化林灌草甸土、碱化林灌草甸土
		山地草甸土	山地草甸土、山地草原草甸土、山地灌丛草甸土
水成土	矿质水成土	沼泽土	沼泽土、腐泥沼泽土、泥炭沼泽土、草甸沼泽土、盐化沼泽土、碱化沼泽土
	有机水成土	泥炭土	低位泥炭土地、中位泥炭土地、高位泥炭土
盐碱土	盐土	草甸盐土	草甸盐土地、结壳盐土、沼泽盐土、碱化盐土
		滨海盐土	滨海盐土、滨海沼泽盐土、滨海潮滩盐土
		酸性硫酸盐土	酸性硫酸盐土、含盐酸性硫酸盐土
		漠境盐土	漠境盐土、干旱盐土、残余盐土
		寒原盐土	寒原盐土、寒原草甸盐土地、寒原硼酸盐土、寒原碱化盐土
	碱土	碱土	草甸碱土、草原碱土、龟裂碱土、盐化碱土、荒漠碱土
人为土	人为水成土	水稻土	潴育水稻土、淹育水稻土、渗育水稻土、潜育水稻土地、脱潜水稻土、漂洗水稻土、盐渍水稻土、咸酸水稻土
	灌耕土	灌淤土	灌淤土、潮灌淤土、表锈灌淤土、盐化灌淤土
		灌漠土	灌漠土、灰灌漠土、潮灌漠土、盐化灌漠土
高山土	湿寒高山土	草毡土（高山草甸土）	草毡土(高山草甸土)、薄草毡土(高山草原草甸土)、棕草毡土(高山灌丛草甸土)、湿草毡土(高山湿草甸土)
		黑毡土（亚高山草甸土）	黑毡土(亚高山草甸土)、薄黑毡土(亚高山草原草甸土)、棕黑毡土(亚高山灌丛草甸土)、湿黑毡土(亚高山湿草甸土)
	半湿寒高山土	寒钙土（高山草原土）	寒钙土(高山草原土)、暗寒钙土(高山草甸草原土)、淡寒钙土(高山荒漠草原土)、盐化寒钙土(亚高山盐渍草原土)
		冷钙土（亚高山草原土）	冷钙土(亚高山草原土)、暗冷钙土(亚高山草甸草原土)、淡冷钙土(亚高山荒漠草原土)、盐化冷钙土(亚高山盐渍草原土)
		冷棕钙土（山地灌丛草原土）	冷棕钙土(山地灌丛草原土)、淋淀冷棕钙土(山地淋溶灌丛草原土)
	干寒高山土	寒漠土（高山漠土）	寒漠土(高山漠土)
		冷漠土（亚高山漠土）	冷漠土(亚高山漠土)
		寒冻土（高山寒漠土）	寒冻土(高山寒漠土)

5.2.2.2 中国土壤系统分类

以前的土壤分类基本上是定性的，20 世纪 60 年代以后，美国首先对土壤分类进行了定量化研究，提出了以诊断层和诊断特性为核心的土壤系统分类体系，70 年代以后传入西欧、日本，现在俄罗斯也在探索土壤分类定量化的途径。定量化的土壤分类已成为当今土壤分类的主流。在这种情况下，为了与国际土壤分类接轨，从 1984 年开始，我国在已有土壤分类研究的基础上,吸取美国等国家土壤分类的先进经验,结合我国的实际,研究制订出具有自己特色的"中国土壤系统分类";经过6年多的研究,1991年提出了《中国土壤系统分类》(首次方案),且已广泛地应用于科研和生产实践;又经过5年的研究,1995年出版了《中国土壤系统分类》(修订方案)一书。

(1) 中国土壤系统分类的特点

①以诊断层和诊断特性为基础 诊断层和诊断特性是现代土壤分类的核心。我国在吸取国外先进经验的同时,结合我国的实际,修订方案中拟定了11个诊断表层、20个诊断表下层、2个其他诊断层和25个诊断特性,而且根据诊断层和诊断特性制定了土壤分类检索系统,把土壤分类的定量指标落实到具体的土壤类型上。

②面向世界与国际接轨 植物分类和动物分类都有世界公认的统一分类,土壤分类也正朝着这个方向努力。只有有了统一的土壤分类,才便于土壤科学在世界范围内的信息交流和知识共享。为此,我国的土壤系统分类在吸取国际经验时,尽可能地采用国际上已经成熟的诊断层和诊断特性;如果根据我国国情创造新的,也依据同样的原则和方法来划分。

③充分体现我国的特色 我国土壤类型众多,土壤资源丰富,有许多特色是其他国家不具备的:a. 耕种土壤:我国是一个古老的农业国,人为活动对土壤影响之深,强度之大,是世界上其他国家无法比拟的,其中占世界1/4的水稻土尤具特色;b. 我国拥有$200 \times 10^4 km^2$的湿润热带、亚热带土壤,其强淋溶、弱风化的特点是又一特色;c. 我国西北内陆干旱区,不仅有世界上各大干旱区的土壤类别,而且还有我国特有的特性,盐积、超盐积和盐盘干旱土等土壤类别,是世界干旱土分类研究的天然标本库;d. 被称为"世界屋脊"的青藏高原土壤,那里有类似于极地而又不同于极地的土壤特点。对于上述问题的研究,在中国土壤系统分类中已经得到了充分的反映,标志着我国土壤科学的研究取得了突破性的进展,土壤系统分类已向定量化、指标化前进。

(2) 中国土壤系统分类的依据

中国土壤系统分类是以诊断层、诊断特性以及诊断现象为划分土壤类别的依据。

凡用于鉴别土壤类别的、在性质上具有一系列定量规定的土层,称为诊断层;如果用于分类目的的不是土层,而是具有规定的土壤性质(形态的、物理的、化学的),则称为诊断特性;凡在土壤性质上已发生明显变化,但尚未达到诊断层或诊断特性规定的指标,而在土壤分类上具有重要意义,即足以作为划分土壤类别依据的,称为诊断现象,如碱积现象、钙积现象、变性现象等等。

中国土壤系统分类设如下33个诊断层:

诊断表层(11个)有:有机表层、草毡表层、暗沃表层、暗瘠表层、淡薄表层、灌淤表层、堆垫表层、肥熟表层、水耕表层、干旱表层和盐结壳。

诊断表下层(20个)有:漂白层、舌状层、雏形层、铁铝层、低活性富铁层、聚铁网纹层、灰化淀积层、耕作淀积层、水耕氧化还原层、黏化层、黏盘、碱积层、超盐积层、盐盘、石膏层、超石膏层、钙积层、超钙积层、钙盘和磷盘。

其他诊断层(2个)为盐积层和含硫层。

系统分类共设25个诊断特性,计有:

有机土壤物质、岩性特征、石质接触面、准石质接触面人为淤积物质、变性特征、人为扰动层次、潜育特征、氧化还原特征、永冻层次、冻融特征、均腐殖质特性、腐殖质特性、火山灰特性、铁质特性、富铝特性、铝质特性、富磷特性、钠质特性、石灰性、盐基饱和度、硫化物物质、n 值、土壤温度状况、土壤水分状况。

其中 n 值是指田间条件下土壤含水量与无机黏粒和有机质含量之间的关系;土壤温度状况分为永冻、寒冻、寒性、冷性、温性、热性和高热等 7 种;土壤水分状况分为干旱、半干润、湿润、常湿润、滞水、人为滞水和潮湿等 7 种。

(3) 中国土壤系统分类的体系

中国土壤系统分类为多级分类,共分为 7 级,即土纲、亚纲、土类、亚类、土属、土种和变种。前 4 级为高级分类级别,后 3 级为基层分类级别。

土纲为最高土壤分类级别,根据主要成土过程产生的或影响主要成土过程的性质来划分,修订方案共分出 14 个土纲。

亚纲是土纲的辅助级别,主要根据影响现代成土过程的控制因素所反映的性质(如水分状况、温度状况和岩性特征)来划分,修订方案共分为 39 个亚纲。

土类是亚纲的续分,是根据反映主要成土过程的强度或次要成土过程或控制因素的表现性质来划分,修订方案共划分出 141 个土类。

现将中国土壤系统分类首次方案和修订方案中的土纲、亚纲和土类列于表 5-2。

表 5-2　中国土壤系统分类表(修订方案,1995)

土纲	亚纲	土类
有机土	永冻有机土	落叶永冻有机土,纤维永冻有机土,半腐永冻有机土
	正常有机土	落叶正常有机土,纤维正常有机土,半腐正常有机土,高腐正常有机土
人为土	水耕人为土	潜育水耕人为土,铁渗水耕人为土,铁聚水耕人为土,简育水耕人为土
	旱耕人为土	肥熟旱耕人为土,灌淤旱耕人为土,泥垫旱耕人为土,土垫旱耕人为土
灰土	腐殖灰土	简育腐殖灰土
	正常灰土	简育正常灰土
火山灰土	寒冻火山灰土	简育寒冻火山灰土
	玻璃火山灰土	干润玻璃火山灰地,湿润玻璃火山灰土
	湿润火山灰土	腐殖湿润火山灰土,湿润火山灰土
铁铝土	湿润铁铝土	暗红湿润铁铝土,简育湿润铁铝土
变性土	潮湿变性土	盐积潮湿变性土,钠质潮湿变性土,钙质潮湿变性土,简育潮湿变性土
	干润变性土	腐殖干润变性土,钙积湿润变性土,简育湿润变性土
	湿润变性土	腐殖湿润变性土,钙积湿润变性土,简育湿润变性土
干旱土	寒性干旱土	钙积寒性干旱土,石膏寒性干旱土,黏化寒性干旱土,简育寒性干旱土
	正常干旱土	钙积正常干旱土,石膏正常干旱土,盐积正常干旱土,黏化正常干旱土,简化正常干常土
盐成土	碱积盐成土	龟裂碱积盐成土,潮湿碱积盐成土,简育碱积盐成土
	正常盐成土	干旱正常盐成土,潮湿正常盐成土
潜育土	寒冻潜育土	有机寒冻潜育土,简育寒冻潜育土
	滞水潜育土	有机滞水潜育土,简育滞水潜育土
	正常潜育土	含硫正常潜育土,有机正常潜育土,表锈正常潜育土,暗沃正常潜育土,简育正常潜育土
均腐土	岩性均腐土	富磷岩性均腐土,黑色岩性均腐土
	干润均腐土	寒性干润均腐土,黏化干润均腐土,钙积干润均腐土,简育干润均腐土
	湿润均腐土	滞水湿润均腐土,黏化湿润均腐土,简育湿润均腐土

(续)

土纲	亚纲	土类
富铁土	干润富铁土	钙质干润富铁土，黏化干润富铁土，简育干润富铁土
	常湿富铁土	富铝常湿富铁土，黏化常湿富铁土，简育常湿富铁土
	湿润富铁土	钙质湿润富铁土，强育湿润富铁土，富铝湿润富铁土，黏化湿润富铁土，简育湿润富铁土
淋溶土	冷凉淋溶土	漂白冷凉淋溶土，暗沃冷凉淋溶土，简育冷凉淋溶土
	干润淋溶土	钙质干润淋溶土，钙积干润淋溶土，铁质干润淋溶土，简育干润淋溶土
	常湿淋溶土	钙质常湿淋溶土，钙质常湿淋溶土，铝质常湿淋溶土，铁质常湿淋溶土
	湿润淋溶土	漂白湿润淋溶土，钙质湿润淋溶土，黏盘湿润淋溶土，铝质湿润淋溶土，铁质湿润淋溶土，简育湿润淋溶土
雏形土	寒冻雏形土	永冻寒冻雏形土，潮湿寒冻雏形土，草毡寒冻雏形土，暗沃寒冻雏形土，暗瘠寒冻雏形土，简育寒冻雏形土
	潮湿雏形土	潜育潮湿雏形土，砂姜潮湿雏形土，暗色潮湿雏形土，淡色潮湿雏形土
	干润雏形土	灌淤干润雏形土，铁质干润雏形土，斑纹干润雏形土，石灰干润雏形土，简育干润雏形土
	常湿雏形土	冷凉常湿雏形土，钙质常湿雏形土，铝质常湿雏形土，酸性常湿雏形土，简育常湿雏形土
	湿润雏形土	钙质湿润雏形土，紫色湿润雏形土，铝质湿润雏形土，铁质湿润雏形土，酸性湿润雏形土，暗沃湿润雏形土，斑纹湿润雏形土，简育湿润雏形土
新成土	人为新成土	扰动人为新成土，淤积人为新成土
	砂质新成土	寒冻砂质新成土，干旱砂质新成土，暖热砂质新成土，干润砂质新成土，湿润砂质新成土
	冲积新成土	寒冻冲积新成土，干旱冲积新成土，暖热冲积新成土，干润冲积新成土，湿润冲积新土
	正常新成土	黄土正常新成土，紫色正常新成土，红色正常新成土，寒冻正常新成土，干旱正常新成土，暖热正常新成土，干润正常新成土，湿润正常新成土

5.3 我国主要土壤类型及改良利用

5.3.1 铁铝土

铁铝土过去曾称富铝土，是我国热带、亚热带湿润地区具有明显脱硅富铝化特征的土壤系列，包括热带的砖红壤、南亚热带的赤红壤、中亚热带的红壤和黄壤等4个土类。由于它们分布在我国水热条件最优越的地区，所处地形又以低山、丘陵、台地为主，故其开发利用价值高，是我国极为重要的土壤资源。

5.3.1.1 地理分布和形成条件

砖红壤主要分布在广东雷州半海南、滇南及台南等地，在北纬22°以南。其分布区属于热带湿润季风气候，具有高温多雨、干湿季节变化明显的特点。

赤红壤又称砖红壤性红壤，分布在广东西部和东南部、广西西南部、福建东南部、台湾中南部、云南德宏及临沧地区西南部，大致在北纬22°(23°)~25°之间。它的生物气候条件介于红壤与砖红壤之间。

红壤分布范围很广泛：东部从长江以南至南岭山地，包括江西和湖南两省的大部分，福建、广东、广西等省份的北部和安徽、浙江等省份的南部；西部包括云贵高原中、北部，云南北部和贵州南部，以及四川的西南部，大致在北纬25°~31°之间。其分布区属中亚热带湿润季风气候。

黄壤广泛分布于我国亚热带、热带的丘陵山地和高原，以川、黔两省最多，滇、湘、鄂、桂、浙、赣、闽、粤以及台湾等省区也有分布，是南方主要的土壤类型之一。黄壤的水平分布与红壤属同一纬度带，两者的生物气候条件也大体相近，但黄壤的水湿条件略较红壤为好，而热量条件则略低于后者，且云雾多，日照少，冬无严寒，夏无酷热，干湿季不明显。

5.3.1.2 土壤的理化性质

砖红壤的质地受母质影响而变化较大，但总的看来，质地黏重，多为黏土，剖面中黏粒有下移现象。黏粒的硅铝率一般在1.5~1.8之间，硅铝铁率大多小于1.5。黏粒矿物主要为高岭石和三水铝石，并含多量的赤铁矿。土体中游离铁的含量较高，而游离硅甚低（占全硅的1.5%以下）。砖红壤有机质的分解速率快，但在森林植被下，一般表层有机质的含量仍可达30~50g/kg，高者可达80~100g/kg，全氮量也可达1~2g/kg。土壤腐殖质的组成特点是胡敏酸含量很低，无胡敏酸钙，胡敏酸与富里酸的比值为0.1~0.4。土壤呈酸性至强酸性反应，pH值为4.5~5.5。砖红壤阳离子交换量多在10cmol(+)/kg土以下，交换性盐基总量也低。盐基呈高度不饱和状态，盐基饱和度多不超过30%。

赤红壤的盐基元素大量淋失，钙、钠只有痕迹，镁、钾也不多。全剖面呈较强的酸性反应，pH 4.5~5.5；盐基饱和度低，多在30%以下。土壤有机质和氮素含量因植被和耕作的不同而有较大的变化，但一般都不高，土壤全磷量也较低。由于土壤矿物部分的脱硅富铝化和强度淋溶作用，致使铁、铝氧化物发生移动和聚积，在剖面中分布不均匀。黏粒的硅铝率为1.7~2.0，硅铝铁率为1.4~1.8。黏土矿物以高岭石和埃洛石为主，常有少量的三水铝石。土壤阳离子交换量大多较低。赤红壤的颗粒组成因母质而异，酸性岩浆母质发育的土壤，质地较轻，第四纪红土母质发育者较为黏重，但不论何种母质发育的赤红壤，黏粒在其剖面的中下部均有较明显的淀积现象（表5-3）。

表5-3　赤红壤的主要理化性质（广东博罗，花岗岩母质）

深度 (cm)	pH值	有机质 (g/kg)	全氮 (g/kg)	交换性酸 [cmol(+)/kg土]	交换性盐基 [cmol(+)/kg土]	CEC [cmol(+)/kg土]	盐基饱和度 (%)	黏粒 (<0.001mm,%)
0~15	4.87	17.8	0.87	2.53	1.18	6.04	19.5	23.6
30~45	5.26	5.0	0.21	1.59	0.92	3.58	25.7	31.1
100~120	5.20	2.9	0.13	1.14	0.96	3.38	28.4	17.5

红壤风化度深，一般质地较黏重，尤其第四纪红色黏土发育的红壤，黏粒含量可达40%以上，且黏粒有淋溶淀积现象。红壤呈酸性至强酸性反应，pH 4.5~6.0，在剖面中自上而下变小，底土pH值可低至4.0。土壤阳离子交换量为15~25cmol(+)/kg土。交换性酸较高，以交换性铝为主，盐基饱和度在40%以下。红壤表层有机质含量多在10~50g/kg之间，在侵蚀严重的地段，有机质含量低于10g/kg（表5-4）。在腐殖质的组成中，胡敏酸与富里酸之比值为0.3~0.4。红壤黏粒部分的硅铝率在1.9~2.2之间，黏土矿物以高岭石为主，一般可占黏粒总量的80%~85%，赤铁矿含量常在5%~10%之间，伴有水云母，三水铝石则不常见。红壤矿质胶体可带正电荷而吸附阴离子，尤其对磷酸根离子的固定作用较强。

表 5-4 红壤的主要理化性质（江西南昌，花岗岩母质）

深度 (cm)	pH 值	有机质	全氮	交换性酸	交换性盐基	CEC	盐基饱和度 (%)	黏粒 (<0.001mm,%)
		(g/kg)		[cmol(+)/kg 土]				
0~15	4.95	41.5	1.92	4.45	2.29	17.40	13.2	18.1
40~60	5.20	13.2	0.65	3.10	3.81	11.70	32.6	18.9
200 以下	5.47	3.0	0.08	2.34	2.22	8.44	26.3	12.7

黄壤的质地一般比红壤轻，多为中壤土至重壤土，仅川黔地区第四系红色黏土等母质发育的黄壤，质地较黏重，可为黏土，黏粒（<0.001mm）可达 60%~70%。黄壤的有机质较丰富，表土层（A）的含量可达 50~100g/kg 或更高，但向下锐减。在腐殖质的组成中，胡敏酸与富里酸的比值一般为 0.3~0.5。黄壤的淋溶作用强，交换性盐基大量淋失，盐基饱和度低，在自然植被下多不超过 20%。土壤交换性酸度大，一般为 4~10cmol(+)/kg 土，高者可达 18cmol(+)/kg 土左右，并以交换性铝为主，多占 90% 以上。土壤 pH 4.5~5.5，呈酸性至强酸性反应（表 5-5）。

表 5-5 黄壤的理化性质（贵州怀仁，页岩母质）

深度 (cm)	有机质	全氮	全磷	全钾	pH 值	交换性酸		交换性 基总量	CEC	盐基饱 和度 (%)	颗粒组成	
	(g/kg)					H	Al	[cmol/(+)/kg]			<0.001 (mm,%)	<0.01
0~20	58.9	1.44	0.76	8.8	4.9	0.51	16.19	1.12	19.55	5.7	14.7	43.6
22~35	34.1	1.48	—	7.8	5.3	0.09	4.85	2.47	14.17	17.4	11.5	39.3
70~80	20.0	0.76	0.84	16.9	5.4	0.07	1.86	1.65	9.87	16.7	10.8	38.2

5.3.1.3 改良和利用

砖红壤开垦后，有机质含量迅速减少，不仅使土壤的氮素肥力减退，而且由于土壤结构胶结物被铁铝氧化物所替代，使其品质变劣，通气、蓄水和保水性变差。砖红壤的钾、钙、镁等养分缺乏；无机磷以闭蓄态磷为主，有效性甚低；大部分的有效硼、锌、钼等的含量低于缺乏的临界值；此外，砖红壤的酸度过大，也是一个不利的特性。因此，应对其进行如下改良：①本着因地制宜、统筹安排、科学规划、综合开发的原则，对于海拔 300m 以上的山地、25°以上的陡坡地、容易积水的低地和土体浅薄、质地粗、肥力低的土壤等不宜种植胶地区，应改变过去单一经营橡胶的做法，以橡胶为主的热作和粮食作物的合理布局，农林牧全面发展，建立多层次的立体农业，改善生态环境，建立各类名特优商品基地。②在地形部位较高、坡度较大地段，保护好现有的植被；同时，推广等高开垦、修筑梯田，搞好水土保持工程，发展热带林木，防止水土流失。另外，配合生物措施，即保护植被、发展绿肥，搞好间作轮作等，避免土壤裸露，保持水土。③砖红壤耕垦后，其有机质的耗损相当明显，一般若不及时补充，有机质含量均呈下降趋势。因此应采取广种绿肥、带状盖草、行间压青及沟（穴）施土杂肥等有效措施，保持土壤有机质的平衡。

赤红壤所处的地理位置具有较为优越的生物气候条件，在开发利用上，应从全局出发，实行区域种植，重点发展以热带、亚热带水果为主。在土壤改良上重点解决干旱和瘦瘠两大问题。赤红壤性土往往侵蚀严重，土体薄，林木立地条件差，肥力较低，在开发利用上应采取封山育林，恢复植被，控制水土流失。在此基础上，营造耐瘠耐旱的马尾松、大叶相思、黑松等薪炭林。局部土体深厚的地段，可垦殖果园，发展杨梅、余甘、菠萝等水果；但应加强水土保持工程建设，修筑高标准鱼鳞坑及水平梯田，配合幼龄果树套种，推广免耕法，增加地面覆盖，防止果园水土流失；增施有机肥及矿质肥，调节土壤养分平衡。

红壤的地区多为山地，在失去森林覆盖及不合理的耕作条件下，生态环境遭受了严重破坏，水土流失严重，土壤肥力下降，因此，对红壤的改造和治理不能只局限于单一改土，而应全面规划，对山、水、田进行综合治理，其办法如下：

①植树造林　建设好农田防护林，对于固土护坡，防止水土流失，改善农田小气候。

②平整土地　平整土地，建造梯田，防止或减少水土流失，增加土壤的蓄水能力。

③客土掺砂　红壤的质地黏重，采用客土掺砂的办法，可以降低土壤容重，增大空隙度，改善土壤的通透性。

④加强水利建设　根据本地实际情况，修建蓄水灌溉工程或排涝工程。

⑤增加土壤有机质含量　必须提倡大量施用有机肥，大量种植绿肥，合理轮作，推广秸秆还田，发展沼气。

⑥科学施肥，施用生石灰　施用生石灰，可以中和酸度，改善土壤物理结构，提高其他养分的有效性有利于作物的生长发育。

⑦采用合理的种植制度　红壤的改良，必须坚持用养结合，采用合理的种植制度，使生态环境进入良性循环的状态。新垦红壤肥力较低，用地和养地的比例以1:1为宜。最佳换茬作物为耐瘠、耐酸、耐旱的花生、油菜和肥田萝卜等先锋作物，轮作中应加大绿肥和豆科作物的比例。

黄壤分布地域广，条件复杂，黄壤地区降水量大，必须注意水土保持，防止滥伐森林和陡坡垦殖，对现有的陡坡耕地应逐步退耕造林，并在人工造林的同时搞好封山育林，利用充足的雨水条件，迅速恢复森林植被，改善生态环境。黄壤酸性较强，并且是造成土壤氮矿化率低和速效磷、钾等养分缺乏的重要原因，故应适量施用石灰进行改良。黄壤开垦耕种后，有机质和氮素等均有明显的减低，应注意施用有机肥，并合理施用氮、磷、钾肥，以维持其有机质和养分的平衡，加速黄壤的熟化和培肥。

5.3.2　淋溶土

我国现行土壤分类中的淋溶土纲，主要为湿润森林土壤系列，包括北亚热带的黄棕壤和黄褐土、暖温带的棕壤、中温带的暗棕壤和白浆土，以及寒温带的棕色针叶林土、漂灰土和灰化土共8个土类。

5.3.2.1　地理分布和形成条件

黄棕壤的大致分布范围是，北起秦岭—淮河，南至大巴山和长江，西至青藏高原边缘，东抵沿海，而以长江中下游的江苏、安徽、湖北以及四川东北部、河南西南部和陕西等地的低山丘陵区分布较集中，此外，在南方各省份的山地垂直带谱中亦有分布。

黄褐土与黄棕壤处于同一生物气候带,具有相似的形成特点,所不同的是,黄褐土是由黄土状沉积母质发育的微酸性至中性的弱富铝化土壤。黄褐土主要分布于江淮和江汉丘陵岗地,由下蜀黄土母质发育而成;四川盆地西北部"成都黏土"母质发育的"姜石黄泥"亦属之。

棕壤过去曾称棕色森林土或山东棕壤,集中分布于我国暖温带湿润地区,纵跨辽东和山东半岛,带幅大致呈南北向,此外,在暖温带半湿润、半干旱地区和亚热带湿润地区的山地垂直带谱中也有棕壤分布。前一地区棕壤分布在褐土位置之上,后一地区则分布在黄棕壤之上。

暗棕壤过去曾称灰棕色森林土或灰棕壤,主要分布在东北地区的长白山,大、小兴安岭和完达山等山地,是我国东北地区重要的林业土壤资源。此外,在青藏高原东南部的边缘高山带和亚热带山地垂直带谱中也有分布。其分布特点是,向南或向下过渡为棕壤,向北或向上过渡为棕色针叶林土。

白浆土分布在我国东北吉林省的东部、黑龙江省的东部和北部,多见于黑龙江、乌苏里江及松花江下游的河谷阶地,小兴安岭、完达山、长白山以及大兴安岭东坡的山间盆地、山间谷地、山前台地和部分熔岩台地,海拔最高为700~900m,最低为40~50m。其发生分布的集中程度大体与强盛的季风雨和黏土母质相一致。分布区属温带湿润气候,受东南季风的影响,夏季温暖多雨,冬季严寒少雪。

漂灰土和棕色针叶林土集中分布在大兴安岭的北部地区,其东部接暗棕壤,西部连灰色森林土(灰黑土);此外,在青藏高原边缘的高山、亚高山垂直带中亦有分布,它们的分布位置在暗棕壤之上,或与之镶嵌分布,向上过渡为黑毡土(亚高山草甸土)土类;漂灰土一般占据其中较低缓的地形部位。我国灰化土的面积小,仅零星分布于喜马拉雅山脉南侧和东端高山、亚高山的垂直带中。

5.3.2.2 理化性质

黄棕壤的黏粒含量高,心土层可达20%~30%,且显著高于表土层和底土层。黏粒的硅铝率为2.6~3.0,硅铝铁率为2.0~2.4;黏土矿物主要为水云母、蛭石和高岭石,紫色砂岩发育的黄棕壤,黏粒中以水云母最多,高岭石次之。土壤呈酸性至微酸性,pH 4.5~6.0 盐基饱和度多在50%以上(表5-6)。土壤有机质的含量变化大,自然植被下的表土层为20~40g/kg,耕地土壤表层一般仅10g/kg左右;前者腐殖质组成以富里酸为主,风化度高的耕地土壤则以胡敏酸为主。

表5-6 黄棕壤的理化性质(安徽金寨,花岗岩母质)

深度 (cm)	pH 值	有机质 (g/kg)	全氮 (g/kg)	CEC [cmol(+)/kg 土]	盐基饱和度(%)	颗粒组成(mm,%)		黏粒分子率	
						<0.001	<0.01	SiO_2/Al_2O_3	SiO_2/R_2O_3
0~13	5.8	23.2	1.01	7.15	60.4	10.6	24.0	2.83	2.31
13~26	4.3	9.0	0.99	10.07	41.0	18.4	35.9	2.68	2.14
26~45	4.2	6.1	0.31	9.47	22.2	20.6	37.5	2.83	2.22
45~68	4.5	5.7	0.31	9.54	52.9	31.5	46.3	2.66	2.10
68~108	4.9	4.8	0.31	9.80	59.8	27.8	43.1	2.56	1.97

棕壤表层的有机质含量高，在自然植被下一般为 50~90g/kg，向下急剧降低，耕垦后有机质常大大减少。腐殖质组成以富里酸为多，胡敏酸与富里酸的比值 0.6~0.8；活性胡敏酸含量较高，可占总量的 34%~52%。土壤呈酸性至微酸性反应，pH 5.0~6.5。盐基饱和度变化较大，由近饱和至不饱和，但表层的饱和度一般都比以下各层高。在多数情况下，除游离氧化铁自表层向下有些移动外，Si_2O 和 Al_2O_3 的含量沿剖面没有明显的变化，在剖面中部（20~50cm 深度内）有明显的聚积，淀积层的黏粒含量可达上覆表层的 2~3 倍。据微形态观察，光性黏粒呈连续状排列。黏粒的硅铝率在 3.2 以上，硅铝铁率在 2.4 以上，且上、下土层间变化不大。黏土矿物以水云母和蛭石为主，有时出现高岭石。

暗棕壤的表层有机质含量为 60~150g/kg，最高可达 200g/kg，向下明显降低；腐殖质组成以胡敏酸为主，胡敏酸与富里酸之比大于 1.0，向下锐减；活性胡敏酸占总量的比例向下递增，而钙结合胡敏酸的比例则向下锐减或消失。呈酸性、微酸性，pH 5.0~6.5，一般以表层最高；表层盐基饱和度为 60%~80%，向下可明显降低；表层以下可出现明显数量的交换酸，以交换性铝为主。土体层间化学组成比较一致；黏粒的硅铝率和硅铝铁率分别为 2.8~3.3 和 2.0~2.5，以剖面中部较低，反映其铁、铝氧化物有轻微淀积的趋势。黏土矿物以水云母为主，伴有蛭石、高岭石。

白浆土表层有机质含量为 80~100g/kg，但耕地土壤表层只有 20~30g/kg，表层以下有机质均迅速减至 10g/kg 以下，因此整个土体有机质的总贮藏量并不高。表层腐殖质组成以胡敏酸为主，胡敏酸与富里酸之比为 1.3~2.6，但白浆层和淀积层的这个比值低于 1.0。活性胡敏酸量较高，胡敏酸的缩合程度略低于黑土。由于生物积累作用，表层全氮、全磷量最高，铜、锌、锰、硼等微量元素也有向表层富集的趋势。白浆土的质地均较黏重，多属重壤土和黏土。但全剖面上下土层质地相差悬殊，上层质地较轻，中、下层黏重，呈现明显的"二层性"，说明上层黏粒有大量机械淋失，并有一部分下移至淀积层。白浆土的黏土矿物以水云母为主，并有少量的高岭石和无定形物质。白浆土的 pH 5~6，且各土层差异不大。土壤阳离子交换量和交换性盐基总量均以白浆层为低；盐基组成以交换性钙、镁占绝对优势；盐基饱和度一般为 60%~80%，部分剖面下部高达 80%~90%。

漂灰土的腐殖质组成以富里酸占绝对优势。土壤呈酸性、强酸性反应，pH 4.0~5.5。在交换性阳离子中，氢、铝离子占有很大的比重，常超过盐基离子的总量；盐基饱和度一般不超过 40%，低者甚至不及 10%。

灰化土淀积层的黏土矿物以水云母、高岭石为主，伴有蛭石、绿泥石及微量的三水铝石。

5.3.2.3 改良和利用

黄棕壤耕层浅薄，一般质地黏重，透水性差。剖面发育不完整，水、肥、气、热资源有限，土壤养分缺乏。应充分利用坡改梯、深翻改土、发展灌溉、增施有机肥、配方施肥、合理轮作、地膜覆盖等技术措施提高地力水平，达到增产增效的目的。黄棕壤的利用须注意多种经营和综合开发。除已农垦的耕地外，低山丘陵荒地的上半坡土层浅薄，可栽植耐瘠的马尾松、刺槐、山杨和桦木等；下半坡和坡麓土层较深厚，可以发展栓皮栎、麻栎、杉木等，也可辟为茶园或栽植油茶、油桐、毛竹、棕榈等经济林木。

棕壤利用的主要问题是防治旱涝和水土流失以及培肥地力。防旱治涝和水土保持采取山、水、田、林综合治理。耕种棕壤的有机质含量都比较低,是土壤肥力的主要制约因素之一。因此,增施有机肥,种植牧草和绿肥,以提高土壤有机质的含量,是培养地力的基本措施。棕壤是自然肥力较高的土壤,适宜于发展多种经营。山地丘陵边缘和山前平原的棕壤,基本上已开辟为农耕地,土壤水分比较充足,土层深厚,土质稍黏,但保水保肥,宜于种植多种粮经作物。丘陵山地的棕壤常用以发展林业和用作苹、梨、李、桃、葡萄等果园,形成多层次的"林果生态景观"。

暗棕壤一般质地适中,耕作阻力小,排水通气良好,易发小苗,有利于作物的早熟。暗棕壤的肥力主要决定于土体的厚度和有机质的含量,因此耕垦后维持土壤有机质的平衡至关重要。暗棕壤区是我国最重要的木材产地之一,分布面积大,木材蓄积量高,材质优良。在暗棕壤上可生长多种贵重的针阔叶树种,是红松的中心产地。红松树高达 $24\sim28m$,胸径 $32\sim36cm$,其长势优于其他树种,因此,暗棕壤应主要用于发展林业。但仍可在地形平缓、腐殖质层较厚的地段垦殖农田和发展多种经营,以综合开发利用山地资源。暗棕壤适种大豆、玉米等作物。在天然林下腐殖质层较厚、水分适中的暗棕壤,最适合栽培人参。

白浆土土壤通过深翻深松,改善底土的透水性能,增加蓄水能力,是行之有效的改良措施。在土壤改良上,应主要从增加土壤养分和改良土壤水分物理性质着手,采取深松耕作,逐步加深耕层,增施有机肥,种植和翻压绿肥以及客土渗沙等措施。对新垦的白浆土,应注意排水,以防内涝,同时注意蓄水防旱、排水防涝与灌水防旱兼治。目前,白浆土大部分已开垦为农耕地,种植大豆、玉米、小麦、粟等作物,在水源丰富的地方也可种植水稻。

漂灰土、棕色针叶林土和灰化土都是冷湿针叶林下发育的土壤,但以原始林居多,因而是我国针叶用材林的重要基地之一。这些土壤的酸性强,肥力低,加上气候冷湿,林木生长缓慢,地位级较暗棕壤低。但在采伐成熟林时,如能注意及时抚育更新,保持水土和培育土壤肥力,仍可获得木材的高产和稳产。

5.3.3 半淋溶土

半淋溶土纲,包括燥红土、褐土、灰褐土、黑土和灰色森林土(灰黑土)共 5 个土类。它们是在半湿润至半干旱气候下形成的具有钙积特征或盐基饱和的土壤系列,但因其所处的热量条件各不相同,各自的土壤性质有很大的变化。

5.3.3.1 地理分布和形成条件

燥红土主要分布于海南岛的西南部和滇南元江、南盘江及川滇交界的金沙江等深切峡谷区。在海南的西南部,由于东南季风受五指山(海拔 1 867m)的阻隔,雨量较少而形成较干热的气候。在元江、南盘江、金沙江等谷地,由于河流深切,造成干热"焚风",致使其形成温度高,雨量少,蒸发强,干旱期长的气候特点。

褐土又称褐色森林土或褐色土,主要分布在我国暖温带东部半湿润地区,如关中、晋东南、冀西、豫西等的丘陵盆地和燕山、太行山、吕梁山、秦岭等山地。此外,在川西、藏东、滇西北高山峡谷区的干暖河谷亦有褐土的变异类型分布。在水平分布上,褐土东与棕壤相接,西北与半干旱区的栗褐土相接,南与黄褐土相连;在垂直分布上则往往处于棕壤带之下。

褐土地区主要为暖温带半湿润气候,与棕壤带的不同之点是温度较高,降水较少,夏季较为炎热，有明显的干季。

灰褐土又称灰褐色森林土，是我国半干旱和干旱地区山地森林植被下发育的有钙积特征的土壤，主要分布在内蒙大青山、乌拉山，宁夏贺兰山，新疆西部天山南北、帕米尔、西昆仑山，甘肃祁连山、西秦岭以及六盘山、子午岭等山地，此外，在藏东高山峡谷上段亦有灰褐土的分布。灰褐土在垂直带中的位置多在栗钙土或灰钙土之上和亚高山草甸土（黑毡土）之下；在藏东高山峡谷，则出现在谷底褐土之上的阳坡，与阴坡的暗棕壤对应，上接亚高山草甸土。灰褐土区属于山地气候，温凉而较湿润，与山下的干旱、半干旱气候截然不同。

黑土为一种富含腐殖质和植物营养元素的黑色土壤，主要见于黑龙江和吉林两省的中部，集中分布在小兴安岭和长白山西侧的山前波状台地即松嫩平原，其上坡与白浆土相接，西与黑钙土为邻。此外，在干旱地区海拔 2 000m 以上的山地平台亦有少量的黑土分布。

灰色森林土简称灰黑土，主要分布在大兴安岭中南段，大致围绕其主脉和西坡呈半圆形水平带状分布；其次分布在新疆的阿尔泰山和准噶尔盆地以西山地等的垂直带中，并常与黑钙土构成复区。

5.3.3.2 理化性质

燥红土剖面以红棕色或棕红色为主。其表层有机质含量多为 20～30g/kg；腐殖质组成一般以富里酸为主，但胡敏酸与富里酸的比值高于砖红壤和红壤，为 0.5～1.0。土壤质地多较黏重，表层质地往往较轻，可能与黏粒的坡面流失和向下淋溶有关。黏粒的硅铝率在海南地区高达 2.6～3.3，在元江、金沙江等河谷为 2.1～2.5（表 5-7）。黏土矿物多以水云母（伊利石）、蒙脱石、蛭石为主，在古老沉积物上发育者可有较多的高岭石和三水铝石，可见其富铝化程度较砖红壤、红壤大为减弱。土壤一般呈中性至微酸性反应，pH 6～7；盐基饱和度在 70% 以上，交换性盐基以钙镁占绝对优势。

表 5-7 燥红土的理化性质

地点（母质）	深度（cm）	pH 值	有机质 (g/kg)	全氮 (g/kg)	全磷 (g/kg)	全钾 (g/kg)	CEC [cmol(+)/kg]	颗粒组成(%) <0.001 mm	颗粒组成(%) <0.01 mm	黏粒分子率 SiO_2/Al_2O_3	黏粒分子率 SiO_2/R_2O_3
攀枝花市鱼塘乡金沙江河谷（老洪积物）	0～17	7.1	15.3	0.46	0.21	15.2	10.36	37.6	50.5	2.46	1.85
	17～24	6.9	11.5	0.32	0.20	18.6	8.22	23.8	39.5	2.39	1.79
	22～66	7.1	7.8	0.26	0.19	17.1	5.23	48.7	63.5	2.49	1.86
云南元江县红河乡（片麻岩风化堆积物）	0～9	6.3	27.6	1.38	0.30	11.5	13.95	46.4	59.2	2.13	1.73
	9～30	6.2	18.7	0.91	0.22	11.1	14.13	60.1	65.6	2.09	1.71
	30～60	5.4	13.5	0.67	0.20	11.2	14.46	68.0	71.9	2.05	1.68
	60～80	5.4	9.6	0.48	0.18	9.2	15.19	68.2	77.1	2.10	1.70

褐土表层的有机质含量多在 30～50g/kg 之间，高者可达 100g/kg 以上，但耕地可降至 20g/kg 以下，向下逐渐减少。土壤一般呈中性至微碱性，pH 7～8，富含碳酸钙，表现较强的碱性。土壤质地较重，但不过黏，多属轻壤土和中壤土。黏粒含量以黏化层最高，可达 20%～30%，比上、下土层高出 1～2 倍；黏化层又以其上部黏粒含量更高，且在孔隙弯曲处和边缘有较多光性定向黏粒，表明有黏粒的聚积作用。黏粒的硅铝率 3.2～4.0，硅铝铁率 2.4～2.8，黏化

层稍低,反映铁有轻度的淋溶淀积。各土层黏土矿物的组成基本一致,主要是水云母和蛭石,足见其成土过程中黏粒并未破坏,尚停留在脱钾阶段。

灰褐土表层有机质的含量一般为 100~200(250)g/kg,向下逐渐减少,但在 1m 深处其含量仍可达 10~30g/kg 或更高,相应地,全氮量也高。腐殖质组成以胡敏酸为主,胡敏酸与富里酸的比值大于 1.0。土壤阳离子交换量很高,盐基饱和,交换性盐基以钙离子占绝对优势。全剖面呈中性至微碱性反应,pH 值多在 7~8 之间。碳酸钙受到不同程度的淋溶,在剖面下部最大含量可达 100~160g/kg 或更高。

黑土的有机质含量较高,表层一般为 30~60g/kg,高者达 100g/kg 以上。腐殖质沿剖面下延很深,在 1~2m 处的有机质仍可达 10g/kg 左右。土壤全氮丰富,C/N 比在 10~14 之间。腐殖质的胡敏酸与富里酸之比为 1.4~2.5;腐殖质多与钙结合,比较稳定,活性小。土壤一般呈中性至微酸性,pH 5.5~6.5。土壤阳离子交换量高,盐基饱和度一般为 70%~90%,交换性盐基以钙、镁为主,但交换性钠亦占有一定的比例(表 5-8)。黑土的颗粒组成以粗粉粒和黏粒为多,大约各占 30%~40%,质地多为重壤土至黏土。

灰黑土的腐殖质贮量丰富,表层有机质含量达 40~100g/kg,向下逐渐减少,但在 50cm 深处仍达 20g/kg 以上,相应地其全氮、磷含量亦高,为一般森林土壤所不及。腐殖质组成以胡敏酸为主。土壤盐基受到淋溶,但盐基饱和度高,一般为 70%~85%;全剖面呈微酸性至中性反应,pH 6.0~6.5,沿剖面有自上向下增高的趋势。土壤质地多为中壤土和重壤土。灰黑土黏粒硅铝率为 3.7~4.0,硅铝铁率为 2.8~3.0。黏土矿物以水云母为主,伴有少量的高岭石、蛭石和蒙脱石。

表 5-8 黑土的理化性质(黑龙江讷河)

深度 (cm)	有机质 (g/kg)	全氮 (g/kg)	pH 值	CEC	交换性盐基 [cmol(+)/kg]				盐基饱和度 (%)	颗粒组成(%)		黏粒分子率	
					Ca	Mg	K	Na		<0.001 mm	<0.01 mm	SiO$_2$/ R$_2$O$_3$	SiO$_2$/ Al$_2$O$_3$
0~10	96.0	3.7	6.3	42.55	27.64	5.62	1.29	0.83	83.1	16.5	38.9	3.57	4.56
10~23	44.7	2.3	5.9	33.81	19.93	8.37	0.38	0.48	87.3	24.0	53.1	3.30	4.13
23~45	31.5	1.6	5.7	31.77	17.17	6.35	0.40	0.67	77.4	27.9	53.1	3.27	4.02
45~71	18.5	0.9	5.7	28.56	15.61	6.11	0.33	0.79	80.0	34.4	62.8	3.17	3.96
71~94	8.0	0.5	5.7	30.46	15.76	7.51	0.31	0.80	80.0	38.5	61.5	3.29	4.13
94~105	11.3	0.7	5.7	28.56	15.32	6.88	0.35	0.77	81.3	37.8	60.9	3.51	4.37

5.3.3.3 改良和利用

燥红土地区的光热资源丰富,是其利用上的有利条件,但存在的主要问题是干旱缺水,解决的办法是兴修水利,引水灌溉,集蓄雨水,发展雨养农业,以及种草植树,保持水土等。在水源未解决前宜种耐旱的剑麻、香麻等热带作物。

对于褐土的改良利用,应从这两个方面进行:一是进行水土保持和综合开发,既以小流域为单位进行全面规划,承包治理。凡坡度大于 25°者应一律退耕还林、还牧,宜于基本农用的土地,应加强基本农田建设,实行精耕细作,以保证农业和粮食的发展。二是实施旱作农业制度。虽然褐土区的降水量一般大于 450mm,但蒸发量大于 1 500mm,且年季分布不均。

因此，褐土区必须实行雨养农业，其管理措施主要为保墒耕作、地面覆盖和节水灌溉。

灰褐土具有较高的自然肥力，适宜发展林业，是我国西北山地重要的林业生产基地。但森林采伐后，迹地更新缓慢，目前一些山地如大青山、贺兰山和祁连山等所保存的森林面积正不断缩小，因此，应合理地采伐森林，防止迹地草原化，加强抚育更新，采取人工造林等措施。此外，其林间草地是良好的夏季牧场，要注意放牧管理，保护树木，防治水土流失。

黑土处女地几乎没有土壤侵蚀，但开垦为农地后，每年春季的冻融水和夏、秋季降水，由于土壤透水不良而无法迅速下渗，形成大量的地表径流，造成严重的土壤侵蚀，使黑土层日渐变薄，土壤肥力减退较快，同时，还有春旱秋涝和低温早霜的危害。对此，应因地制宜地采取斜坡或横坡垄作，修筑水平梯田，植树造林等措施，并注意合理轮作，扩种绿肥作物，增施有机肥和磷肥，深翻并及时耕耙，兴建排灌设施，选育早熟高产作物品种等，以不断培肥土壤和提高作物的产量。黑土的自然肥力很高，养分丰富，结构良好，是我国最肥沃的土壤之一。加之其热量和水分条件又适于发展旱作农业，因此，目前黑土的绝大部分已开垦为农地，成为东北地区最重要的大豆、玉米、小麦、高粱等商品粮的产粮土壤。但黑土的生产潜力尚未充分发挥，作物单产有待进一步提高，耕地面积也有可能进一步扩大。

灰黑土的肥力相当高，水肥条件都较好，一般没有春旱的威胁。但其热量条件较差，仅能满足春麦、马铃薯等耐寒作物的生长，且常有冻害。灰黑土多分布在较陡的山坡，这种地形条件也限制了垦殖农用，但宜于发展林业。今后应加强现有森林的抚育或引种经济价值更高的树种，对杨、桦林进行人工改造，如大兴安岭地区引种大兴安岭落叶松、樟子松，以逐步扩大森林的面积，提高林木的生产率。

5.3.4 钙层土

钙层土是我国温带和暖温带半湿润、半干旱至干旱地区的草原土壤系列，包括温带的黑钙土、栗钙土、棕钙土和暖温带的栗褐土、黑垆土、灰钙土等土类，主要分布在小兴安岭和长白山以西、长城以北、贺兰山以东的广大地区。在这些土壤中，黑钙土、栗钙土和黑垆土是最典型的草原土壤。栗褐土是向旱生性森林土壤（褐土）过渡的土壤，棕钙土和灰钙土则是向荒漠土壤过渡的土壤。

钙层土的共同特点是：①所处气候条件较干旱，土壤的淋溶作用较弱，富含盐基物质，交换性盐基呈饱和状态，土体中有明显的钙积层发育；②草原植被主要以根系在土壤中积累有机质，腐殖质剖面较深，其含量自表层向下逐渐减少；③土壤呈中性至碱性反应。这些特点与铁铝土、淋溶土等森林土壤形成了鲜明的对照。

5.3.4.1 地理分布和形成条件

黑钙土主要分布在大兴安岭山地的东西两侧、松嫩平原中部及松辽分水岭地区，向西延伸到燕山北坡和阴山山地的垂直带上，其次在新疆昭苏盆地、天山北坡、准噶尔盆地以西山地、阿尔泰山南坡以及甘肃祁连山东部的北坡也有零星分布。东北地区黑钙土带的西面、南面和山地下部均为栗钙土所环绕，往上则与灰黑土或部分暗棕壤组成垂直带谱或阴阳坡相间，东北面与黑土带相接。新疆、甘肃地区的黑钙土带的上部，则多过渡为黑毡土或草毡土。

栗钙土主要分布在内蒙古高原的东南部、鄂尔多斯高原东部、呼伦贝尔高原西部、大兴安岭的东南麓和松嫩平原的西南部,向西可延伸到新疆北部的额尔齐斯、布克谷地和山前阶地,此外,在阴山、祁连山、阿尔泰山、天山以及昆仑山等的垂直地带谱和山间盆地中也有广泛的分布。

栗褐土广泛分布在吕梁山以西、恒山以北、桑干河,向东延伸至冀西坝下,直至内蒙古哲里木盟和赤峰南部地区。它向东南过渡为褐土,为栗钙土,向西为黑垆土,即地理分布位置介于此三类土壤之间。

黑垆土主要分布在陕北、陇东和陇中地区,在内蒙古和宁夏南部也有分布。其地理位置西、北部与灰钙土为邻,东界栗褐土,南部与褐土相接,并在分布区内与黄土母质形成的初育土即黄绵土等交错分布。

棕钙土主要分布在内蒙古高原和鄂尔多斯高原的中、西部,新疆准噶尔盆地北部、中部以及天山北坡山前洪积扇上部,在狼山、贺兰山、祁连山、天山和昆仑山的垂直带上也有分布。棕钙土总的分布特点是,沿栗钙土的外缘,从东、南、西三面环绕漠境。

灰钙土主要分布在黄土高原的西部、河西走廊东段、银川平原、湟水河中下游平原和伊犁河谷地。

5.3.4.2 理化性质

黑钙土的有机质主要集中在表层 20~30cm 之内,其含量变动较大,一般为 50~80g/kg,相应地,土壤氮素含量较丰富(表 5-9)。东北地区黑钙土的腐殖质层厚度和有机质含量,有从北向南、自东向西随气候干旱程度的增加而变薄和减少的趋势。新疆地区的黑钙土具有垂直带分布的性质,气候较冷凉,有机质的分解作用减弱,因此有机质的含量普遍偏高,多为 80~150g/kg。腐殖质的组成以胡敏酸为主,胡敏酸与富里酸的比值约为 1.5;绝大部分胡敏酸与钙结合,成为形成良好结构的重要因素。黑钙土的碳酸钙含量是上层低,往下迅速增加,钙积层中碳酸钙的最高含量可达 300g/kg 左右,表现了碳酸钙明显向下淋淀的特点。土壤呈中性至微碱性反应,pH 6.5~8.5,随剖面深度而增高。土壤阳离子交换量较高,表层多在 30~40cmol(+)/kg 土之间。交换性盐基以钙、镁为主,盐基饱和度一般在 90% 以上。黑钙土的质地多为壤土。其颗粒组成中,粉粒占 30%~60%,以粗粉粒为主,黏粒含量在 10%~35% 之间。

表 5-9 黑钙土的化学组成(内蒙古自治区呼伦贝尔盟)

深度 (cm)	pH 值	有机质	全氮	CaCO$_3$	烧失量	土体化学组成 (g/kg)				
		(g/kg)				SiO$_2$	Al$_2$O$_3$	Fe$_2$O$_3$	CaO	MgO
5~15	7.0	87.2	4.5	—	180.5	669.1	179.8	59.1	19.4	17.7
30~40	7.2	52.8	2.7	—	140.7	672.2	180.0	61.2	17.7	17.2
70~85	8.4	14.8	0.8	1.3	91.9	678.6	179.1	57.7	15.8	17.6
100~130	8.7	11.9	—	28.8	105.6	650.7	172.2	57.0	49.0	18.2
160~180	8.5	12.9	—	13.1	86.7	668.3	180.8	57.3	20.7	18.6
205~215	8.6	7.6	—	12.5	75.7	663.0	181.1	58.4	25.3	18.5

栗钙土的理化性质有许多特点。首先是有机质的含量自上而下逐渐减少,表层多数在 15~40g/kg 之间,高者可达 60g/kg;全氮量为 1~3g/kg。腐殖质组成以胡敏酸为主,胡敏酸

与富里酸的比值大于1.0，且大部分胡敏酸与钙相结合。其次，钙积层的碳酸钙含量高，一般为100~300g/kg，最高可达600g/kg以上，甚至形成石灰盘，但易溶性盐的含量低，一般低于1g/kg。栗钙土呈微碱性至碱性反应，pH 7~9，并随深度而增高。

栗褐土表层的有机质含量约为15g/kg，近于栗钙土，而稍高于黑垆土，但表层以下至5g/kg左右，又与黑垆土明显不同。土壤通体石灰反应，碳酸钙含量一般为70~80g/kg，高者达200~400g/kg，由于腐殖质和黏粒含量都不高，其阳离子交换量也较低，且表层往往低于各土层。土壤pH 8~9，呈微碱性至碱性反应。

黑垆土的有机质含量不高，在熟化层和腐殖质层中的含量仅为10~15g/kg，往下更少；全氮量也较低，一般为0.5~1.0g/kg。腐殖质组成中的胡敏酸与富里酸之比常大于2，无活性的胡敏酸存在，腐殖质主要与钙结合，其分子结构一般较复杂。土壤pH 7.5~8.5，呈微碱性至碱性反应，一般无盐化和碱化特征。

棕钙土的有机质含量比栗钙土低，一般为10~20g/kg，腐殖质的组成以富里酸为主，胡敏酸与富里酸之比为0.4~0.7。通体含有碳酸钙，钙积层中的含量变动于100~400g/kg之间，因地区而异。石膏、盐分积累和碱化现象均较栗钙土普遍。总碱度较高，土壤呈碱性至强碱性反应，pH 8.0~9.5。阳离子交换量一般小于10cmol(+)/kg土，交换性盐基中钠离子所占的比例通常高于栗钙土。黏粒的硅铝率为3.5~5.3，硅铝铁率为2.8~4.5。黏土矿物以水云母为主，并有少量的蒙脱石和铁的氧化物。

灰钙土的腐殖质层呈棕黄带灰色，有机质含量较低，一般为5~25g/kg，但腐殖质下渗较深，可达50~70cm，向下过渡不明显。胡敏酸与富里酸的比值小于1，与棕钙土相近。大部分总碱度较高，土壤呈碱性至强碱性反应，pH 8.0~9.5。土壤阳离子交换量较低，表层一般为5~11cmol(+)/kg土。黏粒含量一般变动于8%~20%之间。黏粒的硅铝率为3.6~4.0，硅铝铁率为2.8~3.4。黏土矿物以水云母为主，伴有少量的蒙脱石、绿泥石、蛭石和高岭石。

5.3.4.3 改良和利用

黑钙土是重要的农牧业生产基地，在黑龙江省西部碳酸盐黑钙土区域采取秸秆还田、施牛粪等有机肥可明显改善土壤的物理结构，增加土壤的通透性和蓄水保墒能力，使作物有良好的生长发育环境，从而达到增产效果。有机、无机肥配合使用增产效果显著。测土优化施肥是一项补养节肥的科学施肥技术。该技术是在测定碳酸盐黑钙土区域土壤钾和锌元素库容亏缺的基础上，结合玉米目标产量增施钾肥和锌肥，其产量比当地常规施肥增产。所以黑龙江省生产中不应只重视氮、磷元素的投入，还应加强钾肥和锌肥的施用，以免影响肥效的正常发挥。

栗钙土虽属农牧兼宜型土壤，但雨养旱作农业受降水限制，总的利用方向应以牧为主，适当发展旱作农业与灌溉。考虑到历史和现状，暗栗钙土应以农为主，农牧林结合；栗钙土以牧为主，牧农林结合，严重侵蚀的坡耕地应退耕还牧；草甸栗钙土农牧结合；其他亚类均以牧为主。干草原产草量较低，年际和季节间变化大。应有计划在适宜地段建设人工草地，种植优良高产牧草，改良退化草场，提高植被覆盖度，防止土壤沙化、退化。应严格控制牲畜头数，防止超载过牧。栗钙土耕地肥力普遍有下降趋势，应合理利用土地资源，农牧结合，增施有机肥，推广草田轮作，种植绿肥牧草，增加土壤有机质。在农田及部分人工草场施用氮、磷化肥，并根据丰缺情况合理施用微肥，是增产的一项重要措施。在有水源地区应根据土水平衡的原则发展灌溉农业，建设稳产高产的商品粮、油、糖及草业基地。农牧区都应建设适合当地条件的防护林体系，保护农田、牧场，改善生态环境。但在有紧实钙积层的土地，应以灌木为主体，不宜种植乔木林。

栗褐土大部分可从事农耕，种植旱作，但目前农业生产水平不高。农业发展的制约因素除寒冷、干旱、风大等气候因素外，主要是土壤有机质缺乏和养分含量不高，特别是氮、磷供应不足，以及严重的水土流失等。为了稳定地提高作物产量，必须采取各种行之有效的措施，保持水土，改良、培肥土壤，发展灌溉，防旱抗旱，对不宜于耕垦的山丘坡地，积极开展林牧综合利用。

黑垆土是西北黄土高原肥力较高、作物产量较稳定的土壤，但土壤侵蚀强烈，干旱威胁较大。为此，黑垆土的利用改良首先要搞好水土保持，实施"全部降水就地入渗拦蓄，米粮下川上塬，林果下沟上岔，草灌上坡下坝"的综合治理对策。同时，黑垆土的养分含量不高，特别是氮、磷供应不足，所以，为获得作物高产，需采取增施有机肥，发展绿肥，实行草田轮作及合理施用化肥等改土培肥措施。

棕钙土地带主要为牧区，仅局部有灌溉农业。发展农业的热量条件比栗钙土稍好，部分地区可以进行夏种，但因气候干旱缺水，基本上不能进行旱作农业。因此，发展农业的前提是进行水利建设，发展灌溉。同时，棕钙土的土壤质地粗，土层浅薄，有机质和养分含量低，并且春季风蚀严重，因此，发展农业还需营造防风林带和采取种植绿肥，增施有机肥和化肥等一系列措施，还要防止灌溉后出现的土壤次生盐渍化。在牧业生产方面，为保证畜牧业的持续发展，东部地区可选择洼地和河谷阶地，开发地下水，建立小型分散的人工饲草基地，西部地区结合农垦进行粮、草轮作，以解决冬春饲料的不足。

灰钙土地区属于半农半牧区，发展农业的有利条件是土层深厚，热量条件较好，适于种植麦类、豆类、糜谷、棉花、瓜果等多种作物。但由于灰钙土主要分布于黄土丘陵，水土流失严重，加上干旱及风沙的危害，作物产量普遍较低，为此，应大力开展平整土地，修筑梯田，植树造林，保持水土，积极发展灌溉，高效节约用水，防止灌溉引起的次生盐渍化，同时，采取增施有机肥，扩种绿肥和粮草轮作等项措施，改良培肥土壤，促进农牧业更好地发展。

5.3.5 漠土

漠土又称荒漠土，是漠境地区的地带性土壤。我国漠境地区的面积很大，约占全国总面积的1/5，包括新疆、甘肃、内蒙古、青海和宁夏等省区的一部分或大部分。包括灰漠土、灰棕漠土和棕漠土3个土类。灰棕漠土和棕漠土分别代表温带和暖温带典型漠境的土壤，灰漠土则为温带漠境边缘的过渡性土壤。

5.3.5.1 地理分布和形成条件

灰漠土主要分布在新疆天山北麓和甘肃河西走廊一带，内蒙古西部和宁夏也有分布，其分布区东西长达1 000~2 000km。

灰棕漠土是温带极端干旱气候条件下由粗骨性母质发育的漠土类型。在我国的西北地区，灰棕漠土占有很大的面积,广泛分布于内蒙古的西部和甘肃北部的阿拉善——鄂济纳高原,河西走廊中、西段北山的山前砾质戈壁,新疆准噶尔盆地西部山前平原和东部戈壁,青海柴达木盆地的西部山前戈壁,以及这些地区的部分干旱山区。

棕漠土广泛分布于甘肃河西走廊最西部、新疆东部(吐鲁番盆地、哈密盆地)和塔里木盆地等,以及盆地边缘的诸低山部分。

5.3.5.2 理化性质

灰漠土表层(0~10cm)有机质含量约为10g/kg,胡敏酸与富里酸之比为0.5~1.0;碳酸钙有微弱的淋溶,并在10~50cm之间形成碳酸钙含量稍高的聚积层;大部分灰漠土具有中、深位盐化,易溶性盐多聚积于40~60cm以下,石膏层之上,含盐量高于10g/kg,以氯化物-硫酸盐和硫酸盐-氯化物为主,有时含少量苏打;碱化相当普遍,呈碱性至强碱性反应,pH值在8以上,以碱化层最高,交换性钠的饱和度一般为10%~30%或更高,但碱化往往与盐化并存,单纯的碱化很少见;质地以中壤土为主,也有砂土。

灰棕漠土表层有机质含量甚低,很少超过5g/kg,且随剖面深度的变化不大,几乎不存在腐殖质层;腐殖质的胡敏酸与富里酸之比在0.2~0.5之间;碳酸钙的含量以表层或亚表层最高,可高达70~100g/kg,剖面下部急剧减至30~50g/kg;土壤pH 8.0~9.5,呈碱性至强碱性反应;铁的氧化物在表层和亚表层的聚积即铁质化过程比灰漠土要强;黏粒的硅铝率约为4.2,硅铝铁率为3.0~3.4,在剖面层间变化不大;黏土矿物以伊利石为主。

棕漠土有机质含量极低,多低于3g/kg;腐殖质的胡敏酸与富里酸之比小于0.2。碳酸钙含量以结皮层最高,可达60~10g/kg,向下显著减少。土壤呈碱性反应,一般不含苏打,也无碱化现象;颗粒组成大部分为石砾,并且直径大于5mm的石砾可占土重的50%以上;细土部分以中、细砂为主,黏粒含量一般在18%以下,结皮层和棕色层的黏粒含量显著高于以下各层;土壤阳离子交换量很小,大多不超过5cmol(+)/kg土;黏粒的硅铝率为4.0~4.6,硅铝铁率为3.0~3.4;黏土矿物以伊利石为主,伴有高岭石和蛭石。

5.3.5.3 改良和利用

漠土开发利用中的主要问题是干旱、风沙和盐碱危害。为此,确保农牧业发展的基本措施如下:①兴修水利,发展灌溉。漠土地区的灌溉水源主要是高山冰雪融水,其次是地下水;群众早已创造了坎儿井开发利用地下水的成功经验,但由于水源有限,必须注意开源节流,发展高效节水灌溉。②发展林业,防风固沙,保护和改善农牧业的生态环境。在农区大力营造防风固沙林网和护田林网,在牧区广种耐旱树种,在山区封山育林,在平滩地封滩育草,林草兼种,而在沙漠地区则造林固沙,以林育草。③灌溉必须与排水系统配套,冲洗盐碱,防治地下水位抬高而引起的土壤次生盐化。为了建设高产稳产农田,还必须采取平整土地、客土淤泥和培肥土壤等措施。中国漠土地区处于温带及暖温带,日照长、热量足,只要有灌溉水源和设施并注意防治干旱、风沙和盐碱危害,可以建成肥沃的绿洲和优越的草场。

灰漠土是新疆主要的低产土壤之一,改良其"白、板、干"的障碍特性是提高灰漠土土壤肥力和肥料效率的关键。本生物黑炭是由生物质体热裂解,转化形成的复杂有机质混合物,在土壤中稳定性较高,具有以改善土壤物理性质、提高水土保持能力和增加有机碳库的良好作用。施用生物黑炭提高了玉米单穗重、千粒重、产量以及生物量，降低了玉米的根冠比，促进玉米根系生长，而追施氮肥对玉米产量的影响差异不显著。因此，施用生物黑炭能够大幅度提高土壤有机质含量，对灰漠土土壤质量和作物产量以及农艺性状的提高具有重要作用。

5.3.6 初育土

初育土是指剖面发育程度低、层次分化不明显的幼年性土壤，其性状受母质岩性的深刻影响。初育土纲包括紫色土、石灰(岩)土、火山灰土、磷质石灰土、黄绵土、红黏土、风沙土、龟裂土、新积土、粗骨土、石质土共11个土类。下面介绍我国西南地区分布较广而有重要生产意义的紫色土、石(灰)岩土以及火山灰土3个土类。

5.3.6.1 地理分布和形成条件

紫色土是我国湿润热带、亚热带地区由紫色岩类风化而成的幼年岩性土。它集中分布于四川盆地，也见于滇、黔、湘、鄂、浙、赣、闽、粤、桂等省份，而与红壤、黄壤等地带性土壤呈复区分布，是四川、重庆的粮、油、果、茶、桑、药及多种林木产品的主要生产基地。

紫色岩层主要为中生代陆相沉积岩。在四川盆地出露的紫色岩层中，侏罗系和白垩系陆地河湖相分别占77.6%和21.0%，其余少部分为三叠系陆缘浅海相和第三系河湖相，一般为砂岩与泥(页)岩互层，少数含砾岩或灰岩，但砂、泥岩的比例随不同的地层而有很大的变化。紫色岩的矿物组成：砂岩以石英(占40%~90%)和长石(占10%~50%)为主；泥岩以黏土矿物为主(占50%~90%)，次为石英、长石等；碳酸钙含量一般为100~320g/kg。黏土矿物以水云母为主，伴有一定比例的绿泥石、蒙脱石或高岭石等。紫色岩实际上并非单一的紫色，而是呈暗紫、灰紫、紫红、棕红、砖红等多种颜色，地质上统称为"红层"，四川"赤色盆地"即由此而得名。紫色岩的胶结物以钙质、泥质为主，固结性较差，岩性软，裂隙发达，抗蚀能力弱，易于发生机械破碎风化。

石灰(岩)土是热带、亚热带由石灰岩经溶蚀风化形成的钙饱和岩性土。它广泛散布于我国南方石灰岩山丘区，但主要分布在广西、贵州和云南境内。

火山灰土是第四纪火山喷发出的碎屑物和粉尘状堆积物发育而成的土壤，因其性状深受母质的影响，故名为火山灰土。我国火山灰土的总面积不大，但分布的地理范围跨度大，零散分布在黑龙江、辽宁、吉林、内蒙古、山西、新疆、云南、海南、台湾等地，以腾冲、海南和五大连池的火山灰土最有代表性。

5.3.6.2 基本性状

紫色土的土层浅薄，一般厚度仅50cm左右，并随所处的地形部位等而变化，剖面构型为A-C或A-(B)-C型。土壤基本保持母岩的颜色，呈不同程度的紫色，剖面上、下无明显的差异，或表层稍有分化。由于紫色土的化学风化弱，除其中碳酸钙的含量随母岩的种类和淋溶脱钙程度而变化外，其他化学、矿物组成和颗粒组成等基本上继承母岩的特性，且在剖面层间无明显的变化。但不同紫色土的性状变化较大，主要受以下因素的影响：

(1)岩层组合

岩层组合主要指砂岩与泥(页)岩的相对比例。若为厚层砂岩，因其透水性较好，盐基物质少,往往风化形成轻质酸性紫色土,宜于种茶。若为厚层泥(页)岩,因其岩性软,透水性差,一般富含钙质和矿质养分,地表径流和侵蚀作用强,盐基物质淋溶弱,大多形成石灰性紫色土。但在不同的地形部位又有所变化:坡地中、上部多形成粗骨性紫色土,具有粗、薄、干、瘦的特点;而在坡积裙和槽谷,则多形成泥性紫色土,具有黏、紧、厚、湿、肥等特点,有时可因淋溶脱钙时间较长而形成黏质中性或酸性紫色土。至于砂、泥岩互层的组合,如厚砂岩夹薄泥岩、厚泥岩夹薄砂岩、厚砂岩与厚泥岩互层以及薄砂岩与薄泥岩互层等,也往往形成性质各异的紫色土。

(2) 地貌类型

紫色土的性质分异与地貌类型关系密切。当岩层倾角小而近于水平的情况下:在砂岩盖顶的地区往往形成深、窄谷的"桌状"丘陵,土壤以酸性紫色土为主;在泥岩出露地表的地区,一般形成浅、宽谷的"馒头状"丘陵,水土流失严重,谷坡以粗骨石灰性紫色土为主,谷底为石灰性紫泥田,土厚而肥,质地黏重,需要晒田炕土。在岩层倾角较大的丘陵山区,不同坡面往往形成不同的土壤,构造坡(顺岩层倾斜)一般坡长而坡度较缓,降水时地表水和入渗地下水均沿坡面向下流动,土壤水分充足,淋溶作用强,即使是钙质紫色泥岩,在坡下部也可形成中性或酸性紫色土,而紫色砂岩还可能形成酸性黄色土壤;坡麓则由于水分汇聚和细土沉积而出现黏质烂泥田。侵蚀坡面(逆岩层倾斜)的坡短而较陡,水土流失较强烈,水分条件差,多形成粗骨石灰性紫色土。

(3) 地层

不同地质时期形成的紫色岩即地层,由于沉积环境和物源的差异而表现出不同的岩性。除前述砂、泥岩组合比例的差异外,各地层的化学、矿物组成等亦互有不同。据四川盆地7组紫色岩层的资料,钙、镁、钾、钠和磷的氧化物平均含量分别为101、23.7、26.4、13.8和1.59g/kg灼烧土,相应的变异系数则在25%~72%之间。其中沙溪庙组泥岩的钾含量最高,飞仙关组泥岩的磷含量最高且富含铁质,故其黏粒的硅铝铁率最低。各地层的碳酸钙含量变化也很大(表5-10)。地层间矿物组成的差异主要表现在砂岩中石英与长石的相对比例和泥岩中优势黏土矿物上。四川盆地多数紫色岩层的黏土矿物以水云母为主,但城墙岩群以蒙脱石为主,水云母次之,而自流井组则以高岭石、水云母为主。因此,不同地层发育的紫色土的某些性质差异,只是继承母岩固有的特性,并非成土过程的产物。

表5-10 四川盆地紫色岩与土壤基本性质的比较

母岩 (地点)	层次	pH值	土壤(<1mm)(g/kg)				黏粒(<0.001mm)		
			$CaCO_3$	SiO_2	Al_2O_3	Fe_2O_3	SiO_2/Al_2O_3	SiO_2/R_2O_3	SiO_2/Fe_2O_3
夹关组 (宜宾)	A	5.05	无	482.4	233.4	108.6	3.51	2.71	11.36
	C	5.20	无	486.8	238.4	103.4	3.47	2.72	12.56
	R	8.29	86.6	504.8	230.5	88.8	3.72	2.99	15.16
城墙岩群 (梓橦)	A	7.80	87.2	482.6	244.7	94.3	3.35	2.69	13.56
	C	8.28	73.0	484.2	253.7	94.1	3.34	2.62	13.72
	R	8.29	102.6	496.8	236.1	95.0	3.57	2.84	13.94
蓬莱镇组 (蓬溪)	A	7.78	103.8	495.0	219.1	107.1	3.84	2.93	12.33
	C	8.07	101.6	497.3	217.8	100.8	3.88	2.99	13.16
	R	8.29	169.1	495.4	218.1	101.4	3.86	2.98	13.41

(续)

母岩 (地点)	层次	pH 值	土壤(<1mm)(g/kg)				黏粒(<0.001mm)		
			CaCO₃	SiO₂	Al₂O₃	Fe₂O₃	SiO₂/Al₂O₃	SiO₂/R₂O₃	SiO₂/Fe₂O₃
遂宁组 (遂宁)	A	7.80	142.0	496.8	226.0	105.0	3.74	2.88	12.62
	C	8.01	141.1	49.63	224.2	107.8	3.76	2.88	12.27
	R	8.28	145.1	497.0	228.3	108.6	3.70	2.84	12.20
沙溪庙组 (内江)	A	7.35	13.7	497.2	214.9	96.1	3.93	3.06	13.81
	C	7.71	15.5	497.9	218.8	93.2	3.87	3.04	14.23
	R	7.96	68.7	505.0	217.4	99.9	3.93	3.06	13.48

(4) 气候条件

区域气候特别是水分条件，对紫色土的风化淋溶有重要的影响。例如，四川遂宁市的气候相对干燥，平均年降水量943mm，年干燥度为0.78，紫色土全部为石灰性的；而名山县年降水量为1520mm，年干燥度为0.39，因此紫色土以酸性紫色土较多(占47%)，中性紫色土(占23%)和石灰性紫色土(占30%)则较少。

石灰(岩)土中普遍含有碳酸钙，其含量从不足10g/kg至300g/kg左右。土壤盐基饱和度高，多在90%以上，pH 6.5~8.5，呈中性至微碱性反应。土壤质地黏重，黏粒含量一般为20%~50%，高者达60%~70%；有机质含量较高，表层可达30~70g/kg，而在30~40cm深的上层中仍在10g/kg以上；全氮量也较高(表5-11)。土壤中的磷、钾含量深受母岩中混入物组成的影响，差异悬殊，但一般均比红壤、黄壤丰富。由于土壤中的腐殖质和黏粒含量都较高，阳离子交换量也较高，一般在20cmol(+)/kg土左右，保肥性能良好。由于土体浅薄，贮水量低，故抗干旱能力弱。

表5-11 石灰(岩)土的理化性质

土壤 (地点)	深度 (cm)	pH 值	有机质	全氮	全磷	全钾	阳离子交换量 [cmol(+)/kg±]	颗粒组成(%)	
			(g/kg)					<0.001mm	<0.01mm
黑色石灰土 (广西罗城)	0~20	7.3	56.2	2.70	1.18	—	26.5	20.9	54.3
	20~50	7.5	29.6	1.50	1.18	—	24.5	21.2	56.1
	50~100	7.6	12.9	1.10	—	—	13.3	41.9	69.8
黄色石灰土 (四川宝兴)	0~18	7.0	29.0	1.78	0.59	13.7	23.3	29.5	66.0
	18~50	7.2	20.4	1.25	0.59	11.4	17.1	20.5	57.2
棕色石灰土 (广西德保)	0~15	6.8	41.0	2.90	0.65	8.8	21.0	46.0	82.0
	15~30	6.8	34.7	2.30	0.61	—	20.4	52.0	85.0
	40~60	7.2	22.7	1.90	0.61	1.7	19.0	69.0	96.0
	80~105	7.9	18.5	1.80	0.56	10.2	17.4	73.0	98.0
红色石灰土 (四川宁南)	0~15	7.2	33.7	1.64	0.93	33.0	16.3	23.6	57.9
	15~47	6.5	16.3	1.07	0.87	34.8	17.7	37.1	68.5
	47—	6.5	15.4	1.04	0.83	19.9	20.2	42.4	72.9

火山灰土的容重很小，相应地孔隙度也高，特别是毛管孔隙度高达60%~80%，因此，土壤持水量很高。在颗粒组成中，细砂和粗粉粒含量高。土壤有机质积累量大，表层的含量高达190~380g/kg，因此阳离子交换量也高；交换性盐基以钙、镁离子为主，盐基饱和度变

化大,从近饱和到高度不饱和,土壤反应也从微酸性变化至酸性、强酸性。土壤全氮和碱解氮十分丰富;全磷量高而速效磷含量低,反映了土壤对磷的强烈固定作用;全钾量较低而速效钾含量较高,后者主要与火山灰土阳离子交换量高有关。

5.3.6.3 改良和利用

紫色土土壤紧实,容重大,孔隙度低,微生物活动差,有机质含量低,持水力弱,土壤侵蚀严重,不利于作物生长。因此,必须对紫色土加以改良。改良措施主要有:

(1) 因土种植,合理利用

各种紫色土的宜种性有所不同。石灰性紫色土宜种棉花、花生、豆类等喜钙作物;酸性紫色土宜种茶、油茶等;粗骨性紫色土可种豌豆、甘薯等耐瘠作物。据此,合理布局作物或进行种植业结构调整,已在生产实践中取得了显著的成效。

(2) 保持水土,以保促用

紫色土区的雨水充沛,但时空分布不均,降水集中,导致旱、洪交替发生,干旱尤为突出,春旱、夏旱、伏旱等旱灾频繁出现。严重的水土流失又加剧了旱、洪灾害,致使土壤肥力减退。因此,蓄水防旱,减洪保土已成为稳定地提高紫色土生产力的关键环节。水土保持应工程、生物、农业耕作措施相结合,而把工程措施摆在首位。

①工程措施 一是蓄水工程,根据紫色丘陵的集雨特点,按坡修建微型蓄水工程(蓄水池、窖等)和小型塘、库,分散拦蓄地表径流,蓄水与保土相结合。二是坡地改梯地,加厚土层,增加土壤蓄水,减少水土流失。以拦蓄地表径流为中心,实现减洪、保土、防旱三位一体的目标,促进紫色土的深度开发利用。中国科学院地理科学与资源研究所朱阿兴提出了概念性土壤侵蚀模型,模型中引入了分布式水文模型 WetSpa Extension 作为水文模块,结合流域内试验小区上建立的流量—产沙量经验关系计算侵蚀量,再结合泥沙输移比构建起产沙模块。通过在紫色土地区小流域的应用表明,模型能够得到较合理的流域出口产流量、产沙量以及侵蚀率的空间分布等模拟结果,且能作为评价水保措施效益的有力工具。

②生物措施 即种草植树,绿化荒坡,增加植被覆盖率,以护坡保土,涵养水源,调节小气候,并为改良培肥土壤提供有机肥源(黄荆、马桑、桤木等),以林养土。

③农业耕作措施 其主要措施有横坡耕作种植;土壤覆盖;啄石骨(泥岩),加速母质熟化;传厢聚土,增厚土层等传统方法。

(3) 加速土壤培肥,用地与养地相结合

紫色土培肥的关键是增加有机质和氮素的含量,以养促用,用养结合。主要措施:因地制宜地发展以豆科为主的旱地绿肥;实行粮、豆作物的轮、间、套作;广辟有机肥源,结合荒坡绿化发展木本绿肥,加强有机肥原料的搜集、堆沤,增加有机肥的施用。

石灰(岩)土是我国热带、亚热带地区一类比较肥沃的土壤。虽然其质地较黏重,但表层结构一般良好,耕性也较好。石灰(岩)土以农业利用为主,目前已有较大面积被开垦,种植禾谷类、豆类和薯类等作物,但其大部分土层浅薄,蓄水能力差而易于遭受干旱;土质黏重,雨后易于引起板结,水土流失也较严重。因此,在农业利用中,一方面应兴修水利,充分开发利用地下水资源,发展灌溉;另一方面应进行坡改梯,防止水土流失,增厚土层,培肥土壤,建设高产稳产的基本农田。对于不宜农耕的石灰(岩)土,特别是分布在石山间或山丘中、上部的土层薄、地面岩石裸露多和陡坡之地，应保护现有的植被，封山育林、育草或造林绿化，以保持水土，涵养水源，促进生态平衡；对于坡度较缓的荒地，则应因地制宜地发展经济林木和果木，进行综合开发利用。

火山灰土耕垦后有机质锐减，仅为开垦前的1/3~1/4，阳离子交换量降低，速效磷、钾有所增加，特别是熏烧后，速效磷、钾增加很多。目前，火山灰土的利用情况很不相同。火山锥的陡坡面和多露头的崎岖台地上主要用作牧业用地；地形平坦、土层厚的火山灰土均已开垦为耕地，采用轮休、熏烧的方法维持肥力，种植玉米、麦类、大豆、高粱和旱稻等；在水源方便和热量条件好的地区，则种植甘蔗、烟草等。

5.3.7 水成土

水成土是在地面积水或土层长期呈水分饱和状态、生长喜湿与耐湿植被条件下形成的土壤。由于土层长期处于嫌气还原状态，土壤潜育过程十分活跃，土层中的游离铁、锰还原、移位，形成蓝灰色潜育土层。局部铁、锰在孔隙、裂隙中氧化淀积，形成锈色斑纹和铁锰斑层。包括沼泽土和泥炭土2个土类。

沼泽土和泥炭土都是在地表积水和湿生沼泽植被条件下形成的、具有强烈有机质积累和还原（潜育）特征的水成土，两者属于同一发生过程而处于不同发育阶段的土壤类型。

5.3.7.1 地理分布和形成条件

沼泽土（含泥炭土）在我国分布相当广泛，几乎所有长期或短期积水和过湿的地方都可以见到，但面积不大，一般分布零星。我国沼泽土分布比较集中的有两个地区，一是东北的大、小兴安岭及长白山等山区和三江平原；二是川西北高原的松潘草地，即若尔盖和红原县黑河及白河的河谷地区，以中、下游较多。

5.3.7.2 基本性状

沼泽土的剖面主要由两个发生层组成，即上部为腐殖质层（A）或泥炭层（H），下部为潜育层（G）。因此，沼泽土的剖面构型为AH–G型。腐殖质层颜色较暗；常呈粒状或团粒状结构，草根密集。泥炭层呈棕褐色或黑褐色，由不同分解程度的有机残体和各种嫌气分解产物组成，厚度小于50cm，以此区别于泥炭土。潜育层呈灰蓝色或浅灰色，质地较黏重、紧实，有机质含量低。沼泽土的有机质含量很高，腐殖质层常在50~100g/kg之间，泥炭层高达100~250g/kg，甚至在400g/kg以上（表5-12），分解不完全，C/N比值宽，多在14~20之间；潜育层的有机质含量显著下降，仅为10~20g/kg。泥炭中含有较多的腐殖质，一般为300~400g/kg。全氮量与有机质含量相一致，以泥炭层最高。全磷量较丰富；全钾量变化较大，以泥炭层中含量最低。土壤阳离子交换量高，尤其是腐殖质层和泥炭层，常高达30~50cmol(+)/kg土。土壤盐基饱和度变化大，高的达80%~90%；呈中性至微酸性；低的仅30%~40%，呈酸性乃至强酸性。干旱地区的土壤或含有碳酸钙的土壤，则呈碱性反应。

泥炭土的剖面构型为H–G型。泥炭层（H）的厚度大于50cm，有时在H层之下有腐殖质过渡层。泥炭有苔草泥炭、水草—苔藓泥炭和苔藓类泥炭等多种。地面可有20~30cm厚的草毡层（A_3）。

表 5-12 沼泽土和泥炭土的养分状况

土壤	地点	深度(cm)	pH 值	有机质 (g/kg)	全氮 (g/kg)	C/N	全磷 (g/kg)	全钾 (g/kg)
草甸沼泽土	黑龙江讷江	0~12	6.6	77.9	2.9	15.6	0.65	23.0
		12~38	6.5	56.8	2.5	13.2	0.57	23.0
		28~55	6.6	31.0	1.2	15.0	0.39	23.0
		55~65	6.5	16.5	0.9	10.6	0.61	23.3
泥炭沼泽土	四川若尔盖雾其里	0~26	6.8	401.0	13.8	16.9	0.87	11.5
		26~52	6.6	82.4	4.0	11.9	0.57	16.2
		52~139	6.5	42.7	1.3	19.1	0.44	22.3
		139~192	7.4	9.1	0.3	17.6	0.48	20.9
低位(厚层)泥炭土	四川若尔盖雾其里	0~20	7.5	585.0	16.8	20.2	0.57	14.4
		20~140	7.6	608.0	18.2	19.4	0.18	13.5
		140~223	7.8	430.0	12.2	20.4	0.18	12.6
		223~319	7.8	582.0	24.2	13.9	0.22	15.6
		319~356	8.3	46.0	1.7	15.7	0.18	21.3
		356~504	8.6	10.0	0.5	11.6	0.35	21.0

5.3.7.3 改良和利用

沼泽土利用改良上的中心问题是水分过多和养分呈有机状态(泥炭)存在,致使植物不能直接利用,故此类土壤利用改良的首要措施是排除过多的水分,然后根据土壤条件酌情利用。

腐殖质沼泽土和腐殖质泥炭沼泽土排水后,可垦为旱田,在有充足水源的条件下,亦可垦为水田;林业上可垦作苗圃或作落叶松、水曲柳、胡桃楸等耐湿树种的造林地。

在东北大小兴安岭及长白山林区有部分沼泽土上的森林(落叶松等),由于水分过多而生长不良,可采取局部排水改良,以提高森林生产力。

泥炭沼泽土,因泥炭层深厚,可利用泥炭制作堆肥或垫圈与牲畜尿混合制成厩肥,在农林业生产上都是优质有机肥料。此外,尚可用泥炭与氮、磷等化肥制成粒肥,或用腐殖质含量高的泥炭与铵、磷、钾、钠等制成腐殖酸肥料。此类肥料具有改良土壤,增加作物养分,刺激植物生长等多种功能。

5.3.8 半水成土

半水成土是指在地下水位较高,地下水毛管前锋浸润地表,土体下层经常处于潮润状态下形成的土壤。其共性是:剖面具有腐殖质层和氧化还原交替形成的锈色斑层。其所处地形平坦,土体深厚,大都垦殖已久,是我国重要的旱地土壤资源,具有农林牧综合发展的巨大增产潜力。包括草甸土、潮土、砂姜黑土、林灌草甸土和山地草甸土等土类。

5.3.8.1 地理分布和形成条件

草甸土是直接受地下水浸润,在草甸植被下发育而成的半水成土。在我国南、北方平原地区,均有草甸土分布,但大部分经长期耕种已发展成水稻土、潮土等耕种土壤类型;只在东北的松嫩平原、辽河平原、三江平原等地区尚有较大面积分布。此外，在内蒙古、新疆等地河流两岸的泛滥地、低阶地和湖滨低地亦有草甸土的分布，但面积都不大。

潮土过去曾称为冲积土、浅色草甸土，是在近代河流沉积物上受地下水影响和经旱耕熟化而成的半水成土。它广泛分布于我国黄淮平原、长江中下游平原及其以南的河谷平原。

砂姜黑土是在早期潜育草甸土的基础上，经脱沼泽和旱耕熟化而发育成的半水成土。它主要分布在安徽、河南两省的淮北平原，此外，在鲁西平原、苏北平原和南阳盆地等地域亦有分布。

林灌草甸土又称胡杨林土，也曾称荒漠森林草甸土，主要指漠境地区胡杨林植被下发育的土壤，也包括干旱地区生长灌木的草甸土。它主要分布于新疆塔里木盆地和内蒙古河谷平原的河流两岸及洪积－冲积扇的扇缘地下水溢出带。

山地草甸土是热带、亚热带和暖温带中山顶部和缓坡的草甸或灌丛草甸植被下形成的半水成土。其面积不大，大多分布在海拔 1 200～2 800m 的山顶平洼地段。

5.3.8.2 基本性状

草甸土的腐殖质层厚度和有机质含量，大致是由我国东北地区向西逐渐变薄和减少。厚度为 20～50cm，表层有机质含量一般为 30～80g/kg，但可低至 10～20g/kg，高可达 100g/kg 以上。腐殖质组成以胡敏酸为主，胡敏酸与富里酸的比值大于 1。土壤氮、磷、钾的含量较丰富。草甸土一般呈中性反应，但也有呈微酸性或微碱性甚至碱性的，随土壤中碳酸钙的含量和盐渍化程度而异。草甸土的质地变化大，这取决于沉积母质的质地。土壤阳离子交换量较高，但随土壤的有机质含量和质地而有很大的变化。

潮土的颗粒组成或质地对其耕性、水分物理性质、养分状况等多种性质都有重要的影响，而它又受母质沉积规律的支配，随微地形等因素而变化。总的来说，黏土矿物以水云母为主，黏粒硅铝率一般在 3～4 之间，但因沉积母质的的来源而有所变化。潮土大多含有碳酸钙，一般含量在 20～120g/kg 之间，pH 7.0～8.5，主要随母质的来源而异。黄河流域的潮土中碳酸钙较丰富，pH 值也较高；长江流域的潮土含碳酸钙较少，pH 值也较低。潮土的有机质含量并不高，耕作层一般为 5～30g/kg；含钾量较丰富，可达 20g/kg 左右，但随质地类型和母质来源而有变化。由于碳酸钙的固定作用，潮土中磷的有效性低，速效磷普遍缺乏。

砂姜黑土呈中性至微碱性反应。耕层有机质含量仅有 10g/kg 左右，很少超过 20g/kg，其主要成分是数千年前所形成的高度芳构化黑色腐殖物质。砂姜黑土的质地较黏重，黏粒含量在 30%左右。土壤阳离子交换量高达 25～30cmol(＋)/kg 土。黏粒的硅铝率为 3.1～3.6，硅铝铁率为 2.5～2.9。黏土矿物中普遍含有较多的蒙脱石，故其阳离子交换量达 60～70cmol(＋)/kg 土，并含有较多的水云母，所以其含钾量达 21～27g/kg。

5.3.8.3 改良和利用

草甸土为养分和水分条件均较优良的土壤，适于多种作物，因此大多数已垦为农田（包括部分水田）。由于地下水位较高，地形平坦或低洼，草甸土在雨季易遭河水泛滥或内涝，致使土温降低，土壤通气不良，造成作物和苗木死亡或减产。故须防洪排涝，以保证作物与苗木良好生长。盐化、碱化草甸土，应控制地下水位于临界深度以下，以促进脱盐、脱碱。

草甸土虽然潜在肥力较高，但连年种植必须施用肥料，尤其是有机肥料，以补充土壤养分消耗和因腐殖质消耗而造成的土壤理化性质变劣（农田和林业苗圃都存在这一问题）。如东北林区开垦较早的苗圃(40年以上)，表土板结不但影响整地，而且亦因土壤板结而出苗率大受影响，苗木生长不良。

潮土土层深厚，所处地形平坦，有地下水的浸润补给，水热条件良好，是我国重要的粮棉生产基地。但潮土有机质和氮、磷含量较低，部分土壤的质地有过砂或过黏现象，因此，应通过精耕细作，增施肥料和客土改良等途径，充分发挥其生产潜力。由于季风气候的影响，潮土的水分状况不很稳定，易旱易涝，有的还有盐渍化的威胁。所以，发展灌溉，注意排水以稳定土壤的水分状况，是实现作物高产稳产的重要措施。对复种指数较高的潮土，应注意用地与养地相结合，防止地力下降。

砂姜黑土主要种植小麦、大豆、甘薯、高粱、玉米等旱作，大多数产量较低。其低产的原因可概括为涝（明涝和暗涝）、旱（春旱和秋旱）、瘠（有机质少，缺磷少氮）、僵（耕性不良，适耕期短）等方面。这些低产因素彼此密切相关，因此，要从根本上改良砂姜黑土，必须因地制宜，采取综合治理措施；其主要措施是因土排水和灌溉，因土施肥和发展绿肥，因土种植，适当深耕等。

林灌草甸土易于改良，是新疆较好的宜农后备土壤资源。但土壤含有易溶性盐分或苏打，开垦利用时应注意洗盐、排水，并酌施石膏，以防碱化。

山地草甸土地区的气候冷凉，云雾多，日照少，地形条件较差，土体浅薄。虽然土壤有机质和养分含量丰富，但一般仍不宜开垦农用，主要用作牧草地，但要防止过度放牧，注意保护植被，以保持水土，涵养水源。

5.3.9 盐碱土

盐碱土（盐渍土）是盐土和碱土的总称。这两类土壤在发生上有一定的联系，但在土壤性质上则迥然不同，前者含有过多的易溶性盐，后者土壤胶体吸附有显著数量的交换性钠，均能对大多数植物产生不同程度的危害。

虽然盐碱土的形成主要取决于盐分的来源、含盐水的径流条件、盐分性质、盐分在土体中的迁移速率以及盐分之间的相互作用力等，但它们形成的总特征仍然与地带性气候条件有密切的联系，因此，盐碱土的形成过程同样表现出明显的地带性烙印。

5.3.9.1 地理分布

盐土在我国内陆地区分布较广，在华北、东北和西北地区以及藏北高原均有分布；在滨海地区，主要分布在苏北和渤海沿岸，而在浙江、福建、海南和台湾等省的沿海地带也有零星分布。

碱土是碱化度超过20%的强碱性土壤。我国碱土面积不大，零星分布在华北平原、东北松嫩平原以及晋北、宁夏、新疆等地。所处地形为平地中略高起的地段，地下水位较深。

5.3.9.2 基本性状

盐土的剖面形态与所在地区的条件和发育程度密切相关。盐土的地表通常有白色盐霜，呈斑块状分布。含盐量高的盐土，一般没有明显的腐殖质层，表层为盐分与细土物质相胶结的盐结皮（厚度小于3cm）或坚硬的盐结壳（厚度大于3cm）；在结皮或结壳之下为较疏松的盐、土混合层，厚度变化较大；再下即为盐斑层，含有白色或乳黄色的盐分斑点和斑块，并见有锈斑及铁锰结核，潜育化特征较明显，盐斑向底土层逐渐减少。河西走廊和南疆的有些盐土，在剖面30~50cm处出现盐盘层，底部还常见石灰结核（主要在扇缘的盐土）。

盐土的盐分积累一般都有表聚性的特点，剖面上部盐分含量最高，向下逐渐减少，易溶性盐的含量有随气候干旱程度的增强而提高的趋势；但在同一地区内，由于盐土的发育阶段不同，盐分含量也有很大的变化。盐分的组成相当复杂，有氯化物盐土（$Cl^-/SO_4^{2-}>2$），也有硫酸盐盐土（$Cl^-/SO_4^{2-}<0.2$），但更多的是混合类型的盐土；还有苏打盐土，在其盐分组成中碳酸盐的含量可达5~20g/kg，阳离子组成以钠为主，土壤呈强碱性，严重腐蚀植物的根系，使大多数植物难以生长，以至成为一片光地。在新疆的哈密、吐鲁番、塔里木盆地的一些盐土中，硝酸盐的含量高达4~10g/kg，呈现明显的硝酸盐盐渍化特征，这种盐土当地称为硝土，可作肥料。

盐土的酸碱度取决于盐分的含量及其组成。含盐量高的盐土，一般呈现中性至微碱性，含盐量轻的则多呈碱性，但大部分盐土的pH值在7.5~8.5之间。南方的酸性硫酸盐土呈酸性，而苏打盐土不论含盐量高低，pH值多在9.0以上。

碱土具有特殊的剖面特征：表层为灰色淋溶层，呈片状或鳞片状结构，有时最上部为结壳和蜂窝状薄层；表层以下为碱化层，呈灰棕色或暗灰色，质地相对黏重，多为圆顶柱状结构，顶部常有一薄层白色的硅粉；其下为盐化层，块状或核状结构；底层母质多见锈纹锈斑。

碱土的表层处于脱盐状态，含盐量一般不超过5g/kg；易溶性盐集中于碱化层以下，这与盐土迥异。碱化层的土壤溶液含有一定量的苏打，pH值在9.0以上。土壤胶体呈高度分散状态，表层的黏粒和腐殖质淋溶下移，致使表层质地变轻，而碱化层变黏，形成不良结构，干时板结坚硬，湿时泥泞，通透性和耕性极差（表5-13）。

表5-13 草原碱土的理化性质（吉林札鲁特旗）

深度 (cm)	有机质 (g/kg)	全氮 (g/kg)	pH值	CaCO$_3$ (g/kg)	石膏 (g/kg)	易溶盐 (g/kg)	CEC [cmol(+)/kg]	交换性钠 [cmol(+)/kg]	碱化度 (%)	颗粒组成(mm,%)	
										<0.001mm	<0.01mm
0~11	40.9	2.1	8.9	55.5	0.5	1.16	28.19	1.08	3.8	25.7	39.8
11~25	13.4	1.1	9.9	232.1	0.8	2.42	22.20	3.74	16.8	39.0	52.2
25~35	7.9	0.5	10.0	275.5	1.9	1.91	16.84	5.94	35.3	39.4	52.6
45~55	4.7	—	10.1	210.8	0.5	3.94	14.13	—	—	32.6	45.5
68~78	3.3	—	10.1	69.0	0.3	3.58	16.61	—	—	25.8	37.6

5.3.9.3 利用和改良

盐碱地改良的物理措施主要是通过改变土壤物理结构来调控土壤水盐运动，从而达到抑制土壤蒸发、提高入渗淋盐效果的目的。电力改良盐渍土是一些国家应用电流的电解作用使盐离子发生移动，使阴极带pH值增高，阳极带H^+浓度增高，土壤溶液酸度增加，从而促使难溶盐类溶解的方法。客土改良是国际上常用的改良盐碱土的方法，主要用于改良原生型的盐碱土，特别是重度和中度盐碱土。客土就是换土，在有明显盐碱或含盐量3%以上的盐碱地铲起表土运走，盐碱越严重铲土层应加深，然后填上好土，或者运走一部分盐碱土，把好土与留下的盐碱土混合，这样也能有效地降低土壤含盐量，有抑盐、淋盐、压碱和增加土壤肥力的作用。铺沙压碱也是改良盐碱土的一项重要方法。通过表层铺沙压碱能够促进团粒结构形成，使土壤空隙度增大，通透性增强，使盐碱土水盐运动规律发生改变，在雨水的作用下，盐分从表层土淋溶到深层土中。沸石的特殊晶体结构决定了其具有很高的阳离子交换能力和盐基交换量。因此沸石被广泛用于盐碱化土壤改良或去除污水中的杂质，可达到吸附净化的目的。

化学改良剂有两方面作用：一是改善土壤结构，加速洗盐排碱过程；二是改变可溶性盐基成分，增加盐基代换容量，调节土壤酸碱度。

防治土地盐碱化应采取综合措施，而灌溉、排水、冲洗土壤盐分及严格控制地下水位，是改良盐碱地和预防次生盐碱化的根本措施。盐碱地改良利用是一项涉及多学科，长期复杂的研究课题。土壤盐碱化涉及多方面的因素，因而盐碱地改良也应采取综合措施，以水肥为中心，改良与培肥相结合，因地制宜，在一定区域内对盐碱地进行统筹规划，综合治理。在治理盐碱技术上，物理与化学方法都存在着一定的缺点，表现在用工量大、投入成本高、维持时间短和带来其他形式的二次污染。运用生物技术为主、农业技术为辅的综合治理盐碱地，既投资少、见效快、简便易行，并改变土壤机构与特性；也可以增加土壤中的有机物，调节土壤中的水、气、温状况，并改善有益微生物生存繁衍的环境；特别是能使盐碱地在治理中应用、利用中改良，又能产生明显的经济、社会和生态效益。治理盐碱地应从选育抗盐碱性强的乔、灌、草品种和作物入手，采用农林牧一体化的栽培模式，延长产业链，创循环式生态产业。

盐碱土形成条件差异大，对植物危害严重。故改良盐碱土应遵循"因害设防，因地治理"的原则，采取相应的技术措施，以便获得较好的改良效果。盐碱土合理分区是它们改良利用的前提条件。遥感技术覆盖面广，实时性强，能真实反映盐渍度的水平及其动态变化，为盐碱土分区提供技术支撑。通过遥感技术研究盐碱土分区、盐渍度及面积，较以往更为快捷和准确。建立和完善区域盐分预报系统，随着遥感等现代技术不断引入土壤研究工作中，提高盐碱土制图的速度和精度，快速准确地掌握土壤盐分动态，为及时采取相应的防治措施提供有力保障。其次，推广运用现代生物技术，促进耐盐、耐涝和耐旱植物品种的培育。现代生物技术突破了远源物种不能杂交的禁区，将植物耐盐基因分离并导入常规作物，对耐盐植物品种的培育大有帮助。另外，利用细胞全能性，组织培养繁殖耐盐植物，也为快速获得耐盐植物提供了技术保证。同时，在土壤盐分迁移、动态规律的研究基础上，进一步利用微生物提高植物耐盐性。深入了解不同植物对微生物的影响，维持和改善微生物活性，推广耐盐功能菌接种技术，进一步发挥微生物—植物联合修复作用，加快盐碱土改良进程。

5.3.10 人为土

人为土是在长期人为生产活动下，通过耕作、施肥、灌溉排水等，改变了原来土壤在自然状态下的物质循环与迁移累积，促使土壤性状发生明显改变，同时又具备了可资鉴别的新的发生层段与属性，从而形成又一新的土壤类型。最明显的例子是旱耕土壤改种水田后而形成的水稻土。此外还包括灌淤土和灌漠土两个土类。下面重点介绍南方地区与人民生活密切相关的土壤—水稻土。

5.3.10.1 水稻土

我国水稻栽培已有7 000多年的历史。人们在各种土壤或其他母质上,通过平整造田,淹水耕作,种植水稻。在长期灌溉、排水、施肥、耕耘、轮作等措施的影响下,改变了起源土壤的整体性状,形成了具有独特剖面形态与理化性状的土壤—水稻土。

(1) 地理分布

目前水稻土的分布遍及全国26个省(自治区、直辖市),以四川、江西、湖南等省面积为最大。南起热带的海南崖县(北纬18°20′),北抵寒温带的黑龙江省漠河(北纬53°20′),从季风区到内陆干旱区,从滨海平原到海拔2 400m的高原均有分布。但是90%以上的水稻土集中于秦岭—淮河一线以南和青藏高原以东的广大平原、丘陵和山区,尤以长江中、下游平原,四川盆地,珠江三角洲和台湾省西部平原最为集中。据统计,我国水稻土面积约占耕地面积的1/4,占全世界水稻土面积的23%。

(2) 基本理化性质

①气体交换 土壤淹水后,水层阻隔了土壤与大气之间的气体交换,大气中的O_2难以进入土壤,而水层中溶解O_2的数量又非常有限(6~8ml/L)。同时,由于土壤微生物的活动,原来耕层中存在的O_2很快消耗殆尽,土壤随之转化为还原状态,耕层变为青灰色的还原层,只在其上的水–土界面依赖水层中有限的溶解O_2才生成厚度一般不超过10mm的黄棕色氧化层。还原性耕层又存在不均性,主要因为水稻根系具有一定的泌氧能力,使根际土壤微区表现氧化性特点,但稻根泌氧能力也有限,仅能满足其自身需氧量的1/5左右。因此。在水稻生长期间采用湿润秧田、浅水灌溉、排水烤田等水分管理措施,以水调气促根,有利于稻株的健壮生长。

②土壤氧化还原状况 在淹水与排水交替的过程中,水稻土的氧化还原状况发生了明显的变化,并对土壤的其他性质和物质转化产生深刻的影响。其中土壤的氧化还原电位Eh值是反映其氧化或还原程度的重要指标。水稻土的Eh值有两个显著的特点:一是变化范围广,可从–200~300mV变化至500~700mV;二是Eh值主要取决于水溶性氧化物质与还原物质的相对活度和溶液的pH值。

③土壤pH值的变化 土壤淹水后pH值向中性值趋近,即酸性土壤pH值升高,碱性土壤pH值降低。在淹水条件下积累的高浓度CO_2,使石灰性和碱性土壤溶液中的碳酸盐转化为重碳酸盐,pH值随之降低。酸性土壤淹水后,pH值的上升与还原过程中质子(H^+)的消耗有关。

酸性硫酸盐土渍水还原后pH值显著升高,但其机制与一般酸性土有所不同。在氧化条件下,酸性硫酸盐$Al_2(SO_4)_3$、$Fe_2(SO_4)_3$等水解生成H_2SO_4,使土壤呈强酸性,pH值可降至3以下,而在强烈还原条件下,H_2SO_4还原生成H_2S或硫化物,使土壤的pH值显著升高而趋于中性。但含有中性盐Na_2SO_4的土壤,渍水还原后pH值升高达到碱性值,因为Na_2SO_4还原成Na_2S后,其中S^{2-}与Fe^{2+}形成FeS沉淀,而Na^+与CO_2结合生成碱性盐Na_2CO_3。

④耕性 土壤的耕性与其质地、有机质含量、结构等有关。在水耕条件下,土壤大结构崩散为微团体。所以,水稻土的耕性表现与旱作土有所不同,可分为以下一些类型:

油性，又称糯性，其有机质含量为 30g/kg 左右，黏粒含量一般约为 16%；质地适中，团聚体发育，疏松多孔，渗漏适当，微生物活性强，供肥能力高，稻根易伸展。

僵性，又称粳性。其质地黏重，有机质较少，结构系数不高，土体致密紧实，干耕硬，起大块，湿耕黏，起泥条；黏土矿物多以 1:1 型高岭石为主。

起浆性，质地黏重，结构系数低，易起浆，泥层浮烂，栽秧时易产生浮秧；黏土矿物多以 2:1 型的水云母为主。

淀浆性和沉砂性，土壤的有机质和黏粒含量都低，而 SiO_2 含量很高，一般在 700g/kg 以上，SiO_2/Al_2O_3 也较高；淀浆土中的粗粉粒与黏粒之比一般在 2 以上，沉砂土中砂粒与黏粒之比大于 5；耕后易澄清、紧密板结，插秧困难，稻根不易伸展。

（3）剖面的层次发育

自表而下水稻土剖面的发生层可依次分为淹育层（A′）、犁底层（Ap）、渗育层（P）、潴育层（W）、脱潜层（Gw）和潜育层（G）等。

①淹育层（A′）　即水稻土的耕作层，是所有水稻土共有的特征层，也是剖面中受人为活动影响最深刻、物质和能量交换最活跃的土层。在淹水季节，表层呈氧化态，其余部分处于还原状态，为不成型的泥浆。干旱季节，随着排水落干分成两层：第一层厚 5~7cm，表面由较分散的土粒组成，厚度不及 1cm，其厚薄和致密程度可作为判断耕性的指标；表面以下主要为小团聚体，多根系和根锈。第二层土色暗而不均一，夹大土团，有大孔隙，空隙壁上附有铁、锰斑块或红色胶膜；总厚度一般为 12~18cm。

②犁底层（Ap）　本质上是耕层的一部分，厚度 10cm 左右，由农机具挤压和黏粒等淀积而成，较上紧实，容重增大，多为片状或扁平块状结构，结构面有铁、锰斑纹。另外，还有含石灰结核或有潜育化特征的犁底层。犁底层具有托水、托肥和调节水分渗漏等的作用。

③渗育层（P）　位于犁底层之下，由季节性淹灌水的渗淋作用发育而成，过去有称初期潴育层的。此一层多为大棱柱状结构，结构面上有腐殖质和黏粒淀积形成的灰色胶膜和少量的铁、锰斑纹。可分两种情况：一是淋溶作用不强，铁、锰就地分化，仅见有微弱的锈纹锈斑；二是淋溶作用强烈，黏粒和铁、锰含量较少，呈浅灰色或灰白色，通常称为白土层或漂洗层（E 或 L）。

④潴育层（W）　是经长期潴积水和地下水升降作用而形成的土层，多呈小棱块状或小棱柱状结构，结构面上有暗灰色胶膜和多量的铁、锰斑纹，以及铁、锰结核。此层含有较多的黏粒、有机物质、盐基和铁、锰等，游离铁的晶胶率高于上覆土层。也有人将此层称为斑纹层或水耕淀积层（B），认为是水稻土区别于其他土壤的诊断层，并根据氧化还原的强度划分为三种斑纹层：第一种，Bm 层是在氧化状态下形成的斑纹层；即下渗水中的亚铁被该层中的分子氧所氧化形成的铁锰淀积层，呈黄棕色或红棕色，故称为氧化或棕色斑纹层。第二种，Bg 层是氧化还原交替下形成的斑纹层；由于分子氧在淹水后被微生物活动消耗殆尽，下渗水中的亚铁离子被吸附于交换位上，在排水后又被氧化形成斑纹层，并因有机物质的淋淀而使土色变深，呈灰色带锈斑，故称为氧化还原斑纹层或灰色斑纹层。第三种，Br 层是在氧化、还原微弱交替的条件下形成的发育微弱的斑纹层；此层即使在排水落干后也不完全氧化，只有铁、锰就地分化和局部淀积；此层带蓝灰色，故可称为有潜育斑的斑纹层或蓝灰色斑纹层。

⑤脱潜层（Gw）　脱潜层的前身是沼泽或潜育型母土的潜育层，经排水疏干及实行水旱轮

作后，原潜育层开始向潴育层过渡，初显棱块状结构，有铁、锰斑纹，游离铁的晶胶率大于潜育层。

⑥潜育层（G） 是长期渍水形成的还原层，一般呈青灰色或蓝灰色，游离铁的活化度高，晶胶率一般小于1；无结构，状如泥浆；在潜水离铁作用下，潜育层可变成灰白色。

（4）改良和利用

①肥沃水稻土的培育和管理 这主要包括环境治理，改善农田生态条件和改良培肥土壤，维持地力常新两个方面。

环境治理的重点是搞好农田水利基本建设，区域水文治理与田间灌排设施配套，建立健全灌、排水系统，灌、排分家，消灭串灌，达到需水能灌，不需水能排。在区域水文治理中，既要保证灌溉防干旱，又要排水通畅防洪涝。在平原低洼地区，以防涝为重点，降低和控制地下水位；在山丘谷地，防洪与防旱兼顾，既要防山洪侵袭，又要蓄水防旱。此外，还应注意完善田间灌排系统，适应水旱轮作；旱作期间，合理布局灌沟，杜绝大水漫灌，同时开好三沟（厢沟、边沟和穿心沟），排除田间积水。区域和田间排水系统都要因地制宜，明沟与暗沟、暗管、暗洞相结合。

土壤改良培肥的主要措施是：合理施肥，维持土壤有机质和养分的动态平衡；水旱轮作，通过干湿交替改善土壤的性质；作物合理倒茬，用地、养地相结合；合理耕作，加速土壤的熟化，创造良好的土体构型。

②低产水稻土的改良及利用 全国中低产水稻土约占水稻土总面积的70%，可以概括为冷浸田、黏结田、沉板田和毒质田4大类型。稻田长期保护性耕作显著提高土壤大团聚体比例及其有机碳含量，进而提高团聚体稳定性，期保护性耕作通过增加土壤有机碳而成为稻田土壤结构改良的一项有效措施。

a. 冷浸田：冷浸田广泛分布于我国南方山区谷地和丘陵低洼地段，是长期淹水形成的强还原性水稻土，又可分为烂泥田、冷水田、锈水田和鸭屎泥田等类型。低产的原因：一是水土温度低，尤其冷水田，受山谷冷泉或冷水影响所致，常年地下水位高，也使土温较低；二是有效养分缺乏；三是泥土浮烂、深脚，造成耕作管理困难，稻株立苗困难，易倒伏；四是还原性物质过多。其主要改良措施是：开沟排水，增施肥料和干耕晒田。

b. 黏结田：黏结田系指质地黏重、发僵、黏结性强的低产水稻土，多属地表水型，也有良水型。低产的原因：一是质地黏重，黏粒含量多在30%以上，物理性黏粒（<0.01mm）含量70%~80%或更高；二是有机质含量低，多在10g/kg左右，结构性差，耕性不良；三是有效养分少，供肥能力低。主要改良措施：有机肥改土，掺沙改土，晒垡冻垡。

c. 沉板田：沉板田系质地过砂或粗粉粒过多的低产水稻土，包括淀浆田、沉沙田和沙漏田等类型。低产原因是沉浆板结，养分贫乏和保水、保肥性能差。主要改良措施：增施有机肥和氮、磷肥，掺泥改土，改善灌排条件等。

d. 毒质田：根据所含毒质和造成原因的不同，可分为矿毒田、返酸田、盐渍化水稻田。矿毒田是指分布在矿山地区受矿毒水污染的低产水稻土。返酸田即酸性硫酸盐水稻土，是热带亚热带沿海地区主要的一种低产水稻土。主要改良措施：蓄淡（水）洗酸，以水压酸，石灰制酸，填土隔酸和铲秧抗酸。盐渍化水稻土又称咸土，广泛分布于沿海冲积平原和北方盐碱土地区。

5.3.10.2 灌淤土和灌漠土

(1) 灌淤土

灌淤土是在我国西北干旱平原灌区经长期耕种和灌淤形成的一类人为土壤。它主要分布在宁夏及内蒙古的引黄淤灌区,此外,在新疆的伊犁谷地、塔城盆地、甘肃的兰州盆地、河西走廊东段和青海的湟水河谷地也有分布。

灌淤土的理化性质因不同地区而异。黄河河套地区的灌淤土,质地多属砂壤土和轻壤土,有机质含量 10g/kg 左右,碳酸钙含量 100~150g/kg;而伊犁河谷的灌淤土,质地以中壤土和重壤土为主,有机质含量为 10~20g/kg,碳酸钙含量达 100~200g/kg。这与不同地区的灌溉水源和耕作利用方式密切相关。但灌淤土的共同特点是:腐殖质下延较深;碳酸钙沿剖面分布均匀,无明显的淀积现象;盐分含量少,多属非盐渍化土壤;土壤 pH 8.0 以上,呈碱性反应;土壤养分除氮之外,磷、钾含量较高。

灌淤土是我国北方灌区的重要土壤类型之一。在改良上,可采取耕翻曝晒,增施有机肥料和种植绿肥(如苜蓿、草木樨、箭舌豌豆)等措施,以疏松土壤,增加有机质和养分的含量,改善土壤因灌溉所造成的地表板结现象。对地下水位较高的地区,需整修和健全灌溉与排水渠系,实行合理灌溉,降低地下水位,防止土壤次生盐渍化,特别是在银川平原和前、后套地区更应注意合理灌溉。

(2) 灌漠土

灌漠土以往又称绿洲土,是在灰漠土、棕漠土等基础上经长期灌耕熟化形成的人为土。它主要分布于新疆、甘肃等省区漠境绿洲带的内陆灌区,多处于地形平坦,土层深厚,细土物质较多,引水方便,排水良好的河谷阶地或洪冲积扇的中、下部。

灌漠土的耕层有机质含量多在 10~20g/kg 之间,且沿剖面均匀分布,即使在灌淤层下部也可达 5~7g/kg。胡敏酸与富里酸之比为 1.0~1.3;土壤中磷、钾的贮量较丰富,但速效磷缺乏;碳酸钙含量多为 100~200g/kg,在剖面上的分布较均匀;灌淤层内的石膏含量低;土壤含盐量少,在剖面中表现出明显的脱盐现象;pH 8~9,呈碱性反应,但未见次生碱化特征;质地多为中壤土和重壤土,部分为砂壤土;土壤阳离子交换量一般为 10~15cmol(+)/kg 土或更高。

灌漠土由于富含碳酸钙,而有机质含量又较低,易于发生板结现象。在地下水位高的地区,还存在不同程度的盐渍化威胁。因此,防止土壤的板结和次生盐渍化,保持和提高土壤的肥力,是灌漠土的主要问题。在平整土地,建立条田,整修灌排渠系和营造防护林等农田基本建设的基础上,采取增施肥料,种植苜蓿和豆类作物,进行伏耕和秋耕晒垡以及加强灌溉管理等措施,即可不断地提高灌漠土的肥力和生产水平。

5.3.11 高山土

高山土壤主要是指青藏高原及其外围山地森林带与高山冰雪带之间广阔无林地带形成的土壤类型系列,包括草毡土(高山草甸土)、黑毡土(亚高山草甸土)、寒钙土(高山草原土)、冷钙土(亚高山草原土)、冷棕钙土(山地灌丛草原土)、寒漠土(高山漠土)、冷漠土(亚高山漠土)和寒冻土(高山寒漠土)共 8 个土类。

5.3.11.1 地理分布

草毡土和黑毡土是具有强生草腐殖质积累和冻融氧化还原特征的高山土壤,广泛分布于青藏高原东部和东南部、阿尔泰山、准噶尔盆地以西山地和天山等的高山带,以西藏、青海、四川为主,新疆、甘肃、云南次之。

寒钙土是青藏高原面积最大的代表性土类,主要分布在藏北高原内流区海拔 4 500 ~ 5 400m 和藏南喜马拉雅山脉北翼措美以西海拔 4 600 ~ 5 000m 的地带。此外,长江源头高原面也有分布。

冷钙土主要分布在喜马拉雅山脉北侧中西段海拔 4 000 ~ 4 700m 和帕米尔高原、昆仑山、阿尔金山和祁连山西部海拔 3 300 ~ 4 500m 的地带,少部分分布在阿尔泰山东南部和天山南坡海拔 2 000 ~ 2 800m 的地带。

冷棕钙土是仅形成于藏南谷地的区域性土壤,主要分布在东起桑日、西至拉孜的"一江(雅鲁藏布江)两河(拉萨河及年楚河)"谷地,少量分布在西巴霞曲等谷地。分布海拔一般在 3 500 ~ 4 000m 之间,下起河谷底部,上接黑毡土(东部)或冷钙土(西部)。

寒漠土是高寒干旱荒漠条件下形成的高山土壤,面积较小。寒漠土分布于青藏高原的西北部、西昆仑山外缘及帕米尔高原等地,在西藏阿里地区主要分布于海拔 4 800 ~ 5 000m 的高原宽谷湖盆。

冷漠土是高原温带干旱荒漠条件下形成的高山土壤,面积较小。冷漠土分布在西藏阿里喀喇昆仑山以南、阿依拉山和冈底斯山以北的地区,在海拔 4 500 ~ 4 700m 以下的高原湖盆、河谷及其两侧山地中下部,最低海拔 3 650m 左右。

寒冻土是在高山冰缘地带寒冻风化和微弱生物积累形成的原始土壤。它广泛分布于青藏高原、天山、祁连山等高山冰雪线以下,海拔 5 200 ~ 5 600m;面积较大,在西藏自治区,寒冻土占土壤总面积的 12% 以上,仅次于寒钙土、草毡土而居第 3 位。

5.3.11.2 基本性状

草毡土剖面构型为 A_s – A – AB – C 型。A_s 层中的有机活体与未分解死体交织,按体积计大于 50%,紧密而富弹性,其余为分解程度不同的有机土壤物质。土壤有机质和氮素积累量大,C/N 比值高。活性腐殖质占有机质总碳量的 40% ~ 50%;腐殖质组成以富里酸为主,A_s 和 A 层的胡敏酸与富里酸之比分别平均为 0.85 和 0.59。土壤石砾量高,尤其是中、下部多在 30% ~ 40% 以上;质地粗,一般为砂质壤土或砂土。黏土矿物以水云母为主。土壤阳离子交换量高,主要与其富含腐殖质有关。土壤速效氮、钾丰富,速效磷较缺乏。

黑毡土的剖面构型为 A_s – A – AB/BC – C 型。生物积累过程强,土壤有机质和全氮量高,与此相关的碱解氮、阳离子交换量和速效钾也高,但速效磷较低。活性腐殖质占有机质总碳量的 35% ~ 50%,腐殖质组成以富里酸为主,但胡敏酸与富里酸之比近于 1.0(A_s 和 A 层分别于均为 0.97 和 0.72)。黑毡土中游离氧化铁的活化度和络合度均高于草毡土,表明其活性增强,土体中、下部常见铁锈斑纹。心底部石砾量在 30% ~ 40% 以上;细土质地以砂质壤土和砂质黏壤土为主。黏土矿物以水云母为主。土壤呈酸性至微碱性,主要随亚类而异。

寒钙土剖面由腐殖质层(A)、风化(B)层和母质层(C)组成。A 层有机质含量达 10 ~ 30g/

kg，土壤碳酸钙含量为 10~100g/kg。B、C 层可达 100~250g/kg，并可形成有各种新生体的钙积层。土壤石砾量大多为 30%~50%，细土质地以砂质壤土为主，黏土矿物以水云母为主。土壤阳离子交换量为 5~15cmol(+)/kg 土，土壤 pH 7.5~9.0。

冷钙土剖面由腐殖质层(A)、风化层(B)或钙积层(B_k)和母质层构成。A 层有机质含量达 10~40g/kg。钙积层不甚发育，但出现的部位较高，碳酸钙含量为 50~250g/kg。土壤石砾量多在 30% 以上，细土质地以砂质壤土为主。黏土矿物以水云母为主。土壤阳离子交换量为 7~12cmol(+)/kg 土。土壤 pH 7.5~9.0。土壤中游离氧化铁的活性低，活化度为 10%~15%，络合度仅 1% 左右。

冷棕钙土的剖面构型为 A-B(B_k)-C 型。腐殖质层有机质含量 10~30g/kg。B 层或为钙积层(B_k)，碳酸钙的含量为 10~50g/kg，呈菌丝状、粉状或斑块状淀积。土壤 pH 7.5~8.5。土体多石砾，细土质地以砂质壤土和砂质黏壤土为主。黏土矿物以水云母为主。土壤游离氧化铁的活性低，活化度小于 15%，络合度小于 1%。土壤保肥力较弱，阳离子交换量为 10cmol(+)/kg 土左右。

寒漠土土体薄，石砾量达 40% 以上，细土中黏粒不及 10%；但有的湖积母质发育的剖面含石砾少，黏粒可达 70% 以上。黏土矿物以水云母为主。土壤发育有多孔结皮和层状结构，且含有易溶性盐(约 10g/kg)，并有石膏(5~20g/kg)聚积。土壤有机质低于 10g/kg。碳酸钙含量为 170~370g/kg，且自上而下增加，有在下部淀积的趋势。土壤 pH 7.5~9.0。

冷漠土(亚高山漠土)土表为薄层孔状结皮，其下无明显的腐殖质层，有机质含量小于 10g/kg。土壤石砾量为 30%~60%，细土质地为砂土或砂质壤土。黏土矿物以水云母为主。土壤碳酸钙和石膏含量分别为 50~120g/kg 和 4~23g/kg，且在表土下层聚积。土壤 pH 8.0~8.5。

寒冻土(高山寒漠土)土体石砾量在 40% 以上，高者达 80%~90%，呈岩幂覆盖地表，其间聚积少量的细土，作为稀疏垫状植物生长的介质，略呈鳞片状结构。细土中黏粒占 3%~10%，质地多为砂质壤土或砂土。黏土矿物以水云母为主。土壤有机质含量在 10g/kg 左右；阳离子交换量 5~10cmol(+)/kg 土。土壤 pH 7.0~8.0，含有碳酸钙者可达 pH 8.5 左右。

5.3.11.3 改良和利用

草毡土和黑毡土存在的主要问题：①土体薄，大多不超过 50cm，粗骨性强，质地粗，土壤保蓄水分的能力差，耐旱性弱；②土壤供肥能力弱而不平衡，潜在氮素肥力虽高，但由于常年低温对氮素有效化的制约，土壤实际供氮能力低，同时土壤速效磷普遍缺乏，势必限制植物的正常生长；③由于冻融频繁、鼠害和过度利用等原因引起草毡层破坏，致使土壤侵蚀加剧，造成土壤砂砾化和草原化；④由于寒冷、霜冻的限制，黑毡土垦殖农田的效益不高。据此提出以下对策：①坚持牧用的基本利用方向。对天然草场实行合理规划，以草定畜，分区轮牧，平衡冷、暖草场的利用，防止集中过度放牧。同时，在黑毡土地带，逐步扩大人工草场和半人工草场，引种优良牧草，提倡草地施肥，不断提高其产草量，以济冬春畜用。②控制黑毡土的耕垦范围，在藏东地区一般不宜超过海拔 4 200m，川西北地区还要更低一点。对现有的黑毡土耕地，应采取引种早熟作物品种，科学施肥，清除杂草和发展灌溉等措施，加强田间管理，不断提高作物的产量。对广泛存在的轮歇地，改行粮、草轮作，逐步定耕。③合理樵采林灌，保护和发展水源涵养林。

寒钙土草场生态系统的稳定性差，肥力水平低，加之人畜饮用水源缺乏，一旦过牧超载很快引起草地退化。因此，合理利用和保护草地资源，是寒钙土畜牧业面临的重大课题。首先是划区轮牧，严格控制放牧强度，同时治虫灭鼠；其次是选留和引进优良牧草；第三，在局部有水源的地方兴修水利、引水灌溉，尽可能结合施用氮、磷肥，提高土壤肥力和牧草的品质。

冷钙土的开发利用以牧为主，有条件地发展种植业。冷钙土地带的主要生产限制因素是干旱缺水，其次是土壤石砾多，质地粗，保水、保肥力较弱，速效氮、磷养分较缺乏。因此，在农业生产上主要是加强农田水利基本建设，发展灌溉，改良培肥土壤，科学施肥，引进良种，提高单产；在牧业生产上，在实施分区轮牧、以草定畜的同时，扩大人工草场或饲草基地的建设，提高冬春的载畜能力。

冷棕钙土的垦殖程度高，农耕地面积大，其有利的生产条件是地形开阔平缓，光照充足，有灌溉水源。主要的生产限制因素：一是气候干旱，加之土壤质地粗，保水、蓄水能力弱，又加重了气候干旱的影响。因此，应利用"一江两河"的丰富水利资源，发展灌溉，建造梯田，加厚土层，引洪灌淤，改良质地，以提高土壤的保水、蓄水能力和灌溉效益。二是土壤有机质含量不高，供氮水平较低，速效磷普遍缺乏，部分土壤速效钾和有效锌、硼等也缺乏。据此，要大力开辟有机肥源，积攒农家肥，增施有机肥和氮、磷肥，有针对性地施用钾肥和锌、硼肥，再配合其他农艺措施，努力提高作物的单产。在合理利用土壤的同时，要加强对土壤及其环境的保护。冷棕钙土处于干旱河谷，植被稀疏，降水集中，坡地水土流失和谷地风蚀都较严重。基本保护措施是：①严格控制坡地耕垦，集中搞好谷底的基本农田建设，陡坡耕地停耕抚育草灌植被，护坡保土；②防止坡地过度放牧，陡坡暂时停牧，保护现有的植被；③控制灌木樵采；④保护坡地动物；⑤在谷地营造防风林和护田林，并在雨季补插牧草，防止风沙的危害。

复习思考题

1. 土地形成条件有哪些，它们各自对土壤形成有何重要影响？
2. 人为活动如何影响土壤形成？
3. 土壤的地带性在农业、林业生产上有何重要意义？
4. 试述中国土壤分类系统和中国土壤系统分类的区别。
5. 浅谈土壤次生盐渍化的防治措施。
6. 简述红壤的主要成土过程和主要理化性质，如何合理利用与改良红壤？
7. 请结合家乡的主要土壤类型，分析影响该土壤形成发育的自然条件、形成特点和改良与利用方式。

主要参考文献

全国土壤普查办公室，1998. 中国土壤[M]. 北京：中国农业出版社.

熊毅，李庆逵，1987. 中国土壤[M]. 2版. 北京：科学出版社.

刘世全，张明，1997. 区域土壤地理[M]. 成都：四川大学出版社.

朱祖祥,1991. 土壤学(下册)[M]. 北京:中国农业出版社.
张俊民,蔡凤歧,何同康,1984. 我国的土壤[M]. 北京:商务印书馆.
谢德体,2004. 土壤肥料学[M]. 北京:中国林业出版社.
黄巧云,2006. 土壤学[M]. 北京:中国农业出版社.
谢德体,2014. 土壤学(南方本)[M]. 3版. 北京:中国农业出版社.

第6章 土壤管理与保护

【本章提要】本章介绍了我国耕地资源的现状与特点,土壤资源利用存在的问题及合理利用的措施,阐述了土壤退化发生机理及防治土壤退化的途径,根据高产肥沃土壤的特征,提出了土壤培肥的方法。

我国的耕地资源具有数量大、人均量小、质量不高、耕地空间分布差异大、水土资源的匹配组合不协调、山地比例大、土壤退化较普遍等特点。中国既是一个农业大国,又是一个人口大国,满足国内食物需求就成为农业安全的主要内涵。耕地作为农业最重要基础资源,其安全无疑成为农业安全问题的重点。耕地安全包括数量安全、质量安全与耕地环境安全等内容。根据我国的耕地资源现状、在保证耕地数量的基础上,加强土壤管理,提高和培肥地力,防止耕地的退化并使已退化土壤得到恢复与更新是土壤肥料工作的主要内容,也是我国农业安全的基础保证。

6.1 我国的耕地资源与土壤资源

6.1.1 中国耕地资源现状与特点

6.1.1.1 中国土地资源现状

根据2013年国土资源公报,截至2012年年底,全国共有农用地 $64\,646.56 \times 10^4 \text{hm}^2$,其中耕地 $13\,515.85 \times 10^4 \text{hm}^2$,林地 $25\,339.69 \times 10^4 \text{hm}^2$,牧草地 $21\,956.53 \times 10^4 \text{hm}^2$;建设用地 $3\,690.70 \times 10^4 \text{hm}^2$,城镇村及工矿用地 $3\,019.92 \times 10^4 \text{hm}^2$(图6-1)。

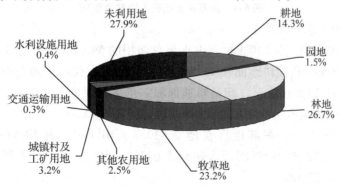

图6-1 我国土地利用结构

6.1.1.2 中国耕地资源特点

(1) 人均相对数量少,后备耕地资源不足

我国土地总面积居世界第三位,但人均土地面积 0.71hm², 相当于世界平均水平的 38.9%, 人均耕地面积 0.10hm², 仅为世界人均的 41.44%(图6-2、图6-3),并且,我国可开发的后备耕地资源不足。据国土资源部统计,全国集中连片的耕地后备资源 734.39×10⁴ hm², 可开垦土地 701.66×10⁴hm², 可复垦土地 32.72×10⁴hm², 主要分布在北方和西部的干旱地区,但各主要耕地后备区域的开发均面临保护和改善生态环境的重压。

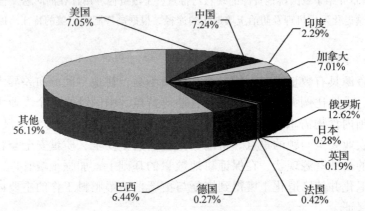

图 6-2 世界主要国家土地面积占世界的比例

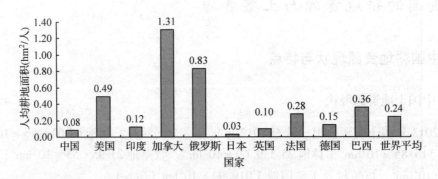

图 6-3 世界主要国家人均耕地面积

(2) 耕地比重小,生产条件差

我国山地和高原面积 570×10⁴km², 占土地总面积的 59.38%, 平原 115×10⁴km², 仅占土地总面积的 11.98%。我国耕地面积 13 515.85×10⁴hm², 仅占土地总面积的 14.08%, 而未利用地面积 27 662.74×10⁴hm², 超过耕地面积一倍多, 根据世界银行 2013 年数据, 我国在世界主要国家中, 耕地占土地面积的比例明显偏低(图6-4)。

全国耕地按地区划分,东部地区耕地 2 629.7×10⁴hm², 占 19.4%; 中部地区耕地 3 071.5×10⁴hm², 占 22.7%; 西部地区耕地 5 043.5×10⁴hm², 占 37.3%; 东北地区耕地 2 793.8×10⁴hm², 占 20.6%。

按耕地所处地势的坡面坡度大小划分耕地层次。全国耕地按坡度划分, 2°以下耕地

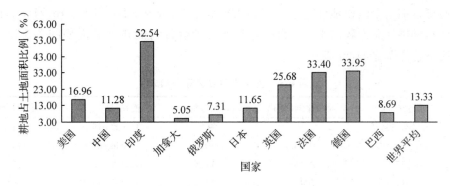

图 6-4 世界主要国家耕地面积占土地面积的比例

7 735.6×10⁴hm²,占 57.1%；2°~6°耕地 2 161.2×10⁴hm²,占 15.9%；6°~15°耕地 2 026.5×10⁴hm²,占 15.0%；15°~25°耕地 1 065.6×10⁴hm²,占 7.9%；25°以上的耕地(含陡坡耕地和梯田)549.6×10⁴hm²,占 4.1%,主要分布在西部地区(表 6-1)。

表 6-1 全国 25°以上坡耕地面积

地 区	面积(×10⁴hm²)	占全国比重(%)
全 国	549.6	100
东部地区	33.6	6.1
中部地区	75.6	13.8
西部地区	439.4	79.9
东北地区	1.0	0.2

全国耕地中,有灌溉设施的耕地 6 107.6×10⁴hm²,比重为 45.1%,无灌溉设施的耕地 7 430.9×10⁴hm²,比重为 54.9%。分地区看,东部和中部地区有灌溉设施耕地比重大,西部和东北地区的无灌溉设施耕地比重大(表 6-2)。

表 6-2 全国有灌溉设施和无灌溉设施耕地面积

地 区	有灌溉设施耕地		无灌溉设施耕地	
	面积(×10⁴hm²)	占耕地比重(%)	面积(×10⁴hm²)	占耕地比重(%)
全 国	6 107.6	45.1	7 430.9	54.9
东部地区	1 812.5	68.9	817.2	31.1
中部地区	1 867.0	60.8	1 204.4	39.2
西部地区	2 004.3	39.7	3 039.2	60.3
东北地区	423.8	15.2	2 370.1	84.8

(3)耕地质量总体偏低

根据国土资源部历时 10 年完成的《中国耕地质量等级调查与评定》结果,把全国耕地评定为 15 个等别,1 等耕地质量最好,15 等最差。全国耕地质量平均等别为 9.8 等,其中低于平均质量等别的 10~15 等地占全国耕地质量等级调查与评定总面积的 57%以上,高于平均质量等别的 1~9 等地仅占 43%,其中生产能力大于 15 000kg/hm²的耕地仅占 6.09%。将全国耕地按照 1~4 等、5~8 等、9~12 等、13~15 等划分为优等地、高等地、中等地和低等地,上述面积分别占全国耕地评定总面积的2.67%、29.98%、50.64%、16.71%,即优等和高等地合计不足耕地总面积的1/3,而中等和低等地合计占到耕地总面积的2/3以上。表明我国耕地质量总体明显偏低(表6-3)。

表6-3 全国耕地自然等别构成

自然等别	面积(hm^2)	面积比例(%)	自然等别	面积(hm^2)	面积比例(%)
1	241 206	0.91	9	13 809 619	11.04
2	1 205 230	0.96	10	18 056 867	14.43
3	2 727 495	2.18	11	15 737 472	12.58
4	3 019 081	2.41	12	11 356 114	9.08
5	4 102 626	3.28	13	8 099 934	6.47
6	12 269 541	9.81	14	4 291 606	3.43
7	13 764 075	11.00	15	4 289 227	3.43
8	12 144 969	9.71	合计	125 115 063	100.00

(4)耕地空间分布差异大,水土资源的匹配组合不协调

以秦岭—淮河线为界划分南北,南、北部面积大致相等;但北方耕地占全国耕地总量的62%,南方耕地仅占38%。以大兴安岭—阴山—阿尔金山—冈底斯山连线划分东西,东、西部面积也大致相等,其中东部耕地占全国耕地总量的94.2%,西部仅占5.8%。而水资源的分布状况也大致相等,但东部耕地占全国耕地状况是:北方河川径流量仅占19%,南方达81%,或者是东部水资源占95.4%,西部仅占4.6%。以水土组合指数度量区域水土组合程度及差异,则南方地区达2.256,而北方地区仅0.296;南北指数差接近于2。东部1.01,西部0.793;东西差0.2以上(表6-4)。水土资源匹配组合很不协调。

表6-4 中国水土资源分布及其组合的空间差异 %

地区	耕地面积	水资源量	人口	水土组合指数*
东北地区	19.8	6.9	9.8	0.348
黄淮海地区	38.5	7.5	33.4	0.195
西北地区	5.8	4.6	2.1	0.793
小计	64.1	19.0	45.1	0.296
南方地区	35.9	81.0	54.9	2.256
东部	94.2	95.4	97.9	1.01
西部	5.8	4.6	2.1	

* 设水土组合指数 $K = \dfrac{q_i}{\bar{q}}$,q_i 为第 i 区域单位面积耕地拥有的水资源量,$\bar{q}$ 表示全国平均单位耕地拥有的水资源量,即 $\bar{q} = \dfrac{1}{n}\sum\limits_{i=1}^{n}q_i$,$n$ 表示区域数。

(5)耕地面积锐减、退化和污染严重

由于城市的扩张、交通的发展等非农业建设实际占用耕地的数量远超过开发整理及复垦增加的耕地,再加上生态退耕减少与农业结构调整占用及灾毁,使我国耕地绝对量与人均量持续减少,人地关系日趋严峻。

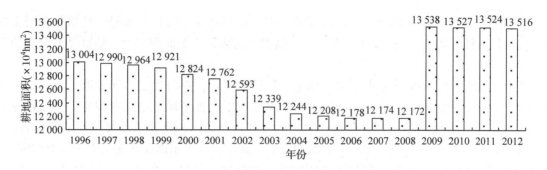

图 6-5　1996—2012 年全国耕地面积变化

注：1. 数据来源于历年国土资源公报；
2. 1996—2008 年为基于第一次全国土地调查的变更调查数据，2009—2012 年为基于第二次全国土地调查成果数据。

根据国土资源部统计，2008 年的耕地存量与 1996 年土地利用现状调查时相比，中国耕地总量从 13 003.92×10^{4}hm^2 降至 12 171.60×10^{4}hm^2，耕地占国土面积比例从 13.55% 降至 12.68%。12 年中，累计减少耕地 832.32×10^{4}hm^2，年均减少 69.36×10^{4}hm^2，2009 年的二调耕地数据为 13 538.46×10^{4}hm^2，到 2012 年减少为 13 515.85×10^{4}hm^2，3 年累计减少耕地 22.61×10^{4}hm^2，耕地减少的趋势仍在持续（图 6-5）。由于人口递增，耕地递减，到 2012 年我国的人均耕地拥有量仅为 0.1hm^2，耕地已成为中国持续发展中的稀缺资源。

除面积减少外，耕地的质量也呈下降趋势。耕地质量下降体现在两方面，一是耕地只用不养或重用轻养造成的土壤肥力下降；二是数量变化中优质耕地流失与劣质耕地补偿造成的质量亏损。耕地数量变化中人为占用的耕地，大多是城镇周围及交通沿线的高产优质耕地，而新增耕地多在交通不便、农业并不发达的边远省区，障碍因素多、质量差，使耕地总体质量水平下降。

根据 2005 年至 2013 年我国开展首次全国土壤污染状况调查，全国土壤环境状况总体不容乐观，部分地区土壤污染较重，耕地土壤环境质量堪忧。全国土壤总的超标率为 16.1%，其中轻微、轻度、中度和重度污染点位比例分别为 11.2%、2.3%、1.5% 和 1.1%。污染类型以无机型为主，有机型次之，复合型污染比重较小，无机污染物超标点位数占全部超标点位的 82.8%。

从污染分布情况看，南方土壤污染重于北方；长江三角洲、珠江三角洲、东北老工业基地等部分区域土壤污染问题较为突出，西南、中南地区土壤重金属超标范围较大；镉、汞、砷、铅 4 种无机污染物含量分布呈现从西北到东南、从东北到西南方向逐渐升高的态势。

从土地利用类型看，耕地中土壤点位超标率为 19.4%，其中轻微、轻度、中度和重度污染点位比例分别为 13.7%、2.8%、1.8% 和 1.1%，按照 2012 年耕地面积估计，我国耕地污染总面积 2 622.07hm^2，其中 391.96×10^{4}hm^2 中重度受污染的耕地不能再耕种。

6.1.1.3　中国土壤资源的特点

（1）土壤资源极其丰富，土壤类型复杂多样

我国国土面积 960×10^{4}km^2，除去水域、冰川、雪山、裸岩、石质山地等外，我国土壤总资源当不少于 8 800×10^{4}hm^2。

我国现行的土壤工作分类，主要以不同生物气候带的成土过程为依据，共划分全国土壤共有12个土纲，61个土类，231个亚类，土壤类型之多，土壤面积之大，是世界上少有的几个国家之一。

我国地域辽阔，地形由东而西拾级而上；因纬度不同，距海远近不同及地形不同，引起水热条件分异，加之人为经济活动的影响，从而形成了多种多样耕地土壤类型。首先世界上主要土壤类型在我国基本上都有分布，如长江流域以南的水稻土，黄淮海平原的耕作棕壤，东北平原的耕作黑钙土，西北干旱区的灌淤土等。其次，我国东部地区受东南季风影响强烈，呈纬度地带性分布自南向北依次分布有砖红壤、赤红壤、红壤、黄壤、黄棕壤、棕壤、暗棕壤、漂灰土等；西北干旱内陆区，受季风影响小，呈经度地带性分布，黑钙土、栗钙土、棕钙土、灰钙土、漠土自东而西依次更替；在中部地带，受纬向、经向地带性的共同影响，土壤带谱发生东北西南向偏转，呈经纬向复合分布的特点。再次，我国山地土壤类型众多，具有多样的土壤垂直分布规律，随着山体升高，依次出现一系列与高纬度带相应的土壤类型（图6-6）。

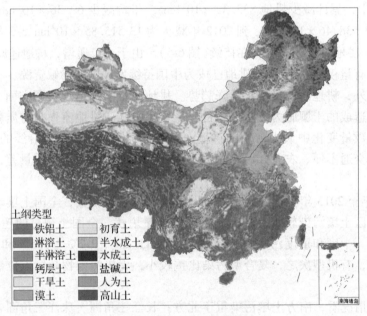

图6-6 中国土壤分布示意

(2) 山地土壤资源比重大

各种山地丘陵及高山的土壤约占全国土地面积的65%，平地土壤仅占35%，海拔1 000m以上的山地土壤占全国土地的50%，海拔3 000m以上的高山土占20%左右，直接影响我国土壤资源的开拓和利用潜力。

(3) 土壤资源分布不均衡

我国各地区因自然条件和历史发展等原因，使各地区差异较大，耕地分布很不平衡。全国将近90%的耕地集中在东半部。我国的东北、华北、长江中下游三大平原所在14个省份的耕地就占全国耕地总面积的59%左右。特别是黑龙江省耕地最多，占全国耕地的9.2%。而我国只有10%的耕地分布在广大的西部及边远地区。人均耕地面积的分布，一般南方地区较少,相对地北方边远省区要多些。按统计面积计,人均不足 $0.07hm^2$ 的有 11 个省份,占全国的 36.67%;$0.07\sim0.1hm^2$ 的有 9 个省份,占 30%;人均 $0.1\sim0.13hm^2$ 的有 4 个省份,占 6.67%;青藏高原占全国面积 22.6%,人口占全国人口的 0.5%。

(4) 土壤退化显著

荒漠化、水土流失、土壤污染是我国土壤退化的主要成因。我国荒漠化土地面积为 $262.37\times10^4km^2$,占国土面积 27.33%,全国土壤侵蚀总面积达到 $294.911\times10^4km^2$,占国土面积的 30.7%。我国还存在冻融侵蚀面积 $126.98\times10^4km^2$,占国土面积的 13.23%。全国因水土流失而损失的耕地达 $400\times10^4hm^2$,每年流失的表土相当于 $120\times10^4hm^2$ 耕地损失 30cm 厚的耕作层,流失的氮、磷、钾总量近 1×10^8t。水土流失导致化肥、农药等进入地表水体,引发江河湖泊面源污染。目前,面源污染已成为我国水库湖泊污染物的主要来源,据调查我国近一半的湖泊处于严重的富营养化状态,水体中的氮磷污染物至少有 1/3 来源于面源污染。

(5) 人为影响深刻

我国耕作历史悠久,人为的经济活动对耕地的影响非常深刻。在人为耕作的影响下,大部分土壤不断熟化,以致使某些土壤的性状发生根本变化,形成特殊的人为土类,如水稻土、灌淤土等。另外,也因对耕地的利用与保护不当,产生消极的一面,如植被破坏引起水土流失、耕地质量变劣、土壤沙化、次生盐渍化等。

人为经济活动的开展对耕地分布也有深刻影响。我国东部人口集中地区也是我国耕地集中分布区域。从分层次看,物质投入多,耕地质量及其生产水平也较高,远离村镇和道路的耕地则相反,从而形成由近及远,地力等级由高及低的环状分布。高原及低山丘陵区,人们的耕作、灌溉活动主要集中于河谷和盆地,因此,耕地的分布形成沿水系延伸的枝状分布和以盆底为中心的环状分布,而且由河谷、盆地至山上形成梯式分布。在山麓平原地带,人为耕作活动沿冲积扇开展,因而形成耕地的扇形分布。

6.1.2 土壤资源利用存在的问题

6.1.2.1 耕地面积持续减少

建设占用、灾毁、生态退耕是耕地减少的主要原因,由于土地整治、农业结构调整等增加的耕地面积多数情况下不能平衡耕地的减少,导致耕地人均占有面积与世界人均耕地的占有面积的差距进一步拉大。仅 1996—2012 年的 16 年间,全国耕地减少 $511.93\times10^4hm^2$,平均每年减少 $32.00\times10^4hm^2$,林牧业用地也同样遭到不同程度的破坏。

6.1.2.2 土壤利用不平衡

在我国光、水、气、热条件较为丰富和耕地紧张的地区,为提高农业产量而不断通过改革耕作制度来提高耕地的复种指数。如暖温带地区的间作套种和中亚热带地区、北亚热带地区水旱连(轮)作以及水稻种植上的单改双、三熟制等,都较充分地利用了土壤所占有的空间与时间。同时,我国尚有大片的耕地未得到有效的利用并有部分还出现撂荒,即便是在耕地面积小、人口密度大的江汉平原和长江中下游平原,冬闲田也占有相当的比重。而在我国的西北、东北乃至华北地区,耕地荒芜的面积占有的比例更大。

6.1.2.3 土壤投入不足,基础肥力下降

全国广大农区,近年来耕作管理粗放,有机肥施用量降低,化肥施用量陡增而又偏施氮肥,使氮、磷、钾配置失调,致使土壤潜在肥力降低,土壤理化性能恶化。如以土壤有机质、氮、磷、钾、耕层厚度、容质量等几项主要指标来评价土壤的肥力,多数土壤均降低了0.5~1个肥力的级差,生产力下降。肥力衰退的主要表现是,70%的土壤的有机质无明显提高,仍保持在生产力3级以下的水平。在农业生产集约化程度较高的地区,农作物生产对土壤主要养分的消耗与日俱增,土壤有机质的下降趋势更为严重,如大片的红壤地区,土壤有机质的含量平均值在10.0g/kg左右。据全国耕地质量监测结果显示,在东北黑土区,耕地土壤有机质含量大幅下降,土壤有机质的含量平均值为26.7g/kg,与30年前相比降幅达31%,黑土层已由开垦初期的80~100cm下降到20~30cm,很多地方已露出黄土。同时,南方土壤酸化、华北耕层变浅、西北耕地盐渍化等土壤退化问题日益突出,耕地质量下降给粮食稳定生产造成一定威胁,也给国家粮食安全问题敲响了警钟。

6.1.2.4 中低产土壤面积大

我国中低产土壤面积比例很大。就耕地肥力状况而言,基本无障碍因素的优质耕地占耕地总面积的比例仅21%,70%以上的耕地土壤均属中低产农田。造成中低产田面积大的原因除耕作管理不善以外,更多的或更重要的原因是由于历史、自然灾害等因素以及建设改造过程中缺少因地制宜和总体规划,不注意客观规律,盲目扩大耕垦,导致滥垦、滥耕和滥牧,或不适当地增加复种指数,土壤资源遭受严重破坏,部分地区土壤侵蚀严重,招致相反的后果,以致水土流失加剧。根据水利部2010年资料,全国水土流失面积356.92×10^4km^2,占国土面积的37.08%,其中需要治理的水土流失面积超过200×10^4km^2。

6.1.3 土壤资源的合理利用与保护

耕地资源是经济发展中不可替代的生产要素,是农业生产中最重要的生产资料,是农业的基础。只有保持稳定的耕地面积和质量才能保证农业生产稳定持续发展,目前,我国人均耕地只有0.1hm^2,在世界上处于较低水平,不到世界人均耕地的一半,全国已有666个县(区)人均耕地低于联合国粮农组织确定的0.053hm^{2}的警戒线,有463个县(区)低于0.033hm^2。说明我国耕地安全形势非常严峻,严格保护耕地已刻不容缓。

6.1.3.1 强化耕地管理,坚决执行并完善保护耕地的法律法规

首先,坚决执行《中华人民共和国土地法》《中华人民共和国水土保持法》《中华人民共和国基本农田保护条例》等一系列已颁布的有关保护耕地的法律、法规。其次,应继续制订和完善有关耕地肥力保养、防止耕地退化和提高耕地利用率等有关方面法律、法规。第三,应制定和落实土地利用总体规划,明确非农建设用地指标,严格控制非农占地和破坏耕地。第四,要健全和理顺土地管理机制与体制,强化耕地利用管理。第五,加强耕地资源的研究并建立耕地动态的监测、跟踪、反馈系统等。

6.1.3.2 科学合理进行土地开发整理

土地开发整理是补充耕地,实现耕地占补平衡,改善生产条件和生态环境,提高土地生产能力的重要途径。根据国土资源部《全国土地开发整理规划》(2001—2010 年),全国土地开发整理补充耕地的总潜力为 $1\,340\times10^4\,\mathrm{hm}^2$,其中通过土地整理,整治道路沟渠,平整归并零散地块,充分利用零星土地,可以增加有效耕地面积约 $313.33\times10^4\,\mathrm{hm}^2$;通过对现有农村居民点逐步实施迁村并点、治理"空心村"、退宅还田等整理措施,可以增加有效耕地约 $286.67\times10^4\,\mathrm{hm}^2$;开发宜农土地后备资源可开发补充耕地约 $586.67\times10^4\,\mathrm{hm}^2$;复垦因工矿生产建设挖损、塌陷和压占废弃的土地约 $400\times10^4\,\mathrm{hm}^2$,可补充耕地约 $153.33\times10^4\,\mathrm{hm}^2$,其中集中连片的约 $40.67\times10^4\,\mathrm{hm}^2$。要在了解土壤的性质、在生态环境中的作用和发展过程的基础上,对土壤资源进行科学的评价,进行合理的开发、利用,使之与生态环境、社会经济环境相协调。

6.1.3.3 增加对耕地的投入,实行集约化经营,提高综合生产能力

我国的国情决定了农业必须走集约化道路,保证农业持续稳定增产,提高耕地的综合生产能力,增加农产品的总量。只有集约经营,采用更多的新品种、新技术、增加物质和劳动的投入,提高单位产出水平,才能弥补耕地之不足。在增加农业投入时,应注意提高效益。

6.1.3.4 把改造中低产田作为重点来抓,充分挖掘耕地增产潜力

我国中低产田面积大,增产潜力也大,因此改造中低产田是我国农业发展的一项战略措施。改造中低产田比垦荒投入少、用工省、见效快,改造好后能长期见效益。其中低产田的改良方法应当统一规划,综合治理,先易后难,分期实施,以点带面,分类指导,搞好技术开发,注意远近期结合,并与区域开发、生产基地建设等紧密衔接。要从根本上改良土壤,提高耕地质量,搞清不同类型中低产田的土壤障碍因素和环境障碍因素,并有针对性地采取综合措施加以改造,提高耕地基础地力等级,改善农业生产条件。同时还应注意耕地的用养结合。

6.1.3.5 大力推进高标准基本农田建设

高标准基本农田建设,是指以建设高标准基本农田为目标,依据土地利用总体规划和土地整治规划,在农村土地整治重点区域及重大工程、基本农田保护区、基本农田整备区等开展的土地整治活动,并通过农村土地整治建设形成的集中连片、设施配套、高产稳产、生态良好、抗灾能力强,建设出与现代农业生产和经营方式相适应的基本农田。大力推进高标准基本农田建设,能够有效解决耕地分割细碎、水利设施短缺、质量较低和农田环境恶化等问题,增强农业抗灾能力,提高粮食综合产能,既可以提升粮食安全保障能力,又可以加快推进以转变农业发展方式为主线的中国特色农业现代化,还有利于农民收入持续增长与宜居家园建设。

6.1.3.6 提高复种指数

充分利用我国光热资源优势,适当提高复种指数,也是深度开发耕地的一个重要方面。

随着科学技术的发展，为提高复种指数创造了条件。在我国，复种指数每增加一个百分点，就相当于增加 $100 \times 10^4 \sim 130 \times 10^4 \mathrm{hm}^2$ 播种面积，如果将现在的复种指数提高到170%，则相当于增加播种面积 $1\,667 \times 10^4 \mathrm{hm}^2$，其数量相当可观。

6.1.3.7 发展适度规模经营

随着商品经济的发展，要稳定农业的发展，根本出路是要实现规模经营，从规模中取得效益。同时，我国农业正在朝着现代化、商品化方向转化，要提高土地生产率和劳动生产率，就必须兴修水利，进行农田基本建设，实行机械化，这也要相应扩大规模经营才能适应。因此应根据各地的实际情况，工业化程度，地区间的差别，针对不同情况，因地制宜的实行不同的经营规模。

6.2 土壤退化与防治

人口的迅速增加对土地和土壤的压力越来越大，不合理的利用、不注意保护与过度开发及与生态的不协调导致土壤退化日益严重，已成为全球性的环境退化问题。

6.2.1 土壤退化的概念及分类

6.2.1.1 土壤退化的概念

土壤退化是指在各种自然环境条件特别是人为因素影响下所发生的导致土壤的农业生产能力或土地利用能力和环境调控能力的下降。

土壤（地）退化的定义，不同学者提出了多种不同的叙述。一般的看法是，土地（壤）退化指的是数量减少和质量降低。数量减少可以表现为表土丧失，或整个土体的毁失，或土地被非农业占用。质量降低表现在土壤物理、化学、生物学方面的质量下降。

导致土壤退化的原因既有自然因素，又有人为因素。人类活动特别是对土壤资源的不合理利用或过度利用是土壤退化的主要原因，从退化性质看，土壤退化可分为3大类，即物理退化、化学退化和生物退化。从退化程度看，土壤退化一般可分为轻度、中度、强度和极度4类。

6.2.1.2 土壤退化的分类

(1) 联合国粮农组织的分类

联合国粮食及农业组织在《土壤退化》一书中，将土壤退化分为十大类：即侵蚀、盐碱、有机废料、传染性生物、工业无机废料、农药、放射性、重金属、肥料和洗涤剂。此外，后来又补充了旱涝障碍，土壤养亏缺和耕地非农业占用三类。

人为引起的土壤退化过程可以划分为两大类。一是土壤物质位移产生的土壤退化；二是土壤性质恶化引起的退化。两大类中又细分为数个类型，具体划分见表6-5。

表 6-5　联合国粮农组织的土壤退化过程分类

土壤物质位移引起的退化		土壤性质恶化引起的退化	
水蚀	风蚀	化学退化	物理退化
表土丧失	表土丧失	养分和有机质的丧失	压实、结壳和泥糊作用
地体变形	地体变形	盐渍化	渍水
	吹落	酸化、污染	有机土下陷

(2) 我国对土壤退化的分类

中国科学院南京土壤研究所，借鉴国外的分类，根据我国的实际情况，将我国土壤退化分为土壤侵蚀、土壤沙化、土壤盐化、土壤污染以及不包括上列各项的土壤性质恶化、耕地的非农业占用 6 类。在这 6 类基础进一步进行 2 级分类。中国土地(壤)1、2 级分类，见表 6-6。

表 6-6　中国科学院南京土壤研究所的土壤退化过程分类

1 级	2 级
A 土壤侵蚀	A_1 水蚀
	A_2 冻融侵蚀
	A_3 重力侵蚀
B 土壤沙化	B_1 悬移风蚀
	B_2 推移风蚀
C 土壤盐化	C_1 盐渍化和次生盐渍化
	C_2 碱化
D 土壤污染	D_1 无机物(包括重金属和盐碱类)污染
	D_2 农药污染
	D_3 有机废物(工业及生物废弃物中生物易降解有机毒物)污染
	D_4 化学肥料污染
	D_5 污泥、矿渣和粉煤灰污染
	D_6 放射性物质污染
	D_7 寄生虫、病原菌和病毒污染
E 土壤性质恶化	E_1 土壤板结
	E_2 土壤潜育化和次生潜育化
	E_3 土壤酸化
	E_4 土壤养分亏缺
F 耕地的非农业占用	

土壤退化是土壤生态系统结构和功能被破坏的过程，它牵涉到土壤的物理过程、化学过程和生物学过程。某个类型的土壤退化可能以一种过程占优势，不过，土壤退化过程中物理、化学、生物过程事实上是相互影响、相互叠加。例如，环境污染型土壤退化，是由污染物影响到土壤中的化学过程，进而影响到土壤中的生物学作用，因此对土壤退化而言，常常不能归结于一种过程。

6.2.2 全球土壤的退化概况

据联合国粮农组织(FAO)及联合国环境规划署(UNEF)统计,全球土地总面积为 $130 \times 10^8 hm^2$,近千年来因人为引起土壤退化面积为 $20 \times 10^8 hm^2$,占总面积的15%,其中耕地占 $5 \times 10^8 hm^2$,约占总耕地的1/3,并且现在土壤退化仍在以每年 $500 \times 10^4 \sim 600 \times 10^4 hm^2$ 的速率加剧。

根据联合国环境署和国际土壤参比信息中心编制的一份平均比例尺为1:1 000万的世界土壤退化图中,土壤退化程度分为轻度、中度、强度和极度4级。

轻度退化是指地体适合于当地农作制的利用,但农业生产率稍有降低。通过改变管理制度可以恢复生产率。原来的生物机制基本未受触动,在全球范围内,轻度退化的土壤以亚洲、非洲和南美洲分布的面积较大,分别占到该退化程度土壤的39%、23%和14%。

中度退化的标准是地体仍适合于当地农作制的利用,但生产率大大降低,需要改变主要结构以恢复生产率。但这往往超出发展中国家当地农民的财力。原来的生物机制部分被破坏。该退化程度的土壤占到全球总退化土壤面积的46%。其中以亚洲所占面积最大。

强度退化的地体实际上已丧失了它的生产能力,且不适合于当地农作制的利用。为了恢复地力,需要有一定的投资和主要的配套工程。原来的生物机制大量被破坏。全球大约有 $300 \times 10^4 km^2$ 的土壤遭到强度退化,相当于整个印度的面积。其中约有40%位于非洲,36.5%出现在亚洲。

6.2.2.1 引起土壤退化的因素

森林砍伐、过度放牧、不合理的农业管理和工业活动等,均是人为引起土壤退化的重要因素。

(1)森林砍伐

包括刀耕火种在内的毁林开垦是人为引起土壤退化的首要因素。在全球范围内,亚洲因森林砍伐引起土壤退化的面积达 $298 \times 10^4 km^2$,南美为 $100 \times 10^4 km^2$。我国资料表明,热带雨林植被覆盖下的土壤,每年 $1 hm^2$ 地只冲走表土58.5kg。但雨林砍烧后,采用坡地种稻时,其径流量为雨林的4.5倍,而土壤冲刷量则是雨林的149倍。

(2)过度放牧

它不仅导致植被的退化,而且还引起土壤变紧实,以及水蚀和风蚀的发生。过度放牧引起的土壤退化在非洲和西亚表现得尤为突出,分别占到全球过度放牧退化土壤面积的35.8%和19.3%。在我国半干旱农牧交错带草原土壤中,29%的沙化土是由过度放牧这个因素造成的。

(3)不合理的农业活动

这包括多种的农业措施。氮肥施用过多造成土壤中亚硝酸盐的大量聚集。磷肥施用过多可能会引起土壤缺铁、缺锌。农药、城市垃圾的施用和塑料地膜残留于土壤中也引起土壤的污染。此外,我国西北干旱地区引用低质量灌溉水和大水漫灌引起的土壤次生盐渍化现象已屡见不鲜。国外重型机具非适时的利用亦是必须考虑的因素之一。就全球角度而言,不合理的农业管理引起土壤退化的最大分布地区是亚洲和非洲,其面积分别为 $204 \times 10^4 hm^2$ 和 $121 \times 10^4 hm^2$。

(4) 过度砍伐

为了家庭燃料和筑篱笆而采伐，以致地面残留的植被或裸露的地面不能防止土壤侵蚀。这种现象在非洲和西亚较为严重。这在我国南北缺少燃料的地区亦很普遍。

(5) 工业活动

据统计，我国耕地污染总面积 $2622.07\times10^4 hm^2$，其中 $391.96\times10^4 hm^2$ 中重度受污染耕地不能再耕种。欧洲因工业活动造成的退化土壤占到全球总数的91%。显然，这与欧洲工业发达，污染严重息息相关。

6.2.2.2 全球土壤退化概况

据统计，世界土壤退化的总土地面积为 $1300\times10^4 km^2$，而人为引起的土壤退化面积就达 $197\times10^4 km^2$，占总土地面积的15.12%，就区域分布来看，亚洲的土壤退化面积最大（$74.7\times10^4 km^2$），占全球土壤退化总面积的38.02%，其次是非洲（$49.4\times10^4 km^2$）占25.14%、美洲（$40.2\times10^4 km^2$）占20.46%、欧洲（$21.8\times10^4 km^2$）占11.09%、大洋洲（$10.2\times10^4 km^2$）占5.19%，就土壤退化类型来看，全球土壤物理退化（包括水蚀、风蚀、土壤压实、渍水、有机土下陷等）面积 $173\times10^4 km^2$，占退化总面积的87.84%，其中土壤侵蚀退化（水蚀、风蚀）占总退化面积的83.56%，其结果以表土丧失为主，是造成土壤退化的主要因素之一，全球土壤化学退化（包括土壤养分衰退、盐渍化、污染、酸化等）面积 $23.9\times10^4 km^2$，占退化总面积的12.16%；就退化程度来看，全球土壤退化以中度、强度和极强度退化为主，其中中度退化土壤占全球土壤退化总面积的46.0%、强度退化占15.0%，而轻度退化仅占38.0%。

6.2.2.3 我国土壤退化概况与特点

(1) 土壤退化的面积广，强度大，类型多

中国是世界上受土壤退化影响最严重的国家之一。长期以来，因我国人口众多，人均资源占有量少，尤其对土地资源的不合理利用，使当前我国区域生态环境遭受严重破坏，土壤退化问题极为突出。目前我国土壤退化主要表现为土壤侵蚀、土壤荒漠化、土壤盐碱化、土壤贫瘠化、土壤潜育化、土壤污染以及土壤生产力丧失等。

土壤侵蚀和水土流失在中国是最主要、危害最严重的土壤退化形式。我国水土流失总面积达 $356.92\times10^4 km^2$，占国土面积的37.08%。荒漠化土地面积为 $262.37\times10^4 km^2$，占国土面积27.33%。沙化面积土地面积 $173.11\times10^4 km^2$，占国土面积18.03%。土壤侵蚀总面积达到 $421.89\times10^4 km^2$，占国土面积的43.95%。耕地污染总面积 $2622.07\times10^4 hm^2$，占耕地总面积的19.4%，其中 $391.96\times10^4 hm^2$ 中重度受污染耕地不能再耕种。我国酸雨区面积在迅速扩大，已约占全国面积的40%。我国东西南北中发生着类型不同、程度不等的土壤退化现象。简要来说，华北主要发生着盐碱化，黄土高原和长江上、中游主要是水土流失，西南石质化，东部地区主要表现为肥力退化和环境污染退化。土壤退化已影响到我国60%以上的耕地土壤。

(2) 土壤退化的发展快

土壤退化发展速度十分惊人。仅建设耕地占用一项，2010—2013年的4年间就达到 $94.39\times10^4 hm^2$。土壤流失的发展速度也十分注目，水土流失面积由1949年的 $150\times10^4 km^2$ 到

90年代中期的 $200 \times 10^4 km^2$ 发展到2011年的 $356.92 \times 10^4 km^2$。根据估算，中国每年因为侵蚀而流失的土壤物质大约为 $50 \times 10^8 t$，其中长江流域水土流失面积约的 $56 \times 10^4 km^2$，年侵蚀量达 $22.4 \times 10^8 t$。近年来土壤酸化不断扩展，已不仅局限于我国南方地区，全国大多数省、市、自治区均出现酸雨，酸雨已覆盖国土面积的40%左右，成为普遍性的污染问题。并且有越来越多的证据表明我国土壤污染面积逐渐加大，土壤有机污染物积累在加速。

(3) 土壤退化的范围广、影响大

土壤退化对我国生态环境破坏及国民经济造成巨大的影响。土壤退化的直接后果是土壤生产力降低，化肥报酬率递减，化肥用量的不断提高，不但使农业投入产出比增大，而且成为面源环境污染的主要原因。荒漠化主要分布在全国18省份508个县，其中95.48%分布在新疆、内蒙古、西藏、甘肃、青海5省(自治区)。受荒漠化影响，我国干旱、半干旱地区耕地的40%不同程度退化，全国有近4亿人受到荒漠化沙化的威胁，贫困人口的一半生活在这些地区，土地荒漠化已成为中华民族的心腹大患之一。全国有30%左右的耕地不同程度受水土流失危害，因水土流失而损失的耕地达 $400 \times 10^4 hm^2$，并且水土流失导致化肥、农药等进入地表水体，引发江河湖泊面源污染。全国建设占用而造成耕地减少已是普遍现象，而一旦占用很难恢复耕种，耕地减少、地力下降已成为威胁我国粮食安全的主要因素。

6.2.3 我国土壤退化主要类型及防治途径

6.2.3.1 土壤侵蚀

(1) 土壤侵蚀的概念和类型

土壤侵蚀是指地表土壤或成土母质在侵蚀外营力作用下被剥蚀、转运和沉积的整个过程。一般有水力侵蚀、风力侵蚀、重力侵蚀和冻融侵蚀等。其中水力侵蚀是最主要的一种形式，其过程是因降水而使土壤结构遭到破坏，土粒分散并随地表径流冲刷搬运而流失。因此，我国传统习惯又称之为水土流失。

从地质学角度来看，土壤侵蚀是各种自然动力作用对地面的一种夷平过程，如果这一过程是在不受人为影响条件下产生的，一般称它是地质侵蚀或自然侵蚀，这种过程通常非常缓慢。水土保持学中的土壤侵蚀通常是指超过正常侵蚀速度的加速侵蚀，特别是人为加速侵蚀，即在自然侵蚀的基础上，由于人类活动削弱了地面抗蚀力(如破坏植被、松动表土等)从而使现代侵蚀加速发展，加速侵蚀速率远远超过成土速率，使土壤表层逐渐剥蚀变薄，土地生产力逐渐退化甚至丧失。因此，人为加速侵蚀是当前世界普遍关注的环境问题，也是人类控制土壤侵蚀的主要对象和任务。

对土壤侵蚀类别的划分通常是首先根据外营力的性质作为一级侵蚀类型的划分依据，通常分水力侵蚀、风力侵蚀、重力侵蚀、冻融侵蚀和人为侵蚀等5大类，然后再按外力作用的不同方式及其产生的侵蚀形态进行次级或再次级的分类。不同的侵蚀类型其危害的性质和方式是不同的。

①水力侵蚀 水力侵蚀是指由降水及径流引起的土壤侵蚀，简称水蚀。在我国暴雨集中的黄土高原地区和雨量充沛的南方山丘地区最为严重。从水力侵蚀发生发展过程中所表现出的不同方式又可分为面蚀、潜蚀、沟蚀和冲蚀(河流侵蚀)。面蚀是指被雨水分散的土粒从地

表随细微径流均匀地流失，主要发生在坡耕地及丘陵、漫岗顶部径流尚未集中的地段。是发生土壤侵蚀的一种最基本的形式。潜蚀是地表径流集中渗入土层内部进行机械的侵蚀和溶蚀作用，在喀斯特地区经常可见，造成各类熔岩地貌，另外在垂直节理十分发育的黄土地区也很普通。沟蚀是线状水流对地表进行的侵蚀。按其发育的阶段和形态特征又可细分为细沟、浅沟、切沟侵蚀。冲蚀主要指沟谷中时令性流水的侵蚀（图6-7）。

图6-7　水蚀的几种类型

各种水力侵蚀由于所发生的地貌部位、造成地表形态的变化以及强度均有较大差异，因此造成的危害性质也不相同。一般在缓坡地或分水线附近的裸露松散土质斜坡地上发生的坡面侵蚀是由雨滴溅蚀、坡面径流的片状侵蚀及坡面细、浅沟侵蚀等几种类型共同组成的，由于它总是相互交织共同作用于有限的坡面上，而且，产生的后果与危害性又是一致的，所以常将之统称为土壤坡面水蚀。土壤坡面水蚀是最常见最基本的侵蚀方式，也是危害性最严重的侵蚀方式。其危害特点是分布范围广，直接造成坡耕地生产力的下降，而且坡面侵蚀产沙强度大，特别是在土质疏松、坡度坡长较大，暴雨集中的丘陵地区。坡地在降水过程中很容易产生无数的细沟浅沟，造成很高的产沙强度。土壤坡面水蚀的发育与人们对土地的不合理利用和植被的人为破坏关系最大，所以在一定程度上讲农地土壤侵蚀即为坡面水蚀。

②风力侵蚀　在地表缺乏植物覆盖、土质疏松和土层干燥的地区，当风力大于土壤的抗蚀能力时，沙土粒就开始移动，当风力降低或平息后，土、沙又降落沉积下来，这种由风力作用引起的土壤侵蚀现象就是风力侵蚀，简称风蚀。

风蚀主要发生在干旱和半干旱地区。起沙风具有吹蚀原有地形和使尘沙向他处蔓延的双重作用。其结果不仅出现风蚀洼地等负地形，而重新堆积的尘沙还可掩埋河道、湖泊、农田等，使之逐渐变为各种形态的沙漠，从而降低土壤肥力，给人类的生命财产安全带来极大危害。此外由于冬春季节西北地区的强烈风蚀作用，常形成尘暴天气，造成严重的大气环境污染。

③重力侵蚀　重力侵蚀是指斜坡陡壁上的风化碎屑或不稳定的土石岩体在重力为主的作用下分散的或整块的失稳位移现象。一般可分为泻溜、崩塌、滑坡和泥石流等类型。

重力侵蚀多发育于深沟大谷的高陡边坡上，与受水蚀、风蚀危害的土地比较起来，重力侵蚀的分布只是在点上，所以重力侵蚀危害主要不在土地损失方面，而在生态经济方面。由于重力侵蚀所产生的土体移动质量大，具有一定速度，因此具有一定的破坏性。如由于崩塌、滑坡或泥石流经常导致交通中断，河流堵塞，洪水泛滥，甚至造成人畜伤亡，另外，重力侵蚀的产沙率很高，有时一次可移动巨量的土石，与暴雨洪流同时发生的大型崩塌、滑坡常常是造成泥石流灾害的主要原因。

④冻融侵蚀　主要分布在西部高寒地区，另外在内蒙古、晋北、陕北、陇中等局部地区也有分布。在某些松散堆积物组成的坡面，在土壤含水量大，或有地下水渗出情况下冬季冻

结,春季表层首先融化,使土体水分过饱和并软化,而下部仍然冻结,形成隔水层,上部被水浸润的土体成流塑状态,顺坡向下流动、蠕动或滑塌,形成泥流坡面或泥流沟。所以此种形式主要发生在一些土壤水分较多的地段,尤其是阴坡。如春末夏初在青海东部一些高寒山坡、晋北及陕北的某些阴坡,常可见到舌状泥流,但一般范围不大。

⑤人为侵蚀 人为侵蚀是指人们在改造利用自然、发展经济过程中,移动了大量土体,而不注意水土保持,直接或间接地加剧了侵蚀,增加了河流的输沙量。目前主要表现在采矿、挖窑、修宅、建厂及修建公路、铁路、水利等工程过程中毁坏耕地,大量弃土,废渣乱堆乱放,有的直接倒入河床,有的堆积成斜坡,再在其他外营力作地下产生侵蚀。

(2) 影响土壤侵蚀的因素

土壤侵蚀的发生和发展是人为因素和自然因素综合影响的结果。影响土壤侵蚀的人为因素主要有破坏森林和草原、陡坡开垦以及粗放的耕作方式等。影响土壤侵蚀的自然因素主要包括土壤的外部条件和本身的某些特性。土壤侵蚀就是这些因素相互作用的综合结果。

气候因素中的降水量、降水强度、降水持续时间是引起土壤水蚀的主要因素。降水量及降水强度愈大、降水持续时间越长,水土流失愈严重。

覆盖土壤的植被不同,水土流失也有显著差别,在不同植被条件下土壤侵蚀量由小到大依次是以林地,草地,农地。因此采取造林种草、合理轮作等措施,对于防治水土流失具有特别重要的意义。

地形对于土壤水蚀的影响,主要决定于地面的坡度和坡长。在其他条件相同的耕地上,一般是坡度愈大,径流量和土壤侵蚀量也愈大。

坡长与土壤侵蚀量的关系,比较复杂。归纳起来有 3 种情况:在特大暴雨以及较大暴雨的情况下(降水量在 10~15mm 以上,强度大于 0.5mm/min),坡长与径流量和侵蚀量均成正相关;当降水的平均强度较小,或较大强度的降水持续时间很短时,坡长与径流量成负相关,而与侵蚀量与成正相关;当降水量很小(只有 3~5mm),强度也很小,历时也很短时,坡长与径流量和侵蚀量均成负相关。

土壤在水土流失过程中是被侵蚀的对象,在其他条件相同的情况下,土壤的侵蚀量在很大程度上则取决于土壤本身的性质,其中最主要的是土壤的抗冲性和透水性。

土壤的抗冲性是指土壤抵抗径流机械破坏和推移的能力。它与土壤的膨胀系数、土壤中的根量和土壤硬度的关系密切。膨胀系数愈大,土壤在水中的崩解愈快,其抗冲性则愈弱。同时抗冲性随土壤中根量和土壤硬度的减小而减弱。土壤的透水性影响径流量的大小,而透水性又受土壤孔隙、质地、结构以及湿度等因素的制约,这些因素因土壤类型而异。在其他条件大致相同的情况下,土壤渗透率与径流量呈反相关,即渗透率愈大,径流量愈小。

气候因素中的风速和风的持续时间,是决定土壤风蚀强弱的重要因素。起沙风的次数愈多,持续的时间愈长,土壤的风蚀就愈严重。此外,空气湿度愈小,气温愈高,就愈促成植物的物理蒸腾的增加和表层土壤的干燥,这些都有利于土壤风蚀及风沙流的形成和加强。

土壤风蚀的强弱在很大程度上取决于土壤的机械组成和有机质含量。一般土壤质地愈粗松,有机质含量愈低,土粒固结的能力就愈差,土壤风蚀则愈严重。反之,土壤质地适中,有机质含量较丰富,土壤结构较好,土壤风蚀则较弱。

地形对土壤风蚀的也有一定的影响。在土壤裸露的情况下,坡度愈小,地表愈光滑,地面风速愈大,风蚀愈严重。如坡向与风向垂直,则坡度愈大,土壤风蚀愈剧烈,背风坡上,风蚀微弱,有时形成无风带而出现沙土堆积的现象。

植被可以减轻或防止土壤的水蚀和风蚀。植物的地上部分可以拦截降水,减轻雨滴溅击,降低风速,从而削弱降水和大风对土壤的侵蚀作用。以森林植被阻止水蚀的作用最为显著,灌木和草本植被次之,而栽培作物较差。

植物根系有穿插、缠绕和盘结土体的作用,可以增加土壤孔隙,丰富土壤有机质,改善土壤结构,增加土壤的透水性和蓄水性,从而提高土壤的抗蚀能力。

农作物对阻止土壤侵蚀的作用,因作物种类和栽培方式而不同。通常、牧草大于一般作物,豆类大于谷类,混播大于单播。因此,在不同的土壤侵蚀类型区进行农业种植时,必须根据具体情况,挑选适宜的作物和栽培方式。

(3) 土壤侵蚀的防治

我国土壤侵蚀涉及自然因素和人为因素。而要从根本上治理,首先,应该从大区域生态环境的优化出发,因地制宜、科学规划、合理的安排土地利用的形式;其次,要加大生态建设的投入,包括资金投入、科技投入、政策投入等;第三,在具体的防治措施上,应根据土壤侵蚀的具体情况,将工程措施、生物措施、农艺措施综合运用,并注意生态效益、社会效益与经济效益的结合。

①工程措施 包括治坡工程、治沟工程和护岸工程3个方面。

a. 治坡工程:按其作用可分梯田、坡面蓄水工程和截流防冲工程。梯田是丘陵山区把坡地改造成台阶式断面的田地,是治坡工程的有效措施。坡地修成水平梯田后,一般可拦蓄90%以上的水土流失量而成为保水保土保肥的高产农田。梯田工程有四种:田面水平的水平梯田;田面外高里低的反坡梯田,相邻两水平田面之间隔一斜坡地段的隔坡梯田;田面有一定坡度的坡式梯田。坡面蓄水工程主要是为了拦蓄坡地的地表径流,解决人畜用水或灌溉用水,可分旱井和涝池两种不同形式。截流防冲工程主要指山坡截水沟,在坡地上由上到下每隔一定距离,横坡修筑的具有一定纵坡、可以拦蓄、输排地表径流的沟道,它的功能是改变坡长,拦蓄坡地的暴雨,并将其排至蓄水工程中,起到截、缓、蓄、排等调节径流的作用。

b. 治沟工程:主要有沟头防护工程、谷坊、沟道蓄水工程和淤地坝等。沟头防护工程是为防止径流冲刷而引起的沟头前进、沟底下切和沟岸扩张,保护坡面不受侵蚀的水保工程。谷坊是横筑于沟道中低于5m拦水建筑物,它是稳定沟床,防止沟堑继续发展的一项治沟工程。沟道蓄水工程主要是塘坝和小水库、起到削减洪峰、防止山洪危害的作用。

谷坊是指在冲沟和毛沟内横跨沟底修的小坝。往往在一条沟内接连修几道谷坊构成谷坊群,起节节阻沙拦泥的作用。谷坊按其修建材料可分多种:土谷坊多用于丘陵区和黄土区的小毛沟;土石山区则可就地取材修建石谷坊;柳谷坊是用柳桩拦沟打上3~4排,每排间距约半米,再用柳梢束捆填入而成,洪水经过有澄沙清水的作用。柳桩成活后,还可随淤泥面的升高而逐步发展成林。

淤地坝是在沟道里适当地方修筑的土坝。其目的是为了淤地,使大量的肥土淤积坝后变成沟底平地。它是我国黄土地区群众所创造的堵沟造田、保持水土、向荒沟要粮的好办法。

筑坝淤地要全面规划,分期实施,并做到从上到下,先毛沟再支沟后干沟,大中小结合,以中小坝为主,形成坝系;蓄淤灌排结合,以蓄为主。

c. 护岸工程：是防止山区河道、沟道和水库坝坡沿岸侧向冲刷的工程措施，它对于保护河道两岸耕地、道路、稳定河床库岸，保证水库大坝安全等均具有重要作用。一般有护坡工程、丁坝、护岸堤及导流堤等建筑物。

②生物措施　是指为了防治土壤侵蚀、保持和合理利用水土资源而采取的造林种草、农林牧综合经营等水土保持措施。在土壤侵蚀地区营造水土保持林和种草，以及建立农林系统等，不仅可以绿化荒山荒坡、增加地面覆被率、截流保土、抵御暴雨对地表的溅击、提高土地生产力，起到涵养水源、保持水土的作用，而且还能改良土壤，提供燃料、饲料、肥料和木料，促进农、林、牧、副各业综合发展，兼有保持水土和发展生产相结合的双重功能。

③耕作措施　主要是水土保持耕作法，是水土保持的基本措施。水土保持农业技术措施范围很广，包括大部分旱地农业耕作、栽培技术，有我国劳动人民创造的传统技术等高种植、沟垄种植、间作套种、增施有机肥等，也有从国外引进的草田轮作、覆盖耕作、免耕法和少耕法等技术。这些保持水土效果比较显著的农业耕作措施，按其所起的作用可以分为三大类：第一类是以改变地面微小地形，增加地面糙率为主的水土保持农业技术措施，拦截地表水、减少土壤冲刷；第二类是以增加地面覆盖为主的水土保持农业技术措施，保护地面，减缓径流，增强土壤抗蚀能力；第三类是以增加土壤入渗为主的水土保持农业技术措施、疏松土壤，改善土壤的理化比性状，增加土壤抗蚀、渗透、蓄水能力。

6.2.3.2　土壤沙化和土地沙漠化

土壤沙化和土地沙漠化主要发生在干旱及半干旱地区，也发生在部分半湿润及湿润地区，甚至在一些特殊的热带和亚热带范围内，只要具备含沙物质组成的地表及干季与风季在时间上同步性的条件，在植被破坏土体裸露的情况下，同样可以使地表产生类似沙漠的环境。它直接造成生物生产量的下降和可利用土地资源的丧失，并且导致生态环境的进一步恶化。

（1）沙漠化的概念和类型

土壤沙化一般是指由于风蚀作用所引起地面物质中细粒部分和营养物质损失而出现土壤表层粗化的过程。从土壤沙化的发生发展的特点和区域分布的差异来看，至少有两种不同的过程，一是沙漠化，二是风沙化。

而沙漠化是指风力作用下，在原非沙漠地区，由于人为活动的影响，导致沙质地表出现以风沙活动为标志的类似荒漠景观的土地退化过程。我国北方的沙漠化土地主要有三种类型。

①半湿润地区的沙漠化土地　主要分布在嫩江下游，松花江下游及吉林白城地区的东部、东辽河中游以及科尔沁沙地东南，约占沙漠化土地面积的3.9%。其形成大部分与河流沿岸的沙质阶地（或高河漫滩）及沙质高河床有关。由于其组成物质以粉沙、细沙土为主，所以在人为活动破坏植被以后，在风力吹扬作用下形成风沙地貌。这种沙漠土地一方面由于其分布面积不大，另一方面其所处的自然条件也较半干旱区优越，年降水量可在 500~600mm 左右，如在不继续破坏其生态平衡的情况下，有自我逆转的可能。

②半干旱地区的沙漠化土地　主要分布在内蒙古东部与中部、河北北部、晋西北、陕北及宁夏的东南部。它们都发生在干旱草原及荒漠草原，是我国沙漠化土地比较集中分布的地方，约占沙漠化土地总面积的65.4%。沙漠化的原因是土地过度利用、干旱、多风、沙质地表环境相互作用的结果。特别是在农牧交错地区，由于长期以来沙质草原及固定沙地长期的

过度农垦、过度放牧及过度砍柴等活动的结果，易使脆弱的生态系统失去平衡，并以植被破坏和流沙出现作为沙漠化发生的开始点，并以此为基础逐渐扩大。沙漠化的进程是，在初期由于土壤风蚀导致地表粗化，继而发展成为吹扬的灌丛沙堆及片状流沙的堆积。正是这样，所以沙漠化土地的分布形式都成斑点状散布在旱作农田之中，除个别地区外，仍保持着旱作农田的景观。

③干旱荒漠地区的沙漠化土地　这种土地主要分布在狼山—贺兰山—乌鞘岭以西的广大干旱荒漠地区，较集中分布在一些大沙漠边缘。占北方地区沙漠化土地面积的30.77%，它的发生发展主要与内陆河面的变迁、上中游水资源过度利用等有关，同时也和绿洲边缘由于过度砍柴等活动而破坏植被，导致半固定沙丘活化、流沙再起有关。此外，在风力作用下，一些大沙漠中流动沙前移入侵绿洲的自发进展性的沙漠扩大和山前的沙砾平原上荒漠草场过度放牧也是干旱荒漠地带沙漠化过程的一个因素。

风沙化是另一导致土壤沙化的过程。它主要是指干旱半干旱地带以外地表具有风沙活动，并形成风沙地貌景观的过程。这一过程主要出现在半湿润、湿润地带河流下游的沙质古河床、泛淤决口扇（如河北平原、豫东及豫北平原等）地段及海滨沙地。它与沙漠化的不同之处，不仅在于分布的自然地带上有差异而且面积较小，只有土壤产生沙化的趋势和风沙地貌景观，但并没有发生周围环境的整个退化。

湿润及半湿润地区的风沙化土地根据共发生的性质可以分为两大类：第一类与河流冲积物受风力吹扬有关，又可区别为3种不同情况。

a. 位于河流下游的冲积平原上，绝大部分是与河流泛滥改道所形成的古河床或泛淤扇有关，如黄淮海平原的中部（豫东及豫北）、北部（河北平原等）。此外，也包括永定河及滦河下游的冲积扇在内，面积共达5 576km^2，是我国风沙化土集中分布的一个地区。

b. 虽也分布于河流下游的冲积平原，但多与河漫滩、古河道以及阶地上的天然堤、迂回扇组成的沙岗地有关，在植被破坏以后受风力吹扬作用而形成。

c. 分布于河流中游的河谷平原地区，主要为河漫滩的沙质沉积物。在枯水季节，特别是在干季，受风力吹扬作用，堆积在沿河阶地上，形成风沙活动的地表，一般都以沙丘的形态出现作为其景观标志。

第二类与海滨的海成阶地或海成沙堤（沙洲）的沙质沉积物受风力吹扬有关。这种风沙化的土地因受其下伏地貌及沉积物分布地理位置的影响，一般都呈带状断续分布。

此外，还有一种导致土壤沙化的过程，即土壤沙化是在其他营力（主要是水力侵蚀）和人为活动破坏植被共同影响下的地表沙化，如华南风化作用强烈的花岗岩丘陵地区，流水侵蚀所造成的地表粗化—砾石化和西南山区干热河谷中由于泥石沙堆积所造成的砾石化等，这种情况与前面所述的沙漠化和风沙化截然不同，而与土壤侵蚀有关。

(2) 沙漠化形成的原因

沙漠化不是一个单纯的自然过程，而是一个自然与经济、社会相关联，而以人为活动为诱导因素所引起环境变化的土地退化过程。

①自然因素在沙漠化发展过程中的作用　在沙漠化发生发展过程中，气候因素特别是年降水量的变化，往往可以影响荒漠化的进程。多雨年则有利于我国北方干旱半干旱地带沙质荒漠化的逆转，而会加速中国南方湿润半湿润地带水蚀荒漠化的进程。反之、持续的干旱促

使沙质荒漠化的蔓延,而对水蚀荒漠化则是一个抑制。根据中国北方农牧交错地区多年来降水量与近几年来降水资料的对比分析,近几年来年雨量平均减少了25.3mm,而土地沙质荒漠化发展趋势是在扩大中,平均增加了10.1%。同时,在荒漠化形成的各种自然因素之间也是相互联系的,干旱季节与大风在时间上同步性和疏松沙质土壤的联系性是沙质荒漠化发生的重要自然因素。而在风与水两种荒漠化自然营力方面,虽然大致上在干旱半干旱地带以风力为主,半湿润地带以流水侵蚀作用为主,然而它们之间仍有密切的联系,如半干旱地带的沙质波状缓丘地区,夏季暴雨季节流水侵蚀沟发育,沟谷深切入下伏的沙层,致使沙层暴露,为冬春风季,风力吹扬提供了突破口;再加上过度农垦的结果,致使缓丘缓坡地出现沙漠化的蔓延。在半湿润及湿润地带的水蚀劣地及石质坡地是沙漠化的主要表现。即使在中国南方以水蚀为主的金沙江及岷江的干旱河谷地段,以沙质上河漫滩为基础,在风力作用下也出现有吹扬灌丛沙堆及低矮沙丘。

②人为因素在沙漠化发展过程中的作用　人为活动是土壤沙化的主导因子,这是因为:人类经济的发展使水资源进一步萎缩,加剧了土壤的干旱化,促进了土壤的可风蚀性;农垦和过度放牧,使干旱、半干旱地区植被覆盖率大大降低。中国沙漠化的人为成因类型见表6-7。

表6-7　中国沙漠化的人为成因类型

成因类型	占风力作用下沙质荒漠化土地的(%)
过度放牧	30.1
过度农垦	26.9
过度樵柴	32.7
水资源利用不当	9.6
工矿交通建设中不注意环境保护	0.7

③人口增长等因素与沙漠化成因　人口增长过快是中国土地沙漠化发生发展的重要诱导因素,在中国北方农牧交错的沙漠化地区,人口平均增长率为30.8‰。人口的增长加大了土地资源利用的压力,从而造成进一步开垦草原或波状固定沙地。

土壤沙化对经济建设和生态环境危害极大。首先,土壤沙化使大面积土壤失去农、牧生产能力,使有限的土壤资源面临更为严重的挑战。至2010年我国草原退化面积已经达到了90%以上,严重退化的在50%以上。其次,使大气环境恶化,由于土壤大面积沙化,使风挟带大量沙尘在近地面大气中运移,极易形成沙尘暴,甚至黑风暴。20世纪30年代在美国,60年代在苏联均发生过强烈的风暴,近十几年沙尘暴已遍及我国北方诸多城市。

(3) 沙漠化的防治

①生物治沙　生物治沙又常称植物治沙,是通过封育、营造植物等手段,达到防治沙漠、稳定绿洲、提高沙区环境质量和生产潜力的一种技术措施。依据沙漠化发展程度和治理目标,植物治沙的内容主要包括建立人工植被或恢复天然植被以固定流动沙丘;保护封育天然植被,防止固定半固定沙丘和沙质草原向沙漠化方向发展;营造大型防沙阻沙林带,阻止绿洲、城镇、交通和其他经济设施外侧的流沙的侵袭;营造防护林网,保护农田绿洲和牧场的稳定,并防止土地退化。由于植物固沙不仅在防沙治沙,更在改善生态环境、提高资源产出效益上有巨大功能,而成为最主要和最基本的防治途径。其功能可归纳为如下6点:a. 通过植物固

沙技术的实施，将提高植被覆盖度，防止土地的风蚀，促进流动沙丘→半固定沙丘→固定沙丘→稳定沙地的转化；b. 植物固沙可以促进贫瘠流沙向沙土方向转化，促进难利用沙漠向可利用沙地的转化，具有沙漠资源化改造的基本功能；c. 植物固沙将改善植被覆盖沙域的生境条件，有利于生物多样性目标的实现；d. 通过植物固沙技术的实施，将促进沙地植物群落向良性方向发展，形成稳定的生态系统；e. 植物固沙可以提供适量的植物资源，可适度放牧、樵采和提供民用建筑材料；f. 通过植物固沙技术改造后的沙丘系统（包括沙丘、丘间低地、沙丘群间的平坦滩地和沙质平地），一旦控制了流沙前移和风蚀危害以后，便可以把植被防护的丘间平地开辟为基本农田、果园、瓜地或饲草料基地，建立居民新村，逐步建立绿洲体系，完成沙漠向绿洲的转化。

我国生物治沙技术主要包括：建造农田防护林；流动沙丘造林；建造防风阻沙林带；沙漠沙源带封沙育草；弃耕还林还草；封山育林育草和建立保护区；小流域治理与营造水土保持林；飞播造林；引种抗盐植物等技术体系。

②工程治沙　工程治沙是指采用各种机械工程手段，防治风沙危害的技术体系，通常又称为机械固沙。由于沙漠的流沙运动及造成的危害主要是由风力作用所致，其形成、发展与风力的大小、方向有直接关系，因而，工程治沙便主要采取机械途径，通过对风沙的阻、输、导、固工程达到减轻风沙作用，防止风沙危害的目的。中国近60年的治沙实践表明，利用风力本身的运动规律设置不同的治沙机械工程，将能够使工程治沙取得明显治沙效益。这些工程中，从阻止风沙，改变风沙运行规律着手，则有铺设沙障、建立立体栅栏，利用各种材料网膜的技术；从输导风沙着手，则有引水拉沙，治沙造田技术。上述二种工程技术，便基本构筑了工程治沙技术体系。

③化学治沙　化学治沙是指在风沙环境下，利用化学材料与工艺，对易发生沙害的沙丘或沙质地表建造一层能够防止风力吹扬又具有保持水分和改良沙地性质的固结层，以达到控制和改善沙害环境，提高沙地生产力的技术措施。目前，化学治沙技术，主要包含铺设黏土、高分子化学材料、石油沥青制品治沙固结技术和使用化学制品增肥保水造林两大内容。

6.2.3.3　土壤化学污染及其防治

由于施肥、灌溉不当和酸雨的影响，导致土壤酸化、病虫害增加，产量下降。在我国酸化土壤有逐年扩大的趋势，特别是城市附近，酸化迅速，已严重影响到土壤的生产力。同时，因有机肥的施用逐年减少，有机质因耕作频繁而耗损增加，导致有机质含量下降，加上施肥、灌溉、耕作不当或施石灰不当，使土壤物理性质普遍恶化，土壤板结、紧实。

随着人类社会对土壤需求的扩展，土壤的开发强度越来越大，向土壤排放的污染物也成倍增加。化肥的不合理施用和农药的残留也增加了污染，降低甚至完全丧失了土壤的生产力。防治土壤污染，保护有限的土壤资源不减少，实际上已成为突出的全球问题。

(1) 土壤污染物的来源和种类

污染物最重要的来源是生活及生产活动所产生的废物，如工业废水、废气、废渣及城市污水，这些物质进入土壤后，就会造成污染。如制革厂的污水、冶炼厂污水，用这些污水灌溉农田，很容易污染农田。有些化工厂和印染厂排出的废水中含有有机污染物，不仅污染土壤，还对人畜和作物产生直接毒害。人为使用化石燃料，向大气中排放出大量的SO_2和NO_2

可以形成酸雨。进入土壤后使土壤性质变坏。含污染物的工业废渣堆积在农田附近或进入土壤，都会造成土壤污染。

不合理地使用农药、化肥也是造成土壤污染的重要途径。有机氯农药在土壤中不易分解，大量或长期使用，可产生污染。施入磷肥，可带入一些重金属元素，如镉、锌等。城市垃圾和污泥有时作为土壤改良剂和肥源施入农田，但这些物质中含有较高的重金属和其他有机无机污染物，使用不当，也将造成严重污染。

根据其化学组成，污染物可以分为无机污染物、有机污染物、放射性污染物以及有害微生物等几大类。其中前两类最为重要。无机污染物主要指重金属、氟化物、砷、镉及其他无机物质。有机污染物中最重要的是有机农药，以及化工、冶炼厂等排出的酚类、氰化物、苯并芘等有机物质。有害微生物是指可引起疾病的有害生物，如大肠杆菌、破伤风杆菌和结核菌等。土壤污染物的主要种类及来源见表6-8。

表6-8　土壤污染的主要物质及其来源

污染物种类			主要来源
无机污染物	重金属	汞	氯碱工业、含汞农药、汞化物生产、仪器仪表工业
		镉	冶炼、电镀染料等工业、肥料杂质
		铜	冶炼、铜制品生产、含铜农药
		锌	冶炼、镀锌、人造纤维、纺织工业、含锌农药、磷肥
		铬	冶炼、电镀、制革、印染等工业
		铅	颜料、冶炼等工业、农药、汽车排气
		镍	冶炼、电镀、炼油、染料等工业
	非金属	砷	硫酸、化肥、农药、医药、玻璃等工业
		硒	电子、电器、油漆、墨水等工业
	放射元素	铯(137)	原子能、核工业、同位素生产、核爆炸
		锶(90)	原子能、核工业、同位素生产、核爆炸
	其他	氟	冶炼、磷酸和磷肥、氟硅酸钠等工业
		酸、碱、盐	化工、机械、电镀、酸雨、造纸、纤维等工业
有机污染物		有机农药	农药的生产和使用
		酚	炼焦、炼油、石油化工、化肥、农药等工业
		氰化物	电镀、冶金、印染等工业
		石油	油田、炼油、输油管道漏油
		3,4-苯并芘	炼焦、炼油等工业
		有机洗涤剂	机械工业、城市污水
		一般有机物	城市污水、食品、屠宰工业
		有害微生物	城市污水、医院污水、厩肥

(2) 土壤的重金属污染

重金属一般定义为比重大于5(也有人认为大于4)的金属元素，主要有镉、汞、铅、铜、锌、镍等元素，其中汞的毒性最大，镉次之。

①重金属污染的特点　重金属污染的一个显著特点是能够在土壤中积累和在作物体内残留。重金属不像有机污染物那样可以被分解，而是逐渐积累起来。土壤一旦污染，就很难治

理了。重金属在土壤中也可发生转化，有时毒性作用会减弱，但有时也会转化成毒性作用更强的形态，如汞在微生物的作用下甲基化，毒性显著增加。

重金属污染的另一个特点是对人和其他生物危害极大。汞、镉、铅、铬等重金属都有很强的毒性，通过食物链，这些重金属元素可以进入人体，使人发生慢性中毒，重金属污染土壤后，作物明显减产，有时植物甚至会死亡。

②重金属在土壤中的转化　重金属对作物的危害程度不仅取决其总量，而且与其存在形态关系密切。重金属以可溶态或毒性较强的形态存在时，对生物易产生毒害。因此，了解重金属在土壤中的迁移、转化、对预测重金属污染趋势和控制重金属污染有着重要意义。

土壤的环境条件是影响重金属转化、迁移的因素，而这些转化过程是通过一系列的物理、化学以及生物学过程完成的。

土壤胶体的吸附反应：土壤胶体对重金属有很强的吸附能力，这是使重金属从液相转化成固相的一条主要途径。土壤胶体对重金属元素的强烈吸附，可以减少溶解态重金属的浓度，减轻对生物的危害；而正是由于这种作用，才使重金属在土壤中难于移去而富集起来。胶体对重金属离子的吸附强弱与胶体性质和金属种类有关。对重金属离子的吸附强弱顺序蒙脱石为 Pb^{2+}、Cu^{2+}、Ba^{2+}、Hg^{2+}；高岭石为 Hg^{2+}、Cu^{2+}、Pb^{2+}；而有机胶体的吸附强弱顺序为 Pb^{2+}、Cu^{2+}、Cd^{2+}、Zn^{2+}、Hg^{2+}。

重金属的络合作用：重金属往往与阴离子形成络合态离子存在于土壤中。重金属离子成为络合离子后，降低了其自身所带的正电性，使胶体对它们的吸附作用减弱，提高了溶解度。氯离子可以与许多重金属形成络合离子，如 $HgCl^+$、$CuCl^+$ 等，使重金属离子的溶解度提高，腐殖质组成中的胡敏酸与重金属离子形成的络合物一般是不溶的，而富里酸与重金属离子则可生成稳定可溶的络合物。

重金属的化学沉淀反应：重金属与土壤中的一些物质可以形成化学沉淀使作物难于吸收。土壤中的磷酸根离子可以和镉、锌、铅等形成磷酸盐沉淀。还原状态下镉、锌、铅、铜可以生成难溶的金属硫化物沉淀，使毒性大大减弱。土壤 pH 值是影响沉淀反应的一个重要因素。碱性条件下铜、铅、镉、锌都能形成氢氧化物沉淀，从而减轻对作物的危害。

重金属在土壤中的行为是受多种过程综合作用的结果，土壤的环境条件对这些过程有着重要的影响，不同的重金属种类也有其特殊性。

(3)化学肥料对土壤的污染

肥料在农业生产上起着很大的作用，据估计，世界粮食增产的50%是靠施用化肥获得的，但是化学肥料的利用率很低，如我国广泛使用的碳铵肥料，利用率约为27%~45%。如使用不当，利用率会更低。大量的氮肥成为污染物进入了环境，造成了严重的环境污染。

①氮素化肥　土壤长期过量地施用化肥，特别是氨态氮肥，NH_4^+ 可以代换出 Ca^{2+}、Mg^{2+}，使 Ca^{2+}、Mg^{2+} 淋失，土壤结构破坏，发生板结，通气透水性能变差，土壤微生物区系也发生变化，降低土壤肥力。施用硝态氮肥，使土壤中 NO_3^- 浓度增高，可以降低作物品质、抗病力和耐储藏性；NO_3^- 进入人体后还可能致病；NO_3^- 在土壤中易于移动，所以极易污染地下水，进入湖泊、河流的 NO_3^-，还可导致水体富营养化。土壤中的 NO_3^- 可以通过反硝化作用生成 N_2O、NO 等挥发性气体进入大气层，对臭氧层有破坏作用。

有的氮素化肥本身就是毒害物质，如石灰氮，用量过多可产生双氰胺等有毒物质，污染土壤。

②磷肥　磷肥对土壤的污染是其所含杂质引起的。制造磷肥的主要原料磷灰石，常富集一些重金属元素，如 Cd、Pb 等。长期施用磷肥会带入土壤一些重金属。磷灰石中含有 F 在烧结矿石过程中，可产生 SiF_4 和 HF，进入空气，再经沉降进入土壤和作物，造成污染。

磷灰石中常含有微量的放射性元素，如铀、钍、镭，其放射性强度为 $2.294 \times 10^8 \sim 29.6 \times 10^8$ Bq（贝可，放射性强度单位），有可能污染农田土壤。

③污泥　城市污水处理厂的污泥和下水道沉积的污泥以及城市生活垃圾，常含有较多的有机质和养分，可作肥源和土壤改良剂使用，但污泥中常富集大量重金属元素，有些污泥还含大量盐分和有害微生物，使用不当，很易污染土壤，为防止污染，必须确定合理的施用量和施用期。

④农药污染　化学农药污染。喷施农药时有 40%～60% 直接落于土面，大量施用农药、除草剂，不仅残留有毒物，而且还杀害昆虫的天敌及有益微生物，农药进入植物体对人、畜也产生危害。有些农药性质稳定，不易分解，在土壤中残留时间较长，长期使用，可在土壤中累积，污染土壤。一般有机氯类的大多数品种如滴滴涕、六六六等都是难分解的化合物，土壤外对它们的吸附作用强、挥发性弱，在旱地土壤中半衰期从几年到几十年之久。有机磷农药除少数品种外一般都分解较快，残留期短。氨基甲酸酯类和除虫菊酯类都是易分解的农药。

一些农药可以通过食物链在生物体内不断浓缩。因此，即使农药在土壤含量极微，而一旦进入食物链后，就会在生物体内累积，对人和整个生态系统带来严重的影响。

⑤生物污染　未经处理的生活污水、粪便、垃圾，未经腐熟的有机肥和分离培养不当的生物肥料，均带有各种病原菌和寄生虫等，都会造成土壤的生物污染。医疗垃圾未经处理而堆放，则会造成严重的后果。

(4) 土壤污染的防治

防治土壤污染，必须坚持"预防为主"的方针，首先控制污染源。在此基础上，对于污染的土壤采取综合治理措施，消除土壤的污染物，防止污染物进入食物链。

①控制和消除污染源　认真治理工业"三废"，工业"三废"是土壤污染最主要的污染源，因此，工矿企业应大力改革工艺，减少废物排放；能回收的"三废"应尽量回收处理；对难回收的"三废"也应进行净化处理，使之符合排放标准。

加强灌区的监测和管理，为了防止不合理使用污水灌溉引起的土壤污染，必须加强对污灌区水质的监测，了解污染物成分、含量和动态，还应了解土壤的环境容量，避免盲目地滥用污水灌溉而引起污染。

控制化学农药的使用，对高残留或剧毒农药如六六六、滴滴涕、氯丹等国家禁止的农药应严格控制；对高残留的农药应逐渐停止使用。大力发展高效低毒低残留的新农药。探索和推广生物防治作物病虫害，尽量减少农药的使用次数和数量。

合理施用化学肥料和污泥，为了防止化肥污染，应尽量避免长期过量施用单一肥料品种，施用时间和数量应严加控制。对含有毒害物质的肥料，施用范围和数量应严加控制。

污泥含有大量重金属等污染物，应根据当地具体条件，如土壤类型、灌溉制度、作物种类等，确定施用数量和年限。许多国家都制定了污泥农用的控制标准，应参照执行。

②污染土壤的治理措施　包括生物防治、施加抑制剂、增施有机肥、改革耕作制度、客土、深翻等措施。

生物防治：对已污染的土壤，可以利用种植的植物吸收土壤中的污染物，以净化土壤，如羊齿类铁角蕨属的一种植物对土壤中的重金属吸收强烈，如对镉的吸收率可达10%、连种数年，可降低土壤含镉量的1/2。某些鼠类和蚯蚓对一些农药有降解作用。对有机污染物的净化主要是土壤微生物的贡献，因此培肥土壤，提高土壤生物活性，可以加速有机物分解。现在人们还在尝试用分子遗传学的方法，选育能降解某些化合物的高效菌种，以加速这些物质的转化。

施加抑制剂：抑制剂是能够改变污染物在土壤中迁移转化方向的物质，这些物质使有毒物质难于被植物吸收或促进降解。常用的抑制剂有石灰、磷酸盐肥料等。施用石灰，可提高土壤pH值，使溶液中的重金属形成沉淀，从而抑制了作物的吸收。施用石灰还可加速有机氯农药的降解。镉、铅等重金属的磷酸盐都是难溶性化合物，施用磷肥可以抑制镉、铅等对作物的毒害。

增施有机肥：向土壤施入堆肥、厩肥、植物秸秆及其他有机肥料，可以增强土壤对有毒物质的吸附作用，提高土壤的环境容量和自净能力。有机质又是还原剂，可促进土壤中镉形成硫化镉沉淀。

改革耕作制度：对已污染的土壤，改种对污染物不易吸收的作物或改种非食用性作物。改变种植方式。从而改变了土壤的环境条件，可消除某些污染物质的毒害，如旱田改水田，可加速有机氯农药的降解。

客土、深翻：客土是把其他地方未受污染的土壤取来覆盖在受污染土壤的上面，有时是用未受污染的土壤换去污染的土壤。此外，也可将污染的土壤深翻到下层。这些方法的缺点是工程量大，且有发生再次污染的可能性。只有在污染面积较小时方可应用。

6.3　土壤培肥

6.3.1　高产肥沃土壤的特征

人类在生产活动中，对土壤肥力的发展有极其重要的影响，在生产中常采用一系列措施，如施肥、灌溉、耕作等来培肥土壤，提高土壤肥力，这个过程叫土壤的培肥过程。高产土壤最本质的特征是具有高度的肥力，即具有充分满足和及时调节作物生长发育和高产所需的水、肥、气、热等生活条件的能力。我国一些先进地区的高产实践证明，衡量土壤肥力的高低，既要看土壤水、肥、气、热的供应数量及其相应的各种理化生物属性的优劣，又要看土壤是否同时具有保持和协调供应作物生活所需水、肥、气、热的能力，同时还要看保证土壤这种能力的条件是否具备，最后则要看作物产量的高低和品质的好坏。我国各地自然条件和土壤类型不同，耕作制度也因地而异，不同作物对土壤也有不同要求。大体来说，当前各地已建成的高产土壤，一般具有以下基本特征。

6.3.1.1　耕层深厚，土层构造良好

耕层深厚和良好的土层构造是高产土壤肥力的基础。高产土壤要求整个土层厚度一般在

1m以上,并具有深厚的耕作层,约20~30cm左右。高产土壤质地较轻,疏松多孔,孔隙度52%~55%,通气孔隙10%~15%。犁底层不明显,心土层较紧实,质地较重,即为上虚下实的层次构造。表土可通气、透水、增温,好气性微生物活动旺盛,土壤养分易分解,有利于幼苗的出土和根系的下扎,也有利于耕作管理等。耕作层下部为犁底层,有一定的通气透水能力,又能保水保肥。心土层较紧实,质地较重,可托水、托肥。

肥沃水田土壤,要具有松软、深厚紧实的犁底层,既有明显托水托肥作用,又有一定透水能力,心土层(斑纹层或渗育层)也要通气爽水,调节水气矛盾。底土层较黏重,保水性强,但要有一定透水性,保持适当的渗漏量。

6.3.1.2 有机质和养分含量丰富

土壤有机质和养分含量高低是土壤肥力水平和熟化程度的重要标志之一。高度熟化的肥沃土壤,有机质含量较高,潜在肥力高,微生物活动旺盛,有利于养分转化,含有效养分丰富。土壤保肥供肥性能良好,肥劲稳而长,能满足植物生长发育的需要。在作物生长发育过程中,不出现脱肥和早衰现象。一般高产田耕层有机质含量丰富,旱地在20g/kg左右,水田25~40g/kg,全氮含量旱地1~1.5g/kg,水田1.5~3g/kg;速效性氮和磷各为50~80mg/kg;速效性钾150mg/kg以上,都比一般大田高出一、二倍甚至几倍以上(表6-9)。

表6-9 我国土壤耕作层有机质和氮磷钾的含量

肥力等级	有机质 (g/kg)	全氮 (g/kg)	全磷 (g/kg)	全钾 (g/kg)	速效氮 (kg/hm²)	速效磷 (kg/hm²)	速效钾 (kg/hm²)
高肥力级土壤	15~50	1~3	1~3.5	5~25	37.5~75	37.5~75	150~225
中肥力级土壤	10~25	0.5~1	0.5~1.5	5~20	22.5~37.5	22.5~37.5	112.5~150
低肥力级土壤	4~12	<0.5	<0.5	<2	<22.5	<22.5	37.5~112.5

资料来源:原农业部土壤普查办公室资料。

6.3.1.3 酸碱度适宜,有益微生物活动旺盛

肥沃土壤的酸碱度范围为微酸性到微碱性。因为,多数植物适宜于中性、微酸或微碱环境。另外,有利微生物的活动,如一般细菌和放线菌适宜中性环境,固氮菌适于pH值6.8,硝化细菌适于pH值6~8。过酸过碱的土壤微生物活动受到影响,不利于养分的转化,养分有效性降低。碱性过强,土壤中钙、镁、锰、铜等养分有效性降低,酸性过强,土壤中钼的有效性降低。

6.3.1.4 土温稳定,耕性良好

肥沃的土壤,温度稳定,表现在上下土层和昼夜间土壤温度的变幅较小,稳温性好,冬不冷浆,夏不燥热,有利于早播、早熟、高产。土壤疏松,宜耕期长,干耕不起坷垃,湿耕不成明垡条,耕作质量好。

6.3.1.5 地面平整

地面平整可以有效地防止水土流失和地表冲刷,促进降水渗入土体,有利于土体内水分、

养分均匀分布。

6.3.1.6 作物产量高

高产土壤的产量指标，随地区条件不同而异。必须指出，高产土壤的特征并不是固定不变的，随着农业生产的发展水平不断提高，土壤肥力和产量指标也将不断变化、发展和提高。

6.3.2 土壤培肥的基本措施

土壤培肥的措施，主要有工程措施、生物措施和农艺措施3个方面。

(1) 工程措施

主要包括大搞农田基本建设，平整土地、兴修水利等。

(2) 生物措施

主要包括从区域生态与农业产业结构调整出发，增加大区域的植被覆盖，提高区域光、温、水的利用，使引入到区域农田土壤的总的物质与能量增加，减少水土流失，使农田土壤生态更为优化。具体技术措施包括建立农田防护林、优化作物布局、实行合理的间作套种等。

(3) 农艺措施

① 深耕改土，创造深厚的耕层　以深耕为中心的耕、耙、耱、压等耕作措施，是加速土壤熟化，定向培肥土壤的重要措施。深耕能疏松土壤，破除紧实的犁底层，加厚活土层，增加土壤孔隙度，改善土壤的通透性，为植物根系深扎创造良好条件。深耕结合施用有机肥，能收到良好的效果。深耕配合施肥，使土肥相融，增加土壤团粒结构，有利通气、透水、保水，提高抗旱能力。为植物、微生物创造良好的土壤环境。

② 广辟肥源，合理施肥　合理施肥，特别是施用大量的有机肥，可以改善土壤的各种性状，不断培肥和熟化土壤，提高土壤肥力。施肥对培肥改土的作用，一是改良土壤的物理性状：有机肥如各种厩肥、堆肥、绿肥和经沤制的秸秆等、本身具有疏松多孔的特点，在土壤中又能转化为腐殖质，促进团粒结构的形成。因此土壤中大量施用有机肥，可使土壤的容重变小，孔隙度和大孔隙增加，土壤变疏松，耕性改善。二是改善土壤的水、热状况：有机肥本身吸水力强，持水性好，施入土壤后，可增加土壤的吸水力和透水性，一般可使土壤含水量增加2%~4%，同时可使土壤蒸发量相对减少，从而提高土壤的蓄水保水能力。此外，有机肥在土壤中分解时能放出一定的热量，而且所形成的腐殖质使土壤颜色加深，能吸收较多的辐射热，一般可提高土温1~2℃，显著改善土壤的温度状况，特别是早春，地温上升较快，冻土可提前化冻，有利于作物早播、壮苗和增产。三是提高保蓄和调节养分的能力：由于土壤物理性和水、气、热状况改善，有机质在微生物活动下转化为腐殖质，腐殖质是组成有机无机复合胶体的物质基础。土壤胶体增多后，可以提高保蓄养分的能力。此外，有机酸，能提高土壤中矿物质的溶解度，使离子态养分增多，调节土壤酸碱，增大缓冲性能和土壤中养分的有效化，从而提高调节养分的能力。四是改善稻田淀浆、起浆等不良耕性：南方一些含粉沙粒多的稻田，泡田灌水后土粒迅速沉淀，水层澄清，表土板结，叫淀浆。这种田对水稻插秧、返青和发棵都很不利。另外有些黏粒过多的稻田，淹水后形成浮泥，土层虚松，叫起浆。这种田不易立苗，常造成浮秧严重，干时坚硬，湿时泥泞，耕性也不良。起浆和淀浆都与有机质缺乏有关。大量施用有机肥，可以克服这种不良性状，使土壤团聚体增加，耕性

得到改善，从而提高肥力，无机化肥虽然不能直接丰富土壤有机质和改善土壤的物理性质，但其养分多为速效，在促进增产的同时，也能增加秸秆数量，从而丰富有机质的来源，间接起到培肥改土的作用。

③合理灌排，调节水肥　土壤中水分的多少，首先直接影响土壤空气的去存，从而影响土壤温度的变化。由于水、气、热状况的改变，又影响到土壤微生物的活动，影响有机质的合成与分解，养分的保存与释放以及有毒物质的积累与消除等。水在土壤培肥熟化过程中起着主导的作用。在生产实践中，水浇地的熟化速度比旱地快得多，肥力较高的菜园土和水稻土，都与水利条件较好，经常灌排有关。总的要求是合理调节地面水、土壤水和地下水，保持田间适宜水分状况，满足土壤培肥熟化和作物高产的需要，并搞好节约用水，降低成本，达到增产增收。

复习思考题

1. 我国耕地资源与土壤资源各有什么特点？
2. 如何合理保护我国土壤资源？
3. 什么是土壤退化？有哪几种主要类型？
4. 简述我国土壤退化的主要原因、特点与综合防治措施。
5. 高产肥沃土壤有什么特点？如何培肥土壤？

主要参考文献

黄昌勇. 2013. 土壤学[M]. 北京：中国农业出版社.

谢德体. 2004. 土壤肥料学[M]. 北京：中国林业出版社.

王克勤，陈奇伯，等. 2008. 水土保持与荒漠化防治概论[M]. 北京：中国林业出版社.

洪坚平. 2011. 土壤污染与防治[M]. 北京：中国农业出版社.

黄云. 2010. 农业资源利用与管理[M]. 2版. 北京：中国林业出版社.

沈其荣. 2008. 土壤肥料学通论[M]. 北京：高等教育出版社.

谢德体. 2014. 土壤学(南方本)[M]. 3版. 北京：中国农业出版社.

第 7 章 植物营养与施肥原理

【本章提要】 植物营养是施肥的理论基础，施肥的目的是在于营养植物，施肥是提高产量和产品质量的一项极为重要的措施，了解植物的营养特性，掌握植物、土壤、肥料之间的相互关系，找到合理施肥技术，以最小的投入获得最大的收益，这是高产优质农业生产的基本要求，也是实现农业高效、环境保护的关键环节。

7.1 植物的营养成分

植物的营养成分非常复杂，通常是由水分和干物质组成。一般新鲜植物中含水分75%~95%，干物质含量5%~25%，干物质中有机质占绝大部分，约占干物质量的95%，主要元素为C、H、O、N四种，其一般比例为：C 45%，O 42%，H 6.5%，N 1.5%。如果将干物质燃烧，剩余的残渣即灰分，灰分中主要是各种金属氧化物、磷酸盐及氯化物等，构成灰分的元素称灰分元素，亦称矿质元素，包括 P、K、Ca、Mg、S、Fe、Mn、Zn、Cu、Mo、B、Cl、Ni、Si、Na、Al、Hg、Se 等，几乎包括了土壤和水体中的各种化学元素，植物灰分中已检测出 70 多种矿质元素。灰分元素是否都是植物所必需的呢？仅靠灰分的化学分析仍不能确定，生物试验研究已证明：有的元素虽然植物对它的需要量甚微，但植物缺乏了它却不能正常的生长发育，而有的元素，并不是植物所必需的，由于环境或其他因素的影响却在植物体内大量积累。在植物体内，这些化学元素的含量和种类要受到土壤的物质组成，植物种类，气候条件，栽培技术等多种因素的影响。

7.1.1 植物必需的营养元素

植物所含化学元素虽然可多达几十种，但并不都是植物所必需的，如盐土中的植物富含Na，海滩上的植物富含I，酸性土壤中的植物富含Al，钙质土中的植物富含Ca、Mg等。判断植物必需的营养元素应该满足以下3个标准：①这种元素对植物的营养生长和生殖生长是必要的，缺乏就不能完成其生活周期；②缺少该元素植物会显示出特殊的症状（缺素症），满足这一元素，该症状消失而恢复正常，即营养元素具有专一性和不可替代性；③这种元素必须对植物起直接营养作用，而不是通过影响土壤的理化性质或改良土壤环境而产生的间接作用。某一化学元素只有符合这三条标准才能确定为植物必需的营养元素。

在研究中人们严格确定必需营养元素和非必需营养元素是困难的，通常是运用溶液培养和砂培的方法从培养液和培养体系中减去某种植物灰分中发现的营养元素，观察对植物生长发育的影响。自 1860 年德国科学家 Sachs 和 Knop 用水培方法培养植物获得成功以来，经过众多科学家的不懈努力，现已确认的对高等植物必需的营养元素为碳、氢、氧、氮、硫、磷、钾、钙、镁、铁、硼、锰、铜、锌、钼、氯和镍共17种（表7-1），随着研究手段的不断进步，植物必需营养元素的种数有可能还会扩大。

表7-1　高等植物必需营养元素种类与可利用形态及其含量

营养元素		化学符号	植物可利用的形态	在干组织中的含量		
				($\mu mol/g$)	(mg/kg)	(%)
大、中量营养元素	碳	C	CO_2、HCO_3^-	40 000		45
	氢	H	H_2O	60 000		6
	氧	O	O_2、H_2O	30 000		45
	氮	N	NH_4^+、NO_3^-、N_2	1 000		1.5
	磷	P	$H_2PO_4^-$、HPO_4^{2-}	60		0.2
	钾	K	K^+	250		1.0
	钙	Ca	Ca^{2+}	125		0.5
	镁	Mg	Mg^{2+}	80		0.2
	硫	S	SO_4^{2-}、SO_2	30		0.1
微量营养元素	铁	Fe	Fe^{3+}、Fe^{2+}	2.0	100	
	锰	Mn	Mn^{2+}	1.0	50	
	铜	Cu	Cu^{2+}、Cu^+	0.1	6	
	锌	Zn	Zn^{2+}	0.3	20	
	钼	Mo	MoO_4^{2-}	0.001	0.1	
	氯	Cl	Cl^-	3.0	100	
	硼	B	H_3BO_3、$B_4O_7^{2-}$	2.0	20	
	镍	Ni	Ni^{2+}	0.001	0.1	

引自 Epstein, 1965; Epstein and Bloom, 2005; Marschner, 2012。

在确认的17种必需营养元素中，根据它们在植物体内的含量，可以划分为大量营养元素和微量营养元素。C、H、O、N、S、P、K、Ca、Mg在植物中的含量通常占干重0.1%以上，称为大量营养元素；Fe、Mn、Zn、Cu、Mo、B、Cl、Ni在植物中的含量通常低于0.1%，大部分低于0.01%，故称为微量元素。

7.1.2　植物必需营养元素的专一性、综合性及一般功能

7.1.2.1　专一性与综合性

在自然界中，植物种类千差万别，所需营养元素的种类和含量各不相同，各种植物必需营养元素在植物体内均有其特殊的作用，如氮素是植物蛋白质、核酸的组成成分，磷是植素、ATP的组成成分，钾能调节渗透压，硼对生殖器官的建成及植物体内糖的运输有独特的促进作用等，这些营养元素在植物体内含量悬殊，但都具有重要而独特的作用，这就是营养元素所具有的营养作用专一性，这种作用是其他营养元素所不能替代的。专一性还体现在当缺乏任何一种必需营养元素时，植物会出现独特的缺素症，只有在补充了该元素后才能使缺素症消失。然而，只要是高等植物必需的营养元素，无论在其体内含量的高低，各种营养元素对

植物生长发育的重要程度没有差别，都是同等重要，不可替代的，即任何一种营养元素的独特功能都不能被其他营养元素所替代。这就是植物营养的同等重要性和不可替代性。

1843年德国科学家李比希提出了最小养分率的观点，即植物生长发育需要吸收各种必需营养元素，但决定植物产量的却是土壤中有效养分相对含量最小的营养元素，植物产量在一定范围内随该元素的增减而发生变化，若无视该最小养分，继续增加其他营养元素，植物产量也不能提高。最小养分率主要体现了养分供应与植物产量之间的关系，但在理解时应注意，最小养分并非是指土壤中绝对含量最小的养分，而是指植物相对需要量，最小养分不是固定不变的，它随着养分供应状况而发生变化，并出现新的最小养分。在不同的区域，最小养分可能是大量营养元素，也可能是微量营养元素。在长期的生产实践中，已经证明最小养分率对指导施肥有一定的意义，但也有其局限性。因为在土壤中营养元素之间关系复杂，存在相互促进或相互抑制的作用，其复杂性还体现在有些营养元素在植物的代谢过程中有相同或相似的作用，即几种营养元素对某一过程起相同作用，或对作用过程的某一部分起相同作用，或是当缺乏某一必需营养元素时，增加另一相似元素能体现出良好的反映，但这种替代只是次要的或是部分的，绝不可能完全替代，这只是同等重要和不可替代的补充。必需营养元素在植物体内的某些独特的生理功能最终是绝对不能完全被替代的。

在生产实践中，各种植物必需营养元素往往是相互配合的条件下发挥其作用，我们在了解专一性时，不能忽略这种综合性的作用。例如，碳、氢、氧只有在一起才能构成碳水化合物，而在碳水化合物基础上，结合氮、磷等才能形成蛋白质、核酸等生命物质，营养元素通常是相互配合，彼此协调，保持紧密的关系，共同发挥其专一特殊作用和综合作用。

7.1.2.2 植物必需的营养元素的一般功能

（1）构成植物体的结构物质、贮藏物质和生活物质

植物体的结构物质如纤维素、半纤维素、木质素、果胶等；贮藏物质如淀粉、脂肪、植素等；生活物质有氨基酸、蛋白质、核酸、叶绿素、酶及辅酶等，碳、氢、氧、氮、磷、钙、镁、硫等营养元素构成这些物质。

（2）在植物新陈代谢中起催化作用

酶是植物体内一切生化反应的催化剂，然而，在催化过程中，酶需要某些元素使之活化，才能完成其催化作用。如钾、钙、镁、锰等，它们通常是以离子形态被植物吸收，不仅活化各种酶类，还能产生渗透势、平衡阴离子；如铁、铜、锌、钼等，它们可以通过化合价的变化传递电子，影响到植物的代谢。

（3）在植物生长发育过程中具有特殊的功能

某些营养元素在植物体内虽然不是植物有机化合物的组成分，但因其活性强，能参与植物体内物质的转化与运输。如钾能增强碳水化合物等贮藏物质和经济产量。

在植物必需的营养元素中，有些营养元素的功能往往是多方面的，一些元素在执行某一功能的同时又在执行另外一些功能。如磷在形成高能磷酸键时起贮存能量的作用，同时它又是许多大分子结构物质和生物活性物质的必要组成分；铁是很多酶或辅酶的基本组成分，但同时铁在这些结构中又发挥着传递电子的作用。

7.1.3 植物的有益元素和有害元素

有些化学元素不是植物生长发育所必需的，但对植物的生长有良好的刺激作用或促进作用，称之为有益元素。目前研究得较多的有益元素主要有：钠、硅、钴及硒等。众所周知，钠过量对大多数植物都有害，然而适量的钠对盐生植物和喜钠植物又起到一些有益的作用，如在甜菜中，钠可以部分地替代钾的功能。又如硅对禾本科植物和藻类的生长有利。单子叶植物的含硅量远远高于双子叶植物，如水稻含 SiO_2 量达干物重的 15%~20%，大麦、小麦的含 SiO_2 量约为 2%~4%，而豆科植物和其他双子叶植物的含 SiO_2 量通常在 1% 以下。近年来有不少硅能增加水稻、甘蔗等作物产量的报道，然而硅对植物营养的必需性还不能确定，大多数土壤不缺硅，植物的秸秆含有硅，因而通常不需专门施用硅肥。另外，钴和钒对豆科植物固氮，铝对茶树的生长等有一定的刺激作用。

植物在环境中吸收一些有益元素甚至是必需元素，在超过一定浓度时也是有害的，同时，施肥也常带入土壤中一些重金属元素，如 Co、Pb、Hg、Cd、Ni、Zn、Mn 等，有些是有益元素，有些是必需元素，在低浓度起促进作用，在高浓度则起毒害作用，不仅影响到植物的生长发育，而且可以通过食物链进入到动物和人体内危害健康。重金属离子的种类不同，对作物产生毒害的浓度也不一样，重金属离子造成植物毒害的原因主要是：使植物酶活性钝化；抑制根细胞质膜上 ATP 酶的运输功能，从而影响对其他离子的吸收。如 Cd 和 Cu 都强烈抑制小麦对 K^+ 的吸收，据研究，重金属元素对水稻的毒性强弱顺序为 Cu > Ni > Co > Zn > Mn、Hg > Cd。大多数植物易受重金属的危害，但也有少部分植物能忍受高浓度的金属元素，植物对重金属的忍耐性是由基因决定的，会受到多个基因的控制。因而，要防止过量重金属对植物的毒害，一方面有希望选育耐重金属元素的植物，但就目前来讲，关键是控制过多的重金属元素进入到农业环境，而这又与灌溉的水质和施肥密切相关。了解重金属元素对植物危害的浓度，对于合理施肥具有重要的作用。

7.2 植物对养分的吸收

植物对养分的吸收是一个复杂的过程，植物吸收养分的器官主要是根系，其次是叶片。养分从土壤中进入到植物体内包括两个过程，一是养分向根表迁移；二是根系对养分离子的吸收。

7.2.1 根系和根际

根系是植物吸收养分和水分的重要器官，植物根系对养分的吸收程度不仅取决于土壤中养分的有效性，同时也取决于植物根系类型，如直根系或须根系，也取决于根系的生长发育情况，如根系的入土深度、根长、根体积与根系总表面积、根毛的密度和长度、根表的氧化还原能力等。因此了解根系的形态和特点就十分重要。

根系吸收养分的部位因植物的不同种类而有较大差异，但从解剖学结构来讲具有相似性。从根下端到着生根毛的区域称之为根尖，根尖是根进行养分吸收、合成、分泌的主要部位。根据根尖的内部结构将根尖自下而上分为四部分：根冠、分生区、伸长区和根毛区。对于养分吸收的区域前人有不少的研究，通常来讲，吸收养分最多的区域靠近根端大约 1 cm 左右。

植物在土壤中吸收养分主要是在根际进行，因此了解根际，把肥料施在根际，增加肥料与根系的接触，促进根系对养分的吸收，才能提高肥料的利用率。植物生长在土壤中，植物通过根系与土壤发生物质的交换，既从土壤中吸收养分和水分，也分泌物质在土壤中，因此，将植物根系对土壤发生影响的区域称为根际。根际中由于有植物根系分泌的糖类能源物质，又有分泌的氨基酸和脱落细胞所含的营养物质，为根际土壤微生物提供了繁殖的有利条件，因此在根际中微生物的数量显著多于周围土体的数量，反过来，微生物的活动又提高根际养分的有效性，如氨化细菌的活动把根系分泌的含氮物质转化成氨，供动植物吸收利用，微生物分泌的酸性物质溶解土壤中的磷酸钙盐，增加磷的有效性，还有一些微生物产生一些水溶性的有机物质，与铁、锰离子螯合，提高铁、锰养分的有效性。

7.2.2 根系可吸收的养分形态

植物根系能够吸收的养分形态有离子态和小相对分子质量的有机态养分两种。

分子态养分又分为有机分子态和无机分子态，如无机态的 CO_2、O_2、SO_2 和水蒸气等，主要以气态形式通过叶片的气孔经细胞间隙进入叶内，或通过扩散作用直接被植物吸收；能被植物直接吸收利用的有机态养分主要有尿素、氨基酸、糖类、生长素、维生素、激素等，这些分子的脂溶性大小决定了它们被吸收的难易。

根系吸收数量最多的是离子态养分，分为阳离子和阴离子两种，主要的阳离子有 NH_4^+、K^+、Ca^{2+}、Mg^{2+}、Fe^{2+}、Mn^{2+}、Cu^{2+}、Zn^{2+} 等；主要的阴离子有 $H_2PO_4^-$、HPO_4^{2-}、SO_4^{2-}、$H_2BO_3^-$、$B_4O_7^{2-}$、MoO_4^{2-}、Cl^- 等。

7.2.3 养分离子向根部迁移

养分离子向根部迁移通常有 3 条途径：即截获、扩散和质流。

（1）截获

植物根系纵横交错分布于土壤中，与土粒密切接触而吸收的养分，这一养分过程称为根系截获。当土粒表面所吸附的阳离子和根系表面吸附的 H^+ 紧密接触到二者水膜互相重叠的程度时，就能发生离子交换，使土粒表面的阳离子到达根系表面，这种交换称为接触交换。由于根系在土壤中直接接触的土壤体积是很小的，大量研究表明，多数植物，根系直接接触到的土壤体积小于1%，因而，根系截获方式供给植物的养分量约只占到土体中有效养分供应量的1%左右。对于氮、磷、钾来讲，根系截获量占总养分吸收量的百分之几。

（2）质流

离子态养分还可通过质流的方式到达根表。植物的蒸腾作用，消耗了根际周围土壤中的水分，使其含水量降低，促进了根际以外的水分向根表流动，以补充水分的消耗，溶解在土壤水中的养分也会随之而到达根表，这种现象，称之为"质流"。当气温较高，植物蒸腾较强时，通过质流到达根表的养分也越多。氮、钙、镁等营养元素主要是由质流的方式提供的。质流受蒸腾的影响，而植物的蒸腾系数又受植物种类、气候和土壤含水量的影响。植物通过质流方式获取的养分量可以用两种方式估计，一是根据植物吸水速率乘以土壤溶液中该养分的浓度；二是根据植物的蒸腾系数进行估计。

(3) 扩散

当根系对养分的吸收大于养分由质流方式迁移到根表的速率，这时根表面养分离子浓度下降，根际土壤中养分浓度也不同程度地减少，根际与周围土体之间产生浓度梯度，高浓度养分向低浓度扩散，土体中的养分向根表迁移，这种现象称之为"扩散"。浓度差越大，扩散速率也越大，由于根系不断地吸收养分，这一过程也持续不断。因扩散的距离决定于扩散的速度，在通常情况下，这一距离约为 0.1~15mm，所以，扩散对于主要养分供应来讲，只是位于这一距离的养分才是真正有效的。扩散要受到多种因素的影响，如土体中水分含量、养分的扩散系数、土壤的质地及土壤温度等。通常，含水量越小，扩散系数越小；养分在土壤中的扩散要受到一系列阻滞力的阻碍，土壤的质地、黏粒性质、土壤 pH 值、有机质含量、可溶性盐含量等都会影响到养分的扩散系数；温度由于影响到土壤养分的有效性，也影响到扩散系数，在一定范围内，随温度增加，扩散系数加大。

以上养分迁移的三种途径在土壤中往往是同时存在的，但在不同条件下，三者所起的作用有程度上的差异。通常认为，在长距离内，质流是补充根表养分的主要形式；而在短距离内，离子扩散对补充根表养分的作用较大；而截获补充根表养分的距离最短。在植物所吸收的养分中，通常截获仅占总量的极少部分，而扩散和质流所占的比率较高。

7.2.4 根部对离子态养分的吸收

根区的养分通过各种途径到达根表后，经过各种复杂的生化过程，养分吸收进入到根细胞中，再进一步转移进入到地上部分。根系从外到内是由表皮、皮层、内皮层和中柱组成。养分通过质流和扩散到达根表面，只是为根系吸收养分准备了条件，而养分进入到根系内部则是一个复杂的过程。植物根系对外界环境中各种养分的吸收有明显的选择能力，这是由植物自身的生物学特性所决定的，同时，植物根系还具有逆浓度梯度从外界吸收养分的能力。

植物根系吸收养分有两条途径，即质外体和共质体通道。这个概念是 1932 年德国生理学家提出的，质外体是指细胞原生质以外的所有空间，也就是由细胞间隙加上中柱内的组织。质外体与外部介质相通，是水分和养分可以自由进出的地方。共质体是由细胞的原生质组成，细胞的原生质之间通过胞间连丝，使细胞与细胞连成一个整体。养分离子在质外体和共质体中的运输具有不同的特点，细胞壁具有许多比离子大得多的充水孔隙，大多数离子可以通过细胞壁，质外体运输不需要能量，没有选择性，受代谢作用的影响小，而共质体的运输因有原生质膜的屏障，选择性强，并受代谢的影响明显，因而，是需要消耗能量的。

由于养分吸收机制的不同，人们把植物根系对矿质养分的吸收分为被动吸收和主动吸收。

7.2.4.1 被动吸收

被动吸收是根系吸收养分的方式之一，是一种非代谢吸收，是通过物理作用或物理化学而进行的吸收过程，是一个不需消耗能量的过程。离子态养分可由截获、扩散或质流的方式先进入到根系中的"自由空间"即根部某些组织或细胞能允许外部溶液通过自由扩散而进入的区域，它是从细胞壁到原生质膜，并包括细胞间隙。当细胞或根系中养分的浓度低于外界环境时，离子较易进入根中，并在很短时间内与外界溶液达到平衡，发生被动吸收。

植物的被动吸收要受到土壤环境条件、植物根系的阳离子代换量以及根系的自由空间的影响。其基本特点为：①吸收过程与代谢无关，是一种纯物理或化学过程；②对养分离子无选择性；③养分离子顺浓度梯度进入。

7.2.4.2 主动吸收

主动吸收又称代谢性吸收，与被动吸收相反，这是一个需要消耗能量的过程，是离子有选择性地逆浓度梯度或电化学梯度进入到细胞膜内的过程。据研究，植物体内离子态养分的浓度常比外界的土壤溶液浓度高，甚至高数十倍乃至于数百倍，然而植物却能选择性地吸收某些离子以满足其生长发育的需要，这种养分吸收现象无法单从被动吸收来进行解释，而以主动吸收来说明则更接近实际。目前，人们主要以能量的观点来探讨主动吸收的离子态养分，提出了众多假说，如载体假说、离子泵假说，化学渗透假说及阴离子吸收学说等等。以下对载体假说作简要介绍。

(1) 载体假说

关于载体的概念最早是由 Pfeffer 在 1900 年提出来的，后来被不少学者所发展。他认为，离子通过质膜的运输与细胞代谢产物或某种富含能量的物质有关，这种能运输离子的物质称为载体。载体有明显的选择性，它运载离子具有专一性，因它对某些离子有很强的亲和性。

(2) 载体运输机理

载体运输的机理目前有几种模型，即扩散模型、变构模型和旋转模型。在这些作用机理中，多用扩散模型来对主动吸收进行解释。

载体究竟是一种什么物质，现在还不了解，有人认为膜中的某些蛋白质大分子具有专门运输物质的能力，与酶类似，也有人称为运输酶或透过酶。载体可能是亲脂性的类脂化合物分子，可以看成是非磷酸化的载体，它能在质膜的类脂双分子层中扩散，从膜的外侧扩散到膜的内侧，碰到内蛋白层中的磷酸激酶，磷酸激酶能使细胞内的 ATP 水解，把 ATP 中的一个含有高能键的磷酸释放出来，转给载体，使载体活化，活化载体能与一个从根外溶液中扩散进来的特定离子在外侧结合，成为载离子体，当它扩散到遇到内蛋白层中的磷酸脂酶时，通过酶的水解作用释放出能量，并把离子和无机磷酸从载体的结合部位上解离出来，释放到细胞内，释放出的无机磷酸离子扩散到叶绿体或线粒体中，在那里与 ADP 重新合成 ATP，为载体的活化重新提供能量，以使根外养分可不断吸收进入到细胞内(图 7-1)。

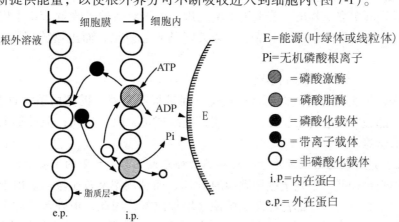

图 7-1 载体离子通过膜的运输图解

7.2.5 叶部对养分的吸收

植物除了通过根部吸收养分外，还可通过叶部吸收养分。植物通过叶部吸收养分进行营养称叶部营养或根外营养，叶部吸收养分的形态和根部相同。对于植物所需的大量营养元素来讲，叶部营养是补充根部营养的一种辅助手段，而对于大部分微量营养元素来说，叶部营养是补充养分的主要方式之一。

外部溶液进入到叶片的主要障碍是叶面具有一层均一无孔的角质膜，而叶片表皮组织的角质膜是由三层组成的：里面紧靠表皮细胞壁的一层是由角质、纤维素及果胶共同组成的角化层；中间一层是由角质与蜡质混合组成的角质层；最外一层完全是由蜡质所构成。蜡质层的化学成分是高分子脂肪酸和高碳一元醇，这类化合物能让水分子大小的物质透过，外部溶液通过这种孔隙进入到角质层后，再借助果胶物质进入到角化层及表皮细胞的细胞壁，从而到达质膜。

大量试验研究表明，在一定浓度范围内，养分进入叶片的速率与浓度呈正相关，因而，叶面施肥时，在不危害叶片的情况下，可适当提高溶液的浓度，然而，叶面施肥最当注意的也是浓度，因为过高的浓度有可能因造成质壁分离而烧苗。但尿素透过质膜的速率与浓度无关，比其他离子的进入要快 10~20 倍，尿素与其他盐类混合，也能提高其他盐类的透过速率，所以，在叶面喷施中，可将尿素与其他肥料混合，以促进养分的吸收。被吸收的养分进入到叶肉细胞后，通过胞间连丝在细胞内转移，然后通过筛管运输到其他部位。

7.2.5.1 叶部营养的特点

(1) 直接供给植物养分，防止养分在土壤中的固定

某些养分如锌、铁、锰、铜等易被土壤所固定或因 pH 值的影响很快发生变化，降低其有效性，通过叶部营养的方式，可以减少固定，不受土壤条件的限制，提高肥料的利用率，获得良好的肥效。此外，某些生理活性物质如赤霉素、增产灵及抗旱剂黄腐酸等，也特别适合进行叶部喷施。

(2) 叶部营养吸收快，能及时满足植物的需要

有人用 ^{32}P 在棉花上作过试验，将肥料涂于叶片，5min 后，各器官中已有相当数量的 ^{32}P，在根、生长点及嫩叶更多。相反，若采用土壤施用，植物对磷的吸收量 15d 才相当于叶面喷施 5min 的吸收量。以尿素为例，叶面喷施两天能见明显效果，而土壤施用则需 5d 后才能见效。

(3) 叶面施肥能影响到植物的代谢

适当的叶面施肥能影响到植物的体内代谢，促进根部营养，提高根系吸收养分的能力，使根外营养与根部施肥能起到相互补充的作用，提高产量，改善品质；但过量也能降低新陈代谢，抑制根部营养。

(4) 叶部营养是有效施用微量元素肥料和辅助补充大量营养元素的重要手段

通常叶部用肥量较低，不到土壤用肥量的 1/10，而利用率又较土壤高。由于植物对大量营养元素的需用量大，仅靠叶部营养多次施用会增加成本，因此，根外营养对大量营养元素来说只能作为补充。但对微量元素来说，因植物的需要量较低，叶面喷施就能满足其需要，

而且见效快，效果好，又经济。

7.2.5.2 影响叶部吸收养分的因素

(1) 溶液的组成

叶片对喷液养分的吸收随溶质不同而存在差异，氮素肥料中叶片的吸收速率为：尿素 > 硝酸盐 > 铵盐；钾素养分的吸收速率为：$KCl > KNO_3 > K_2HPO_4$；喷施微量元素或生理活性物质时若加入尿素则能较明显地提高养分被叶片吸收的速率。

(2) 溶液的浓度及反应

在一定浓度范围内，肥料养分进入叶片的速率和数量随浓度的提高而增加，通常，提高溶液浓度可加速养分透过质膜，因此，在叶片不受害的前提下，可适当提高喷施溶液的浓度，以利获取良好效果。另外，调节溶液的反应，也能提高根外喷施的肥料效果，可以根据喷施肥料的目的和成分进行调节，若主要供给阳离子，可适当调节溶液 pH 值至微碱性，若主要供给阴离子可适当调节溶液 pH 值至微酸性。

(3) 叶片的种类及湿润叶片的时间

通常双子叶植物如棉花、油菜、豆科植物等由于叶片角质层较薄，叶面积较大，较单子叶植物如稻、麦等易于吸收溶液中的养分。另外，叶背面比表面更易吸收，因叶背面的海绵组织较疏松，细胞间隙大，孔道细胞也多，它比叶片正面表皮较致密的栅栏组织更易吸收养分。溶液湿润叶片时间的长短，会影响到根外追肥的效果，湿润时间越长，效果越好，喷施的营养液在叶片上保留的时间在 0.5~1h 以上，叶片可吸收溶液中的大部分养分。因此，叶面喷施最好选择在下午或傍晚进行，可同时配合使用"湿润剂"以增加叶片对养分的吸收。

(4) 喷施的部位与次数

各种营养元素在植物体内的移动性不同，在喷施的部位和次数上就应有所差别。移动性很强的元素主要是氮、钾；其次是磷、硫等大量营养元素；微量元素中锌、氯的移动性较强，其余的锰、铜、铁、钼等移动性均较差；移动性最差的是钙和硼。喷施不易移动的营养元素时，要增加喷施的次数，同时还注意喷施的部位，如铁肥应喷施在新叶上的效果最佳。

根外追肥虽然有众多优点，但它不能替代土壤施肥，尤其是植物需要量大的大量营养元素，对于氮、磷、钾三要素，仍然以土壤施肥为主，若以根外营养的方式来满足植物对大量营养元素的需求是既费时间、劳力，增产效果还不一定理想，因此，根外追肥是解决某些特殊问题的辅助性手段，是根部施肥的补充，它在解决植物后期根系吸收养分能力减弱及补救某些自然灾害带来的损失时具有重要作用。

7.3 影响植物吸收养分的外界环境条件

植物吸收养分因外界环境条件而不同，其影响因子主要有光照、温度、水分、通气、pH、养分浓度和离子间的相互关系等方面。

7.3.1 光照与温度

光照是植物进行光合作用必不可少的条件，农业生产的实质是绿色植物利用光能、固定

CO₂合成碳水化合物等有机物，提高光能的利用率，是植物高产的关键性措施。光照弱，植物对养分的吸收会受到障碍，在光照较强的条件下能增加光合作用的进行，同时也促进对养分的吸收利用，使营养元素的作用得以发挥。如图 7-2 所示为光照对水稻吸收养分的影响。

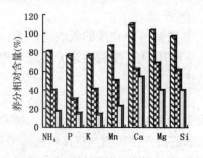

图 7-2　光照对水稻吸收养分的影响　　图 7-3　温度对大麦吸收钾离子的影响

温度 6～38℃的范围内，温度增加，呼吸作用加强，植物吸收养分的能力也随之增加。温度不仅影响到植物吸收养分的能力，也影响到土壤中养分的有效性。通常，只有在适当的温度范围内，植物才能正常、较多地吸收养分，低温时，植物的各种活动十分缓慢，而过高温度又使植物的蛋白质和酶失去活性。各种植物吸收养分所需的温度范围各不相同，如水稻，最适宜的水温为 30～32℃，棉花的最适土温为 28～30℃，玉米为 25～30℃，烟草为 22℃，西红柿为 25℃，在最适根际土温，吸收养分的数量较多。图 7-3 表明不同温度条件下，大麦吸收养分的差异。

7.3.2　水分

水是植物生命活动的重要因素，一方面影响根系本身的生长发育，同时也影响土壤中养分的有效性和迁移。而对土壤养分也带来两方面的作用：一是加速肥料的溶解和有机物质的矿化；二是导致养分的流失。施入土壤中的肥料，其养分向根表迁移方式中的质流或扩散，水分都是必不可少的条件，进入根系中的养分与土壤中的水分条件密切相关，然而又不是明显的相关关系。适宜的水分含量，根系对养分的吸收量增大，过量的水分，其养分浓度降低，有可能造成养分的流失。因而，在施肥中，雨养农业区要注意保墒，使土壤中有适宜的含水量，同时，肥料的施用也不宜在雨天进行。在灌区，合理的灌溉，对防止养分的流失和提高肥料效益均是有效措施。

7.3.3　通气

植物对养分的吸收受土壤通气性的显著影响。土壤的通气状况主要从 3 个方面影响植物对养分的吸收：一是根系的呼吸作用；二是有毒物质的产生；三是土壤养分的形态和有效性。

植物吸收养分是被动吸收和主动吸收相结合

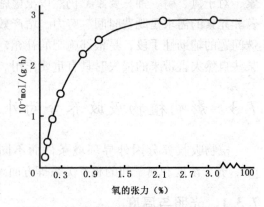

图 7-4　大麦离体根培养在不同氧张力下吸收磷的情况

的过程,而通气有利于有氧呼吸,所以,能促进植物对养分的吸收,图 7-4 表示大麦培养在不同的氧气条件下,吸收磷素养分的状况,由图可知,氧张力在 2%~3% 时,吸收量达到最大值。其他养分如 NO_3^-、NH_4^+、K^+、Mg^{2+} 等其吸收情况与磷类似。植物根部的有氧呼吸是由根际的土壤空气所提供的,若根际土壤通气良好则能提供充足的氧促进根系的有氧呼吸,以利用根系的生长和对养分的吸收,反之,若根际土壤的通气性不良,则有可能会带来一系列毒害作用,根系的有氧呼吸受到障碍,土壤中的许多养分呈现还原状态,如形成 H_2S 等。因而,农业生产中的中耕培土是调节土壤通透性、促进养分有效吸收的重要手段。

7.3.4 土壤反应

土壤酸碱度对植物根系吸收养分离子的影响很大,一般通过影响养分的存在形态影响养分的有效性,进而影响到植物根系对养分的吸收利用。在酸性土壤上,植物生长常常受到 Al^{3+} 和 Mn^{2+} 的毒害,而在碱性土壤中,P、Fe、Mn、Cu、Zn、B 的有效性很低。介质 pH 值常影响到根系对阴、阳离子的吸收。试验证明,在酸性条件下,植物吸收阴离子的数量多于阳离子,而在碱性条件下,植物吸收阳离子多于阴离子。其原因是,蛋白质是一种两性物质。在酸性条件下,H^+ 浓度较高,抑制了蛋白质中羧基的解离,促进氨基的解离,蛋白质分子以带正电荷为主,较易吸附外界溶液的阴离子。反之,在碱性条件下,OH^- 浓度较高,抑制了蛋白质中氨基的解离,而促进羧基的解离,蛋白质分子以带负电荷为主,较易吸收外界溶液的阳离子。蛋白质的解离状况可由下式表达如下:

$$R\begin{matrix}COO^-\\NH_2\end{matrix} \xrightleftharpoons[+OH^-]{-OH^-} R\begin{matrix}COOH\\NH_2\end{matrix} \xrightleftharpoons[-H^+]{+H^+} R\begin{matrix}COOH\\NH_3^+\end{matrix}$$

7.3.5 养分浓度

植物吸收养分的速率随浓度的改变而发生变化。开始随浓度的提高而迅速增加,然后缓慢增加,以后稳定在一定的速率。如果继续提高养分浓度,养分吸收的速率会出现迅速增加—缓慢增加—趋于稳定的现象,即植物吸收养分的二重图型(图 7-5)。很多植物对不同离子的吸收都有这种现象,因而,具有其普遍性。二重图型说明养分浓度不同,吸收机构也不相同,在较低浓度时起作用是机构 I,在较高浓度起作用的是机构 II。现有两种解释:一种解释认为,养分离子不论在低浓度或高浓度均需透过质膜,但质膜上的同一载体对养分离子具有不同的亲和力,或是由不同的载体分别运输进入;另一种解释认为,养分离子在低浓度时是由载体透过质膜,而在高浓度,质膜失去选

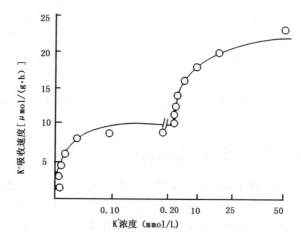

图 7-5 大麦在不同浓度的 KCl 溶液中吸收 K^+ 离子的速率

择透性，是由扩散作用进入到细胞的。

在农业生产中，若土壤的保肥性较弱，又大量施用化肥，就有可能产生"二重图型"，这种情况下，不仅不利于养分的吸收，还会造成土壤溶液浓度过高，从而影响到对水分的吸收。

7.3.6 离子之间的相互作用

土壤是一个复杂的多相体系，各种养分离子在其中存在着复杂的相互作用，进而影响植物对养分的吸收。这种影响主要分为离子间的拮抗作用和相助作用。离子间的拮抗或对抗作用是指由于某一离子的存在，抑制了对另一离子的吸收；而相助或协助作用是指某一离子的存在促进了对另一离子的吸收。

通常，离子间的对抗作用主要表现在阳离子与阳离子之间或阴离子与阴离子之间，主要表现在对离子的选择性吸收上。试验证明，阳离子中的 K^+、Rb^+ 与 Cs^+ 之间，Ca^{2+}、Sr^{2+} 与 Ba^{2+} 之间；阴离子中 Cl^-、Br^- 与 I^- 之间，SO_4^{2-} 与 SeO_4^{2-} 之间，$H_2PO_4^-$ 与 OH^- 之间，NO_3^- 与 Cl^- 之间，都存在对抗作用。产生对抗作用的原因很多。从离子的水合半径看，Li^+ 为 10.03 Å，Na^+ 为 7.90 Å，K^+ 为 5.32 Å，NH_4^+ 为 5.37 Å，Rb^+ 为 5.09 Å，Cs^+ 为 5.05 Å，K^+、NH_4^+、Rb^+、Cs^+ 离子的水合半径彼此接近，容易在载体吸收部位产生竞争作用，故相互抑制其吸收。

除以上的拮抗作用外，还有协助作用。如 NO_3^-、SO_4^{2-}、$H_2PO_4^-$ 一般能促进阳离子的吸收，其促进效果通常是 $NO_3^- > H_2PO_4^- > SO_4^{2-}$。这些阴离子在植物体内易通过代谢变为有机物而消失，并在体内产生糖醛酸、草酸和不挥发有机酸等有机阴离子来补偿负电荷，从而促进了对阳离子的吸收。离子间产生协助作用的原因，目前尚不清楚。据维茨（Viets）研究，溶液中的 Ca^{2+}、Mg^{2+}、Al^{3+} 等，在广泛的浓度范围内，能促进 K^+、Rb^+、NH_4^+、Na^+ 等一价离子的吸收，这种现象称为维茨效应。

离子之间的相互作用关系十分复杂，植物种类、组织器官及作用时间不同，均能影响离子之间的关系。用离体根作实验材料，NH_4^+ 和 K^+ 之间存在拮抗作用或互不影响吸收；但利用整株植物作实验材料，在短时间内，NH_4^+ 和 K^+ 之间的关系与离体根相似，然而，在较长时间内，NH_4^+ 和 K^+ 之间表现出协助作用。此外，在一种浓度时，离子之间是拮抗作用，而在另一种浓度时，离子之间则有可能表现出协助作用。

以上各节介绍了植物营养的基本原理，是施肥的理论基础。施肥中不仅要了解基本原理，还要了解植物的营养特性、外界条件、土壤肥力及气候条件等。

7.4 施肥与植物产量和品质的关系

7.4.1 施肥与产量的关系

植物在生长发育过程中受很多因素的影响，施肥是影响最大的因素之一。在通常情况下，土壤养分难以满足植物高产优质的需要，有可能出现单一或复合养分限制因素，最小养分率揭示了植物生长的养分限制因素和维持土壤-植物中养分平衡的必要性，矫正最小养分可以获取增产效应，但从植物整个生产潜力看，仍属低产效应，因为植物的最小养分是动态变化的，在土壤养分水平不高的情况下，当一种最小养分得到补充后，可能产生新的最小养分，出现植物营养新的不平衡，如果始终补充单一最小养分，产量只能是在低水平上增长。植物需要的养分量，不决定于单一养分量的高低，而是决定于多种养分的数量和比例或量比，我国从 20 世纪 80 年代开展的配方施肥研究，其实质是探讨施肥的养分量比组合问题，肥料经过科学组配后施用，常常较单一肥料对植物营养产生良好的平衡效应，各种养分处于一个最适量比范围，可达到植物生产的高产和高效益。

施肥不是一个孤立的行为，是农业生产中的一个环节，农业种植业的丰产是各种影响因子如水分、养分、光照、温度，空气、植物品种及耕作条件等综合而协调的结果。植物产量与环境因子的关系可用函数式表达：

$$Y = f(N, W, T, G, L)$$

式中　　Y——植物产量；
　　　　N——养分；
　　　　W——水分；
　　　　T——温度；
　　　　G——CO_2 浓度；
　　　　L——光照。

该表达式意指植物产量是养分、水分、温度、CO_2 浓度及光照的函数，要使施用的肥料发挥其应有的增产效果，必须考虑其他因子，即五大因子应保持一定的均衡性方能使肥料发挥其增产潜力，五大因子遵循乘法法则，以决定植物产量的高低。

除了施肥量影响到产量外，施肥措施也影响到植物产量形成中库与源的关系。由于养分在植物体内的分配是不均衡的，所以在器官或部位之间存在着对养分的竞争，这一竞争非常明显地体现在库—源的关系上，库是接受外来养分的器官，而源是指能向外供给养分的器官。在植物的生长和产量的形成过程中，库—源关系会发生变化，例如，植物上同一片叶，在幼苗期，其生产大约有 70% 的养分要依赖其他器官供应，它作为库，通过韧皮部吸收养分的，随着叶片的生长，被输入的某些矿质养分可转化成有机化合物，当叶片长成后，叶片已具有较强的同化能力，自身能合成较多的同化产物，此时，叶片中的养分有可能向其他器官转移。正是由于植物存在多个库，所以光合产物的运输和分配存在竞争问题，如一个麦穗上有许多籽粒、一棵果树上有许多果实，每一籽粒或每一个果实就是一个库，植物生理库竞争的能力决定着养分的分配，进一步影响到植物的产量。在生产中，人们期望获得高的产量，其实质是希望植物有更多的库，库的容量尽量大一些，使更多的光合产物和矿质养分运送到库中贮存起来。在近代植物营养的研究中，已经发现人们可以利用矿质养分对库源关系进行调节，因而，只要合理施肥，增加库容量的愿望有可能变为现实，如施用钾肥能增加 CO_2 的同化率，获取更多的光合产物，配合磷肥可促进碳水化合物的运输，淀粉的合成等。

7.4.2　施肥与品质的关系

如何通过施肥措施以改善农产品的品质，是人们在生产中极为关注的问题。农产品的品质主要决定于植物本身的品种特性，但提供矿质养分在气候因子的配合下，对植物体内许多有机化合物的合成有很大影响。它通过影响生化过程或生理过程在很大程度上影响植物体内某些化合物的含量。如氮素能增加贮藏组织中氨基酸、蛋白质的含量，钾能增加籽粒或果实中糖的含量，磷能促进淀粉的累积等。农产品的品质指标因农产品的利用目的不同而有所差异，没有统一的指标类型和标准。

7.4.2.1 矿质养分与谷类植物品质

谷类植物的主要品质指标是淀粉和蛋白质含量的高低，以及蛋白质中氨基酸的组成等。虽然各种矿质养分在不同量比配合下均会对谷类植物的品质产生影响，但氮素养分是影响谷类植物品质的首要元素。谷类植物在整个生育期所吸收的氮素，前期主要用于营养生长，在开花后吸收的氮素主要用于蛋白质的合成，因而，籽粒中蛋白质含量的高低与氮肥的供应水平和施用时间有一定的关系，在谷类植物的籽粒灌浆期，若氮素供应水平低，则大部分光合产物用于碳水化合物的合成，增加籽粒中淀粉含量，若供氮充足，则有相当部分光合产物转化成为蛋白质，蛋白质的营养价值与各种氨基酸的含量和比例密切相关。大量研究表明，氮素供应时期及供应量对谷类植物产量和蛋白质含量的影响可以总结为：前后期供氮充足，高产高蛋白；前期供氮足而后期缺乏，高产低蛋白；前期缺乏而后期足，低产高蛋白；若前后期供氮均不足，则低产低蛋白。此外，有些谷类植物因利用目的不同对品质有特殊要求，如啤酒大麦对品质的要求与主要用于食用的小麦不同，为了提高其发芽率和啤酒品质，要求籽粒大、蛋白质含量低，而淀粉含量要高。

7.4.2.2 矿质养分与薯类植物品质

淀粉是薯类植物的重要品质指标，而钾素养分则对其起着重要作用。薯类植物的光合产物必须从叶片向块茎或块根等贮藏器官输送，研究证明，在钾素供应充足时，光合产物运转速率快，这不仅能消除光合产物积累在叶部而抑制光合的继续进行，还能对输导组织——维管束的发育有重要的作用，即增加同化器官"源"的生产能力，又能增强贮藏器官"库"的贮存，使"源"和"库"的关系协调。在植物生长中，当钾素供应不足时，淀粉会产生水解而形成单糖，影响产量，反之，充足的钾素供应，由于活化了淀粉合成酶，使体内的糖向聚合方向转化，生化反应从单糖向合成蔗糖、淀粉方向进行，这样将会增加贮存器官中蔗糖和淀粉的含量，因而，薯类植物施用钾肥能达到增产和改善品质的双重作用。

7.4.2.3 矿质养分与果蔬类植物品质

糖、维生素、有机酸等均为果蔬的重要品质指标，不同矿质养分对果蔬品质的影响较为复杂。水果的品质不仅决定于有机成分的含量，还与果实的大小、颜色、形状、香味和滋味等密切相关。

通常，充足的钾素供应能提高水果中维生素C的含量，过量的氮素供应则产生相反的结果。在果树生命的各阶段中，由于对营养生长、生殖生长和结果的要求不同，因而对营养供给的要求和施肥措施有较大分别，通常情况，在氮肥的基础上，配合施用磷、钾养分能增强花芽的形成，促进枝条成熟、增加抗性，使果树的氮、磷、钾养分达到营养平衡，为结果和优质创造条件。在苹果和梨的多年试验表明，N、P、K的合理配合施用较单一施用氮肥增产达11.8%~177.8%，增施磷、钾肥对提高苹果的品质尤其显著，对红元帅苹果起到增红作用，提高着色面积，磷能减轻苹果的水心病，钾能减轻早期落叶病。据褚天铎等人连续5年对梨树的试验，只施有机肥的，果实平均含糖量为8.85%，有机肥配合磷肥的，果实含糖量9.13%，有机肥配磷、钾的，果实含糖量为9.31%。在果树生产中，糖酸比是一个重要指标，糖分含量低，酸味大的果实自然品质差，但完全没有酸味的果实口感也不佳。所以在果树生产中，正确选择最佳施肥方案并非易事。

在蔬菜生产中，若大量施用氮肥，有可能导致蔬菜内 NO_3-N 的积累，这对人类的健康是不利的。蔬菜中硝酸盐的含量随不同种类和品种而异，通常是叶菜类>根菜类>瓜果类，在同种蔬菜中因部位不同硝酸盐含量不同，通常根>叶>茎>种子。蔬菜中硝酸盐含量高低不仅与氮肥的供应量、肥料品种有关，还与环境因素有关。

7.5 植物营养特性与施肥原则

7.5.1 植物营养的共性和个性

所有高等植物正常生长发育都需要 C、H、O、N、S、P、K、Ca、Mg、Fe、Mn、Zn、Cu、Mo、B、Cl 和 Ni 共17种必需营养元素，这是植物营养的共性，然而，不同植物对各种营养元素需要的程度和数量又有所差别，某些植物甚至需要特殊的养分，这就是植物营养的个性。例如，豆科植物能形成根瘤，能直接利用大气中的 N_2，在生产中则可少施或不施氮肥，麻类、块茎类及烟草等植物需钾较多，而甜菜、棉花、油菜等需硼较多，要注意缺素的发生。总之，在生产中要根据植物对养分的特殊需要，进行有针对性的施肥。

各种植物不仅对各种养分的需要量不同，而且根系对养分的吸收能力也各不相同。例如，植物对土壤中磷素的利用能力，双子叶植物强于单子叶植物。双子叶植物中，又以豆科植物对磷的利用能力最强；其次是玉米、土豆等其他双子叶植物。水稻对磷的利用能力较弱，最弱的是小麦、大麦。因此，在施肥实践中，可以根据植物对养分的吸收能力，选择不同的肥料品种，以充分发挥不同肥料的效益。另外，同一作物类型，不同品种对养分的需要量也有所差别，如杂交稻比常规稻耐肥，粳稻比籼稻耐肥，生育期长的比生育期短的需肥量大；甚至于不同形态肥料对不同植物产生的肥效也有所不同。因而，在施肥中，不仅重视其共性，还必须重视其特殊需要。

7.5.2 植物营养的连续性和阶段性

植物在生长发育过程中，要连续不断地从外界吸收养分，以满足生命活动的需要，这是植物营养的连续性。植物吸收养分的一般规律是前期缓慢，随时间推移并逐步上升，达到最大点，而后又逐渐下降。

不同的植物以及在不同的生育期，需要肥料的种类和数量有一定差异，合理的施肥需要考虑植物的营养特点、土壤条件及气候因素，最大限度地满足植物各个时期对养分的需求。植物的生活周期是从种子的萌芽开始到新的种子的形成，在整个生育周期中，要经历不同的生长发育阶段。实质上又可划分为营养生长期与生殖生长期，植物在整个生长发育阶段都是以自身的生物学特性，进行体内的物质代谢，这种代谢是以碳代谢为基础，氮代谢为中心，氮碳代谢互为条件，相互制约，相互影响，有节奏地进行过程，贯穿于整个生长期中。初期以扩大型代谢为主，后期以贮藏型代谢为主，前后期紧密相连，相辅相成。如果没有前期碳氮代谢的协调，不可能使植物茎叶茂盛，生长健壮，也不可能为后期贮藏型的代谢奠定基础，会影响到后期物质的积累。

植物在不同的生长发育时期，对营养元素的数量、浓度和比例有不同的要求，因此，某种营养条件，在植物某个生长发育时期可能是正常的，在另一个发育时期则可能是非正常的。由于不同植物其生长期长短有很大差异，而营养期又与生长期有密切的关系，因而，在施肥中，对生长期短的植物要重施基肥，早施追肥，而对生长期长的植物，可以将肥料分多次施用，以免造成浪费。

(1) 植物营养临界期

指营养元素过多或过少或营养元素间不平衡，对植物生长发育有着明显不良影响的那段时期。通常，在植物生长的初期，植物对外界环境条件的变化最为敏感，不适的养分会显著影响植物的生长，造成的危害后期无法弥补，从而影响到植物的产量甚至品质。不同植物、不同养分营养的临界期在时间上不完全相同，如小麦的氮素营养临界期在分蘖期和幼穗分化期，而磷素临界期却在幼苗期；水稻氮素的临界期在三叶期和幼穗分化期，磷素临界期在苗期，钾素临界期在分蘖初期和幼穗形成期；棉花的氮素临界期在现蕾初期、磷素临界期在幼苗期等。总的来说，植物营养的临界期，多出现在植物的生育前期，因而，保障植物苗期的氮磷营养是获取高产的关键时期之一。

(2) 植物营养最大效率期

指营养物质在植物生育期中能产生最大效率的那段时间。在这一时期通常也是植物对某种养分需求量最大和吸收量最多的阶段。如玉米氮素营养的最大效率期在喇叭口至抽雄初期；小麦在拔节至抽穗期；棉花在开花至盛铃期；甘薯在生长初期。总的来讲，植物营养的最大效率期通常是植物生长最旺盛、吸收养分能力最强并形成产量的时期，是植物获取高产的另一关键时期。

由于植物生长、吸收养分所具有的连续性和阶段性，在各个阶段对养分的要求是相互联系、相互影响的，一个时期营养的适宜与否，必定影响到下一时期。因而，在施肥中既要注意关键时期的需要，又要考虑各个生育期的特点，采用基肥、种肥、追肥相结合的方式，因地制宜地制定施肥方案，才能获取丰收。

7.5.3　合理施肥的原则

化肥对农业生产的增产作用举世公认，随着科学技术的进步，人们对肥料的认识逐渐深入，化肥在起到主要营养作用的同时，过量、附带成分或是其他不合理的使用已经给环境带来压力和不利影响，在重视生态、重视环境的今天已经开始引起人们的关注。现代施肥应充分应用先进的科学原理，不断研究、发展实用技术，建立一个符合生态良性循环，提高土壤肥力，农作物持续高产的系统。

7.5.3.1　植物营养特性与施肥

植物营养特性是指植物在生长发育过程中，依靠外界环境获得营养物质构建其有机体，以完成新陈代谢和整个生活周期的能力和特点。通常包括植物吸收利用养分的种类、数量、比例、速率的差异，植物营养个性与共性、植物营养关键期、营养物质代谢特点及与产量的关系。

不同植物都有其营养特殊性，这种差异一方面取决于植物营养遗传特性，植物选择符合自身需要的营养物质，以形成反映自身特性的产物；另一方面，同样的养料物质，进入到不同的植物体内，形成性质完全不同的产物，这与养分的量比、养分转化过程有关，这也间接地受到遗传的控制。这可从两个方面得到体现：一是不同基因型植物其营养需求特性不同；二是不同植物对同一养分的利用能力或敏感度不同。

在自然进化及人工选择过程中，由于分离、重组和突变等原因，某一生物群体的不同个体之间在基因组成上存在明显不同，这种群体中个体间因基因组成差异而导致的表现型差异通常被称为"基因型差异"。这种差异很早就引起了人们的重视，很多植物的营养性状（如耐低氮、耐低磷等）一般涉及植物体内的多个生理代谢过程，受多基因控制。因此，植物的营养特性，如对营养元素需求的数量、比例、形态等，对养分的吸收效率、运输效率、利用效率等，均表现出明显的基因型差异。不同植物或相同植物不同品种之间的这种养分利用能力的差异，对于我们改良植物的遗传特性，选择培育优良的植物品种提供了方向。

人类在长期的农业生产实践和科学研究中，已掌握了许多植物需求养分的基本特点，常见植物形成单位产量需要的养分量见表7-2，当然，在不同区域，同种植物类型的不同品种间其养分吸收量及比率还是有所差异的。除此之外，不同植物种类对养分形态的要求也有较大差异。如烟草、甜菜在供氮中，以 NO_3^-—N 较为适宜，在甜菜中能改善其品质，烟草中不仅提高烟叶外观质量和产值，还改善其内在品质并增加其燃烧性等，然而在水稻供氮中则适宜选用 NH_4^+—N，因为水稻有较强的利用 NH_4^+—N 的能力。当然，植物的产量水平不同对养分需求的比例也有所差异。

表 7-2　各种作物形成单位经济产量的养分吸收量　　　　　　　　　　　　　　kg/t

作物	氮(N)	五氧化二磷(P_2O_5)	氧化钾(K_2O)	备注
水　稻	14.6	6.2	19.2	
冬小麦	24.6	8.5	27.7	
玉　米	25.8	9.8	27.8	
高　粱	24.2	10.0	26.9	
谷　子	22.9	10.7	25.2	
大　麦	25.7	14.3	28.2	
其他谷物	24.3	11.7	26.8	高粱、谷子、大麦等平均
大　豆	81.4	23.0	32.0	
豌　豆	30.9	8.6	28.6	
甘　薯	3.5	1.8	5.5	
马铃薯	5.0	2.0	10.6	
薯类平均	4.5	1.0	7.1	
花　生	43.7	10.0	53.8	
油　菜	43.0	27.0	87.0	
向日葵	69.0	20.0	75.5	
芝　麻	82.3	20.7	44.1	

（续）

作　物	氮(N)	五氧化二磷(P_2O_5)	氧化钾(K_2O)	备注
其他油料作物	51.9	19.0	72.1	
棉　花	12.6	4.6	10.1	
麻　类	35.0	9.0	74.0	
甘　蔗	1.8	0.36	2.1	
甜　菜	4.8	1.4	9.3	
烟　草	38.5	12.1	70.5	
黄　瓜	4.0	3.5	5.5	
架云豆	8.1	2.3	6.8	
茄　子	3.0	1.0	4.0	
番　茄	4.5	5.0	5.0	
胡萝卜	3.5	0.6	5.0	
萝　卜	2.8	0.6	3.4	
卷心菜	4.1	0.5	3.8	
洋　葱	2.7	1.2	2.3	
芹　菜	1.6	0.8	4.2	
菠　菜	3.6	1.8	5.2	
大　葱	3.0	1.2	4.0	
瓜　类	5.0	3.0	7.0	
蔬　菜	4.3	1.4	5.5	各种蔬菜平均
茶　叶	64.0	20.0	36.0	
苹　果	3.0	1.4	3.0	
柑　橘	2.6	0.8	3.6	
香　蕉	12.0	3.5	43.5	
菠　萝	3.7	1.1	7.0	
梨	5.0	2.0	5.0	
荔　枝	1.3	0.7	2.1	
桂　圆	2.1	0.5	3.2	
枣	3.9	1.4	7.9	
柿	0.9	0.4	1.9	
葡　萄	5.6	5.2	8.5	
桃	4.5	1.5	5.0	
猕猴桃	5.4	3.1	5.1	

引自李书田等，2011；张福锁等，2009。

不同植物除了需肥种类、比例、数量不同之外，需肥的关键时期也有所差异，因为这直接影响到植物的产量、品质、经济效益和环境效益。由于植物营养临界期大多出现在植物幼苗耗竭种子营养与根系吸收介质养分的转折时期，因而在很大程度上营养临界期直接与种子特性及土壤矿质养分的丰缺有关。成熟度高，营养丰富的大粒种子有利于自然渡过营养临界期，而中小粒种子在生根发芽阶段其养分就基本耗尽，外界提供丰富的营养就极为重要，所以在农业生产中，近年来特别重视种肥的施用，如浸种、拌种、种子包衣及营养土等行之有效的措施，以利于植株顺利渡过营养临界期。另外，值得关注的还有产量临界期和品质临界期，虽然植物生长的全过程均与产量和品质密切相关，但任何一种植物都有对收获物的形成起决定作用的关键时期，人们通常把产量临界期又称为营养最大效率期。一般情况，大多数植物的产量临界期和品质临界期在植物生长发育的中后期，故近年来国内有很多学者针对植物中后期施肥与植物高产优质的关系进行探索，以期从植物营养生理、代谢产物调控等方面揭示植物营养、产量和品质的内在联系和规律。

7.5.3.2 土壤条件与施肥

植物生长于土壤中，随着根系的伸展，植物不仅固定在土壤中，而且伴随着根系的生长过程从土壤吸收水分和养分。因此为植物提供的养分极大部分是施入土壤之中，特别是植物需求量大的氮磷钾三要素，土壤施肥是主要方式。而肥料中的养分，一旦施入到土壤中，就不断进行有效化和无效化的相互转化过程，因此，施肥必须考虑土壤，了解土壤中养分的基本状况及土壤性质对养分转化的影响，这是一切合理施肥计划的前提，其原因主要有两方面：一是只有在土壤对某种养分供应不足时，才需要施肥，否则会造成肥料的浪费，甚至造成植物中毒；二是肥料施入土壤之后，会产生一系列的变化，如淋失、挥发、固定、土壤中的残留等，这些变化都会在不同程度上影响肥料的效果，因此，不依据土壤条件施肥，就谈不上合理施肥，所以施肥一定要了解土壤的性状。

植物生长状况是土壤环境和植物生理特点的综合性反映，而植物的土壤营养环境包括了物理环境、化学环境、生物环境和养分环境，而这几大环境又是相互影响、相互作用，有着极其复杂的关系，这些复杂关系就构成了土壤—植物生态系统的基本内容。

土壤的物理环境首先影响到植物的水分和空气状况，也影响到施入土壤中的肥料对植株的养分供应、养分的保蓄和可能产生的去向。土体的固相、液相和气相三相比决定着土壤的肥沃程度，固相部分不仅含有植物养分潜在来源的营养成分，而且决定着土壤对养分的吸收和释放等一系列反映；土壤的孔隙大小及比例数量决定着水分、空气的保蓄及供应，也影响到养分在土壤中的扩散。

土壤的化学环境主要受电荷特性、土壤有机质和土壤酸度的影响。不同黏土矿物类型构成的土壤其阳离子代换性能有较大差异，不同来源的电荷，对阳离子的吸持强度不同，土壤阳离子代换性能决定着一系列与土壤肥力有关的性状，故联合国粮农组织在土壤分类中把盐基饱和度作为土壤肥瘦的指标之一，把饱和度大于50%的土壤列为肥沃土壤，而把低于50%的土壤称为瘦弱土壤。代换性阳离子的组成和饱和度在很大程度上决定着养分的有效性，土壤有机质中含有植物所需的各种养分，包括腐殖质和非腐殖质，非腐殖质部分较易被微生物分解，而腐殖质部分是有机质的主体，含有各种功能团，故有相当大的阳离子代换量，对养分的供应和保蓄起着重要作用。土壤酸碱度作为化学环境的一个因素对植物的生长有较大影响。土壤养分总量含量的高低，并不能完全反映出该土壤能否满足植物对养分的需要，因为总量中有相当大的一部分是植物在当季生长过程中所不能吸收的，人们因此提出了有效养分的概念，有效养分是指土壤中那些可被植物立刻吸收的养分。而土壤酸度对土壤中养分的有效性有着巨大的影响。如酸度过大，pH 值为 5~5.5，土壤中的铝、锰等元素的活性增加，会对大部分植物产生不良的影响，这种情状下，即使养分供应很充足，植物仍不能正常生长，所以调节土壤的化学环境，也是使施肥达到最大经济效益的重要因素。如南方在酸性土壤中施用石灰，北方在碱土中施用石膏都是调节土壤化学环境的有效措施。另外，土壤反应还影响到土壤微生物的活动，从而影响到养分的一系列转化，所以在施肥中要考虑到这些因素，才能使施肥更加合理有效。

土壤的养分环境是施肥的依据并决定着肥料产生的效果。大量长期定位试验表明，有丰富贮备的土壤与贫瘠土壤，在施用相同用量的肥料，前者更易达到高产，这就是为什么作物持续高产首先要培肥土壤的原因。土壤的养分环境决定于养分的总量和其中的有效部分，后者对当季作物起重要作用，而前者又代表着土壤养分的供应潜力。土壤养分环境的基本标志之一是土壤溶液中的养分水平，它是土壤养分供应的强度因素，良好的土壤环境要求土壤溶液的养分浓度能达到最适水平；土壤养分环境的第二个条件是土壤养分的缓冲能力，因通常情状下，土壤溶液中养分的浓度是比较低的，即使达到最适水平，但在植物吸收而消耗了部分养分后，为了避免养分浓度下降，土壤必须有能力迅速补给这一部分被吸收的养分，而使土壤持续保持在最佳的养分浓度水平，这一能力即土壤的养分缓冲能力。而土壤的缓冲能力又决定于固相中与液相处于平衡的养分数量，这一养分是养分供应的数量因素。土壤养分环境决定于土壤养分强度因素、数量因素和缓冲能力三大因素，而这三大因素一起又代表着土壤养分的供应能力。然而这三大因素又受到土壤物理环境、化学环境和养分环境的综合制约。

土壤—植物系统是一个连续的动态平衡系统，各个过程之间，相互联系又相互影响。如何提高土壤肥力，合理供给植物养分，以促进植物生产是农业生产中人们十分关注的问题。进入土壤中的肥料养分一部分通过阳离子的代换进入到固相，另一部分进入到液相中，然后参与整个养分的供应，也有少部分直接到达根表以截获的方式被植物吸收。合理的施肥能减少肥料在土壤中的损失，发挥肥料的效益，还能促进生态系统的良性循环。合理施肥的原则中因土壤条件施肥，在不同土壤条件下提供适宜的肥料品种和肥料用量，才有利于生态平衡和农业的持续发展。

7.5.3.3 平衡施肥与满足最小养分的原则

植物正常生长要从土壤中吸收各种必需的矿质养分，为了保持土壤肥力，应向土壤中施用植物取走的养分，才能保持地力常新，这就是李比希的归还学说。其实质是补充养分，以保持"土壤—植物体系"的养分平衡。要合理科学地归还土壤养分，应逐步建立长期的土壤肥力监测系统，并应用土壤植物测试手段作出科学判断。哪些营养元素需要补充，哪些不需补充，这要根据植物营养特性，土壤养分状况因地制宜地确定，有针对性地平衡施肥是科学合理施肥的原则之一。

我国农民长期以来采用的是经验性施肥。通常以当年施肥的效果作为次年施肥方案的依据，由于经验性施肥缺乏理论指导往往存在一定的盲目性，农民收入难以明显增加，更严重的是对养分资源造成浪费，对环境质量构成威胁。1983年农业部在广东湛江市召开了南方13省份的土肥工作会议，提出以养分平衡为特征的配方施肥技术，用"控氮、稳磷、补钾"的施肥模式，取代不合理的施肥模式，并在实施过程中，取得了明显的效果，深受广大农民欢迎。

配方施肥是根据作物的营养特性、土壤供肥特点和肥料增产效应，在有机肥料的基础上提出的适宜肥料用量和比例及其相应的施肥技术。由于配方施肥具有施肥定量化的特点，因此，在全国各地推广应用的结果证明，配方施肥与农民经验性施肥（即习惯施肥）相比，一般均能收到增产、节肥和增收的综合效果。农民经验性施肥之所以不科学，关键在于施肥养分比例失衡，从而导致肥料利用率不高，肥效大大降低。然而，配方施肥的特点在于施肥定量化，对克服偏施氮肥，养分比例失衡起到决定性的作用，配方施肥是我国施肥技术的重大改革。

平衡施肥是国际上施肥技术发展的 3 个阶段之一。

第一阶段是矫正施肥。在产量低的情况下，实行缺什么养分，施什么养分肥料的矫正施肥即可奏效。矫正施肥是根据最小养分率而来，作物产量的高低受到土壤中含量最低的养分限制，并随之增减的现象。当作物缺乏某种营养元素，即使其他养分再多也不能发挥作用，只在补充了缺少的养分后，作物的产量才能大幅上升，然而，最小养分是变化的，当施肥补充了原来的最小养分后，另一种养分又可能感到不足，即可成为新的最小养分，如在 20 世纪 50 年代，我国绝大部分农田土壤施用氮肥的效果最好，磷、钾肥的反应较差，此时，氮素是最小养分，进入到 70 年代以后，北方某些土壤区域磷素营养又成了最小养分，在氮磷配合使用，用量不断增高的 21 世纪的今天，在我国的华南某些区域，钾素又成了最小养分。满足最小养分是施肥中的一个重要原则，然而，在农业生产中，单施某种养分肥料难于增产，甚至造成减产，因此，综合考虑土壤—植物体系中必需营养元素的丰缺状况，确定补充营养元素的种类、数量、比例，故施肥又逐步走向平衡营养。

第二阶段是平衡施肥。当作物产量较高时，只有实施平衡施肥才能收到预期的高产、优质、高效的综合效果。平衡施肥需要经历一个相当长的时期，平衡施肥是一种高效益的施肥方法，为了探讨经济合理的施肥量和养分经济的最佳配比，平衡施肥的技术方案可通过多种方法获取，其中主要可采用肥料效应函数法、测土施肥法和植物营养诊断法，这三种方法各有其特点。

肥料效应函数法是以田间施肥试验为基础，将不同处理产量进行数理统计，求出在试验条件下施肥量与产量之间的定量关系。由于施肥量与产量之间的关系极为复杂，取得的肥料效应方程及其系数取决于土壤、作物、肥料种类和栽培技术等多种因素，任何一种肥料效应函数，只是在一定条件下肥料效应数量关系的反映，而不能用在某种情况下取得的肥料效应函数表示不同情况或条件下的肥料效应。

测土施肥法是在土壤肥力化学基础上发展起来的高效施肥方法，通过对土壤有效养分的测定与作物产量的相关性研究，判定土壤养分丰缺程度，提出施肥建议。这种方法在国内外应用最为广泛，已建立了一套科学理论体系，并有一套国际公认而通用的工作方法，是由测土和施肥两部分构成，用各种化学、物理化学及生物学的方法测土，能估算出土壤能供应作物多少营养元素，然后根据测土状况提出目标产量的建议施肥量及肥料种类，其优点是一套方法与指标一旦经过田间试验确定后，应用的土壤范围可按土壤大类计，其代表性远大于田间试验的肥料效应函数法，并且灵活简便，可以年年进行，并可以服务到每一地块，起到高效施肥中的微观指导作用。其不足之处是有效养分肥力指标值因测定方法不同而异，土壤间、作物种类间的肥力指标无可比性，因此，不具备宏观调控的功能。

植物营养诊断施肥法是根据植物营养化学理论，利用植物生理生态表现、物理、化学的测试技术来获得植物的营养状况，以此作为合理施肥的依据来制定施肥计划或方案，以达到不断提高产量、改善品质及增加经济收益的目的。这种方法是农业生产中定产的重要手段，其特点是快速及时，直感性强，能协调产前和产中定肥，能完善施肥环节，其缺点是植物生长受综合因素的影响很大，诊断指标差异大，准确度较差，但只要诊断得法，结合实际经验，完全能够正确指导施肥。

第三阶段是维持性施肥。当土壤肥力相当高时，有效养分含量相对很高，为了保持土壤肥力不下降和维持作物产量在高产水平，只需施用适量肥料，确保土壤肥力不减和高产的目的。根据农业部行业标准，平衡施肥是合理供应和调节植物必需的各种营养元素，使其能均衡满足植物需要的科学施肥技术。就其实质而言，平衡施肥和配方施肥的特点和功效是一致的。应用平衡施肥（或测土配方施肥）新技术，无疑可以收到高产、优质、高效的综合效果，对促进我国农业可持续发展有积极作用。

平衡施肥技术是联合国在全世界推行的先进农业技术，多年来，我国农业科技工作者在确定合理科学施肥的数量、施肥品种、施肥方法和施肥时期方面，开展了大量的研究工作，已初步建立适合我国农业状况和特点的土壤测试推荐施肥体系，并在有条件的区域开展了水肥一体化施肥技术的研究和推广。

7.5.3.4 化肥与有机肥相配合的原则

自20世纪80年代以来，化肥生产迅速发展，2011年化肥产量（折纯）$6\,027 \times 10^4$ t，氮肥产量$4\,178.99 \times 10^4$ t（折纯），尿素产量$2\,656.73 \times 10^4$ t，磷肥产量$1\,462.4 \times 10^4$ t，钾肥产量385.61×10^4 t。而有机肥的增长相对缓慢，然而，这决不意味着有机肥的重要性下降，而恰恰相反，针对我国农业生产可持续性发展的特点，肥料供应体系仍然应以有机肥为基础，采用有机肥与化肥相结合的肥料体系。

化肥虽然具有养分含量高，供肥速率快等各种优点，但长期单一使用或用量过高，也会给环境带来压力，而有机肥在这方面则优越性明显。有机肥含有植物所需的各种养分，以牲畜粪肥为例，各种无机养分的有效性，在氮、磷、钾中，钾的有效性最高，有效钾占全钾的50%~80%，有效磷占全磷的25%~55%，有效氮含量较低。微量元素硼、锌、锰、铁、铜等有效量分别为$2.6 \sim 5.0$ mg/kg、$11.9 \sim 32.2$ mg/kg、$14.9 \sim 62.9$ mg/kg、$19.2 \sim 26.0$ mg/kg、$3.3 \sim 9.0$ mg/kg。另外，化肥与有机肥间还存在一种彼此促进的作用。据黄东迈等的研究，在水稻生长期间，化学氮肥能促进有机氮的矿化，提高有机肥的肥效；而有机氮的存在，可促进化学氮的固定，减少无机氮的硝化及反硝化作用，从而减少无机氮的损失。有机肥与无机磷的配合施用也能提高磷的有效性，有机肥中一方面能供应一部分有效磷，另一方面，在有机肥在腐解过程中产生有机酸，促使土壤中磷的活化，同时，有机肥还能减少磷肥在土壤中的固定，主要原因是有机物的腐解产物碳水化合物及纤维素掩蔽了黏土矿物上的吸附位造成的，所以，既可提高磷的有效性，又能减少磷在土壤中的固定，提高了磷肥的效果。有机肥中的钾的有效性很高，在某些区域几乎可以替代化学钾肥。因此，有机肥料与化肥配合，对提高土壤主要养分有良好作用，能促进有机肥料的矿化，延长化学氮肥的供肥时间，活化土壤中的磷素，减少其固定，提高土壤中微量元素的有效性，这是化肥与有机肥相配合对土壤供肥性能特有的优越性。还可部分缓解我国农业生产中缺磷少钾及微量元素不足的问题，虽然有机肥总养分含量低，但供肥平稳，能改善土壤理化性质，使地力常新，解决我国化肥供应中 N、P、K 比例严重失调会起到重要作用。

  农业生产受众多因素影响，而施肥是一项技术措施，其肥料在生产中产生的效果受综合因素共同制约，所以，施肥技术除了遵守施肥原则：因植物施肥，因土壤条件施肥、平衡施肥，有机无机配合施肥等外，还应考虑气候条件，配合栽培措施制定施肥方案。不仅从生产的角度管理养分，还要从环境的角度去管理养分，从农田生态系统出发，利用所有自然、人工的养分资源，通过有机肥和化肥的配合投入，通过植物品种改良配合土壤培肥及农业技术措施等相关技术改善，协调农业生态系统中养分投入与产出的平衡，调节养分循环与利用强度，这样才有可能实现养分资源的高效利用，达到植物高产和环境保护相协调。农业的种植业生产中，植物是中心，土壤是基础，气候是条件，施肥是手段。如果我们能合理地运用植物营养的基本原理，采用有效的技术措施去协调植物—土壤—肥料的相互关系，因地制宜地制定施肥计划，就能获取高产、高效、优质的农业生产。

复习思考题

1. 如何判断高等植物必需营养元素？高等植物必需营养元素有哪些？
2. 主动吸收和被动吸收各有什么特点？
3. 简述土壤养分是如何到达根表的。
4. 与根部营养相比较，叶部营养有哪些特点？
5. 植物吸收养分有哪两个关键时期，对施肥有什么指导意义？
6. 试述影响植物吸收养分的外界环境条件。
7. 如何理解植物必需营养元素之间的同等重要性和不可替代性？
8. 试述合理施肥的基本原则。

主要参考文献

北京农业大学，1987. 农业化学（总论）[M]. 北京：农业出版社.

浙江农业大学，2000. 植物营养与肥料[M]. 北京：中国农业出版社.

鲁如坤，等，1998. 土壤—植物营养学原理和施肥[M]. 北京：化学工业出版社.

毛知耘，1998. 肥料学[M]. 北京：中国农业出版社.

吴玉光，等，2000. 化肥使用指南[M]. 北京：中国农业出版社.

金为民，2001. 土壤肥料[M]. 北京：中国农业出版社.

谢德体，2004. 土壤肥料学[M]. 北京：中国林业出版社.

黄云，2014. 植物营养学[M]. 北京：中国农业出版社.

第 8 章 大量元素肥料

【本章提要】本章介绍了氮、磷、钾3种大量元素肥料。重点介绍了氮、磷、钾的营养功能，植物对氮、磷、钾的吸收和同化，土壤中氮、磷、钾的循环，氮、磷、钾肥的种类、性质合理分配和施用技术。

8.1 氮 肥

土壤中的氮素一般不能满足作物对氮素养分的需求，需靠施肥予以补充和调节。氮肥是我国生产量最大，施用量最多，在农业生产中效果最突出的化学肥料之一。在大多数情况下，施用氮肥都可获得明显的增产效果。然而，氮肥施入土壤后，被作物吸收利用的比例不高，损失严重，对大气和水环境可能造成潜在的危害。因此，科学合理施用氮肥，不仅能降低农业成本，增加作物生产，而且有利于环境保护。

8.1.1 植物的氮素营养

8.1.1.1 植物体内氮的含量与分布

氮是植物需要量最多，质量分数最高的营养元素之一。一般植物含氮量约为植物干物质重的0.3%~5.0%，其含量多少因作物种类、品种、器官组织、生长时期、环境条件等的不同而异（表8-1）。

含氮量多的是豆科作物，非豆科作物一般含量较少，作物的幼嫩器官和成熟的种子含蛋白质多，含氮也多，而茎秆特别是衰老的茎秆含蛋白质少，含氮量也少。同一作物不同发育时期，其含氮量也不同，如水稻，分蘖期含氮量明显上升，分蘖盛期含氮量达到最高峰，其后逐渐下降。一般说来，作物在营养生长时期，氮素大部分在茎叶等幼嫩器官中，当作物转入生殖生长时期，氮素就向籽粒、果实或块根等贮藏器官中转移；到成熟时期，大约有70%的氮素转入并贮藏在生殖器官或贮藏器官中。

相对而言，植物营养器官中的含氮量受环境和遗传因素的双重影响，变幅较大。生殖器官中的含氮量主要受遗传因素的控制，环境条件对其影响较小，变幅较小。因此施用氮肥可以显著提高营养器官的含氮量，有效地提高种子中的含氮量。

8.1.1.2 氮素的营养功能

（1）氮是蛋白质的组成成分

在作物体内氮存在于蛋白质分子结构中，蛋白质中氮的含量约占16%~18%。蛋白质是

表 8-1　不同作物全氮含量　　　　μg/g

作物	采样部位	采样时期	氮素营养状况			
			低	中	高	过
杂交水稻	植株	分蘖期	<2.5	3.0~3.5	—	—
	植株	抽穗期	<2、1.2	1.2~1.3	—	—
冬小麦	叶片	起身	<3.1	3.2~3.5	>3.8	
	叶片	孕穗期	<4.0	4.0~4.5	>4.8	
棉花	叶片	蕾期	3.23	3.68	4.23	
	叶片	花铃期	2.49	2.85	3.13	
玉米	穗叶	开花期	2.0~2.5	2.6~4.0	>4.0	
糖用甜菜	中位叶	6月末7月初	2.5~3.5	3.6~4.0	>4.0	
马铃薯	地上部	60d	—	3.76	6.33	
黄瓜	叶片	营养期	2.9~3.7	4.3~5.0	>5.0	
番茄	叶片	孕蕾期	—	4.5~5.1	—	
甘蓝	第四片叶	结球初期	3.9~4.4	4.5~5.3	5.5~6.0	
	球叶	收获期	—	3.3		
桃	新梢中部	花后12~14周	<2.67	2.7~3.4	>3.4	—
柑橘	叶片	春末结果顶枝	<2.2	2.2~2.4	2.4~2.6	>2.6

构成生命物质的主要成分,细胞质、细胞核的构成都离不开蛋白质。在作物生长发育过程中,体内细胞的增长和新细胞的形成都必须有蛋白质,否则,作物体内新细胞的形成将受到抑制,生长发育缓慢或停滞。

(2) 氮是核酸的组成成分

作物体内所有的活细胞中均含有核酸。核酸与蛋白质的合成,对作物的生长发育和遗传变异有着密切关系,信使核糖核酸(mRNA)是合成蛋白质的模板,脱氧核糖核酸(DNA)是决定作物生物学性状的遗传物质,核糖核酸(RNA)和脱氧核糖核酸又是遗传信息的传递者。可见核酸和蛋白质是一切作物生命活动和遗传变异的基础。所以人们常称氮为"生命元素"。

(3) 氮是叶绿素的组成成分

高等植物叶片约含20%~30%的叶绿体,而叶绿体又含45%~60%的蛋白质。叶绿体中叶绿素 a($C_{55}H_{72}O_5N_4Mg$)和叶绿素 b($C_{55}H_{70}O_6N_4Mg$)的分子中都含有氮。叶绿体是植物进行光合作用的场所。叶绿素含量的多少,直接与光合作用以及碳水化合物的形成密切相关。植物缺氮时,体内叶绿素含量减少,叶色呈淡绿或黄色。叶片光合作用就减弱,碳水化合物含量降低。

(4) 氮是植物体内许多酶的组成成分

酶本身就是蛋白质,植物体内各种代谢过程都必须有相应的酶参加,起生物催化作用,直接影响生物化学的方向和速度,从而影响植物体内的各种代谢过程。

(5) 氮是植物体内许多维生素的组成成分

如维生素 B_1($C_{12}H_{17}ON_3S$)、B_2($C_{17}H_{18}O_6N_4$)、B_6($C_8H_{11}O_3N$)都含有氮。它们都是辅酶的成分,参与植物的新陈代谢。

(6) 氮是一些植物激素的组成成分

如生长素和细胞分裂素都含有氮。激素是植物生长发育和新陈代谢过程的调节剂,对种子的萌发和休眠,营养生长和生殖生长、物质转运及整个成熟生理、生化过程都起着重要的控制作用。

此外,某些生物碱如烟碱($C_{10}H_{14}N_2$)、茶碱($C_7H_8O_2N_4$)、咖啡碱($C_8H_{10}O_2N_4$)、胆碱[$(CH_3)_3NCH_2OH$]、苦杏仁甘($C_{20}H_{27}ON \cdot 3H_2O$)等都含有氮,其中胆碱是卵磷脂等的重要成分,卵磷脂参与生物膜的形成。

8.1.1.3 植物对氮的吸收和同化

植物主要吸收硝态氮、铵态氮、酰铵态氮,少量吸收其他低分子态的有机氮,如氨基酸、核苷酸、酰胺等。前三者的营养意义重大,而低分子态的有机氮的营养意义很小。

(1) 植物对硝态氮的吸收与同化

植物一般主动吸收硝态氮,代谢作用显著影响硝态氮的吸收。进入植物体内的硝态氮大部分先在根系和叶片内被同化为 NH_4^+,然后进一步转化成氨基酸和蛋白质,小部分储存在液泡内。但是,如果氮肥施用过多,液泡会大量积累硝酸盐,蔬菜和饲料中的硝酸盐过多,则对人、畜造成危害。

在植物体内,硝态氮先经过硝酸还原酶还原成亚硝酸,再经过亚硝酸还原酶的作用被还原成 NH_4^+。亚硝酸还原可能分两步反应,第一步是 NO_2^- 还原为 NH_2OH;第二步是还原成 NH_3。目前存在两种看法:第一种观点认为亚硝酸还原酶是一种复合酶体系,催化上述两步反应;第二种观点认为由亚硝酸还原酶和羟胺还原酶分别催化上述两步反应。

细胞生物学的研究结果表明,硝酸盐还原成铵盐的过程主要是在叶绿体(叶片)和前质体(根部)中进行。在一般条件下,根系同化的硝酸盐占吸收量的 10%~30%,叶片同化的硝酸盐占吸收量 70%~90%。光照不足,温度过低,施氮过多和微量元素缺乏均可以导致植物体内硝酸盐的大量积累。此外,钾素不足也可能导致硝酸盐积累。蔬菜是硝酸盐质量分数较高的作物之一,降低蔬菜硝酸盐的有效措施包括选用优良品种、减施氮肥、增施钾肥、增加采前光照以及改善微量元素供应等。

(2) 植物对铵态氮的吸收与同化

植物吸收铵态氮的机理有两种见解,Epstein(1972)认为,植物吸收 NH_4^+—N 与 K^+ 相似,吸收两种离子的膜位点(载体)相似,故出现竞争现象。但 Mengel(1982)认为,铵态氮不是以 NH_4^+ 的形式吸收,当 NH_4^+ 与原生质膜接触时发生脱质子化,H^+ 保留在膜外的溶液中,形成的 NH_3 则跨过原生质膜而进入细胞。

早期的研究认为,在谷氨酸脱氢酶的催化作用下,根系吸收的 NH_4^+ 与 α-酮戊二酸结合,形成谷氨酸是高等植物同化 NH_4^+ 的主要途径,但实验证明,上述生化反应是动物同化氮的重要途径;相反,由谷氨酰胺合成酶和谷氨酸合成酶催化的"谷酰胺—谷氨酸循环",才是高等植物同化氮主要途径。

在氮源充足和碳源相对不足的条件下,谷氨酸主要用于谷酰胺—谷氨酸循环,形成谷酰胺，植物体内的谷酰胺质量分数增加。所以可以利用谷酰胺在植物体内的质量分数及其变化情况，早期诊断植物氮素的丰缺，指示 C/N 代谢状况。

(3) 植物对有机氮的吸收与同化

①酰胺态氮　植物能够吸收简单的有机氮。与其他形态的氮素相比，尿素 $[CO(NH_2)_2]$ 容易吸收，且速率较快。其吸收速率，主要受环境中尿素浓度的影响。在一定浓度范围内，尿素的浓度越高，植物的吸收速率越快，如果过量吸收，尿素就会在体内发生积累，积累量超过一定阈值，植物中毒死亡。如小麦幼苗中尿素的浓度超过 $500\mu g/g$ 时，叶尖部分开始黄化，最后全株枯死。

尿素进入细胞之后，被进一步同化。目前，关于尿素的同化机理有两种认识：多数学者认为，尿素进入植物细胞后，在脲酶的作用下分解成氨，然后进一步被利用；另一种见解认为，有些作物，如麦类、黄瓜、莴苣和马铃薯等的体内几乎检测不到脲酶的活性，尿素是被直接同化的。

②氨基态氮　根据无菌培养和示踪元素法的研究证明，水稻可以吸收氨基态氮。根据氨基态氮对水稻生长的影响，可以分为以下 4 类：效果超过硫铵者（甘氨酸、天冬酰胺、丙氨酸、丝氨酸、组氨酸），效果次于硫铵，但优于尿素者（天冬氨酸、谷氨酸、赖氨酸、精氨酸）；效果次于硫铵和尿素，对生长仍有一定促进作用者（脯氨酸、缬氨酸、亮氨酸、苯丙氨酸）；抑制生长者（蛋氨酸）。

总之，植物主要吸收和利用硝态氮、铵态氮和酰胺态氮，是植物氮素营养的主要供应方式。极少量吸收利用其他形态的氮，只能作为植物氮素营养的辅助供应方式。

8.1.1.4　植物的氮素失调症状及其丰缺指标

植物缺氮时，由于含氮的植物生长激素（生长素和细胞分裂素）质量分数降低等原因，植物生长点的细胞分裂和细胞生长受到抑制，地上部和地下部的生长减慢，植株矮小、瘦弱，植物的分蘖或分枝减少。叶片均匀地、成片地转成淡绿色、浅黄色，乃至黄色。叶色发黄始于老叶，由下至上逐渐蔓延，说明在植物体内，氮是一种可以再利用的元素。

相反，供氮过多时，叶绿素大量形成，叶色浓绿。细胞分裂素和生长素质量分数增加，植株徒长，蛋白质合成消耗大量的碳水化合物，构成细胞壁的纤维素、果胶等物质减少，细胞壁发育不良，变薄，易于倒伏和发生病虫危害，同时营养生长期延长，出现贪青晚熟。对于块根、块茎作物，氮素过多则茎、叶生长旺盛，地下块根、块茎小，而且淀粉与糖分含量下降，水分多而不耐贮藏。糖类作物含糖量下降。油料作物结荚虽多，但籽粒小而少，含油量低。棉花植株高大，蕾铃脱落严重，产量降低，纤维品质变差。氮素失调最终造成作物减产和品质降低，氮素营养失调对于以种子为收获物的作物品质影响不大，但显著影响以营养体为收获物的作物品质，如蔬菜、水果、糖料植物和块根植物等。氮素不足，植物纤维素质量分数增加，口感不佳，水果体积变小，商品形状变差。氮素过多，植物硝酸盐质量分数增加，水果和糖料植物含糖量下降，块根植物的淀粉质量分数和质量降低。

氮素失调的症状往往要在很严重时才表现出来。所以早期准确诊断植物氮素营养的丰缺状况十分重要。

植物体内有些代谢产物的多寡可以指示植物的氮素营养状况。由于它们在植物体内的变幅大，对氮素营养的变化比较敏感，可以做到早期诊断，诊断准确性也较真。目前常用的指标是叶绿素质量分数、游离酰胺和游离氨基酸的质量分数及其比例。需要说明的是，在进行生理诊断时，最好选取正常植株作对照，同时测定正常和异常植株的有关生化产物。此外，用叶绿素质量分数诊断氮素营养状况的专一性较差，游离酰胺和氨基酸的质量分数及其比例专一性较好，可靠性较高。

化学诊断是目前应用比较广泛的常规方法。包括植株含氮量分析和土壤分析，不同作物全氮和硝态氮质量分数的诊断标准见表8-1和表8-2。必须指出，测定植株全氮质量分数仍然是目前最通用的氮素营养诊断方法，但因受到多种因素的影响，有时生长受到抑制，含氮量不会降低，单纯根据植株含氮量来判断氮素丰缺状况应当非常谨慎。

由上述情况可知，氮素供应缺乏或过剩都可对作物的生长发育、产量和品质带来不利的影响，必须指出：氮素供应缺乏、适量或过多都是相对的。它必须根据作物种类与品种、土壤情况、气候条件、其他肥料配合等进行综合考虑，才能提高氮肥的经济效益。

表 8-2　不同作物硝态氮质量分数　　　　　　　　　　　　　　　μg/g

作物	采样部位	采样时间	硝态氮质量分数 低	中	高	过
小麦	叶鞘	冬前分蘖期	<200	300~400	—	—
	叶鞘	拔节期	<100	150~200	—	—
玉米	叶鞘下段	苗期	100	300~500	500~600	—
	穗叶下段	扬花期	100	300~500	500~600	—
棉花	叶柄	苗期	—	>650	—	—
	叶柄	苗期和蕾期	<200	200~400	—	>300
	叶柄	盛花期	<100	200~400	—	>400
黄瓜	基部叶柄	第四五片叶	—	1 550	—	—
	中部叶柄	开花期	—	950	—	—
番茄	叶柄	结果初期	—	625	—	—
	叶柄	盛果期	—	1 125	—	—
甘蓝	地上部	幼苗	—	2 000~2 500	—	—
	叶柄	结球初期	—	1 000~1 250	—	—

8.1.2　土壤中氮的循环

8.1.2.1　土壤中氮素的含量、来源和形态

(1) 含量

土壤中氮的含量变化很大。我国主要耕地土壤除少数外，一般含氮都在 0.5~1.0 g/kg 之间，很多土壤含氮不足。因此，在农业生产上，不断补施氮肥，就成为提高土壤肥力，保证作物高产的基本措施之一。

土壤中氮素含量的多少一般可以从其腐殖质的含量多少来判断，两者之间有平行相关，

所以，凡是影响土壤腐殖质的因素，均影响土壤氮的含量。首先是植被，在相似气候条件下，草本植被所积累的腐殖质和氮素含量多于木本植被，豆科的含氮量高于非豆科，阔叶林又高于针叶林，落叶树也高于常绿树。其次是气候，在年平均气温大体相同的情况下，湿度愈大，土壤中的氮素积累愈多，而温度愈高，有机质分解加速，氮素愈难于积累。再次是质地，国内外大量统计资料表明，黏土含氮量大于壤土，而壤土又大于砂土，质地越细，越有利于氮素积累。第四是地形和地势，地形通过温度和湿度以及对土壤的侵蚀的大小来影响土壤含氮量。一般说来，地势越高，对自然土来说，其含氮量也越多，但对低山丘陵，特别是无自然植被的条件下，往往是坡脚土壤含氮量高于坡中和坡顶。北半球的北坡阴湿，氮素累积，南坡较暖，有机质分解快，氮素含量低。除上述的自然因素影响外，人为的耕作、施肥、灌溉，对土壤氮素含量起着决定作用。

从全国趋势看，我国土壤含氮量以东北黑土、黑钙土地区为最高，其次是华南、西南地区，而以西北干旱草原漠境地区和黄土高原地区为最低。

(2) 来源

土壤中的氮，除来自化肥和有机肥外，还有三个来源：①生物固氮，依靠自生和共生的固氮菌将空气中的 N_2 固定为含氮有机化合物，再通过微生物及共生的寄生植物，直接或间接地进入土壤；②大气层中的雷电，可以使氮氧化为以 NO_2、NO 为主的各种氧化物，烟道排气，含氮有机质的燃烧废气，以及由许多铵化物挥发出来的气体也都含一定浓度的氨，这些气态氮散于大气中，通过降水的溶解，最后随雨水带入土中，而成为土壤中氮的经常性来源之一；③由灌溉地下水或池塘水带入的氮，这主要是硝态氮，其数量因地区、季节和雨量而异。

(3) 形态

土壤中氮的形态可分为无机氮和有机氮，两者合称为土壤全氮，其中以有机态氮为主。

①有机氮　有机氮一般占土壤全氮的98%以上，根据有机氮的溶解和水解的难易程度，可以把它们分为水溶性有机氮、水解性有机氮和非水解性有机氮。水溶性有机氮主要包括一些结构简单的游离氨基酸和酰胺等，有些分子质量小的水溶性有机氮可以被作物直接吸收，分子质量稍大的可以迅速水解成铵盐而被利用，水溶性有机氮的质量分数一般不超过土壤全氮量的5%。水解性有机氮经过酸、碱和酶处理，能水解成比较简单的水溶性化合物或铵盐，包括蛋白质(占土壤全氮的40%~50%)、氨基糖类(占土壤全氮的5%~10%)和其他尚未鉴定有机氮。在土壤中，它们经过微生物的分解后，可以作为植物的氮源，在植物的氮素营养方面有重要意义。非水解性有机氮主要有胡敏酸氮、富里酸氮和杂环氮，可占土壤全氮量30%~50%，由于它们难于水解或水解缓慢，故对植物营养的作用较小，但对土壤物理和化学性质的影响较大。

②无机氮　土壤中的无机氮主要包括：铵态氮、硝态氮、亚硝态氮和气态氮等。亚硝态氮是硝化作用的中间产物，在嫌气条件下于土壤中短时存在，如果通气良好，很快转化成硝态氮。在土壤空气中存在少量气态氮，但难于被作物吸收利用。因此，通常所谓的土壤无机氮是指铵态氮和硝态氮，一般仅占全氮的1%~2%，且波动性大，属于土壤速效氮。土壤无机氮含量既不能指示作物一生或某个生育时期吸收氮的多少，也不能作为下季作物施用氮肥的依据，但可以作为参考指标。

8.1.2.2 土壤中氮素的转化

在土壤中，有机氮经微生物矿化成铵态氮可以被土壤胶体吸附固定；另一部分被微生物利用转化成有机氮，或经硝化作用转变成 N_2、NO、N_2O，或经硝酸还原作用还原成氨，或微生物利用形成有机氮(图 8-1)。微生物是土壤氮转化的主要参与者，凡是影响微生物活动的因素均能影响氮在土壤中的转化，这些因素包括温度、水分、酸碱度、通气性和 C/N 等。

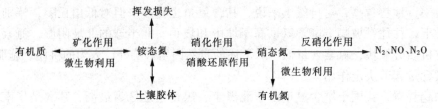

图 8-1 氮在土壤中的转化示意图

(1) 土壤氮素的有效化

土壤氮素的有效化包括有机态氮的矿质化和铵盐的硝化作用。

①有机态氮的矿质化　在微生物的作用下，土壤中的含氮有机质分解形成氨的过程，称为有机态氮矿化作用。矿化过程主要可分为两个阶段。第一阶段先把复杂的含氮有机质，通过微生物的作用逐级简化而形成含氨基的简单有机化合物，这个阶段可以称之为氨基化阶段，其作用可以称之为氨基化作用，如以蛋白质为例，其氨基化过程为：蛋白质→多肽→氨基酸、酰胺、胺等。

这一过程的最简单表达形式为：

$$\text{蛋白质} \rightarrow RCHNH_2COOH(\text{或 } R-NH_2) + CO_2 + \text{其他产物} + \text{能量}$$

矿化作用的第二阶段是通过微生物的作用，把上面所产生的各种氨基化合物分解成氨，称为氨化作用。在氨化过程中，由于条件的不同，还可以产生有机酸、醇、醛等较简单的中间产物。如：

在充分通气条件下：

$$RCHNH_2COOH + O_2 \rightarrow RCOOH + NH_3 + CO_2$$

在嫌气条件下：

$$RCHNH_2COOH + 2H \rightarrow RCH_2COOH + NH_3$$

一般水解作用：

$$RCHNH_2COOH + H_2O \xrightarrow{\text{酶}} RCHOH + NH_3 + CO_2$$

土壤有机氮的矿化快慢可用一定时间内的矿化率表示：

$$\text{有机氮矿化率}(N_m) = \frac{N_p + N_l + N_m}{N_a} \times 100\%$$

式中　N_p——植物吸收的矿化氮量；

N_l——矿化氮的损失量；

N_m——土壤中矿化氮的质量分数；

N_a——有机质含氮量。

最后如果完全矿化，则所有的有机质成分都变成了无机化合物形态，如碳变成了 CO_2，氮变成 NH_3 等。整个有机态氮的矿化作用可以在好气条件下，也可以在嫌气条件下进行，但以好气条件下的矿化较快，而且积累的中间产物有机酸也少。进行矿化作用的微生物种类繁多，包括多种细菌、真菌、放线菌等，它们都以有机质中的碳素作为其生物能源，属于有机营养型微生物，对温度反应灵敏，最适的氨化条件要求土壤 pH 值在 4.8~5.2。矿化作用产生的氨溶于水形成铵，其去路有：被硝化作用转变成硝态氮和亚硝态氮；被植物吸收；被微生物利用而转化为有机质；被黏粒矿物吸附固定；在碱性土壤中挥发损失。

②铵盐的硝化作用 土壤中的 NH_4^+ 在微生物作用下，氧化成硝酸盐的现象，称为硝化作用。硝化作用是把矿化过程第二阶段所产生的氨甚至第一阶段所生成的某些胺、酰胺等，通过微生物的作用分两步转化成硝酸态氮。第一步先转化成亚硝酸盐，这一作用称为亚硝化作用；第二步再把亚硝态氮转化成为硝态氮，这一作用称硝化作用。其总的反应为：

$$NH_4^+ + O_2 \rightarrow NO_2^- + 4H^+$$

$$NO_2^- + \frac{1}{2}O_2 \rightarrow NO_3^-$$

上述反应可见，硝化作用有 H^+ 释放，这是施用铵态氮肥导致土壤酸化的重要原因。

参加硝化作用的微生物属于自养微生物（除维氏硝化杆菌 Nitrobacter spp. 之外），从这些微生物体内，可以分离出细胞色素，由于 CN^-、叠氮化合物、氯酸盐、螯合物和重金属等可以抑制细胞色素的电子传递，因而可以作为硝化抑制剂，用于抑制硝化作用。

硝化作用只有在通气良好的土壤条件下进行。在稻田施用铵态氮肥时，可以在表层氧化成硝态氮，然后淋溶至下面的还原层经反硝化作用损失。无论是旱地还是水田，铵态氮肥深施，硝化作用难以进行，氮肥损失减少，尤以水田的效果最为显著。一般有益于植物生长的土壤条件，如通气良好、pH 值中性和氮素丰富等，也多半有利于硝化微生物活动。

（2）土壤中氮素的无效化

①反硝化脱氮 又称反硝化作用，可分为生物反硝化脱氮作用和化学反硝化脱氮作用两种。

a. 生物反硝化脱氮作用：该过程的化学反应如下：

$$2HNO_3 \xrightarrow[-2H_2O]{+4H^+} 2HNO_2 \xrightarrow[-2H_2O]{+4H^+} H_2N_2O_2 \begin{array}{c} \xrightarrow[-2H_2O]{+2H^+} N_2 \uparrow \\ \\ \xrightarrow[]{+2H^+} \downarrow -2H_2O \\ \\ \longrightarrow N_2O \xrightarrow[-4H^+]{+2H_2O} 2NO \end{array}$$

由上述生化反应可见，反硝化作用分两步进行，先将硝酸盐还原成亚硝酸，然后将亚硝酸盐还原成气态氮。将硝酸盐还原成亚硝酸盐的微生物是一类兼性厌氧硝酸盐还原细菌。将亚硝酸盐还原成气态氮的微生物称反硝化细菌，反硝化细菌有双重功能，在好气条件下，催化硝化作用；在嫌气条件下，催化硝酸还原反应。我国的研究表明，稻田中的反硝化脱氮量约占化肥损失的35%。由此可见，微生物引起的反硝化脱氮是稻田氮肥损失的主要途径。

b. 化学反硝化脱氮作用：土壤中的亚硝态氮经过一系列纯化学反应，形成气态氮（N_2、N_2O 和 NO）的过程称为化学反硝化作用。主要化学反应有：

亚硝酸盐的自分解反应
$$3HNO_2 \rightarrow HNO_3 + 2NO + H_2O \ (pH<5.0)$$

亚硝酸盐和 α-氨基酸的氧化还原反应
$$RCHNH_2COOH + HNO_3 \rightarrow RCH_2OH + H_2O + CO_2 + N_2 \ (pH<5.0)$$

亚硝酸与有机质酚基团的氧化还原反应
$$\text{有机质—酚基} + HNO_2 \rightarrow \text{有机质—醌基} + H_2O + N_2 + NO$$

亚硝酸与尿素的化学反应
$$CO(NH_2)_2 + 2HNO_2 \rightarrow CO_2 + 3H_2O + 2N_2$$

亚硝酸与铵的化学反应
$$NH_4^+ + NO_2^- \rightarrow NH_4NO_2 \rightarrow 2H_2O + N_2 \ (pH<5.0\sim6.5)$$

② NH_3 的挥发损失　土壤中的铵态氮在碱性条件下容易以 NH_3 形态直接从土壤表面挥发。如：
$$NH_4HCO_3 + 2NaOH \rightarrow NH_3 \uparrow + Na_2CO_3 + 2H_2O$$

③ NH_4^+ 的晶格固定　NH_4^+ 由于其离子半径和 2:1 型黏粒矿物晶架表面孔穴的大小相近，所以它可能陷入晶穴内而变成固定态氮，因而也暂时失去了对植物的有效性。

④有机质对亚硝态氮的化学固定　土壤有机质中的木质素及其衍生物和腐殖质等，能与亚硝酸产生化学反应，使亚硝态氮固定为有机质成分中的一部分。这种作用一般在微酸性条件下更易产生。

⑤生物固定作用　由矿质化所生成的铵态氮、硝态氮和某些简单氨基态氮，通过微生物和植物的吸收同化，转化成有机态氮。从氮素营养的角度来看，植物和微生物之间在短时期内是存在着一定的竞争现象的，但从土壤氮素循环的总体来说，微生物对速效氮的吸收同化，有利于土壤整体氮素的保存和周转。

从以上各转化过程看，矿化和硝化作用是使土壤氮素变为有效态氮的过程；反硝化脱氮过程和氨挥发是使土壤有效态氮素遭受损失的过程，其结果是使土壤中有效氮的含量减少或使有毒的物质累积；黏粒矿物对铵态氮的晶穴固定，以及有机质对亚硝态氮的化学固定作用是使土壤中有效态氮转化成为无效或迟效态氮的过程，其结果是使土壤中部分氮素暂时失去其对生物的有效性；而只有植物和微生物对土壤氮素的吸收同化作用才是真正发挥氮素营养功能的作用。

8.1.3　氮肥的种类、性质和施用技术

目前生产的氮肥主要是用合成氨加工制成，即将合成氨加酸、加碱、加水或通入二氧化碳制得，示意如下：

根据化学氮肥中氮素的形态，可将氮肥分为 4 种类型：①铵态氮肥；②硝态氮肥；③酰胺态氮肥；④长效氮肥。

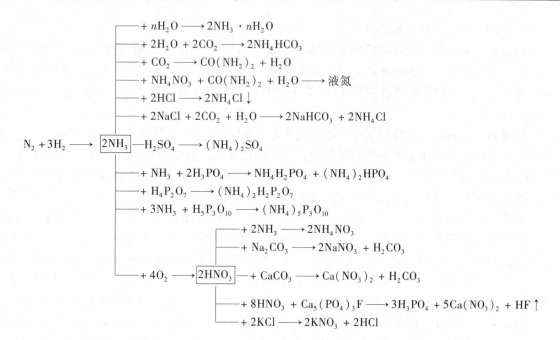

8.1.3.1 铵态氮肥

目前,铵态氮肥有碳铵、氯化铵、硫酸铵和液氨。我国目前常用的是碳铵、少量的氯化铵和硫酸铵,国外还施用液氨。

碳铵、氯化铵、硫酸铵和液氨的理化性质见表8-3。

铵态氮肥施入土壤之后,容易被土壤无机胶体吸附或固定,与硝态氮肥相比,前者移动性较小,淋溶损失少,肥效长缓;可以氧化成硝酸盐或被微生物转化成有机氮;在碱性和钙质土壤中容易发生挥发损失;高浓度的氨可以导致植物中毒死亡,尤其是在作物的幼苗阶段,植株对高浓度的氨最敏感;作物过量吸收铵态氮,对 Ca^{2+}、Mg^{2+}、K^+ 等的吸收产生抑制作用,在施用铵态氮肥时,应避免一次性大量施入,尤其是蔬菜、果树和糖料植物,以免引起营养失调。

表8-3 铵态氮肥的基本性质

名称	分子式	含氮量(%)	稳定性	理化性质
液氨	NH_3	82	差	液体,碱性,比重0.167,副成分少
碳酸氢铵	NH_4HCO_3	16.5~17.5	大于液氨	无色或浅灰色的粒状、板状或柱状结晶,稳定性差,常温下可以分解,应密闭包装,易溶于水,水溶液呈碱性,容易吸潮
氯化铵	NH_4Cl	20~21	大于碳酸氢铵	白色结晶。吸湿性强,应密闭包装储运,易溶于水,水溶液呈酸性
硫酸铵	$(NH_4)_2SO_4$	24~25	大于氯化铵	白色结晶,易溶于水,水溶液呈酸性,吸湿性小,不易结块,化学性质稳定

(1)液氨[NH_3,含 N 82.3%]

液氨是含氮量最高的氮肥品种。将液氨直接用作氮肥,始于 20 世纪 30 年代的美国。50 年代后,液氨施肥技术趋向成熟,引起世界各国重视而有所发展。如澳大利亚、加拿大、墨西哥等国,液氨施用量都占其肥料氮量的 20% 以上,使用最多的是美国(占农用氮的 38% ~ 40%)。

液氨施入土壤后,大部分溶于土壤溶液中形成 NH_4OH,一部分被土壤胶体所吸附。土壤中局部高浓度的氨会使土壤碱性暂时增加,于是硝化细菌活动受到抑制,从而使亚硝酸积累。但是这些过程都是短暂的,几周后,随着作物对氨的吸收,土壤的 pH 值又慢慢下降,硝化作用也逐渐恢复,其硝化作用强度比碳铵要高,30d 后就可基本被硝化。

我国的液氨施肥,在试验中的主要有两种方式:一种对水田,在液氨运至田头后,于进水口将其注入灌溉水中,液氨一面稀释,一面随水灌入田中;另一种是对旱地,一般采用施肥机械,将液氨注入 12 ~ 18cm 深的土层,视土壤质地而变动深度,对吸持力强的黏质土壤可浅些。在液氨注入土壤后立即覆土,氨的直接挥发损失很少。由新疆建设兵团的试验得知,在深施 15cm 时,仅损失 0.03‰。施肥行距 15 ~ 30cm 为宜,这样有利于液氨随土壤水分向行间扩散,提高利用率。液氨施在质地黏重和水分含量较多的土壤上,最好在秋、冬季节作基肥深施。施用量以每公顷 75kg 左右为宜。施用时要注意安全,切忌与皮肤接触,以防冻伤。

(2)氨水[$NH_3 \cdot nH_2O$,含 N 15% ~ 18%]

氨水施入土壤后,一部分 NH_3 被土壤胶体吸附,大部分则溶于土壤溶液中形成 NH_4OH,与土壤胶体发生阳离子交换作用而被吸附。在酸性土壤上,氨水可以中和土壤酸度,在中性及石灰性土壤中,最初可以增加土壤碱度,但随着硝化细菌对铵的硝化,碱度又有所下降,对作物生长影响不大。

据全国化肥试验网结果,氨水施用得法,对水稻的肥效与硫铵相当,在酸性土壤上甚至超过硫铵,对玉米、棉花、油菜的肥效略次于硫铵。

有效施用氨水的关键在于防止 NH_3 的挥发。因 NH_3 的挥发不仅损失氮素,而且灼伤作物,所以在施用技术上必须做到深施覆土,以促使土壤对 NH_3 的吸附,或加水稀释,以防止浓度过高,同时要避免接触茎叶与根系,以免灼伤作物。

氨水可做基肥和追肥,不宜做种肥。作基肥时,应在播种前或移栽前 5 ~ 7d 用氨水施用器施入 10cm 左右深的土层中,及时翻耕覆土,这样既可保氮,又能杀死一部分地下害虫。水田作追肥时,氨水可随灌溉水施用,但必须先将田面水排干,并掌握用量和施用时间与技术。一般以每公顷施 225 ~ 300kg(折合纯氮 37.5 ~ 60kg)为宜。追施时最好在离进水口约 3 ~ 5cm 处用胶管将氨水导入灌水沟底,使氨水在进田前与灌溉水混匀。旱地或水田作追肥时氨水也可兑水泼浇,但必须注意安全使用浓度,含 NH_3 量 18% 的氨水兑水 100 倍左右为宜。也可用背负式或轻便两用式氨水施肥器,将氨水注入土中,但施肥点必须距作物茎叶与根系 3 ~ 6cm,以免灼苗、烧根。氨水最好施在中性和酸性重质土壤与含水量多的土壤上。施用氨水的时间,以早晚、阴凉天气或气温较低时为宜。

(3)碳酸氢铵[NH_4HCO_3,含 N 16.5% ~ 17.5%]

NH_4HCO_3 施入土壤后,一部分分解产生 NH_3,呈分子态被土壤吸附,其余的大部分通过解离生成 NH_4^+ 和 HCO_3^-。其中 NH_4^+ 能被作物吸收和土壤吸附,残存的 HCO_3^- 在土壤中不仅没有危害，还能为作物提供碳源，所以 NH_4HCO_3 对土壤没有副作用。NH_4HCO_3 施入土壤后，在较短时间内有增加土壤碱度的趋势，但当 NH_4^+—N 被硝化后，土壤的碱度就逐步下降，所以它适于各种作物和各类土壤。

NH_4HCO_3 可做基肥和追肥，但不能做种肥，因为 NH_4HCO_3 分解时所产生的 NH_3 影响种子萌发。如需用做种肥时，必须严格遵守肥料与种子隔开的原则，而且用量不超过每公顷施 75kg；做追肥时还应注意其可能有熏伤作物茎叶的问题。NH_4HCO_3 的施用最主要的一项措施是深施并立即覆土。

NH_4HCO_3 的具体施用方法：用做基肥时无论是在旱田或水田均可结合耕翻施用，边撒边翻，耕翻必须及时。水田耕翻后应及时灌水泡田。垄作地上，可结合作垄把肥料施入犁沟内立即覆土。用做追肥时旱地可在作物根旁 6~10cm 沟施、穴施，施用后立即覆土。砂土地适当深施。如土壤墒情不足，应及时灌溉以提高肥效，水田追施 NH_4HCO_3 可拌少量干土撒施，撒后耘耥并保持一定的水层，以免氨气熏伤茎叶。如 NH_4HCO_3 施用前制成粒肥或球肥，在追施时间上应适当提前，一般稻田提前 4~5d，旱作提前 6~10d 为宜。

NH_4HCO_3 挥发性很强，应防高温、防潮湿，不与碱性肥料混用。贮存、运输过程中应保证包装无损。施用时，用一袋开一袋，切不可散袋堆放。

(4) 硫酸铵 [$(NH_4)_2SO_4$，含 N20%~21%]

$(NH_4)_2SO_4$ 除含 N 外，还含有 25.6% 的 S，也是一种重要的硫肥。在长期施用不含高浓度硫化肥的国家，土壤缺硫日益普遍，使这些国家把 $(NH_4)_2SO_4$ 作为补充土壤硫素的重要来源。

$(NH_4)_2SO_4$ 施入土壤后，解离为 NH_4^+ 和 SO_4^{2-}。NH_4^+ 能被土壤胶体所吸附或被作物与微生物吸收，剩下的 SO_4^{2-} 只有少量可作为作物的硫源或在微生物作用下转化为硫化物，而大部分则与土壤胶体上的阳离子和植物根系呼吸作用所产生的 H^+ 结合，形成新的化合物。$(NH_4)_2SO_4$ 在土壤中的转化因土壤类型而异。在酸性土壤中，NH_4^+ 与土壤胶体上的阳离子发生交换作用，能形成交换性酸；NH_4^+ 在通气条件下，还能被硝化微生物作用生成生物酸，NH_4^+ 被作物吸收后能产生生理酸；此外，$(NH_4)_2SO_4$ 本身含有一定的游离酸，因此在盐基饱和度低而有机质含量少的酸性土壤上，不宜长期大量施用，否则会使土壤酸化。同时，土壤中的 Ca^{2+}、Mg^{2+} 被交换到溶液中，也易淋失。水田施用 $(NH_4)_2SO_4$ 时，当 SO_4^{2-} 处于还原条件下，会形成 H_2S，易使水稻根系变黑受害，$(NH_4)_2SO_4$ 在酸性土壤中的转化反应如下：

$$[土壤胶体]2H + (NH_4)_2SO_4 \rightarrow [土壤胶体]2NH_4 + H_2SO_4$$

$$(NH_4)_2SO_4 + 4O_2 \rightarrow 2HNO_3 + H_2SO_4 + 2H_2O$$

$$H_2SO_4 \rightarrow H_2S + 2O_2$$

因此在酸性土壤上施用 $(NH_4)_2SO_4$ 时，最好施在盐基饱和度较大、缓冲性能较强、质地黏重的旱地土壤上，并配合施用有机肥料与石灰，以提高土壤的缓冲能力，中和土壤酸性和补充土壤中的钙含量。

在中性及石灰性土壤中，$(NH_4)_2SO_4$ 会使土壤中交换性 Ca 以钙盐的形态淋失，其反应如下：

$$[土壤胶体]Ca + (NH_4)_2SO_4 \rightarrow [土壤胶体]2NH_4 + CaSO_4$$

$$(NH_4)_2SO_4 + 4O_2 \rightarrow 2HNO_3 + H_2SO_4 + 2H_2O$$

$$[土壤胶体]Ca + 2HNO_3 \rightarrow [土壤胶体]2H + Ca(NO_3)_2$$

$(NH_4)_2SO_4$不宜表施在$CaCO_3$含量$>100g/kg$的钙质土壤上，因为$(NH_4)_2SO_4$与$CaCO_3$作用，产生$CaSO_4$和游离NH_3，其反应如下：

$$CaCO_3 + (NH_4)_2SO_4 \rightarrow CaSO_4 + 2NH_3\uparrow + CO_2\uparrow + H_2O$$

在盐基饱和度较大、缓冲性能较高的土壤中，$(NH_4)_2SO_4$所产生的酸不会积累在土壤中，而是首先与土壤溶液中的重碳酸盐中和，然后交换出土壤胶体上的盐基，其反应如下：

$$H_2SO_4 + Ca(HCO_3)_2 \rightarrow CaSO_4 + 2H_2CO_3$$

$$2HNO_3 + Ca(HCO_3)_2 \rightarrow Ca(NO_3)_2 + 2H_2CO_3$$

$$[土壤胶体]Ca + 2HNO_3 \rightarrow [土壤胶体]2H + Ca(NO_3)_2$$

所形成的HNO_3及其盐类，解离为NO_3^-后同样可被作物吸收利用，当然也可能流失。可见，$(NH_4)_2SO_4$对土壤酸化与钙淋失程度因土壤而异，所以，必须注意因土合理施用。

$(NH_4)_2SO_4$可做基肥、追肥，也可作种肥。由于$(NH_4)_2SO_4$施入土壤中后的下移深度在当季不超过$20\sim30cm$，加上NH_3易于挥发，因此作基肥时应深施覆土。作水田追肥应结合中耕，施后应保持一定水层，不应急于排水。作旱作追肥时施用方法视土壤含水量而定，土壤含水量高时宜干施覆土，含水量低时宜兑水$50\sim100$倍泼施。追肥不宜在露水未干或雨天施用。作种肥时应注意用量和方法，而且肥料和种子都应是干的，用量依播种而定，一般以$22.5\sim75kg/hm^2$为宜，最好与腐熟有机肥料拌匀施用。亦可用$(NH_4)_2SO_4$与腐熟有机肥料或肥土加水调成糊状沾秧根。在酸性土壤上施用$(NH_4)_2SO_4$应配合施用有机肥料和石灰，但切忌与石灰混用。在砂性土壤上$(NH_4)_2SO_4$应少量多次施用。$(NH_4)_2SO_4$适用于各种作物，最宜于施在葱、蒜、麻、马铃薯、油菜等喜硫、忌氯作物上。$(NH_4)_2SO_4$可与普钙、磷矿粉混合施用，但与普钙混施时，最好是施前混合，若放置过久，易引起结块、硬化。

(5)氯化铵[NH_4Cl，含$N24\%\sim25\%$]

NH_4Cl施入土壤中解离为NH_4^+和Cl^-。NH_4^+能被作物吸收和土壤吸附，当NH_4^+与土壤胶体上的H^+进行交换反应时，残留的Cl^-即与被交换出来的H^+结合，使土壤酸化。故NH_4Cl也是一种生理酸性氮肥。NH_4Cl与$(NH_4)_2SO_4$相比，副成分Cl^-较SO_4^{2-}有更高的活性，能使土壤中两价、三价盐基形成可溶物，增加土壤中盐基的移动性和随水下渗，也可增加土壤溶液的浓度，因而NH_4Cl不宜作种肥。土壤微生物对Cl^-的需要量很少，Cl^-本身在土壤中不发生生物化学反应，故在水田施用常比$(NH_4)_2SO_4$更安全，肥效较高，可连续施用。Cl^-对硝化作用有一定抑制，故NH_4Cl的硝化速率在硝化条件较好的土壤上，比其他氮肥要慢$20\%\sim30\%$。

NH_4Cl施入土壤后，与土壤的相互作用类似$(NH_4)_2SO_4$。但生成的氯化物或HCl，对土壤盐基淋溶和土壤酸化的影响都比$(NH_4)_2SO_4$大，在酸性土壤上也应配施石灰(但不能同时混施，以免引起NH_3的挥发损失)。

NH_4Cl中含$Cl^-66.3\%$，带入土壤中的Cl^-是作物必需的一种营养元素，但若过量，对作物将有一定影响。按不同作物对Cl^-的忍耐程度，可将作物分成对Cl^-敏感的作物(忌氯作物)，不敏感作物和需Cl^-较多的作物(喜氯作物)。如烟草、葡萄、浆果等及薯类作物，一般对Cl^-敏感。Cl^-对烟草品质有较大影响，Cl^-的过多吸入将明显影响烟叶烤制的色泽、质量，使烟叶易于吸湿并燃烧不完全，易熄灭，烟灰呈黑色。

Cl^- 对浆果和薯类作物的影响，主要表现在对可溶性糖和淀粉的积累上，过多的 Cl^- 会降低糖度和薯类的淀粉含量。另一些作物，如甜菜、椰子和油棕需要的 Cl^- 较多，这可能由于甜菜是喜钠作物，椰子喜用食盐（定植时须施入食盐）有关。

多数大田作物，如水稻、棉花、麦类对 Cl^- 都有较好的忍受力，一般施用量下不致产生影响。

NH_4Cl 宜作基肥，也可作追肥，但不宜作种肥。在旱地和水田均能施用，但以水田效果更好；作旱地基肥应提早深施，以便使 Cl^- 淋溶到根系以下的土层中去。NH_4Cl 最好不施在排水不良的低洼地、盐碱地和干旱少雨地区。NH_4Cl 的生理酸性比 $(NH_4)_2SO_4$ 强，宜与有机肥料、石灰、钙镁磷肥、磷矿粉或不含 Cl^- 的钾肥配合施用。由于 NH_4Cl 中含有大量的 Cl^-，故不宜施在甘薯、马铃薯、甘蔗、西瓜、葡萄、柑橘及烟草等"忌氯作物"上，否则影响品质。要注意不在同一田块上连续大量施用 NH_4Cl。

8.1.3.2 硝态氮肥

硝态氮肥（NO_3^-—N）包括 $NaNO_3$、$Ca(NO_3)_2$、NH_4NO_3、KNO_3 等。这些肥料中氮素是以硝酸根（NO_3^-）形式存在。NH_4NO_3 兼有铵态氮和硝态氮，但它的性质更接近硝态氮肥，所以常把它归为硝态氮肥之中。

硝态氮肥施入土壤后，不被土壤胶体吸附或固定，与铵态氮肥相比较，移动性大，容易淋溶损失，肥效较为迅速；能被土壤微生物还原成为氨（硝酸还原作用）或反硝化作用成气态氮；本身无毒，过量吸收无害；主动吸收，促进植物吸收钙、镁、钾等阳离子。

目前，我国主要施用的硝态氮肥为硝酸铵，占农用氮肥的 8% 左右，超过硫酸铵和氯化铵的用量。

（1）硝酸铵[NH_4NO_3，含 N 33%~35%]

NH_4NO_3 施入土壤后，能很快解离为 NO_3^- 和 NH_4^+。由于 NO_3^- 和 NH_4^+ 均能被作物吸收，所以又称之为生理中性肥料或无副成分肥料。NO_3^- 不能被土壤胶体吸附，易随水流失。如施入稻田，当 NO_3^- 渗漏到还原层时，还会发生反硝化脱氮作用，所以水田施用 NH_4NO_3 的肥效只相当于 $(NH_4)_2SO_4$ 的 57%~70%。它还具有铵态氮的特点，表施在石灰性土壤上，也会导致氨的挥发和 Ca^{2+}、Mg^{2+} 等的流失。当 NH_4^+ 硝化后，会暂时增加土壤酸性，但其酸性比施 $(NH_4)_2SO_4$ 和 NH_4Cl 时小。

NH_4NO_3 宜作追肥，不可作种肥，在湿润地区和水稻田不宜作基肥。作追肥时应少量多次并深施至 10cm 左右为宜。兑水后用作棉花或蔬菜提苗肥时，要防止浓度过高，其浓度以不超过 0.5% 为宜。大豆苗期施高浓度的 NH_4NO_3 会强烈抑制根瘤的着生与发育，对共生固氮不利，且经济效益低。NH_4NO_3 适宜施在旱地，不宜施在水田。在旱季或干旱地区应深施，否则 NO_3^- 随毛管水蒸发而积累到地表，在雨季或多雨地区应浅施，以免 NO_3^- 淋失到根系活动层以下，不利于作物吸收利用。NH_4NO_3 适用于一切作物，但最好施在烟草等经济作物上。

（2）硝酸钠[$NaNO_3$，含 N 15%~16%]

白色结晶，易溶于水，是速效性氮肥，吸湿性很强，在雨季很容易潮解，应注意防潮，一般可安排在雨季前施用。

NaNO₃是生理碱性肥料，作物吸收 NO_3^- 后，Na^+ 就残留在土壤中，可与土壤胶体上的各种阳离子进行交换，成为代换性 Na，增加土壤碱性。因此，对盐碱地不宜施用。NaNO₃适用于中性和酸性土壤。据试验，在酸性土壤上的效果比生理酸性肥料如 $(NH_4)_2SO_4$ 等要好。如把 NaNO₃ 施于糖用甜菜、菠菜和萝卜等喜钠作物时，肥效更好。

为了减少 Na^+ 对土壤性质的不良影响，应注意配合施用钙质肥料和有机肥料。NaNO₃做追肥应掌握少量多次的原则。

(3) 硝酸钙[$Ca(NO_3)_2$，含 N 13%~15%]

用石灰中和硝酸 HNO₃ 就可得 $Ca(NO_3)_2$。生产硝酸磷肥的过程中，也可获得 $Ca(NO_3)_2$ 副产物，大约每生产 1t 氮素的硝酸磷肥，可得到 0.5~1t 氮素的四水硝酸钙[$Ca(NO_3)_2 \cdot 4H_2O$]。

$Ca(NO_3)_2$ 含氮量较低，吸湿性很强，易结块，施入土壤后，在土壤中移动性强。$Ca(NO_3)_2$ 虽是生理碱性肥料，但由于它含的是 Ca^{2+}，有改善土壤物理性质的作用，适用于各种土壤，尤其是在酸性土壤或盐碱土上均有良好的肥效。

$Ca(NO_3)_2$ 和其他硝态氮肥一样，适宜做追肥，不能做种肥。由于它易随水淋失，也不宜施于水稻田中。

8.1.3.3 酰胺态氮肥

酰胺态氮肥施入土壤之后，以分子形态存在，与土壤胶体形成氢键吸附后，在土壤中移动缓慢，淋溶损失少；经脲酶的水解作用产生铵盐；肥效比铵态氮和硝态氮迟缓，容易吸收，适宜叶面追肥；对钙、镁、钾等其他阳离子的吸收无明显影响。

常用的酰胺态氮肥只有尿素[$CO(NH_2)_2$]一种，含氮 46%，是目前含氮量最高的固体氮肥。尿素呈白色针状或柱状结晶，吸湿性很强，为了防止吸潮，农用尿素常制成圆形小颗粒，外涂一层疏水物质。尿素施入土壤后，发生以下反应：

$$CO(NH_2)_2 + 2H_2O \xrightarrow{\text{脲酶}} (NH_4)_2CO_3 = 2NH_3 + CO_2 + H_2O$$

可见，尿素在土壤中水解后产生 NH_4^+ 和 CO_3^{2-}，对土壤无副作用。NH_4^+ 性质同施入的铵盐肥料一样，容易挥发、硝化等。所以尿素施用类似铵态氮肥，可做基肥和追肥，但它含有缩二脲，对幼根生长和种子萌发具有抑制作用，故不宜做种肥。

此外，尿素适宜做叶面追肥，其原因是：①尿素为中性有机分子，电离度小，不易引起质壁分离，对茎叶损伤小；②分子体积小，容易吸收；③吸湿性强，可使叶面较长时间地保持湿润，吸收量大；④尿素进入细胞后立即参与代谢，肥效快，用做叶面追肥时，可在早晚进行，以延长湿润时间，主要作物适宜浓度见表 8-4。

尿素不仅是一种高浓度的氮肥，而且被广泛用作饲料的含氮添加剂(对牛、鸡等)；某些

表 8-4 尿素叶面施用的适宜浓度　　　　　　　　　　　　　　　　　　　　%

作　物	浓度	作　物	浓度
稻、麦、禾本科植物	2.0	西瓜、茄子、薯类、花生、柑橘	0.4~0.8
黄瓜	1.0~1.5	桑、茶、苹果、梨、葡萄	0.5
萝卜、白菜、甘蓝	1.0	柿子、番茄、草莓、黄瓜	0.2~0.3

海产植物(海带、紫菜等)、食用菌(香菇、蘑菇等)和发酵微生物(如生产味精等)也将尿素作为一种重要氮源。

8.1.3.4 长效氮肥

常用的氮肥品种系速效肥料,施入土壤后释放快,作物一时不能完全吸收利用,常以不同的途径造成氮的损失。为了防止损失,提高氮肥利用率,自20世纪40年代以来,世界各国进行了以氮肥为主要研究对象的长效新型氮肥的研究。目前研制成的长效氮肥有合成有机氮肥(如脲甲醛、脲乙醛等)、包膜肥料(如硫衣尿素、缓效无机氮肥、长效碳铵)等。它们的共同特点是:①在水中溶解度小,肥料中的氮在土壤中释放慢,从而可减少氮的挥发、淋失、固定以及反硝化脱氮而引起的损失;②肥效稳长,能源源不断地在作物整个生育期供给养分;③适用于砂质土壤和多雨地区以及多年生植物;④一次大量施用不至于引起烧苗;⑤有后效,是贮备肥料,能节省劳力,提高劳动生产率。

(1) 合成有机长效氮肥

①尿素甲醛(代号 UF)　尿素甲醛又称脲甲醛或甲醛尿素。它是国外应用最早和普遍使用的一种长效氮肥。现已广泛应用于草地、观赏植物及果树上。

尿素甲醛的全氮含量为38%,其中水溶性氮只占10%,热水溶性氮和热水不溶性氮各占15%左右。为白色无味的粉状或粒状的固体产品。

尿素甲醛肥料做基肥可一次施入,由于它养分释放缓慢,对一年生作物的前期生长往往显得氮肥供应不足,还必须配合施用其他速效性氮肥。

尿素甲醛肥料施用在砂质土壤中有明显的后效。应用同位素 ^{15}N 所做的试验表明,砂土上施用尿素甲醛,在一年后仍有20%左右残留在土壤中。但在施用一般化学氮肥的处理,氮素已完全消失。以等氮量计算,尿素甲醛对当季作物的肥效不如硝酸铵、尿素和硫酸铵。

②脲异丁醛(代号 IBDU)　脲异丁醛是由二分子尿素和一分子异丁醛缩合而成的产物。异丁醛是生产2-乙基己醇的副产品,来源比较广泛,所以,脲异丁醛是一个有发展前途的长效氮肥品种。

脲异丁醛是白色粉状物,不吸水,在冷水中溶解度极低。但它在溶液中易被水解而产生尿素和异丁醛。溶液的温度愈高,pH值愈低,水解也愈快。

脲异丁醛适用于各种作物,一般作基肥用。它的利用率比尿素甲醛肥料高一倍,但施用这种肥料也有作物生长前期出现供氮不足的现象。应注意适当补施速效氮肥。在脲醛缩合物中,脲异丁醛是较好的水稻氮源,它的肥效较等氮量的速效性肥料高。

(2) 包膜肥料

包膜肥料是在速效氮肥的颗粒表面涂上一层惰性物质,以控制速效氮肥的溶解度和氮素的释放速率。经过包膜工艺加工后,速效氮肥就变为长效氮肥,目前采用的惰性物质有硫黄、石蜡、树脂、聚乙烯、沥青、油脂等。包膜肥料的品种有硫黄包被尿素、塑料膜包被 NH_4NO_3、沥青石蜡包被 NH_4HCO_3、钙镁磷肥包被 NH_4HCO_3 等。

①硫衣尿素(代号 SCU)　硫衣尿素是研究较多的一种包膜肥料。美、英、日等国都已有商品出售。在普通尿素颗粒表面涂上硫黄,再用石蜡等物质使之封闭,封闭物在土壤中受到微生物的作用,尿素能通过硫衣上的孔隙扩散出来。硫衣尿素中氮素的释放在温暖的条件下

速度快，低温干旱条件下则慢。

②沥青石蜡包被 NH_4HCO_3　这是我国辽宁省盘锦农科所制造的一种长效氮肥。根据施用方式不同，这种包膜氮肥有大小两种粒度。大粒重约 3~5g，包膜质量占 6% 左右，可做追肥施用；小粒重 1.5g，包膜质量占 10% 左右，可做基肥施用。试验证明，包膜肥料施用后 10~12d 见效，肥效能持续 50~60d，氮素的利用率可提高到 75%。水稻每公顷施 300~375kg，每二穴间追施大粒包膜肥料 1 粒，一般能增产 15%~20%，最高可达 30%；玉米、高粱每株追施一粒，平均增产 6%~18%。

③钙镁磷肥包被 NH_4HCO_3　这是中国科学院南京土壤研究所制成的一种能显著抑制 NH_3 挥发和控制氮素释放速率的包膜肥料。在 NH_4HCO_3 粒肥表面包上一层钙镁磷肥，并用少量沥青、石蜡等作封闭物。这种包膜肥料含氮量为 14%~15%，含磷约 3%~5%，其中 80% 属有效磷。它在水稻上只需施用一次即可。从某些地区的试验结果看，既能节省劳力又能获得增产，效果显著，但对早熟作物品种效果较差。

目前，长效氮肥在我国仍处于试验研究阶段。影响长效氮肥开发利用的主要限制因素是生产成本较高以及长效氮肥养分释放难以与作物需肥规律同步。

8.1.4　氮肥的合理分配和施用

8.1.4.1　氮肥的合理分配

（1）根据土壤条件

土壤条件既是进行肥料区划和分配的必要条件，也是确定氮肥品种及其施用技术和施用量的依据。由于土壤类型不同，肥力等级也有差别，所以，为了发挥单位肥料的最大增产效果和最高经济效益，首先必须将氮肥重点分配在中、低等肥力土壤上。氨水、NH_4HCO_3 和 $Ca(NO_3)_2$ 宜施在酸性土壤上。$(NH_4)_2SO_4$、NH_4Cl 宜分配在中性及碱性土壤上，并注意深施覆土。在盐碱土上不宜分配 NH_4Cl。尿素适宜于一切土壤。铵态氮肥宜分配在水稻产区，并深施在还原层中。硝态氮肥宜施在旱地上，不宜分配在雨量偏多的地区或水稻产区，也不宜在多雨季节施用，既要前期提苗早发，又要防止后期氮肥过多，造成植株贪青倒伏。在质地黏重的土壤上氮肥可一次多施，在砂质土壤上宜"少量多次"。

（2）根据作物氮素营养特性

由于各种作物对氮素的需要和氮肥形态的选择不同，即使是同一作物，由于品种不同，其耐肥能力和各个生育期的施氮效果也不一样，所以，必须根据不同作物的营养特性合理分配和施用氮肥。如棉花、油菜、叶菜类、茶、果树等需氮量较多，水稻、小麦、玉米次之，而豆科作物由于能利用空气中的游离氮，对氮肥的需要就没有上述作物那么迫切，因此应将氮肥重点分配在经济作物和粮食作物上，而豆科作物则可酌情少施。水稻宜施用铵态氮肥，尤以 NH_4Cl 和氨水效果较好。马铃薯最好施用 $(NH_4)_2SO_4$。大麻喜硝态氮。对甜菜以 $NaNO_3$ 最好。对番茄在幼苗期以铵态氮较好，到结果期则以硝态氮效果较好。一般禾谷类作物施用铵态氮、硝态氮和酰胺态氮都同样有效。杂交稻、粳稻以及矮秆水稻品种的施氮量应高于常规稻、籼稻和高秆品种。在保证苗期营养的基础上，一般水稻重施分蘖肥、小麦重施拔节肥、玉米重施穗肥、棉花重施花铃肥、油菜重施薹肥，这些都是经济有效地施用氮肥的措施，不仅能提高氮肥利用率，而且还能获得显著的增产效果与经济效益。

(3) 根据各种氮肥特性

不同氮肥的酸碱性、挥发性、移动性、对作物的有效性和在土壤中存留的时间都不一样，因此，必须根据各种氮肥的特性合理分配和施用。铵态氮肥表施时易挥发，宜作基肥深施覆土。硝态氮肥移动性强，不宜作基肥，更不宜施在水田。碱性及生理碱性氮肥宜施在红、黄壤等酸性土壤上，可降低土壤酸度。酸性或生理酸性氮肥，宜施在石灰性土壤及碱性土壤上，可以改善土壤性质。NH_4Cl 不宜施在忌氯作物上。$Ca(NO_3)_2$ 宜施在喜钙作物上。$(NH_4)_2SO_4$ 宜施在喜硫作物上。尿素适用于所有作物，最适宜作根外追肥。长效氮肥抗淋失能力强，在土壤中的保留时间及后效较长，肥效发挥较缓慢，因此，可作基肥早施，宜施在多年生作物上，对一年生作物则必须配合施用速效氮肥作种肥或追肥，以满足作物生育早期对氮的需要。

8.1.4.2 氮肥用量

掌握适宜氮肥用量是合理施用氮肥的重要环节，最佳产量所需的氮肥用量在很大程度上取决于作物种类、土壤肥力、气候条件和农业技术等。确定某一作物的氮肥适宜施用量主要应根据多地点多年的田间试验。在目前的生产条件下，水稻、小麦、玉米每公顷施氮(N) 110kg 左右时经济效益最高，相当于每公顷施尿素 225kg。高产地区和耐肥品种，氮肥用量可适当增加，但每公顷以施尿素不超过 380kg 为好。棉花以每公顷施氮(N)140kg 左右，油菜以每公顷施氮(N)90kg 左右，大豆以每公顷施氮(N)35kg 左右时经济效益最高。

此外，目前有采用推算法确定氮肥用量，其估算公式如下：

$$N_f = \frac{N_p - N_s}{E_f}$$

式中 N_f——获一定产量水平的氮肥用量，以纯氮计；

N_p——为达到一定目标产量时作物的需氮量，即目标产量乘以每生产单位籽粒的需氮量；

N_s——该作物生长期间土壤中供给的有效氮量；

E_f——氮肥的氮素利用率。

根据这一公式，可估计氮肥用量。由于各项参数都有较大变幅，因此估算结果较为粗放。如果针对具体条件，通过田间试验进行简单测定所积累的各项参数数据，将有助于提高估计的准确性。

其中：N_p 可根据田间试验中收获期地上部分积累氮量除以实际的籽粒产量而算得。N_s，土壤供氮量有时也称之为土壤自然供氮量。它是由田间试验中成熟期无氮区作物地上部分积累氮量来计算的，主要包括两个部分：①播种时土壤中已存在的矿质态氮量(N_o)可具体测出；②作物生长期间土壤的矿化氮量(N_t)。N_t(mg/kg)可按下式计算：

$$N_t = N_o(1 - e^{-Kt})$$

式中 K——常数；

t——时间(d)。

E_f 采用当地测出的不同氮肥品种的利用率数值。必须注意只能采用田间试验中用差值法测得的氮肥利用率，它可以直接用无氮区作物吸收氮量作为土壤供氮量计算。

8.1.4.3 氮肥深施

氮肥深施能增强土壤对 NH_4^+ 的吸附作用，可以减少氨的直接挥发、随水流失以及反硝化脱氮损失。在稻田中，氮肥深施能减少无固氮能力的藻类在田面滋生并能诱使稻根深扎，增强其根系活力，扩大根系营养面积，提高氮肥回收率。用 ^{15}N 所作的试验证明，氮肥表施的利用率只有 24%～53%，而制成粒肥深施，其利用率可达 50%～80%。氮肥深施还具有前效缓、中效稳、后效长的供肥特点，其肥效可长达 60～80d，能保证作物后期有较好的营养条件。但深层施肥见效较慢，一般比表施要迟 3～5d，故应根据作物的需肥规律、生育特性来掌握深施的时间与深度。一般氮肥深施的时间以早为宜，就水稻而言，分蘖肥在插秧后 5～7d，穗肥在抽穗前 35～40d 深施为宜，过早则无效蘖增多，成穗率低；过迟，不仅起不到扶蘖、壮胎、攻穗的作用，还会使水稻后期贪青，增加发病率，影响产量。氮肥深施的深度以作物根系集中分布的范围为宜，就水稻而言，以 10cm 深为宜，因铵态氮肥深施至 10cm 左右后只有极少量的 NH_4^+ 向上扩散到 10～5cm 土层与下渗至 10cm 以下土层，表明 NH_4^+ 在土层中具有中层最多、下层次之、上层最少的分布规律与前效缓、中效稳、后效长的供肥特点，从而保证了水稻的早发、稳长和后健。同时还必须掌握早稻稍浅、晚稻略深；早熟品种宜浅、晚熟品种宜深；砂质土宜浅、黏质土宜深等原则，使氮肥深施发挥最优效果。

8.1.4.4 氮肥与有机肥，磷、钾肥配合施用

由于我国土壤普遍缺氮，因此氮肥几乎在所有的土壤上对所有的作物都有一定的增产效果。但是如果连续多年单施氮肥，会使土壤某些营养元素失调，这时即使不断增加氮肥用量，产量亦难以提高，因为作物生长发育需要多种必需营养元素协调供应。氮肥与有机肥料，磷、钾肥配合施用，既可满足作物对养分的全面需求，又能培肥土壤，使之供肥平稳。据中国农业科学院土壤肥料研究所用 ^{15}N 所作的试验，在缺磷的土壤上，小麦单施氮肥当季利用率为 35.3%，配合施用磷肥后，利用率可达 52%。因此在缺磷的土壤上氮肥与磷肥及有机肥配合施用，是使这类土壤由低产变高产的重要措施。在缺钾的土壤上，氮肥与钾肥配合施用，也能显著提高作物产量。

8.1.4.5 氮肥增效剂的应用

氮肥增效剂又叫硝化抑制剂，当它和铵态氮肥混合施用时，有效地抑制氮的硝化；增加了铵态氮肥的保存时间，因而减少硝酸盐的流失和反硝化脱氮。

我国自 1969 年以来就开展了增效剂的研究工作，国内曾推广和试验的增效剂有：2-氯-6(三氯甲基)吡啶(代号为 CP)，2-氨基-4-氯-6-甲基吡啶(代号 AM)，胱基硫脲(ASU)，4-氨基-1，2，4 三唑盐酸盐(ATC)等。

氮肥增效剂的效果，因施用情况不同而有较大的差别，用在水浇地上，对粮食作物多数表现增产，平均约增产 10%，少数平产或减产；对蔬菜作物的肥效不稳定；对豆科作物多数表现减产。从土壤看，在水田上施用，肥效优于旱地；旱地上有时还会出现残留药害。因此，在推广上应考虑到对后季作物的影响。据试验，这些增效剂抑制硝化作用的效能一般持续 30～45d 左右，增效剂的用量约为氮肥有效成分的 1%～2%，用量过大对作物生长有不利的影响。

氮肥增效剂对人的皮肤有刺激作用，使用时要避免与皮肤接触并防止吸入口腔和肺部。

8.2 磷 肥

与氮相同，磷是植物生长发育不可缺少的营养元素之一。许多土壤磷素供应不足，因此定向地调节土壤磷素状况和合理施用磷肥是提高土壤肥力，实现作物高产优质的重要途径之一。

8.2.1 植物的磷素营养

8.2.1.1 植物体内磷的含量和分布

植物体内磷（P_2O_5）的含量，一般为其干物质重的0.2%~1.1%。大部分以有机态磷如核酸、核蛋白、磷脂和植素等形式存在，占全磷量的85%左右；其余是无机态磷，占15%左右，主要以钙、镁、钾的磷酸盐形式存在。在植物体内无机磷占全磷的比例较小，但从含量的变化上能反映出作物磷素营养的状况。作物缺磷时，组织中无机磷含量明显下降，而对有机磷影响较小。由于作物体内无机磷含量的变化与供磷水平有密切关系，因此可通过测定作物某一部位（如叶片）中无机磷的含量来诊断其磷素营养的丰缺状况。

作物体内含磷量的一般规律是：油料作物高于豆科作物；豆科作物高于禾本科作物；生育前期高于生育后期；幼嫩器官高于衰老器官；繁殖器官高于营养器官。此外，作物体内含磷量还与环境条件、土壤供磷状况有关。低温干旱时，作物体内含磷量低；磷素供应充足的植株高于生长在缺磷环境中的植株。

在不同的生育期内，一般而言，磷比较集中分布在含核蛋白较多的幼芽和根系等生长点，并向生长发育旺盛的幼嫩组织中运转，表现出明显的顶端优势。磷的再利用能力比其他元素高，可达80%以上。

8.2.1.2 磷素的生理作用

植物体内有许多重要的有机磷化合物和无机磷酸离子。它们不仅是很多器官的组成成分，而且参与许多重要的生命代谢活动。

(1) 磷是植物体内重要有机化合物的组成元素

①核酸和蛋白质　核酸（如脱氧核糖核酸DNA，核糖核酸RNA）是由磷酸、戊糖、含氮的杂环碱组成的高分子化合物。核蛋白是由核酸与蛋白质结合而成，它们都是有机含磷化合物，在作物的生命活动，繁殖与遗传变异中具有重要作用。缺磷时，核酸、核蛋白的形成受到影响，细胞分裂与繁殖受到抑制，新器官不能形成，作物生长发育明显停滞。如水稻缺磷时生长缓慢，分蘖延迟或不分蘖，植株矮小似"一柱香"，而正常磷素营养，不仅能加速细胞分裂与繁殖，促进作物根系伸展和地上部分的生长发育，且能保证优良品种的遗传特性，防止种子退化。通过调节磷素营养，还可诱导培育优良品种。在作物生长早期，充足的磷素营养具有重要作用，并且作物前期缺磷造成的损失，即使在后期施用大量磷肥也不能补偿。因此，早施磷肥，如用磷肥作种肥和基肥是合理施用磷肥，提高磷肥经济效益的一项有效措施。

②磷脂　作物体内含有很多种磷脂，如磷酸酯、二磷脂酰甘油、磷脂酰胆碱（卵磷脂）、磷脂酰乙醇胺（脑磷脂）等。这些物质既是原生质不可缺少的成分，又能与糖脂、胆固醇，蛋白质及糖类一起构成生物膜。生物膜是保证和调节细胞与外界进行物质交流、能量交流以及信息交流的门户与通道。它对营养物质的吸收具有选择性，从而起到调节生命活动的作用。磷脂能增加原生质细胞的缓冲性，增强细胞对外界温度变化的适应性。因此，供给充足的磷素营养，就能促进生物膜的形成和新陈代谢的正常进行，从而增强作物对环境变化的抗逆能力。

③植素　植素是环己六醇磷酸酯的钙镁盐或六磷酸酯．它是磷的一种贮藏形态，大量积累在种子中。当种子萌发时，植素在植素酶的作用下水解，生成游离磷酸，用于形成ATP和种子发芽与幼苗生长。正在生长的植株中几乎没有植素，只有在作物开花以后，植素才能在繁殖器官中迅速形成和积累，这对淀粉的生物合成是有利的。因为当葡萄糖－1－磷酸酯转化成淀粉时，要释放磷酸才能完成合成反应。如果组织中有多量的游离磷酸存在，则会抑制这一反应进行，影响淀粉的生物合成。而作物在生育后期淀粉大量积累时，植素的生成使无机磷酸量相应减少，就有利于淀粉合成反应的进行。

因此在作物开花后进行根外追施磷肥，有利于淀粉积累，使作物籽粒饱满．留种地施足磷肥，能促进种子中积累更多的植素，有利于种子萌发和幼苗生长，提高种子质量。

④高能磷酸化合物　作物体内含有多种高能磷酸化合物，常见的有三磷酸腺苷（ATP），鸟苷三磷酸（GTP），尿苷三磷酸（VTP）和胞苷三磷酸（CTP）等，它们在作物新陈代谢过程中起着重要作用，尤其是ATP在能量转换中起"中转站"的效能。如当光合作用中有多余的能量时，通过ATP贮存起来，它水解可释放大量能量，满足作物生长、运动、物质合成、养分吸收及转运等生命活动对能量的需求。

⑤其他含磷的有机化合物　磷还存在于许多酶中，最常见的是脱氢酶—辅酶Ⅰ（NAD）与辅酶Ⅱ（NADP）、转酰酶—辅酶A（CoA—HS）、黄酶—黄素腺嘌呤二核苷酸（FAD）、脱氢酶—焦磷酸硫胺素（TPP）、转氨酶—磷酸吡哆醛等，其辅基中均含有磷。这些酶均有特殊的催化能力，对调节作物体内的生物化学过程有重要作用。因此，适量的磷素营养，有利于作物体内各种代谢作用的顺利进行。

(2) 磷能促进蛋白质的形成

磷是植物体内氮素代谢过程中一些酶的组成成分，如转氨酶的辅酶—磷酸吡哆醛中就含有磷。转氨酶能促进氨基化作用、脱氨基作用和氨基转移作用等的进行。同时，磷能加强有氧呼吸作用中糖类的转化，有利于产生各种氨基酸（如α-酮戊二酸、草酰乙酸）和ATP的形成。前者可以作为氨的受体形成氨基酸，而后者则为氨基酸和蛋白质的生物合成提供能源。

磷还有利于植物体内硝态氮的转化和利用。NO_3^-被作物吸收后必须还原成氨后才能进入氮代谢合成氨基酸。而NO_3^-还原成氨是在硝酸还原酶及多种金属离子的作用下先还原成亚硝酸，然后再还原成氨，磷是硝酸还原酶的组成部分，磷供应不足时，NO_3^-还原受阻，影响蛋白质的形成。因此增加磷素营养，能促进作物对NO_3^-的吸收以及氮素代谢，提高作物体内蛋白质的含量。

(3) 磷能促进碳水化合物的合成

作物体内碳水化合物本身虽不含磷，但它们的合成，分解，相互转化和转运都需要有磷酸参加。在光合作用中，磷酸首先参与光合磷酸化，将太阳能转化成化学能，形成贮有高能量的腺三磷（ATP），同时磷酸参与光合作用中 CO_2 的固定并合成光合作用最初的产物——糖。一些简单的碳水化合物在作物体内运输和进一步合成蔗糖、淀粉以及纤维素等，都需要磷酸参加。如果缺少磷，这一系列转化和合成作用就会受到抑制，甚至无法进行。因此，施足磷肥有利于作物体内干物质的积累，能使禾谷类作物籽粒饱满，使块根、块茎作物积累更多淀粉，也有利于浆果、干果和甜菜中糖分的积累，能明显提高作物的产量和品质，增强糖用作物和淀粉作物产品的适口性。

作物缺磷时，作物体内糖的运输受到影响，糖类的积累有利于花青素的形成，在作物的叶片和茎部呈现红色或暗紫色、紫色，尤以油菜、玉米和番茄更为明显。

(4) 磷能促进脂肪的代谢

脂肪是由甘油和脂肪酸形成的甘油三酯，甘油和脂肪酸是由糖转化而来的，而糖的合成以及糖转化为甘油和脂肪酸的过程都需要有磷参加。因此，油脂的合成受磷供应水平的影响。油料作物增施磷，对提高产量和籽粒的含油量均有明显的效果。

(5) 磷能提高作物的抗逆能力

磷能提高作物的抗旱能力。因为磷能提高细胞中原生质胶体的水合程度和细胞结构的充水度，提高原生质胶体保水的能力，减少细胞水分的损失。同时，磷能促进根系发育，使根能深入到较深的湿润土层中吸收水分，从而提高作物的抗旱能力。

磷能提高作物的抗寒能力。因为磷能提高作物体内可溶性糖和磷脂的含量，前者使细胞原生质冰点降低，后者能增强细胞对温度变化的适应性，从而增强作物的抗寒能力。越冬作物增施磷肥，可减轻冻害，有利于安全越冬。

磷能提高细胞内原生质的缓冲性，从而增强作物对外界酸碱变化的适应能力；因为作物体内的无机磷，在营养生长期主要以磷酸二氢根（$H_2PO_4^-$）和磷酸氢根（HPO_4^{2-}）的形式存在，它们构成缓冲系统，使细胞内原生质具有缓冲性。

当磷酸二氢钾遇碱能形成磷酸氢钾，减缓了变碱的程度；而磷酸氢二钾遇酸能形成磷酸二氢钾，能减缓变酸的程度，使原生质的 pH 值保持稳定，有利于细胞生命活动的正常进行。这一缓冲体系在 pH 值 6~8 时缓冲能力最强，因此在盐碱地上施用磷肥，可提高作物抗盐碱的能力。

综上所述，磷能促进作物生长发育与代谢，还能促进作物根系发达，加速花芽分化，缩短花芽分化时间，从而使作物的整个生育期缩短。因此，在施用氮肥的基础上，合理增施磷肥，有利于作物早熟、高产、优质。

8.2.1.3 植物对磷的吸收和同化

作物吸收的磷（包括无机磷和有机磷两大类）主要以无机磷为主。而在无机磷中，正磷酸盐是作物吸收的主要形式。另外，作物也能吸收偏磷酸盐和焦磷酸盐，并在体内很快被水解为正磷酸盐而被作物所利用。$H_2PO_4^-$ 最易被作物吸收，HPO_4^{2-} 次之，而 PO_4^{3-} 仅能存在于很强的碱性介质中，不适于作物的吸收。在有机磷化合物中，能被作物吸收利用的有己糖磷酸酯、蔗糖磷酸酯、甘油磷酸酯、核糖核酸和植素等。

植物根能从极稀的土壤溶液中吸收磷，通常根细胞及木质部汁液中的含磷量比土壤溶液高 100~1 000 倍，故磷的吸收是逆浓度梯度的主动吸收。

根系的根毛区存在有大量的根毛，具有较大的吸收面积，是吸收磷酸盐的主要区域，而且根毛区的木质部已经发育成熟，可以将所吸收的磷运往地上部，而对于根尖分生区与伸长区，因其木质部尚未发育完全，影响磷的吸收。

作物的种类及土壤条件等影响到作物对磷的吸收。豆科绿肥、油菜、荞麦等作物对磷的吸收能力最强，其次是一般豆科作物、越冬的禾本科作物，而水稻则较差。

影响磷素吸收的土壤因素有：pH 值、通气状况、温度、质地及土壤离子种类等，其中尤以 pH 值的影响最大。在酸性条件下，有利于 $H_2PO_4^-$ 的形成，当 pH 值升至 7.2 时，与 HPO_4^{2-} 的数量相等；当 pH 值继续升高时，HPO_4^{2-} 与 PO_4^{3-} 的数量将逐渐占优势。

土壤的通气状况和温度也会影响到作物的呼吸作用等代谢过程和能量的供应。在通气良好和温度适宜的条件下，有利于作物对磷的吸收。

磷在土壤中的扩散系数很小，而它在土壤中的移动方式主要靠扩散作用。对于吸附性较强的黏质土壤，其吸收范围只有 1mm 左右，而黏质土壤中的磷可以扩展到离根 4mm 以外的范围。

8.2.1.4 植物磷营养失调的症状及其丰缺指标

磷素营养失调时的症状较为复杂。从外形上来看，缺磷时，植株生长发育迟缓、矮小、瘦弱；在缺磷的初期，叶片较小，叶色呈暗绿或灰绿，缺乏光泽，这主要是由于细胞发育不良，导致叶绿素密度相对提高的缘故；植株缺磷时，由于花青素的生成，在一些作物，如玉米、大豆、油菜和甘薯等的茎叶上还会呈现紫红色斑点或条纹；缺磷严重时；叶片枯死脱落。由于磷的再利用能力强，缺磷症状一般从基部老叶开始，然后逐渐向上部扩展。禾谷类作物，如水稻、小麦缺磷时，分蘖延迟或不分蘖，株间不散开或"发僵"，延迟了抽穗、开花和成熟的时间，穗粒少而不饱满，还会造成玉米果穗秃尖，油菜脱荚，果荚瘦小，出油率低，棉花和果树落蕾、落花，甘薯和马铃薯薯块变小，且耐贮性差。

磷素过多对作物也会产生不良影响，因为磷增强了呼吸作用，消耗了大量糖分，使禾谷类作物无效分蘖增多，瘪粒多。使豆科作物茎叶中蛋白质增加，籽粒中蛋白质含量反而减少；生殖器官过早发育，茎叶生长受到抑制，植株早衰。使茶树过早开花结实，影响茶叶产量。使叶用蔬菜纤维增多，烟草的燃烧性变差。磷素过多，能阻碍硅的吸收，水稻就易发生稻瘟病。由于水溶性磷酸盐可与土壤中锌、铁、镁等营养元素生成溶解度较小的化合物，降低上述元素的有效性，使作物对这些营养元素吸收不足。因此，作物因磷素过多而引起的病症，通常以缺锌、缺铁、铁锰等的失绿症表现出来。

生产中，通过营养诊断等方法，以确定作物体内磷的丰缺和适宜的指标。常见的作物磷素营养诊断指标见表 8-5。由于作物的种类与品种、测定部位、测定时间、测定时期等条件不同，测定的结果有较大的差异，在具体应用这些指标时，还必须与当地的实际情况相结合。才能做出正确的判断。

表 8-5　几种植物体内磷的丰缺指标　　　　　　　　　　　　　　　　　%

作物	缺	低	适宜	高	测定部位及时间
水稻	0.016~0.021	—	0.036~0.046	—	稻草
小麦	<0.11	0.11~0.20	0.21~0.50	0.51~0.80	抽穗前上部叶片
玉米	0.11	0.17	0.25	—	抽穗期最下穗轴第一叶片
甘薯	—	0.06	0.12	0.22	成熟期块根
甜菜	—	0.15	0.28	0.56	成熟期叶片
棉花	—	0.15	0.15~0.17	—	上部第三、四叶柄苗龄60d
烟草	—	—	0.24	—	花期叶片
大豆	0.11	—	0.20~0.48	—	叶片
黄瓜	0.17	0.33	0.45~0.70	—	幼苗(7~10d 露地)
	<0.13	0.13~0.30	0.31~0.45	>0.45	结果期(保护地)中部叶片
番茄	—	—	0.70~0.87	—	孕蕾中部叶片
	—	<0.20	0.20~0.60	>0.60	结果期上部第二分枝叶片
甘蓝	0.17~0.20	0.30~0.40	0.44~0.60	0.80	结球初期第四片叶
	—	0.13	0.38	0.77	收期球叶
马铃薯	0.09	0.17~0.20	0.24~0.30	>0.30	孕蕾上部第四、五片叶
	—	0.13	0.13~0.20	—	开花上部第四、五片叶
苹果	0.07~0.10	—	0.20~0.25	—	叶片
柑橘	0.08	—	0.12~0.16	0.30	叶片

8.2.2　土壤中磷的循环

8.2.2.1　土壤中磷素的含量、来源和形态

(1) 含量

我国土壤中磷含量(以 P_2O_5 计)一般在 0.5~4.6 g/kg，平均为 1.2g/kg。全国有由北到南有逐渐减少的趋势。南岭以南的砖红壤全磷含量最低；其次是华中地区的红壤，而东北地区和由黄土性沉积物发育的土壤，则含磷一般较高。耕地土壤的全磷含量，变幅很大，主要受其原来土壤类型、地形部位、耕作制度和施肥等因素的影响。

(2) 来源

土壤中磷素的最初来源是岩石矿物中的磷，如原生矿物磷灰石，风化后被保留在土体中。四川盆地紫色岩，含磷量与紫色土的含磷量基本一致，说明紫色土中磷的主要来源是母岩。增施有机肥和磷肥，是土壤磷素的补充来源，这在母岩含磷量低的地区，是补充磷的主要方式。

土壤全磷量仅是土壤供磷潜力的一个指标。目前，用土壤有效磷的含量表示土壤的供磷状况较为普遍，它是指能被当季作物吸收利用的磷。通常以 Olsen 法(0.5mol/L $NaHCO_3$ 溶液作为提取剂)提取出的磷作为土壤有效磷量(P)，当其含量 >10mg/kg 土时，表示有效磷较高，施用磷肥对多数作物效果不明显；当(P) <5 mg/kg 土时，表示土壤供磷不足，施用磷肥

对作物有显著的增产效果。

(3) 形态

土壤中的磷素主要分有机态和无机态两大类。对于耕地土壤来说，由于化学磷肥的转化结果，其所含磷的化合物种类比自然土更为繁多。

① 土壤中有机态磷化合物（有机磷） 有机磷在一般耕地中占全磷25%~50%，但一些侵蚀严重有机质少的红壤，有机磷只占全磷的10%以下，而东北黑土的有机磷可占全磷的2/3左右。土壤中有机磷形态主要有3类：

a. 核酸类：是一类含磷的复杂有机物，占有机磷的5%~10%。除核酸外，土壤中还有少量核蛋白质。核蛋白和核酸属同类性质的有机态磷化合物，它们都要通过微生物酶系的作用，分解为磷酸盐后，才能被植物吸收。

b. 植素类：植素是普遍存在于植物体中（特别是种子）的含磷有机化合物，但土壤中的植素类化合物和植物体中的不完全相同，至少有相当一部分是通过微生物的作用改造而成的，植素磷占土壤总量的20%~30%，植素在水中的溶解度可达10mg/L，溶液的pH值越高，溶解度也越大，溶解的植素可被某些植物所吸收，但大部分植素一般都是由微生物的植素酶水解产生 H_3PO_4 后才发挥其对植物的有效性。

c. 磷脂类：是一类醇溶性和醚溶性的含磷有机化合物，其中较复杂的还含有氮。磷脂类化合物中的磷约占有机磷的1%。磷脂类中所含的磷也需要经过微生物的分解才能成为有效磷。

② 土壤中的无机磷化合物 土壤中的无机磷化合物几乎全部为正磷酸盐。根据其所结合的主要阳离子性质的不同，可以把土壤中的磷酸盐化合物分为四类，其中主要的为前三类：

a. 磷酸钙(镁)化合物（以 Ca—P 表示）：磷酸根在土壤中与钙、镁结合，按不同比例形成一系列有不同溶解度的磷酸钙、镁盐类。在磷酸钙类化合物中浓度最小的为磷灰石类[分子式为 $Ca_5(PO_4)_3 \cdot X$]，它们溶解度低，所含磷对植物无效。

在耕地土壤中，所施用的化学磷肥，它们在土壤中转化可产生一系列磷酸钙类化合物。以过磷酸钙为例，它的主要有效成分为水溶性的磷酸一钙[$Ca(H_2PO_4)_2$]，它与土壤中的钙作用会依次转化成磷酸二钙（$CaHPO_4$），磷酸三钙[$Ca_3(PO_4)_2$]及磷酸八钙[$Ca_4H(PO_4)_3$]等。随着这些化合物中 Ca/P 原子比值的增加，其水溶性迅速下降。$Ca_4H(PO_4)_3$ 还可继续转化成溶解度更小的羟基磷灰石[$Ca_5(PO_4)_3 \cdot OH$]。

b. 磷酸铁和磷酸铝化合物（以 Fe—P 和 Al—P 表示）：在酸性土壤中，无机磷与土壤中的铁、铝化合成各种形态的磷酸铁和磷酸铝化合物。它们有的是凝胶沉淀，有的是结晶态。其中最常见为粉红磷铁矿[$Fe(OH)_2H_2PO_4$]和磷铝石[$Al(OH)_2H_2PO_4$]，溶解度极小，在我国南方大面积的酸性土中，土壤中 Fe—P 的含量多于 Al—P。而北方石灰性土中，以 Ca—P 为主，Al—P 多于 Fe—P。

c. 闭蓄态磷（以 O—P 表示）：由氧化铁胶膜包被着的磷酸盐，由于氧化铁溶解度极小，所以被包被的磷酸盐就很难溶解出来。土壤中的 O—P 在无机磷形态中所占比例很大，特别是在强酸性土壤中，可达50%以上，即使在石灰性土也达15%~30%。

d. 磷酸铁铝和碱金属、碱土金属复合而成的磷酸盐类：土壤中存在数量不多，溶解度极小，所含磷对植物基本无效。

此外，土壤溶液中和胶体上还有一些水溶性磷酸盐，它们对植物直接有效，但一般含量很低。

8.2.2.2 土壤中磷的转化

土壤中磷的转化包括磷的固定和磷的释放两个相反的过程。水溶性磷酸盐转变为难溶性磷酸盐的过程称为磷的固定。磷固定的结果是磷酸盐有效性降低。而在磷固定的同时，土壤中也存在着难溶性磷酸盐向水溶性磷转化的作用，这一过程就称为磷的释放。磷释放必然会增加土壤中有效磷的数量，因此它是提高磷有效性的过程。这两个过程相互转化的速率与方向决定着土壤的供磷能力以及磷肥的有效性。

(1) 土壤磷的释放

①难溶性磷酸盐的释放 该过程主要是指原生或次生的矿物态磷酸盐、化学沉淀形成的磷酸盐，包括闭蓄态磷酸盐经过物理的、化学的、生物化学的风化作用，转变为溶解度较大的磷酸盐或非闭蓄态磷。例如，在石灰性土壤上，通过植物根系与微生物呼吸作用以及有机肥分解所产生的碳酸、有机酸可将难溶性的磷酸钙盐转变为有效性高的磷酸盐，如磷酸二钙等。

②无机磷的解吸 该过程是吸附态磷重新进入土壤溶液的过程，但土壤中呈吸附态的磷并不能全部被解吸下来。

土壤吸附态磷解吸的原因包括两方面：一是化学平衡反应。土壤溶液中磷浓度因植物的吸收而降低，从而改变了原有的平衡，使反应向解吸的方向进行；二是竞争吸附，所有能进行阴离子吸附的阴离子大多可与磷酸根离子进行竞争吸附作用，而导致吸附态磷的解吸。此外，提高竞争离子的相对浓度则有利于磷的解吸。

③有机磷的矿化 土壤中有机态磷的化合物（植素、核酸、磷脂等）在土壤中磷酸酶的作用下，逐步分解，最终释放出磷酸，以供作物吸收利用，或与土壤中的金属离子结合，形成溶解度较低的磷酸盐，而降低其有效性。

(2) 土壤磷的固定

土壤液相中的无机磷酸盐等有效态磷转变为无效态磷的过程，称为磷的固定作用。土壤中磷酸根离子被固定的主要反应是化学沉淀和吸附；其次是磷的生物固持。

①沉淀反应 在中性和石灰性土壤中，土壤中的有效磷磷酸根离子可与碳酸钙（$CaCO_3$）或方解石[$CaMg(CO_3)_2$]以及交换性钙生成二水磷酸二钙、无水磷酸二钙、磷酸八钙和羟基磷灰石等难溶性磷酸钙盐。

在酸性土壤中，水溶性的磷酸盐和弱酸溶性磷酸盐常与活性铁、铝离子，或与土壤胶体上的交换性铁、铝发生化学作用，生成难溶性磷酸铁、磷酸铝沉淀，使作物难以吸收利用。

②吸附反应 土壤对磷的吸附作用，可以分为物理吸附和化学吸附，前者为非专性吸附，后者为专性吸附或称配位体交换。

非专性吸附是由带正电荷的土壤胶粒通过静电引力（库仑力）产生的吸附，它发生在胶粒的扩散层，故这种结合较弱，极易被解吸，随着土壤pH值的降低，非专性吸附增加。

专性吸附是由化学力作用引起的，不易发生逆向反应，又称为化学吸附。不能与非专性吸附的阴离子发生交换作用，但可以被专性吸附的阴离子（如 F^-、MoO_4^{2-}）解吸。

虽然磷酸根离子与碳酸钙盐可以发生配位吸附，但其牢固程度。不如水化氧化物，因而对植物的有效性也相对较高。

③闭蓄固定　是指磷酸盐被溶解度小的氧化铁胶膜包被起来而降低磷的有效性的现象，这种被包被的磷酸盐称为闭蓄态磷。闭蓄态磷在干旱条件下难于被作物吸收利用，但在淹水还原条件下氧化铁发生还原，铁的溶解度增加，磷被释放出来。

④生物固定　是土壤微生物吸收水溶性磷酸盐构成其躯体，使水溶性磷转变为有机态磷。这种固定的特点是时间短，易释放。一般来讲，生物固定是暂时的，对磷的有效性影响不大。生命短促的微生物死亡后经分解，磷又被释放出来供作物利用或再次被固定。

就土壤中磷酸盐固定作用来说，化学沉淀和吸附固定作用是主要的，而生物固定则是暂时的，且对磷的供应影响较小。闭蓄固定可通过水旱轮作等耕作措施来提高磷的有效性。

8.2.3　磷肥的种类、性质和施用技术

根据磷肥所含磷酸盐溶解度大小和肥效快慢，可将磷肥分为3大类：①水溶性磷肥；②弱酸溶性（或枸溶性）磷肥；③难溶性磷肥。

8.2.3.1　水溶性磷肥

凡养分标明量主要属于水溶性磷酸一钙的磷肥，称为水溶性磷肥。包括过磷酸钙、重过磷酸钙等，其中的磷易被植物吸收利用，肥效快，是速效性磷肥。但易被土壤中的钙，铁、铝等固定，生成不溶性磷酸盐，使磷的有效性降低。

(1) 过磷酸钙 [$Ca(H_2PO_4)_2 \cdot H_2O$，含P_2O_5 14%~20%]

①过磷酸钙的成分与性质　过磷酸钙又称过磷酸石灰，简称普钙，是我国目前生产最多的一种化学磷肥，它是由磷矿粉用酸处理而制成的；其主要反应式为：

$$Ca_{10}(PO_4)_6F_2 + 7H_2SO_4 + 3H_2O \rightarrow 3Ca(H_2PO_4)_2 \cdot H_2O + 7CaSO_4 + 2HF\uparrow$$

过磷酸钙的主要成分是水溶性的磷酸一钙和难溶于水的硫酸钙，两者分别占肥料质量的30%~50%和40%，成品中有效磷（P_2O_5）的质量分数为12%~20%，另外还含有2%~4%的硫酸铁、硫酸铝，3.5%~5.0%的游离酸（主要为磷酸和硫酸）等。过磷酸钙国家规定的质量标准见表8-6。

表8-6　过磷酸钙质量标准

指标名称		指标				
		特级品	一级品	二级品	三级品	四级品
有效P_2O_5含量	≥	20	18	16	14	12
游离酸含量(%)	≤	3.5	5.5	5.5	5.5	5.5
水分(%)	≤	8	14	14	14	14

过磷酸钙为深灰色、灰白色或淡黄色的粉状物，呈酸性反应，具有腐蚀性。当过磷酸钙吸湿后，除易结块外，其中的磷酸一钙还会与硫酸铁、铝等杂质发生化学反应形成溶解度低的铁、铝磷酸盐，这种作用通常称为磷酸的退化作用。温度愈高，磷酸退化愈快。因此，在储运过程中要注意防潮。

②过磷酸钙在土壤中的转化　过磷酸钙施入土壤后，水分就从土壤周围向施肥点和肥粒中汇集，促使磷酸一钙溶解。磷酸一钙的溶解过程是一种异成分的溶解反应，反应式为：

$$Ca(H_2PO_4)_2 \cdot H_2O + H_2O \rightleftharpoons CaHPO_4 \cdot 2H_2O + H_3PO_4$$

由磷酸一钙水解生成的 H_3PO_4，以及肥料本身含有的游离酸，使肥料周围的 pH 值降至 1.5 以下。在这样的 pH 值条件下，磷酸根在向周围土壤扩散时，能破坏黏土矿物的结构，溶解土壤中的铁、铝、钙、镁等成分，当这些溶解的阳离子达到一定的浓度后，就会产生磷酸盐沉淀，被称为磷酸沉淀作用或称化学固定作用。这种作用是水溶性磷肥当季利用率低的主要原因之一。

在酸性土壤中，磷酸一钙首先会被土壤中铁铝氧化物所固定，其反应初期的产物主要包括磷酸铝石[$H_6K_3Al_5(PO_4)_8 \cdot 18H_2O$]、磷酸铁(铝)钾[$H_8K(Al,Fe)_3(PO_4)_6 \cdot 6H_2O$]、无定型磷酸铁，铝及部分磷酸钙盐组成的化合物，当土壤中富含铁、铝氧化物而土壤又处于干湿交替过程的条件下，磷酸盐可被氧化铁胶膜包被，形成闭蓄态磷。当土壤淹水后，Eh 降低，使闭蓄态磷的铁膜消失，难溶性的 $FePO_4 \cdot 2H_2O$ 转变为较易溶解的磷酸亚铁[$Fe_3(PO_4)_2$]，或者由晶态的磷酸铁盐转变为胶态的磷酸铁盐[$FePO_4 \cdot nH_2O$]，增加了磷的有效性。

在石灰性土壤中，磷酸根离子在扩散过程中能与土壤溶液中的 Ca^{2+}、Mg^{2+}、交换性 Ca^{2+}、Mg^{2+}，或游离的 $CaCO_3$ 和 $CaMg(CO_3)_2$ 等结合，形成一系列磷酸钙、镁盐，其反应的大致过程如下：

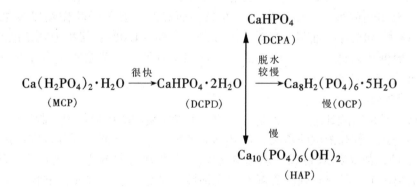

在上述转化过程中所生成的二水磷酸二钙、无水磷酸二钙、磷酸八钙中的磷对于作物仍有一定的有效性，而羟基磷灰石则需要在一定的条件下，经较长时期的风化释放才能被作物所吸收。

随着磷酸根离子从磷肥颗粒向土壤四周不断扩散，磷与土壤组分的反应主要发生在土壤颗粒的表面，即土壤对磷的吸附作用，这种吸附作用也在不同程度上影响着过磷酸钙的肥效。

过磷酸钙施入土壤后，磷酸根离子还可以被微生物吸收利用，这一现象称为微生物的固定作用。

③过磷酸钙的施用　过磷酸钙适用于各类土壤及作物，可作基肥、种肥和追肥施用。无论施在何种土壤上，均易发生磷的固定作用。因此合理施用过磷酸钙的原则是：尽可能减少其与土壤的接触面积，以防土壤对磷的吸附固定，增加过磷酸钙与作物根系的接触机会，以

提高其利用率。

　　a. 集中施用：过磷酸钙无论以何种方式施入土壤中，都应将其相对集中施于根系密集的土层中，以提高局部土壤的供磷强度，促进磷向根表扩散，有利于作物根系对磷的吸收。旱作可采取条施或穴施，水稻可采用蘸秧根的方法集中施用。用量为每公顷 75~150kg，作种肥时，可将肥料集中施入播种行、穴中，覆一层薄土后，立即播种盖土。

　　b. 分层施用：在土壤严重缺磷而磷肥又较为充足时，在集中施用和深施的原则下，还可采用分层施肥的方法，即将 2/3 左右的磷肥作基肥，在耕地时犁入根系密集的底层中，以满足作物中、后期对磷的需求；剩余的 1/3 在种植时作种肥或面肥施于表层土壤中，以改善作物幼苗期的磷营养状况。

　　c. 与有机肥料混合施用：过磷酸钙与有机肥料混合施用后，可以减少磷肥与土壤的接触面积，减少水溶性磷的化学固定作用；同时，有机肥分解可产生多种有机酸，能络合土壤中的 Ca^{2+}、Fe^{3+}、Al^{3+} 等离子，从而减少这些离子对磷的化学沉淀作用。此外，过磷酸钙与有机肥混合堆腐还兼有保氮作用。

　　在酸性土壤上施用石灰时，不能与过磷酸钙直接混合，应先施用石灰，数天后，再施用过磷酸钙。

　　d. 制成粒状磷肥：将过磷酸钙制成颗粒状，可减小其与土壤的接触面积，有效地减少磷的吸附和固定。

　　e. 根外追肥：过磷酸钙作根外追肥不仅可以避免磷肥在土壤中的固定；而且用量少、见效快。尤其在作物生长的后期，根系吸收能力减弱，且不易深施的情况下效果较好；喷施的过磷酸钙浓度因作物的种类、生育期、气候条件而异。一般单子叶作物以及果树为 1%~3%，双子叶植物（如棉花、油菜、番茄、黄瓜）为 0.5%~1.0%；保护地栽培的蔬菜和花卉，喷施的浓度一般低于露地，为 0.5% 左右。对不同生育期，一般掌握前期浓度小于中后期。喷液量为每公顷 750~1 500kg。

　　(2) 重过磷酸钙

　　重过磷酸钙是由硫酸处理磷矿粉制得磷酸，再以磷酸和磷矿粉作用后制得的。

　　重过磷酸钙是一种高浓度的磷肥，含 P_2O_5 在 40%~50% 之间，因其含磷量是普通过磷酸钙的双倍或三倍，故又称双料或三料过磷酸钙。主要成分是磷酸一钙（不含石膏），含有 4%~8% 的游离磷酸，具有较强的吸湿性和腐蚀性。呈深灰色颗粒或粉末状。由于不含硫酸铁和铝盐，故吸湿后，不会发生磷酸的退化作用。

　　重过磷酸钙的施用方法与过磷酸钙相同。但其有效磷的质量分数高，肥料用量应比过磷酸钙少。同时，因为其不含石膏，对于喜硫的作物，如豆科作物、十字花科作物和薯类作物的肥效不如等量的过磷酸钙。

8.2.3.2　弱酸溶性磷肥

　　能够溶于 2% 的柠檬酸或中性柠檬酸铵溶液的磷肥称为枸溶性磷肥或弱酸溶性磷肥。这一类磷肥包括钙镁磷肥、钢渣磷肥、脱氟磷肥、沉淀磷肥和偏磷酸钙等。其肥效较水溶性磷肥慢。

　　(1) 钙镁磷肥

　　钙镁磷肥是用磷矿石与适量的含镁硅矿物如蛇纹石、橄榄石、白云石和硅石等在高温下熔融，经水淬冷却而制成玻璃状碎粒，再磨成细粉状而制成。

① 成分与性质　主要成分为 α-磷酸三钙、硅酸钙、硅酸镁等。含磷量(P_2O_5)为14%~18%，MgO为10%~15%，CaO为25%~30%，SiO_2为40%左右，同时还含有少量的铁、铝、锰等盐类。钙镁磷肥不溶于水，但能溶于2%柠檬酸溶液中。一般为黑绿色或灰棕色，呈碱性反应，2%水溶液的pH值为8.0~8.5。无腐蚀性，不易吸湿结块，是我国目前主要生产的磷肥品种之一。

② 在土壤中的转化　钙镁磷肥所含的磷酸盐必须经过溶解后才能被作物吸收利用，而其转化的速度较磷矿粉快得多，钙镁磷肥中磷酸盐的溶解度受土壤pH值的影响较大。因此，施入酸性土壤后，有助于肥料中的磷酸盐逐步溶解、释放，以供作物的吸收利用。同时，钙镁磷肥在转化过程中，又能中和部分土壤酸度，从而提高了土壤及肥料磷的有效性。

中性或石灰性土壤中施入钙镁磷肥后，在土壤微生物和作物根系分泌的酸（碳酸）的作用下，可以逐渐溶解而释放出磷酸，但其释放速度较酸性土壤慢。

③ 施用方法　由于在酸性土壤中，酸可以促进钙镁磷肥中磷酸盐的溶解，同时，土壤对该肥料中磷的固定低于过磷酸钙，因此，钙镁磷肥应优先分配于酸性土壤中施用。试验表明，在pH≤5.5的强酸性土壤中，它对当季作物的肥效高于过磷酸钙，在pH值为5.5~6.5的酸性土壤中，其肥效与过磷酸钙相当，但后效高于过磷酸钙；在pH>6.5的中性及石灰性土壤中，其肥效低于过磷酸钙。此外，钙镁磷肥还能提供钙，镁、硅等营养元素。

不同作物对钙镁磷肥的表现也不相同。水稻、小麦、玉米等作物的当季效果为过磷酸钙的70%~80%，而油菜、豆科作物和豆科绿肥等对钙镁磷肥具有较强的利用能力，其肥效与过磷酸钙相似或略高。

钙镁磷肥的枸溶性磷量与其粒径的大小有关。粒径在40~100目时，其枸溶性磷量对水稻的增产效果随粒径变细而增加，但并不是愈细愈好，在酸性土壤上，它的细度从20~60目到小于300目，其肥效均好而无显著差异。在石灰性土壤中，颗粒细度要求90%能通过80目筛孔，粒径为0.177mm，可有效地提高磷的释放速率。

钙镁磷肥可以作基肥、种肥和追肥施用，但以基肥深施的效果最好。基肥和追肥宜适当集中施用，每公顷225~450kg、追肥以早施为好。作种肥可施于播种沟或穴内，每公顷75~150kg。

钙镁磷肥与有机肥料混合或堆沤后施用，可以减少土壤对磷的固定作用。与水溶性磷肥。氮肥和钾肥等肥料配合施用，可以提高肥效。

(2) 其他枸溶性磷肥

除了钙镁磷肥外，枸溶性磷肥还包括钢渣磷肥、沉淀磷肥、脱氟磷肥和偏磷酸钙等，这些肥料的成分与性质见表8-7。

8.2.3.3 难溶性磷肥

这类磷肥不溶于水，也不溶于弱酸，而只能溶于强酸。大多数作物不能吸收利用这类磷肥，只有少数吸磷能力强的作物（如荞麦）和绿肥作物（如油菜、萝卜、苕子、田菁和豌豆等）能吸收利用，难溶性磷肥在土壤中受环境条件的影响而变化。在酸性土壤上施用难溶性磷肥，可缓慢地转化为弱酸溶性磷酸盐，因此它的后效较长，而对当季作物的肥效较差。

表 8-7　枸溶性磷肥的成分、性质及施用技术要点

肥料名称	主要成分	性质	施用技术
钢渣磷肥	$Ca_4P_2O_9 \cdot Ca_4SiO_4$	含 P_2O_5 7%～17%，深棕色粉末，强碱性，还含铁、锰、镁、钙等物质，粉末细度要求80%通过100目的筛孔。	适用于酸性土壤，宜作基肥施用，对水稻、豆科作物等需硅喜钙作物肥效较好，易影响嫌钙作物马铃薯的品质，其他施用方法参见钙镁磷肥
脱氟磷肥	$\alpha\text{-}Ca_3(PO_4)_3$	含 P_2O_5 14%～18%，高的可达30%以上，呈碱性，深灰色粉末，物理性状良好，贮、运、施用都很方便	施用方法与钙镁磷肥相同，也可作家畜饲料添加剂
沉淀磷肥	$CaHPO_4 \cdot 2H_2O$	含 P_2O_5 30%～40%，白色粉末，物理性状良好	施用方法与钙镁磷肥相同，因不含游离酸，作种肥时比过磷酸钙更安全有效。还可作家畜饲料添加剂
偏磷酸钙	$Ca(PO_3)_2$	含 P_2O_5 60%～70%，呈玻璃状，微黄色晶体，施入土壤后经水化可转变为正磷酸盐	施用方法参见钙镁磷肥，但因含磷量高，肥料用量比钙镁磷肥要少

(1) 磷矿粉

①磷矿粉的成分和性质　磷矿粉是由天然磷矿石粉碎磨细而成，含磷量取决于磷矿石的品位。磷矿粉加工简单，能充分利用我国中、低品位磷矿资源。磷矿粉为灰色粉末，过100目筛孔，含磷量视矿石的来源而异，一般从百分之几到百分之几十，不溶于水，浸提液呈中性至微碱性。磷矿粉直接施用的肥效与弱酸溶性磷含量呈明显正相关。

②施用　磷矿粉是我国难溶性磷肥中用量最多的一种，影响磷矿粉肥效的因素主要有：

a. 土壤条件：土壤pH值是影响磷矿粉施用效果的重要条件。一般土壤酸度越强，溶解磷矿粉的能力越大，肥效就越高。因此磷矿粉在我国南方酸性缺磷土壤上增产显著，甚至超过过磷酸钙。而在北方石灰性土壤上，对吸磷能力强的作物有一定增产效果。此外，土壤阳离子交换量大小、黏土矿物类型及土壤熟化程度等也在不同程度上影响着磷矿粉的肥效。

b. 作物种类：作物种类不同，对吸收利用磷矿粉中磷的能力不同，因而施用磷矿粉的肥效也不同。这可能与各种作物根系的特性（如根系阳离子交换量、根系分泌物的酸度大小，作物根系吸收 CaO/P_2O_5 的比值等）有关。一般根系阳离子交换量大的作物、根系吸收 CaO/P_2O_5 比值大的作物，利用磷矿粉的能力比较强，肥效比较好。一般豆科绿肥、豆科作物及油料作物对磷矿粉的吸收利用能力较强，多年生经济林木和果树对磷矿粉的利用能力也较强，而禾谷类作物吸收利用能力较弱，因此磷矿粉应优先用在吸磷能力强的作物上。

c. 肥料细度和用量：磷矿粉的粒径大小是影响其肥效的重要因素，粒径越小颗粒愈细，磷矿粉与土壤以及作物根系的接触机会越多，肥效愈高。一般从经济效益角度考虑，磷矿粉的细度以90%通过100目筛孔（粒径为0.149mm）为宜。

磷矿粉的当季利用率为10%左右，而且后效较长，因此每次用量不宜过少，过少不易表现肥效。磷矿粉的肥效通常与用量呈正比，但具体用量应根据磷矿粉的品位而定。一般每公

顷用量为750~1500kg，全磷含量和弱酸溶性磷含量高的磷矿粉用量可酌情减少，反之则应适当增加。由于磷矿粉后效比较长，一般连续施用4~5年后，可停止使用2~3年再施用。

d. 与其他肥料配合施用：磷矿粉可与酸性肥料（如过磷酸钙）或生理酸性肥料（如硫酸铵、氯化铵、硫酸钾、氯化钾）等混合施用，亦可以与有机肥料混合堆沤后施用以提高磷矿粉的当季肥效。

e. 施用方法：磷矿粉宜作基肥，不宜作追肥和种肥。作基肥时，宜撒施、深施。磷矿粉施于果树或经济林木上可采用环形施肥方法，即按树冠大小，开环形沟，沟深15~25cm，将磷矿粉施下后覆土。

（2）骨粉

骨粉是我国农村应用较早的磷肥品种。它是由动物骨骼加工制成的，其成分比较复杂，其主要成分为磷酸三钙[$Ca_3(PO_4)_2$]，约占骨粉的58%~62%，脂肪和骨胶占26%~30%，此外还含有1%~2%的磷酸三镁，6%~7%的碳酸钙，2%的氟化钙和4%~5%的氮。由于骨骼中含有较多的脂肪，较难粉碎，在土壤中不易分解，因此肥效缓慢。根据不同的加工方法可获得不同的产品。

①粗制骨粉　把骨头稍稍打碎，放在水中煮沸，随时除去漂浮出的油脂，直到除去大部分油脂，取出晒干，磨成粉末。此种骨粉中P_2O_5含量约为20%，并含有3%~5%的氮素。

②蒸制骨粉　将骨头置于蒸汽锅中，在202.65~405.3kPa的条件下蒸制2~4h，以除去大部分脂肪和部分骨胶。干燥后粉碎。蒸制骨粉中含P_2O_5 25%~30%，含氮2%~3%，其肥效高于粗制骨粉。

③脱胶骨粉　在更高的温度和压力下，除去全部脂肪和大部分骨胶，干燥后粉碎，此种骨粉中含P_2O_5可达30%以上，含氮5%，肥效较高。

骨粉不溶于水，肥效缓慢，宜作基肥，可先与有机肥料堆积发酵后施用。施于生长期长的作物或酸性土壤上效果较好。

8.2.4　磷肥的合理分配和施用

为了提高磷肥肥效，必须根据土壤性状、作物特性、轮作制度、磷肥品种以及磷和其他营养元素的相互配合等进行综合考虑，才能充分发挥磷肥的增产作用与经济效益。

8.2.4.1　根据土壤条件合理分配与施用磷肥

在缺磷土壤上，绝大多数作物施用磷肥均有明显的增产效果。因此，磷肥应重点施用在缺磷土壤上。对于土壤的供磷状况，通常用土壤有效磷含量作为诊断指标，土壤有效磷含量高，供磷能力强；反之，有效磷含量低，则供磷能力弱。土壤有效磷一般是近期可被作物吸收利用的一部分磷，它是一种经验性的相对指标，与测定方法、测定条件关系很大。表8-8中，常用的Olsen法测得的土壤有效磷含量与磷肥反应的分级标准。

土壤有效氮（碱解氮）与有效磷的比例，是影响磷肥肥效的重要因子之一。土壤中有效氮多磷少（即N/P_2O_5比值大），施磷肥可获得明显的增产效果；N/P_2O_5比值小的土壤，施磷肥增产效果小，在氮、磷供应水平都较高的土壤上，施用磷肥的增产效果不稳定；在氮、磷供应水平都低的土壤上，一般应首先提高施氮水平，才有利于发挥磷肥的增产效果。

表 8-8　土壤有效磷含量与磷肥反应的分级指标

测定方法	有效磷(P)含量(mg/kg)	作物对磷肥的反应
NaHCO₃ 浸提法 (0.5mol/L)	<2.18	严重缺磷，对磷肥反应极好
	<4.36	缺磷，对磷肥有良好的反应
	4.36~6.54	施磷肥对需磷迫切的豆科作物有效，对水稻、小麦不显著
	>6.54	一般无效

土壤有机质的含量与土壤有效磷含量以及磷肥的肥效密切相关。土壤有机质含量高(如 >25g/kg)，有效磷含量也高，施用磷肥的增产效果就不明显；反之，有机质含量低的土壤，施用磷肥有明显的增产效果。这是因为有机质中所含有机态磷，在土壤微生物作用下，可逐步分解释放出有效磷。因此，磷肥应首先分配在有机质含量低的土壤上。

土壤酸碱度(pH 值)对磷肥的肥效影响极大。一般说来，磷的有效性在 pH 5.5~7.0 时最大，低于 pH 5.5 或高于 pH 7.0 时磷的有效性都比较低。这是因为在低 pH 值情况下，铁、铝及其水合氧化物对磷产生强烈的吸附作用；高 pH 值时则主要与钙、镁离子及其碳酸盐进行反应，产生化学沉淀，影响了磷的有效性。土壤酸碱度还会影响作物根系对磷的吸收。

8.2.4.2　根据不同作物的需肥特性和轮作制度合理分配和施用磷肥

由于作物对磷的利用能力和敏感性不同，施用磷肥的增产效果也有明显的差异。一般来说，豆科作物，豆科绿肥、油菜、肥田萝卜、荞麦等对磷的反应非常敏感；玉米、番茄、马铃薯、红苕、芝麻等对磷的反应中等；小麦、水稻等谷类作物对磷的反应较差。凡对磷敏感的"喜磷作物"，大多数土壤上施用磷肥后，都有良好的增产效果。因此，应把磷肥优先分配和施用在"喜磷作物"上。但必须指出，对磷反应差，吸磷能力弱的作物(水稻、小麦)也应注意磷的供应，磷素营养不足常常是限制这类作物产量的主要因子之一。

在不同的轮作换茬制中，磷肥并不需要每茬作物都施用，应重点施在能明显发挥肥效的茬口上。在水旱轮作中(如稻—麦)，土壤经历着干湿交替的过程。水田土壤由干变湿的过程中，土壤有效磷增加。

其主要原因是：①土壤处于淹水的还原状态，使难溶性的磷酸高铁($FePO_4 \cdot 2H_2O$)还原为较易溶解的磷酸低铁$[Fe_3(PO_4)_2]$，以及包裹在磷酸盐表面的 $Fe_2O_3 \cdot nH_2O$ 还原为 $Fe(OH)_2$，而使闭蓄态磷得到部分释放。②淹水后，石灰性土壤 pH 值下降，酸性土壤 pH 值上升，都能促进磷酸铁、铝的水解。③在淹水还原条件下，有机质分解不完全，产生许多有机络合物，能与 Fe^{3+}、Al^{3+} 等产生螯合作用，有利于磷的释放。一些有机阴离子能与黏土颗粒表面吸附的磷酸根离子进行代换反应，也可能使部分磷得以释放，而当土壤由湿变干时，磷酸低铁又转化为溶解度小的磷酸高铁和形成闭蓄态磷酸盐磷的有效性更加降低。这种土壤的干湿交替所造成磷有效性变化，使得施在旱作上的磷肥，对后作水稻具有较大的后效，而施在水稻上的磷肥对旱作的后效小。因此，在水旱轮作中，应将磷肥重点施在旱作轮作中。如在有豆科绿肥或豆类作物的轮作中，应把磷肥优先施在豆类或豆科绿肥。这既能满足其磷素营养，又能提高豆科作物固定空气中氮素的能力，起到"以磷增氮"的效果。在麦棉轮作中，由于旱作棉花对磷的需要比麦类作物敏感，把磷肥重点施在棉花上。由于旱作土壤中磷的形态主要受温度控制，所以，冬季土温低，土壤微生物活动能力减弱，土壤供磷能力差，秋、冬播种作物早施磷肥，能促进壮苗早自强抗寒、越冬能力，提高磷肥增产效果。因此，磷肥应重点分配和施用在越冬作物上。

8.2.4.3 根据磷肥的特性合理分配和施用磷肥

磷肥的品种很多。从肥料的溶解性看，有水溶性的，有不溶于水而溶于弱酸的，也有只溶于强酸的；从肥料的反应看，有酸性的，也有碱性的；肥料中磷的含量也相差较大。在磷肥施用中，除考虑作物需要，土壤条件等因素外，还应根据各种肥料的性质，选用适宜的磷肥品种。

过磷酸钙和重过磷酸钙等水溶性磷肥，适用于大多数作物和各类土壤，可以作基肥和种肥，也可作追肥。钙镁磷肥等其他弱酸溶性磷肥都适宜作基肥，它们在酸性土壤上肥效比过磷酸钙好。因此钙镁磷肥应尽量分配在酸性土壤上施用。磷矿粉和骨粉属于难溶性磷肥，最适宜施在 pH 值小的酸性土壤上作基肥，其肥效持久，而石灰性土壤上肥效很差，一般不宜选用。在选择磷肥品种时还应注意到各种作物吸磷能力上的差异。对吸磷能力差的作物，如小麦、水稻等，宜施用水溶性磷肥品种；对吸磷能力强的豆科作物等则选用难溶性磷肥。同一种作物不同生育期中，吸磷能力也有差异。幼苗期根系弱小，一般宜选用水溶性磷肥作种肥期追肥。作物生长旺盛时期，虽然对磷的需求量增多，但这时根系发达，吸磷能力增强，可用难溶性磷肥或弱酸溶性磷肥作追肥。

8.2.4.4 磷肥与其他肥料配合施用是提高磷肥肥效的有效措施

氮肥、磷肥配合施用是提高磷肥肥效的重要措施之一。特别是在中、下等肥力水平的土壤，氮、磷肥配合使用增产效果十分明显。在缺氮的土壤上，单施磷肥的效果甚微。因为氮成为作物生长的限制因子。作物体内许多有机化合物都是既含有氮又含有磷的，氮不足必然影响核酸、核蛋白、磷脂以及某些物质的形成。氮磷配合施用能促进作物体内含磷化合物的形成，增强氮素代谢机能，有利于作物生长和改善品质。为了充分发挥磷肥的增产效果，在氮肥、磷肥配合施用时，还要根据土壤供应水平，作物的营养特性及其他农业措施进行综合考虑。对一些需氮较多的作物，如玉米、小麦、棉花等应氮、磷并重，数量上氮肥应多于磷肥（如 $N:P_2O_5=1:0.5$）；对豆物及豆科绿肥作物，应氮、磷配合，以磷肥为主，以促进豆科作物的固氮能力。磷肥除需氮肥配合施用外，还要注意与钾肥和有机肥料的配合使用。在酸性土壤上和缺乏微量元土壤上，还需施用适量石灰或微量元素肥料，才能更好地发挥磷肥对于提高作物产量和品质的效果。

8.3 钾 肥

钾是植物生活必需的营养元素，为植物营养三要素之一，它对作物产量及品质影响很大。我国大部分土壤含钾量较高；施用有机肥和草木灰可以使土壤中的钾素部分得到补充。因此，在生产水平一般的条件下，钾素的矛盾并不突出。

近年来，由于生产水平的提高，大量引种高产、优质品种；氮肥、磷肥用量增加；提高复种指数等因素，不少地区出现了缺钾现象。某些地区由于缺钾比较严重，而成为提高作物产量，改善产品品质的限制因素。由于我国钾肥资源匮乏，影响钾肥肥效的因素比较多。因此，如何有效施用钾肥在农业生产中越来越显示其重要性。

8.3.1 植物的钾素营养

8.3.1.1 植物体内钾的含量、形态和分布

一般而言，植物体内钾（K_2O）的含量大约为1%~5%，通常在1.5%~2.5%之间。不同作物对钾的需求各异。通常含碳水化合物、脂肪及生物碱的植物需钾多，如马铃薯、甜菜、烟草、棉花、甘蔗等。

钾在植物体内主要以离子形态或可溶性盐类存在于汁液中或吸附在原生质的表面上。而不是以有机化合物的形态存在，所以植物体内钾离子的浓度往往比硝酸根离子或磷酸根离子高出几十倍至百余倍，同时也高于外界环境中有效性钾几倍至几十倍。钾在植物体内有较大的移动性，并比较集中地分布在幼嫩组织中，如芽、根尖等，所以，凡是代谢较旺盛的部位，钾的含量往往较高，这也说明钾与植物体内主要代谢作用有密切关系（表8-9）。

表8-9　作物不同部位的含钾量　　　　　　　　　　干基 g/kg

作 物	部 位	K_2O	作 物	部 位	K_2O
马铃薯	块茎	22.8	棉花	籽粒	9.0
	叶片	18.1		茎秆	11.0
糖用甜菜	根	21.3	玉米	籽粒	4.0
	块茎	50.1		茎秆	16.0
烟草	叶片	41.0	谷子	籽粒	2.0
	茎	28.0		茎秆	13.0
小麦	籽粒	6.1	水稻	籽粒	3.0
	茎秆	7.3		茎秆	9.0

8.3.1.2 钾素的营养功能

（1）钾是植物体中许多酶的活化剂

目前已经确定，植物体内约有60多种酶需要钾离子作活化剂，这些酶包括合成酶、氧化还原酶和转移酶三大类，它们参与糖代谢、蛋白质代谢和核酸代谢等主要生物化学过程。可见，钾通过对酶的活化，在植物生长发育中起着独特的生理功效。

（2）钾能促进光合作用，提高CO_2的同化率

钾对光合作用的影响有以下几个方面：①钾能促进叶绿素的合成。试验表明，供钾充足时，莴苣、甜菜、菠菜叶片中叶绿素含量明显增高；②钾能稳定叶绿素的结构，缺钾时，叶绿素结构出现片层松弛，进而影响电子的传递以及CO_2的同化；③钾能促进叶绿体中ATP的形成，从而为CO_2的同化提供能量。

改善钾素营养不仅能促进CO_2的同化，并能促进植物在CO_2浓度较低的条件下进行光合作用，使植物更有效地利用太阳能。

(3) 钾能促进碳水化合物的合成和运转

当供钾不足时，植物体内淀粉水解成单糖。从而影响产量。反之，钾充足时，活化了淀粉合成酶等酶类，单糖向合成蔗糖、淀粉方向进行，可增加贮存器官中的蔗糖，淀粉的含量。

作物的光合产物必须从叶部向植物器官输运，特别是输向贮藏器官如果实、籽粒、块根、块茎等。这不仅能消除光合产物在叶部积累而抑制光合作用继续进行；还能使植物各组织分化发育良好。试验证明，供钾充足能加快光合产物的运转。钾促进运转的实质是它能促进输导组织——维管束的正常发育和促进 ATP 的合成，并能活化质膜上的 ATP 酶，使 ATP 分解放出的能量，用于光合产物的运转。

(4) 钾能促进蛋白质和核蛋白的合成

首先钾能提高作物对氮的吸收和利用，供钾充足，对 NO_3^- 同化的硝酸还原酶的诱导合成有促进作用，并能增强其活性，有利于硝酸盐的还原利用。

蛋白质和核蛋白的合成均需要钾作活化剂，氨基酸经活化后，由转移核糖核酸(tRNA)将活化氨基酸带到核糖体的信使核糖核酸上(mRNA)，然后合成多肽，这一过程有钾参加。同时核酸的合成，首先是核苷酸的合成，是由 5-磷酸核糖合成腺苷-磷酸(ATP)和鸟苷-磷酸(GMP)，与这一过程有关的酶也需要钾离子作活化剂。

(5) 钾能增强植物的抗逆性

钾能增强作物抗旱、抗寒、抗病、抗盐、抗倒伏等能力，从而提高其抵御外界恶劣环境的能力，这对作物稳产、高产有明显的作用。

①抗旱性　增加细胞中钾离子浓度可提高细胞的渗透势，防止细胞或植物组织脱水。同时，钾还能提高胶体对水的束缚能力，使原生质胶体充水度、分散度和黏滞性增强。因此，钾能增强细胞膜的持水能力，使细胞膜保持稳定的透性，渗透势和透性的增强，将有利于细胞从外界吸收水分。另外，供钾充足时，气孔的开闭可随作物生理需要而调节自如，使作物减少水分的蒸腾，经济用水。所以，钾有助于作物提高抗旱能力。

②抗寒性　由于钾有促进体内碳水化合物代谢的作用，因此增施钾肥能明显提高作物体内糖的含量。糖类数量的增加，既能提高细胞的渗透势，增强抗旱能力，又能使冰点下降，减少霜冻危害，提高抗寒性。

③抗盐性　研究证明，供钾不足时，质膜中蛋白质分子上的硫氢基(—SH)易氧化成双硫基，从而使蛋白质变性，导致质膜失去原有的选择性而受盐害。

④抗病性　钾能使细胞壁增厚，提高细胞壁木质化程度，因此，能阻止或减少病原菌的危害。缺钾或有效氮多，体内酚类化合物合成减弱，则抗病力降低。钾充足能促进植物体内低分子化合物(如游离氨基酸、单糖等)转化成高分子化合物(如蛋白质、纤维素、淀粉等)。可溶性养分数量减少后，有抑制病菌滋生的效果。许多资料表明，供钾充分可减少水稻胡麻叶斑病、稻瘟病、赤霉病、纹枯病、玉米茎腐病、黑粉病、麦类赤霉病、白粉病、棉花红叶茎枯病以及烟草花叶病等的发病率和危害。

⑤抗倒伏　钾还能促进作物茎秆维管束的发育，能使茎壁增厚，髓腔减少，机械组织内细胞排列整齐，因而能增强抗倒伏的能力。

8.3.1.3 植物对钾的吸收和利用

植物主要通过根系吸收土壤中钾(K^+)，其吸收方式有主动吸收和被动吸收两种。

(1) K^+ 的主动吸收

主动吸收与根内 ATP 含量及根细胞质膜 H^+-ATP 酶的作用相联系的。在 H^+-ATP 酶的作用下，K^+ 的吸收可能通过 H^+/K^+ 交换、单向运输或 H^+-K^+ 共运输进行。

ATP 是 H^+-ATP 酶的底物，在 ATP 酶的作用下消耗 ATP 裂解 H_2O 分子形成 H^+ 及 OH^-，H^+ 进入细胞壁中。在 H^+ 释放到细胞壁时，K^+ 即进入负电荷的细胞质，因而 H^+ 能继续排出到细胞壁。

根系吸收的钾首先是满足细胞质内钾的需要，直到钾的供应达最适水平，在最适水平以上时，过多的钾即转移到液泡中。液泡如同一贮备的细胞器，其所贮备的 K^+ 在代谢需要时可转移到细胞质中。

(2) K^+ 的被动吸收

当土壤溶液中 K^+ 浓度较高时，K^+ 的吸收可能为被动过程，它可沿电化学势梯度扩散，通过 K^+ 通道或载体入内。K^+ 通道由一些内嵌运输蛋白形成，它比载体蛋白对离子的周转率更大。

虽然植物根细胞从介质中吸收 K^+ 有主动吸收和被动吸收，但以主动吸收占主导地位。其吸收速率受到根内 K^+ 浓度及地上部对 K^+ 的需要程度等影响。

当根组织内 K^+ 浓度增高时，K^+ 吸收和 H^+ 净排出的速率减低，根组织内 K^+ 浓度降低时则反之。当地上部对 K^+ 的需要量增加时，根内 K^+ 通过木质部运输到地上部分的数量增加，则根吸收 K^+ 的速率亦加快，有自动调节的功能。

8.3.1.4 植物钾素营养失调症状及其丰缺指标

植物缺钾时，通常是老叶和叶缘先发黄，进而变褐，焦枯似灼烧状。叶片上出现褐色斑点或斑块，但叶中部叶脉仍保持绿色；严重时，整张叶片变为红棕色或干枯状，坏死脱落，根系少而短，易早衰。不同作物表现缺钾症状各异，水稻、小麦、玉米等禾本科作物缺钾时下部叶片出现褐色斑点，严重时新叶也出现同样症状。叶、茎柔软下披，茎细弱，节间短，抽穗不整齐，成穗率低，籽粒不饱满。油菜、棉花、大豆和花生缺钾时，首先脉间出现失绿，进而转黄，呈花斑叶，严重时叶缘焦枯向下卷曲，褐斑沿脉间向内发展。叶表皮组织失水皱缩，逐渐焦枯脱落，植株早衰。甘薯、马铃薯等薯类作物缺钾时，中、下部老叶叶缘黄化并出现斑点，最后全叶变褐而枯萎。马铃薯节间短，叶面粗糙，向下卷曲，甘薯藤蔓伸长受抑。蔬菜作物缺钾时，一般在生育后期表现为老叶边缘失绿，出现黄白色斑，变褐、焦枯，并逐渐向上位叶发展，老叶依次脱落。甘蓝叶球不充实；花椰菜花球发育不良；黄瓜下位叶叶尖及叶缘发黄，果实发育不良，常呈头大蒂细的棒槌形；番茄下位叶出现灰白色斑点，叶缘卷曲、干枯、脱落，果实着色不匀，杂色斑驳，肩部常绿色不褪，称"绿背病"。果树作物缺钾时，苹果新生枝条中下部叶片边缘发黄或呈暗紫色，皱缩，严重时几乎整株叶片呈红褐色，干枯；柑橘严重缺钾时，叶片呈蓝绿色，皱缩，新生枝生长不良；桃树新梢中部叶片边缘和脉间褪绿；起皱；卷曲，随后叶片呈淡红或紫红，叶缘坏死；葡萄叶片变黄，并夹有褐斑，逐渐脱落，新梢生长不良。

钾肥用量过多，由于造成离子不平衡，会影响对其他阳离子特别是镁、钙的吸收，引起作物的钙、镁的缺乏。常见作物营养诊断指标见表8-10、表8-11。

表8-10 几种大田作物钾素营养的诊断指标　　　　　　　　　　　　g/kg（干重）

作物	缺（出现病症）	低	中	高	测定部位及时间
水稻	10.8	—	23.3	—	稻草
小麦	<10	10~15	15.1~30.0	30.0~55.0	抽穗前的上部叶片
玉米	3.913.0	—	14.6~58.0	—	叶片，抽雄期最下穗轴第1叶
甘蔗	0.62~10.4	—	10.4~14.5	>14.5	苗龄5~7个月
棉花	—	30.7	>32.0	—	无叶柄，苗龄45d
烟草	2.0~4.0	—	10.0~18.0	—	成熟叶
大豆	2.9~4.4	—	11.1~44.5	—	第2叶柄

表8-11 几种蔬菜和果树钾素营养的诊断指标　　　　　　　　　　　　g/kg（干重）

名称	缺乏	适量	过剩
番茄（叶片）	<30	40~50	>60
黄瓜（茎叶）	<15	20~25	
甘蓝（外叶）	<12	15~20	
大白菜（外叶）	<15	18~28	
萝卜（叶片）		50~62	
胡萝卜（叶片）		35~40	
葱（叶片）		16~20	
柑橘	<4.0	7~12	>23
桃树	<10.	20~30	>40
梨树	<7	12~20	—
枇杷	<11.0	15.0~22.5	>27
葡萄（叶柄）	1.5~2.8	4.4~30.0	—
李树、樱桃	<10	20~35	>40
杏树	<10	20~35	>40
柿树	4	24~37	
杨梅	<7	7~15	—
猕猴桃	<12	15~19	>22
山核桃	<3.6	75~15	>35
无花果	<7	>10	—
菠萝	<28	43~64	
荔枝	—	8~12	
香蕉	<25	31~40	
杧果		3~12	
油梨	<3.5	7.5~20.0	>30.0
苹果	8~10	10~20	—
桃	<9	12~30	—

8.3.2 土壤中的钾素

8.3.2.1 土壤中钾素的含量、来源和形态

(1) 土壤含钾量

我国农业土壤的含钾量变幅较大,一般在 15~25g/kg 之间。就全国而言,由南向北、自东向西,质量分数有增加趋势,即华北、西北地区黄土的全钾量比南方红壤高。土壤含钾量分布的这种规律性,主要受到土壤母质和黏土矿物的影响。

①土壤母质 我国华北、西北各类土壤受黄土母质影响,东北黑土、黑钙土、栗钙土、棕壤以及新疆等地荒漠土,云母质量分数高,而且矿物分解淋溶微弱,所以土壤供钾水平高;南方由玄武岩、凝灰岩和浅海沉积物发育的砖红壤,花岗岩和花岗片麻岩发育的赤红壤,含钾矿物少,而且母质受到强烈风化,含钾矿物大部分被分解,所以这类土壤供钾能力低。

②黏土矿物种类 土壤中含伊利石和蒙脱石多的,其含钾较高,而土壤中以高岭石、三水铝石等为主的则含钾量较低。此外,质地黏重的土壤含钾量高,而砂性土壤含钾量低。土壤的含钾量与母质、风化度、质地以及耕作、施肥有密切关系。

(2) 土壤中钾的来源

土壤中的钾,主要来自含钾矿物,如钾长石类、云母类和次生黏粒矿物,其中含钾较丰富的为水化云母类(伊利石类),其次如蛭石、绿泥石等也往往含有一定数量的钾。施有机肥和化学钾肥是土壤中钾的补充来源,特别是稻秆中含钾量较高。

(3) 土壤中钾的形态

土壤中有 4 种形态的钾:

①水溶性钾 以离子形态(K^+)存在于土壤溶液中,其数量不多,一般只占土壤含钾量的 0.05%~0.15%。是最易被植物吸收利用的钾。

②交换性钾 吸附在胶体表面上的 K^+。K^+ 可通过解离或交换而释放出来,和水溶性钾呈动态平衡。一般土壤中的交换性钾占全钾的 0.15%~0.5% 左右。交换性钾是土壤中速效性钾的主要来源。

③固定态钾 主要是指层状黏土矿物层间所固定的钾和水云母以及黑云母中的钾。一般不超过土壤全钾的 2%。由于固定于层间晶穴中,有效性降低,又称为缓效性钾。

④原生矿物中的钾 即钾长石、白云母、黑云母等矿物中的钾,对作物无效,又称无效态钾,它们只有通过风化作用才能释放。本类钾一般占全钾含量的 90% 以上,它是土壤潜在的有效钾源。

8.3.2.2 钾在土壤中的转化

(1) 钾的释放

包括含钾矿物的风化释放和缓效钾的释放,而后者关系到土壤中速效钾的供应和补给,是土壤中重要的供肥机制之一。根据国内外的大量研究表明,土壤中钾的释放过程,归纳起来,有以下几个特点。

①释放过程主要是缓效性钾转化为速效钾的过程 也就是说,释放出来的速效性钾主要

来自固定态及黑云母态的钾。

② 只有当土壤的交换性钾减少时，缓效性钾才释放出成为交换性钾　试验证明，作物种植地中的钾释放量比休闲地多，这是因为作物生长需要吸收大量速效性钾，这样就提高了土壤中交换性钾的水平，从而增加了钾的释放量。

③ 各种土壤的释钾能力是不同的，这主要决定于土壤中缓效性钾的含量水平　因此有的土壤学家建议以土壤中缓效性钾含量作为鉴定供钾潜力的指标，并以此作为合理施用钾肥的依据。

④ 干燥、灼烧和冰冻对土壤中钾的释放有显著的影响　一般湿润土壤通过高度脱水有促进钾的释放的趋势，但如果土壤速效钾含量已相当丰富，则情况可能相反。高温($>100℃$)灼烧，例如，烧土、熏泥等都能成倍地增加土壤中的速效性钾。土壤经灼烧处理，不仅缓效性钾释放为速效性钾，而且一部分封闭在长石等难风化矿物中的无效钾也分解转化成速效性钾。此外，冰冻的影响，特别是冰融交替的作用也能促进钾的释放。

(2) 钾的固定

钾的固定是指水溶性钾或交换性钾进入黏土矿物层间孔穴转化成缓效性钾的过程。钾的固定机制和铵态氮的固定相同。影响土壤钾固定的因素有：

① 黏粒矿物的类型　以 2∶1 型矿物，特别是蛭石、伊利石、拜来石等固钾能力最强，其固钾能力依次为蛭石 > 拜来石 > 伊利石 > 蒙脱石。

② 质地　质地愈黏重，固钾能力愈大．

③ 水分条件　国内外研究表明，如果让土壤始终保持适度的湿润状态，则钾的固定作用可以大大减弱，固钾量也可以减至最少。对含速效钾丰富的土壤，干湿的频繁交替会促进钾的固定，但如果土壤速效钾水平不高，则不仅不会固定，而且还可能发生释钾现象。

④ 土壤的酸碱度　酸性土壤存在着水化铝离子，它们又常聚合成为大型的多价阳离子，而吸附于黏粒矿物的表面上，可以防止 K^+ 进入层间孔穴，减少 K^+ 的固定。

⑤ 铵离子　铵离子的半径为 0.148mm，与钾离子和 2∶1 型矿物层间孔穴的大小相近，它也比较容易落入孔穴中而成为固态铵。同时，NH_4^+ 能与吸附态的 K^+ 竞争结合位置，因此，先施用大量铵态氮肥的情况下随后施用钾肥，则钾的固定作用明显减少。也有资料认为，NH_4^+ 的存在将阻止已固定的 K^+ 释放出来。

8.3.3　钾肥的种类、性质和施用技术

钾盐沉积矿床是钾肥最主要的资源，如钾盐、钾石盐、光卤石矿、钾盐镁矾矿等，它们都是多种盐类矿物的混合物。用开采的盐岩生产氯化钾和硫酸钾时，可采用溶解结晶法、浮选法或重力法等进行精炼和提纯。此外，盐湖或内陆海水经蒸发浓缩而成的盐卤，也是一种钾肥资源。

钾肥品种比较简单，常用钾肥主要有氯化钾，约占总用量的 95%，硫酸盐型钾肥，包括硫酸钾、钾镁肥等约占 5%。此外还有少量碳酸钾。

8.3.3.1　氯化钾[KCl，含 K_2O 60%]

① 成分性质　氯化钾含钾(K_2O)60% 左右，呈浅黄色或白色粒状结晶，加拿大产的氯化

钾呈浅砖红色，是由于含有0.5g/kg的铁及其他金属氧化物。氯化钾易溶于水，贮存时易吸湿结块。它是化学中性、生理酸性肥料。

②在土壤中的转化及对土壤的影响　氯化钾施入土壤后，在土壤溶液中，钾呈离子状态存在，它既能被作物直接吸收利用，也能与土壤胶体上的阳离子进行交换。其作用机制和氯化铵相近。

在中性及石灰性土壤中，土壤胶体常为钙镁所饱和，由于氯化钙溶度大，很易从土壤中淋失。施用氯化钾对中性土壤影响较小，但长期施用氯化钾，因受作物选择吸收所造成的生理酸性的影响，能使缓冲性能小的中性土壤逐步变酸。土壤中钙逐步减少，易使土壤板结。因此，中性土壤上施用氯化钾时，需配施石灰质肥料，以防止土壤酸化。

在石灰性土壤中，由于大量碳酸钙的存在不致引起土壤酸化。

在酸性土壤中，因胶体上存在着Al^{3+}和H^+，它们可与氯化钾中的钾离子进行离子交换反应。由此可见，氯化钾施入酸性土壤后，土壤溶液中的H^+浓度会立即升高，加之肥料生理酸性影响，使土壤pH值迅速下降。土壤酸度增加后，作物可能受到活性铁、铝的毒害。因此，在酸性土壤上施用氯化钾，应配合施用石灰和有机肥料，以中和酸性，避免危害。

③施用技术　氯化钾可作基肥或追肥使用，但不宜作种肥。在中性和酸性土壤上作基肥时，宜与有机肥，磷矿粉等配合或混合使用，这不仅能防止土壤酸化，而且能促进磷矿粉中磷的有效化。由于氯化钾中含有氯离子；对忌氯作物如甘薯、马铃薯、甘蔗、柑橘、烟草、茶树等的产量和品质均有不良影响，故应少施或不施。氯化钾特别适宜于麻类、棉花等纤维作物，因为氯对提高纤维含量和质量有良好的作用。

8.3.3.2　硫酸钾[K_2SO_4，含K_2O 48%~52%]

①成分性质　硫酸钾是仅次于氯化钾的主要商品肥料，含钾(K_2O)48%~52%，含硫(S)18%。呈白色、浅灰色或淡黄色结晶，易溶于水，不易结块，便于贮存、运输，施用时分散性好。它是化学中性，生理酸性肥料。

②在土壤中的转化　硫酸钾在土壤中的转化与氯化钾相似，在中性及石灰性土壤中，硫酸钾与钙离子反应的产物是$CaSO_4$，它的溶解度比$CaCl_2$小，对土壤脱钙程度影响也相对较小，因而施用硫酸钾使土壤酸化的速率比氯化钾缓慢，但是，如果长期大量施用硫酸钾，要注意防止土壤板结，应增施有机肥料。在酸性土壤中，若长期单独施用，会使土壤变得更酸，应配合碱性肥料施用。

③施用技术　硫酸钾适宜在各种作物和土壤上施用，由于它含硫，特别适宜十字花科和葱蒜类作物，以及对氯反应敏感的作物。硫酸钾除可作基肥或追肥外，还可作种肥和根外追肥。作基肥时应采取深施覆土，因深层土壤干湿变化小，可减少钾的晶格固定，提高钾肥利用率。作追肥时，在黏重土壤上可一次施下，但在保水保肥力差的砂土上，应分期施用，以免钾的损失。在水田中施用时，要注意田面水不宜过深，施后不要排水，以保肥效。在作种肥时，一般每公顷用量为45~90kg，作根外追肥时浓度以2%~3%为宜。

8.3.3.3　钾镁肥

①成分性质　钾镁肥又称卤渣，是制盐工业综合利用的副产品。主要成分为氯化钾、氯

化镁、硫酸钾、硫酸镁和氯化钠，还有一些微量元素养分。含钾（K_2O）20%～25%，含镁（MgO）27%左右。钾镁肥为灰白色的结晶，易溶于水，吸湿性强，易潮解，是一种速效性肥料。

② 施用技术　钾镁肥适宜在酸性红黄壤、烂泥田及砂性土壤上施用。钾镁肥可作基肥或追肥，一般每公顷用 300～450kg。用前与有机肥一起沤制或混合施用的效果更好。

钾镁肥含氯化物较多，不宜作种肥，也不宜用在盐碱土及对氯敏感的作物。

8.3.3.4　硫钾镁肥[$K_2SO_4 \cdot MgSO_4$，含 K_2O 22%]

① 成分性质　硫钾镁肥是用高品位无水钾镁矾矿生产，不仅含钾，而且还含镁（MgO）12%左右，基本上不含氯化物。一般呈白色或浅灰色结晶，易溶于水，不易吸湿潮解，易于贮藏、运输。

② 施用技术　硫钾镁肥适合在各种作物上作基肥或追肥。可单独施用或与其他肥料混合施用，每公顷用量在 300～675kg 之间。作基肥和追肥时可撒施、沟施。沟施时应避免与种子及幼根直接接触，一般以离植株 12cm，深 10cm 处的效果为好。

8.3.3.5　草木灰

① 成分性质　草木灰的成分很复杂，含有作物体内各种灰分元素，如钾、钙、镁、硫、铁、硅等，其中含钾、钙最多，磷次之。因此草木灰的作用不仅是钾素，而且还有磷、钙、镁、微量元素等营养元素的作用。

草木灰的成分差异很大，不同植物灰分中钾、钙、磷等的含量不相同，一般木灰中含钾、钙、磷比草灰要多一些。同一植物，因组织、部位不同，灰分含量也有差异。幼嫩组织的灰分含钾、磷较多，衰老组织的灰分含钙、硅较多。此外，不同土壤与气候条件都会影响植物灰分中的成分和含量。如盐碱地区草木灰，含氯化钠较多，而含钾较少。

草木灰中钾的主要形态是以碳酸钾存在，占总钾量的 90%，其次是硫酸钾和氯化钾。它们都是水溶性钾，可被作物直接吸收利用。草木灰因燃烧温度不同，其颜色和钾的有效性会有差异，燃烧温度过高（700℃），钾与硅酸熔在一起形成溶解度较低的硅酸钾（K_2SiO_3），灰呈灰白色，肥效较差，而低温燃烧的灰呈黑灰色，肥效较高，因此，烧制草木灰应采用暗火熏烧。草木灰由于含氧化钙和碳酸钾，故呈碱性反应。在酸性土壤施用，不仅能供应钾，而且能降低酸度，并可补给钙、镁等元素。

② 施用技术　草木灰适宜在酸性土壤上作基肥、追肥和盖种肥，作基肥时，可沟施或穴施，深度约 10cm，施后覆土。作追肥时，可直接撒施在叶面上，既能供给养分，也能在一定程度上防止或减轻病虫害的发生和危害。作盖种肥，大都用于水稻、蔬菜育秧，既供应养分，又能吸热增加土表层温度，促苗早发，防止水稻烂秧。

草木灰是碱性肥料，因此不能与铵态氮、腐熟的有机肥料混合施用，以免造成氨的挥发损失。

8.3.4　钾肥的合理分配和施用

钾肥虽然不像氮肥那样容易挥发，也不像磷肥那样在土壤中有强烈固定作用，但其肥效的高低同样也受土壤、气候、作物、肥料、施肥技术等因素的影响，影响的因素比较多，程度也有所不同。因此，要充分发挥钾肥的增产和改善品质的作用，必须了解影响钾肥肥效的因素。

8.3.4.1 土壤性质与钾肥肥效

土壤许多性质都会影响钾肥施用效果，其中土壤供钾水平和质地的影响较大。

土壤供钾水平是指土壤溶液中速效钾的含量和土壤缓效钾释放的数量和速率。在一个生长季节中，对大多数作物来讲，速效钾含量是决定钾肥肥效的重要因素。

土壤质地是影响钾肥肥效的另一因素。同等量速效钾在黏质土壤上的肥效比砂质土差。质地黏重影响扩散速率，质地愈细，电荷密度愈大，对钾的束缚力愈大，在平衡溶液中钾浓度相对较少，而溶液中的钾对作物是最有效的。因此，施用钾肥后，砂质土中钾的有效性比黏土要高，但由于砂质土中交换性钾、缓效钾含量较黏质土壤少得多，虽肥效快，但不持久。实践中，应优先将钾肥分配在砂性土壤上。

8.3.4.2 作物种类与钾肥肥效

不同作物的需钾量和吸钾能力不同，施用钾肥的效应各异。油料作物，薯类与糖用作物、棉麻作物，豆科作物以及烟草、茶、桑等叶用作物需钾量都较多。果树需钾亦较多，尤以香蕉需钾量大，禾谷类作物或禾本科牧草一般需钾量较少，并且对钾的吸收能力强。在相同条件下，禾谷类作物施用钾肥的效应一般不如上述作物明显（表 8-12）。

同种作物，品种不同对钾的需要也有所不同。就水稻而言，一般矮秆、高产良种比高秆品种，粳稻比籼稻，杂交稻比常规稻对钾肥反应敏感。

表 8-12 一般作物携出的钾量

作物	产量（kg/hm^2）	携出的钾（K_2O，kg/hm^2）	$N:P_2O_5:K_2O$
水 稻	6 000	160	1:0.5:1.5
大 麦	4 500	150	1:0.4:1
小 麦	6 000	174	1:0.4:1
玉 米	6 000	120	1:0.4:1
高 粱	3 900	100	1:0.3:0.8
甘 薯	39 000	340	1:0.4:1.8
马铃薯	39 000	310	1:0.5:1.8
花 生	1 950	110	1:0.2:0.6
油菜籽	3 000	220	1:0.4:1.3
大 豆	3 000	170	1:0.2:0.8
柑 橘	30 000	350	1:0.2:1.3
葡 萄	19 500	220	1:0.4:1.4
烟 草	1 950	240	1:0.3:1.8
棉 花	900	90	1:0.4:0.8
黄 麻	1 950	160	1:0.5:2.5
甘 蔗	99 000	340	1:0.7:2.6
茶	2 400	900	1:0.3:0.6

(续)

作 物	产量(kg/hm²)	携出的钾(K₂O, kg/hm²)	N:P₂O₅:K₂O
菜豆(青)	15 000	160	1:0.3:1.2
番 茄	19 500	190	1:0.5:1.4
洋 葱	34 500	160	1:0.4:1.3
黄 瓜	39 000	120	1:0.5:2.5
甘 蓝	39 000	480	1:0.2:1.3
豌 豆	2 400	80	1:0.3:0.8

作物不同生育期对钾的需求差异显著。一般禾谷类作物在分蘖—拔节期需钾较多。其吸收量为总需钾量的60%～70%，开花以后明显下降。棉花需钾量在现蕾至成熟阶段最大，其吸收量也占总量的60%。蔬菜作物如茄果类在花蕾期，萝卜类在肉质根膨大期都是需钾量最大的时期，梨树在梨果发育期，葡萄在浆果着色初期，也是需钾量最大时期。对一般作物来说，苗期对钾最为敏感。但与磷、氮相比，其临界期的出现相对较晚。

8.3.4.3 肥料配合与钾肥肥效

氮、磷、钾三要素在作物体内对物质代谢影响是相互促进、相互制约的，因此作物对氮、磷、钾的需要有一定比例。即钾的增产效应与氮、磷尤以氮的供应水平有关。

氮钾配合施用比单施氮肥或钾肥有较好的增产作用，但氮钾配施对产量效应的大小常因具体条件而异。一般认为：

①当土壤中氮磷含量低，氮磷肥用量少时，配施钾肥的效果往往不明显。

②当氮磷用量增加到一定程度后，而土壤的供钾水平较低时，施用钾肥常可获得增产。但当土壤供钾水平较高时效果不稳定。

③氮肥用量较高，土壤又严重缺钾时，钾氮配施的效果好。否则植物病害增多，早衰、减产。

④氮肥用量很高，但土壤钾丰富时，两者配合的效果不显著。

有机肥料种类和施用水平，是决定钾肥效果的又一重要因素。有机肥料中含有较多的钾，且有效性高。当有机肥料用量高时，配施钾肥的增产效果差。

8.3.4.4 钾肥的施用技术与钾肥肥效

(1) 钾肥品种的选择

钾肥各品种在性质上各不相同，在肥效上亦有差异。如喜钾忌氯作物宜选用硫酸钾，氯化钾适用于纤维作物，硫酸钾对油菜、蔬菜、果树、薯类作物、糖用作物、烟草、茶叶等作物的品质更具有特殊的作用，应尽量避免氯化钾肥料中氯离子对作物的影响。在盐碱土上也不宜施氯化钾。

(2) 施用技术

钾肥在一定的用量范围内，作物产量随着钾肥用量的增加而增加，但单位 K_2O 的增产值则随着施钾量的增加而减少，尤其是作物对钾素有奢侈吸收的特点，施用量大，虽不产生危害，但经济效益低。根据我国钾肥供应情况，在一般土壤每公顷施用 K_2O 37.5～75.0kg，较为经济有效。喜钾作物可适量增加。

钾肥宜深施、早施和相对集中施。可减少因表土干湿变化较大引起的钾的固定。一般施用深度为6~12cm以下。大量研究证明，一般作物在开花前后吸收较多的钾，以后逐渐减少，甚至到成熟期部分钾从根系外溢。所以钾肥施用应掌握早施，即重施基肥，看苗施追肥原则。只有在保水保肥性差的土壤上，钾肥宜基追结合，分次施用，以减少钾的淋失。

复习思考题

1. 植物体内氮、磷、钾的含量与分布有何特点？
2. 氮、磷、钾的主要营养功能有哪些？
3. 植物对氮、磷、钾的吸收和同化有哪些特点？
4. 植物氮、磷、钾营养失调症有哪些？
5. 土壤中氮、磷、钾的转化特点有哪些？
6. 铵态氮肥、硝态氮肥、酰胺态氮肥各有什么特点？
7. 氮肥中氮素损失途径主要有哪些？提高氮肥的利用率可采用哪些措施？
8. 普通过磷酸钙和钙镁磷肥有何特性？怎样合理施用？
9. 影响磷肥合理分配和施用的主要因素有哪些？

主要参考文献

陆欣，2002. 土壤肥料学［M］. 北京：中国农业大学出版社.
沈其荣，2001. 土壤肥料学通论［M］. 北京：高等教育出版社.
彭克明，1996. 农业化学总论［M］. 2版. 北京：农业出版社.
关连珠，2001. 土壤肥料学［M］. 北京：中国农业出版社.
鲁如坤，等，1998. 土壤—植物营养学原理和施肥［M］. 北京：化学工业出版社.
谢德体，2004. 土壤肥料学［M］. 北京：中国林业出版社.
黄云，2014. 植物营养学［M］. 北京：中国农业出版社.

第 9 章

中、微量元素肥料和复混肥料

【本章提要】本章主要讲述中、微量元素在土壤中的形态、转化,中、微量元素的主要营养功能及其缺乏的典型症状,主要中、微量元素肥料品种的性质及其合理施用,复混肥料的含义、有效养分含量表示、特点、发展动向,复混肥料的类型及其经济施用,肥料混合原则,掺混肥料的配制。

9.1 中量元素肥料

9.1.1 植物中的硫、钙、镁营养

9.1.1.1 植物体中的硫

硫(S)是继氮(N)、磷(P)、钾(K)之后的第4个植物主要营养元素。一般植物体中硫的含量平均为 2.0g/kg,与磷的含量相当。一般豆科作物、百合科作物和十字花科作物需硫较多,禾谷类作物需硫较少。作物主要通过根系以 SO_4^{2-} 的形式吸收硫,也可通过叶片吸收 SO_2。此外根系和叶片还可吸收 S^{2-}、SO_4^{2-} 及含硫氨基酸。进入植物体的一部分 SO_4^{2-} 与阳离子结合形成硫酸盐(如 $CaSO_4$);另一部分先被还原,最后形成有机硫。

硫是蛋白质的组成元素之一。在形成蛋白质的氨基酸中,只有半胱氨酸、胱氨酸和蛋氨酸三种含有硫。有研究表明,蛋白质中由于含硫氨基酸的不足,而降低蛋白质生物学价值的作用,大于因赖氨酸数量不足造成的影响。缺硫,影响蛋白质合成,并导致作物体内非蛋白氮增加,从而影响植物正常生长发育。

硫是许多酶的组成成分,如磷酸甘油醛脱氢酶、脂肪酶、氨基转移酶、脲酶及木瓜蛋白酶等都含有硫。这些酶与呼吸作用、脂肪代谢以及碳水化合物代谢有关。硫是固氮酶系统组成成分,为豆科植物固氮所必需。

硫是许多生理活性物质的组成成分,如硫胺素(VB_1)、生物素(VH)、辅酶 A 和乙酰辅酶 A 等都含有硫。适宜浓度的硫胺素能促进根系生长,生物素参与脂肪合成。

此外,含硫有机化合物如半胱氨酸、谷胱甘肽等参与体内氧化还原过程,硫还能促进叶绿素形成。

植物体内硫的临界值水平与作物种类及其生长发育阶段有关(表9-1)。植物缺硫症状类似于缺氮,主要症状表现为植株矮小、瘦弱,失绿和黄化。缺硫植物茎细、僵直、分蘖分枝少。植物体内硫的移动性小,很难从老组织向幼嫩组织转移,因此缺硫症状首先表现于顶部的新叶上,而缺氮症状首先表现于下部的老叶上。如小麦缺硫植株色浅绿,幼叶失绿较老叶

表 9-1　植物体内硫的临界值水平

植物	S 含量(干物质计,%)		
	缺乏	中等	充足
水稻，小麦，玉米，粟	0.10~0.20	0.20~0.30	>0.30
落花生，芥菜，大豆，豇豆，茄子，菜豆	0.10~0.25	0.25~0.40	>0.40
向日葵，亚麻	0.25~0.35	0.35~0.55	>0.55
马嘴豆，豌豆，鹰嘴豆	0.15~0.45	0.45~0.75	>0.75
土豆，花椰菜，菠菜	0.30~0.40	0.40~0.75	>0.75

注：该临界值水平为作物生长 45~55d 后。

更明显，严重缺硫时，叶片出现褐色斑点。油菜缺硫初始表现为植株浅绿色，幼叶色泽较老叶浅，以后叶片逐渐出现紫红色斑块，叶缘向上卷曲，开花结荚迟，花荚少、小、色淡，根系短而稀。水稻缺硫返青迟，分蘖少或不分蘖，植株瘦矮，叶片薄而片数少，幼叶呈浅绿色或黄绿色，叶尖有水渍状圆形褐色斑点，叶尖枯焦，根系暗褐色，白根少，生育期推迟。棉花缺硫植株矮小，整株变为淡绿或黄绿色，生育期推迟。大豆缺硫新叶淡绿到黄色，叶脉叶肉失绿，但老叶仍呈均匀的浅绿色，后期老叶亦失绿发黄，并出现棕色斑点，植株细弱，根系瘦长，根瘤发育不良。

9.1.1.2　植物中的钙

植物体以 Ca^{2+} 的形式吸收钙素营养。一般植物体中钙含量占植物体干重的 5.0~30.0g/kg，多数作物对钙的需要量比镁多，而比钾少。钙在植物体中的含量和分布随植物种类和器官的不同而异。双子叶植物含钙量比单子叶植物高，而双子叶植物中又以豆科植物含钙量高。作物体中的钙主要集中于茎叶中，其中老叶多，嫩叶少。籽粒和果实中含钙量少。许多报道指出，钙是植物体中移动性最差的元素之一。

钙与果胶酸结合形成果胶酸钙成为细胞壁中胶层的组成成分。这样钙起着调节膜透性以及增强细胞壁强度的作用。缺钙细胞壁中果胶酸钙的形成受阻，影响细胞壁的形成，从而影响细胞分裂和根系生长。缺钙细胞渗透性增加，细胞内一些低分子溶质外渗，为病菌提供了营养物质，加之缺钙影响细胞壁形成，因此缺钙降低植物对病菌的抵抗能力。

钙是植物体内一些酶的组成成分和活化剂，如钙是 α-淀粉酶的组成成分，磷脂酶、精氨酸激酶、腺三磷激酶、腺嘌呤激酶等酶以钙作为活化剂。

钙参与植物体内第二信使传递。钙能结合在钙调蛋白上，钙调蛋白是一种具有较高的分子稳定性、耐热、小相对分子质量的酸性蛋白质，它在细胞内作为钙的受体蛋白，调节细胞内许多依赖钙的生理活动，例如，细胞分裂、细胞运动、细胞中信息的传递、植物的光合作用、激素调节等。在有丝分裂中，将染色体分开的纺锤体是由微管构成的，而钙调蛋白复合体能影响微管的解聚，因此，缺钙就会妨碍纺锤体的增长，从而抑制细胞的分裂。

钙能中和植物代谢过程中产生的过多的有机酸，减少有机酸的毒害。如钙与草酸结合形成草酸钙沉淀,从而避免草酸过多对植物的毒害。钙与氢、钠、铝、铅等离子有颉颃作用,可避免酸性土中氢、铝离子和碱性土壤中钠离子过多对植物的危害。

钙还能降低原生质胶体的分散度,使原生质的黏性加强,与钾离子配合,能调节原生质的正常活动,使细胞的充水度、黏性、弹性及渗透性等维持在正常的生理状态,有利于植物的正常代谢。

另外,改善植物的钙营养时,植物体内蛋白质和酰胺含量增加。豆科植物根瘤的形成和共生固氮作用需要较高浓度的钙营养,如缺钙,则影响生物固氮过程。

植物对钙的需求量因植物种类和遗传特性的不同而有很大的差异。在同一条件下进行的培养试验表明,黑麦草最佳生长所需介质中 Ca^{2+} 的浓度为 $2.5\mu mol/L$,而番茄则是 $100\mu mol/L$,二者相差 40 倍。黑麦草最佳生长时期植株含钙量为 $0.7mg/g$,而番茄为 $12.9mg/g$,相差 18.4 倍。一般大田作物缺钙的现象并不多见,但在含钙较少的酸性砂质土上,种植需钙多的花生、蔬菜、果树等作物时应重视钙的供应。从目前的研究来看,石灰性土壤上的果树、蔬菜也出现了缺钙现象。由于钙在植物体内很难移动,植物缺钙时症状首先出现在新根、顶芽、果实等生长旺盛而幼嫩的部位,轻则凋萎,重则坏死。如白菜、芹菜、洋葱和甘蓝的心腐病,辣椒和番茄的蒂腐病,马铃薯的褐斑病,苹果的苦痘病,鸭梨的黑心病等。因此在苹果贮藏期间通过喷钙可减轻腐烂。其次缺钙植物组织发育不全,芽端先枯死,根短粗而少,腐烂通常发生在地上部受害之前。严重缺钙时,叶片变形或失绿,叶缘出现坏死斑点,斑点一般为棕色。

9.1.1.3 植物中的镁

植物体中镁的含量可从占干重的痕量到 1.5%。一般豆科植物的含镁量是禾本科植物的 2~3 倍,块根作物的含镁量高于禾本科植物。植物体内镁的分布一般以种子含量最高,茎叶次之,根最少。镁在植物体内一部分以离子态存在,一部分形成有机化合物。在营养生长期,镁大部分存在于叶片中,到结实期则转移到种子中,以肌醇磷酸镁(植素)的形态贮藏在种子中。

镁是叶绿素的组成成分,叶绿素 a($C_{55}H_{72}O_5N_4Mg$)和叶绿素 b($C_{55}H_{70}O_6N_4Mg$)中,镁是唯一的金属元素位于叶绿素分子结构的卟啉环中间,起中心原子的作用。缺镁影响叶绿素形成,进一步影响光合作用,而影响蛋白质、脂肪、碳水化合物的合成。

镁是多种酶的活化剂。已报道植物体中有 30 多种酶需要镁活化,如脂肪代谢中的异柠檬酸脱氢酶、苹果酸合成酶,光合作用中的核酮糖-2-磷酸羧化酶、吡啶核苷酸-甘油醛-3-磷酸脱氢酶,呼吸作用中的磷酸葡萄糖变位酶、磷酸己糖激酶、磷酸果糖激酶等。镁还参与一些酶如丙酮酸激酶、焦磷酸激酶等酶的构成。

镁还是聚核糖体的成分,而核糖体是蛋白质合成的基本单位,缺镁抑制蛋白质合成。有报道,镁能促进植物体内维生素 A、C 的合成,从而提高水果、蔬菜的品质。

镁在植物体内较易移动,缺素症首先出现于下部的老叶片上。开始时出现叶脉间失绿,叶脉仍为绿色,严重时整个叶片变黄发亮,叶肉组织变为褐色而坏死,开花受抑制,产量降低。缺镁叶片失绿,往往在叶片边缘和尖端较为严重,而叶片基部常能保持绿色。

9.1.2 土壤中的硫、钙、镁

9.1.2.1 土壤中硫的含量和形态及转化

我国土壤全硫含量一般在 100~500mg/kg（S），约有 30% 的耕地缺硫。在南部和东部湿润地区，土壤硫以有机硫为主，有机硫占全硫的 85%~94%，而无机硫仅占全硫的 6%~15%。北部和西部的石灰性土壤，无机硫含量较高，占全硫的 39%~62%。土壤中的硫大部分以 SO_4^{2-} 形态存在。其比较常见的还有 FeS、$S_2O_3^{2-}$、FeS_2 等低氧化态硫，它们在厌氧条件下存在较多。在钙质和盐碱土中，硫的主要存在形态是石膏（$CaSO_4 \cdot 2H_2O$）。中国南方高温多雨，土壤硫易分解淋失，因此缺硫的可能性较大。土壤全硫平均含量 280 mg/kg（S），有效硫平均含量 18 mg/kg（S），通常土壤有效硫小于 10~16 mg/kg(S)时，植物有缺硫的可能性。有效硫在土壤剖面中的分布随土壤性质的不同而有较大变化，酸性土壤由于雨水的淋洗作用，在土层的下部往往可以积累较多的吸附性硫，如砖红壤地区的林地，这种现象特别明显。

土壤中硫可分为四种形态：

① 土壤有机硫　主要是土壤中动植物残体和施入有机肥中的硫，是作物硫的重要给源，但有机硫分解缓慢，每年仅有 1%~3% 转化为无机硫。

② 土壤矿物态硫　存在于土壤矿物中的硫，包括难溶性的硫化物和硫酸盐，作物难于吸收利用，要经过风化释放并氧化成 SO_4^{2-} 才能被作物吸收利用。

③ 水溶性硫酸盐　溶解于土壤溶液中的硫酸盐，作物容易吸收利用。一般土壤溶液中 SO_4^{2-} 浓度在 25~100mg/kg，盐土中最高，可达 100mg/kg。

④ 吸附态硫酸盐　土壤中的水化氧化铁、水化氧化铝带正电荷，能吸附 SO_4^{2-}，黏粒晶格边缘，氢氧化铝络合物以及有机质的两电性都能吸附 SO_4^{2-}。土壤吸附 SO_4^{2-} 的规律与一般阴离子的吸附作用相同，黏粒矿物吸附 SO_4^{2-} 的能力大小依次为：高岭石，伊利石，蒙脱石。有机质丰富的土壤吸附 SO_4^{2-} 也多，降低土壤 pH 值可提高吸附 SO_4^{2-} 的能力，土壤中游离硫酸盐浓度高时被吸附的 SO_4^{2-} 也多。土壤对 SO_4^{2-} 的吸附力仅低于对 $H_2PO_4^-$ 的吸附力，而强于对 OAc^-、Cl^-、NO_3^-。吸附于土壤胶体上的 SO_4^{2-}，容易被其他阴离子代换下来，这点与吸附磷明显不同。土壤吸附态硫在土壤中一般仅为小于 10mg/kg。水溶性硫酸盐和吸附态硫酸盐是有效硫，两者占土壤全硫的 10% 以下。

土壤有机硫的转化也是在微生物作用下的生物化学过程，在好氧条件下，有机硫被微生物分解，有机硫被氧化为 SO_4^{2-} 态。在嫌气条件下，最终生成硫化物。

土壤中无机硫的转化主要包括氧化和还原作用。硫酸盐的还原作用主要通过两种途径进行：一种是土壤生物吸收 SO_4^{2-} 到体内后，使之还原为含硫氨基酸等有机物；另一种则是在硫还原细菌作用下 SO_4^{2-} 被还原为还原态硫，如硫化物、硫代硫酸盐和元素硫等。无机硫的氧化作用即是土壤中的还原态硫在硫氧化细菌作用下，氧化为硫酸盐的过程。

9.1.2.2 土壤中钙的含量和形态及转化

地壳平均含钙 3.65%，按含量占第五位。土壤含钙量可从痕量到 4% 以上，主要取决于成土母质和影响土壤发育的风化作用和淋溶作用的程度。如石灰岩发育的石灰性土壤，由于

母质本身含大量的 $CaCO_3$，形成的土壤含钙丰富。在高温多雨湿润地区，不论母质含钙多少，在漫长的风化、成土过程中，钙被大量淋失，导致土壤含钙低，一般在1%以下，所以酸性或微酸性土壤往往缺钙。中国南方的红壤和黄壤的含钙量低，一般小于1%，北方的石灰性土壤中，游离碳酸钙含量可高达10%以上。

土壤中的钙可分为有机物中的钙、矿物态钙、土壤溶液中的钙和土壤代换性钙四种形态。①土壤有机物中的钙一般只占土壤总钙量的1%以下，主要存在于土壤动植物残体中，有机物中的钙植物不能直接吸收利用，一般作为植物供应潜力看待，只有分解后才能被植物吸收利用。②土壤矿物态钙一般占土壤总钙量的40%~90%，是主要的钙形态，存在于土壤固相的矿物晶格中，植物不能直接吸收利用矿物态钙，一般也作为植物供应潜力看待。矿物态钙一部分存在于原生矿物如长石、辉石和角闪石中；还有一部分则是简单的盐类，如碳酸钙[方解石 $CaCO_3$ 和白云石 $CaMg(CO_3)_2$]，硫酸钙（石膏 $CaSO_4 \cdot 2H_2O$），硝酸钙 $Ca(NO_3)_2$ 和磷灰石[$Ca_{10}(F、OH、Cl)_2(PO_4)_6$]等。土壤含钙矿物一般比较容易风化，风化后形成有效钙。③土壤溶液中的 Ca^{2+} 与其他离子相比数量最多，大约是 Mg^{2+} 的2~8倍，K^+ 的10倍。水溶性钙占土壤代换性钙的2%以下。④土壤代换性钙一般占土壤总钙量的20%~30%，吸附于土壤胶体表面，可被其他阳离子代换出来供植物吸收利用。土壤溶液中的钙和土壤代换性钙是植物可直接吸收利用的有效态钙。

土壤供钙水平主要取决于土壤代换性钙的供应容量大小，如玉米和大多数蔬菜当土壤代换性钙含量低于 200mg/kg 时表现缺钙。

土壤中含钙矿物较易风化，风化后以钙离子的形式进入土壤溶液，其中一部分为胶体所吸附成为交换态钙。土壤中含钙矿物风化后，进入土壤溶液中的钙离子可能随水流出土体而损失，或为生物吸收，或吸附于土壤固相表面，或再沉淀为钙化合物。华北及西北地区土壤中含钙的碳酸盐和硫酸盐向土壤溶液提供的钙离子浓度足够植物生长的需要。华南地区的酸性土壤既不含碳酸钙也不含硫酸钙，含钙硅酸盐矿物风化溶解出来的少量钙离子又被强烈淋溶，造成土壤缺钙。矿物态钙、交换态钙和水溶液态钙处于动态平衡之中。土壤代换态钙的绝对数量并不十分重要，但土壤代换态钙对土壤阳离子交换量的比例却十分重要，因为该比例对溶液中钙离子浓度有直接的控制及缓冲作用。

9.1.2.3 土壤中镁的含量、形态及转化

地壳中镁的平均含量为2.06%，占第八位，但土壤含镁量仅在0.6%左右。土壤镁含量受母质、气候、风化程度、淋溶和耕作培肥措施等的影响。例如，同是岩浆岩，含橄榄石、辉石、角闪石、黑云母等镁成分多的基性岩，其含镁量可高达5%；而含花岗岩等酸性岩成分多的母质发育的土壤含镁量低于1%。含镁矿物一般较易风化，在高温、湿润、风化淋溶作用强的南方地区，尽管是基性岩发育的土壤，含镁量仍不高；而干燥、寒冷、淋溶弱的北方地区，土壤含镁量普遍较高。我国土壤有效镁含量从 1.2mg/L 到 4 468.9mg/L 不等，平均含量为 320.6mg/L。地区间变异性较大，有自北向南、自西向东有逐渐降低的趋势。北方土壤含镁量一般为0.5%~2%，平均1%左右，而南方土壤含镁量一般为0.06%~1.95%，平均0.5%左右。我国热带、亚热带湿润地区，黏土矿物主要是不含镁的高龄石、三水铝石及针铁矿，土壤含镁量低，因此我国热带、亚热带湿润地区的植物易发生镁素营养不足。根据

土壤系统研究法的养分评价指标，我国有8%的土壤有效镁含量处于严重缺乏状态，处于缺乏状态的土壤占13%，处于中等水平的占33%，而处于丰富和极丰富状态的分别占34%和12%，有54%的土壤需要不同程度的补充镁素肥料。我国土壤有效镁含量较低的区域主要集中在长江以南地区，主要有福建、江西、广东、广西、贵州、湖南和湖北等省（自治区）。

土壤镁的存在形态有以下几种：

①有机态镁　含量很少，有机态镁不足全镁的1%，土壤中镁主要以无机态存在。

②矿物态镁　存在于原生矿物和次生矿物晶格中，是土壤镁的主要形态和供给源，占土壤全镁量的70%~90%，主要存在于橄榄石、辉石、角闪石、黑云母等含镁硅酸盐矿物和菱镁石、白云石、硫酸镁等非硅酸盐矿物中。矿物态镁不溶于水，大多可溶于酸中，植物不能吸收利用。

③非代换性镁　溶于低浓度酸如0.05~1mol/L盐酸中的矿物态镁，占土壤全镁量的5%~25%，非代换性镁又称缓效态镁可作为植物能利用的潜在有效镁。

④代换态镁　指吸附于土壤胶体表面并能够被其他阳离子代换出来的Mg^{2+}。代换态镁占土壤全镁量的1%~20%，低于钙，而高于钾、钠。代换态镁是植物可利用的主要有效镁，是土壤镁肥力的重要衡量指标。

⑤水溶性镁　指存在于土壤溶液中的镁，其含量只占代换态镁总量的百分之几。作物容易吸收利用水溶性镁。水溶性镁和代换态镁合称为土壤有效态镁。由于水溶性镁占有效态镁的比例很少，而且它们是动态平衡的关系，因此通常以代换态镁作为土壤有效镁的供应指标。

土壤中各形态镁之间处于一个动态的平衡之中。矿物态镁在生物、化学和物理风化作用下而逐渐破碎分解，参与土壤中各形态镁之间的转化和平衡。转化成的非代换性镁可释放交换态镁，代换态镁也会被固定为非代换性镁，它们之间可缓慢地相互转化。代换态镁与水溶性镁之间也发生着快速的吸附与解吸的平衡过程。

9.1.3　硫、钙、镁肥的种类、性质及施用

9.1.3.1　硫肥的种类、性质及施用

（1）常用的硫肥

①含硫矿物　自然界有很多含硫矿物，如天然硫矿（S）、石膏矿、硫黄矿、硫铁矿、黄铜矿等。农用石膏有生石膏（即普通石膏，$CaSO_4 \cdot 2H_2O$）和磷石膏。生石膏含S18.6%，CaO23%，微溶于水，对于一般的土壤可补充土壤钙硫不足，对于碱土除补充土壤钙硫不足外，碱土施用石膏的主要目的是改良土壤的性质。磷石膏是工业生产的副产品，主要成分为硫酸钙，含S12%，还含有2%的磷酸。

硫黄（元素硫）一般含S80%~99%，难溶于水。元素硫的细碎程度对硫的有效程度影响很大，作为农用的元素硫，其粉碎程度要求100%通过1mm筛，50%通过0.16mm筛，这样的粒径即可保证作物有足够的营养，又可延长硫肥的后效，并减少费用。元素硫不易流失，后效较长。

②含硫化肥　有硫酸铵（含S24%），硫酸钾（含S18%），硫酸镁（含S13.0%），硫酸锌（含S15%），绿矾（含S11.5%），过磷酸钙（含S13.9%）等都含有硫酸盐。多数硫酸盐肥料

为水溶性的,硫酸钙微溶于水。这些化学硫肥所含的硫容易被植物吸收利用。液态二氧化硫(含S 50%),需要盛于耐压的容器中。目前中国过磷酸钙的年产量为 370×10^4 t P_2O_5,典型的过磷酸钙产品含 P_2O_5 14%、S 12%,相当于向土壤中施用了 310×10^4 t S。预计中国今后的过磷酸钙年产量将维持在 370×10^4 t P_2O_5 水平上,仍然是中国土壤的主要硫来源,占中国的肥料形式向土壤中施用硫总量的90%。

③硫衣肥料(含氮36%~38%、硫14%~18%) 是在水溶性肥料颗粒表面涂上一层相对难溶性的材料,可以达到控制水溶性养分逐渐释放的目的。如硫衣尿素就是一种在尿素颗粒外包裹一层硫黄组成的控释氮硫肥。硫衣尿素特别适合于生育期长,整个生长期需多次施用水溶性氮的作物,如甘蔗、菠萝、牧草、草地、水果(酸果蔓、草莓)和水稻等,以及降水量大或灌溉的沙质土壤。硫衣尿素的另一个优点是含有硫,尽管涂层中的硫在施用后第一年初期不可能完全矫正缺硫状况,但在以后的作物生长期和第二年将成为作物可吸收硫的重要来源。硫衣尿素也可以专门用于向植物提供硫养分。例如,用油和木质磺酸钙(造纸废料)作黏结剂将硫黄涂在尿素表面制成新型硫衣尿素(规格为40-0-0-10S)在美国和墨西哥被施用于水稻和百慕大草上。

④硫强化氮磷复合肥料(含硫5%~20%) 美国国际肥料发展中心在生产聚磷酸铵颗粒肥料时,通过在造粒滚动床喷洒液态硫,制成含12% N、23% P、15% S(12-52-0-15S)的硫强化聚磷酸铵颗粒肥料,特别适合于需磷和需硫较大的豆类作物。此外,硫强化普钙即普通的普钙经加硫处理后,含硫量可达18%~35%,该产品在澳大利亚和新西兰等国家施用相当普遍。所添加的硫比普钙中原来含的 $CaSO_4$ 的肥效长,能在植物整个生长期向植物提供满足植物需求的、可被植物吸收的 SO_4^{2-}。

⑤有机肥中的硫 作物秸秆、绿肥、厩肥等有机肥料中含有一定的硫,含 S 0.03%~0.38%,土壤有机硫需要经过微生物的分解,转化成无机硫才能被作物吸收利用。此外大气硫(主要为 SO_2)可被植物直接吸收或通过降水等带到土壤。灌溉水也可提供给土壤一定的硫素营养。

(2)硫肥的合理施用

硫肥的肥效取决于肥料物料的种类、土壤性质、植物种类、气候条件以及施用时间等。硫氧化作用受硫黄颗粒大小、施用的方法和时间等影响。硫颗粒的表面积与种植于缺硫土壤中玉米对硫的摄取量之间呈现显著的线性关系。许多高度风化的土壤具有相当高的 SO_4^{2-} 吸附能力。黏土矿物对 SO_4^{2-} 的吸附能力以高岭土>伊利土>蒙脱土。种植于砂质土壤上的植物较容易缺硫,因为这些土壤的有机物和黏土含量常常较低,导致 SO_4^{2-} 容易流失,特别是在降水量大的地区。在这样的条件下,硫黄肥料可能比硫酸盐速效肥料更好。在某些C/S比或N/S比高的土壤中也可能发生硫的固定作用,而C/S比或N/S比低的土壤则有利于硫的矿化作用(无机盐化)。即土壤机物含量高,硫的有效性也高。种植在有机物含量小于1.2%~1.5%的土壤上的谷物常需施用硫肥。硫酸盐在高度嫌气土壤中可被细菌还原形成 H_2S,随后再与重金属反应而生成高度不溶性的硫化物。如果土壤系统后来被氧化,这些硫化物氧化成元素硫,再通过生物氧化过程转化为 H_2SO_4,从而引起土壤酸化。硫肥的合理施用应遵循:

①根据土壤特性施用 中国南方高温多雨,土壤硫素养分易分解流失,因此缺硫的可能性较大。通常土壤有效硫小于10~16mg/kg时,施硫肥有效。酸性土壤由于雨水的淋洗作用,

在土层的下部往往可以积累较多的吸附性硫,如砖红壤地区的林地这种现象特别明显,随着剖面的加深而有效硫含量增加。北方碱土施用石膏的主要目的是改良土壤的碱性。

②根据植物种类施用　硫肥最好优先施于对硫敏感的需硫多的植物上,如大豆、花生、甘蓝、葱、蒜、韭菜等植物,在缺硫的情况下及时供应少量硫肥即有明显的增产效果。一般禾本科植物对硫反应不敏感,但禾本科植物中的水稻对硫反应敏感,施用硫肥效果好。由于硫在植物体内移动性小,再利用程度低,硫肥最好是早施或分期追肥。

③根据肥料性质施用　石膏、硫黄和磷石膏溶解性差,宜作基肥施用。磷石膏通常含有一定量的氟(F),作为肥料施用时,应注意氟含量对土壤和作物的污染。水溶性含硫肥料可作为基肥、种肥和追肥或根外追肥施用,但对于雨季降水量大或淋溶强的土壤不宜作为基肥施用,以防止 SO_4^{2-} 的流失。一般对水溶性肥料可结合氮、磷、钾等大量元素肥料或其他元素肥料一起施用,既补充了氮、磷、钾、钙、镁等,又补充了硫素营养,不必单独考虑施用硫肥。

④根据土壤含硫量、作物需要量以及氮硫比值确定经济合理的施肥量　硫肥用量除考虑土壤含硫量和作物需硫量外,还得考虑氮硫比值。一些试验表明,氮硫比值接近7∶1时,氮和硫才能都得到有效的利用。

在温带地区,硫酸盐类可溶性肥料春季施用比秋季好。在热带和亚热带地区则宜夏季施用,这样既可适时补充夏季高温,作物旺盛生长需要的大量硫素营养,又可减少雨季硫的淋失。目前,Tiger-Sul Products 子公司研制的一款应用程序—强化微量营养素硫肥施肥向导,可以精确确定硫肥的施用量。此施肥的应用程序可在手机上使用。除此之外,该应用程序存储了详细的微量营养素信息,植物营养缺失症状,还能够与肥料专家建立施肥农化服务体系。

9.1.3.2　钙肥的种类和性质及施用

(1) 钙肥的种类

含钙的肥料种类很多,有过磷酸钙、钙镁磷肥、硝酸钙、氯化钙、石膏、石灰等。如氯化钙($CaCl_2 \cdot 2H_2O$),除含氯素营养以外,含钙47%,易溶于水,可用于作物的追肥和根外追肥,根外追肥可用浓度0.5%。石膏($CaSO_4 \cdot 2H_2O$)含钙22%,含硫19%,微溶于水。除可提供钙、硫营养以外,石膏主要用于改良盐碱土,消除土壤碱性。石膏一般用做基肥撒施。

主要的钙肥是石灰。石灰包括生石灰(CaO)、熟石灰[$Ca(OH)_2$]和碳酸石灰($CaCO_3$)。用石灰石烧制的生石灰含 CaO 90%~96%,用白云石烧制的生石灰除含 CaO 55%~85%外,还含 MgO 10%~14%,兼有镁肥的效果。熟石灰含 CaO 70%左右。碳酸石灰又称石灰石粉,直接用石灰岩机械磨碎而成,含 CaO 55%左右。石灰为碱性,除提供钙素营养以外,还能中和土壤酸度,其中和能力的大小依次为:生石灰,熟石灰,碳酸石灰。石灰中和酸性的能力可用中和值来说明。中和值用相当于 CaO 的数量来表示。按 $CaCO_3$ 的摩尔质量为100,CaO 的为56,即100kg $CaCO_3$ 相当于56kg CaO 的中和效果,则100kg $CaCO_3$ 的中和值为56。同理,100kg $Ca(OH)_2$ 的中和值为75.7。

(2) 石灰肥料的作用

①中和土壤酸性、消除铝毒　酸性土壤(如南方的红黄壤)中 H^+ 浓度高,pH值较低,同时活性铁、铝、锰离子积累,对大多数作物均能产生毒害。施用石灰可中和土壤溶液中游离

的 H^+（活性酸）和土壤胶体上吸附的 H^+（潜性酸），同时施用石灰能促使活性铁、铝、锰离子生成难溶性的氢氧化物沉淀，从而消除毒害。

$$如\ 2Al^{3+} + 3Ca(OH)_2 = 2Al(OH)_3 \downarrow + 3Ca^{2+}$$

②增加土壤有效养分　酸性土壤施用石灰，可调节土壤 pH 值，有利于土壤微生物活动（如硝化细菌、氨化细菌、固氮菌和纤维分解细菌等），从而促进有机质分解和生物固氮作用，增加土壤有效养分；酸性土壤施用石灰，可降低土壤对磷的固定作用，增加磷的有效性；土壤 Ca^{2+} 浓度的增加，可将土壤胶体上吸附的 NH_4^+ 和 K^+ 交换下来供作物吸收利用；施用石灰增加土壤中的 OH^- 数量，可使酸性土壤固定的钼被 OH^- 交换释放出来，从而增加钼的有效性。

③改善土壤物理性质　酸性土壤腐殖质含量少又缺乏钙，所以土壤分散性强、通透性差、土壤容重较大等。施用石灰后，Ca^{2+} 代替了 H^+ 使得原来的氢胶体变为钙胶体，促使土壤胶体凝聚。施用石灰，调节土壤酸碱性，有利于微生物活动，促进土壤有机质的腐殖质化过程，能够增加土壤腐殖质含量，有利于土壤团粒结构的形成，从而使土壤的物理性质得到改善。

④减轻病虫害　大部分致病性真菌适于在酸性环境中生存，施用石灰后，可减轻病菌的滋生，抑制病害发生。如十字花科根肿病和番茄枯萎病在酸性土壤中容易滋生，施石灰后发病率明显下降。

(3) 石灰肥料的施用

石灰施用量可按土壤交换性酸或水解性酸度来计算，采用一定浓度的 $CaCl_2$ 溶液浸提土壤样品，然后用标准 $Ca(OH)_2$ 溶液滴定后计算。

$$石灰施用量\ CaO(kg/hm^2) = CV/m \times 0.028 \times 2\ 250\ 000 \times 经验系数$$

式中　C,V——滴定消耗的标准 $Ca(OH)_2$ 溶液的浓度（mol/L）和体积（mL）；

　　　m——风干样重（g）；

　　　0.028——CaO 的摩尔质量的 1/2（kg/mol）。

因石灰的溶解度和施用均匀等问题，实际应用时还需乘以经验系数，生石灰为 0.5，石灰石粉为 1.3。

中国科学院南京土壤研究所甘家山红壤试验场进行了 6 年的石灰施用试验，1958 年提出了酸性土壤第 1 年的石灰施用量的经验标准。这对不具备测定土壤有关性质的地方，尤有参考价值（表 9-2）。

表 9-2　酸性土壤第 1 年石灰施用量　　　　　　　　　　　　　　　　　　　　kg/hm²

土壤酸度类型	黏土	壤土	砂土
强酸性（pH 4.5～5.0）	2 250	1 500	750～1 125
酸性（pH 5.0～6.0）	1 125～1 875	750～1 125	375～750
弱酸性（pH 6.0）	750	375～750	375*

* 如果石灰用量少，应与细土或有机肥料拌和施用。

在强酸性黏土中，如果每年种植两季作物，第 1 年每公顷施 2 250 kg，第 2 年每公顷施 1 500 kg，第 3 年每公顷施 750 kg，第 4、第 5 年停施，第 6 年重新施用。

石灰用量的确定除了根据土壤总酸度计算外，还应综合考虑作物种类、土壤质地、气候条件、施肥方法等因素，适当增减用量。不同作物生长最适 pH 值范围不同，如茶树要生长于酸性土壤，施石灰对其生长不利。耐酸性强的作物，如马铃薯可不施石灰，不耐酸的麦类、玉米、大豆等应多施石灰。黏土比砂土多施，旱地比水田多施，耕层深的比耕层浅的多施。撒施石灰用量应增加，而条施、穴施等局部施用可大大减少石灰用量。此外，还应考虑配合施用肥料的性质，如配合施用的是生理酸性肥料（硫酸铵、硫酸钾、氯化钾等）或有机肥料，石灰用量应增加；如配合施用的是钙镁磷肥、窑灰钾肥等碱性肥料时，石灰用量应减少。

石灰通常用做基肥，水田也可用做追肥。作种肥不能与种子接触，以免影响种子发芽。为了发挥石灰的增产作用，需要配合施用一定量的有机肥料和化学肥料。注意施用时，不能与腐熟的有机肥料和铵态氮肥混合施用，以免造成氨的挥发损失。

9.1.3.3 镁肥的种类和性质及施用

（1）常用的镁肥

常用的镁肥有硫酸镁、氯化镁、硝酸镁、钾镁肥等，常见含镁肥料成分、含量和主要性质见表9-3。

表9-3 常用镁肥的种类、成分及性质

肥料名称	含Mg(%)	主要成分	主要性质
硫酸镁	9.7	$MgSO_4 \cdot 7H_2O$	酸性，易溶于水
氯化镁	25.6	$MgCl_2$	酸性，易溶于水
硝酸镁	16.4	$Mg(NO_3)_2$	酸性，易溶于水
磷酸铵镁	14.0	$MgNH_4PO_4$	中性或碱性，易溶于水
钾镁肥	17.0	$MgSO_4、K_2SO_4$	碱性，易溶于水
钙镁磷肥	9~11	$Mg_3(PO_4)_2$	碱性，微溶于水
菱镁矿	27.0	$MgCO_3$	碱性，易溶于水
白云石	10~13	$MgCO_3 \cdot CaCO_3$	碱性，微溶于水
光卤石	8.7	$KCl \cdot MgCl_2 \cdot 6H_2O$	微溶于水
厩肥	0.1~0.6	—	

磷酸铵镁是一种长效的复合肥料，除含镁外，还含N 8%，P_2O_5 40%，微溶于水，所含养分全部有效。

（2）镁肥的合理施用

①根据土壤特性施用　镁肥的效果与供镁水平关系密切，对于酸性强、质地粗、高淋溶、母质含镁低和过量施用石灰或钾肥的土壤，是镁素容易缺乏和镁肥优先施用的对象。通常以代换态镁作为土壤有效镁的供应指标，一般土壤代换性镁（Mg^{2+}）含量低于50mg/kg时，一般作物可能出现缺镁症状，需要施用镁肥。根据我国有效性镁含量判断，每年我国土壤需要补施 984×10^4 t 的含镁肥料。红壤地区土壤镁素状况和镁肥施用是近年来国内研究的重点课题。在大田施用镁肥，以红壤旱地上的黄豆、花生增产幅度最大，达25%~40%，其次是茶叶、烤烟，增产幅度为20%~25%，水稻增幅较小，仅为6%左右。施用镁肥增产幅度与土壤有效镁含量和作物品种有关（表9-4）。

②根据作物种类施用　不同作物对镁的要求不同，施用镁肥的效果也不同。一般豆科作

物的含镁量是禾本科作物的 2~3 倍，块根作物的含镁量高于禾本科作物。大田作物的花生、芝麻、谷子，经济作物和果树中的棉花、甜菜、烟草、油棕榈、咖啡、香蕉、菠萝、柑橘以及蔬菜中的马铃薯、番茄都是需镁多的植物。对镁敏感的作物如棉花、果树等容易出现缺镁，施镁肥效果显著。花生、马铃薯、烟草等作物需镁量较禾谷类作物多，其镁肥的增产效果比较显著。

表 9-4 土壤有效性镁与施镁肥的增产作用

作 物	有效性镁 (mg/kg)	产量(kg/hm²) 对照	产量(kg/hm²) 施镁	增产 (%)
黄 豆	12.8	433.5	561.0	25.5
花 生	22.5	1 584.0	2 221.5	40.2
茶 叶	107.0	499.5	597.0	19.5
茶 叶	22.9	594.0	625.5	9.8
高 粱	98.1	1 750.0	1 944.0	11.0
红 薯	53.7	13 519.0	14 816.0	9.6
菠 萝	5.4	30 300.0	33 112.0	9.3
香 蕉	55.7	52 884.0	54 234.0	2.7
早 稻	33.7	5 809.5	6 333.0	9.0
早 稻	27.7	5 398.5	5 583.0	3.4
晚 稻	43.6	5 875.5	6 153.0	4.3
晚 稻	32.0	5 667.0	6 139.0	8.3

引自黄鸿翔等，2000。

③根据肥料性质施用　中性或微碱性尤其是含硫偏低的土壤宜选用硫酸镁和氯化镁酸性肥料，对酸性土壤宜选用碱性的碳酸镁为好。这样既可提供镁素营养，又可调节酸碱性。在镁素不足的土壤中，氮素形态对作物镁素营养也有影响。据报道，作物缺镁程度随下列氮肥形态次序减轻，即硫酸铵 > 尿素 > 硝酸铵 > 硝酸钙。

镁肥可做基肥、追肥或根外追肥，做基肥或追肥施时，应浅施，施用量视土壤有效镁含量、作物种类和土壤而定。一般每公顷施硫酸镁 225kg(Mg15~22kg/hm²)。镁肥应配合有机肥料和化学肥料施用。红壤中有机肥料与镁肥配施可较单施有机肥的谷子增产 50%，可比单施镁肥增产大豆 5%。

9.2　微量元素肥料

高等植物生长发育需要 16 种必需的营养元素，除需要 C、H、O、N、P、K、Ca、Mg、S 9 种大、中量元素外，还需要吸收少量的 B、Mn、Cu、Zn、Mo、Cl、Fe 等元素。由于作物对 B、Mn、Cu、Zn、Mo、Cl、Fe 等元素的需要量很少，一般占作物干重的万分之一以下，称为微量元素，以含微量元素为主的肥料称为微量元素肥料。如铁肥、硼肥、锌肥、钼肥、铜肥、锰肥、氯肥等。微量元素在作物体中含量虽少，与大量元素相比其营养功能也是同等重要和不可代替的，缺乏时也会成为植物生长发育的限制因素。

9.2.1 植物的微量元素营养

与大量元素相比，微量元素在植物体内有一些特点：①植物对微量元素的需要量少，各种微量元素从缺乏到过量之间的临界范围很窄，稍有缺乏或过量就可对作物造成严重危害。临界值是指对于正常的植物生长，土壤和植物中应具备的各种养分水平。对于不同的土壤，不同的植物，甚至作物品种间临界值都不同，在土壤或植物体内某种微量元素低于临界值时需增施这种微量元素肥料。如中性紫色土蚕豆耐氯临界值在 400～500 mg/kg，氯含量大于 800 mg/kg 时严重抑制生长，蚕豆显著减产。水稻植株体内铜元素低于 6 mg/kg 则出现缺乏，而大于 30 mg/kg 则水稻植株出现中毒症状。②植物中，微量元素多是酶、维生素和生长刺激素等的组成成分，直接参与有机体的代谢过程，其生理作用有很强的专一性。③微量元素在植物体内，一般移动性很小，再利用程度低，所以一般缺素症首先表现于新生的组织（锌除外，缺锌在老叶上先出现症状）。

9.2.1.1 植物中的硼

植物的硼含量为 2～100mg/kg，含量很低。一般双子叶植物的含硼量较单子叶植物的含硼量高 2～8 倍；豆科植物和根用作物如甜菜的含硼量高于谷类作物；同一植株的各部位的硼含量不同，一般植物生长点和繁殖器官硼含量较多，在植物体中约有 50% 的硼集中分布于细胞壁和各细胞间的空隙里。生长于不同土壤上的同一植物的硼含量也会不同。硼以 $B(OH)_4^-$ 或者 $B(OH)_3$ 形态被吸收。

硼能促进繁殖器官的正常发育，提高座果率。硼能促进花粉的萌发和花粉管伸长，缺硼籽实不能正常发育，甚至不能形成。缺硼常出现油菜的"花而不实"，棉花的"蕾而不花"，小麦的"穗而不实"和苹果的"缩果病"，甜菜的"腐心病"大豆的"芽枯病"。我国曾经出现的大面积甘蓝型油菜"花而不实"，经研究即为缺硼所致，这类土壤都是含有效硼很低的红壤。

硼能促进碳水化合物运输。硼与碳水化合物形成络合物后通过细胞膜较碳水化合物分子单独通过快，所以能促进碳水化合物运输。苹果和梨缺硼出现裂果或果肉里出现大量栓质化组织，称缩果病，不堪食用。由于植物生长素的运输需要碳水化合物，而硼又能加速碳水化合物的运输，因此硼能促进植物生长素的运输。硼也能促进碳水化合物运输，为根瘤菌提供更多的能源物质，因此硼还能提高豆科植物根瘤菌的固氮能力，增加固氮量。

缺硼，多酚氧化酶活化的氧化系统失调。当酚氧化为醌后，产生黑色的醌类聚合物而使作物出现病症。如甜菜的腐心病、萝卜、花椰菜的褐腐病等都是醌类聚合物引起的。

硼具有稳定叶绿素结构的作用，这有利于光合作用的进行，增加光合作用的强度和光合产物的数量及其运输。

缺硼主要表现于生长点，如根尖、茎尖生长点停止生长，严重时生长点萎缩而死亡，侧芽大量发生，使植株生长畸形。硼在作物体内较难移动，再利用率低，缺硼症状首先表现于幼嫩组织。易缺硼的作物有油菜、甜菜、棉花、玉米和蔬菜等。

9.2.1.2 植物中的锰

植物的锰含量为 50～100mg/kg，因种类、生长阶段、植株部位、土壤等的不同而不同。需锰多的植物有燕麦、甜菜、烟草、马铃薯等，平均含锰量为 50～260 mg/kg；需锰中等的植物有小麦、亚麻、豌豆、蚕豆等，平均含锰量为 30～128 mg/kg；需锰少的植物有水稻、大麦等，平均含锰量为 30～60mg/kg。小麦植株的锰含量以分蘖期最高，收获期最低。同一生长阶段，叶片锰含量最高，茎秆居中，穗的锰含量最低。锰主要存在于植物的绿色组织中，以胚和叶绿体中最多。

锰在植物体内一般以两种形态存在：一种以 Mn^{2+} 形态进行运输；另一种以结合态，即锰与蛋白质结合，存在于酶及生物膜上。

锰是维持叶绿体结构所必需的元素，在叶绿体中锰以结合态直接参与水的光解反应，给光系统Ⅱ提供电子，与光合作用密切相关。

锰参与体内氧化还原过程，影响硝态氮还原为铵态氮，缺锰硝酸盐积累，叶中非蛋白氮较正常植株高 77%，影响蛋白质合成；锰在吲哚乙酸（IAA）氧化反应中能提高吲哚乙酸氧化酶的活性，有助于过多的生长素及时降解，以保证细胞能正常生长；缺锰时抗坏血酸（维生素 C）和谷胱甘肽易被氧化而影响作物正常生长。

在三羧酸循环中锰可作为许多酶的活化剂，例如，柠檬酸脱氢酶、α-酮戊二酸脱氢酶、苹果酸脱氢酶、草酰乙酸脱氢酶等。

锰对铁的有效性有明显影响，锰过多时易出现缺铁症状。这是由于锰将易于移动的亚铁离子（Fe^{2+}）氧化为不易移动的铁离子（Fe^{3+}）而引起的。

锰在植物体内移动性小，再利用程度低，因此缺锰症状首先表现于幼嫩叶片上，叶片失绿并出现杂色斑点，但叶脉和叶脉附近仍然保持绿色，脉纹清晰；易缺锰的作物主要有谷类作物和豆科作物。小麦缺锰幼叶尖端发黄，并形成与叶脉平行的条纹，以致由黄色变成白色，进而白色叶片的尖端变成褐色，脆弱易折，叶片下垂，老叶枯死；玉米缺锰叶片出现与叶脉平行的灰黄绿色条纹，幼叶变黄而叶脉间散布着绿色的斑点，甜菜缺锰，叶脉间变黄，呈斑点状，以后逐渐扩大，叶边缘向上卷曲，称"黄斑病"。燕麦对缺锰敏感，易出现燕麦灰斑病，因此常用燕麦作为缺锰的指示植物。

9.2.1.3 植物中的钼

植物钼含量很低，在 0.1～0.5 mg/kg，因植物种类不同，含量变幅很大。豆科植物含钼稍高可达 0.73～2.3 mg/kg。禾本科植物则为 0.33～1.5 mg/kg。同一植物含铜量因不同的生长阶段、植株不同部位以及生长在不同的土壤而不同。如石灰性土壤和中性土壤上生长的植物，平均含钼量为 11 mg/kg，而在酸性土壤上生长的同种植物含钼不足 1 mg/kg。

可被植物吸收的钼形态有 MoO_4^{2-}，$HMoO_4^-$。在植物体内往往与蛋白质结合，形成金属蛋白质而存在与酶中。在高等植物中，只发现少数几种酶含有钼，在这些酶中，钼具有结构和催化功能，并直接参与氧化还原反应。

钼主要促进硝态氮的同化，减少硝态氮的积累。硝态氮还原成氨需要硝酸还原酶作用，而该酶需钼活化。豆科植物的固氮酶是钼-铁蛋白和铁蛋白形成的复合物，铁起电子传递的作用，钼促使氮还原，因此钼影响生物固氮。钼还能增强豆科植物根瘤中脱氢酶的活性，增强氢的流入，增强固氮作用。另外，黄嘌呤氧化脱氢酶作为含钼的酶在氮代谢中起重要作用。

钼对作物的呼吸作用有影响。如植物体内抗坏血酸的含量常因缺钼而明显减少。缺钼时，作物体内磷酸酶的活性提高，使磷酸酯水解，因此不利于作物无机磷转化为有机磷。另有研究报道，施钼能提高烟草对花叶病的抵抗能力。

大面积应用钼肥主要在豆科作物上,其次为十字花科作物,另柑橘类果树也对钼敏感。缺钼的症状有两种类型,一种为叶色变淡、发黄,脉间失绿,缺钼的叶片易出现斑点,边缘焦枯并向内卷曲,并由于组织失水而萎蔫;另一种是十字花科植物的缺钼叶片瘦长畸形,螺旋状扭曲,老叶变焦枯。如蔬菜缺钼,老叶花斑,叶脉淡绿,子叶向内卷曲,边缘枯腐。小麦缺钼,叶片失绿,灌浆差,成熟晚,子粒秕。

9.2.1.4 植物中的锌

一般植物含锌量为干物重的 20~150 mg/kg,植物含锌量低于 10~15 mg/kg,常表现出缺锌症。一般多分布于茎尖和幼嫩的叶子中,植物的幼嫩部分含锌量比老组织高而且随植物年龄增大而降低。植物根系含锌量常比地上部分多。

锌主要以二价阳离子的形态(Zn^{2+})被植物吸收,在 pH 值较高时,也以一价的阳离子($ZnOH^+$)被植物吸收。

锌能促进植物体内生长素的合成,所以作物缺锌常表现为小叶病和簇叶病。缺锌时,主要影响吲哚乙酸的前身色氨酸的合成,植物体内色氨酸数量下降,导致吲哚乙酸合成减少。还有报道指出,缺锌还会使作物体内赤霉素的含量下降。

锌是许多酶的组成分。目前已发现 80 多种酶中含有锌,如谷氨酸脱氢酶、苹果酸脱氢酶、醇脱氢酶、磷脂酶、黄素酶、碳酸酐酶、锌铜过氧化物歧化酶等,对植物体内糖的水解、蛋白质合成和脂肪代谢等起重要作用。锌铜过氧化物歧化酶在保护有机体不受过氧基(O_2^-)的危害方面起重要作用。

在所有微量元素中锌是影响光合作用最显著的元素,锌参与叶绿素的合成,另外,在光合作用中 CO_2 的水合反应需要含锌的碳酸酐酶催化。

锌还参与蛋白质的合成,如锌是 RNA 聚合酶的成分之一。另外锌还参与蛋白质合成的转录过程。作物缺锌时,蛋白质合成的数量减少,而肽和异常的含氮化合物有所增加。

锌在植物体内是可以移动的,当锌不足时,锌能从老叶移入较幼小的叶片中。作物缺锌在老叶上先出现症状。作物缺锌时生长受抑制,叶片脉间失绿。玉米缺锌叶脉间形成失绿条纹,发生白苗病;果树缺锌叶片变小,枝条顶芽生长受阻,使新生叶片成簇状,发生"小叶病";水稻缺锌会发生缩苗症,也称僵苗;小麦缺锌节间短,抽穗、扬花迟,且不齐,叶片主脉两侧出现白绿条斑或条带,小穗发育不良,常常是"穗而不孕"。禾本科植物中玉米和水稻对锌最为敏感,一般可作为判断土壤锌有效含量的指示植物。双子叶植物中的马铃薯、番茄、甜菜等作物对锌比较敏感。多年生的果树对锌也比较敏感。

9.2.1.5 植物中的铜

大多数植物干物质含铜量为 2~20 mg/kg,因品种、生长阶段和土壤中铜的供给情况而异。谷类作物的铜含量为 1~12 mg/kg,谷粒的铜含量为 0.8~6 mg/kg。一般的情况是作物种子和生长旺盛部分含铜量较高,根系中的含铜量往往比地上部分高。在植物地上部分 70% 的铜分布在叶片。

植物吸收铜的主要形态是 Cu^{2+}、Cu^+ 和螯合态铜。铜是许多氧化酶的组成分或是某些酶的活化剂,如细胞色素氧化酶、多酚氧化酶、抗坏血酸氧化酶、吲哚乙酸氧化酶等都是含铜的酶,在植物氧化还原过程和呼吸作用中起重要作用。

铜影响光合作用。叶绿体中铜的含量较高,铜对叶绿素的形成和稳定是必需的,以促进叶片更好地进行光合作用。目前已发现,叶绿体中有一种含铜的蛋白质,称为质体蓝素。它在光系统Ⅰ中,通过其化合价的变化起传递电子的作用。多酚氧化酶在光系统Ⅱ中能产生氢的受体质体醌,而多酚氧化酶是含铜的酶。

铜参与植物体内蛋白质合成和共生固氮作用。缺铜时,蛋白质合成受阻,可溶性氨基态氮积累。缺铜时,根瘤内末端氧化酶的活性降低,影响固氮作用。

铜是锌铜过氧化物歧化酶的组成分,这种酶是所有好氧有机体所必需的。氧分子易于吸收一个电子形成过氧化基(O_2^-),过氧化基能使整个有机体的代谢作用紊乱,而导致机体死亡。锌铜过氧化物歧化酶具有催化过氧基(O_2^-)歧化的作用。反应为:

$$O_2^- + O_2^- + 2H^+ = O_2 + H_2O_2$$

缺铜作物叶片失绿,从幼叶叶尖开始,以后干枯,禾谷类作物缺铜植株丛生,顶端逐渐变白,症状从叶尖开始,严重时不抽穗、不能结实。果树缺锌常发生枯梢病,和镁、锌、锰等相比,缺铜往往没有典型症状。对缺铜反应敏感的是禾本科植物,如大麦、小麦、燕麦、玉米等。砂培试验证实,谷类作物生长的最适含铜量是大麦 1.9 mg/kg,水稻 6.3 mg/kg,玉米 2.6 mg/kg。双子叶植物对铜的敏感性较差。

9.2.1.6 植物中的铁

在微量元素中铁是植物体中含量最高的微量元素,可占千分之几甚至百分之几,比较集中分布于叶绿体中。一般植物中的铁含量为 100~800 mg/kg,有时会超过 2 000 mg/kg,而以 100~300 mg/kg 之间为最多。铁含量因植物种类、植物的生长介质、同一植株的不同部位、生长阶段等不同而不同。一般的情况是豆科植物的铁含量高于禾本科植物,蔬菜的铁含量为 30~130 mg/kg,以莴苣最高,洋葱最低。

植物吸收铁的主要形态是 Fe^{2+} 和螯合态铁。铁在植物体内绝大部分以有机态存在,如含铁蛋白、细胞色素、血红素、有机酸络合物等。

铁不是叶绿素的组成分,但铁对叶绿素的形成是必不可少的,缺铁时叶绿素的结构被破坏,叶绿素不能形成,严重缺铁时,影响光合作用。

铁是植物体内许多氧化酶的组成分,如细胞色素氧化酶、过氧化氢酶、过氧化物酶等,从而参与体内一系列氧化过程和电子传递。缺铁导致呼吸作用受阻,ATP合成减少。铁是豆科植物铁氧还蛋白豆血红素的组成分,是固氮酶的成分,缺铁影响生物固氮。铁是磷酸蔗糖合成酶最好的活化剂,缺铁会导致植物体内蔗糖形成受阻。因此缺铁作物生长发育及产量将受到明显影响。

一般植株缺铁多发生在碱性或石灰性土壤中。铁在植物体内移动性很小,不能再利用。植物缺镁和缺铁都使叶绿体破坏而失绿,但缺镁首先发生在老叶上,而缺铁首先表现在幼嫩叶片上。一般缺铁时,叶脉仍然保持绿色,严重时,整个叶片变为黄色或黄白色甚至导致植株死亡。小麦缺铁,叶脉间失绿,呈条纹花叶,症状越近心叶越重,严重时心叶不出,植株生长不良,矮缩且生育延迟,甚至不能抽穗。

9.2.1.7 植物中的氯

1954 年 Broyer 用番茄在去氯的水培条件下,确定氯是必需的微量元素。氯在作物体中含量很高，含氯10%的植物并不少见，一般植物体内氯的平均含量为2~20 mg/kg干重，对大多数植物而言，最适生长的氯浓度为0.2~0.4 mg/kg干重，低于实际含氯量的10~100倍。由于氯在自然界中广泛存在，土壤、水、空气以及其他肥料中的氯均易被植物吸收，植物体内含氯量远高于其他微量元素。在实际生产中大多数作物无明显的缺氯症状，但氯对许多作物有生产效应；另外，烟草、茶树、葡萄、甜菜、马铃薯、西红柿、莴苣等对氯反应敏感，常称为忌氯作物。

植物体内，氯的移动性很强，氯主要以游离态阴离子的形态存在，或松散结合在交换位点上。

在光合作用中，氯作为锰的辅助者参与水的光解反应。

氯对调节细胞液渗透压和维持生理平衡起作用，有利于作物吸收水分。Cl^-生物化学性质稳定，它能与阳离子保持电荷平衡，维持细胞内的渗透压。氯可调节气孔的开闭。对某些含淀粉不多的作物如洋葱，当K^+流入保卫细胞时，由于缺少苹果酸根则需由Cl^-作为陪伴离子。缺氯时，洋葱的气孔不能自如开闭，而引起水分损失。

施用含氯肥料对抑制某些病害的发生有明显作用，如春小麦的叶锈病，大麦的根腐病，玉米的茎枯病、马铃薯的褐心病等。

在生产实际中，很少发现作物缺氯，氯过多倒是生产上的一个问题。土壤氯过多，会抑制作物生长，会影响某些作物的产量和品质，如降低烟草的燃烧性，减低薯类作物的淀粉含量。

9.2.2 土壤中的微量元素

9.2.2.1 土壤微量元素的含量

土壤微量元素的含量主要由成土母质和成土过程决定。成土母质决定了土壤微量元素最初的含量，成土过程又改变了这些微量元素的最初含量水平。因此不同土类，土壤微量元素的含量有差异，即便同一土类如果母质来源不同，其土壤微量元素的含量差异也很大。我国一些土壤中微量元素的含量范围和平均含量见表9-5。

表9-5　我国土壤中微量元素含量　　　　　　　　　　　　　　mg/kg

土壤	硼	钼	锌	铜	锰
全国土壤	0~500(64)	0.1~6.00(1.7)	0~790(100)	3~300(22)	10~9 478(710)
砖红壤	9~58(20)	0.50~3.10(1.94)	0~323(103)	2~118(44)	10~5 000(636)
赤红壤	0.5~72(24)	0.14~3.03(1.83)	0~750(84)	0~44(17)	
红壤	1~125(40)	0.30~11.9(2.43)	11~492(177)	91(22)	11~4 232(565)
黄壤	5~453(53)	0.10~4.49(1.53)	14~182(81)	1~122(25)	10~5 532(373)
紫色土	20~43(31)	0.32~1.10(0.55)	48~131(109)	7~54(23)	425~920(548)
石灰土	20~351(113)	0.50~2.83(1.83)	93~374(213)	22~283(57)	282~3 627(1 520)
棕壤	31~92(61)	0~4.0(2.3)	44~770(98)	18~33(23)	340~1 000(270)
黄棕壤	56~100(85)	0.3~1.4(0.8)	55~122(94)	14~65(22)	200~1 500(741)
草甸土	32~72(54)	0.2~5.0(2.4)	51~130(87)	18~35(26)	480~1 300(940)
黑土	36~69(54)	0.5~2.1(1.4)	58~66(61)	19~78(26)	590~1 100(990)

注：括号内的数字为平均含量。

土壤微量元素的含量除与土壤母质、成土过程密切相关外，还受到气候、土壤质地和土壤有机质含量等影响。微量元素含量低的土壤往往是粗质土壤，在一定范围内，土壤微量元素的含量随土壤有机质含量的增加而增加。

9.2.2.2 土壤中微量元素的形态和转化

对于作物营养的需要来说，土壤微量元素的总含量只能看作是潜在的供应能力和贮备水平，其可溶部分才是对植物有效的部分。

(1) 土壤中微量元素的形态

土壤中各种微量元素存在的形态可分为水溶态、交换态、氧化物结合态、有机结合态和矿物态等，在石灰性土壤中还可分出碳酸盐结合态。各形态微量元素中水溶态和交换态对作物的有效性最高，但占总含量比例不到5%~10%。不同的元素种类、不同的土壤类型以及不同的土壤环境条件都会影响各形态微量元素在总量中的比例。

(2) 土壤中微量元素形态的转化

各种形态的微量元素在土壤中处于动态平衡之中。

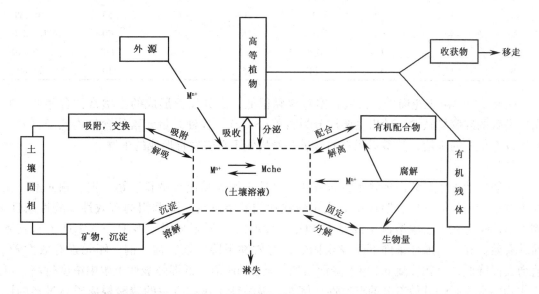

图9-1 微量元素在土壤—植物系统中的循环及其在土壤中的转化示意图

M^{n+}—阳离子，Mche—水溶性络合物

如图9-1所示，当作物吸收某一微量元素时，土壤溶液中该元素浓度下降。如果某存在于交换性复合体中，就会有部分离子释放出来，使土壤溶液保持原有的水平。同时也会有结晶的矿物和沉淀溶解来补充土壤溶液和重新占有土壤的交换位置。有机残体中的(包括微生物吸收的)微量元素，在有机质分解时又会释放到土壤溶液中。土壤溶液既是所有土壤的重要化学反应的中心，同时又是植物吸收养分的介质。

9.2.2.3 影响土壤中微量元素有效性的因素

土壤微量元素的有效含量与土壤类型、成土母质尤其与土壤所处的环境条件密切相关。

土壤微量元素的含量一般以铁的含量最高(可用百分数计算),其次为锰、锌、铜、硼的含量,而以钼的含量最低。土壤微量元素的含量就其总量来说,足够作物生长利用,但由于受各种土壤条件的影响,容易转变为不能被作物吸收利用的形态。近几十年来,随着作物产量的大幅度提高,一般只重视施用含有大量元素的肥料,而忽视了有机肥料的施用,致使某些地区不同程度地出现缺乏各种微量元素的现象,这对进一步提高单产有很大的影响。

(1) 成土类型和成土母质

土壤中微量元素供应不足的原因,一方面是土壤本身含量就低,这是由土壤类型和成土母质决定的;另一方面总量不低,但有效含量过低,这是由土壤pH值、氧化还原电位、质地、水分状况以及有机质和微生物活动等影响造成的。

表 9-6　微量元素的丰度　　　　　　　　　　　　　　mg/kg

元素	岩浆岩		沉积岩			地壳	土壤
	花岗岩	玄武岩	石灰岩	砂岩	页岩		
Fe	27 000	86 000	3 800	9 800	47 000	56 000	10 000 ~ 100 000
Mn	400	1 500	1 100		850	950	20 ~ 3 000
Cu	10	100	4	30	45	55	10 ~ 80
Zn	40	100	20	16	95	70	10 ~ 300
Mo	2	1	0.4	0.2	2.6	1.5	0.2 ~ 10
B	15	5	20	35	100	10	7 ~ 80

表 9-6 中,由于花岗岩、玄武岩本身含硼很低,由其发育形成的土壤常常含硼低,如花岗岩发育的红壤易缺硼。砂岩主要成分为石英(SiO_2),各种微量元素的含量均低于页岩,由砂岩发育形成的土壤,其微量元素的含量一般均低于页岩发育形成的土壤。

(2) 土壤 pH 值

一般酸性土壤容易出现缺钼,石灰性、碱性土壤容易出现缺铁、锰、铜、硼元素。在酸性土壤中,钼与活性铁、铝作用形成钼酸铁和钼酸铝沉淀,降低钼的有效性。酸性条件下,硼以 H_3BO_3 存在于土壤溶液中或以 $H_2BO_3^-$、HBO_3^{2-} 等形态吸附于 $R_2O_3 \cdot XH_2O$ 土壤胶体表面,有效性高;而碱性条件下硼发生固定,有效性下降。铁、锰、铜、硼元素有效性随 pH 值增大而降低;有效性随 pH 值下降而增加。甚至 pH 值过低即强酸性土壤中浓度过高,可造成作物中毒或影响其他养分的有效性。例如,强酸性土壤中有效的磷酸根离子与过多的铁离子结合形成磷酸铁沉淀,又会降低磷的有效性。

(3) 土壤的氧化还原电位

土壤的氧化还原电位对铁、锰、铜等变价微量元素的有效性有明显影响。铁、锰、铜等有氧化态还原态之分,它们价数不等,溶解度也不同。同样的 pH 值条件下,还原态的(低价的)溶解度远较氧化态的(高价的)大。例如,pH = 3 时,附近 Fe^{3+} 与 OH^- 离子形成 $Fe(OH)_3$ 沉淀,而 Fe^{2+} 仍呈溶解态,有利于作物吸收利用。因此,渍水的水稻田常产生亚铁(Fe^{2+})的毒害。

(4) 土壤有机质

土壤有机质与微量元素之间的关系比较复杂,在一定的有机质含量范围内大多数微量元素的有效态含量随土壤有机质含量的提高而增加;但当土壤有机质含量过多反而会固定有效微量元素的含量，降低微量元素的有效性。例如，当土壤有机质含量小于2.65%时，土壤有效硼含量与土壤有机质含量呈正相关；而当土壤有机质含量大于2.65%时，土壤有效硼含量与土壤有机质含量呈负相关。钼、铜、锰、锌微量元素有效含量与土壤有机质含量之间和硼有相同的变化趋势，一般而言土壤有效铁随土壤有机质含量增加而增加。含有机质多的泥炭土，作物往往出现缺钼、铜、锌的症状。另外微生物通过生命活动影响土壤微量元素的有效性。

(5) 土壤水分

土壤水分条件的变化将导致土壤的氧化还原电位、pH 值、通气、和离子间的相互作用等的改变。如水稻土渍水后，氧化还原电位降低，pH 值上升，CO_2 分压升高，会导致铁锰氧化物还原而溶解，同时放出吸附和包蔽的微量元素。渍水后，土壤有机质因分解缓慢而积累，一些微量元素如铜、锌等被有机质固定，使其有效性降低。

(6) 土壤质地

一般而言黏性土壤含有效微量元素较多，作物缺微量元素的症状在砂质土壤表现较黏质土壤多。黏质土壤本身含微量元素较砂质土壤多，加之黏质土壤胶体表面积大，吸附性能强，吸附保存微量养分的能力也较强，因此微量元素的有效性也较高。降水量和降水强度大时，质地粗的土壤微量元素被淋溶多易缺乏。

(7) 吸附现象

微量元素与大量元素一样，也会被黏土矿物、氧化物和有机质表面所吸附。由静电引力引起的吸附反应是一个可逆的和按等当量进行的交换反应，称之为交换性吸附，可被作物交换吸收。通过共价键与黏粒表面上的功能团发生的专性吸附，称为化学吸附，被吸附的微量阳离子为非交换态的，不易为作物吸收利用。土壤中的铁、锰氧化物包蔽和吸附着许多微量元素。有机质对微量元素的吸附固定也比较突出。

9.2.3 微量元素肥料的种类和施用

9.2.3.1 作物缺乏微量元素的诊断和判断方法

(1) 植株外形诊断

作物缺乏某一微量元素时，会引起作物营养失调，作物会出现相应的缺素症，因此，植株外形诊断可作为初步判断作物微量元素丰缺的方法。严重缺乏微量养分时植物才在外部出现特殊的缺素症，在中度或轻度缺乏微量元素时，植物的外部并不表现出可见的缺乏症状。在鉴别微量元素缺乏症时，首先看症状出现的部位，除锌外，一般微量元素的缺乏首先在新生组织出现症状；其次看叶片大小和形状；第三注意叶片失绿部位。表9-7中，几种微量元素缺乏的主要症状，可作外形诊断的参考。

采用外形诊断还需配合其他诊断方法。因为有些微量元素种类的缺乏症状比较相似，仅根据植株外形诊断，很难做出正确的判断；植物的缺素症，有时是由单一元素引起，而有时又是多种元素缺乏的加合；某些微量元素处于潜伏缺乏阶段，不表现出明显症状，但对作物的产量和品质会造成严重影响，缺素症出现之后才采取矫正措施可能为时已晚，已造成了伤害；作物缺素症往往和某些水渍、干旱、药害、病害、肥害中毒等症状相混淆。

表 9-7　作物缺乏微量元素的主要症状

缺素	病症表现
硼	顶端停止生长并逐渐死亡，根系不发达，叶色暗绿，叶片肥厚、皱缩，植株矮化，茎及叶柄易裂开，花发育不全，果穗不实，蕾花易脱落，块根、浆果心腐或坏死
锌	叶小簇生，中下部叶片首先失绿，主脉两侧出现不规则的棕色斑点，植株矮化，生长缓慢。玉米早期出现"白芽病"，生长后期果穗缺粒秃尖。水稻植株矮缩，称"矮缩病"，果树顶端叶片簇状变小，称"小叶病"
钼	植株矮小，叶片凋萎或焦枯，叶缘卷曲，叶色褪淡发灰。大豆叶片出现许多细小的灰褐色斑点，叶片向下卷曲，根瘤发育不良。柑橘呈斑点状失绿，出现"黄斑病"。番茄叶片的边缘向上卷曲，老叶上呈现明显"黄斑"。甘蓝形成瘦长畸形叶片
锰	症状从新叶开始，叶片脉间失绿，叶脉仍为绿色，叶片上出现褐色或灰色斑点，逐渐连成条状，严重时叶色失绿并坏死。如烟草的"花叶病"，燕麦"灰斑病"
铁	幼叶叶脉间失绿黄化，叶脉仍为绿色，以后完全失绿，有时整个叶片呈黄白色，而老叶仍保持绿色。如果果树新梢顶端的叶片变为黄白色，新梢顶叶脱落后，形成梢枯病
铜	多数植物顶端生长停止和顶枯。如果树缺铜产生"顶枯病"

（2）根外喷施诊断

当植株外形诊断的方法不能确定缺乏哪种微量元素时，可配合采用植株根外喷施诊断。配置一定浓度（一般0.1%~0.2%）的含某种微量元素的溶液，喷施或涂抹于病叶上，或将病叶浸泡在微量元素溶液中1~2h，一周后观察施肥前后作物叶色、长势、长相等的变化。如果病叶有所恢复或新叶出生速度明显加快，且叶色正常，即可确认作物病症是由于缺乏某一微量元素引起的。根外喷施诊断是最简单的诊断方法。

（3）化学分析诊断

化学分析诊断是应用化学分析方法测定土壤和植株中微量元素的含量，对照各种微量元素缺乏的临界值加以判断，用以指导施肥的一种诊断技术。

土壤是微量元素的重要供给源，确定种植植物的土壤是否有足够的有效微量养分以满足植物的正常生长和发育，或是否缺乏一种或多种微量养分，以便相应地采取矫正措施。这对于判断微量元素缺素症和指导合理施用微量元素肥料具有重要意义。土壤有效态微量元素的分级和评级指标见表9-8。

表 9-8　土壤有效态微量元素的分级和评级指标　　　　mg/kg

元素	很低	低	中等	高	很高	临界值
水溶态硼	<0.25	0.25~0.50	0.51~1.00	1.01~2.00	>2.00	0.50
有效态钼	<0.10	0.10~0.15	0.16~0.20	0.21~0.30	>0.30	0.15
代换态锰	<1.0	1.0~2.0	2.10~3.0	3.1~5.0	>5.0	0.3.0
易还原态锰	<50	50~100	101~200	201~300	>300	100
有效态锌*	<1.0	1.0~1.5	1.6~3.0	3.1~5.0	>5.0	1.5
有效态锌**	<0.5	0.5~1.0	1.1~2.0	2.1~5.0	>5.0	0.5
有效态铜*	<1.0	1.0~2.0	2.1~4.0	4.1~6.0	>6.0	2.0
有效态铜**	<0.1	0.1~0.2	0.3~1.0	1.1~1.8	>1.8	0.2

* 适用于酸性土壤；** 适用于石灰性土壤。

植物化学诊断一般采用全量分析，在作物不同生育期取正常植株和不正常植株的同一部位如叶片、叶柄等，测定微量元素含量，进行对比判断是否缺乏微量元素，多采用干样品。表 9-9 为一般植物长成叶微量元素含量的范围和判断标准。

表 9-9 植物长成叶微量元素丰缺含量　　　　　　　　　　　　　mg/kg

微量元素	长成叶中的浓度		
	缺乏	适量	过量或毒害
B	<15	20~100	>200
Cu	<4	5~20	>20
Fe	<50	50~250	>300
Mn	<20	20~500	>500
Mo	<0.1	0.5~20	—
Zn	<20	25~150	>400

9.2.3.2 微量元素肥料的种类和性质

常用的微量元素肥料的种类和性质见表 9-10。

表 9-10 常用的微量元素肥料的种类和主要性质

微量元素肥料名称	主要成分	有效含量(%)	主要性质
硼肥		B	
硼酸*	H_3BO_3	17.5	白色结晶或粉末，溶于水
硼砂*	$Na_2B_4O_7 \cdot 10H_2O$	11.3	白色结晶或粉末，溶于水
硼镁肥	$H_3BO_3 \cdot MgSO_4$	1.5	白色结晶或粉末，溶于水
硼泥	—	0.5~2	工业废渣，部分溶于水
锌肥		Zn	
硫酸锌*	$ZnSO_4 \cdot 7H_2O$	23	白色粉末，易溶于水
氧化锌	ZnO	78	白色粉末，不溶于水
氯化锌	$ZnCl_2$	48	白色粉末，溶于水
碳酸锌	$ZnCO_3$	52	难溶于水
钼肥		Mo	
钼酸铵*	$(NH_4)_2MoO_4$	49	白色结晶或粉末，溶于水
钼酸钠*	$NaMoO_4 \cdot 2H_2O$	39	白色结晶或粉末，溶于水
钼渣		5~15	杂色，难溶于水
锰肥		Mn	
硫酸锰*	$MnSO_4 \cdot H_2O$	31	粉红色结晶，易溶于水
氯酸锰	$MnCl_2 \cdot H_2O$	19	粉红色结晶，易溶于水
铁肥		Fe	
硫酸亚铁*	$FeSO_4 \cdot 7H_2O$	19	淡绿色结晶，溶于水
硫酸亚铁铵	$(NH_4)_2SO_4 \cdot FeSO_4 \cdot 6H_2O$	14	淡蓝绿色结晶，溶于水
螯合铁	Fe—EDTA	5	易溶于水
	Fe—DTPA	10	易溶于水
尿素铁	$Fe[(NH_2)_2CO]_6 \cdot (NO_3)_2$	9.3	易溶于水

(续)

微量元素肥料名称	主要成分	有效含量(%)	主要性质
铜肥		Cu	
五水硫酸铜	$CuSO_4 \cdot 5H_2O$	25	蓝色结晶，溶于水
含铜矿渣	—	0.3~1	难溶于水

* 为我国目前常用的微量元素肥料品种。

9.2.3.3 微量元素肥料的施用方法

微量元素的施用应根据作物种类、土壤情况和肥料品种特性采取相应的施用方法，以达到经济有效的施用目的。

(1) 土壤施肥

微量元素肥料可作为基肥、种肥和追肥施入土壤，为了节约肥料和提高肥效常采用条施和穴施的方法。一般采用工业上含有微量元素的废弃物作肥料或含有微量元素的大量元素肥料时，常采用土壤施肥的方法。施用于土壤中的微量元素肥料必须均匀。也可将微量元素肥料混拌于有机肥料中施用。土壤施肥能保证较长时期内供作物吸收利用。土壤施用微量元素肥料有后效，可隔年施用一次。

(2) 植物体施肥

植物体施肥是微量元素肥料最常用的方法，包括种子处理、沾秧根和根外喷施。

①拌种　用少量水将微肥溶解，配成一定浓度的溶液，喷施于种子上，边喷边搅拌，使种子沾有一层微肥溶液，阴干后播种。一般每千克种子用肥 1~3g。

②浸种　种子吸收含有微肥的水溶液，肥料随水进入种皮。微肥浸种常用的浓度为 0.1~0.5g/kg，时间周期一般为 12~24h。

③沾秧根　对水稻及其他移栽作物可用沾秧根的方法。用于沾秧根的微肥不应含有损害幼根的物质，通常采用较纯净的微量元素肥料。肥料的酸碱性不可太强。

④根外喷施　这是常用的施用微量元素的方法。根外喷施肥料用量仅是土壤施肥的 1/5~1/10，常用的浓度为 0.1~2 g/kg。具体用量随作物种类、植株大小而定。

种子处理只能防止苗期缺素症的发生。根外喷施可在发生缺素症后，迅速矫正和补救某种微量元素的不足。直接向植物体施肥可节约肥料，肥效迅速，也可避免土壤条件对肥效的影响。其效果一般不低于向土壤施肥。但因所施肥料用量少，一般只能满足作物前期生长的需要，而不能满足整个生育期的需要。如将种子处理与根外喷施相结合，或作基肥施于土壤与后期喷施相结合，就能发挥良好的作用。

9.2.3.4 施用微量元素肥料应注意的问题

(1) 严格控制用量

注意施用浓度和施用均匀。作物对微量元素的需要量很少，从缺乏到过量之间的临界范围小，稍有过量就会对作物造成危害。因此应根据土壤的供肥能力和作物的需要严格控制用量，施用时力求均匀，避免局部浓度过高。喷施或种子处理不能随意增加浓度。

(2) 注意改善土壤环境条件

一般而言土壤微量元素总含量并不少，足可以满足作物的需要。土壤微量元素不足主要是受土壤环境条件影响，使有效态微量元素含量减少而不能满足作物的需要。可采取施用有机肥料或适量施用石灰等措施改善土壤酸碱性。可通过耕作或调节土壤水分改善土壤的氧化还原条件。

(3) 与大量元素肥料配合施用

只有在满足了作物对大量元素需要的前提下，微量元素肥料才能表现出明显的增产效果。

(4) 注意各种作物对微量元素肥料的反应

各种作物对不同种类的微肥有不同的反应，敏感程度也不同，需要量也有差异。微量元素肥料应该施于需要量较多或对其缺乏敏感的作物上。对于单施含大量元素肥料，而又不施用有机肥料，或连年种植同一种作物，或对多年生经济林木、果树等易出现微量元素缺乏的情况应多加关注。

施用微量元素肥料前必须先摸清作物需要和土壤中微量元素丰缺情况，进行必要的微量元素营养诊断和小型的盆栽或田间试验，观察施用微量元素肥料的效果，确保适当的施肥量、施肥时期、施肥方式，然后才能大面积推广。

9.3 复混肥料

9.3.1 复混肥料的概述

9.3.1.1 复混肥料含义和有效含量表示

复混肥料是指成分中同时含有氮、磷、钾三种主要营养元素中的两种或两种以上的化学肥料。含有氮磷钾三要素中的任何两种的称为二元复混肥料，如硝酸钾、磷酸二氢钾、磷酸铵等；同时含有氮磷钾三要素的称为三元复合肥料，如硝磷钾肥、铵磷钾肥、尿磷钾肥等；除含有氮磷钾三要素外，还添加中量元素或微量元素的称为多元复混肥料；除含有营养元素外，在复混肥料中科学地添加植物生长调节剂、除草剂、抗病虫农药等的称为多功能复混肥料。

复混肥料的有效成分和含量，一般以 $N—P_2O_5—K_2O$ 的顺序和相应的百分含量表示。如磷酸二胺包装袋上标明 18-46-0，表示该肥料含有效氮 18%，有效磷 46%，不含有效钾，"0"表示不含该元素；也就表示每 100kg 复混肥料中含有效氮 18kg，有效磷 46kg，不含有效钾。15-8-12(S)除表示该肥料含有效氮 15%，有效磷 8%，有效钾 12%外，还表示肥料中的钾是用硫酸钾作为原料。16-16-16-1.5Zn 表示肥料除含有效氮、磷、钾分别为 16% 外，还含锌 1.5%。复混肥料中几种主要养分元素有效含量的总合称为复混肥料养分总量，如上述磷酸二胺包装袋上标明 18-46-0，即表明其有效成分总量为 64kg，养分总量为 64%。将复混肥料养分总量大于 40% 的称为高浓度复合肥料。

我国农业生产中从 1909 年开始施用化肥，1959 年开始施用复合(混)肥，复合(混)肥施用量 1980 年为 2%，1997 年达到 20%。2005 年，我国复合(混)肥产量达 $135 \times 10^4 tP_2O_5$，分别占磷肥总产量与化肥总用量的 8% 与 27%；2013 年，我国复合(混)肥产能约 $2 \times 10^8 t$，复合肥生产厂家达 5 000 多家。2009 年我国化肥复合化率仅为 31.4%，2012 年我国化肥复合化率已达50%，但我国肥料复合化率仍然较低，其中磷肥复合化率最高，钾肥次之，接近世界平均水平为，而发达国家高达70%以上。

9.3.1.2 复混肥料的类型

目前，对复混肥料的分类，国内外还没有统一的方法。在美国通称为复合肥料，在欧洲划分为复合肥料和混合肥料。复混肥料类型从不同的角度有不同的分法：

(1) 按复混肥料中主要养分元素种类的多少

分为二元复混肥料（含有氮磷钾三要素中的任何两种），三元复混肥料（同时含有氮磷钾三要素）和多元复混肥料（含有氮磷钾三要素外，还含有其他种类的营养元素）。

(2) 按复混肥料养分总量

分为高浓度复混肥料（养分总量大于40%），中浓度复混肥料（养分总量在40%~30%），低浓度复混肥料（养分总量小于30%，三元复混肥料大于25%，二元复混肥料大于20%）。

(3) 按复混肥料剂型

分为颗粒状、粉状、流体状复混肥料。粉状复混肥料采用干粉掺合或干粉混合，易吸湿结块快，在加工中加蛭石粉、珍珠岩粉、硅藻土、稻壳粉等物料，可以减少结块现象。粉状复混肥料加工方法简单，成本低，但其物理性质差，施用不便。尤其是不适宜机械施肥，因而未能发展起来。粒状复混肥料养分分布比较均匀，物理性质好，施用方便，而且可根据农业生产需要，更换配方。但粒状复混肥料的缺点是生产成本较高。粒状复混肥料可用粉状、颗粒状或结晶状物料混合，颗粒状物料必须在混合造粒前进行破碎处理。

流体复混肥料又可分为液体复混肥料和悬浮复混肥料。液体复混肥料是指所有组分都溶于水中，成清澈的溶液。悬浮复混肥料是指一部分原料组分通过悬浮剂，如黏土等的作用，而弥散在溶液中呈不溶状态。

(4) 按复混肥料的制造方法

分为化成复合肥料、混成复混肥料和掺合肥料。

化成复合肥料：在生产工艺流程中发生显著的化学反应，通过化学方法制成的复合肥料。其性质稳定、混得均匀，但其中氮、磷、钾等养分比例固定，难于适应不同土壤、不同作物的需要。化成复合肥料多为二元复合肥料，如磷酸铵、硝酸磷肥、硝酸钾、磷酸二氢钾等。

混成复混肥料：在生产工艺流程中，往往以某种化成复混肥料和高浓度单质肥料为基础机械混合而成，或以几种单质肥料机械混合而成。有的可经过二次加工制成粒状。混成复混肥料养分含量和比例较宽，但有的产品由于受工艺限制，养分含量和比例相对固定。产品多为三元复混肥料，常含副成分。如尿素磷铵钾、氯磷铵钾、硫磷铵钾等。

掺合复混肥料（BB肥）：将颗粒大小比较一致的单质肥料或化成复混肥料，直接由销售系统或施用者按当地的土壤和作物要求确定配方，经称量配料和简单的机械混合而成。BB肥是散装掺混的英文字母缩写。例如，用磷酸铵、硫酸钾和尿素掺合的三元复混肥料。一般随混随用，不长期堆放。一般掺合复混肥料较混成复混肥料成本低10%。掺合复混肥料生产工艺简单、投资少、能耗低、成本低，养分配方灵活、容易、针对性强，较单质肥料适合作物营养平衡的需要。但如果这种掺合复混肥料各个组分的粒径和比重相差太大，则在装卸、运输和施用过程中容易产生分离现象，从而导致肥效降低。和化成复合肥料和混成复混肥料相比,掺合复混肥料不够均匀,肥料结构、性能未得到改变。

9.3.1.3 复混肥料的专业标准

为保证复混肥料产品质量,防止假劣产品进入市场,损害农民利益,国家制定和颁布了《复合肥料》(GB/T 15063—2000)(表9-11)。专业标准对复合肥料的总养分含量、水溶性磷含量、肥料粒度、含水量、抗压强度等都进行了具体要求。专业标准还规定:组成该复混肥料的单一养分最低含量不得低于4%;以钙镁磷肥为基础肥料,配入氮、钾肥料制成的复混肥料可不控制水溶性磷百分含量指标,但必须在包装上注明枸溶性磷含量;以氯化铵为基础制成的复混肥料,应在包装上注明氯离子含量和不适宜施用的作物种类。

表9-11 复合肥料技术要求(GB/T 15063—2020) %

指标名称	指标			
	高浓度	中浓度	低浓度	
	三元肥料			二元肥料
总养分含量($N+P_2O_5+K_2O$)	≥40.0	≥30.0	≥25.0	≥20.0
水溶性磷占有效磷(P_2O_5)	≥50	≥50	≥40	≥40
水分(游离水)	≤2.0	≤2.5	≤5.0	≤5.0
颗粒平均抗压强度(N)	≥12	≥10	≥6	≥6
粒度 球状(1.00~4.75mm)	≥90	≥90	≥80	≥80
条状(2.00~5.60 mm)				

9.3.1.4 复混肥料的优缺点和发展动向

(1)复混肥料的优缺点

与单质肥料相比复混肥料有许多优点:

①复混肥料所含养分种类多、含量高、副成分少 复混肥料养分种类至少含两种以上,其低浓度的养分总含量至少规定在20%以上。如国产磷酸铵含有效氮18%(N),有效磷46%(P_2O_5),养分总含量为64%,不含副成分。一次施用复混肥料可同时提供多种养分,能满足作物平衡营养的需要,且有利于发挥营养元素之间的协助作用,降低成本,增加收益。不含副成分或副成分含量少,对土壤性质影响小。

②改进理化性质 复混肥料一般都经过造粒,有的还涂有疏水层,吸湿性小,不易吸湿结块。便于贮存和施用。复混肥料适合于机械化施肥,也便于人工撒施。

③节约包装、贮运和施肥费用 如1t磷酸铵所含的有效氮和有效磷相当于0.9t硫酸铵和2.5t过磷酸钙,而体积缩小了2/3。因此可节约包装、贮运和施用费用,提高施肥工效。

④配比多样化,有利于针对性的选择和施用 掺合复混肥料(BB肥)可根据土壤养分特点和作物营养特性,依生产要求拟订配方配制而成,产品的配比多样化。

复混肥料除具有许多优点外,也有一些缺点。主要为:一是化成复合肥料养分种类、比例固定,不能满足不同土壤和不同作物的需要。如磷酸铵是以磷为主的氮磷复合肥料,适合于豆科作物对养分的比例要求,但在供氮能力差的土壤上,就很难满足禾谷类作物对氮的要求；二是难于满足施肥技术的要求。复混肥料中各种养分只能够采用同一施肥时期、施肥方式和深度，这样不能充分发挥各种营养元素的最佳施肥效果。如磷酸铵，磷适合作为基肥、种肥施用，而氮适合作为追肥施用。

(2) 复混肥料的发展动向

复混肥料，特别是高浓度复混肥料是近代化肥发展的主要方向。国内外发展化学肥料的总趋势是朝着高效化、液体化、多成分化、多功能化和专一化的方向发展。如美国复混肥料总养分量达43%。目前生产的聚磷酸铵其养分总量可达70%~80%。我国目前有12类35个品种复合肥料，离世界水平还有较大的距离。

流体复混肥料(可分为液体复混肥料和悬浮复混肥料)养分有效性较高，养分易被作物吸收利用；加之生产流体复混肥料，可省略干燥、造粒等工序，能耗低、生产设备简单，节约投资；可通过管道运输、贮运、装卸和施用比较方便、节省劳力；许多流体复混肥料还可与农药混合一起施用。在复混肥料中不但添加钙、镁、硫和微量元素，还添加农药、除草剂、生长刺激素等制成多功能复混肥料。

近年来，有机复合(混)肥研制和应用也得到了较快发展。有机复合(混)肥主要是指将有机肥料和无机肥料按照一定的配比混合的，含有多种有效辅助微生物和高剂能化合物的农业生产用肥料。其中的有机肥广义上又称之为农家肥，主要是指各种动植物残体及代谢物(人畜粪便、动物残体、秸秆等)；狭义上专指农副产品的废弃物(植物残体、动物粪便、动植物加工废弃物等)，在新兴的有机肥中还包括污泥和一些食品或者造纸业的废弃产品。相对于传统的无机复合肥，新型有机复合肥的优势主要在于以下几点：

①增强水土保持，改善土壤理化性状，持续供肥能力得以提高；
②增强抗逆能力，对棉花、瓜类和水稻等常见农产品的枯萎病有防治作用；
③提高农作物品质，例如甘蔗、哈密瓜等水果的香甜可口性；
④增产效益，相对于施用普通化肥，产值高出10%左右；
⑤减少农业污染，同时大量生产有机绿色食品。

另外，复混肥料还包括在化肥中添加多种微生物的生物复混肥料，添加磁性物质的磁性复混肥料，加有不同比例风化煤或泥炭的腐殖酸复混肥料等。

9.3.2 复混肥料的品种、性质和合理施用

9.3.2.1 复混肥料的品种和性质

复混肥料一般分为二元和三元复混肥料两大类，每一类又有许多品种。各种复混肥料的养分种类、含量、比例以及施用技术各有不同(表9-12)。

表9-12 主要复混肥料品种的主要成分、含量及性质和施用

品 种	主要组分	有效含量 ($N-P_2O_5-K_2O$)	主要性质
磷酸一铵	$NH_4H_2PO_4$	12-52-0	易溶于水、酸性、性质稳定
磷酸二铵	$(NH_4)_2HPO_4$	18-46-0	易溶于水、碱性、稳定性较差
	$NH_4H_2PO_4 + (NH_4)_2HPO_4$	16-48-0	

(续)

品 种	主要组分	有效含量 ($N-P_2O_5-K_2O$)	主要性质
多磷酸铵 (聚磷酸铵)	$(NH_4H)_{n+2}P_nO_{3n+1}$, $NH_4H_2PO_4$,$(NH_4)_2HPO_4$	15-62-0,12-58-0 16-20-0	易溶于水,有效养分含量高
硫磷酸铵	$NH_4H_2PO_4+(NH_4)_2HPO_4$, $(NH_4)_2SO_4$	18-22-0	易溶于水,有效性高
氯磷酸铵	$NH_4H_2PO_4+(NH_4)_2HPO_4$, NH_4Cl	23-23-0	易溶于水,有效性高
硝磷酸铵	$NH_4H_2PO_4+(NH_4)_2HPO_4$, NH_4NO_3	28-28-0,20-20-0	易溶于水,有效性高
尿素磷酸铵	$NH_4H_2PO_4+(NH_4)_2HPO_4$, NH_2CONH_2	10-34-0,11-37-0	易溶于水,有效性高
液体磷酸铵	$(NH_4H)_{n+2}P_nO_{3n+1}$,$NH_4H_2PO_4$, $(NH_4)_2HPO_4$,H_2O	15-0-45	液体,有效性高
硝酸钾	KNO_3	0-52-35	白色结晶、易溶于水、吸湿性小
磷酸二氢钾	KH_2PO_4	13-26-0,28-14-0	白色结晶、吸湿性小、价格贵
硝酸磷肥	$NH_4NO_3 NH_4H_2PO_4$, $(NH_4)_2HPO_4$,$CaHPO_4·2H_2O$	20-20-0,26-13-0	有吸湿性,氮和磷为水溶性的,含少量弱酸溶性磷

注:三元复混肥料另外添加 KCl 或 K_2SO_4。

9.3.2.2 复混肥料的经济施用

(1)根据不同土壤供肥特点及不同作物需肥规律选择种类、含量、比例等适宜的复混肥料品种

目前我国南方缺钾土壤的面积不断扩大,缺磷程度有所缓解,宜选用氮钾为主的复混肥料;北方大多数地区施用磷肥效果显著,钾肥仅在局部地区土壤显效,可选用氮磷为主的复混肥料。谷类作物施肥是以提高产量为主,主要根据土壤类型和养分情况确定复混肥料养分形态和配比;而对经济作物施肥,是以追求提高品质为主,应根据经济作物的营养特点,确定混合肥料配方,可选用氮磷钾复混肥料;豆科作物宜选用磷钾为主的复混肥料。对于氮磷钾比例要求,一般烤烟为 $N:P_2O_5:K_2O=1:0.45:1.85$,草坪为 $N:P_2O_5:K_2O=5:2:3$,因此,应根据不同作物的要求确定肥料配方或选用适合的复混肥料品种。

(2)在选用某种复混肥料品种后,不足的养分种类可用单质肥料补充,以调整营养元素之间的比例,使之适合土壤和作物的需要

计算复混肥料用量时,如果复混肥料养分比例接近或相等的,一般按含氮量计算肥料用量;如果养分比例差异大者,则以含量高的那种养分计算复混肥料用量,不足的养分种类可用其他单质肥料补充。

(3)根据复混肥料的特点,采取相应的施肥措施和技术,以充分发挥肥料的增产效益

如 KH_2PO_4 和 KNO_3 价格贵,最好作为浸种或根外追肥;含铵离子或氨的复混肥料要求深施覆土,不与碱性物质混施;含 NO_3^- 态氮的最好施于旱地,含 NH_4^+ 的复混肥料宜施于水田

和多雨地区。

(4) 复混肥料大多为颗粒状较粉状的单质肥料分解缓慢,根据各地试验表明,复混肥料以作基肥或种肥效果好

对高肥力土壤,以全耕层深施与作种肥条施两者差异不大;而对中低产田,以作种肥条施效果好,较全耕层深施可增产小麦为6.3%,玉米为6.5%。作种肥时注意将种子与复混肥料隔开5cm,否则会严重影响出苗率而减产。

(5) 有机复合(混)肥相对传统无机肥有显著优势,但价格较贵,肥效启动慢,农作物产品显性弱,同时大棚种菜有烧苗现象

需要注意以下几个问题:①原材料应选用当地有机原料,就地生产,即优化了城市效益,也减轻了运费和环境污染。②效果不明显,单一施用有机复合肥而忽视了其他肥料,或是有机复合肥施用量过低。③施肥时土壤墒情是必须考虑的因素,无论对何种土地,有机复合肥都需要充足的墒情促其分解转化。气温为 10~30 ℃较宜,若气温太低(<10 ℃)或太高(>35℃),肥料转化吸收、有机肥中微生物的增值都会产生障碍。④施肥量过大也会影响效果,每亩用量不超过 50 kg,大棚种菜更不能超量施用。为防止烧苗现象的产生,施肥后要及时补水、抗旱、调墒。

9.3.3 肥料的混合技术

在生产实际中,根据土壤的供肥特点和作物的营养需要,常常需要施用两种以上的单质肥料或需要一二种单质肥料与一种复混肥料混合施用;也可以将两种以上的肥料混合起来制成掺混肥料。在考虑各种单质肥料之间,或单质肥料与复混肥料之间可否混合时,必须遵循以下肥料混合原则。

9.3.3.1 肥料混合的原则

(1) 几种肥料混合后不能降低任何一种养分的有效养分含量

铵态氮肥、充分腐熟的有机肥料与钙镁磷肥、石灰、草木灰等碱性的肥料混合时会发生氨的挥发损失。

$$2NH_4NO_3 + Ca(OH)_2 = 2NH_3\uparrow + Ca(NO_3)_2 + 2H_2O$$

硝态氮与过磷酸钙混合时,硝态氮会逐渐生成氧化氮气体而挥发损失;硝态氮与未腐熟的有机肥料混合堆置,会发生反硝化作用形成气态氮而损失氮素。

$$2NH_4NO_3 + Ca(H_2PO_4)_2 = Ca(NH_2)_2(HPO_4)_2 + N_2O\uparrow + 3H_2O$$

$$2NH_4NO_3 + 2C(有机肥料) = N_2O\uparrow + (NH_4)_2CO_3 + CO_2\uparrow$$

速效性磷肥如过磷酸钙、重过磷酸钙与碱性肥料混合会生成难溶性的磷酸盐而降低磷的有效性。钙镁磷肥、难溶性磷肥与碱性肥料混合施用不利于有效磷的释放。

$$Ca(H_2PO_4)_2 + CaO = 2CaHPO_4 + H_2O$$

$$2CaHPO_4 + CaO = Ca_3(PO_4)_2 + H_2O$$

尿素、磷酸氢二铵与过磷酸钙混合时,若物料温度超过60℃,会使部分尿素水解进而降低磷的有效性,应注意随混随用。

$$CO(NH_2)_2 + H_2O = 2NH_3 + CO_2\uparrow$$

$$Ca(H_2PO_4)_2 \cdot H_2O + NH_3 = CaHPO_4 + NH_4H_2PO_4 + H_2O$$

$$(NH_4)_2HPO_4 + Ca(H_2PO_4)_2 \cdot H_2O = CaHPO_4 + 2NH_4H_2PO_4 + H_2O$$

(2) 混合后肥料的物理性质不能变坏，最好是混合后使肥料的物理性质得到改善

在一定温度下，肥料开始从空气中吸收水分时的空气相对湿度称为临界相对湿度。肥料混合后临界相对湿度往往降低，即吸湿性增强。如尿素的临界相对湿度为73%，硝酸铵为59%，两者混合后临界相对湿度降为8%。因此，要选择吸湿性小的肥料品种混配。一般粒状肥料相互混合不易吸湿结块。

(3) 肥料混合施用，应有利于提高肥效和施肥功效

在选择混合原料时，必须考虑各种肥料是否可以混合或者混合后能否长期堆置。具体可参考表肥料混合使用表(表9-13)。

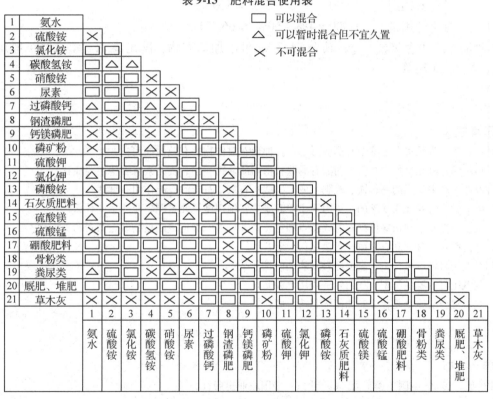

表9-13 肥料混合使用表

9.3.3.2 掺混肥料的配制

根据当地土壤供肥水平和特定作物营养特性的试验研究，结合长期的施肥经验拟订出营养元素配方，遵照肥料混合原则选择合适的肥料品种作为配料，计算所选各种配料的用量，分别过秤，然后人工或机械混合而成。选用颗粒大小比较一致的肥料更容易混匀。要求充分混匀，颜色完全均一为止。以下举例说明计算方法。

①如某地有$1/15 hm^2$的面积需要施纯氮4kg，$N:P_2O_5:K_2O$施用比例为1:1.5:2，拟选用8-16-24的三元复混肥料折算，不足部分用硝酸铵(含N34%)和普通过磷酸钙(含P_2O_5 16%)补

足。问需要三种肥料各多少？

计算：需要施纯氮4kg，施用 $N:P_2O_5:K_2O$ 比例为1:1.5:2

则需要施有效 P_2O_5 为　$4×1.5 = 6$ kg

需要施有效 K_2O 为　$4×2 = 8$ kg

需要复混肥料　$8÷24\% = 33.34$ kg

需要硝酸铵　$(4-33.34×8\%)÷34\% = 3.93$ kg

需要过磷酸钙　$(6-33.34×16\%)÷16\% = 4.15$ kg

②配制8-10-4复混肥料1t，用硫酸铵（含N 20%）、过磷酸钙（含 P_2O_5 20%、和氯化钾（含 K_2O 60%）混合配制，每种肥料各需多少用量？

计算：硫酸铵用量　　$1\,000×8\%÷20\% = 400$ kg

过磷酸钙用量　$1\,000×10\%÷20\% = 500$ kg

氯化钾用量　　$1\,000×4\%÷60\% = 66.7$ kg

3种肥料之和为966.7 kg，其余33.3 kg可添加填充物，凑足成1t。填充物一般用磷矿粉、硅藻土、泥炭等。

复习思考题

1. 钙、镁、硫元素在土壤中有哪些形态？各种形态对作物的有效性如何？
2. 钙、镁、硫元素的主要营养功能有哪些？植物缺乏钙、镁、硫元素有哪些主要症状？
3. 农业生产中常用的钙、镁、硫肥主要有哪些？石灰、石膏的改土作用有哪些？
4. 影响微量营养元素缺乏的土壤因素主要有哪些？施用微量元素肥料应注意些什么？
5. 微量营养元素在植物体内有哪些特点和主要营养功能？如何诊断植物缺乏微量营养元素？
6. 复混肥料的含义和有效成分含量如何表示？
7. 复混肥料特点是什么？复混肥料发展动向是什么？
8. 复混肥料有哪些类型？如何经济施用复混肥料？
9. 肥料混合的原则是什么？如何配制掺合肥料？

主要参考文献

沈善敏，1998. 中国土壤肥力[M]. 北京：中国农业出版社.

中国农科院土肥所，1994. 中国肥料[M]. 上海：上海科学技术出版社.

刘念祖，陆景陵，1990. 土壤肥料学[M]. 下册. 北京：中央广播电视大学出版社.

胡思农，1993. 硫、镁和微量元素在作物营养平衡中的作用国际学术讨论会论文集[C]. 成都：成都科技大学出版社.

刘铮，1991. 微量元素的土壤化学[M]. 北京：农业出版社.

沈其荣，2001. 土壤肥料学通论[M]. 北京：高等教育出版社.

毛知耘，李家康，2001. 中国含氯化肥[M]. 北京：中国农业出版社.

王正银，1999. 作物施肥学[M]. 重庆：西南师范大学出版社.

刘铮，1996. 中国土壤微量元素[M]. 南京：江苏科学技术出版社.

鲁如坤，1998. 土壤—植物营养学原理和施肥[M]. 北京：化学工业出版社.

谢德体,2004. 土壤肥料学[M]. 北京:中国林业出版社.
郑宝仁,赵静夫,2009. 土壤与肥料[M]. 北京:北京大学出版社.
赵义涛,2009. 土壤肥料学[M]. 北京:化学工业出版社.
李小为,高素玲,2011. 土壤肥料[M]. 北京:中国农业大学出版社.
张洪昌,段继贤,赵春山,2013. 肥料安全施用技术指南[M].2版. 北京:中国农业出版社.

第10章 有机肥料

【**本章提要**】有机肥料具有养分全面、肥效持久、培肥地力、减少污染和提高作物产量与品质等方面的重要作用，是农业生产中的一类重要肥料。有机肥料来源极为广泛，因此品种繁多，如粪尿肥、堆肥、沤肥、沼气肥、秸秆肥、饼肥、垃圾肥、绿肥、泥炭和腐殖酸类肥料等。有机肥料经过堆沤、腐熟或发酵处理，养分分解和释放速率加快，病虫和杂草种子得以杀灭。有机肥料的熟化过程受水分、通气、温度、碳氮比、酸碱度等条件影响明显。有机肥料的施用与肥料品种、土壤性质、作物种类和生长时期及气候等条件关系密切。

有机肥料是泛指能用作肥料的各种有机物质，或称以有机物质为主要成分的肥料。有机肥料主要来自农村和城市的废弃物，包括种植业中的植物残体（秸秆、饼肥等）、养殖业中的畜禽粪尿以及人粪尿和生活垃圾等。

我国以植物残体和动物排泄物为主体的有机肥料资源丰富，数量大，质量好。据李书田和金继运（2011）按照2008年畜牧业生产和作物生产状况估算，全国有机肥料资源量约为 49.5×10^8 t，其中人畜禽粪尿 40.2×10^8 t，占81.2%；秸秆 8.1×10^8 t，占16.4%；饼肥 $2\,628 \times 10^4$ t，占0.5%；绿肥 $9\,339 \times 10^4$ t，占1.9%。全国有机资源每年可提供氮、磷、钾（N + P_2O_5 + K_2O，下同）养分 $7\,405.7 \times 10^4$ t，其中N为 $3\,050.8 \times 10^4$ t、P_2O_5 为 $1\,403.5 \times 10^4$ t、K_2O 为 $2\,951.1 \times 10^4$ t。人畜粪尿可提供氮、磷、钾养分共 $4\,898.7 \times 10^4$ t，占66.1%；农作物秸秆可提供 $2\,164 \times 10^4$ t，占29.2%；饼肥提供 238×10^4 t，占3.2%；绿肥提供 105.6×10^4 t，占1.4%。有机资源养分约为当年化肥消费量的1.4倍（朱兆良和金继运，2013）。我国耕地土壤基础肥力不高，有机质含量低，化学钾肥生产量低，远不能满足农业生产的需要。因此，在我国必须十分重视有机肥料的施用，既可提高土壤有机质、培肥地力，又能解决钾肥资源紧缺的矛盾，特别是长期坚持有机肥与化肥配合施用的施肥原则，以确保农业的优质高效可持续发展。

10.1 有机肥料的特性及其作用

10.1.1 有机肥料的特性

有机肥料与化学肥料相比较，具有以下特点：

(1) 有机肥料养分全面

有机肥料不仅含有作物生长发育所必需的大量和微量营养元素，而且含有作物直接吸收利用的有机养分和生长刺激素等，所以它是一种完全肥料。

(2) 有机肥料肥效稳而长

有机肥料所含养分大部分呈有机态，需经矿质化后才能被作物吸收利用。因此，有机肥料作基肥可不断分解、释放养分，其肥效持久。

(3) 有机肥料富含有机质，培肥土壤效果显著

有机肥料含有大量的有机胶体，阳离子交换量高，有利于形成良好的土壤结构，长期、大量施用能提高土壤肥力水平，其作用大大优于化学肥料。

(4) 有机肥料养分低，肥效慢

有机肥料养分总量和有效性均低，养分供给的数量和比例与作物阶段营养需求不尽一致。

(5) 有机肥料资源丰富

有机肥料种类多，数量大，来源广，植物性有机肥具有再生性；有机肥料常规积制技术简单易行，成本低，但施用量大，费工费时，因此如何提高有机肥料的质量尤为重要。

10.1.2 有机肥料在农业生产中的作用

(1) 供给作物营养物质

主要表现在3个方面：①提供大量元素和微量元素。有机肥料中既含有大量元素，又含有微量元素，能够为作物提供多种养料，经常施用有机肥料的土壤，一般不易发生微量元素缺乏症。②提供有机营养物质和活性物质。有机肥施入土壤后，在矿化过程中产生的中间产物如葡萄糖、氨基酸、含硫氨基酸、磷脂和核酸等，是作物可以吸收碳、氮、磷、硫的有机化合物；胡敏酸、维生素、酶及生长素等可促进作物新陈代谢，刺激作物生长，能明显地提高作物产量和品质。③提供 CO_2。有机肥料在腐解过程中产生的 CO_2 可提高作物冠层 CO_2 浓度，增强光合效率，作物的光合作用强度在一定范围内随 CO_2 浓度增加呈直线上升；有机肥分解时释放在土壤中的 CO_2 也可以为作物根系直接吸收。

(2) 改善土壤理化性状

有机肥料施入土壤经微生物分解缩合成新的腐殖质。腐殖质与土壤黏土及钙离子结合形成有机无机复合体，促进土壤水稳性团粒结构的形成，从而可以协调土壤水、肥、气、热的矛盾。腐殖质能降低土壤容重，改善土壤黏结性和黏着性，使耕性变好。腐殖质疏松多孔，黏着力和黏结力比黏土小，比砂土大，因而既可提高黏性土壤的疏松度和通气性，又可改变砂土的松散状态。腐殖质的颜色较深，可以提高土壤的吸热能力，改善土壤热状况。腐殖质疏松多孔吸水蓄水力强，可以提高土壤保水能力。腐殖质分子的羧基、酚式羟基或醇式羟基在水中能解离出 H^+，使腐殖质带负电荷，故能吸附大量阳离子，与土壤溶液中的阳离子发生交换，因而可以提高土壤的保肥能力。

(3) 减轻环境污染

有机废弃物特别是粪尿中含有大量病菌虫卵，若不及时处理，会传播病菌，危害人、畜健康；有机废弃物被水淋失的养分使地下水中氨态、硝态和可溶性有机态氮浓度升高，最终导致水质的富营养化，造成环境质量恶化，甚至危及水生生物的生存。有机肥料还能吸附和螯合有毒的金属离子如镉、铅，增加砷的固定。因此，将粪尿和厩肥施用到广阔的农地上，使其在微生物作用下分解转化，既能减轻对环境的直接污染，又能提高土壤肥力。

(4) 改善作物产品品质

单一施用化肥或养分配比不当，会降低产品质量，造成"米不香，果不甜，菜不鲜"等品

质下降的问题。实践证明有机肥与化学肥料配合施用能提高农产品品质。小麦和水稻增施有机肥，籽粒中氮、磷和微量元素的含量以及蛋白质和必需氨基酸的含量提高，直链淀粉比重增加。施用有机肥的蔬菜，硝酸盐含量大大降低，有机无机复合施用可以提高蔬菜中钙和钾的含量和维生素C含量等，增强蔬菜抗病力和保鲜性。增施有机肥，能明显提高西瓜的含糖量和维生素C含量，改善烟叶外观品质，增加上等烟比例，烟叶中总糖、烟碱等的含量也比较协调。

(5) 提高难溶性磷酸盐及微量元素的养分有效性

有机肥在分解时形成一些有机酸(如草酸、乳酸和酒石酸等)和碳酸，这些酸性物质可促使土壤中难溶性磷酸盐和微量元素(铁、硼、锌等)的转化，提高其有效性，使其易于被作物吸收利用。

(6) 缓和能源和资源紧张的矛盾

①增施有机肥可以减少化肥生产量，降低能源消耗。大量施用化肥，带给社会的是能耗的增大，生态环境的破坏，农业生产成本的增加。据研究，每生产1kg化肥消耗的能量为：$N73 \times 10^6 J$, $P14 \times 10^6 J$, $K8 \times 10^6 J$。

②人、畜粪尿是巨大的肥料来源，全国资源总量为$30 \times 10^8 t$以上，约占基本资源量的70%。绿肥是重要的饲料来源，全国绿肥资源量可达$3 \times 10^8 t$(鲜基)以上。

③积制沼气发酵肥产生的沼气是农村理想的生物能源。仅以秸秆计，每年就有$8 \times 10^8 t$。若将其30%用于沼气发酵，可获得大量生物能源和优质有机肥料。

10.2 农业废弃物肥料

10.2.1 粪尿和厩肥

10.2.1.1 人粪尿

(1) 人粪尿的成分和性质

人粪含有机质20%左右，主要为纤维素、半纤维素、脂肪酸、蛋白质及其分解的中间产物等；含约5%的矿物质，主要是硅酸盐、氯化物的钙、镁、钾、钠等盐类；水分含量一般为70%~80%。此外，还有少量粪臭质、吲哚、硫化氢、丁酸等到臭味物质和大量微生物，有时还有寄生虫卵。新鲜人粪一般呈中性反应。

人尿含有95%的水分，5%左右的水溶性有机物和无机盐类(表10-1)。其中尿素占1%~2%，氯化钠约1%，并含有少量尿酸、马尿酸、肌酸酐($C_4H_7N_3O$)、氨基酸、磷酸盐、铵盐及微量生长素和微量元素等。新鲜人尿因含有酸性磷酸盐和多种有机酸、故呈弱酸性反应，但贮存后尿素水解产生碳酸铵而呈微碱性反应。

人粪中的养分主要呈有机态，需经分解腐熟后才能被作物吸收利用。但人粪中氮素含量高，分解速率比较快。人尿成分比较简单，70%~80%的氮素以尿素状态存在，磷、钾均为水溶性无机盐状态，其肥效快，是速效性养分。从人粪和人尿中的养分含量来看，都是含氮多，而含磷、钾少，所以人们常将人粪尿当作氮肥施用。

表 10-1　人粪尿中主要养分含量　　　　　　　　　　　　　　　　鲜物 g/kg

种类	水分	有机物	氮(N)	磷(P_2O_5)	钾(K_2O)
人粪	70 以上	20 左右	10.0	5.0	3.7
人尿	90 以上	3 左右	5.0	1.3	1.9
人粪尿	80 左右	5~10	8.0~5.0	2.0~4.0	2.0~3.0

(2) 人粪尿的合理贮存

人粪尿合理贮存的目的在于：促进腐熟，减少养分损失，消灭病菌等。因此，人粪尿合理贮存的原则：一是保肥，二是无害化。

① 人粪尿的腐熟原理　人粪尿的腐熟是在贮存过程中完成的，人粪尿在微生物的作用下，由复杂的有机物分解为简单的化合物，是一个复杂的生物化学过程。在这个过程中，人粪中的含氮化合物分解形成氨基酸、氨、二氧化碳及各种有机酸；而人粪中的不含氮化合物则分解生成各种有机酸、碳酸和甲烷等；人尿中的尿素、在脲酶的作用下，水解生成碳酸铵。碳酸铵的化学性质极不稳定，可分解生成氨、二氧化碳和水。

人粪尿腐熟时间与温度关系密切。夏季气温高，约 6~7d 后即可腐熟，其他季节则需较长的时间，冬季一般需要 20d 左右。

人粪尿腐熟的标志是呈暗绿色。因人粪尿在腐熟过程中产生大量碳酸铵，粪胆质在碱性条件下很快氧化为暗绿色的胆绿素。

$$C_{32}H_{36}N_4O_6 \xrightarrow{O_2} C_{32}H_{36}N_4O_8$$
　　粪胆质(褐色)　　　　胆绿素(绿色)

② 人粪尿的合理贮存措施

a. 人粪尿的保氮处理：人粪尿腐熟后，铵态氮数量逐渐增加，一般可占全氮量的 80%。在贮存期间，要防止或减少氨的挥发和尿液的渗漏。常用的保氮措施有：

加盖遮阴：选择避风、阴凉处修建厕所和贮粪池，粪池部和四周应镶石板或用水泥三合土砌成，以防渗漏。池上应搭棚加盖，既避免淋失减少蒸发，又改善环境卫生。

加保氮物质：一是利用吸附性强的物理保氮物质如泥炭、细干土、秸秆、落叶等放入粪池里作覆盖或与粪尿掺和进行混贮，以减少氮素损失；二是加化学保氮剂混贮使粪尿中的碳酸铵转变成稳定的化合物，通常加入过磷酸钙、石膏、绿矾($FeSO_4 \cdot 7H_2O$)混贮，保铵效果较好，也可加入锰盐抑制脲酶活性，防止尿素分解为碳酸铵，从而减少氮素损失。

b. 人粪尿的卫生处理(无害化处理)：人粪尿(主要是人粪)中含有大量传染病菌和害虫卵，须进行卫生处理。

窒息去害法：粪池加盖密封，利用粪水厌气分解，使环境缺氧和产生硫化氢、甲烷、醇、酚等物质形成强烈的窒息作用，杀灭病菌和虫卵。

生物热去害法：利用高温堆肥法产生 60~70℃ 的高温杀灭病菌和虫卵。

药物去害法：粪尿中加入适量对作物无害的、不影响肥效的药物，如 100kg 人粪中加入 50% 的敌百虫 2g，24h 后血吸虫卵和蝇蛆全被杀灭；100kg 人粪尿中加入 1~2kg 15% 的氨水，密封 24h 可杀灭血吸虫卵。

(3) 人粪尿的合理施用

人粪尿的性质与化学氮肥相似，人尿中含氯化钠较多，长期大量单一施用仍会导致土壤酸化、板结等不良现象，这在城市郊区的菜园土上常见到。因此合理施用人粪尿必须注意以下问题：

①配施其他有机肥和磷、钾肥　人粪尿是以氮素为主的速效农家肥，配施其他有机肥和磷、钾肥可以弥补其不足，但不能与草木灰混合施用，否则会造成氮素损失。

②根据作物施用　人粪尿适用于多种作物，对叶菜类和麻类纤维作物肥效更显著，但忌氯作物（如烟草、甘薯、马铃薯、甘蔗）不宜多用，以免影响品质。

③施用方法　人粪尿可作基肥或追肥，水田采用泼施，旱地条施、穴施，施后盖土。用量视作物种类、生育时期和生长状况而定。人尿中含有刺激种子发芽的生长素，可用于浸种，浸种时宜用鲜尿，时间以 2~3h 为宜。

10.2.1.2　家畜粪尿

家畜粪尿是猪、牛、马、羊等家畜的排泄物，含有丰富的有机质和多种植物营养元素。

(1) 家畜粪尿的成分和性质

①成分　家畜粪和尿的成分不同，家畜粪的主要成分是蛋白质（包括蛋白质分解的产物）、脂肪、碳水化合物、纤维素、半纤维素、木质素、有机酸、胆汁、叶绿素、酶以及各种无机盐等。尿的主要成分比较简单，全部是水溶性物质，主要有尿素、尿酸、马尿酸以及钾、钠、钙、镁等无机盐类。

家畜粪尿中养分的含量，常因家畜的种类、年龄、饲养条件等而有差异。表 10-2 是各种家畜粪尿中主要养分的平均含量。

就养分总含水量来说，猪粪、羊粪含量较多，马粪次之，牛粪便最少。就养分种类而言，畜粪中含有机质和氮素较多，磷和钾较少，畜尿中含氮、钾较多，而含磷很少。各种家畜每年的排泄量相差甚大，牛的排泄量最大，羊最少，马、猪介于其间。

表 10-2　新鲜家畜粪尿中主要养分的平均含量　　　　鲜重 g/kg

家畜种类	水分	有机质	矿物质	N	P_2O_5	K_2O	Ca	C/N
猪粪	807	170	30	5.9	4.6	4.3	0.9	7
尿	967	15	10	3.8	1.0	9.9	微量	
马粪	765	210	39	4.7	3.0	3.0	1.7	13
尿	896	80	80	12.9	0.1	13.9	4.5	
牛粪	817	139	45	2.8	1.8	1.8	4.1	21
尿	868	48	21	4.1	微量	14.7	0.1	
羊粪	619	331	47	7.0	5.1	2.9	4.6	12
尿	863	93	46	14.7	0.5	19.6	1.6	

引自《中国农业百科全书·农业化学卷》，中国农业出版社，1996。

②性质　由于家畜的种类、饲料成分、饮食习惯、消化能力、饲养管理方法不同，故粪质粗细、含水量、粪的分解速率发热量等差异较大。

猪粪的养分含量高、水分多、碳氮比小、易腐烂、发热量低于马粪而高于牛粪，属温性肥料。特点是肥效高，劲柔和，后效长，质量最优。牛是反刍动物，粪质细密，水分最多，通气性差，分解腐烂慢，发热量小，属冷性迟效肥料。马粪纤维素含量高，粪质疏松，含水少，含水量有高温纤维分解细菌，腐熟分解快，堆沤中产生高温，属热性肥料。羊也是反刍动物，粪质细密，干燥，肥分最高，属热性肥料。

(2) 家畜粪尿的施用

家畜粪尿肥效稳定而长，宜作基肥。一般应在种植作物前施入土壤中或作种肥进行沟施、穴施，施后盖土，作种肥一定要用腐熟的肥料。家畜粪尿也可作追肥，但宜选腐熟的优质畜粪尿，并于作物生长前期施用。

10.2.1.3 厩肥

厩肥是家畜粪尿和各种垫圈材料及残余饲料混合积制的一种有机肥料。北方常用土作主要垫料，称为"土粪"；南方常用作物秸秆或青草作主要垫料，称为"草粪"或"栏粪"。

(1) 厩肥的成分和性质

厩肥的成分因垫圈材料和用量、家畜种类、饲料优劣等条件而异（表10-3）。据测定，厩肥平均含有机质25%，N 0.5%，P_2O_5 0.25%，K_2O 0.5%。新鲜厩肥中含有难分解的纤维素、木质素等化合物，C/N比较大，而氮大部分呈有机态，当季作物利用率低，一般低于10%，最高也只有30%。如果新鲜厩肥直接施入土壤，由于土壤微生物分解厩肥过程中吸收土壤养分和水分，就会与作物幼苗争水争肥；在嫌气条件下分解，还会产生反硝化作用，引起肥料中氮的损失。所以新鲜厩肥须堆制腐熟后才能施用。

表10-3 几种厩肥的水分和平均养分含量　　　　　　　　　　　　　　g/kg

家畜种类	水分	有机质	N	P_2O_5	K_2O	CaO	MgO	SO_3
猪	72.4	250	4.5	1.9	6.0	0.8	0.8	0.8
牛	77.5	203	3.4	1.6	4.0	3.1	1.1	0.6
马	71.3	254	5.8	2.8	5.3	2.1	1.4	0.1
羊	64.6	318	8.3	2.3	6.7	3.3	2.8	1.5

(2) 厩肥的积制和堆腐方法

① 厩肥的积制　厩肥积制分圈（栏）内积制和圈（外）堆制。圈（栏）内积制又分深坑圈、平地圈和浅坑圈3种。

a. 深坑圈（栏）：是我国北方地区常用的积制方式，部分南方地区也采用。圈内挖1个0.6～1m左右深的坑，逐日往坑中添加垫圈材料并经常保持湿润，借助于猪的不断踏踩，粪尿和垫料即可充分混合，并在紧密、缺氧条件下就地分解腐熟，待坑满之后出圈一次。一般来讲，满圈时坑中下部或中部的肥料可达腐熟或半腐熟程度，可直接施用，上层肥料需经再腐熟一段时间之后方可利用。深坑圈法的优点：节省经常垫料、起料的劳力；分解释放的养分可被腐殖质吸附，减少损失。缺点是影响家畜健康和环境卫生。

b. 平地圈或浅坑圈：平地圈与地面相平；浅坑圈是在圈内挖0.15～0.2m深的坑。两种方式大同小异，都在圈内短时间积制，主要在圈外堆积分解、腐熟。垫圈的方法分为两种：一种是每日垫圈，每日清除，将厩肥运到圈外堆积发酵；另一种是每日垫圈，隔数日或数十清除一次，使厩肥在圈内堆积一段时间，再移到圈外堆积，前者适用于饲养牛、马、驴、骡等牲畜的积肥，后者适用于养猪积肥。

②厩肥的堆腐　新鲜厩肥必须腐熟才能使用，腐熟的目的是通过微生物活动促使厩肥矿质化和腐殖化，提高厩肥品质，同时消灭家畜和垫圈材料中的病菌、虫卵和杂草种子，以免危害作物。厩肥的堆积方法有紧密堆积、疏松堆积和疏松紧密堆积3种方法。

a. 紧密堆积法：从畜舍内取出新鲜厩肥运至堆肥场地，堆成宽约2～3m，长度不限的肥堆，堆积时要层层堆积、压紧，至肥堆达1.5～2m高为止，然后用泥浆或塑料薄膜密封，确保嫌气状态和防止雨水淋溶。

由于处于嫌气条件下分解，温度变化不大，通常保持在15～30℃之间，分解比较缓慢，需2～4个月才能达半腐熟，6个月达全腐熟。用这种方式堆积的优点是：腐殖质含量高，厩肥保肥力强，养分损失少；缺点是：只能杀死部分病菌、虫卵和杂草种子，且腐熟时间较长。农业生产上不急需用肥时，可用此法。

b. 疏松堆积法：本法与紧密堆积法相似，其不同的是堆制过程不压紧，浇灌适量粪水以利分解。由于疏松堆制，所以通气，纤维分解等好气微生物活动旺盛，几天内堆内温度可达60～70℃，杀死病菌、虫卵、杂草种子等。这种方法的特点是分解较彻底，腐殖质累积少，养分易损失，只有在急需用肥时才采用。

c. 疏松紧密堆积法：本法综合上述两种方法优点，先将新鲜厩肥疏松堆积，以利分解和消灭病菌、虫卵、杂草种子；待温度稍降后，及时压紧，再加新鲜厩肥，处理方法如紧密堆积法。如此层层堆积，直堆到1.5～2m时用泥浆或塑料薄膜密封。这种方法堆积的特点是：厩肥腐熟快，一般1.5～2个月可达半腐熟，4～5个月可达全腐熟；快而彻底的消除有害物质；养分和有机质损失少。如急需用肥时可采取此法堆积。

③厩肥积制过程中有机物质的转化　厩肥在积制过程中有机质的转化主要是矿质化和腐殖化两个过程：这两个过程都是在微生物作用下进行的，是一个生物化学过程。实际上，其他一些有机肥料在积制过程中有机物的转化也与之相似。因此，了解厩肥堆腐的腐殖化和矿质化的具体过程，对于科学积制有机肥，提高肥料质量具有重要意义。

a. 有机物质的矿质过程：有机物质在微生物的作用下，分解为简单的化合物，最后形成CO_2、H_2O和能被植物吸收利用的矿质养分，并放出能量，这一过程称为矿质化作用。不同类型有机物的具体矿化过程如下：

不含氮有机物的矿化：厩肥中不含氮有机化合物，按其分解难度可分为淀粉和糖、纤维素、果胶和半纤维素以及木质素等四类。

淀粉和糖类的分解：碳水化合物一般比较容易分解，在好气条件下经好气微生物作用，可被分解为二氧化碳和水，并放出大量热能。

$$C_6H_{10}O_5 + 6 O_2 \xrightarrow{好气微生物} 6CO_2 + 5H_2O$$

在嫌气条件下，由于氧化不完全，大部分物质分解成甲烷、有机酸和醇类，同时也生成少量的二氧化碳。

$$C_6H_{10}O_5 + H_2O \xrightarrow{嫌气微生物} \underset{(乳酸)}{C_3H_6O_2} + \underset{(乙醇)}{C_2H_5OH} + CO_2$$

$$2C_2H_5OH \xrightarrow{嫌气微生物} \underset{(乙酸)}{CH_3COOH} + \underset{(甲烷)}{2CH_4}$$

纤维素：植物木质部中含纤维素50%以上，韧皮部中含量更高。因此纤维素是厩肥中的主要成分。在微生物作用下，纤维素首先被水解为纤维二糖，然后再水解为葡萄糖。随后的转化按糖类继续分解。

$$(C_6H_{10}O_5)_n + nH_2O \xrightarrow{纤维素酶} \frac{n}{2}\underset{(纤维二糖)}{C_{12}H_{22}O_{11}} + \frac{n}{2}H_2O$$

$$C_{12}H_{22}O_{11} + 2H_2O \xrightarrow{纤维二糖酶} 2\underset{(\beta-葡萄糖)}{C_6H_{12}O_6} + H_2O$$

果胶物质和半纤维素：果胶物质存在于植物组织的细胞间层中，果胶物质在微生物作用下水解成果胶酸，随后再水解为半乳糖醛酸。半纤维素为植物细胞壁的重要组成分，被分解后形成糖和糖醛酸。果胶物质和半纤维素水解的各种产物，在通气条件下氧化成 H_2O 和 CO_2，在嫌气条件下，则形成各种有机酸和气体。

木质素：木质素是植物木质化组织的重要部分。木质素结构复杂，分解缓慢。主要是在真菌作用下被分解成 CO_2 和 H_2O，中间产物是各种有机酸。

含氮有机物的矿化：新鲜厩肥中含氮有机物可以分为非蛋白质态氮化合物和蛋白质态氮化合物两大类。前一类主要是尿素、马尿素和尿酸等在微生物作用下分解成氨。蛋白质在微生物分泌的蛋白质分解酶作用下，先形成多肽、二肽、氨基酸，经氨化作用形成氨，硝化作用形成 NO_2-N 以及反硝化作用形成 N_2（详见土壤氮素转化的有关内容）。一般情况下，厩肥堆腐过程中硝态氮的数量不多，含氮有机化合物的分解产物以氨为主。因此，氨的挥发是厩肥腐熟期间氮素损失的主要途径。

含磷有机物的矿化：新鲜厩肥中的含磷有机物主要是核蛋白、磷脂和植素等。在微生物的作用下进行水解：

$$核蛋白 \xrightarrow{水解} 核酸 \xrightarrow{核酸酶 + H_2O} 核苷酸 \xrightarrow{核苷酸酶} \begin{cases} 核苷 \xrightarrow{核苷酸} \begin{cases} 嘌呤或嘧啶 \\ 核糖 \end{cases} \\ 磷酸 \end{cases}$$

生成的嘌呤或嘧啶在微生物作用下继续分解脱氨。磷脂在磷脂酶的作用下，也可水解释放出磷酸。

$$卵磷脂 \xrightarrow{水解} 磷酸甘油 \xrightarrow{水解} 磷酸$$

植素分解比较慢，在微生物作用下，首先分解成植酸，植酸在植酸酶作用下再分解为肌醇（环己六醇）和磷酸。

$$植酸 \xrightarrow{植酸酶} 肌醇 + 磷酸$$

含硫有机物的矿化：厩肥中含硫有机化合物主要是蛋白质，其次是一些含硫的挥发性物质，如芥子油（C_3H_5NCS）等。蛋白质被水解成氨基酸后，其中的含硫氨基酸如胱氨酸、半胱氨酸、蛋氨酸，它们在氨化细菌作用下，既产生氨也产生硫化氢。硫化氢浓度过高还会危害植物根系生长，但氧化成硫酸可提供植物的硫素养料，故应注意通气。

b. 厩肥的腐殖化过程：有机物质在矿质化过程中形成的是中间产物（如木质素、芳香族化合物、氨基酸、多肽、糖类物质），在微生物作用下，重新合成为复杂的腐殖质，这一过程称为腐质化作用。厩肥腐熟过程中，随着矿质化和腐殖化过程的进行，腐熟的厩肥含有丰富的腐殖质，因此它具有良好的改土效果。厩肥腐熟的中、后期形成腐殖质较多，而嫌气、偏湿润的条件更有利于腐殖质的形成。

厩肥腐熟的外部特征是"黑、烂、臭、湿"，而半腐熟者则为"棕、软、霉、干"。此外，腐殖质的含量也是厩肥腐熟度的重要的指标。

(3) 厩肥的施用

厩肥含有丰富的腐殖质，其肥效较为迟缓而持久；除了供给养分外，还具有保肥、改土的作用。因此在施用时，应充分考虑作物种类、土壤肥力和气候条件。

①土壤条件　质地黏重的土壤，应选用腐熟程度较高的厩肥，要求翻耕适当浅些。对质地较轻的砂质土壤，透气性好，厩肥易于分解，但不持久，应选用半腐熟的厩肥。对冷浸田，阴坡地，可以选用热性马羊厩肥，以达到改良土壤和促进幼苗生长的效果。

②作物种类　凡是生育期较长的作物，如玉米、马铃薯、油菜、萝卜、麻、甘薯等，可施用半腐熟的厩肥。生长期较短的作物，须用腐熟度较高的厩肥。淹水栽培的水稻必须施用腐熟的厩肥，未腐熟的厩肥在嫌气条件下进行嫌气分解，产生有机酸和硫化氢等有毒物质，危害根系生长。蔬菜作物生长期短，宜用腐熟厩肥。

③气候条件　干旱地区或少雨季节，宜施用腐熟的厩肥且翻耕宜深。温暖而湿润的地区或雨季，可施用半腐熟的厩肥，翻耕宜浅。

厩肥一般作基肥，全面撒施或集中施用。厩肥的施用量为每公顷 15 000～22 500kg。厩肥中氮、磷、钾三种养分对植物有效程度是不同的。厩肥的氮素利用率一般不超过 30%，磷的利用率不超过 50%，而钾的利用率较高，一般在 70% 左右。根据厩肥供肥的这些特点，应注意配合施用速效氮磷化肥。全腐熟的厩肥也可做追肥和种肥，施后盖土。

10.2.2　堆肥、沤肥、沼气发酵肥和秸秆还田

堆肥、沤肥和沼气池肥，都是以植物残体为主要原料，并加入一定数量的动物性有机废弃物，在人为控制水分和通气的条件下，借助于不同微生物群对有机物的腐解转化作用而加工制作的一大类有机肥料。有机物的腐解过程在水分较少且以好气微生物的作用为主时，其产物为堆肥；在淹水条件下以嫌气微生物完成腐解过程的，称沤肥；沼气池肥的制作则必须同时具有淹水和密闭条件。秸秆直接还田一般不需人为特殊加工，主要依靠土壤微生物来完成对有机物的分解、转化，以达到类似施用有机肥的效果。

10.2.2.1　堆肥

(1) 堆肥的成分和性质

堆肥是利用各种植物残体为主要原料，混合适量人畜粪尿或肥土，主要经好气微生物作用堆制而成的有机肥料。可分为普通堆肥和高温堆肥两类。普通堆肥一般含泥土的比例较大，堆腐过程中温度较低且变化不大，堆腐时间较长，适用于常年积制。高温堆肥以纤维素多的有机物料为主加入一定量的人畜粪尿等物质，以调节 C/N 比堆制而成。堆腐过程中温度较高，有明显的高温阶段，堆置的时间较短，但能促进堆制物质的腐解及杀灭其中的病菌、虫卵和杂草种子。

堆肥的基本性质和厩肥类似，其养分含量因堆肥原料和堆制方法等不同而有明显差异

（表 10-4）。堆肥中有机质丰富，C/N 比小，是良好的有机肥料。高温堆肥所有养分含量均高，C/N 比最低，其肥料价值通常高于普通堆肥。

表 10-4　堆肥的养分含量　　　　　　　　　　　　　　　　　　　　g/kg

堆肥种类	水分	有机质	N	P_2O_5	K_2O	C/N
普通堆肥	60~75	150~250	4.0~5.0	1.8~2.6	4.5~7.0	16~20
高温堆肥	—	241~418	10.5~20.0	3.0~8.2	4.7~25.3	9.7~10.7

(2) 堆肥的堆制原理

①基本原理　堆肥腐熟过程的基本原理是各种微生物对有机残体进行矿化分解，使各种有机物转化成腐殖质和释放出植物能吸收利用的各种可溶性无机养分。

②堆制过程中微生物的作用　在堆肥的整个腐熟过程中，经历了不同的温度变化阶段，各阶段的优势微生物种类及其作用是不同的，而以高温堆肥最为明显。现简要加以介绍。

a. 发热阶段：堆制初期，堆温由常温上升到 50℃ 左右，称为发热阶段。这一阶段之初，堆温为 25~40℃ 范围，适合于一些无芽孢杆菌、球菌、芽孢杆菌、放线菌、真菌和产酸细菌等中温性的微生物的活动。这些微生物的主要作用是，先利用水溶性的有机物（例如简单的糖类、淀粉等）而迅速繁殖，继而分解蛋白质和部分半纤维素和纤维素，同时释放出 NH_3、CO_2 和热量。

b. 高温阶段：这一阶段的温度大致在 50~70℃，占优势的微生物是好热性真菌属的一些类群、普通小单孢菌、好热褐色放线菌和高温纤维素分解菌等，它们的主要作用是分解半纤维素、纤维素、果胶类物质和部分木质素，同时放出大量热能，促使堆温上升。本阶段除了矿质化过程外，同时进行着腐殖化过程。这一阶段对加速堆肥腐熟和杀死虫卵、病菌均有重要作用。

c. 降温阶段：由于纤维素、半纤维素、木质素等残存量减少，水分和氧气供应不足等因素，微生物生命活动的强度减弱，产热量减少，堆温降到 50℃ 以下，称为降温阶段。此时，堆中微生物以中温性微生物（如中温性的纤维分解细菌、芽孢杆菌和放线菌）为优势种类。在此阶段，微生物的主要作用是合成腐殖质。

d. 后熟保温阶段：此阶段继续进行缓慢的矿质化和腐殖化过程，肥堆内的温度仍稍高于气温，堆内物质的 C/N 比已逐步降低，腐殖质积累明显增加。这一阶段的关键是保存已形成的腐殖质和各种养分，特别是氮素。为此，应将堆肥压紧，造成嫌气条件，以达到腐熟、保肥的目的。

(3) 影响堆肥腐熟的因素

堆肥的整个腐解过程实质是多种微生物交替活动的持续过程。因此，控制和调节好堆肥中微生物活动的条件，是获得优质堆肥的关键。水分、空气、温度、堆肥材料的 C/N 比和 pH 值等是影响微生物群活动的重要因素，亦必然影响堆肥的矿质化和腐殖化作用。

①水分　微生物在堆料或土壤的水膜里进行生命活动，细胞中水分约占 70%~80%。微生物堆肥中保持适当的含水量，是促进微生物活动和堆肥发酵的首要条件。在堆腐的各阶段对水分的要求大体为：发热阶段水分不宜过多（含水量约为原材料湿重的 60%~75%），高温阶段水分消耗较多，要经常补充，降温和后熟保温阶段宜有较多水分以利腐殖质累积。用手

握紧堆肥材料指缝间有水挤出即表明堆肥含水量大致适度。

②通气 堆肥中的通气状况关系到微生物的正常活动、堆肥的腐熟速度和质量。一般在堆制初期要创造较为好气的条件，促进好气纤维分解菌活力和氨化、硝化作用的进行，加速有机物质的矿质化；堆制后期要达到较为嫌气的条件，以利腐殖质形成和减少养分和损失。

因此，在农村堆肥实践中，一般在堆制前期采用设置通气塔、通气沟等通气装置，或采用疏松堆积的方法，促进有机物质的分解；到了后期，则根据具体情况，撤除通气塔、堵塞通气沟或通过加水、压紧、泥封等措施来实现紧密堆积，以保存养分和促进腐殖质的积累。

③温度 堆肥温度的升降是反映各类微生物群落活动的标志。一般好气性微生物适宜温度为40~50℃，厌气性微生物为25~35℃，中温性纤维分解微生物为50℃以下，高温性纤维分解微生物为60~65℃。

控制好温度才能获得充分腐熟的优质堆肥，堆温过高、过低都影响到堆腐速率。实践上，常通过接种好热性纤维分解细菌（加入骡、马粪）以利升温，适当加大肥堆以利保温，以及调节水分和通气状况等措施达到调节堆温的目的。

④碳氮比（C/N） 碳水化合物是微生物的能源，无机氮素则是微生物繁殖建造细胞的材料。堆肥的堆制材料有适宜的碳氮比能加速堆肥腐熟、提高腐殖化系数。各种有机材料的碳氮比不同（表10-5）。微生物每吸收25份碳素、约需用1份氮素。C/N比过大，不利于微生物活动，使腐熟过程缓慢，降低腐殖化系数，有机质损失过多。对于C/N比高的堆肥材料必须加入适量的含氮物质，使C/N比降到30:1~40:1。但如果加氮过多，C/N小于25:1，微生物繁殖快，材料易分解，会释放出游离NH_3而损失。

表10-5 不同有机材料的碳氮比

材料种类	野草	作物秸秆	干稻草	三叶草	大豆秸秆	紫云英	锯木屑
C/N	25:1~40:1	65:1~85:1	67:1	20:1	37:1	10:1~17.3:1	250:1

⑤酸碱度（pH值） 中性或微碱性条件有利于堆肥中多数有益的微生物的活动，能加速腐熟，不致造成氨的挥发。但在堆腐过程中原料腐解产生各类有机酸和碳酸而使环境酸化。因此，在堆制堆肥时要加入堆制质量的2%~3%的石灰或5%的草木灰以中和其酸度。

(4) 堆肥的堆制方法

①堆肥原料的性质和作用

基本材料：又称主体材料，常用的有农作物秸秆、青草、落叶、植物性垃圾等。这些物质一般体积庞大，养分浓度低，大都C/N比高，所以堆腐前都应酌情加以预外理；玉米秆等粗大材料在切断或锄碎，并用水浸泡或进行假堆积，使之初步吸水软化；含水较多的鲜嫩青草应稍加晾晒，使其萎蔫；城镇垃圾则要分选，剔除非成肥成分。

促进分解的物质：包括含高氮物质和碱性物质，一般采用人畜粪尿、化学氮肥、石灰、草木灰等。这类物质通过引入各种微生物或调节C/N比或调节pH值而加速堆肥分解腐熟。

吸收性强的物质：有泥碳、泥肥、细泥土、普钙或磷矿粉等，可以吸收堆肥腐熟过程中生成的各种水溶性养分，防止或减少氨的挥发。

②普通堆肥 普通堆肥是在嫌气和较低温度（通常15~35℃）条件下进行的，堆内温度比较稳定，腐熟较慢。按堆制方法可分为地面式和地下式两种。

地面式：适于气温较高或湿度较大的地区或季节采用。选择地势高干燥而平坦、排水良好、接近水源而又交通方便的地方堆制。先平整，打紧地面，铺约10cm厚的草皮土或泥炭，以吸收下渗的肥液。然后将截短的原料均匀堆放，压紧踏实，厚度20~30cm，泼施适量人畜粪尿，撒上草木灰或石灰，再铺3~5cm厚的一层细土或污泥。如此一层层堆到约2m高，最后用稀泥封顶或用塑料薄膜覆盖，1个月后翻堆检查，将外层翻入中间，中间腐熟良好的翻到外层，并补适量水分或人畜粪尿，重新堆腐。夏季2个月，冬季3~4个月即可腐熟使用。在堆制过程中，注意掌握铺原料下层宜厚，上层宜薄，加入畜粪尿下层宜少，上层宜多。

地下式：在田头或宅旁挖一个坑，将秸秆、青草、垃圾、粪尿肥或草木灰等物料分层放入坑内，其具体做法与地面式相同。堆积1~2个月后，要将底层先腐解的物质掘起，将上层的翻入下层，并酌加粪水以促进腐解。这种方法的特点是保水、保温、保肥效果好，在气候较冷或较干旱的情况下都可采用，但此法不宜在地下水位过高或地势低洼、容易积水的地方使用。地下式堆肥比地面式提前1~2个月腐熟。

③高温堆肥　堆制时首先调节好物料配比，注意骡马粪的加入量（通常骡马粪∶秸秆 = 1∶1.5~1∶2）和化学氮肥的配用量（使堆积材料含氮达到13~15g/kg），需用的人粪尿、石灰、加水量与普通堆肥相似。然后将物料充分混拌均匀，并以水湿润，达物料最高持水量的60%~70%为宜，随后堆成厚约1~2m的长方形堆，封顶再泼水少许，堆顶覆盖4~6cm厚的细土，以利保温、保水和保肥。如果堆制地骡马粪和人粪尿不足，可用20%的发过热的老堆肥和1%左右的过磷酸钙以及适量化学氮肥代替。在寒冬季节堆制时，堆外应覆盖一层塑料薄膜。堆后5~7d，堆内开始发热，再过2~3d，堆温可达到60~70℃，可进行第一次翻堆。如发现过分干燥可适量补充水分，重新堆积盖土。此时堆温暂降，几天后继续发高热。待10d左右进行第二次翻堆，此时视堆肥干湿状况可多加些水分。如果堆肥材料已接近黑、烂、臭的程度，说明基本腐熟，或当即施用，或进行压实保肥。如果堆肥物料尚未完全腐熟，还需再行翻堆，继续堆腐。

(5)堆肥的施用

堆肥主要是用作基肥，适于各种土壤和作物。施用量一般为每公顷15 000~30 000kg。用量多时，可结合翻地时全耕层混施，以使土肥相融；用量少时，可沟施或穴施，以充分发挥肥效。为了缩短堆腐时间和减少堆腐过程中有机质和肥分的损失，凡下列情况之一者可以施用半腐熟或腐熟度稍低的堆肥：高温多雨季节；疏松通透性好的砂质土壤；有良好的灌溉条件；种植生育期长的作物如果树、玉米、高粱、甘薯、油菜等；施肥与播种期相隔较远。反之，在干旱地区，温低而黏质土壤、种植生育期较短的作物如叶菜类蔬菜等宜选用完全腐熟的堆肥。

腐熟的堆肥也可用作种肥或追肥。作种肥时常与过磷酸钙混匀施用，作追肥时要适当提前，并尽量施入土层内，以利发挥肥效。无论采用何种方式施用堆肥，都必须注意只要一启封堆肥，就要及时将肥料运到田间，尽快施入土中，以利保蓄养分和水分。

10.2.2.2 沤肥

沤肥是我国南方平原水网地区的一种重要积肥方式。北方也有利用雨季或水源便利的地方进行沤制。由于沤肥沤制的场所、时期、材料和方法上的差异，各地名称不一，如江苏称草塘泥，四川、湖南、湖北和广西称凼（垱）肥，江西、安徽称窖肥。北方大多称坑肥。但它们的共同点都是利用有机物与泥土混合，在淹水条件下，由微生物进行嫌气分解积制的，由于沤肥是在嫌气常温下腐熟、分解速率较慢，有机质和氮素损失较少，腐殖质积累较多，一般视沤肥为质量较好的一种有机肥。

（1）沤肥的成分和性质

沤肥的成分随沤制材料的种类及配合比例不同而异。据中科院南京土壤研究所对太湖地区 23 个草塘泥样品的分析结果（表 10-6）表明，草塘泥的 pH 值一般为 6~8，氮、磷、钙、镁、有机质、铜、锌等营养成分变异大。

表 10-6　太湖地区草塘泥成分含量及变异情况

成　分	平均值	变化范围	变异系数
H_2O	41.1±12.3	24.0~73.4	29.9
pH 值	7.26±0.45	6.32~8.00	6.20
C	1.90±1.10	0.62~5.20	58.0
N	0.30±0.14	0.11~0.75	46.7
C/N	6.15±1.31	4.3~10.2	21.4
P_2O_5	0.27±0.16	0.14~0.82	59.3
K_2O	2.21±0.33	1.71~2.67	14.8
MgO	1.26±0.48	0.60~2.37	38.2
CaO	1.42±0.84	0.55~4.13	59.2
MnO_2	797±0.129	490~1 003	16.2
Fe_2O_3	4.79±0.44	3.82~5.46	9.28
SiO_2	62.5±3.98	50.0~69.8	6.37
Cu	112±137	47~692	122
Zn	347±300	175~1 369	87

注：除 MnO_2、Cu、Zn 单位为 mg/kg 外，其他养分均为占干物质的百分比，单位为%。

凼肥的肥分高低　因原料配合不同，变动较大（表 10-7）。凼肥在腐熟过程中全碳不断降低，腐殖质碳逐步增加，其中碱溶性腐殖质碳占全碳量的比值相当高，表明具有优良的肥料价值。

表 10-7　沤肥养分含量

成　分	含量（g/kg）	成　分	含量（mg/kg）
有机质	18.7~73.0	速效氮	50~248
碱溶性腐殖碳	1.8~24.0	速效磷	17~278
腐殖质全碳	43.4~44.8	速效钾	68~865
全氮	1.0~3.2		

（2）影响沤肥腐解的因素

①水层　水层深浅直接影响到沤肥的腐熟效果。水层太深，坑内温度常常较低，腐解缓慢；水层太浅，易失水变干。一般以投料后保持 4~6cm 水层为宜。

②原料配比　沤肥最宜选用 C/N 比小的有机物料以利腐解。以作物秸秆、杂草等 C/N 比

大的有机物作主料时,必须加入一定比例的人畜粪尿、氨水、污水或其他速效氮肥,以降低C/N 比。配料中如添加一定量的石灰,可以中和有机酸,有利微生物旺盛活动,加快腐解,提高肥料质量。

③翻动次数 春季沤制草塘泥,一般需时 1 个月左右,应翻堆 2 次,以使上下的物料受热一致。调整过强的还原条件,有利于微生物充分繁殖和活动,从而加速有机物料的腐解。春沤凼肥的翻动次数与草塘泥相似,夏季凼肥多以 5~6d 翻动 1 次为宜,主要因为腐熟时间短,间隔时间也应短些。

(3)沤肥的积制方法

①草塘泥

配制稻草河泥:在冬春季节挖取塘泥或河泥,加入相当于土重 3% 的稻草,草长以小于 30cm 为宜,将草、泥拌混匀后堆放在泥塘边或泥塘内腐解一段时间,即为稻草河泥。

挖塘沤制:在田边地角挖塘,一般塘面积占田块面积的 1%~2%,挖出的泥堆在四周做塘埂,高 0.5m,深 1m 为宜。塘底和土埂应捣实防漏。三、四月份将稻草河泥、猪粪、绿肥以及足够的水分按比例分次分层加入,并不断踩踏使配料均匀,最后灌水,使之保持约 5cm 的浅水层进行沤制。

翻塘精制:沤制 15d 左右可将塘内的肥料取出,补加绿肥和猪粪水,重新分层移入塘内,继续保持浅水层沤制。一般翻塘 1~2 次即可,以利物料充分腐解,又可防止肥分损失。

②凼肥 凼肥是以草皮、落叶、绿肥等各种有机废弃物和部分人畜粪尿为主要材料沤制而成。四川东部地区以牛粪和田边杂草等为原料沤制。按积制季节、地方、方法的不同可将凼肥分为常年凼肥和季节凼肥两种。

常年凼:又称家凼,在住宅附近设置,其长、宽、深各 1m 左右。凼底与四壁应打紧夯实,将青草、落叶、秸秆、烂菜叶、垃圾、污水、人畜粪尿随时倒入坑中,一年四季不断积制。一般每年出肥 4 次,当肥料腐熟后即可直接施用。

季节凼:又称田凼,在田间设凼沤制。由于沤制时间不同,分为冬凼、春凼、夏凼。凼埂高约 15~30cm,凼底低于田面约为 10~20cm,凼面直径 1m,凼内放沤制材料。为了加速其腐解,提高凼肥质量,在沤制材料中应尽量增大易腐解的有机物料和人畜粪尿的比例。此外,应注意勤翻凼,每次宜加入少许人畜粪尿,经 3~4 次翻动后即可腐热。

(4)沤肥的施用

沤肥一般用作基肥,多数用于稻田,也可用于旱地,其肥效稳长,施用方法因施用量而异。在稻田施用草塘泥,每公顷用量 60 000kg 时应深施,将其铺于田面后耕翻,再灌水耙地;每公顷用 37 500kg 左右时,在耕翻后再施,然后灌水耙地;每公顷施用 22 500kg 时,适宜作面肥施用,即在稻田灌水耙地后再施用;每公顷用量在 90 000kg 时,可大部分基肥深施,其余部分作田面肥施用。施用过程中要注意保肥,施后立即耕耙,避免风吹日晒,以防氮素损失。为了充分发挥沤肥的肥效,施用沤肥时还应配以适量的化学氮肥和磷肥。

10.2.2.3 沼气发酵肥

(1)沼气发酵肥的成分和性质

沼气发酵肥料简称沼气肥,是作物秸秆与人、畜粪尿在密闭的条件下进行厌氧发酵,制取沼气后的残渣和发酵液。

沼气肥的养分含量受原材料种类、材料比例和加水量的影响，变异较大（表10-8、表10-9）。沼气发酵后，残渣是一种优质有机肥，碳氮比明显降低，一般为12.6~23.5，腐殖质含量丰富，可达28.49%，堆沤肥为14.03%。残渣的性质与一般有机肥相同，为迟效性肥料。发酵液则为速效性的氮肥，其中铵态氮的含量较高，有时可比发酵前高2~4倍，发酵液中速效氮平均占全氮的83.9%左右。

表10-8 沼渣的养分含量

项目	养分含量（g/kg）				速效养分量（mg/kg）		
	全碳	全氮	全磷	全钾	铵态氮	速效磷	速效钾
变化范围	208.2~498.6	3.4~29.7	0.7~60.2	5.3~21.5	0.56~10.59	0.19~26.38	2.34~18.20
平均含量	363.5	12.5	19.0	13.3	3.79	7.09	8.37
标准误	6.27	0.61	1.53	0.39	2.55	6.42	4.57
变异系数	17.3	48.8	80.5	29.3	67.1	90.6	54.6
样本数	106	120	85	85	32	85	85

表10-9 沼液的养分含量

项目	养分含量（g/kg）				速效养分量（mg/kg）		
	全碳	全氮	全磷	全钾	铵态氮	速效磷	速效钾
变化范围	4.2~48.2	0.9~9.9	1.0~9.8	3.8~39.0	24~971	4.95~315	375~3 900
平均含量	20.3	3.9	3.7	20.6	295.5	73.3	1 758.3
标准误	1.26	0.18	0.22	1.01	241.6	65.8	855.5
变异系数	62.1	46.2	59.5	49.0	81.8	89.7	48.7
样本数	135	133	74	75	74	78	78

（2）沼气发酵的意义

沼气发酵产生的沼气可以作为燃料解决农村部分能源问题，发酵后废水废渣可作肥料施用，而且干物质中氮的损失要比堆沤肥少一半；沼气发酵还起着改善环境卫生、驱除粪臭和防止蚊蝇孳生的作用。

（3）沼气发酵的原理

沼气发酵是有机物在隔绝空气并在一定温度、湿度条件下由多种厌气性有机营养型细菌参与的发酵过程，包括分解过程和产气过程。

①分解过程 由厌气性分解细菌分解复杂的碳水化合物和含氮化合物，形成简单的有机化合物和无机物，如乳酸、丁酸、甲酸和二氧化碳、硫化氢、氨气等。

②产气过程 简单的有机化合物和无机物经过沼气细菌作用产生甲烷即沼气，主要产气反应有：

$$CH_3COOH \rightarrow CH_4 + CO_2$$
$$4CH_3OH \rightarrow CH_4 + CO_2 + 2H_2O$$
$$CO_2 + 4H_2 \rightarrow CH_4 + 2H_2O$$

（4）沼气发酵的条件和管理

①沼气发酵条件 沼气发酵条件比堆肥、沤肥要求高。凡是沼气微生物生命活动愈旺盛，

产沼气就愈多，质量也好；否则产气少，出肥率低，效益差。只有创造适宜沼气微生物生长活动的条件，才能使沼气发酵顺利进行。

高度密闭：沼气细菌是绝对厌氧细菌，在空气中几分钟就会死亡，所以必须建立严密封闭的沼气池。

配料适宜：发酵材料的 C/N 比是重要指标之一。据试验，最适宜的 C/N 比为 25:1，过高或过低产气都会减少；实际生产中 C/N 比调节到 30:1~40:1 就较适宜了。配料时既要充分考虑沼气细菌的营养需求，供给足够的氮、碳等养分，有利菌体繁殖，又要选取含碳水化合物丰富的原料，可供给微生物碳源，有利于多产沼气。

在沼气发酵原料中，猪粪、马粪产气最高，人粪、杂草和树叶较低。如用秸秆青草与人粪尿配合，有利于持久产气，三者配合比例为 1:1:1 为佳。适当加入磷肥，近年来还加入硫酸锌、牛粪、豆腐坊和酒坊的污泥，这些对持久产气有良好效果。禁止用含磷高的豆饼、菜子饼，它们在厌气发酵中会产生较多的硫化氢和磷化氢剧毒物质。

接种沼气细菌：菌种来源有二：一是外接，即初次投料时，投入产气好的老沼气池渣、老粪池渣或长年的阴沟污泥；二是内接，即在每次清除沼气池粪渣作肥料时，应保留 1/3 的池渣作为菌种。

调节温度和水分：甲烷细菌的繁殖活动温度以 30~37℃ 时的发酵速率最快，低于 5℃，发酵停止。因此，实际生产中应从建池、配料及科学管理多方面控制沼气池的温度，一般控制在 25~40℃ 较为理想。甲烷细菌产气过程要求适宜的水分。水分过多，产气少；水分过少，因酸过量，影响发酵也容易使液面形成结皮层对产气不利。沼气池中的最适水料比与季节有关，夏、秋、冬季的适宜比例分别为 90:10、92:8、85:15 左右。

调节酸碱度：甲烷细菌繁殖的最佳 pH 值为 6.7~7.6，高于 8.5 或低于 6.5 几乎停止繁殖。材料在发酵过程中会产生多种有机酸，使 pH 值下降。当 pH 值低于 6.5 时，可加入材料干重 0.1%~0.2% 的石灰或草木灰。

②沼气池的管理　四川省总结出了沼气池管理的整套好经验，即：一提高（池温）、二保持（pH6.7~7.6 和气箱容积）、三结合（厕所、猪圈、沼气池建在一起）、四勤（勤出料、勤加料、勤搅拌、勤检查）、五配套（沼气炉、灶、灯、开关、气压表齐备）和"秸秆预先堆沤后入池"。在沼气和沼气肥的使用方面应严格注意安全操作，做好防毒、防水、防裂（沼气池破裂）等措施。

(5) 沼气肥的施用

沼气发酵肥可作基肥、追肥，也可浸种。发酵液宜作追肥，结合灌水施用；旱地施用发酵液时，最好沟施，施后立即覆土，防止氨的挥发。发酵残渣宜作基肥，刚出池的渣不宜立即施用，如能与磷矿粉、钙镁磷肥等混合堆沤后施用，效果更好。

10.2.2.4　秸秆直接还田

秸秆直接还田是指前茬作物收获后，把作物秸秆直接用作后茬作物的基肥或覆盖肥。作物秸秆除了堆制或沤制肥料外，直接还田也是利用有机质的一种好方法。不仅节省劳力和运输费用而且只要措施正确，是能够获得施用有机肥料的同样效果的，随着农业生产的发展和机械化程度的不断提高，应该大力提倡秸秆直接还田。目前我国作物秸秆直接还田的比例为

50%左右,北方农业机械化程度高的地区高于南方丘陵山地。

(1) 秸秆直接还田的作用

①秸秆直接还田既能改善土壤中养分供给状况,又具有改良土壤物理性质,提高土壤肥力的作用。

②秸秆在土壤中分解后,能提供各种养分,而且分解时所产生的有机酸能促进土壤中难溶性磷酸盐转化为弱酸溶性磷酸盐,提高其有效性;对某些微量元素养分亦有类似的作用。

③秸秆分解过程中对氮素有保存作用,微生物可将土壤中过多的速效态氮素暂时固定起来,然后逐步释放供作物利用。

④秸秆直接还田在改良土壤性状方面所起的作用,可能要比其他类型的有机肥料好。因为秸秆直接在土壤中分解,新鲜腐殖质在土壤中形成,它随即与土粒结合,促进土粒团聚,避免秸秆腐熟后再施用时,腐殖质可能因干燥变质而降低其活性。

(2) 秸秆在土壤中的分解

①秸秆分解的三个阶段　秸秆在土壤中分解的过程与其他难分解有机物相同,实质是在微生物作用下的矿质化和腐殖化过程,可分为三个阶段。

快速分解阶段:在霉菌和无芽孢细菌为主的微生物作用下,大部分水溶性有机物和淀粉等被分解。分解在20~30℃和适量水分条件下进行,分解的时间一般可维持12~45d。

缓慢分解阶段:在芽孢细菌和纤维素分解菌为主的作用下,主要分解蛋白质、果胶类物质和纤维素等。这时细菌大量繁殖,需要大量糖类和氮素,出现微生物与作物争夺有效氮的情况。

分解高分子物质阶段:在放线菌和某些真菌为主的作用下,主要分解木质素、单宁、蜡质等。

②影响秸秆分解的因素

秸秆的化学组成:凡是含糖量高(碳氮比小)、木质素含量低的秸秆就易于分解,分解速率就快,反之则比较慢。

秸秆的细碎程度:秸秆铡得短小的易于吸水,与土壤接触面大,微生物作用面也大,分解的速度快。不经粉碎整株翻入的,既不利于分解,也不利于保墒。

土壤的水、热条件:土壤温度为30℃,湿度为田间持水量的60%~80%时,微生物活动旺盛,分解就快;若土温较低,在5~10℃或土壤湿度低于田间持水量40%时,秸秆分解则比较缓慢;当温度低于5℃,土壤含水量低于田间持水量的20%时,秸秆分解几乎停止。此外,土壤质地、结构及熟化程度也都会影响秸秆分解的速率。秸秆翻压的深度不同,也会影响到秸秆所处的水、热条件。

(3) 秸秆直接还田技术

秸秆直接还田的效果与技术有密切关系。若处理不当,反而会使作物生长不良,严重时会导致减产。为此,秸秆直接还田时还应注意以下几个技术问题:

①配施氮、磷化肥　一般粮食作物秸秆的 C/N 比大(90:1~100:1),氮少碳多,施入土壤的初期,常会出现微生物与作物幼苗争夺土壤中速效氮素,影响幼苗的正常生长。因此,在秸秆直接还田的同时,应适当配施一些化学氮肥;对缺磷土壤还应配施速效磷肥,以促进

微生物的活动，有利于秸秆的腐解。

②耕埋方法 秸秆应切碎（一般以<10 cm较好）后耕翻入土，要覆土严密，翻后应灌水，保持土壤湿度为田间持水量的60%~80%，有利于秸秆吸水分解。

③秸秆用量 秸秆直接还田还应注意秸秆翻压量不宜过多，一般每公顷约3 000~6 000kg，否则会影响分解速率，而且秸秆吸水分解过程中产生各种有机酸，对作物根系还有危害作用。

④配合施用秸秆腐熟剂 在机械耕翻前，每公顷用30~45kg秸秆腐熟剂拌和150kg细土均匀撒施在秸秆残体上，可加快秸秆腐熟速度，提高秸秆还田效果。

⑤避免病虫害伴随还田 由于秸秆未经高温发酵处理直接还田，可能会引起病虫害蔓延。为了减少病虫害传播，应避免把病虫害严重的秸秆直接还田。带病虫害的秸秆应制成高温堆肥或经沼气发酵后施用。

10.2.3 饼肥

含油种子经压榨或浸提去油后的残渣，用作肥料的，统称为饼肥。饼肥的种类很多，主要有大豆饼、菜籽饼、芝麻饼、花生饼、棉籽饼、茶籽饼等。

(1) 饼肥成分和性质

饼肥富含有机质和氮素，并含相当数量的磷、钾及各种微量元素。饼肥含有大量的有机物，一般约为70%~90%，含氮4%~7%，含磷0.5%~0.8%，含钾1.0%左右，钙0.2%~2.8%，此外还含有一些微量元素。现将主要饼肥中的肥分含量列于表10-10。

表10-10 主要饼肥养分平均含量（风干基）

油饼种类	粗有机物 (g/kg)	营养元素含量(g/kg)					
		N	P	K	Ca	Mg	S
大豆饼	67.6	66.8	4.4	11.9	6.9	15.1	—
花生饼	73.4	9.2	5.5	9.6	4.1	4.4	—
油菜籽饼	73.8	52.5	7.9	10.4	8.0	4.8	10.5
棉籽饼	83.6	42.9	5.4	7.6	2.1	5.4	4.4
芝麻饼	87.1	50.8	7.3	5.6	28.6	30.9	
向日葵饼	924	47.6	4.8	13.2	—	—	—

引自中国有机肥料资源，1999。

饼肥中的氮磷多呈有机态。氮以蛋白质形态为主，磷以植素、卵磷脂为主，钾大多是水溶性的。这些有机态氮磷必须经过微生物分解后才能被作物吸收利用。

饼肥施入土后，糖类化合物在好气条件下最终分解为CO_2和H_2O，而嫌气条件下则分解成有机酸、氢和甲烷等化合物；饼肥中的蛋白质态氮，先经水解生成各种氨基酸，如组氨酸、鸟氨酸、谷氨酸、天门冬氨酸以及胺类化合物，这些含氮化合物在经微生物氨化作用和硝化作用，最后生成铵盐和硝酸盐。

饼肥中常含油脂，但油脂在土壤中分解很慢。土壤中对油脂分解力较强的细菌有荧光细菌等。饼肥中的油脂初步分解过程为：

$$\begin{array}{l}\text{CH}_2\text{OCOR}\\|\\\text{CHOCOR}' + 3\text{H}_2\text{O} \rightarrow \text{RCOOH} + \text{R}'\text{COOH} + \text{R}''\text{COOH} + \text{C}_2\text{H}_5(\text{OH})_3\\|\\\text{CH}_2\text{OCOR}'\end{array}$$

　　　脂肪　　　　　　　脂肪酸　　　　　　甘油

分解时先生成甘油和脂肪酸，然后继续分解为相对分子质量较小的有机酸，最后氧化为 CO_2 和 H_2O。试验证明，油饼中含有抗生物质，施用后可减轻植物病害，这可能是农民喜用油饼肥料的重要原因之一。

不同饼肥常因含氮量的高低，碳氮比大小不同，分解速度上具有差别。据湖南农业科学院试验结果表明：几种饼肥施于淹水土壤中，有机态氮转化为铵态氮的速率不一（表10-11）。

表10-11　几种油饼在淹水条件下分解速率

油饼种类	含氮量(g/kg)	氮素转化为铵态氮(%)	
		在土中发酵20d	在土中发酵45d
芝麻饼	69.5	46.9	—
菜籽饼	62.1	17.4	21.2
棉籽饼	33.1	13.9～15.0	27～37
桐籽饼	84.3	10.6	14.6
茶籽饼	11.0～16.0	5.9	9.6

表10-11中，茶籽饼含氮最低，分解速率最慢；芝麻饼含氮量高，分解速率最快。其原因是含氮量高的油饼，碳氮比值小，有利于微生物活动，所以肥效较快。

（2）饼肥的施用技术

饼肥是优质的有机肥料，养分全面，肥效持久，适宜于各类土壤和多种作物。尤其是对瓜果、烟草、棉花等作物，能显著提高产量并改善品质。

饼肥可作基肥、追肥，为了使饼肥尽快地发挥肥效，施用前需加处理。用作基肥时，只要将饼肥碾碎即可施用，一般宜在播种前2～3周将细碎的饼肥撒在田面，然后翻入土中，让它在土壤中有充分腐熟的时间。饼肥不宜在播种时施用，因它在土壤中分解时会产生高温和生成甲酸、乙酸、乳酸等有机酸，对种子发芽及幼苗生长均有不利影响。

饼肥用作追肥时必须经过腐熟，才利于作物根系尽快吸收利用。饼肥发酵的方式，一般采用与堆肥或厩肥同时堆积；或把粉碎的饼肥浸于尿液中经3周左右，发酵完毕后，再捣烂，即可施用。饼肥用量不一，大致每公顷施750～1 500kg，对经济作物烤烟、棉花、甘蔗、麻类等，每公顷施1 500～2 250kg。

10.2.4　城市垃圾肥

城市垃圾主要指城市居民日常生活中产生的废弃物，主要由炉灰、碎砖瓦、废纸、破布类、废旧塑料、金属、碎玻璃、动植物残体等组成。城市垃圾中还含有大量的细菌、病毒、寄生虫卵、杂草种子，甚至含有毒性的化学物质。它既是微生物生长繁殖的温床、蚊蝇的滋生地，也是疾病传播的媒介。如果管理不当，往往会造成环境的污染，从而影响人体健康。

随着现代大工业的密集化和城市人口的迅速增长，城市垃圾逐年递增，远远超过了大自然的自净能力，从而破坏了生态平衡，干扰了人们的正常生活，严重地污染了环境。利用城市生活垃圾生产肥料，而后进入土壤，是实现废物资源化的一条有效途径，既可净化环境，又能解决有机肥源不足的问题，值得重视和提倡。

10.2.4.1 数量与分布

城市垃圾主要分布于各大中城市，近20年来我国城市垃圾年产生数量以8%~10%的速率增加，2012年我国城市生活垃圾清运量已达 $1.7 \times 10^8 t$，无害化处理量为 $1.45 \times 10^8 t$，无害化处理率为84.8%。

10.2.4.2 成分与评价

垃圾中含有一定数量的养分，其含量多少因来源不同而有差别。据测定，城市垃圾鲜基以平均含量计：粗有机物68g/kg、全氮2.8g/kg、全磷1.2g/kg、全钾10.7g/kg，同时还含有其他中微量元素和速效性微量元素，其中，硼、铁平均含量较高，分别为20mg/kg，5 012mg/kg，详见表10-12。同时也含有重金属：铅 45.15mg/kg、铬 11.51mg/kg、镍 22.51mg/kg、镉0.50mg/kg、砷10.91mg/kg、汞0.63mg/kg。

表10-12 城市垃圾养分含量

分析项目	烘干基		鲜 基	
	样本数	平均值	样本数	平均值
水分（g/kg）			106	288.96
粗有机物（g/kg）	146	101.28	98	68.55
全氮（N, g/kg）	204	3.21	112	2.75
全磷（P, g/kg）	205	1.78	112	1.17
全钾（K, g/kg）	205	14.14	110	10.72
钙（Ca, g/kg）	26	1.820	5	10.552
镁（Mg, g/kg）	27	0.362	6	3.24
硫（S, g/kg）	4	2.35	4	1.80
铜（Cu, mg/kg）	37	71.583	16	40.195
锌（Zn, mg/kg）	27	161.931	15	124.605
铁（Fe, mg/kg）	26	14 569.578	16	5 012.352
锰（Mn, mg/kg）	26	327.755	14	203.766
硼（B, mg/kg）	6	29.538	8	20.091
钼（M_0, mg/kg）	7	2.433	7	1.356

引自中国有机肥料养分志，1999，中国农业出版社。

从资料表明，虽然垃圾中养分含量不高，但因垃圾数量较大，所提供的养分数量也不可忽视。全国城市垃圾平均年产按 $1.5 \times 10^8 t$ 计，经分选过筛后约有50%可作肥料，全国就有 $7\ 500 \times 10^4 t$ 的垃圾肥，其中氮素养分含量相当于硫酸铵 $100 \times 10^4 t$；还有部分可供作物直接利用的磷、钾等营养元素。可见城市垃圾富含有机质和植物所需的营养元素，施用城市垃圾对培肥改良土壤均有良好效果。

10.2.4.3 城市垃圾肥的制作

由于城市垃圾中的砂石、金属、玻璃、塑料容易造成耕层土壤瓦砾化而降低土壤保肥保水能力，所含重金属对植物有不同程度的毒害作用和污染作用，垃圾中含有大量的细菌、病毒、寄生虫等也会影响植物生长和给人类传染疾病。所以不提倡直接施用未经分选、处理的城市垃圾。合理利用城市垃圾的最佳方法是制成高温堆肥或好氧发酵堆肥施用。

(1) 高温堆肥

将垃圾分选后，易分解的有机垃圾作为高温堆肥的原料，然后按高温堆肥的制作原理、条件、方法进行堆制，达到腐殖化和无害化即可施用。

(2) 好氧发酵堆肥

好氧发酵堆肥是现代化的堆肥技术，通常采用工业化生产，有固定的工艺路线，系列配套设备（发酵装置、分选装置等），生产量大。例如，1986 年无锡市建立的我国第一座比较现代化的高温好氧堆肥系统，日处理垃圾 100t，上海安亭垃圾堆肥处理工艺系统，日处理 300t 生活垃圾。好氧堆肥工艺一般由前处理、主发酵（一次发酵）、后发酵（二次发酵），后处理等工序组成，各主要工序的功能见表 10-13。好氧发酵垃圾堆肥，通常可在 25～40d 内达到腐熟。

表 10-13 好氧发酵垃圾堆肥各工序的功能

处理工序	发酵工序	后处理工序
①进料：控制垃圾投入量的投入比例 ②分选：废品回收、去除部分非堆肥物和有害物质 ③破碎：将选出的大块可堆肥物破碎为适合堆肥的粒度 ④混合：调整垃圾水分、碳氮比至一定值	①一次发酵：进行最初的微生物分解，系高温发酵，是实现垃圾无害化的阶段 ②二次发酵：进行无害化处理后的垃圾进一步腐熟使之成为熟堆肥	①筛分：去除囊堆肥物使用的大颗粒物质 ②重力分选：去除堆肥中的硬质杂物以提高堆肥质量 ③专用肥配制：添加无机肥料，使之成为复合肥料

10.2.4.4 城市垃圾肥的施用与注意事项

腐熟并达到无害化的优质城市垃圾肥宜作基肥、种肥和早期追肥，适宜于各种土壤和作物，其施用量、施用方法与普通堆肥相似。如果垃圾堆肥中煤灰等无机成分的比例大，则宜在黏重的土壤上施用，施用量可为每公顷 45～75t；同时还应注意这种垃圾肥的施用次数和累计施用总量，在连续施用几年后可间隔一定年份再施用，或隔年施用，其累计施量以每公顷小于 1 500t 为限，以防土壤严重砂砾化。此外，施用垃圾堆肥还应配施化学肥料，以保证作物高产的需肥要求。

垃圾肥施用必须符合城镇垃圾农用控制标准中的规定，镉、汞、铅、铬、砷含量分别应小于 3 mg/kg、5 mg/kg、100 mg/kg、300 mg/kg、30 mg/kg，杂物含量应小于 3%，蛔虫卵死亡率 95%～100%，大肠菌值为 10^{-3}～10^{-2}。

10.3 绿　肥

凡是利用新鲜绿色植物体作为肥料的均称为绿肥。作为肥料而栽培的作物称为绿肥作物。把绿肥翻耕入土的措施叫做"压青"或"掩青"。我国栽培和施用绿肥有悠久的历史，是世界上最早使用绿肥的国家，全国大部分地区均可种植绿肥。20 世纪 70 年代后期，中国绿肥作物种植总面积达到 $1\,200 \times 10^4\,hm^2$。80 年代开始，由于农业产业结构调整等原因，绿肥种植面积减少。近年来，国家已将种植绿肥作为提高土壤肥力、补充优质有机肥料的重要措施，绿肥种植面积正在逐渐扩大，目前可达到 $300 \times 10^4\,hm^2$ 左右。

绿肥与其他有机肥料相比较有其特点，绿肥一般以栽培和水面种植或放养为主，所以它要有一定的生长阶段和湖水面积；其次栽培绿肥大多以豆科绿肥为主，所以它具有根瘤菌，能固定空气中的氮素，增加土壤氮素来源。

10.3.1 种植绿肥的意义

(1) 扩大有机肥源

绿肥有广泛种植的可能性。可以充分利用荒山荒地种植，利用自然水面或水田放养，利用空茬地进行间种、套种、混种、插种；复种指数高，可以就地种植，就地施用。因此，种植绿肥是开辟肥源、解决有机肥料不足的重要途径之一。在我国南方水网地区稻田、池塘、河边、坑洼发展水生绿肥的潜力巨大。

(2) 增加土壤氮素

绿肥作物中有很多是豆科作物，豆科作物可与根瘤菌共生并进行固氮作用。一般来说，种植 $1\,hm^2$ 紫云英可固定 153kg 氮素。豆科作物鲜草含氮量为 $3.0 \sim 7.0\,g/kg$，如以每公顷产鲜草量为 15 000kg 计算，每公顷可增加 $45 \sim 105$kg 氮素。这相当于每公顷增施 $90 \sim 225$kg 尿素。因此，广泛种植绿肥作物，可以充分利用生物固氮增加土壤氮素。

(3) 富集与转化土壤养分

绿肥作物的根系十分发达，特别是豆科绿肥作物，其主根入土很深，如苜蓿的根可深入土壤达 3.78m，毛叶苕子的根也有 2.5m。它们可通过发达的根系，吸取深层土壤中的各种养分，待绿肥作物翻压腐解后，可丰富耕层土壤养分。例如，$1\,hm^2$ 紫云英可活化、吸收土壤钾 (K_2O) 126 kg，替代化肥钾素的效果明显(曹卫东和黄鸿翔，2009)。

绿肥作物，对土壤中难溶性磷酸盐有较强的吸收能力，特别是十字花科的绿肥植物能活化土壤中的磷素。绿肥翻压后，可增加土壤耕层中有效磷的数量。因而，种植豆科绿肥兼有提高土壤有效磷含量的效果。

(4) 调节土壤有机质

绿肥作物中的有机物质含量一般为 $120 \sim 150\,g/kg$，向土壤中翻压 1 000kg 绿肥，就可提供 $120 \sim 150$kg 有机物质，这对提高土壤肥力、改善土壤性质均有良好的作用。不仅如此，绿肥的腐解能促进或延缓土壤中原有的有机质的矿化，这种作用被称为绿肥的正或负激发效应。可见，施用绿肥虽提供了有机物质，但不一定明显增加土壤有机质含量，因为能否积累受许多因素的制约，不过通过激发效应可促使土壤有机质的更新。

(5) 改善土壤结构和理化性质

绿肥作物的根系有较强的穿透能力，根系入土深。因此，常能见到有根深扎于底层土中。绿肥分解腐烂后，有胶结和团聚土粒的作用，土壤结构得到了改善。

绿肥腐解过程中所形成的腐殖质有改善土壤物理性质的作用。如改变黏土和砂土的耕性；增加土壤保水、保肥的能力等。绿肥翻压后，能供给微生物所需的能量和营养物质，提高土壤微生物的活性，对土壤养分转化和改良土壤理化性质亦有明显作用。盐分高的土壤种植耐盐性强的绿肥，能使土壤脱盐，促使作物产量迅速提高；酸性土壤种植绿肥，能提高土壤缓冲作用，减少土壤酸度和活性铝的危害。

(6) 增加覆盖，防止水土流失

绿肥作物茎叶茂盛，对地面有覆盖作用，可以缓和暴雨的袭击，减少水土和养分的流失，尤其是在荒坡上种植绿肥作物，由于茎叶的覆盖和强大根系的作用，可大大减少雨水对土表的冲刷和侵蚀，增强固土护坡的作用。

(7) 回收流失养分，净化水质

种植水生绿肥，特别是"三水一萍"（水花生、水葫芦、水浮莲和绿萍）的放养，可以吸收水中的可溶性养分，把农田流失的肥料和城市污水中养分进行收集，回归农田，提高养分利用率。水生绿肥还能吸收污水中的重金属和酚类化合物，减轻水质污染。

(8) 促进养殖业的发展

绿肥作物一般都含有丰富的蛋白质（豆科绿肥植物干物质粗蛋白含量为 150~200g/kg）、脂肪、糖类和维生素等，绝大多数绿肥作物都是家畜的优质饲料。绿肥投放水中后既可被草食性鱼类直接摄食，又可腐烂发酵为细菌繁殖创造良好环境，而细菌又能促进浮游生物的大量生长繁殖，供给滤食性、杂食性鱼类摄食；水生绿肥还为水生动物提供良好的繁殖和栖息场所。因此，种植绿肥不仅为农业生产提供有机肥料的肥源，而且也为畜牧业和水产业的发展创造了有利条件。此外，许多绿肥作物，如紫云英、苕子、田菁以及苜蓿等，它们的开花期较长，花粉的品质好，是良好的蜜源作物。发展绿肥对养蜂业也是有益的。

10.3.2 绿肥的种类

我国地域辽阔，植物资源丰富，多数植物无论是栽培的或野生的都可用作肥料，有价值的绿肥品种资源 670 余种。据统计，目前我国已栽培利用和可供栽培利用的绿肥植物就有 300 余种，常用的绿肥种类 30 余种。按植物学可分为豆科绿肥和非豆科绿肥。其中豆科绿肥有：苕子、紫云英、光叶紫花苕、黄花苜蓿、扁荚山黧豆、箭舌豌豆、草木樨、紫花苜蓿、柽麻、田菁、猪屎豆等；非豆科绿肥有十字花科的肥田萝卜和油菜等；禾本科有黑麦草和燕麦；以及菊科的串叶松香草等。按栽培季节可分为冬季绿肥和夏季绿肥。按栽培年限长短可分为一年生或越年生绿肥和多年生绿肥以及速生（短期）绿肥。按绿肥来源可分为栽培绿肥和野生绿肥。按生育环境可分为旱生绿肥和水生绿肥。

10.3.3 绿肥植物的栽培方式

随着人多地少矛盾的不断加剧，如何缓解种植绿肥与种植粮、棉、油争地问题，关系到绿肥的发展。因此，在栽培上，要充分利用空间、时间和绿肥牧草的生物学特性，要采用多种方式,在不影响主要作物种植面积的基础上,因地制宜地种植,实行"见缝插针"、"见闲插种"。

(1) 单种

又称主作或清种。单种绿肥是指在一定的生长季节中,在一块地上只种一种绿肥作物。如在一些地多人少、土壤瘠薄、盐碱、风砂等低产地区,种植先锋绿肥作物,或是在轮作制度中安排一定季节种植某绿肥作物。利用荒山、荒坡、荒地、荒滩和某些宅旁空地种植多年生绿肥作物,可以护坡、保坎、改土、防止水土流失。

(2) 插种

又称迹作。是在作物换茬的短暂间隙,种植一次短期速生绿肥作物。一般用作下季作物的基肥。插种要选择速生快长的绿肥作物。如柽麻、田菁、绿豆、乌豇豆、箭舌豌豆和细绿萍等。插种能充分利用生长季节,提高土地利用率。

(3) 间种

在主作物(粮、棉、油)的行株间,按一定面积比例相间同时种植一定数量的绿肥作物,以后大多作为主作物质的肥料。如稻田放养满江红,在果、桑、茶园、林地、棉花、甘蔗田间的行间种各种绿肥作物等。

间种绿肥,能充分利用光、热、水、肥、气等自然条件,除起到养地用地相结合外,还可以发挥种间互相作用,主作物可利用间种绿肥作物根系分泌的氮素,提高植物体内的含氮量。据测定,小麦田间种蚕豆、黄花苜蓿后,植株或叶片的含氮量均有所增加。稻田放养满江红、细绿萍,可排出氮素,供秧苗吸收利用。此外,间种还可减轻绿肥作物的冻害和病害,减少杂草对主作物的危害。因此,间作能提高光能利用率,有效利用土壤的水分和养分,能提高单位面积上的总收益。

(4) 套种

在不改变主作物的种植方式,将绿肥作物套种在主作物行株之间。套种可分为两种:一种叫前套,先把绿肥作物种植于预留的主作物行间,以后用作主作物的追肥,如棉田或玉米田,在预留的行间播种箭舌豌豆、苕子和扁夹山黧豆,以后再插种主作物棉花或玉米,当绿肥生长到影响主作物时,就及时压青作追肥。第二种叫后套,在主作物生长中后期,在行间套种绿肥,待主作物收获后,让绿肥作物继续生长,以后用作下季作物的肥料,如晚稻田套种紫云英、棉田套种苕子等。

套种除具有间种的作用外,还使绿肥充分利用生长季节和土地,延长生长时间,提高绿肥作物产量。

(5) 混种

是指多种绿肥作物品种(多种豆科或豆科与非豆科),按一定的比例混合或相间播种在一块田里,以后都作为绿肥用。如采用紫云英、油菜、肥田萝卜、麦类等混播,一般比单播能大幅度增产。所以,群众说:"种子掺一掺(混播),产量翻一番。"

10.3.4 主要绿肥作物生长习性和栽培要点

10.3.4.1 紫云英

紫云英(*Astragalus sinicus* L.)又叫红花草,豆科黄芪属,是一年生或越年生豆科草本植物，是我国稻田主要的绿肥作物。

(1) 生长习性

紫云英喜温暖、湿润的气候和肥沃、排水良好、pH 5.2~7.5 的土壤，极忌渍水，耐盐碱能力差。种子发芽的适宜温度为 15~20℃，全生育期一般为 210~240d。

(2) 栽培要点

① 种子处理　将新鲜种子用 5%~10% 的盐水分选去劣。紫云英种子外有一层蜡质，吸水困难，应进行人工擦种，以利发芽。在新种植的地区必须接种根瘤菌、拌磷肥，以提高绿肥产量。

② 播种　紫云英的播种期各地不同，南方地区 9 月下旬至 10 月上旬为宜，播种量一般每公顷 30~45kg，留种田 22~30kg。水稻田种植紫云英多采用套种撒播，保证发芽时有足够的水分，发芽后无积水。

③ 田间管理　主要是施肥、排涝防旱和防治病虫害，在土壤肥力低的稻田种植紫云英，早期需施少量氮肥和磷肥；由于紫云英怕渍，因此播前需挖好排、灌沟，做到涝能排、旱能灌；紫云英的主要病虫害有蚜虫、蓟马、潜叶蝇、白粉病、菌核病，应及时防治。

④ 留种　紫云英留种应注意：a. 留种田应有计划早安排，面积为播种面积的 10% 左右；b. 留种田要适当早播、匀播；c. 选用成熟较迟的种子；d. 及时收获，注意选种。

10.3.4.2　苕子

苕子(*Vizia villosa*)又称蓝花草子、巢菜、野豌豆等，豆科巢菜属，一年生或越年生草本植物，是稻田、棉田或其他秋收作物地上种植的冬季绿肥作物。目前栽培最多的是光叶紫花苕子，其次是毛叶紫花苕子。光叶苕子适宜在南方地区种植，毛叶苕子抗寒性强，一般适于北方地区种植。现介绍光叶紫花苕子(简称苕子)的生长习性和栽培要点。

(1) 生长习性

苕子耐旱耐瘠、耐酸、耐盐碱性强于紫云英，而耐湿性较弱，苕子多套种于水稻，旱地与果树间作，苕子栽培技术与紫云英相似。苕子发芽最适温度为 20℃，耐旱耐瘠较强，并有一定的耐酸、耐盐碱能力，在 pH 5.0~8.5、全盐 1.5g/kg 的土壤上能正常生长，苕子怕涝，尤其在开发花荚期更突出。全生育期 260d。

(2) 栽培要点

苕子栽培技术与紫云英基本相同。播种期比紫云英早 10~15d，播种量为每公顷 52.5~60kg，留种田 15~22.5kg，采用条播、点播、撒播均可。撒播时土壤必须有足够的水分及播后覆盖。苕子对磷肥敏感，作基肥或早期集中施用的效果好，生长期间排涝尤为重要。苕子留种困难，产量不稳，可采用设立支架、稀播匀植、后期控制营养生长、加强排灌水、防治病虫害、及时采收等措施提高产量。

10.3.4.3　田菁

田菁[*Sesbania cannabina*(Retz.)Poiv.]又名碱青、涝豆，豆科田菁属，一年生草本植物。我国现有 7 个种，其中栽培利用最广泛的是普通田菁(*Sesbania cannabina* Pers.)。它是盐碱、涝洼地、沙荒瘠薄地上的优良夏季绿肥。

(1) 生长习性

田菁喜温好湿，适应性广，具有耐瘠、耐涝、耐盐、耐旱的特性，既可旱种，也能水植。

(2) 栽培要点

田菁栽培方法简单，我国南方地区 3~6 月均可播种，每公顷用种量 45~60kg，留种地用 22.5~30kg，可点播、条播或撒播。因田菁种子有 30%~50% 的硬籽，播前应用 60℃ 左右的温水进行浸种处理。田菁对磷肥敏感，播种时每公顷可施过磷酸钙 150~225kg 作基肥或种肥以利提高产量。幼苗期间应适量中耕除草，防治地老虎、粉蝶等害虫。田菁种子成熟不一，易裂荚，当植株有 70% 以上荚果变黄褐至紫褐色时，趁早晨露水未干时收割，晒干脱粒。

10.3.4.4 紫穗槐

紫穗槐（*Amorpha fruticosa* L.）又叫紫花槐、绵槐，豆科紫穗槐属，多年丛生落叶小灌木。

(1) 生长习性

紫穗槐对气候、土壤要求不严，能耐寒、耐旱、耐湿、耐盐碱、耐瘠，适合田边、路旁、河岸、荒山、沙地种植。

(2) 栽培要点

紫穗槐可作育苗移栽、直播、插播等方法繁殖，播种时间 3~4 月间春播为宜，6~7 月夏播，每公顷用种量 60~75kg，大面积栽培以育苗移栽为好。留种植株不宜割青，将一年以上的枝条保留作种，待次年开花结籽，10 月上旬采种。

10.3.4.5 绿萍

绿萍（*Azolla imbricata*）又称红萍、满江红，属满江红科满江红属，是一种水生蕨类植物，它既能利用河、湖、沟、塘等水面放养，又可在稻田养殖利用。

(1) 生长习性

绿萍生长快，平均 3~5d 可增殖一倍；能固氮，绿萍背叶的共生腔内有鱼腥藻（又称项圈藻），能固定空气中的氮素。绿萍喜在平静水面上群聚生活，抗热、抗寒性差。

(2) 放养技术

绿萍低于 0℃ 或高于 35℃ 不能生长或死亡，因此其栽培采取春秋繁殖、放养，冬夏保种。

①春秋繁殖利用　春、秋两季温度适宜绿萍快速生长，因此应争取早繁多用。长江中下游，3 月中旬，气温稳定在 10℃ 以上，春繁期应加强育萍的管理，做到床平、肥足、水深适度，施腐熟有机肥和磷肥。如萍色红、萍体小，应施氮肥，促进萍体复壮和繁殖。防止萍体随水流失，萍床周围应筑田埂或设萍栅，还应掌握深水放萍、分萍以利萍体均匀分布和吸肥。湿润或浅水育萍，使萍根着泥吸肥，也有利于萍床增温防风。秋繁管理方法与春繁相似。

②春秋放养利用　稻田放养是绿萍生产的中心环节，力争早放、放足、放匀，每公顷放种萍 4 500~7 500kg。为了早放，可采用先放萍，插秧前倒萍，留下部分待插秧后继续养萍。根据茬口和季节也可采取边插边放或插后再放。绿萍利用即叫倒萍，根据水稻需肥特性和绿萍供肥情况来决定倒萍时间。一般放后 7~10d 倒萍一次，若分次倒萍，最后一次应在水稻拔节前结束。结合中耕，利用人工压青倒萍，也可利用除草剂（五氯酚钠）倒萍，倒萍前应排干田水，倒萍后过 3~4d 再灌水。

③冬夏保种　越冬保种和越夏保种，要加强抗低温和抗高温繁育绿萍的措施。越冬保种分为自然越冬和人工保温越冬。前者是利用水温较高的自然条件育萍，如温度较高的泉水、工厂废水，长江以南可以利用大田露天越冬。大田露天越冬应注意以下技术措施：选择和整好萍床，选择背风向阳，土壤肥沃，排水方便的地点作萍床，把田块整平，除草灭螺，分格密放萍种，1m^{2}约1kg左右，达到萍体相连，进行湿润青萍；施肥可施腐熟粪尿肥和磷钾肥，立冬前后停止打捞；防虫防杂草，让萍长成厚层，防青苔。无以上自然条件者，可利用人工保温越冬，多采用塑料薄膜覆盖萍种或采用火坑温室，地窖温室等。越夏保种主要防高温，防病虫，防藻害。

10.3.4.6　其他绿肥作物

南方地区除主要栽培以上几种绿肥作物外，还种植冬季绿肥箭舌豌豆、黄花苜蓿、肥田萝卜、蚕豆等，夏季绿肥柽麻、绿豆等，多年生绿肥黄荆、马桑、葛藤、水生绿肥水葫芦（凤眼莲）、水浮莲、水花生等。

10.3.5　绿肥的合理利用

10.3.5.1　绿肥的肥效特点

各种绿肥养分含量不一，豆科绿肥氮多、磷钾少（特别是磷）；非豆科绿肥氮、磷、钾数量较均衡；水生绿肥一般养分含量较少（表10-14）。同一品种作物，因栽培管理、生育期及生长势不同，养分含量亦不相同。

绿肥在土壤中进行分解是一个复杂的生物化学过程。环境条件适宜时，翻埋后的绿肥分解速率一般在最初3个月内，特别是第一个月内最大，以后逐渐变慢。研究发现，紫云英、水葫芦和绿萍一年内的总分解量分别只有77%、76%和50%。随着绿肥分解，植物体内的养分，特别是氮素得到释放。豆科绿肥中的氮素对当季作物的有效性较厩肥、堆肥高，一般占总氮量的25.3%±5.0%；而厩肥和堆肥分别只有16.7%±9.05%和16.6%±5.65%。绿肥的分解速率及其氮素的当季利用率，受土壤水分、温度、绿肥作物老熟程度以及绿肥品种的化学组成等因素的影响。一般在水分适中、组织幼嫩、温度较高、浅埋的条件下，绿肥的分解速率快，氮素利用率也较高。在相同环境条件下，绿肥的分解速率主要决定于绿肥品种的化学组成，尤其是C/N比值和木质素的含量。凡木质素含量低，C/N比值小，其分解速率快，能释放出较多的氮素供当季作物利用，但残留碳量低，如紫云英、苕子、箭筈豌豆等。反之，木质素含量较高、C/N比中等，如绿萍、柽麻等，它们能为当季作物提供一定的有效氮，而残留碳量较高。目前，一般用腐殖化系数来判断植物性物质对土壤有机质贡献的大小。不同种类的绿肥，腐殖化系数不同。相关分析表明，植物性物质的腐殖化系数与其木质素含量呈正相关。

10.3.5.2　绿肥利用方式

(1) 直接翻压

绿肥就地直接翻耕作可基肥，间种和套种的绿肥就地掩埋可做追肥。翻耕前最好将绿肥

表 10-14　主要绿肥作物养分含量

种类	鲜草成分(占绿色体的 g/kg)				干草成分(占干物重的 g/kg)		
	水分	N	P_2O_3	K_2O	N	P_2O_5	K_2O
紫云英	88.0	3.8	0.8	2.3	27.5	6.6	19.1
光叶紫花苕子	84.4	5.0	1.3	4.2	31.2	8.3	26.0
箭舌豌豆	65.8	8.3	1.6	5.0	24.5	4.7	14.5
紫花苜蓿	—	5.6	1.8	3.1	21.6	5.3	14.9
黄花苜蓿	83.3	5.4	1.4	4.0	32.3	8.1	23.8
草木樨	80	4.8	1.3	4.4	28.2	9.2	24.0
肥田萝卜	90.8	2.7	0.6	3.4	28.9	6.4	36.0
蚕豆	80.0	5.5	1.2	4.5	27.5	6.0	22.5
田菁	80.0	5.2	0.7	1.5	26.0	5.4	16.8
柽麻	82.7	5.6	1.1	4.5	32.5	4.8	13.7
紫穗槐	60.9	13.2	3.6	7.9	30.2	6.8	18.7
马桑	—	5.1	1.0	2.3	32.0	19.7	14.0
黄荆	—	—	—	—	21.9	5.5	14.3
葛藤	84.0	5.0	1.2	8.7	31.8	7.8	55.5
绿豆	85.6	6.0	1.2	5.8	11.7	8.3	40.3
绿萍	94.0	2.4	0.2	1.2	2.77	3.5	11.8
细绿萍	92.5	2.4	0.8	3.3	36.5	9.2	44.0
水葫芦	92.8	1.2	0.6	3.6	17.0	8.2	27.5
水浮莲	94.8	0.9	1.0	3.5	17.5	18.9	6.7
水花生	90.9	2.1	0.9	8.5	23.5	9.7	93.4

切短,稍加晾晒,这样既有利翻耕,又能促进分解。早稻田翻耕最好干耕,以提高土温和改善通气状况,促进微生物的分解活动。旱地翻耕要注意保墒、深埋、严埋,使绿肥全部被土覆盖,使土、草紧密结合,以利绿肥分解。翻耕时可加用适量农药以减少地老虎等害虫对农作物的危害。

(2)沤制

为加速绿肥的分解,提高其肥效,或因贮存的需要,可把绿肥作堆沤肥原料。经堆沤后绿肥的肥效平稳,又有避免直接翻压可能引起的危害。绿肥经堆沤处理后,使易分解的物质先分解。这样便减弱或消除直接翻耕时对土壤产生的激发效应。

(3)饲用

多数绿肥作物是优质饲料,含有较高的营养成分(表10-15)。因此,饲用是绿肥作物的最佳利用方式。畜、禽、鱼充分吸收利用了蛋白质、糖类、维生素等营养物质,再以粪肥还田。绿肥"过腹还田"是提高绿肥作物肥效和经济效益的有效途径。适时收割的绿肥鲜草,可作青饲料或打浆饲用、青贮、调制干草、草粉等。某些绿肥作物的种子如草木樨、蚕豆可作为牲畜的良好精饲料。

表 10-15　南方地区主要绿肥作物鲜草饲用营养成分含量　　　　　　　g/kg

种类	干物质	粗蛋白	粗脂肪	粗纤维	无氮浸出物	粗灰分
紫云英	126	28.9	7.5	13.4	52.7	11.5
苕子	148	35.0	9.0	33.0	60.0	11.0
箭舌豌豆	20.4	38.0	5.0	55.0	85.0	21.0
黄花苜蓿	130	30.1	10.3	27.3	58.1	12.3
绿豆	200	40.0	8.0	39.0	95.0	18.0
柽麻	210	46.9	7.8	16.0	64.4	24.9
蚕豆	152	34.0	5.0	38.0	43.0	7.0
田菁	144	44.0	9.0	21.0	50.0	20.0
绿萍	67	11.4	1.5	6.9	38.0	9.1
细绿萍	72	15.7	3.4	13.3	24.7	14.8
水葫芦	73	14.2	1.9	21.9	41.6	12.8
水浮莲	59	8.0	1.7	12.0	19.8	10.1
葛藤	182	34.0	11.0	57.0	61.0	19.0

10.3.5.3　绿肥的翻压技术

绿肥直接翻压的肥效与其利用技术有密切的关系。为了充分发挥绿肥的肥效，翻压利用时应注意以下几个问题：

(1) 刈割与翻耕适期

绿肥作物的刈割、翻耕时期，应掌握在鲜草产量和养分含量最高，而木质化程度相对较低的时期进行。

绿肥翻耕过早，虽然植株柔嫩多汁，容易腐烂，但鲜草产量和肥分低，肥效不持久，作物后期易脱肥；反之，翻耕过迟，鲜草产量高，但植株趋于老化，鲜草中纤维素、木质素增加，腐烂分解慢，前期供肥慢。主要绿肥作物的翻耕适期为：紫云英盛花期，苕子、田菁现蕾至初花期，黄花苜蓿盛花至初荚期，箭舌豌豆初荚期，柽麻、蚕豆青和绿豆初花至盛花期。

绿肥的翻耕适期，还必须与后作物的播种或栽插以及后作物的需肥期相配合。在翻耕时期与后作物的播种或栽插期之间，应有一段适当的间隔，以便绿肥分解和防止某些分解产物（有机酸、还原性物质等）影响种子发芽和幼苗的生长。如稻田翻耕绿肥，一般要求在栽秧前 7~15d 进行。

(2) 翻耕深度

绿肥分解主要靠微生物活动，因此，耕翻深度要考虑微生物在土壤中旺盛活动的范围以及影响微生物活动的种种因素。一般以耕翻入土 12~20cm 为好。具体深度应根据土壤性质、气候条件、绿肥种类及其组织的老嫩程度而定。气温较高，土壤水分较少，土质较疏松，绿肥较易分解的，翻耕宜深些；反之，土壤水分较多、土壤黏重、气温偏低或植株较老熟的宜浅一些。

(3) 施用量

在决定绿肥施用量时，应综合考虑作物计划产量、作物种类和品种的耐肥能力、绿肥作物的养分含量和其供肥情况以及土壤性质和供肥能力等因素。一般每公顷施用鲜草 15 000~

22 500kg，用量过大可能产生较多的有机酸、硫化氢、亚铁离子毒害作物根系。因此，施用时应控制用量，可采取先翻耕后灌水、施用适量石灰、浅水灌溉、勤晒田等措施。

(4) 与其他肥料配施

翻耕时配施适量的速效氮、磷肥或腐熟的粪尿肥，能加速绿肥分解，防止土壤微生物与作物争夺养分，满足作物高产对养分的需要，特别是对 C/N 比大的绿肥效果更为明显。翻耕绿肥时配合施用磷肥更能发挥绿肥的肥效。

10.4 泥炭与腐殖酸类肥料

10.4.1 泥炭

泥炭又称草炭、草煤、泥煤和草筏等，是古代沼泽植物埋葬于地下，在一定气候、水文、地质条件下形成的。在我国分布较广，蕴藏量颇为丰富。泥炭是一类重要的有机肥源，也是制造腐殖酸肥料的重要原料。合理开采和利用泥炭，在扩大肥源、提高土壤肥力、增加植物产量等方面，具有重要意义。

10.4.1.1 泥炭类型

泥炭主要由未完全分解的植物残体、腐殖质和矿物质等三类物质组成。按泥炭存在形态可分为现代泥炭和埋葬泥炭。

(1) 现代泥炭

其泥炭层大多露出地面，其泥炭形成过程尚在进行，如大、小兴安岭，三江平原，青藏高原北部、东部及四川阿坝草原等地泥炭属于此类型。

(2) 埋葬泥炭

在古气候条件下，植物残体经地质作用，埋没于地下。覆盖层厚度一般为 1~3m，厚的在 10m 以上；泥炭层厚达 1~5m，个别达 20m 以上。我国海河、淮河、长江、珠江等河流中下游，成都平原，云贵高原等地发现的多为埋葬泥炭。

根据泥炭的形成条件、植物群落特性和理化性质，可分为低位泥炭、高位泥炭和中位泥炭 3 种类型：

(1) 低位泥炭

一般分布于地势低洼、排水不良并常年积水的地区，水源主要靠富含矿质养分的地下水补给。生长着需要矿质养分较多的低位型植物如苔属、芦苇属、赤杨属、桦属等，由这些植物残体积累而成。一般分解速率快，氮素和灰分元素含量较高，呈中性和酸性反应，持水量较小，稍风干后即可使用。

(2) 高位泥炭

多分布在高寒地区，水源主要靠含矿质养分少的雨水补给，生长着对营养条件要求较低的高位型植物，如水藓属、羊胡子属等，由这些植物残体积累而成。这类泥炭分解速率慢，氮素和灰分元素含量低，但酸度高，呈酸性或强酸性反应，然而其吸收水分和气体的能力较强，故适宜作垫圈材料。

(3) 中位泥炭

介于低位泥炭和高位泥炭间的中间类型，其下层与低位泥炭相同，上层与高位泥炭相似。

10.4.1.2 泥炭的成分与性质

自然状态下泥炭含水量在 50% 以上，干物质中主要含纤维素、半纤维素、木质素、树脂、蜡质、脂肪酸、沥青和腐殖质等有机物，另含磷、钾、钙等灰分元素。表 10-16 是我国部分地区泥炭的成分。泥炭的成分和性质决定着其利用价值和方式。

表 10-16 我国部分地区的泥炭成分

产地	pH 值	有机质(g/kg)	灰分(g/kg)	氮(g/kg)	磷(g/kg)	钾(g/kg)
吉林	5.4	600	400	18.0	3.0	2.7
北京	6.9	574	426	19.4	0.9	2.4
安徽	6.3	500	500	15.0	1.0	3.0
浙江	6.0	691	309	18.3	1.5	2.5
广西	4.6	402	598	12.1	1.2	4.2
山东	5.6	448	552	14.6	0.2	5.0

(1) 富含有机质和腐殖酸

泥炭中有机质含量一般为 400~700 g/kg，高者达 850~950 g/kg，最低为 300 g/kg；腐殖酸含量为 200~400 g/kg，其中胡敏酸(黑腐酸)居多，富里酸(黄腐酸)次之，吉马多美郎酸(棕腐酸)最少。由于泥炭含有机质和腐殖质，使之具有有机肥料的特性，能改良土壤，供给养分和促进植物生长的作用。

(2) 养分含量不均

泥炭虽含所有必需的营养元素，但其比例很不均衡。在三要素中，以氮最多，钾次之，磷最低。泥炭全氮含量为 7~35 g/kg，高位泥炭含氮 7~15 g/kg，低位泥炭含氮 20~35 g/kg；泥炭中氮素大部分为有机氮，铵态氮含量少，所以须向泥炭中加入粪肥、厩肥液等含氮物质进行堆腐后方可施用。泥炭全磷含量为 0.5~6 g/kg，高位泥炭含磷 0.5~1.5 g/kg，低位泥炭含氮 2.0~6.0 g/kg；泥炭全磷量 2/3 是柠檬酸溶性的，表明泥炭中磷有部分是有效态的。泥炭中钾的含量相当于干重的 0.5~2 g/kg，近 1/3 能被水浸取为有效态钾。

(3) 酸度较大

泥炭大多呈酸性或微酸性反应，pH 4.5~6.0。东北、西北和华北地区的泥炭酸度为 pH 4.6~6.6；南方各地泥炭酸性较强，pH 4.0~5.5，故在酸性土壤地区施用泥炭应注意配施石灰。pH 值低于 5 的泥炭常含活性铝，我国泥炭中的活性铝含量不高，一般低于 0.5mmol/100 g，对植物影响不大。

(4) 吸水、吸氨力强

泥炭富含腐殖酸，是吸收性很强的有机胶体。一般风干的泥炭能吸收 300%~600% 的水分，吸氨量可达 0.5%~3.0%；有机质越多，酸性越强的泥炭，吸氨量越大。所以，泥炭是垫圈保肥的好材料。

表 10-17　泥炭分解程度的简易鉴别

植物残体	可塑性与弹性	挤水难易与水色	分解程度(%)
植物残体全部保存	不沾手,手握时,不能从指间挤出,有弹性	水分很容易挤出,水色淡,介于透明到黄色	<15
植物残体容易辨认,含有少量腐殖质	略为沾手,手握时,不能从指间挤出,有弹性	稍用力即可挤出水,水色为棕色或浅褐色	15~25
植物残体保存较差,但能辨认,腐殖质较多	能沾手,手握时从指间挤出,有可塑性	用力时能挤出少量水,褐色或灰褐色,较浑浊	25~35
植物残体还可见到,但短小细碎,腐殖质很多	沾手,手握时,易从指间挤出,无弹性	用大力能挤出很少水,浑浊,呈深褐色或灰褐色	35~50
植物残体细小,极少部分可辨认,腐殖质占优势	易沾手,手握时,从指间挤出很多泥炭,无弹性	挤不出水或能挤出几滴水,浑浊呈深褐色或黑色	>50

(5)分解程度较差

不同的泥炭,有不同的 C/N 比,因此,其分解程度有明显差异。低位泥炭 C/N 比为 16:1~22:1,分解较易,分解程度较高;中位泥炭 C/N 比为 20:1~25:1,稍难分解,分解程度较低。泥炭分解程度高于 25% 的可直接作肥料使用,分解程度低于 25% 时,宜垫圈或堆沤后方可施入田间。表 10-17 是泥炭分解程度的简易鉴别方法。

10.4.1.3　泥炭在农业上的利用

(1)泥炭垫圈

泥炭用作垫圈材料可充分吸收粪尿和氨,故能制成质量较好的圈肥,并能改善牲畜的卫生条件。垫圈用的泥炭要预先风干打碎,含水量在 30% 为适宜,过干使泥炭碎屑易于飞扬,过湿使其吸水吸氨能力降低。

(2)泥炭堆肥

畜粪尿与泥炭混堆制粪肥能提供有效氮,为微生物创造分解有机碳、氮的有利条件,并能降低泥炭的酸度。而泥炭具有较高的有机质,能保持粪肥的肥水和氨态氮。高、中、低位泥炭都可以与粪肥混合制成堆肥。两者比例随堆制时期和粪肥质量而定。秋冬堆制质量高的泥炭堆肥,宜按 1:1 配比;夏季堆制,粪肥和泥炭宜按 1:3 配比堆制。

(3)制造腐殖酸混合肥料

由于泥炭含大量的腐殖酸,但其速效养分较少。将泥炭与碳铵、氨水、磷钾肥或微量元素等制成粒状或粉状混合肥料,可以减少挥发性氮肥中氨的损失。氨化腐殖酸,既可增加泥炭中磷、锌、微量元素成分,又可防止磷和某些微量元素在土壤中的固定,以提高肥效。

(4)配制泥炭营养钵

利用中等分解度的低位泥炭可制成育苗营养钵。将肥料充分拌匀后,加入适量水分(以手挤不出水为宜),然后压制成不同的营养钵或营养盘。育苗营养钵的材料配比为:泥炭(半干)60%~80%,腐熟人畜粪肥 10%~20%,泥土 10%~20%,过磷酸钙 0.1%~0.4%,硫酸铵和硝酸铵 0.1%~0.2%,草木灰和石灰 1.0%~2.0%。

(5)作为菌肥的载菌体

将泥炭风干、粉碎,调整其酸度,灭菌后即可接种制成各种菌剂。如豆科根瘤菌剂、固氮菌剂、磷细菌等菌肥,都可用泥炭作为扩大培养或施用时的载菌体。

10.4.2 腐殖酸类肥料

腐殖酸类肥料是以腐殖酸含量较多的泥炭、褐煤、风化煤等为主要原料,加入一定量的氮、磷、钾和某些微量元素所制成的一类多功能的有机无机复合肥料;或是将含腐殖酸的原料经处理提取腐殖酸后再复合成的肥料,如腐殖酸铵、腐殖酸钾、腐殖酸钠、腐殖酸氮磷钾复合肥料等,这些通称腐殖酸类肥料,简称腐肥。

10.4.2.1 腐肥的发展概况

我国使用腐殖酸类肥料已有较长历史,20 世纪 50 年代、70 年代先后进行过全国性的推广应用腐肥,但持续时间都不长。其原因主要是当时生产施用的腐肥养分含量低(主要产品是腐铵),大量施用后有很好的改土效果,但对作物的营养作用差,增产有限。80 年代以来,腐肥的应用再度受到重视,仅 1980—1985 年,全国共建 773 个田间试验点,对 24 种粮食、经济作物进行了试验,获得了极为显著的经济效益。近 20 年来,腐肥的应用有新的发展,主要是重视了腐肥的质量和产品多元化。腐殖酸复合(混)肥已成为目前的主要腐肥产品,2014 年我国已制定《腐殖酸复混肥料》行业标准(草案)。我国现已在山东、新疆、北京、上海、河南、江苏、陕西等地兴建了一批生产腐殖酸复合(混)肥企业,生产各类经济作物、粮食作物专用腐殖酸复合(混)肥,在农作物上广泛应用后不仅增产效果十分显著,而且还明显改善了农产品的品质。广西生产的液体复合肥叶面宝、喷施宝,含有较高的纯化腐殖酸和多种营养元素,用量少,施用方便,适用于多种农作物,增产增收显著。美国生产的高美施(KOMIX UA-102)、ACTOSOL 等产品也是以腐殖酸为载体的多养分叶面肥。除作为肥料利用外,在我国腐殖酸还直接用作脲酶抑制剂,在提高尿素氮的利用方面表现出明显的效果;从腐殖酸中提取的黄腐酸已被成功地应用于抗蒸腾剂,例如,在我国已成功应用的"抗旱剂一号""FA 旱地龙""农气一号"等。总之,在我国的优质高产可持续农业中腐殖酸类肥料将发挥更大的作用。

10.4.2.2 腐殖酸的基本性质

腐殖酸是高分子的有机化合物,为黑色或棕色的无定型胶体物质,是以芳香核为主体,含有多种官能团结构的酸性物质聚合体。据研究,各种腐殖酸粒径 0.001~0.1 μm 之间,疏松多孔,是胶体状的物质,故有很大的内表面和良好的胶体表面性质,如吸附力、黏结力和高度分散性。

腐殖酸由碳、氢、氮、硫和少量磷元素组成。其分子是由几个相似的结构单元形成的一个大的复合体,每个结构单元又由核、桥键和活性基团所组成。芳香核由单环、或两个、三个以上的环状或杂环化合物相互组成而成。桥键是连接核的单原子或原子基团,有单桥键和双桥键两种。核与核可以由一种桥键连接,也可由两种桥键同时连接。其中最普遍的桥键是—O—和—CH$_2$—两种。活性基团主要有羧基、醇羟基、醌基等基团。

腐殖酸溶于碱和有机溶剂,难溶于水,它与铵、钾、钠等一价碱金属物质化合后,生成可溶于水的腐殖酸盐。因此,含腐殖酸的原料用氨水、碳铵、烧碱等处理,得到可溶性腐殖酸盐,溶于碱后,遇酸能沉淀析出,如与二、三价金属离子如钙、镁、铁、铝等结合,即成不溶性的腐殖盐。腐殖酸中的酸性活性基团上活泼氢的存在，使其呈弱酸性，能分解碳酸盐、醋酸盐等，与这些盐类可进行定量反应。腐殖酸还能与金属离子形成络合物，如腐殖酸铁、铝、铜、锰、锌等。因此，腐殖酸与钙、铝等络合能减少磷的固定，与微量元素形成的络合物能直接被植物吸收，从而提高微量元素的有效性。

10.4.2.3 腐殖酸类肥料的制造

腐肥种类很多，制法不同，在此不作详述，现仅对工农业中生产较稳定、质量较好的几种腐肥简述其制法。

(1) 腐殖酸钠

腐钠的制造原理是泥炭、褐煤、风化煤等原料的腐殖酸结构中的羧基、酚羟基酸性基团能与碱起化学反应，因此生产腐钠是用烧碱或碱液提取原料中所含的腐殖酸，所生成的腐殖酸钠盐能溶于水，其化学反应式：

$$R-(COOH)_n + nNaOH \rightarrow R-(COONa)_n + nH_2O$$

充分反应后，将提取液与残渣分离、蒸干即得产品腐钠。

原料（如风化煤）中钙、镁较高时用烧碱提取率很低，而用纯碱溶液作提取剂效果更好，其化学反应式：

$$R-(COO)Ca + Na_2CO_3 \rightarrow R-(COO)Na_2 + CaCO_3 \downarrow$$

通过复分解反应，腐殖酸转变成钠盐溶于水，而碳酸根则与 Ca^{2+} 结合成 $CaCO_3$ 沉淀，$CaCO_3$ 的溶解度比腐殖酸钙小。但用纯提取反应速率慢，因此可采用烧碱与纯碱的混合液提取。对泥炭而言，为避免木质素溶解，Na_2CO_3 是泥炭腐殖酸较理想的提取剂。

生产流程：原料加适量水→湿式球磨机→磨碎至 <20 目煤浆→配料槽→计量加入烧碱→升温 85~95℃提取反应 40min→倾去清液→蒸发浓缩减少部分水分→喷雾→经 400℃热气流干燥即得腐钠成品。

用泥炭、褐煤、风化煤为原料制得的腐钠，外观呈黑色颗粒或粉末，产品质量标准（ZBG 21005—1987）为：腐殖酸含量 400~700g/kg，pH 8.0~11.0，水分 100~150g/kg。

(2) 硝基腐殖酸铵

硝基腐铵是一种质量较优的腐肥，国内外均有厂家生产，常采用硝酸氧化法和节约硝酸用量的综合氧化法。其工艺原理是以硝酸为强氧化剂，加热时易分解出原子态氧，使原料中大分子芳香结构发生氧化降解，羧基、羟基活性基团增加。同时在氧解过程中也进行硝化反应，使腐殖酸结构中引入硝基，产生硝基腐殖酸。经气流干燥后的硝基腐殖酸，送氨化反应器氨化，产生硝基腐殖酸铵。

硝基腐铵是黑色粒状固体，能溶于水，溶液呈红褐色。要求产品含腐殖酸 450g/kg 以上，全氮（干基）30~35g/kg，灰分 <100g/kg，pH 3~3.5。

(3) 腐殖酸复合肥料

制造腐殖酸复合肥，采用的原料主要有硝基腐殖酸、硫铵、磷铵、尿素、氯化钾、硫酸钾等。到 20 世纪 80 年代中后期，我国已生产应用多个腐殖酸复合肥产品，按其部分产品的养分含量，大致可以分为以下几种类型（表 10-18）。

日本生产的腐殖酸复合肥，腐殖酸含量 100~150g/kg，$N:P_2O_5:K_2O = 1:1:1$，各养分含

表 10-18　我国生产的腐殖酸复合肥养分含量　　　　　　　　　　　g/kg

养分类型	腐殖酸	N	P$_2$O$_5$	K$_2$O	适宜作物	生产厂家
高氮型	30~40	80~120	60~80	30~60	蔬菜、果树	沈阳辽中化工厂
高钾型	120	60	60	120	烤烟	云南陆良腐肥厂
高氮磷型	20	90	80	30	蔬菜	辽宁石化局
	200	170~180	180~190	50~80	甜瓜	新疆农科院
平衡型	40~80	150	150	150	果树	北京化工试剂厂
	100	60	60	60	蔬菜	南昌腐殖酸厂

量为 80~120g/kg，适用于蔬菜、果树和水稻。

10.4.2.4　腐殖酸类肥料的作用

腐殖酸类肥料是一类多功能的有机—无机复合肥料，其作用是多方面的。根据现有研究资料，腐殖酸类肥料主要有以下作用：

(1) 改良土壤

腐肥中的腐殖酸有机胶体与土壤中的钙离子结合为絮状凝胶，是很好的胶结物质，促进土壤水稳性团聚体的形成，协调了土壤水、肥、气、热的状况。尤其对改良过黏或过砂的低产土壤，腐殖酸类肥料的效果良好。

腐殖酸能与土壤中的游离的铁、铝离子形成络合物，从而可减少红、黄壤中铁、铝的危害和磷的固定。腐殖酸的活性基团对 Na^+、Ca^{2+}、Mg^{2+} 等阳离子和 Cl^-、SO_4^{2-} 等阴离子具有较强的交换能力和吸附作用，可以降低盐碱土中氯化物、硝酸盐等浓度，减少盐分对作物的危害。

(2) 对化肥的增效作用

在氮、磷、钾及微量元素肥料中，加入少量具有化学活性（如化合、吸附、螯合等性质）和生物活性（如刺激活性等）的腐殖酸类物质，可以不同程度地提高各种化肥的利用等。

在碳铵中加入腐殖酸含量较高的原料制成腐铵，可明显降低氨的挥发率；尿素中加入腐殖酸尤其是硝基腐殖酸，可以生成腐殖酸尿素络合物，使尿素分解缓慢，肥效延长，损失降低。水溶性磷肥中加入腐殖酸，可使肥效相对提高，作物吸磷量明显增加，其原因是腐殖酸抑制了土壤对磷的固定，减缓磷肥从速效态向迟效或无效态的转化，增加了磷在土壤中的移动距离，扩大了与根系接触吸收的面积；同时腐殖酸对根系的刺激作用，也促进了对磷的有效吸收。腐殖酸的酸性官能团可吸收、贮存钾离子，减少钾肥在沙土及淋溶性强的土壤中随水流失的数量；腐殖酸可以防止黏性土壤对钾的固定，增加可交换性钾的数量；腐殖酸还可以刺激和调节作物生理代谢过程，使作物吸钾量增加。

腐殖酸与铁、锌等微量元素可以发生螯合反应，生成溶解度好，易被植物吸收的腐殖酸微量元素螯合物，有利于根部或叶面吸收，并能促进微量元素从根系向地上部运转。示踪试验表明，黄腐酸铁从根部进入植株的数量，比硫酸亚铁多 32%，在叶片中移动数量比硫酸亚铁高 1 倍，使叶绿素含量增加 15%~45%，有效地解决了因缺铁引起的黄叶病问题。

(3) 对作物的刺激作用

一定浓度的黄腐酸或腐殖酸的钾、钠、铵盐溶液，通过浸种、蘸根、喷洒及根施等方式施在作物不同生育阶段，都可以产生刺激作用，但以前期作用最显著。腐殖酸含有酚羟基、醌基等活性官能团，能促进植物体内酶活性的增加，使呼吸强度、光合作用强度有所提高（表10-19），对物质的合成、运输、积累有利。

表10-19 腐铵对水稻根系和叶部的呼吸强度和光合作用的影响

指 标	生育阶段或器官	硫铵	腐铵
呼吸强度	分蘖始期	12.7	146.1
$[O_2 \mu L/(g鲜 \cdot h)]$	分蘖盛期	136.6	157.2
α-萘胺氧化力	分蘖始期	134.5	151.3
$[\mu L/(g鲜 \cdot h)]$	分蘖盛期	124.5	138.5
呼吸强度$[O_2 \mu L/(g鲜 \cdot h)]$	剑叶	413.8	489.1
	谷粒	231.4	231.5
光合强度	剑叶	14.37	15.63
$[CO_2 mg/(50cm^2 \cdot h)]$	第二叶	13.37	15.00
	第三叶	12.25	12.50

(4) 增强作物的抗逆性能

腐殖酸类物质对改善作物生长环境条件有利，尤其在不良环境条件下（如干旱、寒冷、酸碱、病虫害等）这种改善作用更为明显。我国北方干旱严重，在小麦拔节期喷洒黄腐酸溶液，可以使叶片气孔张开度减小，水分蒸腾降低，使水分亏缺现象缓和，小麦穗分化得以完成，根系保持较高活力。南方早春育秧，常遇低温多雨，死苗烂秧现象严重，如果在育种床土中加入腐殖酸类物质，可以提高秧苗抗寒能力和成秧率，秧苗素质好。腐殖酸物质对防治苹果腐烂病、黄瓜霜霉病、马铃薯晚疫病、辣椒炭疽病均有良好效果。

(5) 改善农产品的品质

腐肥对瓜果类、蔬菜、粮食和经济作物品质均有明显改善作用。主要表现在喷施腐肥（腐钠、钾）后，可提高瓜果和蔬菜中的糖分、Vc含量，降低总酸度，改善品味，容易贮存；提高甘蔗、甜菜含糖量，改善烟叶内在品质，提高上中等烟比例；使桑叶蛋白质含量增加，用以饲蚕后茧丝质量提高。水稻喷施腐钠可提高可溶性糖的积累，增加稻谷粗蛋白质和淀粉含量。

10.4.2.5 腐殖酸类肥料的施用

(1) 有效施用腐肥的条件

①腐殖酸的性质 不同来源的腐殖质，由于其腐殖酸的组分、相对分子质量的大小等差异，因而其刺激作用的大小也不同。其次，腐殖酸必须是可溶性的腐殖酸盐。而且只有在一定浓度范围内（万分之几或十万分之几），才能产生刺激作用。较高浓度的腐殖酸盐，对作物反而起抑制作用。

②作物种类与生育期 腐肥施用于不同作物有不同的肥效，根据作用对腐肥的反应大致可分为以下几种类型：

a. 效果好（反应最敏感）的作物：白菜、萝卜、蕃茄、马铃薯、甜菜、甘薯；

b. 效果较好（反应较敏感）的作物：玉米、水稻、小麦谷子、高粱；

c. 效果中等的作物：棉花、绿豆、菜豆；

d. 效果差（反应不敏感）的作物：油菜、向日葵、蓖麻、亚麻等。

就作物生育期而言，一般在苗期和生长旺盛期，如种子萌发期、幼苗移栽期、分蘖期以及开花等时期，腐肥的效果常较显著。

③土壤条件　腐肥对缺少有机质和低产瘠薄的砂性土、盐碱土、红黄壤以及过黏重、板结、低温的土壤，如死黄泥、白鳝泥、冷浸田、矿毒田等肥效较好。在水田施用腐肥比旱地效果好，而旱地施用腐肥应结合灌溉进行。

④肥料配合　因腐肥的速效养分（低腐殖酸复合肥除外），它不能代替化肥，为了有效施用腐肥，应与氮、磷、钾或微量元素肥料配合施用。

(2) 施用方法

①腐铵和硝基腐铵　腐铵用作基肥、追肥均可，但宜早施。一般采用沟施或穴施，然后覆土，施用量视肥料品质而定。腐殖酸和速效氮含量低者，每公顷施 1 500～3 000 kg，含量高者可施 750～1 500 kg。硝基腐铵适宜作基肥和追肥。如作种肥使用时，与种子、幼苗要隔适当距离，以防烧苗，因为硝基腐铵含水溶性成分高。作种肥用量 225～375 kg/hm^2，基肥用量 225～750 kg/hm^2，追肥用量与等氮量化肥相同或略多些。

②腐殖酸复合肥　固体腐殖酸复合肥宜作基肥和早期追肥，施用量视肥料养分含量和作物种类而定，一般每公顷用量 750～1 500 kg。液体腐殖酸复合肥通常作根外追肥（如喷施宝），稀释 8 000～10 000 倍，在作物生前期、中期喷施效果好。

③腐殖酸钠　可采用下列方法施用：

a. 浸种：浓度为 0.005%～0.01%，凡种皮坚硬、籽粒较大的种子，浸种浓度大些，浸泡时间可长些，如水稻、棉花种子需浸 24 h 以上；反之，浸种浓度宜低些，时间相应短些，如小麦、蔬菜种子浸 4～8 h 即可。

b. 浸根：浓度为 0.01%～0.05%，稻秧、红薯秧和蔬菜幼苗移栽时，以及果树、桑树等插条繁殖时，用腐钠浸根、浸藤或浸插条数小时，可促进发根，次生根增多，缩短幼苗期，提高成活率。

c. 追肥：浓度 0.01%～0.1%，在幼苗期将腐钠液灌施在作物根系附近。

d. 根外喷施：浓度 0.01%～0.05%，在生育后期根外喷施 2～3 次，可促进养分从茎叶向籽粒或块根、块茎中转移，以提高经济产量和促进成熟。

施用腐钠还需注意，其稀释液的碱性不宜过大，如果溶液 pH>8，需用少量稀硫酸或稀盐酸调节。

10.4.2.6　叶面肥

自 1844 年法国植物学家 E. Gris 把 $FeSO_4$ 溶液涂抹在发黄的葡萄叶片上用以矫正因缺铁引起的黄叶病以来，叶面施肥在生产实践中的应用有了长足的发展。叶面肥作为一种强化植物营养的手段应用于农业生产中，可与传统的施肥方法互为补充。特别是在作物生长的后期，由于土壤的固定，加上根系吸收功能的衰退，叶面肥可以保证作物在整个生育期的养分平衡吸收。

(1) 叶面肥的概念和特点

① 概念　植物除了根系吸收所需营养物质以外，还可通过根外营养即通过植物的茎叶细胞把通常由根系吸收的营养物质吸收进体内进行生理转化。向植物根系以外的营养体表面直接施用能被植物茎叶吸收的液体或可溶于水的植物营养物质的措施，统称叶面施肥。可用作植物叶面施用的肥料，称为植物叶面肥料。

② 施用叶面肥的优点

a. 直接供给作物养分，防止养分转化：土壤施肥由于把肥料施入土壤，有些养分容易被土壤固定或转化，如磷、钾，一些微量元素锌、铜、铁等会被固定或被变为难溶性形态，不易被作物吸收利用。而叶面肥由于直接与作物体接触，可以避免养分的这些变化。

b. 养分运转快，及时发挥肥效：叶面肥的养分直接通过叶片被作物吸收运输到作物体内，能及时发挥作用。当作物呈现某种缺素症时，喷施含有该元素的叶面肥，其相应的缺素症状能很快得到改善。

c. 促进根系活力的增强，与土壤施肥相结合可以相得益彰：叶面肥的养分由叶片吸收后可通过茎部运输到达根系，提高根的活性，防止根系早衰；而根系吸收能力增强后，作物生长旺盛又有利于叶片对叶面肥的吸收。

d. 既能节省肥料，又能避免危害：对微量元素，作物的需求量很低，施用过多容易造成危害。而以叶面肥形式喷施，既满足了作物的营养需要，又节省了肥料，提高了经济效益。

(2) 叶面肥的类型和性质

叶面肥的生产一般不需很大的投资，也无需特殊专门设备，生产成本低，利润也较其他类肥料高，因而得到了许多生产和经营者的青睐。目前我国在农业部登记生产的企业就有100多家，而在各省主管部门登记或未登记生产的企业更多。据统计，到2006年1月，我国叶面肥产品获得肥料临时登记的达2 165个（李燕婷等，2009）。根据叶面肥的成分和功能可划分以下几种类型。

① 营养型　是利用各种化学肥料溶解于水中，喷洒于作物叶面，促进作物生长发育。可使作物增加产量改进品质的营养素一般均属于此类。这类叶面肥简单的只加1～2种化肥，如尿素、磷酸二氢钾或过磷酸钙等的浸出液；复杂的则可加几种或10多种营养元素，如喷施宝。从加入的营养物质种类来看，可单加植物生长所需的大量元素（氮、磷、钾）；可以单加中量元素或微量元素；也可以混合加入。

目前生产实践中应用较多的营养类叶面肥是微量元素肥料，简称微肥或多元微肥；或以微量元素为主，适当加入大量元素或中量元素。其特点是可自配自用，也可以购买现成的生产厂家配制好的叶面肥；用量少，作用大，效果显著。

② 复合型　复合类叶面肥所加的成分较为复杂，品种多。凡是植物生长发育所需的营养物质均可加入，或根据某种作物生长发育特点的需要，再根据土壤中所缺营养成分，按比例加入各种营养，既有调节物质，又有各种营养成分，是一种混合型的叶面肥。对作物生长发育来讲，是多能型的。此类叶面肥一般由厂家通过研制、生产而成。这类叶面肥的最大特点在于加入了一定量的螯合剂、表面活性剂或载体。加入这些物质，主要在于使叶面肥喷洒后，更好地黏附、铺展在叶片表面，有利于叶面肥吸收和利用，在体内更有利于运转，能更快地被作物体所利用。

③肥药型 这类叶面肥类似于复合类，也是通过研制、生产而成。所不同的是在此类叶面肥中，还加入一定数量和不同种类的农药或除草剂，故喷洒后，不仅有肥效促壮作用，还有防病、治虫、除草效果。这种叶面肥目前较受农民欢迎。

④天然汁液型 是利用各种作物的幼嫩体或秸秆残体，通过切碎（粉碎）加热浸提、酸解，或其他生化过程研制而成的肥料。这类肥料通常所含的成分比较齐全。施用后，可使作物生长强壮，抗逆性增强。这类肥料原料丰富，制备简易，成本低，效果显著。

⑤激素型 其成分主要是植物生长调节剂，确切说，此类并不算肥料。由于在调节作物的生长发育，促进生长生殖，提高产量，改进品质这一点上，与施用叶面肥的效果是一样的，而且植物生长调节剂大部分都是叶面施用的，因此归入叶面肥的范畴。

⑥益菌类 这是利用与作物共生或互生的有益菌类，通过人工筛选培养制成菌肥，用于生产，以提高作物产量，改进品质，提高作物抗逆性的肥料。这类肥料包括过去已经应用的5406菌肥以及目前正在应用的根瘤菌肥、固氮菌肥、生物钾肥、增产菌等。这些菌肥，既可作基肥和拌种使用，又可作叶面肥施用。

⑦天然矿物质类 目前应用最广的是稀土，如农乐牌稀土、有益元素钛肥等。在稀土农用上我国处于世界领先地位，目前多与微肥混合应用。

(3) 叶面肥的施用

叶面肥具有见效快、利用率高、用量少、施用方法简便和增产效果明显的特点，在农业生产中广泛使用。但要发挥叶面肥的最佳效应，使用时应注意以下几点。

① 叶面肥选择针对性要强 作物植株主要是从土壤中吸收营养元素的，土壤中元素的含量对植物体的生长起决定性作用。因此在确定选择叶面肥种类前要先测定土壤中各元素的含量及土壤酸碱性，有条件的也可以测定植物体中元素的存在情况，或根据缺素症的外部特征，确定叶面肥的种类及用量。

② 叶面肥溶解性要好 叶面肥是直接配成溶液进行喷施的，所以必须溶于水。否则，叶面肥中的不溶物喷施到作物表面后，不仅不能被吸收，有时甚至还会造成叶片损伤。因此用作喷施的肥料纯度应该较高，一般要求肥料中的水不溶物低于5%。

③ 叶面肥的酸度要适宜 营养元素在不同的酸碱性下有不同的存在状态，要发挥肥料的最大效益，必须有一个合适的酸度范围，一般要求 pH 值在 5~8 之间；pH 值过高或过低除营养元素的吸收受到影响外，还会对植株产生危害。

④ 叶面肥的浓度要适当 由于叶面肥是直接喷施于作物地上部的表面，没有土壤的缓冲作用，因此一定要掌握好叶肥的喷施浓度。浓度过低，作物接触的营养元素量小，使用效果不明显；浓度过高往往会灼伤叶片造成伤害。

⑤ 叶面肥要现配现用 肥料的理化性质决定了有些营养元素容易变质，所以叶面肥一般要现配现用，不能久存。

⑥ 叶面肥喷施时间要合适 为了延长叶面被肥料溶液湿润的时间，有利于元素的吸收，叶面肥的喷施时间最好选在风力不大的傍晚前后。这样可以延缓叶面雾滴的风干速率，有利于离子向叶片内渗透。喷施时要均匀，使叶片正面都潮湿。喷施叶面肥后如遇大雨，应重新再喷一次。

⑦ 叶面肥喷施时期要恰当 叶面肥作为一种调整植株缺素症的有效措施，应用十分广

泛。但为了发挥叶面肥的最大效益，应根据不同作物的生长情况选择最关键的喷肥时期，以达到最佳效果。

(4) 叶面肥的发展方向和前景

高产优质低成本是现代农业的主要目标，这就要求一切的农业技术措施包括施肥经济易行。叶面肥的应用是土壤施肥的补充或辅助手段，强化了植物营养的调节能力，是一项低成本高效益的措施。如何进一步提高叶面肥的利用率，增加其经济效益，将是叶面肥研究发展的主要方向；同时应将叶面喷施技术同其他相关的农业措施结合起来，既考虑到当前也考虑到长远对社会、环境等诸多因素的影响，使之更加广泛和科学地在农业生产中发挥作用。

首先，植物叶面营养机制有待深入研究。尽管自19世纪以来，科学家们就开始研究植物叶面吸收养分的机制，在叶面营养方面已取得了巨大的成就；但仍有许多机理没有透彻理解，应加强研究控制植物叶面营养吸收的遗传等机制，改变和提高植物叶面吸收养分效率，使叶面肥在施肥措施中占有更重要的地位，为农业的可持续发展提供契机。

其次，叶面肥种类和剂型的规范化、标准迫在眉睫。叶面肥的种类和剂型对于叶面肥的效果有很大影响，目前我国存在着种类繁多的叶面肥，由于缺乏统一的规范标准，坑害农民者有之，假冒伪劣事件时有发生，市场比较混乱。

第三，叶面肥施用技术亟待优化和综合推广。叶面肥的应用也需要与其他肥料的应用一样进行优化组合，提出其应用的有效地区和作物范围，减少盲目施用。同时应经过严格筛选和科学的验证，使叶面肥可与其他植物生长调节剂、农药的喷施相结合，以减少劳动负荷，使之更加经济实用，拥有广阔的市场。

第四，坚持经济效益、社会效益和环境效益的统一。在叶面肥的使用中，除了考虑其所带来的经济效益和社会效益外，应充分考虑可能带来的环境问题。由于叶面肥都是以液体形式进行施用，液体养分具有很大的移动性，应避免肥料及其载体直接进入水体、生物链或其他的生态系统，破坏生态平衡和危害人畜的健康。

复习思考题

1. 有机肥料有哪些特点？在农业生产上有什么作用？
2. 厩肥堆腐的方法有哪些？各自有什么优缺点？如何合理施用？
3. 高温堆肥腐熟四个阶段的微生物作用特点怎样？影响堆肥腐熟的因素有哪些？
4. 堆肥和沤肥的使用材料、堆沤条件和方法有何不同？
5. 沼气发酵的原理是什么？需要什么样的发酵条件？
6. 秸秆直接还田有什么好处？秸秆直接还田应注意哪些问题？
7. 施用饼肥和垃圾肥时应注意什么？
8. 种植绿肥的意义何在？绿肥的利用方式有哪些？

主要参考文献

谢德体, 2004. 土壤肥料学[M]. 北京：中国林业出版社.

刘春生, 2006. 土壤肥料学[M]. 北京：中国农业大学出版社.

王正银,1999. 作物施肥学[M]. 重庆:西南师范大学出版社.

沈其荣,2001. 土壤肥料学通论[M]. 北京:高等教育出版社.

刘更另,1991. 中国有机肥料[M]. 北京:农业出版社.

胡霭堂,2003. 植物营养学(下册)[M]. 2版. 北京:中国农业大学出版社.

李书田,金继运,2011. 中国不同区域农田养分输入、输出与平衡[J]. 中国农业科学,44(20):4207-4229.

朱兆良,金继运,2013. 保障我国粮食安全的肥料问题[J]. 植物营养与肥料学报,19(2):259-273.

潘剑玲,代万安,尚占环,等,2013. 秸秆还田对土壤有机质和氮素有效性影响及机制研究进展[J]. 中国生态农业学报,21(5):526-535.

裴鹏刚,张均华,朱练峰,等,2014. 秸秆还田的土壤酶学及微生物学效应研究进展[J]. 中国农学通报,30(18):1-7.

李子双,廉晓娟,王薇,2013. 我国绿肥的研究进展[J]. 草业科学,30(7):1135-1140.

曹卫东,黄鸿翔,2009. 关于我国恢复和发展绿肥若干问题的思考[J]. 中国土壤与肥料(4):1-3.

刘承毅,2014. 市场化改革下中国城市垃圾处理行业绩效研究[J]. 浙江工商大学学报,125(2):89-101.

程亮,张保林,2011. 腐殖酸肥料的研究进展[J]. 中国土壤与肥料(5):1-6.

张敏,胡兆平,李新柱,等,2014. 腐殖酸肥料的研究进展及前景展望[J]. 磷肥与复肥,29(1):38-40.

李燕婷,李秀英,肖艳,等,2009. 叶面肥的营养机理及应用研究进展[J]. 中国农业科学,42(1):162-172.

第 11 章
施肥与生态和食品安全

【本章提要】 施肥对作物产量、品质的形成具有重要的作用,但是如果施肥不当,对作物产量、品质、生态环境以及人体健康会产生负面的影响。氮肥的过量施用,不仅会导致水体的富营养化,而且对大气环境也会产生污染和破坏,同时通过食物链对人体致病而影响健康;大量施用磷肥也是形成农业面源污染的重要因子之一;长期施用化肥还将导致土壤性状的恶化,进一步引起土壤退化。矿质营养的丰缺及比例对植物生长及其产量和品质的形成具有重要作用,施肥通过改变植物产品中碳水化合物、脂肪、蛋白质、核酸、有机酸、维生素及无机盐组成比例,间接影响动物和人体营养状况。不当的施肥会降低农产品的品质,严重的甚至达不到食品卫生标准,影响食品安全。

11.1 施肥与环境

肥料(有机、无机的)是人们植物性食品(粮食、蔬果、糖油、烟茶)和动物性食品(鱼、肉、蛋、奶)生产不可缺少的生产资料,也是人们的衣(纤维、棉麻、丝、毛)、住(房屋、家具)、行(交通工具)、用(纸张、办公用品等)、休闲娱乐(草地、花卉、高尔夫球场、大地氧吧)和药(中药材)等生产的生产资料。德国化学家李比希博士于 1840 年创立植物矿质营养学说,开始了无机肥料工业的发展,正是依靠无机肥料工业的突飞猛进,世界农业才能提供基本满足人类人口膨胀和其他事业发展需求的粮食和原材料。特别是我们中国,全国耕地保有量为 $1.2165 \times 10^8 hm^2$,人均耕地只有 $0.09\ hm^2$,仅为世界人均耕地的 27.7%,以世界 9% 的耕地,保障了约占全球 21% 人口的吃饭问题,这一举世瞩目的成就,无机肥料所起的巨大作用是一个不可争议的事实。

但是,过量施用肥料(无论是无机肥料还是有机肥料),或者偏施某一种肥料;不重视有机肥与无机肥的合理配合使用;或者把有机废弃物、人、畜禽的排泄物任意堆放而不加以利用,或直接排入水体等,均会导致局部地区严重的生态环境问题,如地下水硝态氮含量超标、水体富营养化、重金属污染以及土壤肥力衰退等。因此,施肥与环境的问题日益受到关注,全球的科学家已开展了广泛的研究:如何科学施肥,以达到既能保持土壤肥力和生产力,满足人类社会对粮食和其他生活用品数量和品质的要求,又能使生态环境受到良好的保护,实现农业和人类社会的可持续发展。下面就过量施肥导致的大气、水体和土壤环境的危害和对应的对策措施进行介绍。

11.1.1 施肥与大气环境

温室效应是全球性的大气环境问题,由此而引起的全球变暖问题已引起了诸多学科领域的广泛重视。在过去100年里,全球地面平均温度大约已升高了0.3~0.6℃。造成温室效应的气体主要是二氧化碳、一氧化碳、甲烷、氧化亚氮、一氧化氮、氯氟烃、水蒸气等。随着大气中温室气体组分的浓度上升,全球变暖的趋势仍在继续。有关专家和机构预测,2025年比100年前全球气温将上升2℃,而2100年将上升4℃(曹志洪,2003)。全球变暖可能会产生如下重要的影响:①平均气温升高,特别是温带夜间温度升高;②降水量和蒸发量的比例改变,导致农业—生态带位的位移;③两极冰山、积雪融化,海平面上升。全球变暖的影响因地区不同而有很大差异,从整体来看,不利的影响可能大于有利的影响。施肥与全球变暖的关系是一个新的问题,也是一个与生态环境变化紧密相关的重大问题。因为施肥是农业生产中的一个经常性的措施。施肥对全球变暖的影响主要通过产生温室气体来影响,受施肥影响的温室气体主要有二氧化碳、氧化亚氮和甲烷。表11-1是最近400年来大气中温室气体组分浓度的变化及贡献。

表11-1 地表温室气体浓度平均增长率及对全球变暖的贡献率 μL/L

气体种类	1600年	1800年	1950年	1995年	2012年	增长率(%)	贡献率(%)
CO_2	280	280	311	361	393	0.2~0.5	50
CH_4	0.7	0.8	1.15	1.73	1.82	0.9	19~25
N_2O	0.28	0.28	0.29	0.32	0.36	0.2~0.3	4

二氧化碳对全球气候变暖的贡献达50%左右,目前,全球CO_2浓度以平均每年约1.2~1.8ppmv的速率增长,增长速率比过去任何时候至少快10倍(IPCC,1997)。其浓度的增加主要来源于人类的工业生产,但是农业与施肥也会产生二氧化碳。据统计,农业与施肥产生的二氧化碳的量约占总量的6%。与农业和施肥有关的二氧化碳的排放途径主要有:无机肥料生产过程、肥料的运输和机械施肥以及机耕、灌排水、收获等机械化作业中石化燃料的消耗;秸秆等农业废弃物的焚烧;堆肥发酵过程中二氧化碳的释放;土壤耕作增加有机质氧化产生的二氧化碳释放;有机肥的施用和秸秆还田也会增加土壤二氧化碳的排放量。

土壤与大气间进行碳交换主要形式为是通过土壤呼吸将CO_2释放到大气中(Trumbore等,1996)。农田土壤呼吸包括三个生物学过程和一个非生物学过程,生物学过程主要是植物根系呼吸、土壤动植物呼吸以及土壤微生物呼吸;而非生物学过程则是为含碳物质的有机物的分解转化,即化学氧化过程(巧杨平等,1996;李玉宁等,2002)。农田CO_2排放的主要影响因素包括:

①温度 在一定范围内,温度升高,土壤呼吸强度增大,微生物活动旺盛,土壤中有机质的分解加速,CO_2排放增加。

②水分 一般而言,土壤水分高有利于抑制农田CO_2排放,因为水分含量影响到土壤中氧的含量进而影响微生物的有氧呼吸作用;水分对土壤孔隙中CO_2位置的替代作用或对CO_2扩散的阻滞等。

③施肥 不同的肥料种类、施肥时期以及施肥方式对土壤CO_2排放产生显著影响。施用有机肥,土壤中的碳发生转化,进而影响土壤CO_2的排放。徐琪研究发现,稻麦两熟的稻田生态系统中土壤排放的二氧化碳量不施肥的为4.4t/hm^2,施肥的为4.8~7.1t/hm^2。即施肥可提高稻田生态系统中土壤CO_2排放,其中施粪肥的最高,其次是粪肥+无机肥,第三是秸秆+无机肥,而只施无机肥的最低。

④土壤有机含量 土壤有机质作为微生物分解转化的底物，土壤中微生物呼吸约占土壤总呼吸的50%，是土壤CO_2排放的重要来源。

⑤其他因素 包括土壤pH值、质地、土地利用类型、耕作方式等。耕作方式影响土壤的结构、水热状况以及微生物活性。翻耕方式改变土壤微生物的生态环境，土壤透气性增强，土壤微生物的主要类群、数量、活性以及根系分泌物组成成分发生变化，有机质分解速率加速，土壤CO_2排放量增加(图11-1)。

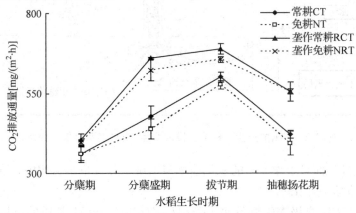

图11-1 耕作方式对稻田二氧化碳排放的影响

大气中碳浓度的增加，被海洋吸收占37%，只有约57%留在大气层。大气中二氧化碳的浓度增加使植物光合作用功能增强，从而导致森林、农作物对二氧化碳的同化量也增加13%。但排放还是大于吸收，故全球二氧化碳的浓度还是属净增加。到2050年全球二氧化碳的浓度将高达$440\sim660\mu L/L$。因此，减少二氧化碳的排放仍是全球共同努力的目标。

甲烷对全球气候变暖的贡献率达19%~25%，其近年来的增长率是所有温室气体中最高的(每年达0.9%)。但是甲烷在空气中的存在时间较短，一般只有12a。甲烷的来源主要是水田、湿地和滩涂，其中湿地和滩涂每年排放量为340Mt/a，而人为活动导致甲烷排放量达330 Mt/a，其中，全球稻田甲烷的排放量为31.48 Mt/a，占全球人为活动导致甲烷排放量的10%左右。甲烷的产生是产甲烷菌和甲烷氧化菌共同作用的结果，排放到大气中的甲烷是土壤中甲烷产生、氧化和传输的净效应(图11-2)。土壤甲烷的排放主要受土壤通气状况，即氧化还原电位控制，因为甲烷是在强还原条件下产甲烷细菌作用于土壤有机质而产生的。淹水稻田中，土壤甲烷的产生主要有两种途径，一种是乙酸在嗜乙酸产甲烷菌作用下，直接被分解形成小相对分子质量的CH_4和CO_2，这是产甲烷的主要途径(Takai，1970)；另一种是以H_2或有机小相对分子质量中H供体的还原，在嗜氢产甲烷菌的作用下将CO_2形成CH_4。稻田中产甲烷前体底物的大量存在，如甲酸、乙酸、H_2、CO_2等，在一定程度上影响了稻田CH_4的生成量和排放量(Strayer等，1978)。

农田甲烷排放的主要影响因素包括：

①土壤温度 土壤温度变化直接影响到土壤中有机物(CH_4产生底物)分解速率，而产CH_4菌活动的适宜温度在30~40℃范围内。

②土壤水分 长期淹水稻田，土壤容易形成一个密闭的厌氧微境，有助于提高土壤产

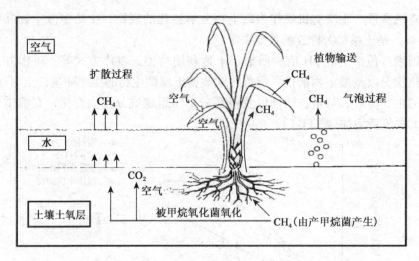

图 11-2 CH_4 的产生、传输、排放途径(引自王明星等,1998)

CH_4 菌的数量及活性,而且土壤 CH_4 的氧化速率与土壤水分含量呈负相关,导致稻田 CH_4 排放通量显著增加(郑循华等,1997)。

③土壤 Eh 值 CH_4 是极端厌氧条件下产 CH_4 菌作用于产 CH_4 基质的结果,产 CH_4 细菌只有在土壤 Eh 低于 -150 mV 时,才能将土壤有机质转化为 CH_4。

④土壤 pH 值 土壤 pH 值是影响稻田 CH_4 排放通量的一个重要因子,当 pH<5.75 或 pH>8.75 时土壤产 CH_4 的能力则将会大大减少甚至会完全的消失。

⑤土壤微生物 产甲烷菌、甲烷氧化菌、硫酸还原菌的活性、数量等都能影响到农田 CH_4 的排放。

⑥耕作方式 浅旋耕可以降低土壤的耕作强度,减少农田 CH_4 的排放;稻田实行水旱轮作,土壤中还原性有机物质、产甲烷菌数量减少,稻田 CH_4 排放量显著降低(李玉娥等,1995)。

⑦其他因素 如施肥、土壤质地、水稻品种等。施用有机肥,特别是秸秆还田可以促进土壤还原性的加强,增加农田甲烷的排放,因有机肥的施用而排放的占稻田排放量的 45%。施用氮肥一般有利于抑制水田甲烷的排放。

土壤氧化亚氮的排放主要来源是土壤中的硝化和反硝化作用过程(图 11-3)。据估计,施肥土壤每年向大气排放的氧化亚氮有 1.5 Mt/a,而全球自然土壤排放量达到 6 Mt/a,两者合计占全球氧化亚氮来源的 53%。农田 N_2O 排放的主要影响因素包括:

反硝化过程中 N_2O 的产生:

$$NO_3^- \xrightarrow{硝酸还原酶} NO_2^- \xrightarrow{亚硝酸还原酶} NO \xrightarrow{一氧化氮还原酶} N_2O \xrightarrow{氧化亚氮还原酶} N_2$$

硝化过程中 N_2O 的产生:

$$NH_4^+ \xrightarrow{氨单加氧酶} NH_3 \longrightarrow NH_2OH \xrightarrow{羟氨氧还酶} [NOH] \longrightarrow NO_2 \xrightarrow{亚硝酸氧还酶} NO_3$$
$$NO_2 \longrightarrow NO \longrightarrow N_2O$$

图 11-3 农田中氧化亚氮的形成

①土壤温度 土壤中硝化以及反硝化过程的进行都是在各类酶的参与下完成的。温度通过影响土壤中酶的活性来影响 N_2O 产生的生物学过程。一般土壤反硝化的最适温度在 $35\sim40℃$。

②土壤水分 土壤水分状况影响到土壤通透性状况、温度、氧化还原电位以及微生物活性，进而影响到土壤中硝化以及反硝化的速率。

③土壤 pH 值 一般在中性以及微碱性条件下，自养硝化细菌生长最为旺盛。反硝化速率的最适 pH 值在 $7.0\sim8.0$（Bryan 等，1981），在 pH<4.5 时自养硝化作用则停止。

④施肥 在农田中，施用氮肥是氧化亚氮产生量增加的基本原因。氮肥的种类、施用方式以及施用量、肥料的利用率以及施肥时期等因素对农田 N_2O 的产生有着重要的作用，在氮肥用量低时，其用量的 $0.1\%\sim0.8\%$ 可转化成氧化亚氮排放出来；在高用量时，排放比例可达 $0.5\%\sim2\%$。不同氮肥氧化亚氮的转化率为：液氮 1.63%，铵态氮肥 0.12%，尿素 0.11%，硝态氮肥 0.03%。

⑤其他因素 包括耕作方式、环境微生物、土壤质地等。不同的耕作方式以及种植制度下水分管理及肥料的用量种类存在差异，从而影响着稻田 N_2O 的排放（图 11-4）。

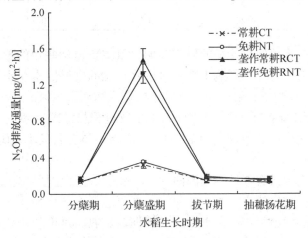

图 11-4 耕作方式对稻田氧化亚氮排放的影响

由于全球变暖问题的重要性，对各种温室气体排放规律的研究已引起广泛的重视。一般来说，我国二氧化碳排放量以非农业来源为主。稻田甲烷的产生主要是施用绿肥、秸秆、厩肥等有机肥的结果，土壤有机质本身也能产生一定量的甲烷。我国氧化亚氮排放量的三大来源是：土壤本身、氮肥施用和生物体燃烧，其中氮肥来源的约占 1/5。但随着耕地面积的减少，土壤本身的排放量可能减少。因氮肥用量增加和燃烧生物体数量增加，这两方面对氧化亚氮排放量的贡献份额可能会增加。

11.1.2 施肥与水环境

在目前的农业技术水平和农作物栽培制度下，化肥的利用率在 $30\%\sim40\%$ 间。其中对氮的利用率仅在 30% 左右，钾肥主要是被淋失，磷肥主要是被土壤吸附和固定。

目前，我国农田有效灌溉面积达 $6\,000\times10^4\,hm^2$，居世界首位，农业灌溉水有效利用率提高到0.50，在占耕地面积一半的有效灌溉面积上，生产了占全国75%的粮食和90%以上的经济作物。化学氮肥对水体环境的影响主要是氮肥淋失所引起。根据奚振邦等研究，水稻田中NH_4^+—N淋失量可在10%~80%间，在北方小麦、玉米的旱地中，NO_3^-—N淋失率在10%~70%，随施肥量增加而增加。有关资料说明，大量氮肥和钾肥主要以径流流失为主。南方稻田中水稻生长季节NH_4^+—N浓度达20~200 mg/L。因此，农业中的N、K在南方主要以NH_4^+、K^+进入水系，在北方主要以NO_3^-进入水系，表11-2表明存在着NO_3^-—N、NO_2^-—N由农田向周边地下水扩张的趋势，据有关资料说明，井水中NO_3^-—N浓度扩张速度已达到1m/a，污染水环境。

表11-2 施用化学氮肥对地下水NO_3^-、NO_2^-的影响

地下水	砂质土		黏质土	
	NO_3^-—N	NO_2^-—N	NO_3^-—N	NO_2^-—N
高产地	1.52	0.092	0.27	0.014
中产地	1.07	0.029	0.40	0.012
村 边	0.34	0.006	0.24	0.003
村 里	0.20	0.008	0.12	0.007

氮在饱和土壤层中迁移转化特征的研究表明，氮主要以硝酸根的形式污染地下水，其循环迁移与地下水运动密不可分。影响土壤中氮迁移转化的主要因素是土质与土壤水分及土壤温度、透气性、土壤pH值等，通过影响土壤中的微生物而影响氮的迁移转化。Linn和Doran(1982)发现当土壤水饱和率为60%时，好氧微生物过程最活跃；超过80%时，厌氧过程变得更为显著，如反硝化作用。当pH值增大时，土壤有机体主要吸附NH_4^+—N，而当pH值降低时，主要吸附硝酸盐。

地下水硝酸盐污染形式有点源和面源两种，点源污染主要包括：城市污水、工业污水、生活污水以及一些金属矿排出的废水等；面源污染主要包括农业中使用污水灌溉、大量施用氮肥以及施用有机肥等。河道污水、污灌、垃圾填埋场、农田过度使用化肥等都是地下水硝酸污染的主要来源，饮用水安全与居民健康是备受关注的主要问题。据估计，全球地下水中NO_3^-—N浓度升高的速率平均为1.3 mg/L·a。

我国河流、湖泊中NH_4^+—N、NO_2^-—N和NO_3^-—N浓度不断升高，有些已严重超标，据调查我国饮用水有60%的水源总N超标。532条河流中有436条NH_4^+—N超标。北方农田渗漏水中NO_2^-—N和NO_3^-—N浓度达10~20 mg/L，并且肥水现象增多。有研究者对北京市海淀区1990—2000年的281个地下水样中的硝酸盐含量进行分析，发现地下水硝酸盐污染存在地区性差异，棚区地下水中硝酸盐浓度高于非棚区，并且随大棚种植时间的增长，硝酸盐浓度的增加更为明显。北京城郊地下水中NO_3^-—N含量持续升高，速度已达1.25 mg/(L·a)(东部)和0.25~1.25 mg/(L·a)(西部)。山东南四湖和东平湖水体中总N含量比50年代初提高了3~5倍，沂、沭、汶、泗河流域水体中总N提高了2~3倍。鲁西南地下水中NO_3^-—N浓度高达20~40 mg/L。

据统计，全球地下水中NO_3^--N浓度升高的速率平均为1.3mg/(L·a)，美国有31个州已出现较为严重的由化肥引起的地下水硝酸盐污染，得克萨斯州124个县已有地下水NO_3^-—

N 浓度 >10 mg/L 的记录，宾夕法尼亚州地区农田区地下水中 NO_3^-—N、PO_4^{3-} 浓度比林下高 5~7 倍。在西欧，天然水中的 NO_3^-—N 浓度经常在 40~50 mg/L 以上。某些地下水、井水中 NO_3^-—N 浓度甚至在 500 mg/L 以上。

世界卫生组织规定，饮用水 NO_3^-—N 低于 11.3 mg/L 为安全水质，11.3~22.6 mg/L 为欠佳水质，>22.6 mg/L 为不安全水质，>45 mg/L 为极限浓度。当饮用水中 NO_3^-—N 含量为 40~50 mg/L 时，就会发生血红素失常病，危及人类生命。可见，化肥淋失引起的水环境问题是十分严重的。

磷素易被土壤固定，淋失较少，旱地一般每公顷淋失 P_2O_5 45~900g，排水中 PO_4^{3-} 不到 1 mg/L。进入环境的磷主要是磷酸盐颗粒和吸附于黏土矿物的磷。

N、P 是水生生物生长的主要促进元素。当磷浓度为 0.09~1.8 mg/L，NO_3^-—N 浓度达 0.9~3.5 mg/L 时，水生生物生长加快。水体中 N、P 浓度的升高，可刺激水体中藻类、浮游生物（萍、莲等）迅速繁殖，导致水体封闭而缺氧，水体溶解氧量下降，水质恶化，鱼类及其他生物大量死亡，这一过程称水体富营养化。多数学者认为氮、磷等营养物质浓度升高，是导致水体富营养化产生的主要原因，其中又以磷为关键因素。当水体中氮含量超过 0.2~0.35 mg/L，磷含量大于 0.01~0.025 mg/L，生化需氧量大于 10 mg/L 时即可发生水体富营养化。水体中的过量磷主要来源于肥料、农业废弃物和城市污水。水体富营养化与农业施用肥料的流失有重要的联系，从 1hm² 耕地土壤上流出的 N、P 可导致 100kg 浮游植物的形成。我国南方水网地区一些湖汊河道中从农田流入的大量的氮、磷，促进了水花生、水葫芦、水浮莲、鸭草等浮水植物的大量繁殖，致使有些河段影响航运。我国的滇池、西湖，以及一些小水库、池塘均有富营养化发生。近年来，我国沿海近海地区由于大规模养殖对虾，大量施用饲料，导致水体富营养化，而刺激红藻大量繁殖，引起赤潮的发生。

11.1.3 施肥与土壤环境

长期施用化肥对土壤的酸度有较大影响。过磷酸钙、硫酸铵、氯化铵、氯化钾属生理酸性肥料，即植物吸收肥料中养分离子后，伴随离子而使土壤中 H^+ 增多，土壤的酸化与生理酸性肥料的长期施用有关。表 11-3 说明 NH_4Cl 比 $(NH_4)_2SO_4$ 对土壤酸化的影响更大。旱地土壤施 NH_4Cl 在 Cl^- 小于 30kg/hm² 时 pH 值无明显变化。当施 KCl、NH_4Cl 达到含 Cl^- 在 300kg/hm²（即约 KCl 600 kg/hm² 或 NH_4Cl 450kg/hm²）时，6 年可使 0~20cm 的土层中的 pH 值降低 0.46 单位，20~40cm 降低 0.65 单位。当作物所需的 N、K 都以 NH_4Cl、KCl 施入时，我国南方广州、皖南水稻土 pH 值下降较快，3 年内 0~20cm 土层内下降 0.4 单位，20~40cm 下降 0.8 单位。贵州省烟草土壤上用硫铵作氮源试验表明，2 年后，pH 值可有一定程度降低，$CaCO_3$ 含量降低 0.3%~0.8%。化肥施用产生的土壤酸化现象在酸性土壤中最严重，例如，浙江金华十里丰农场，新垦红壤经耕种施肥 pH 值下降颇为明显（表 11-4）。不同地区茶园土壤酸化现象极为普遍，并且酸化程度与茶叶产量、施肥量有明显的正相关关系，长期施过磷酸钙、硫酸铵等肥料，茶园土壤植茶 5~30 年后，pH 值降低了 0.5~1.5 个单位，已成为茶园土壤退化的严重问题。

长期施用化肥影响土壤有机质的数量和品质，进一步影响到土壤结构及其理化性状，并导致土壤退化。为了保证作物高产而投入大量化肥，尤其是氮肥，从而加快了土壤中有机碳的消耗。随着化肥用量的逐年增加，土壤有机碳、氮的消减已成为全球性问题，在我国，无论是旱地、水田普遍存在着有机质减少的趋势。根据安徽农业大学在下蜀黄土发育的水稻土上试验 5 年,有机质平均年矿化率是:高肥田 0.054、中肥田 0.048、低肥田 0.041。0~21cm 耕层有机碳矿化量分别是 1 419 kg/hm², 1 000 kg/hm² 和 576 kg/hm²,即高肥区的有机质消耗是中肥区的 140%,是低肥区的 245%。辽宁兴城市农田中,单施化肥区每年有机碳下降 0.01%(土壤有机碳含量<1%)。浙江大学对浙北三熟制稻田的 3 年定位研究表明,纯化肥处理使土壤有机质减少,并且影响到心土层有机质。吨粮田每年消耗有机碳量为土质量的 0.03%~0.09%。湖北孝感地区自 20 世纪 80 年代初以来,农田中碱解氮含量与土壤有机质的消长呈负相关关系。因此,化肥的大量施用是土壤有机质减少的主要原因。

表 11-3　氮肥试用 2 年对江西红壤表土 pH 值的影响

肥　料	施肥量 N(kg/hm²)	原 pH 值(H_2O)	施肥后 pH 值(H_2O)
$(NH_4)_2SO_4$	60	5.0	4.7~4.8
NH_4Cl	60	5.0	4.3

表 11-4　施用氮肥的红壤稻田 pH 值的变化情况

调查方法	时间(年)	交换性酸 (cmol/kg)	交换性铝 (cmol/kg)	pH 值 (H_2O)
定位调查	1979	0.54	0.42	5.95
	1988	3.61	3.10	5.08
大田调查	1979	0.41	0.31	5.73
	1990	2.21	2.00	5.55

据张伯泉等研究,在棕黄土上长期(6 年以上)单施氮肥,其土壤的有机质含量比有机—无机结合法以及氮磷钾配合施肥低,而且降低了有机质的活性、土壤的供氮能力、土壤的 CEC 以及影响到有机无机复合体的性质(表 11-5),化肥施用可能对土壤的退化存在多方面的影响。

表 11-5　不同施肥处理对某些土壤性质的影响

施肥处理*	有机质 (g/kg)	重组有机质 (g/kg)	松紧	CEC [cmol(+)/kg]	N (mg/kg)
对照	16.4	13.8	0.99	15.84	112.36
N_{100}	15.3	13.2	0.79	15.52	74.43
$N_{55} - P_{50} - K_{50}$	16.0	13.2	0.86	15.84	119.05
O_{18750}	16.7	14.4	1.14	15.95	114.94
$O_{18750} - N_{55} - P_{50} - K_{50}$	16.3	13.8	1.05	16.01	123.46
$O_{37500} - N_{55} - P_{50} - K_{50}$	16.7	14.0	1.05	15.91	149.24

* O 和 N、P、K 分别为处理中有机肥和化肥中 N、P_2O_5、K_2O 成分,其后数字为施用量 kg/hm²。

施化肥不当,可能造成土壤重金属污染。无机肥主要是进口的磷矿粉中的镉污染,氮肥、钾肥和国产磷肥的重金属污染的可能性不大;有机肥的问题比较复杂,从生态安全和充分利用自然资源看,有机堆肥、污泥、污泥堆肥是必须开发利用的,但因为其使用量大,其所含的重金属的危险性就更大。无机氮肥和钾肥的生产原料比较单一,主要分别是氮气、石灰钾矿，其杂质较少；产品是尿素、硫酸铵、碳酸氢铵、氯化钾和硫酸钾等化合物的结晶体，比较纯净，一般不含有值得注意的重金属。但是，生产磷肥的原料磷矿石成分复杂，多含有较高的重金属组分，而且在制造过程中因酸化工艺使重金属的活性大大提高，因此，磷肥的原料和产品含有较多的重金属等杂质，尤其是镉含量较高。磷矿石含有的重金属及含量有差异（表11-6），相比较国外主要磷矿资源国，我国磷矿和磷矿粉中镉含量较低。鲁如坤等（1992）对我国36个矿区67个磷矿和30个磷肥样品分析显示，67个磷矿含Cd量范围0.1~571mg/kg，平均15.3mg/kg。其中，广西的磷矿含Cd量最高，平均达174mg/kg，其次是甘肃酒泉矿（53.4mg/kg）和浙江兰溪矿（26.7 mg/kg），而其他地区如四川、云南、贵州等磷矿含Cd量很低，平均不超过1mg/kg。与土壤相比，国内外磷矿粉的镉含量都比土壤镉的平均含量高，且镉在土壤中的半衰期长达30年，因此，镉在土壤中是容易积累的。因为国际上的磷矿石平均含镉均较高，磷矿粉的使用量又高，因此，欧洲对磷矿粉的使用做了严格的限制：不允许使用含镉量大于210mg/kgP或90 mg/kgP$_2$O$_5$的磷矿粉，这样许多磷矿粉被排除在欧洲的有机农业之外（表11-7）。在我国所用的磷矿粉也有不少是国外进口的，为预防由此可能产生的镉污染，需要慎重选用进口磷矿粉和磷肥。

人体由食物和吸烟摄取镉，在欧洲，成人每天从食物进入人体的镉为0~40μg，但只有5%左右可被肠胃吸收，每天抽烟20支的人有2~4μg的镉从呼吸道进入人体，但是25%~50%的镉可被气管和肺吸收。由于镉的毒性大，即使吸入相当低的镉也会抑制生长，引起高血压，影响酶系统和生育能力等。世界卫生组织建议，成人（60kg）每天允许摄入镉的最大量

表11-6　国内外磷矿石和土壤和重金属含量　　　　　　　　　　　　　mg/kg

重金属	国内矿	国外矿	国内土壤	国外土壤
As	—	13	8(2~20)	9(1~400)
Cd	0.98	16	0.5(0.5~1)	0.4(0.06~10)
Cr	23.0	84	85(13~126)	60(0.2~800)
Co	7.7	2.1	21(0.5~104)	9(1~300)
Cu	43	42	22(3~300)	22(1~150)
Hg	—	0.3	0.3(0.1~1)	0.08(0.01~4.5)
Pb	—	10	10(2.1~200)	2.5(0.8~11)
Ni	25.8	32	25(5~500)	23(0.8~440)
Zn	318	308	100(<3~790)	70(10~300)

表11-7　国内外磷矿粉中镉的含量　　　　　　　　　　　　　mg/kg

磷矿产地	含镉(Cd)量	磷矿产地	含镉(Cd)量
俄罗斯科拉	<2	美国北卡罗来纳州	294
南非伐拉波瓦	<2	美国里达州	66
摩洛哥博可拉	246	摩洛哥西松非亚	215
摩洛哥可如边伽	106	突尼斯	310
塞内加尔	516	多哥	365
以色列	228	约旦	38
叙利亚	22	中国曲靖	5.0
中国昆明	1.2	中国开阳	1.3

是60μg。我国的磷肥以普钙和磷铵为主，钙镁磷肥主要在南方有使用，同时我国生产磷肥的磷矿石不少是进口的，所以长期使用磷肥可能导致的镉污染问题仍然应引起注意，此外，磷石膏中携带的镉的污染也应一并考虑。制定相应的法规，加强磷肥、土壤和有关农产品中镉的检测并限制重金属的含量等都是亟待解决的问题。

有机肥料是大家认可的能改良土壤结构、改善作物品质的价格低廉的肥料，但是有机肥料中成分复杂，或多或少都会有重金属组成。因为畜禽饲料的添加剂，人用的药剂，各种包装品及日用品的金属材料的污染，垃圾和污泥中都含有较高的重金属。堆肥制造过程不仅使有机物料脱水，还可使重金属活化。因而有机肥特别是污泥和堆肥也可能存在重金属污染。以垃圾或畜禽排泄物为原料的有机堆肥成分相当复杂，除了有丰富的营养成分外，重金属等有害组分也不少，而且变异大（表11-8）。

表11-8 城市垃圾堆肥(干质量计)的重金属含量　　　　　　　　　　　　　　　mg/kg

项目	As	Cd	Cu	Hg	Ni	Pb	Zn
平均值	2.7	2.8	176	1.7	28	222	639
标准差	1.9	1.5	123	1.1	12	239	418
CV(%)	69.1	53.5	69.6	60.6	41	107.3	65.4

为了土壤的永续利用，保证农产品的质量和人畜健康，保障生态环境的安全，美国土壤学家和环境署(UAEPA)合作，根据重金属对水环境、质量、土壤微生物的活性、农产品的品质和最终对人畜健康的影响，制定了10种重金属元素在土壤层(0～20cm)的污染控制浓度(control pollutants concentration，CPC)，并将CPC与土壤重金属背景值(back ground level，BL)的差异定义为土壤表层重金属的最大承载量(maximum loading capacity，MLC)，可由下式计算：

$$MLC(kg/hm^2) = (CPC - BL) \times (2 \times 10^6 kg/hm^2) \times (1kg \times 10^{-6} mg)$$

世界各国根据美国的提议，制订了各自的CPC和MLC(表11-9)。

美国环境署和土壤学家还建议，以每年每公顷土地施10t有机堆肥计，施用100年亦不导致土壤重金属污染，有机堆肥的重金属最大允许浓度(maximum permutable concentration，

表11-9 不同国家土壤表层重金属最大承载量　　　　　　　　　　　　　　　　　mg/L

元素	美国	德国	英国	法国	荷兰	加拿大
As	41	40	20	40	60	14
Cd	39	6	7	4	10	1.6
Co	—	—	—	—	100	30
Cr	300	200	1 200	300	500	210
Cu	1 500	200	280	200	200	150
Hg	17	4	2	2	4	0.8
Mo	18	—	—	—	80	4
Ni	400	100	70	100	200	32
Pb	300	200	1 100	200	300	90
Se	100	—	—	—	—	2.4
Zn	2 800	600	560	600	1 100	330

MPC)则可按下式计算：

$$\text{MPC (mg/kg)} = \text{MLC(kg/hm}^2) \div [10\text{t/(hm}^2 \cdot \text{a)} \times 100\text{a}] \div (1\text{kg} \cdot 10^{-6}\text{mg})$$

世界部分国家根据上式计算出各自有机堆肥的 MPC(表 11-10)，我国参考其他国家 MPC 值，也提出了农用污泥(中国 1)和垃圾堆肥(中国 2)中有关的 MPC 值。

虽然污泥开发为有机肥料是全球各国都极力推崇的，但污泥的重金属污染以及对农产品品质的影响也令大家担忧。因此，不同国家参照 MPC 制定了污泥农用的重金属标准，我国制定的农用污泥污染物控制标准中 Cd、Pb 的控制标准较欧洲的要高许多倍。德国的一个使用污泥产品 30 年的试验表明，土壤和农产品都没有发现镉超标，而我国使用按国际标准生产的污泥复混肥的当季，就发现有两种蔬菜中的铅超过卫生标准。因此，即使是合格的污泥和垃圾堆肥。最好也不用在蔬菜和一年生的瓜果作物上，因为它们的可食部分主要是营养器官，如叶、茎、根和瓜，而不是种子等繁殖器官。前者易积累重金属，后者因自我保护而累积的重金属较少。

表 11-10 不同国家有机堆肥的重金属最大允许浓度   mg/kg

元素	美国	德国	英国	法国	荷兰	加拿大	日本	中国 1	中国 2
As	41	40	20	40	60	14	50	25	30
Cd	39	6	7	4	10	1.6	5	20	3
Co	—	—	—	—	100	30	—	—	—
Cr	300	200	1 200	300	500	210	—	1 000	300
Cu	1 500	200	280	200	200	150	—	500	—
Hg	17	4	2	2	4	0.8	2	15	5
Mo	18	—	—	—	80	4	—	—	—
Ni	400	100	70	100	200	32	—	200	—
Pb	300	200	1 100	200	300	90	—	1 000	100
Se	100	—	—	—	—	2.4	—	—	—
Zn	2 800	600	560	600	1 100	330	240	1 000	—

11.1.4 防治施肥对环境影响的对策与措施

鉴于世界上农业的高投入、高产出，并出现破坏地力、影响环境的现象，国际上掀起了以低投入、重有机，将化肥、农药施用保持低的水平，保障食品安全和环境安全为中心的持续农业运动，并在 1992 年联合国环境发展大会上发表了《21 世纪议程》。我国也已制定了包括农业持续发展的《中国 21 世纪议程》。我国人口多、耕地少，森林、草地、水等资源相对贫乏，农业尚必须以保障人民食物、纤维供给为目标，因而我国持续农业的主要内容将是以尽量少的化肥、农药投入，尽量小的对环境破坏来保持尽量高的农产品及保障食物品质，即高产低耗、高效优质的农业。在这种情况下，化肥的施用仍是农业发展的要素，控制化肥对环境的负面效应重点应放在化肥的施用效果和对环境、农产品品质的影响上。因此，保证高产出而又减缓施肥对环境的负面影响是最近多门学科研究的热点之一。

11.1.4.1 从宏观管理角度

（1）调整肥料结构

在农田施肥中首先要强调有机—无机肥料配合施用。在保持土壤有机营养的基础上，化肥效率才能有效地发挥。某些生态循环的农业模式是极好的肥料利用上的持续农业模式。如大力发展豆科作物间作套种，扩大绿肥面积，水田养萍，以此发展养猪、牛，以厩肥还田，可大大降低化肥施用量，同时减少养分流失。

调整"三要素"比例是我国化肥施用上的重点。在测土配方施肥的基础上，根据土壤氮磷钾丰缺情况和作物氮磷钾需求量，制定合理的氮磷钾施用量，在目标施氮量中扣出一定比例，视需要时补施，这样既可以避免氮素过多的危害和流失，也可以提高肥料利用率。

（2）调整肥料投向，发挥肥料效益

不同区域土壤状况不一样，如北方施用磷肥较南方潜力大，而在南方潜力低。氮、磷、钾应向高潜力区投放。

（3）加强土壤管理

主要包括土壤水分管理、土壤耕作管理体制、灌溉与排水等。

11.1.4.2 从农业技术角度

①合理施肥，改进施肥技术、确定最佳施肥量　因土因作物适时适量施肥，有机肥、无机肥配合施用。减少肥料中营养成分向大气、水体排放。化学氮肥与有机肥配合施用，能有效降低作物、蔬菜中硝酸盐质量分数，提高品质。也可采取"攻头控尾、重基肥轻追肥"的施肥技术，减少蔬菜硝酸盐的积累，减少氮素以氧化亚氮的形式逸失到大气环境。

②严格执行科学施肥制度　根据植物的生物学要求、当地的土壤—气候特点和计划的产量水平，确定最佳的施肥量、营养元素比例、肥料形态、施肥日期和方法。

③发展节肥施肥技术，提高肥料利用率　大力发展叶面喷施肥、水肥一体化、长效（缓效）肥，减少施肥次数，减少肥料的流失机会。如氨态氮肥带水深施是减少氮素流失和逸失的有效措施。

④配套合理的农艺措施　合理密植，提倡轮作、间套作，提高肥料利用率，广泛利用填闲作物，其中包括饲料作物和绿肥作物。

⑤采用防止水蚀和风蚀的综合措施　根据坡地特点采取不同的耕作方法，禁止顺坡耕翻，推行横坡种植，大于25°坡耕地退耕还林还草。

⑥在坡地上建立农田、冲沟和河床防护林带　这是防止营养元素向河流、池塘和湖泊散失的有效途径。

11.1.4.3 从化肥生产角度

①开发化肥新品种。发展长效肥料（缓效肥料）、及长效缓释控释肥，以取代低浓度、利用率低、损失大的肥料品种，以最低的损耗来最大限度地满足作物需肥，减少养分释放过程中直接或间接对环境的污染和生态破坏。

②加强管理，提高化肥质量。加强化肥的生产管理，选用优质矿源，防止重金属等有毒

有害物质超标原料生产的不合格"土化肥"上市。对城市污泥肥料的施用，应进行监测化验，并严格控制施用范围和数量。

③垃圾堆肥和污泥农用，严格执行相应的农学规范和卫生标准，严禁以环境保护为由放松这两类有机肥的施用标准。

11.2 施肥与农产品品质和安全

11.2.1 施肥与农产品品质

随着人类生活水平的提高，对动植物品质的要求也越来越高，而合理的矿质营养是提高农产品品质的重要途径之一。农产品品质主要包括以下几种：农产品中蛋白质、氨基酸、糖分、维生素和矿物质等含量的高低的营养品质；重金属、有毒元素、硝酸盐、亚硝酸盐等残留对人体健康产生不良影响的卫生品质；农产品的外形和色、香、味的感观品质；农产品在贮藏过程中作物营养品质和感官品质的变化的贮藏品质。植物产品的品质首先决定于植物本身的遗传特性；其次，这些品质也会受到外界环境因素的影响。遗传特性决定了某种植物或品种的产品特有的基本品质。而外在环境则可以影响或调节某种品种遗传潜力的实现程度。外在环境主要有养分供应、土壤性质、气候条件、管理措施等。植物养分的均衡供应对改善植物品质有极为重要的作用。如能把植物的养分供应调节到最佳水平，则可大大改善品质，反之，如果说某种养分供应过多、不足或不平衡，则会明显降低植物品质。而植物有机物的品质又是植物品质的最重要部分。

11.2.1.1 氮素营养与农产品品质

氮肥对植物品质的影响主要是通过提高植物产品中蛋白质含量来实现的。蛋白质含量增多有多方面的益处：蛋白质是人类及一般动物的主要营养物质；高蛋白质含量的小麦面粉所制作的面包，膨松、外观美。在正常生长的植物所吸收的氮中，大约有75%形成蛋白质。增加氮肥供应除了可增加产品中蛋白质含量外，往往会减少植物碳水化合物含量和油脂含量，降低油料植物、糖料植物、淀粉植物的品质。此外，当土壤氮素供应过多时，可导致植物体内 NO_3^- 积累，后者对人类是有害的。氮素过多，还会使大麦发芽质量下降。对落叶果树来说，增加氮营养通常可以增大果实。但氮营养过多时会影响柑橘果实色泽，延迟成熟并使成熟期参差不齐。在内在质量方面，合理的氮素营养，可以增加果实中可溶性糖含量，氮太多使柑橘中酸含量增加。在过量氮营养时，常会使果实的耐贮性和维生素 C 含量下降。对于蔬菜作物，合理的氮素营养在增加产量的同时，也能提高品质，如使叶色加深，对叶菜类能改善外观。氮营养不足，使蔬菜色泽变淡、植株变小且成熟不一致。氮营养过剩会导致蔬菜中 NO_3^- 含量大幅度增加。合理的氮素营养对蔬菜的成分和口味有良好的影响。

11.2.1.2 磷素营养与农产品品质

磷对植物体内许多重要组分的形成有重要作用，如磷酸酯、植酸钙镁、磷脂、磷蛋白、核蛋白等，这些化合物对植物生长发育和品质提高都有重要作用。增加磷的供应可以增加植物的粗蛋白含量，特别是增加必需氨基酸的含量。合理供应磷可以使植物的淀粉和糖含量达到正常水平，并可增加多种维生素含量。施磷对牧草的营养价值具有重要作用。在饲料中，如果含磷量不足，就会大大影响牲畜的健康并引起严重疾病，还会引起牲畜生育力的下降。一般来说，磷营养过量除促使植物早熟之外，对作物品质并无多大不良影响。

11.2.1.3 钾素营养与农产品品质

钾可以活化植物体内的一系列酶系统，改善碳水化合物代谢，并能提高植物的抗逆能力，合理的钾素营养可以增加产品中碳水化合物含量，如增加糖分、淀粉和纤维含量，对改善西瓜、甘蔗、马铃薯、麻类等作物的品质有良好作用；合理的钾素营养可以增加某些维生素含量，改善水果、蔬菜作物的品质；可以防止缺钾条件下马铃薯上黑斑的形成；可以延长籽粒灌浆期，使籽粒饱满；也有利于增强作物的抗倒、抗寒、抗旱、抗病虫害能力。粮食作物和饲料作物中钾的含量对人畜意义不大。因为因食物导致人畜缺钾的情况很少见，植物体内含钾高时对人畜也无害，但当土壤中钾素水平过高时，将影响植物对镁钙的吸收。饲料中钾镁比过高会导致反刍动物缺镁病症。

11.2.1.4 中、微量元素营养与农产品品质

中、微量元素营养状况的好坏对植物品质有重要影响。如缺钙时，使苹果患苦豆斑病，使花生空壳率提高。缺硫时，一些必需氨基酸无法形成，从而降低蛋白质含量与质量。缺硫会使芥菜、洋葱口味变差。缺铜时不利于谷类作物籽实的灌浆和形成，导致小粒、瘪粒增加。缺铜还影响花椰菜花序的形成与外观。氯过多会降低马铃薯淀粉含量及烟草的可燃性。

总之，合理施肥是纠正土壤养分失衡最有效的措施，更是解决因土壤养分失衡导致植物品质变劣问题的关键。

11.2.1.5 作物品质与人类健康

人类生存需要的营养物质主要有两大类，即有机物和矿物质。这些物质由植物、动物和天然物质提供。据统计，全世界依赖于植物性食品的国家或民族占绝大多数，即使是以动物性食品为主的少数国家，人体所需的必需营养成分的一半也来自植物。植物性食品的主要来源是农作物，显然作物品质不仅关系到人类食品的质量，而且直接与人体健康息息相关。作物产品中可提供人体的必需营养物质和有益物质可分为以下几类：一是必需营养物质，包括淀粉和糖类；氨基酸类；必需脂肪酸类；维生素类和矿物质等。二是有益物质，包括芳香物质(有味道和香味的物质)和特殊的活性物质(抗生素类物质)。

对人体营养而言，作物营养品质和卫生品质比外观品质更为复杂和重要。作物营养品质中，蛋白质和各种必需氨基酸、脂肪、碳水化合物、维生素及各种矿物质，是人类营养和维持生命活动不可缺少的物质。这些物质中的某些成分欠缺或比例不当，往往引起人体代谢异常甚至患病。例如，长期取食蛋白质低且必需氨基酸少的作物产品，会导致蛋白质营养缺乏症。这种病在发展中国家较普遍，由于蛋白质不能满足需要，致使人体组织本身的蛋白质分解，轻者导致发育不健全，人体各种器官机能失常，重者死亡。蛋白质营养缺乏对幼儿的生长发育影响最大。作物产品中缺少维生素A、维生素B、维生素C，其营养价值大大降低，食用这类食物易使人体细胞代谢紊乱。植物性食品中 Ca、Zn、Fe、Se 等营养成分不足时，也会对人体健康造成直接影响。人体吸收 Ca 过少，可诱发高血压病，食品中缺 Se 引起克山病，缺 Zn 严重影响少儿智力发育，Fe 不足易诱发贫血症。相反，作物生长在重金属污染的环境中，产品中就会累积较高含量的相应元素，例如，汞、镉、铅等污染元素，如果人类长期食用这些植物性食品，必然损害健康。近年来，由于栽培蔬菜施用化学氮肥偏多，人们普遍注重蔬菜可食部分硝酸盐的累积问题即蔬菜的卫生品质。食用硝酸盐含量高蔬菜，易患高铁血红蛋白变性症，会感到缺氧，甚至危及生命；另一方面，硝酸盐在动物体内易还原为亚硝酸盐，进而与仲胺结合成亚硝酸，成为一种强致癌物质，是引起人体胃肠消化道癌变的致病原因之一。

11.2.2　施肥与食品安全

人们吃饱后要求吃好，是事物发展的必然趋势，是社会的进步。所谓吃好，就要求食物营养丰富、色、香、味俱佳外，更主要是安全，即无污染、无公害。近年蔬菜、水果的农药残留超标，猪肉中含有瘦肉精，牛奶中含有抗生素等时有发生。大家对何时能吃上放心菜、放心肉极为关注，也引起了政府有关部门的高度重视。食品安全在这种情况下应运而生。目前无公害食品、绿色食品和有机食品受到越来越多的关注，成为一种时尚。无公害食品强调不含对人体有毒、有害物，或把这些物质控制在限量之内，即无污染的食品，这是食品安全应当达到的共同的、最起码的要求。绿色食品是在无公害基础上的进一步要求其有害物质的控制量更严格，对质量要求应该更高，要求生产环境(土壤、水、空气)更加清洁，对生产过程中的各项管理措施也有严格的要求。按照我国的农业行业标准，把绿色食品分为 AA 级(一级)和 A 级(二级)。在肥料施用上，生产 A 级绿色食品，允许限量使用部分化学肥料，如尿素、磷酸二铵等。但禁止使用硝态氮肥。生产 AA 级绿色食品，不准使用任何人工合成的肥料，只能使用有机肥料和某些天然矿质肥料。这与国际上生产有机食品要求相同。只是有机食品生产更要求在生产条件和管理措施上回归自然。

其实化肥只和植物类食品(粮食、蔬菜、水果等)有直接关系，而和动物类食品(肉、蛋、奶等)没有直接关系。肥料施用得当，对农作物的产量和品质都有好的影响，更不会引起食物的污染和不安全问题。但公众对施用化肥和食用施用化肥的农产品存在片面性认识，产生一定的恐惧心理。目前，对施肥与产品品质认识存在几方面的误区：①把化学肥料与化学农药等同起来，担心施用化肥后农产品中是否也有某些有害物质的残留。化肥和农药虽然通常都统称为农业化学用品，但是它们是性质决然不同的两类物质。农药是人工合成的用于预防、消灭或者控制农业、林业的病、虫、草及其他有害生物(线虫、螨虫、鼠等)的化学物质，使用农药的目的是杀灭这些有害生物，保护农作物或树木等，其作用是"杀生"，因此都是毒品。②把化学肥料与有机肥料对立起来，认为生产绿色食品和有机食品只能使用有机肥，不能使用化肥。我国农业行业标准《绿色食品肥料使用准则》(NY/T 394—2013)中规定，AA 级绿色食品的生产，除了对生产地点的环境质量有严格要求外，生产过程中禁止使用化肥，但可使用秸秆、绿肥、腐熟的沼气液、残渣、腐熟的人粪尿、饼肥和微生物肥料。③关于化肥和有机肥中的重金属问题。我国对无公害农产品中的重金属有严格的限量，农产品中的重金属含量超标，主要是种植在被污染的土壤上的农作物吸收土壤中的金属离子或化合物所致。

由于重金属离子进入环境后，不像有机物那样能被降解，而参与食物链直接危及生态环境和人体健康，它对人体具有毒性和积累性。土壤中重金属有多种来源，施用肥料只是其来源之一，而肥料又以磷肥为主。磷肥的生产原料大都含有一定的重金属，特别是镉，我国产的磷肥镉含量相对较低，含量在 0.1~2.9 mg/kg，国外的磷肥的镉含量较高，达 60 mg/kg。有机肥中的重金属含量因不同类型差别大，秸秆等有机物中含重金属是很低的，畜、禽粪尿中的重金属因饲料种类而不同，一般也比较低，但近年因饲料添加剂的应用，使工厂化养殖场的畜、禽排泄物中也含有较高的重金属，如铜、砷。污泥、污水和城镇垃圾含重金属高，在农田使用中应严格按照《生活垃圾堆肥处理技术规范》(CJJ 52—2014)执行，否则严重影响到食品的安全，危害人体健康。④把硝态氮和铵态氮、尿素对立起来。通常按氮肥中氮素的形态，将氮肥分为铵态氮肥、硝态氮肥、酰胺态氮肥和氰氨态氮肥。单一的硝态氮肥料有硝酸铵、硝酸磷肥和硝酸磷钾肥(用硝酸磷肥生产的三元复混肥料)等。尿素虽然为氮肥主要品种，但硝酸铵在世界氮肥生产中仍占较大的比重。硝态氮和铵态氮一样，是植物容易吸收、利用的两种氮素形态。有些作物如蔬菜、烟草是喜硝态氮作物，在氮素营养以硝态氮为主的条件下，生长明显好于以铵态氮为主，有些进口化肥用于蔬菜生产很受农民欢迎，其中的一条"秘密"就是含有硝态氮。反对蔬菜等作物上使用硝态氮肥，担心蔬菜中硝酸盐含量过高，人体摄入的硝态氮 80% 左右来自于蔬菜，但影响蔬菜硝酸盐含量的因素很多。在施肥方面，单一施用氮肥用量过高，采收期离追肥时间太近，都会引起蔬菜中硝酸盐含量增加。不同氮肥品种也有一定影响，甚至有机肥施用过量，也会使蔬菜中硝酸盐含量超标。

11.2.3 提高农产品品质和保证食品安全的对策与措施

(1) 坚持施肥对作物主要品质的调控

作物种类繁多，品质指标千差万别，生产上应根据栽培目的和食用要求，以调控某些主要品质进行施肥。例如，蔬菜在高产条件下应以降低 NO_3^-—N、提高维生素(特别是 Vc)为主攻目标，果树应注意糖/酸比、Vc 和外观品质的调控；禾谷类作物则应以淀粉、蛋白质品质为主，名优特种作物则应抓住关键品质要素(如特种稻除常规品质外，尤应重视药用或食疗品质)调控，以保其传统之美誉。

(2) 加速发展专用复合肥，促进作物品质的普遍提高

迄今为止，我国复合肥的比重仍较小，以致偏施单元素肥料的现象普遍存在，因而作物品质一般不高。应当在发展优质复合肥的基础上，大力发展优质高产专用复合肥，使平衡施肥技术物化，促进作物品质的普遍提高和高产优质。目前，最有应用前景的作物品质专用肥有全有机复合肥(特别适合于药材、果树、蔬菜等经济作物)、BB 肥(蔬菜等作物用)、有机—无机复合肥(饼肥)。

(3) 建立调控作物多项品质指标的优化施肥模式

采用最优化技术广泛深入研究主要作物各种品质指标与施肥量比之间的复合函数关系，确定出优质高产最佳施肥量，定向调控和提高作物品质。张维理在 1993 年提出以大白菜产量和 20 个品质指标(纯蛋白、非蛋白化合物、纯蛋白与粗蛋白之比、硝酸盐、葡萄糖、果糖、还原糖、蔗糖、总糖、细胞壁类化合物、Vc、柠檬酸、苹果酸、总有机酸、Fe、Ca、Mg、总矿物质、腐烂病发生程度等)均达到最佳时，确定 N、P、K 施用量的数学模式，并根据 20 种

主要作物的品质参数与 N、P、K 养分供应的关系，建立起作物品质参数的特征函数，这对于指导优质作物产品生产的合理施肥具有普遍意义。

(4) 深入开展施肥对作物矿质品质影响的研究

植物体内的必需营养元素中，除硼外其余均为动物和人体所必需。栽培农作物除提供有机营养物质外，还供给人类所必需的大量元素(N、P、Ca、Mg、S、K、Na)和微量元素(Cu、Fe、Mn、Zn、Se、V、Co、Sb、As、I、Si、F 等)。但是，人类当今的食品中必需矿质元素较缺少。在人类所需的植物性食品中，以粮食作物籽粒中提供的矿质养分为主要来源，其含量不足直接关系到人类健康。为保证籽粒中有足够的矿质养分，用于生产食品的植物的必需微量元素(例如 Zn)施用量应大于最大产量需要量。然而，欲通过施肥提高籽粒中矿物质品质，还需首先弄清控制矿质元素流向籽粒的机制和调控因子、籽粒中矿质营养物的化学形态与累积过程和贮藏位置、各种天然化学形态的矿物质能被人和动物利用的程度、各作物种和生态型对主要矿质营养元素的吸收、运转和积累的遗传规律等基本问题。

(5) 加强施肥与综合农艺措施组合对作物品质影响的研究

生产实践中肥料对作物品质的影响是在一定的栽培条件下产生的，这方面近年来对稻、麦研究较多，但对其他主要作物涉及甚少。应以植物营养原理为依据，以施肥的定量、量比、平衡补偿和综合高效四大原理作指导，弄清不同农艺措施下肥料种类、数量对各种作物品质的单一效应和复合效应以及肥料、农艺措施和作物品质之间的内在联系和相互作用的客观规律，使肥料科学在发展我国"两高一优"农业和持续农业中发挥更大作用。

(6) 严格执行农产品质量标准的肥料农用标准，保证食品安全和人体健康

农产品品质和食品安全应从源头和过程两方面着手，对农用的肥料特别是有机堆肥和污泥进行检查，严格执行国家标准，保证其对农产品无污染和危害。对于农产品在上市之前应加强其产品质量的监督检查，保证其无公害。

(7) 从农业生产措施上保证食品安全

农业生产上可以对施肥时间和技术进行控制，通过控制施肥时间、提高施肥技术可以降低农产品对人体健康的不良影响。如考虑氮肥的最佳用量和最佳施肥时期，同时注意氮和磷、钾等营养元素的最佳比例，使植物的矿质营养处于最佳状态，即确立最佳生态经济施肥量；施用迟效氮肥可以大大降低蔬菜、食用甜菜和牧草的硝酸盐含量。如果迟效氮肥释放氮的时节不与农作物生长最需要氮的时节合拍，则可能限制农作物的生长，从而提高硝酸盐含量，这对早熟作物尤其如此。

复习思考题

1. 施用氮、磷、钾肥对环境有哪些影响，如何防治？
2. 试述施肥与农产品质量安全的关系。
3. 如何从农业生产措施上保证食品安全？

主要参考文献

崔玉亭, 李季, 勒乐山, 2000. 化肥与生态环境保护[M]. 北京: 化学工业出版社.

林葆,2003. 化肥与无公害农业[M]. 北京:中国农业出版社.
陆欣,2002. 土壤肥料学[M]. 北京:中国农业大学出版社.
张道勇,王鹤平,1997. 中国实用肥料学[M]. 上海:上海科学技术出版社.
谢德体,2004. 土壤肥料学[M]. 北京:中国林业出版社.
王正银,2009. 蔬菜营养与品质[M]. 北京:科学出版社.
蔡祖冲,徐华,马静,2009. 稻田生态系统 CH_4 和 N_2O 排放[M]. 北京:中国科学技术出版社.
陈英旭,梁新强,等,2012. 氮磷在农田土壤中的迁移转化规律及其对水环境质量的影响[M]. 北京:科学出版社.
杨林章,孙波,等,2008. 中国农田生态系统养分循环与平衡及其管理[M]. 北京:科学出版社.
李延轩,张锡洲,等,2011. 设施栽培条件下土壤质量演变及调控[M]. 北京:科学出版社.
张宏彦,刘全清,张福锁,2009. 养分管理与农作物品质[M]. 北京:中国农业大学出版社.